“101 计划”核心教材
计算机领域

软件工程
——经典、现代和前沿

孙艳春　黄　罡　邓水光　编著

北京大学出版社
PEKING UNIVERSITY PRESS

图书在版编目(CIP)数据

软件工程：经典、现代和前沿/孙艳春，黄罡，邓水光编著. —北京：北京大学出版社，2024.2
“101 计划”核心教材. 计算机领域
ISBN 978-7-301-34801-7

Ⅰ. ①软… Ⅱ. ①孙… ②黄… ③邓… Ⅲ. ①软件工程－高等学校－教材 Ⅳ. ①TP311.5

中国国家版本馆 CIP 数据核字（2024）第 014239 号

书　　名	软件工程——经典、现代和前沿 RUANJIAN GONGCHENG——JINGDIAN、XIANDAI HE QIANYAN
著作责任者	孙艳春　黄　罡　邓水光　编著
责 任 编 辑	王　华
标 准 书 号	ISBN 978-7-301-34801-7
出 版 发 行	北京大学出版社
地　　址	北京市海淀区成府路 205 号　100871
网　　址	http://www.pup.cn　　新浪微博：@北京大学出版社
电 子 邮 箱	编辑部 lk1@pup.cn　　总编室 zpup@pup.cn
电　　话	邮购部 010-62752015　发行部 010-62750672　编辑部 010-62765014
印 刷 者	北京市科星印刷有限责任公司
经 销 者	新华书店 787 毫米 × 1092 毫米　16 开本　35.25 印张　890 千字 2024 年 2 月第 1 版　2024 年 2 月第 1 次印刷
定　　价	89.00 元

出版说明

为深入实施新时代人才强国战略，加快建设世界重要人才中心和创新高地，教育部在2021年底正式启动实施计算机领域本科教育教学改革试点工作（简称“101计划”）。“101计划”以计算机专业教育教学改革为突破口与试验区，从教育教学的基本规律和基础要素着手，充分借鉴国际先进资源和经验，首批改革试点工作以33所计算机类基础学科拔尖学生培养基地建设高校为主，探索建立核心课程体系和核心教材体系，提高课堂教学质量和效果，引领带动高校人才培养质量的整体提升。

核心教材体系建设是“101计划”的重要组成部分。“101计划”系列教材是基于核心课程体系的建设成果，以计算概论（计算机科学导论）、数据结构、算法设计与分析、离散数学、计算机系统导论、操作系统、计算机组成与系统结构、编译原理、计算机网络、数据库系统、软件工程、人工智能引论等12门核心课程的知识点体系为基础，充分调研国际先进课程和教材建设经验，汇聚国内具有丰富教学经验与学术水平的教师，成立本土化“核心课程建设及教材写作”团队，由12门核心课程负责人牵头，组织教材调研、确定教材编写方向以及把关教材内容，工作组成员高校教师协同分工，一体化建设教材内容、课程教学资源和实践教学内容，打造一批具有“中国特色、世界一流、101风格”的精品教材。

在教材内容上，“101计划”系列教材确立了如下的建设思路和特色：坚持思政元素的原创性，积极贯彻《习近平新时代中国特色社会主义思想进课程教材指南》；坚持知识体系的系统性，构建专业课程体系知识图谱；坚持融合出版的创新性，规划“新形态教材＋网络资源＋实践平台＋案例库”等多种出版形态；坚持能力提升的导向性，以提升专业教师教学能力为导向，借助“虚拟教研室”组织形式、“导教班”培训方式等多渠道开展师资培训；坚持产学协同的实践性，遴选一批领军企业参与，为教材的实践环节及平台建设提供技术支持。总体而言，“101计划”系列教材将探索适应专业知识快速更新的融合教材，在体现爱国精神、科学精神和创新精神的同时，推进教学理念、教学内容和教学手段方面的有效提升，为构建高质量教材体系提供建设经验。

本系列教材在教育部高等教育司的精心指导下，由高等教育出版社牵头，联合机械工业出版社、清华大学出版社、北京大学出版社等共同完成系列教材出版任务。“101计划”工作组从项目启动实施至今，联合参与高校、教材编写组、参与出版社，经过多次协调研讨，确定了教材出版规划和出版方案。同时，为保障教材质量，工作组邀请23所高校的33位院士和资深专家完成了系列教材的编写方案评审工作，并由21位院士、专家组成了教材主审专家组，对每本教材的撰写质量进行把关。

感谢“101计划”工作组33所成员高校的大力支持，感谢教育部高等教育司的悉心指导，感谢北京大学郝平书记、龚旗煌校长和学校教师教学发展中心、教务部等相关部门对“101计划”从酝酿、启动到建设全过程给予的悉心指导和大力支持。感谢各参与出版社在教材申报、立项、评审、撰写、试用等出版环节的大力投入与支持。也特别感谢12位课程建设负责人和各位教材编写教师的辛勤付出。

“101计划”是一个起点，其目标是探索适合中国本科教育教学的新理念、新体系和新方法。“101计划”系列教材将作为计算机专业12门核心课程建设的一个里程碑，与“101计划”建设中的课程体系、知识点教案、课堂提升、师资培训等环节相辅相成，有力推动我国计算机领域本科教育教学改革，全面促进课堂教学效果的进一步提升。

“101计划”工作组

序

1960年代后期，大量的应用需求导致了“软件危机”问题，即为大系统构造可靠软件的困难度不断增加，软件系统的规模和复杂性不断增长，软件开发人员极度短缺，开发效率和软件质量难以满足用户的需求。1968年10月，北大西洋公约组织(NATO)的科学委员会在联邦德国加尔密斯(Garmisch)举行的关于软件开发的会议上,针对“软件危机”,首次提出“软件工程”概念,其目的是倡导以工程的原理、原则和方法进行软件开发，提高软件开发的质量，加快软件开发的进度，降低软件开发的成本。一个新学科就此诞生，迄今已逾55年。

半个世纪以来，计算平台经历了从单机向多机、网络，进而向互联网、移动互联网的演变，催生了主机计算、个人计算（桌面计算）、互联网计算（含云计算）、移动计算等计算模式，软件应用也从最初单纯的科学工程计算与数据处理拓展到各个行业的应用，乃至无所不在，渗透并重塑了从休闲、娱乐、社交、媒体到商业、生产、科技、国防等社会经济生活的方方面面，存在形式从软件包发展到软件服务、移动APP等。伴随计算模式的发展，软件工程学科的发展进步长足，成效显著，积累了大量的原则、方法和技术以提高软件开发效率和质量，如信息隐藏、分而治之、模块化等软件开发基本原则，结构化、面向对象、构件化/服务化、网构化等软件工程方法学。然而，仍需看到，计算平台的发展导致软件本身的形态变化，应用领域的扩展带来软件新的运行场景，软件的规模和复杂性持续增长，软件的开发效率和质量仍然面临严重挑战，软件危机并未从根本上得到缓解。

当前，随着互联网向人类社会和物理世界的全方位延伸，一个万物互联的“人机物”（人类社会、信息空间和物理世界）三元融合的泛在计算时代正在开启。软件定义一切、万物均需互联、一切皆可编程、人机物自然交互将是这个时代的基本特征。“软件无处不在”，已成为人类社会经济生活的重要基础设施。极其复杂且动态多变的计算环境，导致软件自身规模、交互规模和自身复杂性、环境复杂性的不断增加，需要软件开发的高效率、软件运行的随需应变、各种新特性的持续交付；软件基础设施化（包括对传统物理基础设施的数字化和软件定义），带来对软件可信性和质量越来越高的要求。在这样的背景下，软件技术发展无疑又迎来了重大机遇，并将面临更大的挑战。如何应对新兴计算模式和技术带来的软件工程挑战？如何系统化、工程化、高效地构建复杂软件系统？中国软件产业急需软件工程高级人才，以期解决上述问题。

为了满足中国软件产业发展的需要，北京大学一直致力于探索和推进软件工程教育。在1984年，北京大学首次为本科生开设了软件工程课程，培养学生在软件工程学科的基础知识以及基本实践能力。同年，在国家科委的支持下，北京大学和复旦大学分别举办了共 4 期软件工程研究生班，教学以工程实践为主，聘请国际上一些计算机专家任教，先后培养了近 200 名软件工程人才，这些人大多成为我国软件企业和国际软件企业的技术骨干。1988 年北京大学计算机科学技术系试办软件工程的本科专业；1996 年北京大学开始招收软件工程领域的工程硕士。杨芙清院士提出："软件工程教育体系需要多层次、多样化。比如，在本科教育阶段，重点培养软件工程学科的基础知识、基本的实践能力。而研究生教育阶段，首先要培养扎实的理论基础、软件工程技术和方法，然后再根据人才需求和职业发展分为两种，一是学术研究型，二是工程应用型"。

2001 年，北京大学提出的软件工程人才培养的总目标是：为国家和民族培养具有国际视野、在各行业起引领作用、具有创新精神和实践能力的高素质人才。基于以上指导思想，北京大学软件工程教学团队结合 IEEE 软件工程知识体系（Software Engineering Body of Knowledge，SWEBOK）和 IEEE/ACM 软件工程科学小组公布的软件工程教育知识体系（Software Engineering Education Knowledge，SEEK），认真研究世界优秀大学的"软件工程"学科课程体系，形成了"注重基本概念，形成体系、夯实基础；依托科研任务，体验实际、锻炼能力"的科学而先进的教学思想，并系统地建设了面向创新型和个性化人才培养需求的软件工程课程体系。

在我担任北京大学软件工程研究团队负责人期间，一直高度重视软件工程课程的教学，并积极以科研促进教学。如在我担任首席科学家的国家 973 计划项目中，就留下了许多本科生课程实践的优秀成果，同时这些学生也在项目研究开发实践中认识到软件工程理论和实践相结合的重要性，培养了他们的综合实践能力和创新能力。

经过教学团队的不断努力，北京大学"软件工程"课程获得了一系列国家级课程称号：2010 年，获批国家级精品课；2016 年，获批首批国家级精品资源共享课；2020 年，获批首批国家级一流本科课程。

2021 年底，教育部正式启动实施计算机领域本科教育教学改革试点工作（简称"101 计划"），探索建立核心课程体系和核心教材，引领带动高校计算机领域人才培养质量的整体提升。《软件工程：经典、现代和前沿》一书正是在"101 计划"背景下，作为"101 计划"软件工程课程主教材编写而成。

本书的作者长期从事软件工程教学和科研工作，希望通过本书的编写，帮助读者系统而完整地梳理软件工程的经典、现代和前沿理论、方法和技术，并以浅显易懂的方式讲授业界广泛使用的方法和技术，如敏捷开发方法、群智化开发方法、DevOps 方法等。而且，作者结合北京大学和浙江大学在软件工程前沿的研究成果，首次在软件工程教材中系统地介绍了人工智能(AI)、区块链(Blockchain)、云计算(Cloud Computing)、大数据(Big Data)、物联网(IoT)等新兴技术驱动的前沿软件工程的理论、方法和技术，以此拓宽读者的软件工程视野。这也是本书的重要特色之一。

希望本教材能够为教育部"101 计划"的实施以及我国高校软件工程课程教学质量的提升起到良好的推动和示范作用。

梅宏

甲辰年孟春于北京

前　言

软件定义一切，软件已经成为信息化社会重要的基础设施。近到人们生活中随处可见的手机，记录人间烟火，远到遥望星空中火星上的探测车，探索宇宙奥秘，软件都蕴含其中。近年来，随着人工智能（AI）、区块链（Blockchain）、云计算（Cloud Computing）、大数据（Big Data）、物联网（IoT）等新兴技术的不断发展和应用，软件的规模和复杂度大幅提升。如何利用经典、现代和前沿的软件工程理论、方法和技术，系统化、工程化、高效地构建复杂软件系统，已经成为我国软件产业高质量发展和我国软件工程人才培养面临的重要问题。

本书的作者长期从事软件工程教学和科研工作，希望通过本书的编写，帮助读者系统而完整地梳理经典、现代和前沿的软件工程理论、方法和技术，通过案例分析使读者了解其运用，并以浅显易懂的方式讲授业界广泛使用的方法和技术如敏捷开发方法、群智化开发方法——开源和众包、DevOps 方法等。而且，作者结合北京大学和浙江大学在软件工程前沿的研究成果，首次在国内外软件工程教材中，系统化地介绍了人工智能、区块链、云计算、大数据、物联网等新兴技术驱动的前沿软件工程的理论、方法和技术，以此拓宽读者的软件工程视野。

本书系统地介绍了经典、现代和前沿的软件工程理论、方法和技术，以教育部计算机领域本科教育教学改革试点工作（简称“101 计划”）软件工程课程的建设目标为导向，全面覆盖了“101 计划”中的“软件工程”课程知识体系，同时结合了美国电气与电子工程师协会（IEEE）发布的软件工程知识体系（Software Engineering Body of Knowledge，SWEBOK），并且增加了前沿软件工程的理论、方法和技术。通过大量案例深入浅出地讲授软件工程理论、方法和技术，既体现了知识的系统性，也体现了知识的先进性和实践性。本着基础理论和工程实践并重的宗旨，本书不仅要使学生们掌握软件工程理论、方法和技术，而且还要能够对现实世界中的复杂问题进行系统分析和设计，并能选用相应的开发平台和框架进行软件系统的开发、维护和管理，培养学生的工程实践能力和软件项目管理能力。本书通过案例分析、实践设计，以及前沿软件工程的讲授，将极大地提升学生们的软件开发综合实践能力和创新能力。

本书内容包括经典软件工程、现代软件工程，以及前沿软件工程三大模块：

（1）经典软件工程包括第 1 章软件工程概述，第 2 章软件过程，第 3 章软件需求工程，第 4 章结构化开发方法，第 5 章面向对象开发方法，第 6 章编码实现，第 7 章软件测试，第 8 章软件集成、交付与部署，第 9 章软件开发工具和环境，第 10 章软件维护和演化，第 11 章软件项目管理等，共 11 章；

（2）现代软件工程包括第 12 章敏捷开发方法，第 13 章群智化开发方法——开源和众包，第 14 章 DevOps 方法等，共 3 章；

（3）前沿软件工程包括第 15 章面向人工智能系统的软件工程，第 16 章区块链驱动的软件工程，第 17 章云计算驱动的软件工程，第 18 章大数据时代的软件工程，第 19 章面向物联网的软件工程等，共 5 章。

本书不仅满足高校计算机专业和信息大类专业的“软件工程”课程的本科教学需求，同时也满足双一流高校拔尖软件工程人才培养的需求。本书同时可以作为软件工程从业者的参考用书。可供参考的课件、习题参考答案、课程实践设计、课程实践指导和案例可以从北京大学出版社网站下载。

本书由北京大学计算机学院与浙江大学计算机学院的软件工程教研团队合作撰写完成。编写分工如下：孙艳春负责第 1～8 章、第 10 章、第 12～13 章的编写，同时负责全书的修改和统稿；黄罡负责第 14～18 章的编写；邓水光负责第 1 章的 1.5 节、第 2 章的 2.3 节、第 4 章的 4.2.1 节、第 6 章的 6.4 节、第 7 章的 7.3 节和 7.8 节、第 9 章、第 11 章、第 19 章的编写。除了以上三位作者，景翔、蔡华谦、柳熠、姜海鸥、马新建、马郓、张宁、智晨、高艺、向正哲、王东京和韩俊晓也参与了部分章节的编写和修改工作，为本书的出版做出了贡献，在此一并表示感谢。

感谢梅宏院士为本书作序。感谢南京大学李宣东教授审阅了全书，并提出许多宝贵意见。同时感谢北京大学计算机学院的领导和老师们对本书的大力支持！

由于完成时间紧迫，加之作者水平有限，本书难免有不足和疏漏之处，请广大读者批评指正。

作者

2023 年 7 月于北京大学

目　　录

第一部分　经典软件工程

第二部分 现代软件工程

第三部分　前沿软件工程

第一部分　经典软件工程

第1章　软件工程概述

正确认识软件开发，是从事软件开发实践和软件工程项目管理的思想基础。

"软件工程"一词，可以拆分为"软件"和"工程"。本章将从介绍"软件"概念开始，让读者深入理解软件的内涵，并了解软件的发展历史、分类和特点。然后，我们聚焦"工程"，让读者了解"软件工程"作为一类特殊的"工程"是在什么历史背景下提出的？又是如何发展的？软件工程的目标和原则是什么？软件工程从业者应遵守哪些软件工程职业道德规范？在这一章中，我们将从软件的概念出发，逐步揭晓这些问题的答案。

1.1　软件概念

1.1.1　软件的定义

谈及"软件"一词，近到人们生活中不可或缺的手机，记录人间烟火，远到遥望星空中火星上的探测车，探索宇宙奥秘，软件都蕴含其中。当今，软件无处不在，在人们的工作和生活中，软件得到广泛应用。

软件一般是指计算机系统中的程序及其文档。其中，程序是对计算机任务的处理对象和处理规则的描述；文档是为了理解程序所需的阐述性资料。软件可以是为特定客户开发的定制产品，例如各高校的校园卡管理系统；软件也可以是为一个通用市场开发的通用产品，例如 office 365 和微信等。

由上述定义可知，软件是对一个特定问题域的抽象，是被开发出的一种逻辑实体，而不是一种"有形"的元件。该问题域有自己的术语空间和业务处理逻辑，例如一个图书管理系统，有"图书管理员""图书""书库"以及有关业务的"借书""还书""新书入库"等术语，有"借书"或"还书"等特定的业务处理逻辑。

1.1.2　软件的发展历史

纵观软件的发展，主要经历了三个阶段[1]。

1. 软硬一体化阶段（1946—1975 年）

在 20 世纪之前，大部分计算都是由人类完成的。帮助人类进行数字计算的早期机械工具，如算盘，被称为"计算机器"。第一种计算辅助工具是纯粹的机械设备，它要求操作员设置基本算术运算的初始值，然后操作设备以获得结果。虽然这种方法需要更复杂的机制，但它大大提高了结果的精确度。晶体管计算机和集成电路等一系列技术的突破使得数字计算机在很大程度上取代了模拟计算机。

早期计算机没有“软件”的概念，仅仅是以程序的形式存在。1948 年 6 月，由 Frederic C. Williams，Tom Kilburn 和 Geoff Tootill 在曼彻斯特大学建造的世界上第一台存储程序的小型实验机（Small Scale Experimental Machine，SSEM）成功运行，当时，它花了 52 分钟，经过 350 万次计算，成功地完成一组指令。这一事件被称为“现代计算的诞生”，也可视为“软件”的诞生。早期计算机的编程语言是机器语言和汇编语言，应用领域是以军事领域的计算为主。

20 世纪 60 年代随着以 IBM 360/370 为代表的一系列小型机和大型机的发展，出现了“软件”一词，融合程序和文档于一体。尽管当时的软件还是和硬件一起捆绑出售，但是软件已作为独立的形态从硬件中分离出来，逐渐形成了计算机软件学科和程序员行业。这一时期，出现了一系列高级语言，如第一个高级程序设计语言 FORTRAN 和第一个专门为处理商业数据而设计的高级程序语言 COBOL 等，软件的展现形式是高级程序语言加文档。软件也逐渐进入商业计算和科学计算领域，例如，这一时期，软件进入汽车制造业和航空业。

2. 软件的产品化、产业化阶段（1975 至今）

微软（Microsoft）和甲骨文（Oracle）的出现，标志着软件开始成为一个独立产业。Larry Ellison 创建了 Oracle，成为第一个纯“软件公司”。而 Microsoft 和英特尔（Intel）组成的 Wintel 联盟彻底改变了整个信息产业的格局。这一时期，软件以复制为主要形态，而且几乎将应用扩展到各个领域。

以 IBM 个人电脑（Person Computer，PC）为代表的个人计算机的广泛应用，和软件的产品化催生了信息化的第一波浪潮，即以单机应用为特征的数字化阶段（信息化 1.0）。典型应用如 Windows 操作系统、各种嵌入式系统、企业资源规划系统等。

3. 软件的网络化、服务化阶段（1995 至今）

互联网推动了软件从单机向网络计算环境的延伸，带来了信息化的第二波浪潮，进入以互联网应用为特征的网络化阶段（信息化 2.0）。这一时期，软件的形态演化为传统复制、服务化和应用（APP）化等多种形态，而软件已在社会生活的方方面面得到广泛应用，例如，零售业、制造业、新闻业、物流业、旅游业、金融业、医疗业、教育业等行业，软件无处不在。

这一时期，在互联网环境下，软件和互联网有机结合，软件的形态逐渐呈现服务化。原来单机环境下的软件如 Microsoft Office，需要在本地复制、安装和升级，而服务化的软件如 Google Docs/Office 365，具有在线直接使用和永久的“beta”版（公共测试版）的特点。软件的形态逐渐呈现应用化。应用商店是互联网时代软件的新型分发和盈利模式。软件是实现互联网核心价值的重要使能技术。正如 C++语言发明人 Bjarne Stroustrup 所说，人类文明运行在软件之上。

1.1.3 软件的分类

下面从两个维度介绍软件的分类。

1. 按照软件的功能划分

软件按照功能划分，一般可以分为系统软件、支撑软件和应用软件三类。

（1）系统软件

系统软件位于计算机系统中最靠近硬件的一层，其他软件一般都通过系统软件发挥作用。系统软件（如编译程序和操作系统等）与具体的应用领域无关。其中，编译程序把程序人员用高级语言编写的程序翻译成与之等价的、可执行的机器语言程序，而操作系统则负责管理系统的各种资源、控制程序的执行。常见的系统软件包括 Windows 操作系统、Clang 和 GCC 等 C 语言编译器等。

(2) 支撑软件

支撑软件是用来支撑软件的开发、维护与运行的。20 世纪 70 年代后期发展起来的软件开发环境以及后来的中间件可被看成现代支撑软件的代表。软件开发环境主要包括环境数据库、各种接口软件和工具组，三者形成整体，协同支撑软件的开发与维护。中间件是一种软件，它处于系统软件与应用软件之间，能使远距离相隔的应用软件协同工作(互操作)。常见的支撑软件包括 MySQL 等数据库软件、Visual Studio 等集成开发环境(Integrated Development Environment，IDE)、VMware 等虚拟化软件、Git 等版本控制系统、Nginx 等网络和服务器软件。

(3) 应用软件

应用软件指特定应用领域专用的软件。例如，各种医疗软件、各类办公软件、游戏软件、社交软件都是应用软件。

2. 按照软件的应用领域划分

软件按照应用领域划分，可以分为七类。

① 系统软件。一整套服务于其他程序的程序。

② 应用软件。解决特定业务需求的独立应用程序。

③ 工程/科学软件。这类软件带有“数值计算”算法的特征，覆盖了广泛的应用领域。例如常用于数学计算的软件 Mathematica 等。

④ 嵌入式软件。存在于某个产品或系统中，可实现和控制面向最终使用者和系统本身的特性和功能。例如车载导航仪、工业自动化嵌入式软件等。

⑤ 产品线软件。产品线软件为多个不同用户的使用提供特定功能。

⑥ Web 应用软件。是一类以网络为中心的软件。例如 Netflix 等流媒体平台、Facebook 等社交媒体平台等。

⑦ 人工智能软件。利用非数值算法解决计算和直接分析无法解决的复杂问题。例如语音助手软件、图像识别软件、自动驾驶软件等。

1.1.4 软件的特点

无论软件的规模大或小、复杂或简单，用于何种应用领域，软件都具有如下特点。

(1) 软件是无形的、不可见的逻辑实体

软件是否正确，只有程序在机器上运行才能知道，这给软件的设计、开发和管理带来很多困难。

(2) 软件是设计开发的，而不是生产制造的

不同于传统制造业的产品，软件在使用过程中没有磨损、老化等问题。软件只有在市场或客户不需要该产品的时候，才被卸载或停止使用。

(3) 软件是定制开发的

虽然软件产业朝着基于构件的集成组装模式发展，但大多数软件仍是根据实际的客户需求定制开发的。针对不同的客户需求，往往无法完全应用一套已有的可复用构件，而需要

结合客户的特殊需求进行定制化开发。

(4) 软件是复杂的

软件涉及各行各业，软件开发经常涉及应用领域的专业知识，这对软件工程师提出了很高的要求。假设一个软件开发人员在开发一款用于医疗保健领域的软件，那么他(她)将不得不了解政府对于医疗保健流程、医疗数据隐私和安全要求的相关标准，同时为了便于医疗从业人员及病人使用，他(她)也必须了解相应的医疗保健知识，并设计良好的功能和用户界面。

(5) 软件的开发成本高

软件开发成本涉及人力资源、开发工具和技术、需求分析和设计、开发时间和迭代、质量保证和测试，以及变更管理和维护等方面。不同于一般工程项目，在软件开发过程中，实际开发(编写代码)只占整个软件开发成本的一小部分，甚至可以说是“冰山一角”。而测试、维护等任务占据整个软件开发成本的很大一部分。

(6) 软件易于复制

软件本质上是计算机系统中的程序和文档，软件通常以计算机文件的形式保存，任何拿到这些文件的人，也就相当于拿到了该软件，因此软件是易于复制的。

(7) 软件质量要求较高

例如，在1961年年底，IBM开始打算实施“360系统电子计算机计划”，据当时的估算，整个计划投资约50亿美元。该计划要做一个通用的系统，使IBM不同型号的计算机能享用同样的设备，如磁带机、打印机等，能使用同样的软件，并且可以相互连接，一起工作。这些在今天看来理所当然的事，在当时可是闻所未闻。

IBM 360系统的开发用了5 000人年，写了近100万行源程序，但结果非常糟糕，每次发行新版本都要修改上一个版本的1 000个左右的程序错误。该项目负责人F.D.Brooks根据这次开发任务的经验，写了《人月神话》，并总结说：“就像一只逃亡的野兽落入泥潭做垂死挣扎，越是挣扎，陷得越深，最后无法逃脱灭顶之灾。”

(8) 软件开发工作牵涉很多社会因素

软件开发涉及一些机构设置、体制和管理方式，以及人们的观念和心理，所以软件开发需要综合考虑。例如软件开发必须遵守当地的法律法规，软件开发团队需要了解并尊重当地的文化差异，确保软件在不同背景下的可接受性和适应性。

软件的上述特点给软件开发和维护带来很多困难和挑战。

1.2 软件工程概念

在读者初步了解“软件”后，我们再来谈谈“工程”以及特殊的一类工程——“软件工程”。《计算机科学技术百科全书(第三版)》指出“工程”有两层含义，一为实体含义，一为学科含义[2]。前者是指科学技术之理论、原则、方法和技术在某一项目上的应用；而后者是指以实体含义之工程为研究对象的学科。按照此定义，软件工程一方面是指将科学技术之理论、原则、方法和技术应用于软件项目上，另一方面软件工程也有学科含义。下面，我们通过介绍软件工程的起源、软件工程的发展历史、软件产业的发展和人才需求，让读者对软件工程概念有更深入的理解。

1.2.1　软件工程的起源

20世纪60年代，随着计算机应用领域的进一步扩大，软件的规模和复杂性不断增加，再加上软件本身的诸多特点给软件的开发和维护带来很多困难和挑战。此时，软件开发领域有一种“屋漏偏逢连夜雨”的态势，出现了以下现象：① 软件质量差，可靠性难以保证；② 软件开发成本难以控制，很少有软件在预算内完成；③ 软件开发进度难以把握，周期拖得很长；④ 软件的可维护性较差，维护人员和费用不断增加。人们把以上这些现象称为“软件危机”。

软件危机成为社会、经济发展的制约因素。例如，IBM 360系统，投入了5 000人年，拖延了几年才交付使用，交付使用后仍不断发现新的问题。而IBM 360系统开发出现的这些问题正是软件危机的具体体现。

当时，软件开发虽然有一些工具支持，例如编译链接器等，但基本上还是依赖开发人员的个人技能，缺乏可遵循的原理、原则、方法体系以及有效的管理，使软件开发往往超出预期的开发时间和预算。

为了解决软件危机问题，北大西洋公约组织（North Atlantic Treaty Organization，NATO）于1968年在联邦德国举行的关于软件开发的会议上，首次提出“软件工程”的术语。软件工程概念的提出，其目的是倡导以工程的原理、原则和方法进行软件开发，以期解决软件开发领域的软件危机问题。

虽然软件工程概念的提出已有50余年，但软件工程概念的定义并没有统一。在NATO举行的会议上，Fritz Bauer将软件工程定义为，是用来建立和使用合理的工程原则，经济地获取可靠的且在真实机器上可高效工作的软件。而1993年IEEE将软件工程定义为，① 将系统化的、规范的、可度量的方法应用到软件的开发、运行和维护的过程，即将工程化应用于软件中；② 研究①中所述的方法。

综上所述，工程是将科学理论和知识应用于实践的科学。在理解“工程”这一概念的基础上，可以把软件工程定义为：软件工程是应用计算机科学理论和技术以及工程管理原则和方法，按预算和进度实现满足用户要求的软件产品的工程，或以此为研究对象的学科。

1.2.2　软件工程的发展历史

软件工程作为一门学科，至今已有近50余年的历史，其发展大体可划分为以下几个时期。

① 20世纪60年代末到80年代初，随着软件系统的规模、复杂性的增加，以及软件在关键领域的广泛应用，促进了软件的工程化开发和管理。这一时期主要围绕软件项目，开展了有关开发模型、开发方法和支持工具的研究。主要成果体现为：提出了瀑布模型，试图为开发人员提供有关活动组织方面的指导；开发了诸多过程式语言（例如PASCAL语言、C语言、Ada语言等）和开发方法（例如Jackson方法，结构化方法等），试图为开发人员提供好的需求分析和设计手段，并开发了一些支持工具，例如调试工具等。在这一时期，开始出现各种管理方法（例如费用估算、文档复审等），开发了一些支持工具（例如计划工具、配置管理工具等）。这一时期的主要特征可概括为：前期主要研究系统实现技术，后期则开始关注软件质量和软件工程管理。

② 20世纪80年代至90年代，基于已开展的大量软件工程实践，围绕对软件工程过程的支持，开展了一系列有关软件生产技术，特别是软件复用技术和软件生产管理的研究和实践。主要成果是提出了一系列软件工程标准；大力开展了计算机辅助软件工程（Computer Aided Software Engineering，CASE）的研究与实践，各类CASE产品相继问世。其间最引人注目的是，在工程技术方面，出现了面向对象语言，例如Smalltalk、C++、Eiffel等；提出了面向对象软件开发方法；提出了CORBA、.Net、J2EE等分布式面向对象技术；提出了COM、EJB和Web Service为代表的软件构件技术。在软件工程管理方面，开展了一系列软件工程过程改进项目，其目标是在软件工程实践中，通过一种量化的评估程序，判定软件组织和软件工程过程的成熟度，提高软件开发组织的过程能力。

③ 21世纪开始至今，随着互联网的发展，以及人工智能、区块链、云计算和大数据等新兴技术的发展和应用，软件工程实践呈现敏捷化、开源化、服务化、群智化和智能化等特点。主要成果包括：提出了敏捷开发方法，并在此基础上进一步提出了DevOps方法，使得软件开发呈现出敏捷化；以Apache为代表的开源社区的发展，以及以GitHub、Gitee等面向开源及私有软件项目的托管平台的发展，促进了软件工程实践基于开源软件和开发框架而开展，而开发过程基于Git等分布式协作平台，所实现的软件产品呈现出开源化；云计算技术在软件开发中的应用，使得软件工程实践呈现出服务化；而人工智能和大数据等技术的出现和发展促进了软件工程实践呈现群智化和智能化等特点。尤其是随着ChatGPT和GPT-4等大模型的推出，软件开发越来越呈现出智能化的特点。ChatGPT和GitHub Copilot的出现，使得软件开发团队的主要任务发生了变化，主要任务不再是写代码、执行测试，而是训练模型、参数调优、围绕业务主题提问或给提示。但是目前这些通用人工智能技术带给软件工程的影响还在探讨中。最后，哲学的一个观点“以静制动”，也许是我们拥抱变化的最好方式。

1.2.3 软件产业的发展和人才需求

目前，中国软件产业发展迅猛，对软件工程的人才需求很大，尤其是对高级软件工程人才的需求极大。

2021年11月中华人民共和国工业和信息化部（以下简称“工信部”）印发的《“十四五”软件和信息技术服务业发展规划》（以下简称《规划》）指出，软件是新一代信息技术的灵魂，是数字经济发展的基础，是制造强国、网络强国、数字中国建设的关键支撑。发展软件和信息技术服务业，对于加快建设现代产业体系具有重要意义。

国际竞争博弈愈发激烈的大背景下，关键核心技术，尤其是信息与软件技术仍是我国的短板。《规划》的发布释放了我国要强化国家软件重大工程引领作用，补齐短板、锻造长板，提升关键软件供给能力的信号。

工信部信息技术发展司司长谢少峰在解读该规划时表示，目前我国软件人才整体来看仍然供不应求，特别是对专业化、高端化、复合型人才的需求更加迫切。据赛迪《关键软件人才需求预测报告》预测，2025年，我国关键软件人才新增缺口将达到83万人。因此，即使目前我国软件业务增长率较快，但培养高层次软件和信息化人才依旧是关键，只有不断丰富我国的人才储备，实现核心技术上的突破，方能摆脱我国在高科技领域被“卡脖子”的窘境。

在领英(LinkedIn)的《2020 年新兴职业报告》中，可以看到：尽管面临新兴职业的冲击，与软件相关的岗位依然保持强劲的增长，50% 的新兴职业都与软件工程师或者软件开发相关，所以国际软件工程人才也面临紧缺的问题。

1.3　软件开发的本质和基本手段

1.3.1　软件开发的含义

软件开发就是建立问题域到运行平台之间的映射。

问题域是软件系统所要解决的现实世界中的特定问题领域或业务领域，包含了该领域下的概念和处理逻辑；运行平台即软件系统实际运行和执行的环境，也包含一些概念和处理逻辑。而问题域的概念和处理逻辑与运行平台的概念和处理逻辑是不同的，使得问题域到运行平台的直接映射难以实现。

软件开发的目标是将问题域中的概念映射为运行平台的概念，例如变量、常量、表达式以及语句等，把问题域中的处理逻辑映射为运行平台的处理逻辑，例如顺序语句、选择语句和循环语句等。如图 1.1 所示。

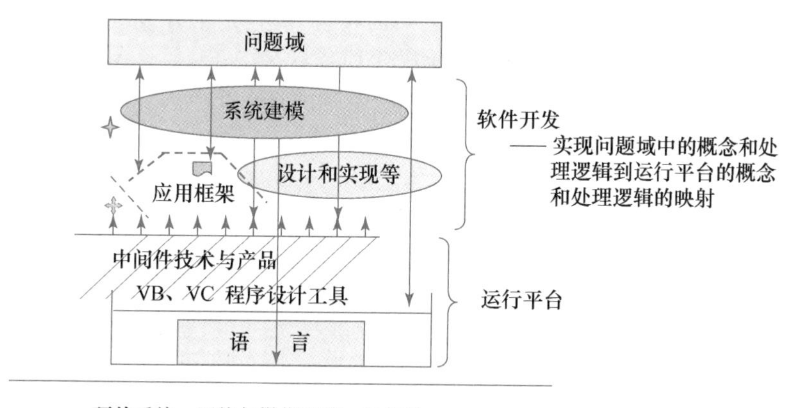

图 1.1　软件开发的含义

因此，软件开发就是要“弥补”问题域与运行平台之间的“距离”，这一“距离”是通过问题域中的概念和处理逻辑不同于运行平台中的概念和处理逻辑而体现的。另外，尽管随着软件技术的进步，问题域与运行平台之间的“距离”会越来越小，但几乎很难实现“彻底”的软件自动化，换言之，问题域与运行平台之间的“距离”将长期存在。

1.3.2　软件开发的本质

问题域向运行平台的映射，存在一定的复杂性。为了控制这一复杂性，需要确定多个抽象层，例如需求、设计、实现和部署等，每一个抽象层均有自己特定的术语定义，并形成该抽象层的一个术语空间。

如果按照自顶向下的途径进行软件开发，首先通过需求建模，把问题域的概念和处理逻辑映射到需求这一个抽象层，再把需求层的概念和处理逻辑向设计层进行映射，依次进行，直到映射到运行平台这一个抽象层为止，如图 1.2 所示。

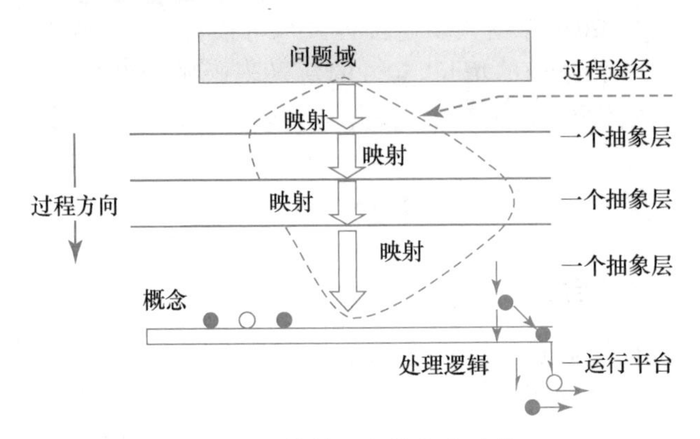

图 1.2 软件开发的本质示意

由此可见，软件开发的本质可概括为：不同抽象层术语之间的“映射”，不同抽象层处理逻辑之间的“映射”。

1.3.3 软件开发的基本手段

软件开发既然是实现多个不同抽象层之间的映射，而且是由开发人员来做这样的映射，因此自然就要涉及两个方面的问题：一是如何实现这样的映射；二是如何管理这样的映射，以保障映射的有效性和正确性。

映射的实现手段是技术层面的问题，包括两个方面：

(1) 过程活动的组织方式(即过程方向)

过程活动的组织方式，例如先做需求、再设计、再实现(瀑布模型)，还是需求、设计和实现交错进行(螺旋模型)，给出了有关活动的组织框架，为设计开发逻辑提供了基础，如图 1.3 所示。

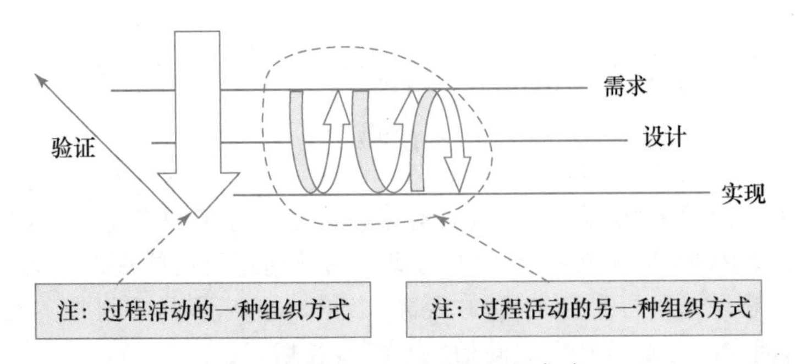

图 1.3 两种过程活动的组织方式

(2) 求解软件的开发手段(即过程途径)

现实生活中有许多问题是非结构化问题或半结构化问题，没有结构或缺少完整而清晰的结构，需要某种手段为它们建立结构，而这种手段就是为它们建立模型，即运用所掌握的知识，通过抽象给出问题的一个模型。

简单地说，模型是对某些方面的抽象。进一步地说，模型是在特定意图下所确定的角度和抽象层次上对物理系统的描述，通常包含对该系统边界的描述、系统内各元素以及它们之间的语义关系。信用卡确认系统的功能模型，如图 1.4 所示，其采用 UML 作为建模工具。

在软件开发领域，建立模型的手段包括结构化方法、面向对象方法等。

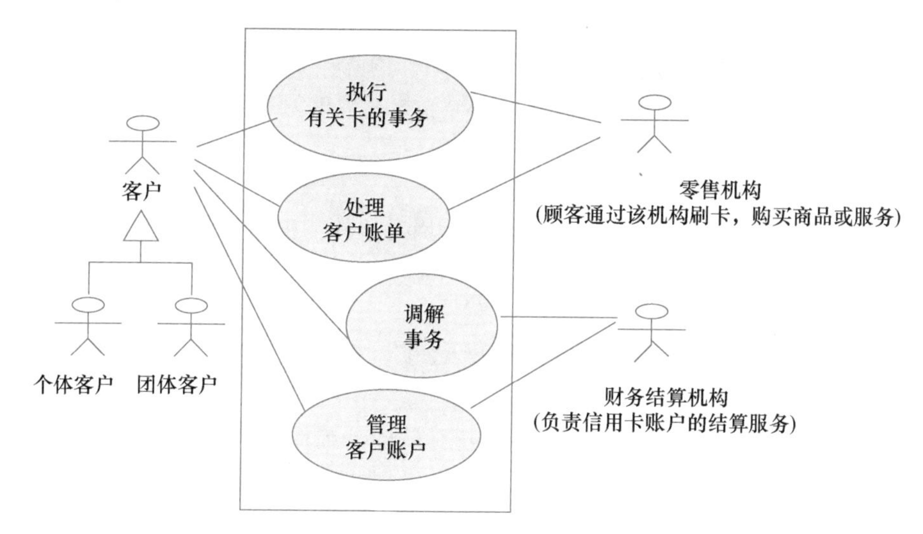

图 1.4　信用卡确认系统的功能模型

在软件开发中，软件系统模型大体上可分为两类：概念模型和软件模型，如图 1.5 所示。

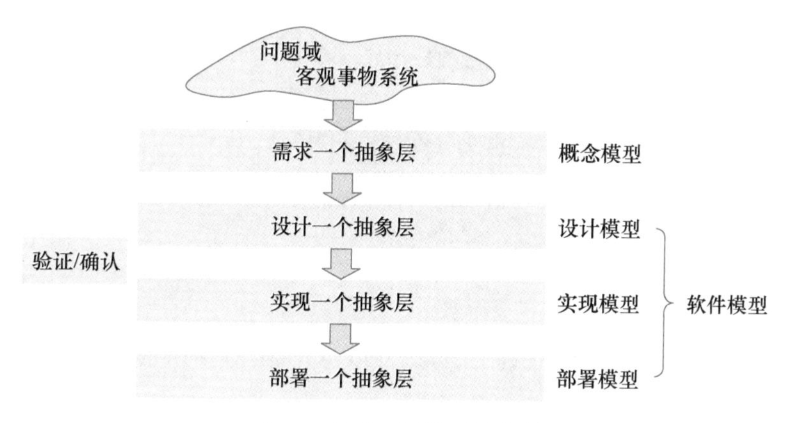

图 1.5　软件系统模型的分类

分层的基本动机是控制软件开发的复杂性。其中，在需求层面上创建的概念模型是对客观系统的抽象，即标识要解决的问题，或称问题定义。软件模型依据所在的抽象层，可进一步分为设计模型、实现模型和部署模型等，给出了相应概念模型的软件解决方案。

映射的管理手段是管理层面的问题，其主要功能包括软件项目的规划、组织、人员安排、控制和领导等。

从以上的论述中可以了解，软件开发既有技术上的问题，又有管理上的问题。因此，软件工程作为一门研究软件开发的学科，其主要内容包括：

① 做哪些映射，即要进行哪些开发任务；

② 如何根据软件项目特点、环境因素等，选择并组织这些开发任务；

③ 如何实现不同抽象层之间的映射；

④ 如何支持验证,如何支持整个软件开发;

⑤ 如何管理一个软件项目,主要包括如何进行项目规划,如何控制开发过程质量,如何控制产品质量等;

⑥ 如何支持软件维护和演化。

此外,本书也探讨了现代软件工程和前沿软件工程的理论、方法、技术及应用,内容如下:

① 业界广泛使用的现代软件工程方法;

② 人工智能、大数据、云计算、区块链和物联网对软件工程带来哪些影响和挑战。

后续,将分别就以上八个方面的知识进行详细介绍。

1.4 软件工程的目标、原则和活动

根据《计算机科学技术百科全书(第三版)》对软件工程框架的定义,软件工程框架可概括为目标、原则和活动,如图 1.6 所示。这一软件工程框架确定了软件工程的研究内容。

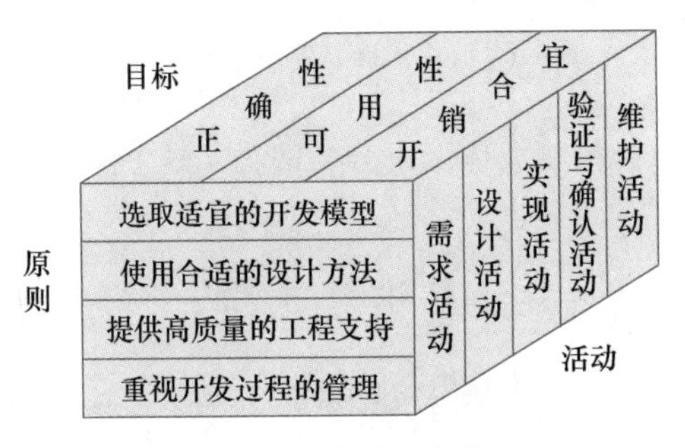

图 1.6 软件工程框架

1.4.1 软件工程的目标

软件工程的目标是生产具有正确性、可用性以及开销合宜的产品。

(1) 正确性

正确性是指软件产品达到预期功能的程度。例如一个电子商务网站的正确性目标是确保用户能够浏览商品、添加到购物车、下订单和进行支付等功能的正常。

(2) 可用性

可用性是指软件的基本结构、实现及文档为用户可用的程度。例如,一个软件系统应该提供直观和易于使用的用户界面,保持不同界面和功能模块之间的设计一致性,容忍用户一定的错误输入并给出相应提示,对用户操作提供及时的响应或反馈,提供清晰、易于理解的文档和帮助资源等。

(3) 开销合宜

开销合宜是指软件开发、运行的整个开销满足用户要求的程度。良好的软件工程应该控制开发成本、降低维护成本、进行风险管理等,避免延期和成本过高。

1.4.2 软件工程的原则

软件工程的原则如下：

(1) 选取适宜的开发模型

软件开发过程必须认识需求定义的易变性，采用适宜的开发模型予以控制，以保证软件产品满足用户的需求。例如，对于需求不明确、需要快速验证概念和用户界面的情况，宜采用原型模型进行开发。

(2) 使用合适的设计方法

在软件设计中，通常要考虑软件的模块化、抽象与信息隐蔽、局部化、一致性以及适应性等特征。合适的设计方法有助于这些特征的实现。例如，结构化设计方法将系统划分为模块化的、可维护的构件，并通过明确定义的接口和数据流来描述模块之间的交互，适用于简单和中等复杂度的项目，并提供良好的模块化和可维护性。面向对象设计方法基于面向对象的概念，将系统划分为对象的集合，并通过定义对象之间的关系和交互来描述软件系统的设计，适用于大型或复杂软件系统的开发，并提供良好的扩展性。

(3) 提供高质量的工程支持

在软件工程中，软件工具和环境对软件过程的支持非常重要。软件工程项目的质量与开销直接取决于对软件工程所提供的支撑质量。例如，软件工程师通过采用严格的质量保证流程，确保软件产品符合预期的质量标准；软件维护人员提供持续的维护和技术支持，确保软件系统的正常运行和用户满意度；软件工程师编写清晰、准确的文档，包括需求文档、设计文档、用户手册和技术文档等。

(4) 重视开发过程的管理

软件工程的管理，直接影响可用资源的有效利用，生产满足目标的软件产品，提高软件组织的生产能力等问题。例如，使用项目管理工具(如 Jira 等)来跟踪和管理开发项目的进度、任务分配、优先级和工作流程；使用敏捷开发方法(如 Scrum 等)来进行增量和迭代式的开发；使用版本控制系统(如 Git 等)来处理代码的版本和变更；定期进行项目评估和回顾，分析项目的成功因素和挑战，提取经验教训，并确定改进的机会。

1.4.3 软件工程的活动

生产一个最终满足需求且达到工程目标的软件产品所需要的步骤，主要包括需求、设计、实现、验证与确认和维护等活动。

(1) 需求活动

需求活动主要定义问题，建立系统模型。需求活动主要包括以下任务。

① 需求获取。需求获取是软件开发过程的开始，也是至关重要的一步，可以通过用户调查、用户访谈、用户故事等方式获取客户的需求。

② 需求定义。即定义问题，给出系统功能的一个正确陈述。

③ 需求规约。需求规约是软件需求的规范化描述。需求规约主要包括系统模型，该模型是系统功能的一个精确、系统的描述。

④ 需求验证。验证需求陈述和需求规约之间的一致性、完整性和可跟踪性。

(2) 设计活动

在需求分析的基础上，给出系统的软件设计方案。软件设计包括总体设计(也称为概要设计)和详细设计两部分。

① 总体设计的任务是建立整个软件体系结构。软件体系结构包括子系统、模块(或构件)以及相关层次的说明、每一个模块(或构件)的接口定义。软件体系结构类型可分为：层次模块体系结构、C/S 体系结构、以数据库为中心的体系结构、管道结构和面向对象的结构等。

② 详细设计针对总体设计的结果，给出体系结构中每一个模块或构件的详细描述，即给出它们的数据结构说明和实现算法。

(3) 实现活动

实现活动，就是把设计结果转换为可执行的程序代码。具体做法包括选择可复用的模块或构件，例如在开发网站、移动应用时，复用提供用户身份验证、访问控制和权限管理功能的模块；以一种选定的语言，对每一个模块或构件进行编码。

(4) 验证与确认活动

验证与确认活动贯穿于整个开发过程，保证最终产品满足用户的需求。验证与确认活动主要包括：需求复审、设计复审以及程序测试。需要验证与确认的活动内容包括：对用户需求的理解与用户期望一致；软件系统的设计与需求一致；编码实现符合设计规范、编码标准和最佳实践；各个模块或构件的集成结果符合预期，系统的功能和性能正常运行；软件系统满足预期的功能和性能要求；软件开发过程中的各种文档完整有效。其中，软件测试是验证与确认活动的主要任务。

(5) 维护活动

维护活动是在软件发布之后所进行的修改或完善。它为系统的运行提供完善性维护、纠错性维护和适应性维护，使系统在交付之后具有长期提供正常服务的能力。

1.5 软件工程职业道德规范

目前，计算机与软件技术正日益成为推动经济、工业、行政、医疗、教育、娱乐以及整个社会发展的核心技术。其中，软件工程师通过直接参与软件系统的分析、设计、开发、测试、部署、维护和授权等实践工作或教学活动，为社会做出了巨大贡献。为了尽可能确保他们的努力得到善用，软件工程师应遵守软件工程职业道德规范。

1.5.1 软件工程职业的基本职业道德要求

与所有工程学科一样，在软件工程领域工作的人们应该在法律框架内进行实践活动。软件工程师需要接受的是其工作不仅是应用技术技能，而且还涉及基本的职业道德。软件工程师还必须以遵守职业道德的方式行事，以获取尊重。

软件工程师应该坚持诚实和正直的标准，不应该利用其技能做出不诚实的行为，不能损害软件工程师的名誉。然而，在某些情况下，软件工程师的行为并不受法律的约束，而是受职业道德所约束。例如：

(1) 保密性

通常无论是否签署了正式的保密协议，软件工程师都应该尊重其雇主或客户的保密性要求。

(2) 能力

软件工程师不应故意接受超出其能力范围的工作。

(3) 知识产权

软件工程师应该了解当地有关专利权和著作权等知识产权的法律，应该确保客户或雇主的知识产权受到保护。

(4) 电脑滥用

软件工程师不应该利用其技能滥用他人的电脑。计算机滥用的范围从相对微不足道(如在雇主的机器上玩游戏)到极其严重(如传播病毒或其他恶意软件)。

专业协会和机构在制定职业道德和标准方面发挥着重要作用。美国计算机协会(Association for Computing Machinery, ACM)、电气电子工程师学会(Institute of Electrical and Electronics Engineers, IEEE)和英国计算机协会(British Computer Society, BCS)等组织发布了职业行为准则或道德准则。这些组织的成员承诺在注册成为会员时遵守该行为准则。这些行为准则通常与基本的道德行为有关。例如，IEEE/ACM 发布的《软件工程师职业道德规范和标准》(The Software Engineering Code of Ethics and Professional Practice)[3]，包括如下规则：

① 公众，软件工程师的行为应符合公众利益；

② 客户或雇主，软件工程师的行为应符合其客户或雇主的最大利益并符合公众利益；

③ 产品，软件工程师应确保他们的产品及相关修改符合最高的专业标准；

④ 判断，软件工程师应保持其专业判断的完整性和独立性；

⑤ 管理，软件工程管理人员应赞同并提倡以符合道德规范的方式来管理软件开发和软件维护；

⑥ 职业，软件工程师应提高其职业的诚信和声誉，与公众利益保持一致；

⑦ 同事，软件工程师应公平对待并支持他们的同事和同行；

⑧ 自身，软件工程师应当终身学习以提高自身的专业水平，并在工作实践中推动落实职业道德。

在不同的人有不同的观点和目标的情况下，软件工程师可能面临道德困境。例如，如果软件工程师原则上不同意公司管理层的政策，应该如何应对？显然，这取决于涉及的人员和分歧的性质。是在组织内部据理力争，还是原则上辞职？如果软件工程师觉得一个软件项目有问题，什么时候向管理层反映这些问题？如果在只是怀疑的时候就反映这些问题，可能会导致管理层认为软件工程师反应过度；如果问题留得太久，可能就变得难以解决。在我们的职业生涯中，都会面临着这样的道德困境，幸运的是，在大多数情况下，这些问题都可以解决。在无法解决的时候，软件工程师原则性的行动可能是辞职，但这很可能会影响到其他人，例如他们的伴侣或孩子。当他们的客户或雇主有违反职业道德的行为时，软件工程师就会为难。假设一家公司负责开发一个安全关键系统，并且由于时间压力，伪造了安全验证记录，软件工程师是否有责任保密、提醒客户所交付的系统可能不安全？问题在于安全方面没有绝对准确的标准，尽管系统可能尚未根据预定义的标准进行验证，但该系统实际上可以在其整个生命周期内安全运行；然而即使系统经过预定义的标准验证，系统也可能出现故障并导致事故。过早披露问题可能会对客户或雇主，以及其他雇员造成损害；而不披露问题可能会对他人造成损害。在这些事情上，软件工程师必须自己做决定。此时软件工程师的道德立场、损害的可能性、损害的程度以及受损害影响的人会影响软件工程师的决策。如果情况非常危险，可以尝试通过国家媒体或社交媒体进行揭露。但是，软件工程师应该始终尝试在尊重客户或雇主权利的同时解决问题。

1.5.2 软件工程职业应遵守的道德和职业行为准则

软件工程师应致力于使软件的分析、设计、开发、测试、部署、维护和授权等工作成为有益和受人尊敬的职业。根据他们对公众健康、安全和福利的承诺，软件工程师应遵守以下八项准则[3]：

1. 公众

软件工程师应当以公众利益为目标，其行为应符合公众利益。特别地，软件工程师应做到：

① 对其分内工作负有全部责任；

② 综合考虑公众利益与软件工程师、雇主、客户和用户的利益；

③ 批准软件前应确信软件是安全的、符合说明的、经过合适测试的，不降低公众生活质量、不侵犯公众隐私且不危害环境，一切以维护公众利益为前提；

④ 当有理由相信软件或相关文档会对用户、公众或环境造成任何实际或潜在的危害时，向适当的人或部门举报；

⑤ 通过合作全力解决由于软件及其安装、维护、支持或文档引起的公众关切的各种重要问题；

⑥ 在所有有关软件、文档、方法和工具的声明中，特别是公开声明，要力求正直，避免欺骗；

⑦ 认真考虑诸如物理缺陷、资源分配、经济劣势和其他可能影响软件使用的各种因素；

⑧ 自愿将自己的专业技能用于促进公益事业和公共科学教育的发展。

2. 客户或雇主

在保持与公众利益一致的原则下，软件工程师应最大化客户或雇主的利益。特别是在适当的情况下，软件工程师应当：

① 在其胜任的领域提供服务，对其经验和教育方面的任何不足应持诚实和坦率的态度；

② 不明知故犯地使用不合法或不道德的软件；

③ 只在客户或雇主知晓和同意的情况下，在适当准许的范围内使用客户或雇主的资产；

④ 确保每一个文档的建立基础都是经过检验的，必要时需要由授权人士认证；

⑤ 在不违背公众利益和法律的前提下，必须对工作中所接触的机密文件严格保密；

⑥ 根据其判断，如果一个项目有可能失败，或者费用过高、违反知识产权法律法规或者存在问题，应立即确认问题、记录文档、收集证据并报告客户或雇主；

⑦ 当意识到软件或相关文档涉及某些社会关切的重大问题时，应及时确认问题、记录问题并报告给客户或雇主；

⑧ 要对主要的客户或雇主负责，不接受影响本职工作的任务；

⑨ 尽可能维护客户或雇主的利益，遇到不符合职业道德和行为准则的问题时，应向客

户或雇主,以及合适的权力机构反映这些问题。

3. 产品

软件工程师应当确保他们的产品和相关的改进符合最高的专业标准。具体而言,软件工程师在适当的情况下应当:

① 努力保证软件的高质量、可接受的成本和合理的进度,确保任何有意义的折中方案是被客户或雇主了解和接受的,对用户和公众来说是合理的;确保其所从事或提出的项目有适当且可达成的目标。

② 识别、定义和解决与项目有关的道德、经济、文化、法律和环境问题。

③ 确保自身受过教育和训练,并拥有足够经验,保证能胜任从事或建议开展的项目工作。

④ 确保在从事或建议的项目中使用合适的方法;在条件允许的情况下应当采取专业标准去执行当前任务,除非有道德或者技术上的问题才允许违背。

⑤ 努力做到充分理解所从事的项目的说明;保证所从事的项目要求是经过定义的、满足用户需求且经过批准的。

⑥ 保证对所从事或建议的项目做出现实和定量的估算,包括成本、进度、人员、质量和产出,并对估算的不确定性做出评估。

⑦ 确保其开发的软件和相关文档经过了足够的测试、调试和复审;确保其开发的软件有足够的文档,包括其发现的重要问题和采取的解决方案。

⑧ 在开发软件和相关文档时,应尊重那些受软件影响的人的隐私;只使用通过合法渠道获得的精确数据,并只以被授权的方式进行使用。

⑨ 维护数据的完整性,对于过期和有问题的数据要敏感;对于任何形式的软件维护,应保持与新开发软件时一样的专业态度。

4. 判断

软件工程师应以完整且独立的方式进行自己的专业判断,特别是在适当的情况下软件工程师应当:

① 调整所有的技术判断以支持和维护自身的价值观;

② 只签署并认可在自己管理之下的文档或者在自己职权范围内且已在业内达成共识的文档;

③ 对受他们评估的软件或相关文档保持专业的客观性;

④ 不参与欺骗性的财务行为,如行贿、重复收费或其他不正当的财务行为;

⑤ 把无法回避和避免的利益冲突告知所有相关群体;

⑥ 拒绝以成员或提建议者的身份参加和软件相关的私人、政府或专业组织。

5. 管理

软件工程的管理人员应赞成和促进对软件开发和维护职业道德和行为准则的管理,特别是在适当的情况下,软件工程的管理人员应当:

① 对其从事的项目进行良好的管理,包括采取提高质量和减少风险等有效手段;保证软件工程师在遵循标准之前便知晓它们;保证软件工程师知道如何保护为客户或雇主提供的保密口令、文件和信息的有关政策和方法。

② 布置工作任务应优先考虑软件工程师的教育和经验;保证对所从事或建议的项目做出现实和定量的估算,包括成本、进度、人员、质量和产出,并对估算的不确定性做出评估。

③ 在雇佣软件工程师时，实事求是地介绍雇佣条件，提供公平、合理的报酬。

④ 对那些在软件开发、研究，或知识产权方面做出贡献的软件工程师，提供一个公平的协议。

⑤ 不要求软件工程师去做任何与职业道德和行为准则不一致的事。

6. 职业

在与公众利益一致的原则下，软件工程师应当确保其职业的完整性，维护其声誉，特别是在适当的情况下软件工程师应当：

① 协助营造一个适合执行职业道德和行为准则的组织环境；推进软件工程知识的普及；通过适当参加各种专业组织和会议，扩充软件工程知识。

② 支持其他软件工程师努力遵循职业道德和行为准则。

③ 不以牺牲客户或雇主，以及公众利益为代价谋求自身利益；服从职业道德和行为准则。

④ 精确叙述自己所开发软件的特性，不仅要避免错误的断言，也要防止那些可能造成猜测投机、空洞无物、欺骗性、误导性或者有疑问的断言；对所开发的软件和相关文档负起检测、修正和报告错误的责任。

⑤ 保证让客户或雇主，以及管理人员知道其对职业道德和行为准则的承诺，以及这一承诺带来的影响。

⑥ 避免加入与职业道德和行为准则有冲突的业务和组织。

⑦ 要认识到违反职业道德和行为准则是与成为一名专业软件工程师不相称的。

⑧ 在有关当事人出现明显违反职业道德和行为准则时，应向其表达自己的担忧。当与明显违反职业道德和行为准则的人无法磋商，会影响开发或有危险时，应向有关部门报告。

7. 同行

软件工程师对其同行应持平等、互助和支持的态度，特别是在适当的情况下软件工程师应当：

① 鼓励同行遵守职业道德和行为准则。

② 在专业发展方面帮助同行。

③ 充分信任和赞赏其他人的工作，节制追逐不应有的赞誉。

④ 客观和坦诚地评审别人的工作，并适当地进行文档记录。

⑤ 保持良好的心态听取同行的意见和建议。

⑥ 协助同行充分熟悉当前工作的相关信息，包括保护口令、文件和保密信息有关的政策和步骤，以及一般的安全措施。

⑦ 不干涉同行的职业发展，但出于对客户、雇主或公众利益的考虑，软件工程师应以善意的态度对同行的胜任能力提出质疑。

⑧ 在遇到自己不能解决的问题时，应主动向熟悉这一领域的专家请教。

8. 自身

软件工程师应当终身参与专业知识的学习，并以符合职业道德和行为准则的方式进行实践，特别是，软件工程师应尽量：

① 深化软件研发知识，包括针对软件和相关文档的分析、规格说明、设计、开发、维护和测试，以及开发过程的管理。

② 提高在合理的成本和时间范围内开发安全、可靠和高质量软件的能力。

③ 提高编写精确、翔实和良好文档的能力。

④ 提高对所开发软件、相关文档和应用环境的了解；提高对所从事软件和文档的有关标准和法律的熟悉程度。

⑤ 提高他们对职业道德和行为准则应用于自身工作的了解。

⑥ 不因为难以接受的偏见而不公正地对待他人。

⑦ 不影响他人在执行职业道德和行为准则时所采取的任何行动。

⑧ 认识到违反职业道德和行为准则是与成为一名专业软件工程师不相称的。

随着计算机与软件技术在社会发展和生产生活中变得日趋重要，作为主要参与者的软件工程师的责任也愈发重大。在软件开发领域，经常发生由从业者违反职业道德和行为准则而引发的严重事件。因此，软件工程师应遵守相应的职业道德和行为准则，以确保技术不会被恶意应用。

1.6　本章小结

本章主要介绍了软件概念和软件工程概念，软件开发的本质和基本手段，软件工程的目标、原则和活动，软件工程职业道德和行为准则等内容。通过本章的学习，读者会对软件工程有一定初步了解，这为后续章节的学习打下基础。

习　　题

1. 请解释以下术语：

（1）软件；

（2）软件工程；

（3）软件危机。

2. 请简要回答软件有哪些特点。

3. 请简要回答软件开发的本质是什么。

4. 请简要回答软件工程的目标和原则是什么。

5. 请简要回答软件工程包括哪些活动，以及每个活动的目标是什么。

6. 请选取最近IT界发生的热门事件，对照软件工程师职业道德的条款，对当事人的软件工程师职业道德进行评价。

参考文献

[1] 梅宏.软件定义一切：机遇和挑战[R/OL].(2017-10-26)[2017-10-29].https://baijiahao.baidu.com/s? id=1582517655327677058&wfr=spider&for=pc.

[2] 张效祥.计算机科学技术百科全书[M].3版.北京：清华大学出版社，2018.

[3] Don Gotterbarn，Keith Miller，Simon Rogerson. Software engineering CODE of Ethics (version 3)[J].COMMUNICATIONS OF THE ACM，1997，40(11)：111-118.

第2章 软件过程

开发逻辑，是获取正确软件的关键。本章首先介绍了软件生存周期过程，然后介绍了几种经典的软件生存周期模型，最后介绍了软件过程改进。

2.1 软件生存周期过程

早在20世纪70年代中期，人们提出了“软件生存周期”这一概念。软件生存周期是软件产品或系统的一系列相关活动的全周期。从形成概念开始，历经开发、交付使用、在使用中不断修订和演化，直到最后被淘汰，让位于新的软件产品。根据这一概念，人们提出一些软件生存周期模型，例如瀑布模型、演化模型、增量模型等，用于组织、指导软件开发工作。

为了细化软件生存周期这一概念，国际标准化组织于1995年发布了一个国际标准，即ISO/IEC 12207:1995《信息技术 软件生存周期过程》。这一标准是软件工程标准中一个基础性文件，系统化地给出了软件开发所需要的任务，即回答了软件开发需要做哪些基本“映射”。

为了有效地组织和表述软件生存周期中的任务，该标准使用了三个术语，即过程、活动和任务。其中，过程是软件生存周期中活动的一个集合，活动是任务的一个集合，而任务是将输入变换为输出的操作。这里所说的任务，是一个“原子”映射，而过程和活动均是“复合”映射。

随着该标准的不断应用，以及软件复用技术的发展，并结合软件能力成熟度模型(Capability Maturity Model for Software，CMM)和软件过程评估的国际标准，国际标准化组织于2002年给出了ISO/IEC 12207:1995的补篇1，主要补充内容包括：① 增加了一些新的软件过程，例如测量过程、资产管理过程、复用程序管理过程以及领域软件工程过程等；② 增加了一些有关该标准应用效果的内容，例如给出了每一个过程的目标以及成功实现过程的基本判定准则等。

之后，国际标准化组织又于2004年给出了ISO/IEC 12207:1995的补篇2，主要对补篇1的内容做了一些修改。

2008年发布的ISO/IEC 12207:2008标准结合了ISO/IEC 12207:1995和它的两个补篇，并与ISO/IEC 15288:2002《系统工程 系统生存周期过程》并行修订，调整了结构、条款以及相应的组织和项目过程。

2017年，ISO/IEC 12207:2017[1]《系统与软件工程 软件生存周期过程》标准发布。该标准按照承担软件开发工作的主体,将软件生存周期过程分为四组：协议过程、组织项目使能过程、技术管理过程和技术过程,如图 2.1 所示。在该标准的附录中,给出了剪裁过程以及相关的指导,以便当把软件生存周期过程运用到具体项目时,可以根据特定情况,对各种过程和活动进行剪裁,形成特定项目所需要的软件生存周期过程。

图 2.1　软件生存周期过程

2.1.1　协议过程

协议过程是指两个组织之间达成协议所需的活动集,包含获取过程和供应过程。下面对这两个过程进行详细介绍。

例如 1：获取过程

获取过程是需方从事的活动和任务,其目的是获得满足需方所要求的产品或服务。该过程以定义需方要求开始,以接受需方要求的产品或服务结束。

该过程包括以下基本活动：① 准备获取；② 发布本次获取并选择供方；③ 建立并维护协议；④ 监督协议；⑤ 接受产品或服务。

其中，每一个基本活动又包含一组特定的任务。“准备获取”活动包括确定获取进行的策略和请求供应所需的产品或服务。“发布本次获取并选择供方”活动包括向潜在供方传达产品或服务的供应请求以及选择供方。“建立并维护协议”活动包括：① 与供方达成协议，其中包括验收标准；② 确定协议的必要变更；③ 评估协议变更的影响；④ 与供方协商变更协议；⑤ 必要时，更新与供方的协议。“监督协议”活动包括执行评估协议和提供供方需要的数据。“接受产品或服务”活动包括：① 确认交付的产品或服务符合协议；② 提供约定报酬；③ 按照协议指示接受供方或其他方提供的产品或服务；④ 结束协议。

例如 2：供应过程

供应过程是供方为了向需方提供满足需求的软件产品或服务所从事的一系列活动和任务，其目的是向需方提供符合约定要求的产品或服务。

供应过程包括以下基本活动：① 准备供应；② 响应提供产品或服务的请求；③ 建立并维护协议；④ 执行协议；⑤ 交付并支持产品或服务。

其中，每一个基本活动又包含一组特定的任务。“准备供应”活动包括任务：确定对产品或服务有需求的需方身份和确定供应策略。“响应提供产品或服务的请求”活动包括任务：评估产品或服务的供应请求，确定可行性，并回应招标要求。“建立并维护协议”活动包括任务：① 与需方协商协议，其中包含接受标准；② 确定协议的必要变更；③ 评估变更对协议的影响；④ 必要时与需方协商变更协议；⑤ 必要时更新与需方的协议。“执行协议”活动包括任务：根据既定的项目计划执行协议和评估协议的执行情况。“交付并支持产品或服务”活动包括任务：① 根据协议标准交付产品或服务；② 根据协议，向需方提供对产品或服务的支持；③ 接受约定的报酬；④ 按照协议的指示，将产品或服务转交给需方；⑤ 结束协议。

2.1.2 组织项目使能过程

组织项目使能过程是帮助确保组织通过启动、支持和控制项目来获取和供应产品或服务的一系列相关活动集。这类过程提供支持项目所必需的资源和基础设施，以确保组织目标和协议的圆满完成。组织项目使能过程包含生存周期模型管理过程、基础设施管理过程、特定项目包管理过程、人力资源管理过程、质量管理过程和知识管理过程。

其中，生存周期模型管理过程的目标是定义、维护并确保组织所使用的政策、生存周期过程、生存周期模型和程序的可用性；基础设施管理过程为项目提供基础设施和服务，以支持整个生存周期内的组织和项目目标，组织业务所需的设施、工具、通信和信息技术资产均在该过程中被定义、提供和维护；特定项目组合管理过程对项目进行持续评估，并提供给组织资金、资源和许可，来启动和维持合适的项目，满足组织的战略目标；人力资源管理过程提供一批具有技术和经验的人员作为人力资源，以保持业务的正常开发和维护；质量管理过程确保产品和服务符合组织和项目的质量目标，并使客户满意；知识管理过程使组织具备重用现有知识的能力和资产。下面就关键的生存周期模型管理过程和质量管理过程进行详细介绍。

例如 1：生存周期模型管理过程

生存周期模型管理过程包括以下基本活动：建立过程、评估过程和改进过程。其中，每一个基本活动又包含一组特定的任务。"建立过程"活动包括任务：① 建立与组织战略一致的过程管理和部署程序；② 建立符合组织战略的过程；③ 定义角色、职责、义务和权力，以促进过程的实施和生存周期的战略管理；④ 定义控制整个生存周期进展的业务标准；⑤ 为组织建立由阶段组成的标准生存周期模型，并定义每个阶段的目标成果。"评估过程"活动包括任务：① 监控整个组织的过程执行；②对项目使用的生存周期模型进行定期审查；③从评估结果中识别改进的可能。"改进过程"活动包括任务计划的实施以及改进，并通知利益相关方。

例如 2：质量管理过程

质量管理过程包括以下基本活动：计划质量管理、评估质量管理和执行纠正与预防措施。其中，每一个基本活动又包含一组特定的任务。"计划质量管理"活动包括任务：① 建立质量管理政策、目标和程序；② 明确实施质量管理的职责和权力；③ 定义质量评估标准和方法；④ 为质量管理提供资源和信息。"评估质量管理"活动包括任务：① 根据定义的标准收集和分析质量保证评估结果；② 评估客户满意度；③ 定期审查项目质量，确保活动符合质量管理政策、目标和程序；④ 监控过程、产品和服务的质量改进状况。"执行纠正与预防措施"活动包括任务：① 当质量管理目标未实现时，计划纠正措施；② 当存在足够的风险使得质量管理目标无法实现时，计划预防措施；③ 监督纠正与预防措施的完成，并通知利益相关方。

2.1.3 技术管理过程

技术管理过程是指用于制订和发展计划、执行计划，根据计划评估实际成果和进展，并控制从执行到实现的整个过程的活动集。技术管理过程是对项目或其产品的技术管理，包括软件产品或系统。技术管理过程包括项目计划过程、项目评估和控制过程、决策管理过程、风险管理过程、配置管理过程、信息管理过程、度量过程和质量保障过程。

其中，项目计划过程负责制订和协调可行的计划，主要包括确定项目管理和技术活动的范围，确定过程输出、任务和可交付成果，并制定任务执行时间表，包括实现标准，以及完成任务所需的资源；项目评估和控制过程的目的是评估项目进度，并检查它和计划的一致性；决策管理过程是提供一个结构化的分析框架，以便在生存周期的任何时候客观地确定、描述和评估决策的一组备选方案，并选择最有益的行动方案；风险管理过程是在产品或服务的整个生存周期中系统地处理风险的持续过程；配置管理过程负责在生存周期中管理和控制系统元素和配置；信息管理过程负责向指定利益相关方提供明确、完整、可验证、一致、可修改、可追踪和可呈现的信息，包括技术、项目、组织、协议和用户信息；度量过程负责收集、分析和报告客观数据和信息，以支持有效的管理，并证明产品、服务和过程的质量；质量保障过程确保质量管理过程在项目中的有效应用，确保产品具有期望的质量，并遵守组织和项目相关政策。下面详细介绍几个重要的过程。

例如 1：项目计划过程

项目计划过程是一个贯穿整个项目的持续过程，定期对计划进行修订。它包括以下基本活动：定义项目、计划项目和技术管理以及激活项目。

其中，每一个基本活动又包含一组特定的任务。“定义项目”活动包括任务：① 确定项目目标和限制；② 根据协议确定项目范围；③ 使用组织中已定义的若干生存周期模型，定义和维护由若干阶段组成的生存周期模型；④ 基于可交付产品或软件系统的不断发展的体系结构，建立工作分解结构；⑤ 定义并维护将应用于项目的流程。“计划项目和技术管理”活动包括任务：① 根据管理和技术目标以及工作估算，定义并维护项目进度计划；② 定义生存周期阶段决策节点的实现标准、交付日期和对外部输入或输出的主要依赖关系；③ 定义成本并计划预算；④ 定义角色、职责、义务和权力；⑤ 定义所需的基础设施和服务；⑥ 计划采购从项目外部供应的材料、使能系统和服务；⑦ 为项目和技术的管理和执行，包括评审，制订并传达计划。“激活项目”活动包括任务：① 获得启动项目的批准；② 提交请求并获得执行项目所需资源的承诺；③ 实施项目计划。

例如 2：项目评估和控制过程

项目评估和控制过程的目的是：评估项目计划是否一致和可行；确定项目的状态、技术和过程性能；指导计划的执行，以帮助确保项目符合计划和预算，满足技术目标。该过程根据需求、计划和总体目标，定期地或是在重大事件节点中评估项目进展和完成情况。当检测到重大差异时，该过程为管理行动提供信息。此外，该过程还包括根据情况调整项目活动和任务，以纠正来自其他技术管理或技术过程的偏差和变化，必要时的调整可能包括重新规划。

项目评估和控制过程包括以下基本活动：计划项目的评估和控制，评估项目和控制项目。其中，每一个基本活动又包含一组特定的任务。“计划项目的评估和控制”活动包括一个任务，即定义项目的评估和控制策略。“评估项目”活动包括任务：① 评估项目目标和计划与项目背景的一致性；② 根据目标评估管理和技术计划，以确定其充分性和可行性；③ 根据适当的计划评估项目和技术，以确定实际和预计的成本、进度和性能方面的差异；④ 评估角色、职责、义务和权力的充分性；⑤ 评估资源的充足性和可用性；⑥ 使用度量的成果和里程碑完成情况来评估进度；⑦ 进行所需的管理和技术审查、审计和检查；⑧ 监控关键过程和新技术；⑨ 分析测量结果并提出建议；⑩ 记录并提供来自评估任务的状态和结果；⑪ 监控项目内的流程执行情况。“控制项目”活动包括任务：① 采取必要措施解决已确定的问题；② 启动必要的项目重新规划过程；③ 当因需方或供方请求的影响发生成本、时间或质量的合同变更时，启动变更行动；④ 如果有正当理由，则授权项目进行下一个里程碑或事件。

例如 3：风险管理过程

风险管理过程是在系统产品或服务的整个生存周期中系统地处理风险的持续过程，它的目的是持续监控识别、分析和处理风险。它可以应用于与项目的获取、开发、维护或操作相关的风险。

风险管理过程包括以下基本活动：规划风险管理，管理风险档案，分析风险，处理风险和监控风险。其中，每一个基本活动又包含一组特定的任务。“规划风险管理”活动包括任务：定义风险管理策略和确定并记录风险管理流程的背景。“管理风险档案”活动包括任务：① 定义并记录风险阈值和可接受的风险水平；② 建立并维护风险档案；③ 根据利益相关方的需求，定期向其提供相关风险档案。“分析风险”活动包括任务：① 识别风险管理背景中所描述的类别中的风险；② 估计每个已识别风险发生的可能性和后果；③ 根据风险阈值评估每个风险；④ 对于未达到风险阈值的风险，定义并记录建议的处理策略和措施。“处理风险”活动包括任务：① 确定推荐的风险处理备选方案；② 实施风险处理备选方案，使风险可接受；③ 当利益相关方接受不符合其阈值的风险时，应将其视为高优先级，并持续监控，以确定未来是否需要采取风险处理措施或其优先级是否发生变化；④ 选择风险处理后，协调管理行动。“监控风险”活动包括任务：① 持续监控风险和风险管理背景的变化，并在其状态发生变化时评估风险；② 实施和监测评估风险处理有效性的措施；③ 在整个生存周期中持续监控新风险的出现。

例如4：配置管理过程

配置管理过程的目的是在生存周期中管理和控制软件系统元素和配置。配置管理还管理产品及其相关配置定义之间的一致性。

配置管理过程包括以下基本活动：规划配置管理，执行配置识别，执行配置变更管理，执行发布管理，执行配置状态统计和执行配置评估。其中，每一个基本活动又包含一组特定的任务。“规划配置管理”活动包括任务：① 定义配置管理策略；② 定义配置项、配置管理工件和记录的存储、归档和检索程序。配置管理策略主要考虑知识产权资产、配置管理角色、软件版本和审核策略等相关方面的内容。“执行配置识别”活动包括任务：① 选择要唯一标识为受配置控制的配置项的软件系统元素；② 识别配置项的属性；③ 定义整个生存周期的基线；④ 获取需方和供方的协议，以建立基线。“执行配置变更管理”活动包括任务：① 识别并记录变更请求和差异请求；② 协调、评估和处理变更请求和差异请求；③ 跟踪和管理已批准的基线变更、变更请求和差异请求。“执行发布管理”活动包括任务：① 识别并记录发布请求，识别发布中的软件系统元素；② 批准软件系统发布和交付；③ 跟踪和管理软件系统发布到指定环境或软件交付的分发。“执行配置状态统计”活动包括任务：① 开发和维护软件系统元素、基线和版本的配置管理状态信息；② 捕获、存储和报告配置管理数据。“执行配置评估”活动包括任务：① 确定配置管理审计的需求，并安排事件；② 通过将需求、约束和差异与正式验证活动的结果进行比较，验证产品配置是否符合配置要求，这可能涉及抽样方法；③ 监控批准的配置变更的合并；④ 评估软件系统是否满足为基线确定功能和性能的能力；⑤ 评估运行软件系统元素是否符合已批准的配置信息；⑥ 记录配置管理审核结果和处置措施项目。

2.1.4 技术过程

技术过程是用于定义软件系统的需求，将需求转化为有效的产品，使用产品提供和维持所需的服务，直到在产品退役时对产品进行处置，在此过程中支持组织和项目职能，从而优化收益并降低风险的活动集。这类过程使得软件系统和服务能够达到各方面的质量要求，并符合社会的期望或法定要求等。技术过程包含业务或任务分析过程、利益相关方需要和需求定义过程、系统或软件的需求定义过程、架构定义过程、设计定义过程、系统分析过程、实现过程、集成过程、验证过程、移交过程、确认过程、运行过程、维护过程、处置过程。

业务或任务分析过程负责定义业务或任务问题，刻画解决方案空间，并确定问题的潜在解决方案类别；利益相关方需要和需求定义过程定义利益相关方对系统的需求，表明系统应具备的能力；系统或软件的需求定义过程的目的是将所需的能力从面向利益相关方或用户的视图转化为具体解决方案的技术视图；架构定义过程生成系统架构备选方案，并以统一的视图进行表达；设计定义过程的目的是提供关于系统及其元素的详细数据和信息，以达到与系统架构一致的实现；系统分析过程的目的是为理解技术提供严格的数据和信息基础，以辅助软件整个生存周期的各种决策；实现过程负责实现软件系统元素；集成过程负责将软件系统元素合成为满足需求、架构和设计的软件产品；验证过程确保软件系统已实现规定的需求和功能；移交过程确保软件系统可以在运行环境中提供应满足的功能；确认过程的目的是提供客观证据，证明软件系统在使用时满足其业务或任务目标和利益相关方需求；运行过程是软件交付后的使用过程；维护过程的目的是维持系统正常提供服务的能力；处置过程的目的是结束一个或多个软件系统元素的存在。下面详细介绍几个重要过程。

例如 1：系统或软件的需求定义过程

系统或软件的需求定义过程创建了一组可测量的系统需求，从供方的角度规定了系统应具有的特征、属性以及功能和性能要求，以满足利益相关方的需求。

系统或软件的需求定义过程包括以下基本活动：准备系统或软件的需求定义，定义系统或软件的需求，分析系统或软件需求，管理系统或软件需求。其中，每一个基本活动又包含一组特定的任务。“准备系统或软件的需求定义”活动包括任务：① 根据提供的行为和属性定义软件系统或元素的功能边界；② 定义系统或软件需求定义策略；③ 识别和规划为了支持系统或软件需求定义所必要的使能系统或服务；④ 得到或获取要使用的使能系统或服务的访问权限。“定义系统或软件的需求”活动包括任务：① 定义软件系统或元素需要执行的每个功能；② 识别软件系统所需的运行状态或模式；③ 定义必要的实施约束；④ 识别与风险、软件系统的关键性或关键质量特征相关的需求；⑤ 定义系统或软件需求和需求属性，包括数据元素、数据格式以及数据保存要求，用户界面和用户文档以及用户培训，与其他系统和服务的接口，功能和非功能特性(包括关键质量特性和成本目标)等。“分析系统或软件需求”活动包括任务：① 分析整套系统或软件需求；② 定义能够评估技术成果的关键性能指标；③ 将分析的需求反馈给适用的利益相关方进行审查；④ 识别并解决整套需求中的问题、不足、冲突和弱点。“管理系统或软件需求”活动包括任务：① 针对系统或软件需求达成明确协议；② 保持系统或软件需求的可追溯性；③ 提供为基线选择的关键制品和信息项。

例如 2：架构定义过程

架构定义过程的结果广泛用于整个生存周期。架构定义可以应用于许多抽象层次，强调该层次决策所需的相关细节。

架构定义过程包括以下基本活动：准备架构定义，开发架构视角，开发候选架构的模型和视图，将架构与设计相关联，评估候选架构和管理所选架构。其中，每一个基本活动又包含一组特定的任务。“准备架构定义”活动包括任务：① 审查相关信息并确定架构的关键驱动因素；② 确定利益相关方关注的问题；③ 定义架构的路线图、方法和策略；④ 基于利益相关方关注点和关键需求定义架构评估标准；⑤ 确定并计划支持架构定义过程所需的必要使能系统或服务；⑥ 得到或获取要使用的使能系统或服务的访问权限。“开发架构视角”活动包括任务：① 基于利益相关方的关注点，选择、调整或开发视角和模型类型；② 建立或确定用于开发模型和视图的潜在架构框架；③ 获取选择框架、视角和模型类型的基本原理；④ 选择或开发支持建模技术和工具。“开发候选架构的模型和视图”活动包括任务：① 根据接口和与外部实体的交互定义软件系统的背景和边界；② 确定能够解决关键的利益相关方关注点和关键的软件系统需求的架构实体以及实体之间的关系；③ 将对软件系统架构决策有重要意义的概念、属性、特征、行为、功能或约束分配给架构实体；④ 选择、调整或开发软件系统候选架构的模型；⑤ 根据确定的视角从模型中构建视图，以表达架构如何解决利益相关方关注点，并满足利益相关方和系统或软件的需求；⑥ 使架构模型和视图相互协调。“将架构与设计相关联”活动包括任务：① 识别与架构实体相关的软件系统元素以及这些关系的本质；② 定义软件系统元素和外部实体之间的接口和交互；③ 将需求划分、调整并分配给架构实体和软件系统元素；④ 将软件系统元素和架构实体映射到设计特征；⑤ 定义软件系统设计和发展的原则。“评估候选架构”活动包括任务：① 根据约束和需求评估每个候选架构；② 使用评估标准，根据利益相关方的关注点，评估每个候选架构；③ 选择首选架构，并获取关键决策和理由；④ 确定所选架构的架构基线。“管理所选架构”活动包括任务：① 正式制订架构的治理方法，并指定与治理相关的角色和责任、职责以及与设计、质量、信息安全和安全相关的权限；② 获得利益相关方对架构的明确认可；③ 保持架构实体及其架构特征的一致性和完整性；④ 组织、评估和控制架构模型和视图的演变，以帮助确保架构意图的满足，正确实现期待的架构和关键概念；⑤ 维护架构定义和评估策略；⑥ 保持架构的可追溯性；⑦ 提供为基线选择的关键制品和信息项。

例如3：设计定义过程

设计定义过程的目的是提供关于系统及其组成元素的足够详细的数据和信息，以确保实施与系统架构模型和视图中定义的架构实体相一致。对于软件系统，设计活动通常与系统或软件需求定义和架构定义过程中的活动进行迭代。设计定义通常以迭代和增量的方式应用于开发详细设计，包括软件元素、接口、数据库和用户文档。软件设计通常与软件实现、集成、验证和确认同时进行。

设计定义过程包括以下基本活动：准备软件系统设计定义，建立与每个软件系统元素相关的设计，评估获取软件系统元素的备选方案和管理设计。其中，每一个基本活动又包含一组特定的任务。“准备软件系统设计定义”活动包括任务：① 定义与所选生存周期模型和预期设计制品一致的设计定义策略；② 选择设计原则和设计特征，并确定其优先级；③ 识别并计划支持设计定义所需的必要的使能系统或服务；④ 得到或获取要使用的使能系统或服务的访问权限。“建立与每个软件系统元素相关的设计”活动包括任务：① 将架构和设计特征转化为软件系统元素的设计；② 定义并准备或获得必要的设计使能因素；③ 检查设计的备选方案和实施的可行性；④ 细化或定义软件系统元素之间以及与外部实体之间的接口；⑤ 对设计工作制品进行建立。“评估获取软件系统元素的备选方案”活动包括任务：① 确定构成软件系统的每个元素所需的技术；② 确定软件系统元素的候选备选方案；③ 根据由预期设计特征和元素要求所制定的标准，评估每个候选备选方案，以确定其适用于预期应用；④ 在软件系统元素的候选备选方案中选择首选方案。“管理设计”活动包括任务：① 捕捉设计和基本原理；② 在详细设计元素、系统或软件需求和软件系统架构的架构实体之间建立可追溯性；③ 确定软件系统和元素设计的状态；④ 提供为基线选择的关键工作制品和信息项。

例如4：实现过程

实现过程的目的是实现特定的系统元素。该过程根据所选实现技术的实践，使用适当的技术，将需求、架构和设计（包括接口）转换为创建系统元素的行动。该过程产生满足指定系统需求（包括分配和派生的需求）、架构和设计的系统元素。

实现过程包括以下基本活动：准备实现、执行实现和管理实现结果。其中，每一个基本活动又包含一组特定的任务。“准备实现”活动包括任务：① 确定实现策略；② 识别实现策略和实现技术对系统或软件需求、架构特征、设计特征的约束；③ 识别和规划必要的和独特的软件环境，包括支持开发和测试所需的使能系统或服务；④ 得到或获取对软件环境和其他使能系统或服务的访问权限。“执行实现”活动包括任务：① 根据策略、约束和定义的实现程序实现或适配软件元素；② 实现或适配软件系统的硬件元素；③ 实现或适配软件系统的服务元素；④ 根据实现策略和标准评估软件单元和附属数据等信息；⑤ 打包并存储软件系统元素；⑥ 记录软件系统元素满足需求的客观证据。“管理实现结果”活动包括任务：① 记录实现结果和遇到的异常情况；② 维护已实现的软件系统元素的可追溯性；③ 提供为基线选择的关键工作制品和信息项。

例如 5：集成过程

集成过程的目的是将一组系统元素合成满足系统或软件需求、架构和设计的已实现的系统（产品或服务）。该过程组装已实现的系统元素，识别并激活接口，以实现预期的系统元素互操作性。该过程将使能系统与相关系统集成，以促进互操作性。

集成过程包括以下基本活动：准备集成，实施集成和管理集成结果。其中，每一个基本活动又包含一组特定的任务。“准备集成”活动包括任务：① 定义集成策略；② 确定并定义集成标准，以及接口和所选软件系统功能中将要被验证操作正确性和完整性的点；③ 确定并计划支持集成所需的必要使能系统或服务；④ 得到或获取用于支持集成的使能系统或服务的访问权限；⑤ 确定整合到系统或软件需求、架构或设计中的集成约束条件。“实施集成”活动包括任务：① 根据商定的时间表获取已实施的软件系统元素；② 集成已实施的元素；③ 在预期数据值范围内，检查集成软件接口或功能是否能够从启动到预期终止一直运行。“管理集成结果”活动包括任务：① 记录集成结果和遇到的异常情况；② 维护集成软件系统元素的可追溯性；③ 提供为基线选择的关键工作制品和信息项。

例如 6：验证过程

验证过程的目的是提供客观证据，证明系统或系统要素满足其规定的需求和特征。验证过程使用适当的方法、技术、标准或规则识别任何信息项（例如系统或软件需求或架构描述）、已实施的系统元素或生存周期过程中的异常（错误、缺陷或故障）。该过程提供了必要的信息，以确定已识别异常的解决方案。

验证过程包括以下基本活动：准备验证，实施验证和管理验证结果。其中，每一个基本活动又包含一组特定的任务。“准备验证”活动包括任务：① 确定验证策略，考虑验证范围，包括需要验证的软件系统、元素或构件及其预期结果，确定限制验证活动的约束条件，确定优先级；② 从系统或软件需求、架构或设计的验证策略来识别约束条件；③ 定义每个验证行动的目的、条件和符合性标准；④ 选择适当的验证方法或技术以及验证行动的相关标准，如检查、分析、演示或测试；⑤ 确定并计划支持验证所需的必要使能系统或服务；⑥ 得到或获取用于支持验证的使能系统或服务的访问权限。“实施验证”活动包括任务：① 定义验证程序，每个程序支持一个或一组验证操作；② 执行验证程序。“管理验证结果”活动包括任务：① 审查验证结果和验证过程中遇到的异常情况，并确定后续行动；② 记录验证过程中的事件和问题，并跟踪其解决方案；③ 获得利益相关方同意，确认软件系统或元素符合规定的要求；④ 维护已验证软件系统元素的可追溯性；⑤ 提供纳入基线的关键构件和信息项。

例如 7：确认过程

确认过程的目的是提供客观证据，证明系统在使用时满足其业务或任务目标和利益相关方需求，在其预期运行环境中实现预期用途。确认过程的目的是对其在特定运行条件下实现预期任务的能力获得信心。该过程提供了必要的信息，以便通过创建适当的技术过程来解决已识别的异常。

确认过程包括以下基本活动：准备确认，实施确认和管理确认结果。其中每一活动又包含一组特定的任务。"准备确认"活动包括任务：① 定义确认策略，确认策略需要考虑确认活动范围(需要确认的相关软件系统、元素或制品)和预期的确认结果，确定确认活动的约束条件和确认活动优先级；② 从确认策略中确定系统约束，并将其纳入利益相关方需求中；③ 定义每个确认行动的目的、条件和一致性标准；④ 为每个确认操作选择适当的确认方法或技术以及相关标准；⑤ 确定并计划支持确认活动所需的必要使能系统或服务；⑥ 得到或获取用于支持确认活动的使能系统或服务的访问权限。"实施确认"活动包括任务：① 定义确认程序，每个程序支持一个或一组验证操作；② 在定义的环境中执行确认过程。"管理确认结果"活动包括任务：① 审查确认结果和遇到的异常情况，并确定后续行动；② 记录确认活动期间的事件和问题，并跟踪其解决方案。

例如 8：运行过程

运行过程的目的是使用系统以交付其服务。该过程确定了运行系统的要求，为运行系统指派人员，并监控服务和运营商系统性能。为了维持服务，它识别、分析与协商利益相关方需求，并组织约束有关的运行异常。

运行过程包括以下基本活动：准备运行，实施运行，管理运行结果和给客户提供支持。其中每一活动又包含一组特定的任务。"准备运行"活动包括任务：① 定义运行策略，运行策略需要考虑：软件的预期容量、可用性、响应时间和信息安全，支持客户服务请求和用户协助的人力资源，软件系统的发布标准和时间表，正常运行或应急运行的准备和测试，软件操作者或其他相关人员的职业安全策略，环境保护等；② 确定系统或软件需求、架构、设计、实施或转换的变更中包含的系统约束；③ 确定并计划支持运行所需的必要使能系统或服务；④ 得到或获取要使用的使能系统或服务的访问权限；⑤ 确定或定义软件系统操作所需人员的培训和资格要求；⑥ 根据运行过程中人工干预和控制的需要，指派经过培训的合格人员作为操作者。"实施运行"活动包括任务：① 在预期的运行环境中使用软件系统；② 根据需要，使用材料和其他资源来运行软件系统并维持其服务；③ 监控软件系统运行；④ 根据运行策略，制定规程，并在可行的情况下自动化运行规程，以最大限度地降低运行异常风险；⑤ 根据运行策略，分析测量结果以确认系统或服务的各项指标在可接受范围内；⑥ 必要时执行应急操作。"管理运行结果"活动包括任务：① 记录运行结果和遇到的异常情况；② 记录运行事件和问题，并跟踪其解决方案；③ 维护运行服务和配置项目的可追溯性；④ 提供为基线选择的关键制品和信息项。"给顾客提供支持"活动包括任务：① 为客户和用户提供帮助和咨询，以解决投诉、事件、问题和服务请求；② 记录并监控支持请求和后续行动；③ 确定交付的软件系统或服务满足客户和用户的需求。

例如 9：维护过程

维护过程的目的是维持系统提供服务的能力。该过程监控系统提供服务的能力，记录事件以供分析，采取纠正、适应、完善和预防措施，并确认系统恢复的能力。

维护过程包括以下基本活动：准备维护，实施维护，提供后勤支持与管理维护和后勤结果。其中，每一个基本活动又包含一组特定的任务。“准备维护”活动包括任务：① 定义维护策略，考虑四种维护活动（改正性维护、完善性维护、适应性维护和预防性维护）的必要性，建立软件维护变更的优先级、进度表和规程等；② 对于非软件元素，定义整个生存周期的后勤策略，包括获取和运行方面的考虑：需要存储的替换元素的数量和类型，其存储位置和条件，其预期替换率，以及其存储寿命和更新频率；③ 确定系统或软件需求、架构或设计中包含的维护约束；④ 确定交易，以使系统和相关的维护和后勤行动产生一个可负担、可操作、可支持和可持续的解决方案；⑤ 确定并计划支持维护所需的使能系统或服务；⑥ 得到或获取对所使用的使能系统或服务的访问权。“实施维护”活动包括任务：① 审查利益相关方的需求、投诉、事件、偶发事件和问题报告，以确定正确性、适应性、完善性和预防性维护需求；② 分析维护变更对数据结构、数据及相关软件功能、用户文档和接口的影响；③ 当软件系统出现不可预知的故障导致软件系统不可用时，将系统恢复到正常运行状态；④ 执行纠正缺陷和错误的程序，或执行更换或升级系统部件的程序；⑤ 通过更换、修补、扩充或升级软件系统元素来执行预防性维护，以提高预计无法正常服务的软件系统的性能（例如由于需求或存储数据的增加而导致容量不足），或避免不可接受的运行条件（例如使用过时的信息安全软件）；⑥ 确定何时需要适应性或完善性维护。“提供后勤支持”活动包括任务：① 获取资源以支持软件系统的整个生存周期或项目的生存周期；② 监控更换元件和使能系统的质量和可用性、其交付机制及其在存储期间的持续完整性；③ 实施软件系统或元素分发机制，包括项目生存周期内所需的包装、处理、存储、通信或运输；④ 确认已计划并实施了为满足软件系统或元素的支持要求或实现运行就绪状态而采取的后勤行动。“管理维护和后勤结果”活动包括任务：① 记录偶发事件和问题，包括其解决方案，以及重要的维护和后勤结果；② 识别并记录偶发事件、问题、维护和后勤行动的趋势；③ 保持所维护系统元素的可追溯性；④ 提供为基线选择的关键制品和信息项；⑤ 监控和测量客户对系统和维护支持的满意度。

2.1.5 软件生存周期过程、角色和关系

如图 2.2 所示，按照合同视图，涉及的角色有需方和供方，在谈判并签订合同的基础上，分别应用获取过程和供应过程。其中，获取过程用于需方，供应过程用于供方。在给出的每个过程的活动，从合同视图分别定义了可用于需方和供方的任务。

按照管理视图，涉及的角色有需方、供方、开发人员、操作者、维护者或其他参与者，他们应用管理过程对相关的过程进行管理。

按照运行视图，涉及的角色有操作者和用户，涉及的过程是运行过程，由一些活动组成。其中，用户运行软件，而操作者为用户提供软件运行服务。

按照工程视图，涉及的角色有开发人员或维护者，他们完成其相应的工程任务，以生产或修改软件产品。生存周期中技术过程有多个子过程，例如实现过程、集成过程、维护过程、验证过程和移交过程等。开发人员应用实现过程来生产软件产品，维护人员应用维护过程来修改软件。

按照支持视图，涉及的角色是提供过程支持的服务人员，例如配置管理、质量保障人员，他们为其他人员提供服务，以完成特定的任务。

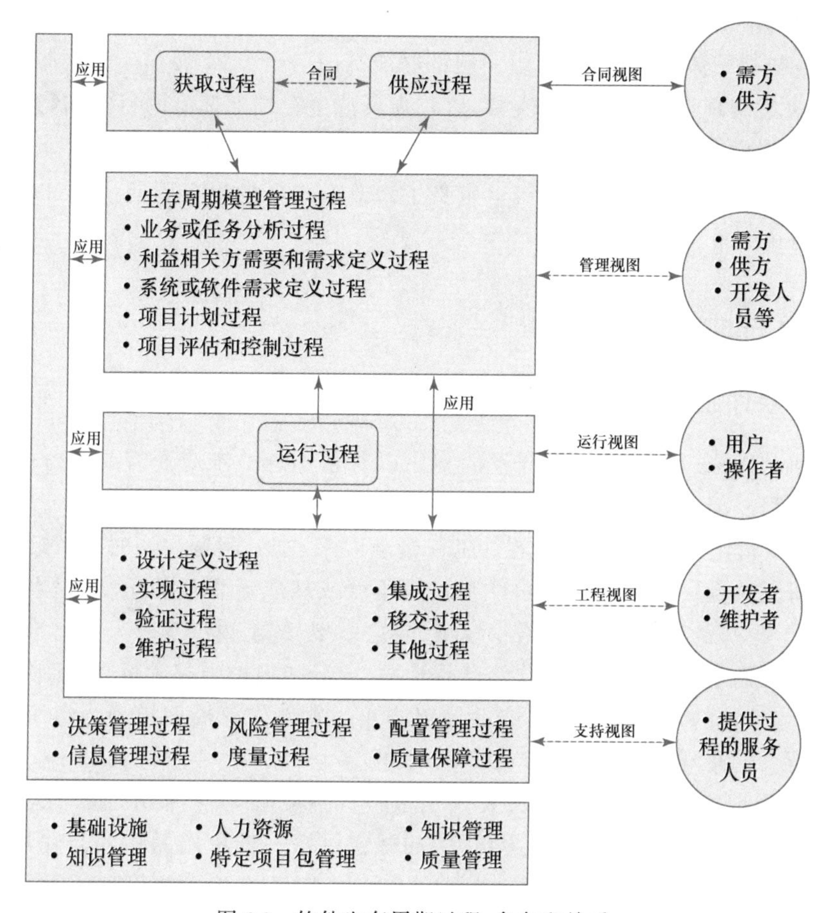

图 2.2　软件生存周期过程、角色和关系

针对一个特定的软件项目，应根据以上提及的过程关系，建立过程之间、参与者之间，以及过程和参与者之间更重要的动态关系并实现之，使每一过程（以及执行它的参与者）以其自己独有的方式为软件项目做出贡献。

2.1.6　剪裁过程

为了有效地实施软件开发，应针对特定领域的软件工程，对选定的过程模型和标准进行剪裁，以形成这一工程的过程。为此，在国际标准 ISO/IEC 12207：2017 的附录 A 中，给出了相应的剪裁过程。

剪裁过程是针对某一软件产品对本标准进行基本剪裁的一个过程。剪裁过程由一组任务组成，即：

① 识别并记录影响裁剪的情况，影响包括且不限于：运行环境的稳定性和多样性；各利益相关方关注的商业或性能风险；新颖性、规模和复杂性；使用的开始日期和使用期限；信息安全、隐私、易用性、可用性等的完整性问题；新兴技术机会；可用预算和组织资源概况；使能系统服务的可用性在系统的整个生存周期中的角色、职责、责任和权限；符合其他标准的要求。

② 对系统的关键属性，要根据其关键程度来考虑相关的标准或建议或强制要求的生存周期结构。

③ 从受剪裁决策影响的各方获得输入，包括且不限于：系统利益相关方，与组织达成的协议有关的各利益相关方，有贡献的组织内部职能部门。

④ 根据决策管理过程做出剪裁决策，以实现所选生存周期模型的目的和结果。

⑤ 选择需要剪裁的生存周期过程并删除选中的输出、活动或任务。

总的来说，成功剪裁过程的结果是：定义了修改的或新的生存周期过程，以实现生存周期模型的目的和结果。

2.2 软件生存周期模型

2.2.1 软件生存周期模型的概念

第 1 章和上节分别讲述了软件开发的本质以及基于这一本质而需要进行的映射，即软件生存周期过程。但是，就一项特定的软件工程而言，如何组织该工程中所需要的过程、活动和任务，自 20 世纪 60 年代末提出软件工程概念以来，这一问题是当时或以后一段时期内一个重要的研究热点。研究人员从软件开发的角度或从质量管理的角度，提出了很多有关软件生存周期模型，例如瀑布模型、增量模型、演化模型、螺旋模型等。

软件生存周期模型是一个包括软件产品开发、运行和维护中有关过程、活动和任务的框架，覆盖了从该系统的需求定义到系统的使用终止。软件生存周期模型为组织软件开发活动提供了有意义的指导。

软件生存周期模型不但为软件开发确定了一些抽象层，例如需求、设计、实现等，而且还确定了每一个抽象层之间的基本关系，例如规定了每一抽象层的输入与输出。可见，这些模型清晰、直观地表达了软件开发所需要的活动（甚至包括一些管理活动）以及活动之间的关系。如果把软件开发作为一种求解软件的“计算”，那么这些模型表达了该计算的基本逻辑。

既然软件生存周期模型是一个包括软件产品开发、运行和维护中有关过程、活动和任务的框架，对于不同应用系统的开发，在应用这些模型时，就允许采用不同的开发方法；允许使用不同的开发工具和环境，例如程序设计语言、中间件以及开发环境等；允许各种不同技能的人员参与。

2.2.2 经典的软件生存周期模型

1. 瀑布模型

最早出现的软件开发模型是 1970 年 W.Royce 提出的瀑布模型。随着软件工程学科的发展和软件开发的实践，后续相继提出了演化模型、螺旋模型、增量模型、喷泉模型等。

瀑布模型将软件生存周期的各项活动规定为依固定顺序而连接的若干阶段工作，形如瀑布流水，最终得到软件产品。

1970 年，W.Royce 提出了具有多个开发阶段的瀑布模型，如图 2.3 所示。

瀑布模型规定了各开发阶段的活动：系统需求、软件需求、需求分析、设计、编码、测试和运行，并且自上而下具有相互衔接的固定顺序。此外，瀑布模型还规定了每一阶段的输入，即工作对象，以及本阶段的工作成果，作为输出传入到下一阶段。

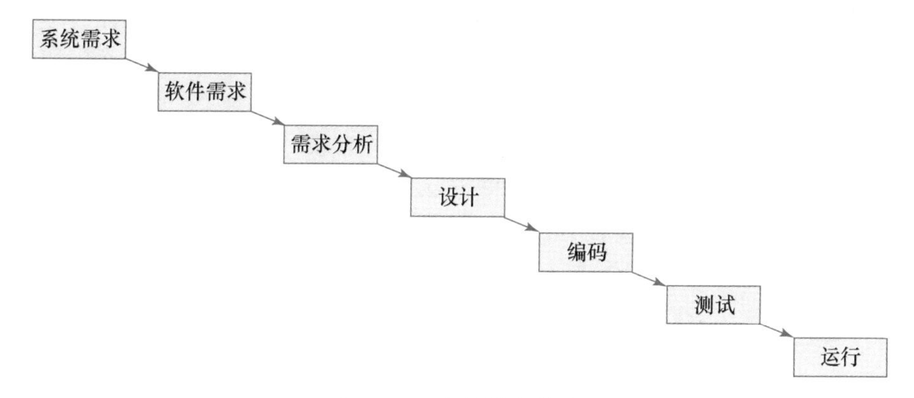

图 2.3 初始的瀑布模型

实践表明，各开发阶段间的关系并非完全是自上而下的线性关系，时常出现需要返回前一阶段的情况，于是在初始的瀑布模型的基础上，形成了目前人们熟知的如图 2.4 所示的瀑布模型。

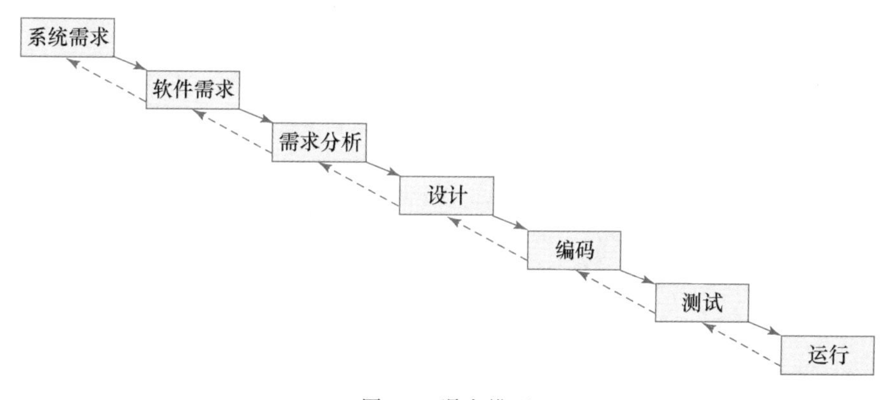

图 2.4 瀑布模型

尽管目前存在一些不同形式的变种，但各种形式的变种之间并无本质差别。

多年来，瀑布模型得以广泛流行，这是因为它在支持结构化软件开发、控制软件开发的复杂性、促进软件开发工程化等方面起着重要作用。

瀑布模型的提出，对软件工程的主要贡献为：

① 在决定系统怎样做之前，存在一个需求阶段，它鼓励对系统做什么进行规约。

② 在系统构造之前，存在一个设计阶段，它鼓励规划系统结构。

③ 在每一个阶段结束时进行评审，从而允许获取方和用户的参与。

④ 前一步可以作为下一步被认可的、文档化的基线，并允许基线和配置早期接受控制。

瀑布模型体现了一种归纳的开发逻辑，既假定一个阶段 P 为真，而下一个阶段 Q 为真，那么必有 $P \wedge Q$ 为真。因此，该模型可用于如下情况，即若在开发中，向下、渐进的路径占据支配地位，也就是说，需求已被很好地理解，并且开发组织非常熟悉为实现这一模型所需要的过程。

在大量的软件开发实践中，瀑布模型逐渐暴露出一些问题。其中最为突出的缺点是，无法通过开发活动澄清本来不够确切的软件需求，这样就可能导致开发出来的软件并不是用户真正需要的软件，无疑要进行返工或不得不在维护中纠正需求的偏差，为此必须付出高额的代价。尤其是，随着软件开发项目规模的日益庞大，该模型的不足所引发的问题显得更加严重。具体地说，瀑布模型的问题主要是：

① 要求客户能够完整、正确和清晰地表达他们的需求；要求开发人员一开始就要理解这一应用。

② 由于需求的不稳定性，使设计、编码和测试阶段都可能发生延期；当接近项目结束时，出现了大量的集成和测试工作。

③ 在开始的阶段中，很难评估真正的进度状态；直到项目结束之前，都不能演示系统的能力。

④ 在一个项目的早期阶段，过分地强调了基线和里程碑处的文档；可能需要花费更多的时间，用于建立一些用处不大的文档。

2. 增量模型

继瀑布模型之后，增量模型是第一个提出的又一种软件生存周期模型。该模型意指需求可以分组，形成一个一个的增量，并可形成一个结构，如图 2.5(a)所示。在这一条件下，可对每一个增量实施瀑布式开发，如图 2.5(b)所示。

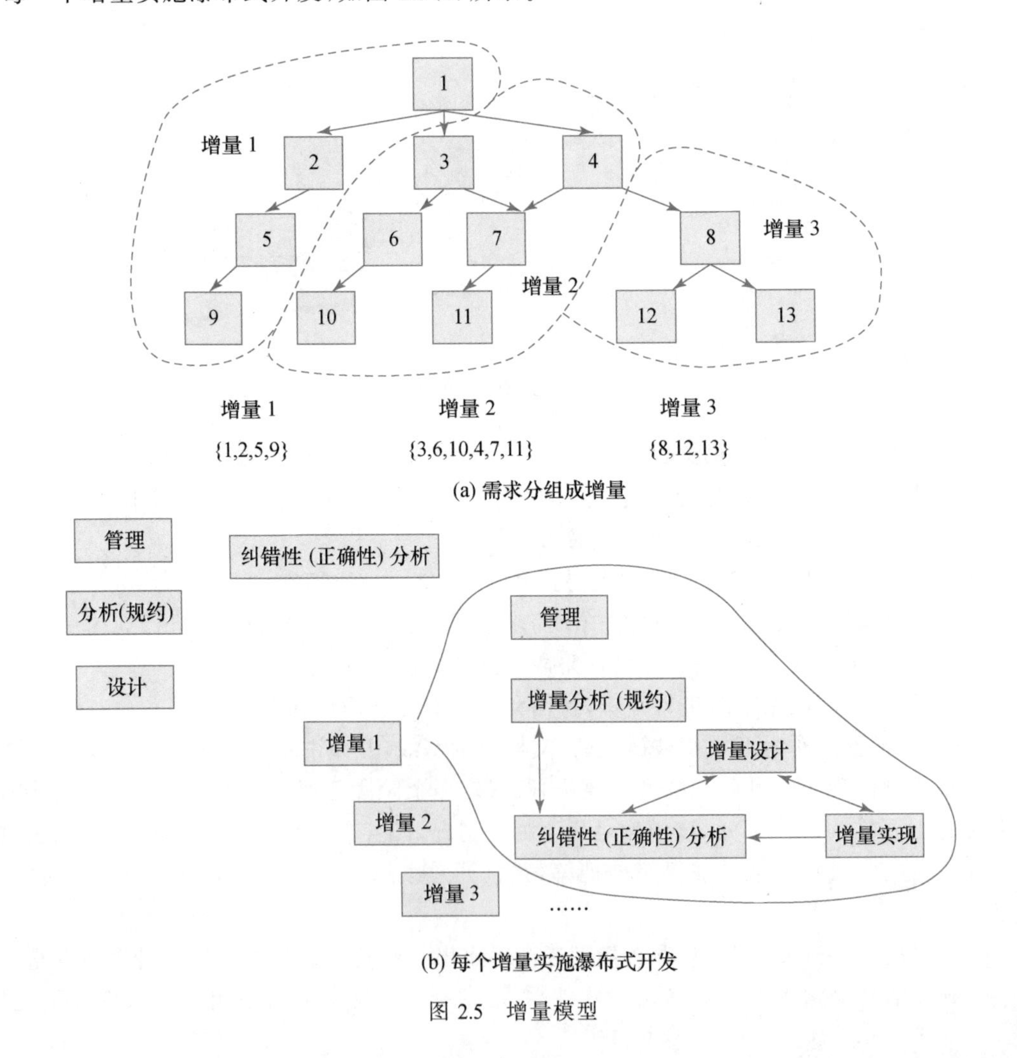

图 2.5　增量模型

图 2.5 表明，在给出整个系统需求的体系结构的基础上，首先完整地开发系统的一个初始子集，例如包含需求子集{1,2,5,9}的版本，发布并予运行；继之，根据这一子集，建造一个更加精细的版本，例如包含需求子集{{1,2,5,9},{3,6,10,4,7,11}}的版本，如此不断地进行系统的增量开发。其中，{1,2,5,9}和{3,6,10,4,7,11}等均称为系统的一个增量。在每一个增量的开发过程中，使用如图 2.5(b)所示的增量分析、增量设计、增量实现和纠错性（正确性）分析，并配以适当的管理。

可见，该模型有一个前提，即需求可结构化。因此，该模型比较适用"技术驱动"的软件产品开发，常被工业界所采用。例如一个数据库系统，它必须通过不同的用户界面，为不同类型的用户提供不同的功能。在这一情况下，首先把一组具有高优先级的用户功能和界面作为一个增量；以后，陆续构造其他类型用户所需求的增量。

增量模型的突出优点是：

① 第一个可交付版本所需要的成本和时间是较少的，从而可减少由增量表示的小系统所承担的风险；

② 由于很快发布了第一个版本，因此可以减少用户需求的变更；

③ 允许增量投资，即在项目开始时，可以仅对一个或两个增量投资。

但是，如果增量模型不适于某些项目或使用有误，则有以下主要缺点：

① 如果没有对用户的变更要求进行规划，那么产生的初始增量可能会造成后来增量的不稳定；

② 如果需求不像早期思考的那样稳定和完整，那么一些增量就可能需要重新开发，重新发布；

③ 由于进度和配置的复杂性，可能会增大管理成本，超出组织的能力。

3. 演化模型

演化模型主要是针对事先不能完整定义需求的软件开发。在用户提出待开发系统的核心需求的基础上，软件开发人员按照这一需求，首先开发一个核心系统，并投入运行，以便用户能够有效地提出反馈，即提出精化系统、增强系统能力的需求；接着，软件开发人员根据用户的反馈，实施开发的迭代过程；每一次迭代过程均由需求、设计、编码、测试、集成等阶段组成，为整个系统增加一个可定义的、可管理的子集；如果在一次迭代中，有的需求不能满足用户的要求，可在下一次迭代中予以修正，如图 2.6 所示。

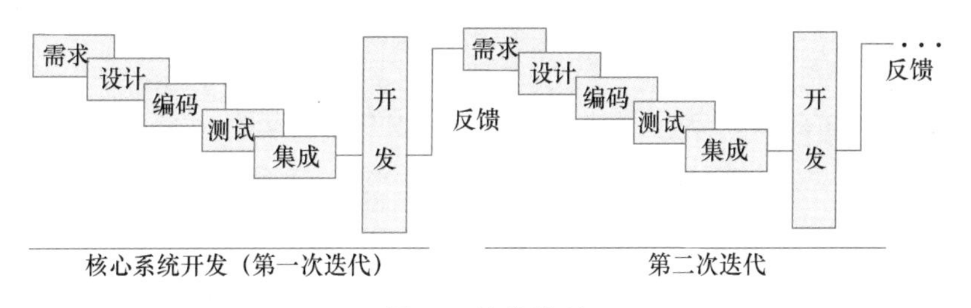

图 2.6　演化模型

可见，演化模型表达了一种有弹性的过程模式，由一些小的开发步组成，每一步历经需求分析、设计、实现和验证，产生软件产品的一个增量，通过这些迭代，最终完成软件产品的开发。

演化模型的主要优点为：该模型显式地把需求获取扩展到需求阶段，即为了第二个构造增量，使用了第一个构造增量来精化需求。这一精化可以有多个驱动源，例如，如果一个早期的增量已向用户发布，那么用户会以变更要求的方式提出反馈，以支持以后增量的需求开发；或实实在在地开发一个构造增量，即通过演示发现以前还没有认识到的问题。可见，演化模型在一定程度上可以减少软件开发活动的盲目性。

在应用演化模型时，仍然可以使用瀑布模型来管理每一个演化的增量。一旦理解了需求，就可以像实现瀑布模型那样开始设计和编码。

演化模型的不足表现为：在演化模型的使用中，即使很好地理解了需求或设计，也很容易弱化需求分析阶段的工作。往往在项目开始时，就需要考虑所有需求源的重要性和风险，并对这些需求源进行可用性评估，这样才能识别和界定不确定的需求，并识别第一个增量中所包含的需求。这就要求，不论采用什么软件生存周期模型，均不能弱化需求分析工作，并要形成相应的文档。

4. 螺旋模型

螺旋模型是在瀑布模型和演化模型的基础上，加入两者忽略的风险分析所建立的一种软件开发模型。该模型是由 TRW 公司 Barry W.Boehm 于 1988 年提出的。

软件风险是任何软件开发项目中普遍存在的问题，不同项目其风险有大有小。在制订软件开发计划时，系统分析员必须回答：项目的需求是什么，需要投入多少资源以及如何安排开发进度等一系列问题。然而，若要他们当即给出准确无误的回答是不容易的，甚至是不可能的。但系统分析员又不可能完全回避这一问题。凭借经验的估计给出初步的设想便难免带来一定风险。实践表明，项目规模越大，问题越复杂，资源、成本、进度等因素的不确定性就越大，承担项目的风险也越大。风险是软件开发不可忽视的潜在不利因素，它可能在不同程度上损害到软件开发过程和软件产品的质量。驾驭软件风险的目标是在造成危害之前，及时对风险进行识别、分析，采取对策，进而消除或减少风险的损害。

螺旋模型如图 2.7 所示。

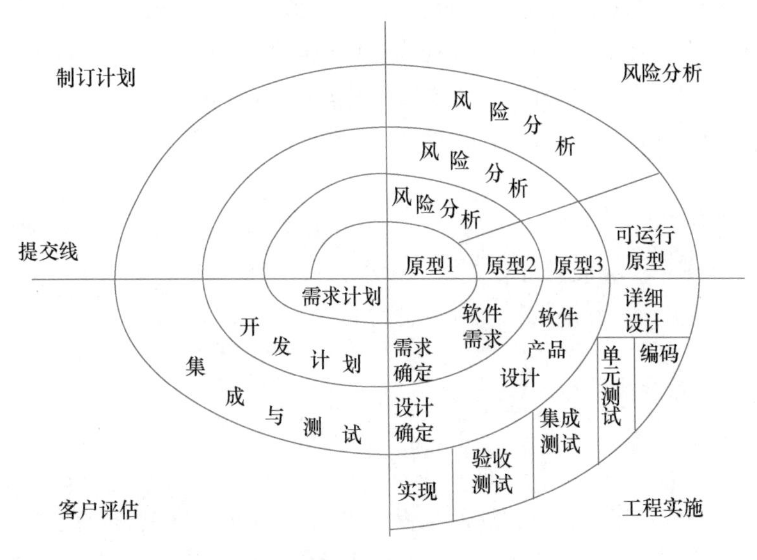

图 2.7 螺旋模型

由图 2.7 可见，在笛卡儿坐标的四个象限上，分别表达了四个方面的活动，即① 制订计划——确定软件目标，选定实施方案，弄清项目开发的限制条件；② 风险分析——分析所选方案，考虑如何识别和消除风险；③ 工程实施——实施软件开发；④ 客户评估——评价开发工作，提出修正建议。

沿螺线自内向外每旋转一圈便开发出一个更为完善的、新的软件版本。例如，在第一圈，确定了初步的目标、方案和限制条件以后，转入右上象限，对风险进行识别和分析。如果风险分析表明，需求具有不确定性，那么在右下的工程实施象限内，所建的原型会帮助开发人员和客户考虑其他开发模型，并进一步修正需求。

客户对工程成果做出评价后，给出修正建议。在此基础上需再次规划，并进行风险分析。在每一圈螺线的风险分析后，做出是否继续下去的判断。假如风险过大，开发人员和用户无法承受，项目就有可能终止。在多数情况下，沿螺线的活动会继续下去，自内向外逐步延伸，最终得到所期望的系统。

如果对所开发项目的需求已有了较好的理解或较大的把握，便可采用普通的瀑布模型，就只需要经历单圈螺线；如果对所开发项目的需求理解较差，需要开发原型，甚至需要不止一个原型的帮助，就需要经历多圈螺旋线。在需要多圈螺旋线的情况下，外圈的开发包含了更多的活动，例如评估、规划等。

该模型吸收了 T.Gilb 提出的软件工程“演化”概念，使得开发人员和客户对每个演化层出现的风险均有所了解，并继而做出反应。与其他模型相比，螺旋模型的优越性较为明显，适合于大型、质量要求高的软件开发。但要求许多客户接受和相信演化方法并不容易，其中需要具有相当丰富的风险评估经验和专门知识，一旦项目风险较大，又未能及时发现，那么势必造成重大损失。

由上可见：

① 螺旋模型关注解决问题的基本步骤，即标识问题，标识一些可选方案，选择一个最佳方案，遵循动作步骤，并实施后续工作。螺旋模型的一个突出特征是，在开发的迭代中实际上只有一个迭代过程真正开发了可交付的软件。

② 与演化模型和增量模型相比，同样使用了瀑布模型作为一个嵌入的过程，即分析、设计、编码、实现和维护的过程，并且在框架和全局体系结构方面是等同的。但是，螺旋模型所关注的阶段以及它们的活动是不同的，例如增加了一些管理活动和支持活动。尽管增量模型也有一些管理活动，但它是基于以下假定：需求是最基本的，并且是唯一的风险源，因而在螺旋模型中，增大了决策和降低风险的空间，即扩大了增量模型的管理范围。

③ 如果项目的开发风险很大，或客户不能确定系统需求，从更广泛的意义上来讲，还包括一个系统或系统类型的要求，这时螺旋模型就是一个好的生存周期模型。

5. 喷泉模型

喷泉模型体现了软件创建所固有的迭代和无间隙的特征，如图 2.8 所示。

喷泉模型表明了软件活动需要多次重复。例如，在编码之前，再次进行分析和设计，其间，添加有关功能，使系统得以演化。同时，该模型还表明活动之间没有明显的间隙，例如在分析和设计之间没有明显的界线。

喷泉模型主要用于支持面向对象技术的软件开发。由于对象概念的引入，使分析、设计、实现之间的表达没有明显间隙。

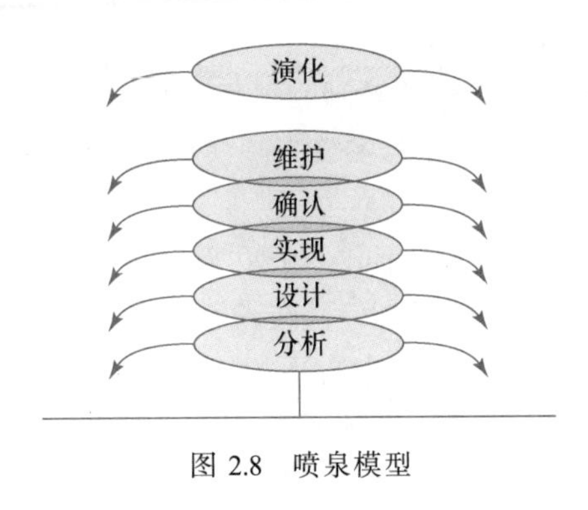

图 2.8 喷泉模型

6. V 模型

由于瀑布模型无法及时发现问题，1978 年，Kevin Forsberg 和 Harold Mooz 提出改进的瀑布模型，即 V 模型，将系统分解和系统集成的过程通过测试彼此关联。它的核心思想为研发人员和测试人员需要同时工作，这样尽可能早地找出程序错误和需求偏离，从而更高效地提高程序质量，最大可能地减少成本，同时满足用户的实际软件需求。V 模型如图 2.9 所示。

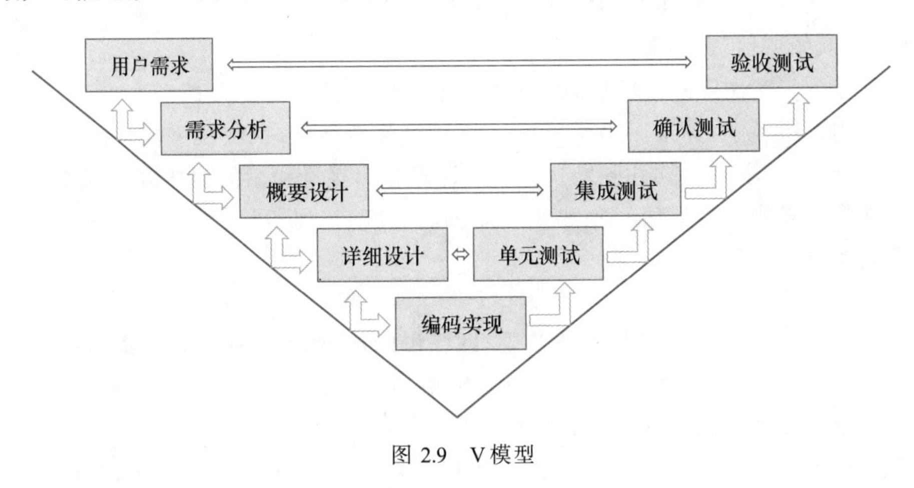

图 2.9 V 模型

7. 原型模型

原型是快速建立起来的可以在计算机上运行的程序，它所能完成的功能往往是最终产品能完成的功能的一个子集。建立原型的主要目的是获得用户的真正需求，从而更好地理解问题，找到可能的最适合的解决方案。原型模型的开发流程通常包括 5 个阶段，如图 2.10 所示。

① 原型快速分析：指在分析者和用户的紧密配合下，快速确定软件系统的基本要求。

② 原型构造：在原型分析的基础上，根据基本需求规格说明，忽略细节，只考虑主要特性，快速构造一个可运行的系统。

③ 原型运行及评价：软件开发人员与用户频繁通信、发现问题、消除误解的重要阶段，目的是发现新需求并修改原有需求。

④ 原型修改：对原型系统，根据修改意见进行修正。

⑤ 判定原型完成：如果原型经过修正或改进，获得了参与人员的一致认可，那么原型开发的迭代过程可以结束。

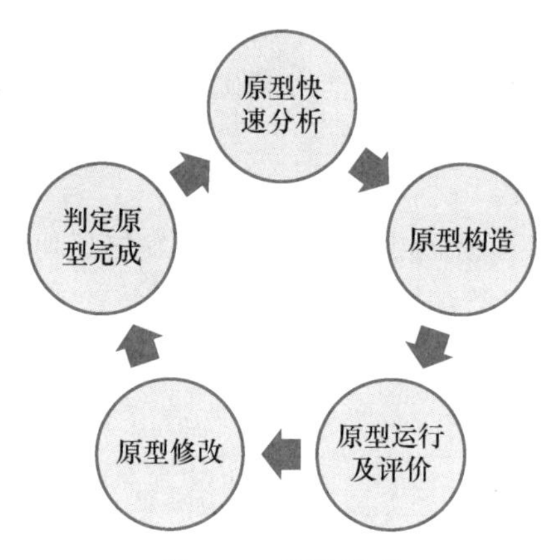

图 2.10　原型模型

8. 统一软件开发过程模型

统一软件开发过程(Unified Software Development Process,USDP)是对象管理组织(Object Management Group,OMG)所推荐的一个有关过程的标准。它由统一建模语言(Unified Modeling Language,UML)的开发人员提出,其中权衡了几十年的软件开发实践,吸取了数百个开发人员多年的实际开发经验以及 Rational 公司多年的工作成果。因此,统一软件开发过程经常简称为 RUP(Rational Unified Process)。

RUP 比较完整地定义了将用户需求转换成产品所需要的活动集,并提供了活动指南以及对产生相关文档的要求。RUP 的突出特点是,它是一种以用况为驱动的、以体系结构为中心的迭代、增量式开发。

(1) 以用况为驱动

以用况为驱动意指在系统的生存周期中,以用况作为基础,驱动系统有关人员对所要建立系统之功能需求进行交流,驱动系统分析、设计、实现和测试等活动,包括制订计划、分配任务、监控执行和进行测试等,并将它们有机地组合为一体,使各个阶段都可以回溯到用户的实际需求,如图 2.11 所示。

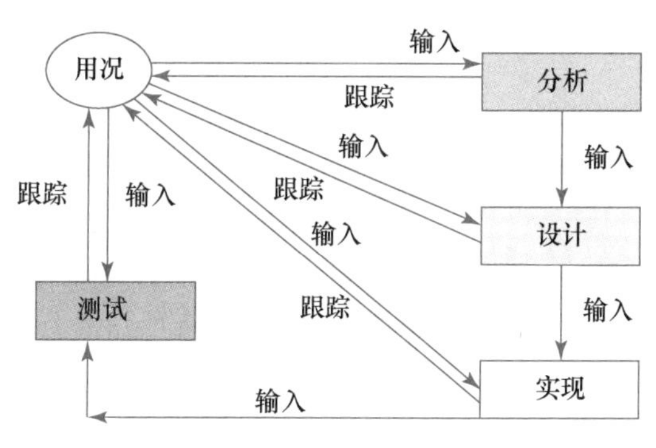

图 2.11　用况驱动示意

由图 2.11 可以看出,用况是分析、设计、实现和测试的基本输入,分析、设计、实现和测试的结果都可以跟踪到相应的用况。通过用况,可以得到体系结构描述;可以得到其他相关制品,例如,通过枚举用况的不同执行路径,可导出测试案例和测试规程;可以估算系统性能、硬件需求和可用性。此外,还可以把用况作为基础来编写用户手册等。以用况为驱动有助于模型之间的追踪和系统演化。

(2) 以体系结构为中心

以体系结构为中心意指在系统的生存周期中,开发的任何阶段都要给出相关模型视角下有关体系结构的描述,作为构思、构造、管理和改善系统的主要制品,如图 2.12 所示。

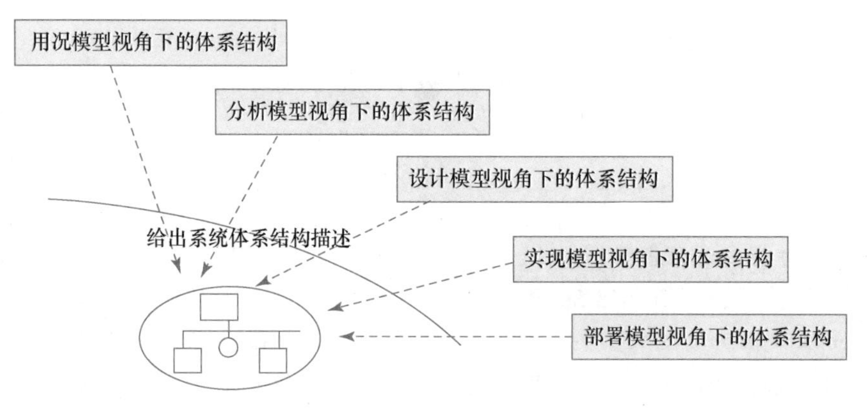

图 2.12　以体系结构为中心示意

系统体系结构是对系统语义的概括表述,对所有与项目有关的人员来说都是能够理解的,便于用户和其他关注者在对系统的理解上达成共识,建立和控制系统的开发、复用和演化。

系统体系结构内含一些决策,主要涉及软件系统的组织(包括构成系统的结构元素、各元素的接口、由元素间的各种协作所描述的各元素行为、由结构元素和行为元素构成的子系统、相关的系统功能和性能、其他约束等)以及支持这种组织的体系结构风格。因此,在系统体系结构描述中,应关注子系统、构件、接口、协作、关系和节点等重要模型元素,而忽略其他细节。

(3) 迭代、增量式开发

迭代、增量式开发意指通过开发活动的迭代,不断地产生相应的增量。在 RUP 中,规定了四个开发阶段:初始阶段、精化阶段、构造阶段和移交阶段,如图 2.13 所示。

每一阶段都有同样的工作流,即需求获取、需求分析、设计、实现和测试。每一阶段可以看作是一次“大的”迭代(黑实线);根据开发组的需要,可以在每一阶段中安排一定数量“小的”迭代(黑虚线)。

每次迭代都要按照专门的计划和评估标准,通过一组明确的活动,产生一个内部的或外部的发布版本。两次相邻迭代所得到的发布版本之差,称为一个增量。因此,增量是系统中一个较小的、可管理的部分(一个或几个构造块)。

贯穿整个生存周期的迭代,形成了项目开发的一些里程碑。每一阶段的结束,是项目的一个主里程碑(共四个),产生系统的一个体系结构基线,即模型集合所处的当时状态。主里程碑是管理者与开发人员的同步点,以决定是否继续进行项目,确定项目的进度、预算和需求等。在四个阶段中的每一次迭代的结束,是一个里程碑,产生一个增量。次里程碑是如何进行后续迭代的决策点。

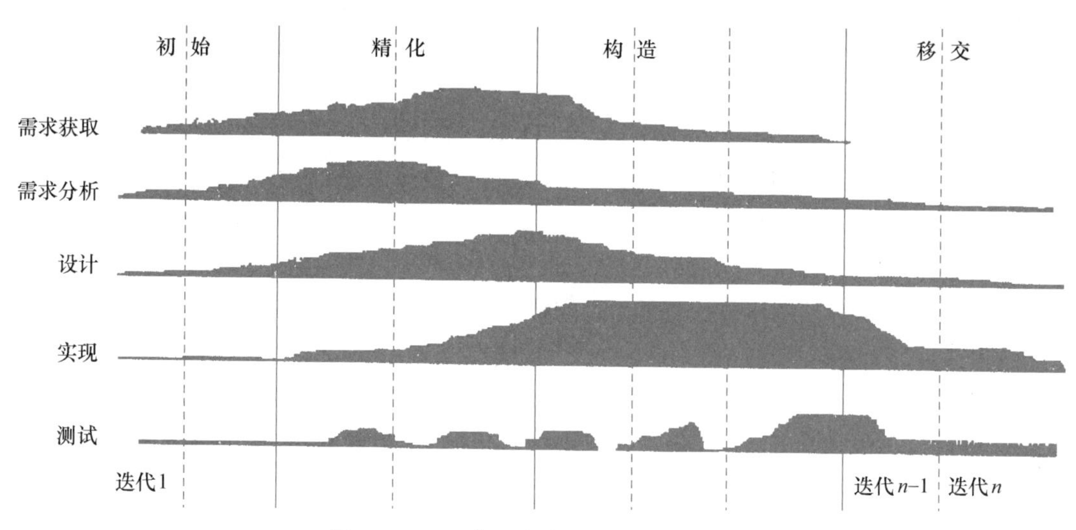

图 2.13　RUP 的四个阶段及其核心工作流

可见，从最初建立的体系结构基线到最终系统实现之后所得到的系统体系结构基线之间，经历了几次内部发布。因此，最后形成的体系结构基线是系统各种模型和各模型视角下体系结构描述的一个集合。

在实践中，体系结构描述和体系结构基线往往同时开发，以便指导整个软件开发的生命周期。其中，体系结构描述不断更新，以便反映体系结构基线的变化。

综上可知，RUP 的迭代增量式开发，是演化模型的一个变体，即规定了“大”的迭代数目——四个阶段，并规定了每次迭代的目标。

初始阶段的基本目标是：获得与特定用况和平台无关的系统体系结构轮廓，以此建立产品功能范围；编制初始的业务实例，从业务角度指出该项目的价值，减少项目主要的错误风险。

精化阶段的基本目标是：通过捕获并描述系统的大部分需求（一些关键用况），建立系统体系结构基线的第一个版本，主要包括用况模型和分析模型，减少次要的错误风险；到该阶段末，就能够估算成本、进度，并能详细地规划构造阶段。

构造阶段的基本目标是：通过演化，形成最终的系统体系结构基线（包括系统的各种模型和各模型视角下体系结构描述），开发完整的系统，确保产品可以交付给客户，即具有初始操作能力。

移交阶段的基本目标是：确保有一个实在的产品，发布给用户群；培训用户如何使用该软件。

RUP 适用于大多数软件系统的开发，包括不同应用领域、不同项目规模、不同类型的组织和不同的技能水平，并且是基于构件的，可以使每个构件具有良好定义的接口。

9. 基于构件的开发模型

基于构件的开发模型是一种面向复用的开发模型，依赖于存在大量可复用的软件构件以及能组合这些构件的集成框架。

基于构件的开发模型如图 2.14 所示。

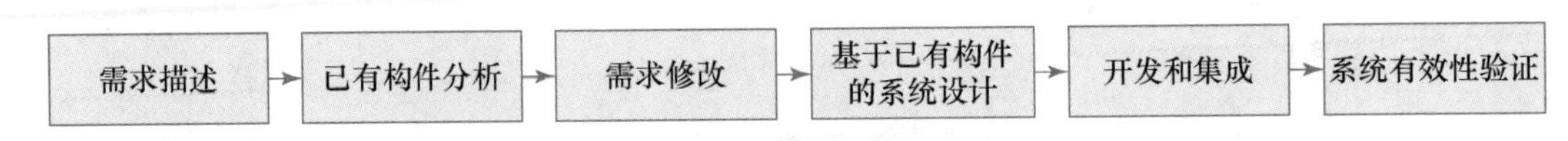

图 2.14　基于构件的开发模型

基于构件的开发模型具有以下优点：

① 基于构件的开发模型由于复用了已有构件，从而减少了需要开发的软件模块数量，降低了软件开发成本，并降低了软件开发带来的风险。

② 基于构件的开发模型也因为复用已有构件，从而加快软件开发进度，快速移交软件。

基于构件的开发模型也具有一定的缺点，具体如下：

① 该模型有时不可避免地造成需求妥协，导致开发的系统不符合用户真正的需求。

② 因为已有的可复用构件新版本可能不受机构控制，进而无法对系统进行进化升级。

2.3　软件过程改进

2.3.1　软件过程改进的框架和要素

软件过程改进框架是一种系统化的方法，旨在帮助组织改进其软件开发过程，以提高产品质量和开发效率。许多软件过程改进的框架都是基于舒瓦特(Shewhart)循环和戴明(Deming)循环实现[2]的，该周期也称为 PDCA(Plan-Do-Check-Act)循环，如图 2.15 所示，定义了软件过程改进的框架和每个步骤的要素。

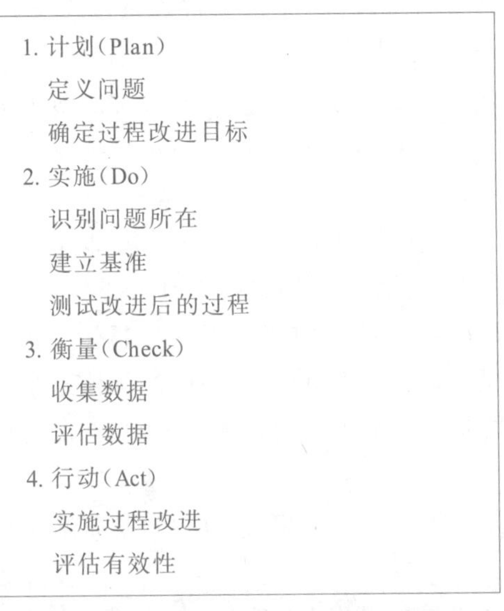

图 2.15　Shewhart-Deming 软件过程改进周期

该周期从软件过程改进活动的计划开始，一旦完成改进计划，就会实施计划、检查结果、并采取措施纠正偏差，然后不断重复该周期。如果计划实施过程中产生了预期的结果，则采取行动使这个改进永久化。

美国卡内基-梅隆大学软件工程研究所的软件过程改进模型 IDEAL 是软件过程改进框

架的一种具体实现[3]，其中 I 代表 Initiating（启动）、D 代表 Diagnosing（诊断）、E 代表 Establishing（建造）、A 代表 Act（实施）、L 代表 Learning（学习）。IDEAL 模型包括以下 5 个阶段：

① 启动阶段：制订软件过程改进计划；

② 诊断阶段：评估当前的软件开发过程，并确定改进的重点；

③ 建造阶段：实施改进计划；

④ 实施阶段：监控改进计划的进展和效果，并对其进行调整和改进；

⑤ 学习阶段：总结经验教训，并将其应用于未来的软件过程改进。

因此，软件过程改进框架和 IDEAL 模型具有密切的关系，可以看作是软件过程改进框架在实践中的一种具体应用。基于这个框架，软件过程成熟度模型旨在提供软件能力的分级改进框架。每个等级中都会逐步添加一些增强功能，这些增强功能也是随着软件组织能力的提升而需要掌握的。由于某些能力依赖于其他能力，因此保持有序的过程改进非常重要。由于该框架的进步性，其可用于评估软件组织以确定软件组织中需立即改进的重要领域。随着软件过程成熟度数据量的增长，组织还可以确定它们相对于其他组织的地位。

2.3.2　CMM 和 CMMI 的概念和思想

1. CMM 的概念和思想

20 世纪 80 年代中期，美国工业界和政府部门开始认识到，在软件开发中，关键的问题在于软件开发组织不能很好地定义和控制其软件过程，从而使一些好的开发方法和技术都起不到所期望的作用。一个组织过程能力的强或弱，将直接关系到该组织能否生产出满足需求的软件产品，能否生产出具有需求质量的产品。在这一背景下，1986 年 11 月，美国卡内基-梅隆大学软件工程研究所受美国国防部的委托，开始开发过程成熟度框架。

CMM 全称为 Capability Maturity Model，即“能力成熟度模型”[4,5]，是由美国卡内基-梅隆大学软件工程研究所提出的一种描述软件过程关键元素的框架。该模型用以指导软件组织提高其软件开发能力和过程成熟度。它是对软件组织在定义、实现、度量、控制和改善其软件过程的实践中各个发展阶段的描述。

CMM 的核心是把软件开发视为一个过程，并根据这一原则对软件开发和维护进行过程监控和研究，以使其更加科学化、标准化，使企业能够更好地实现商业目标。CMM 使用 5 个等级来评价软件过程能力[3]：初始级（等级 1）是混乱的软件过程，可重复级（等级 2）是经过训练、有纪律的软件过程，已定义级（等级 3）是标准一致的软件过程，已管理级（等级 4）是可预测的软件过程，优化级（等级 5）是可持续改进的软件过程。CMM 为软件过程改进工作指明了方向，指导软件组织一步步改进过程能力，而不是跳跃式前进。此外，CMM 为每一个成熟度等级规定了一些目标和与之相关的若干个关键过程域（KPA），过程除了需要达到成熟度等级，还需满足每个成熟度等级的关键过程域。随着软件能力成熟度从低到高的发展，软件组织的能力也在不断提高。

2. CMMI 的概念和思想

CMMI 全称为 Capbility Maturity Model Integration，即集成的能力成熟度模型[6—8]，是由美国国防部与卡内基-梅隆大学和美国国防工业协会共同开发和研制的系统工程和软件工程的集成成熟度模型。CMMI 的产生是为了将各种能力成熟度模型集成起来，包括软件能力成熟度模型(SW-CMM)、系统工程能力成熟度模型(SE-CMM)、集成产品开发能力成熟度模型(IPD-CMM)和软件采购能力成熟度模型(SA-CMM)等,以更好地指导组织过程以及开发、获取和维护产品或服务的管理能力[9]。

CMMI在CMM的基础上提供了两种模型描述形式:阶梯式和连续式[9,10]。其中,阶梯式的描述方法与CMM类似,通过将过程改进划分为5个等级和若干个过程域,逐步实现软件成熟度从低到高的发展。这个过程中,每一阶段都是下一个阶段的基础。连续式的描述方法则允许组织选择过程改进顺序,给组织在进行过程改进的时候带来更大的自主性,不用再像CMM一样受到严格的等级限制。例如在阶梯式描述方法下,组织必须先实现项目管理的所有关键过程域,并达到特定的等级,才能进入下一阶段。而在连续式描述方法下,组织可以选择自己的改进顺序,并在其自己的时间表上逐步实现相应的目标和实践。这样的改进增加了灵活性,但由于缺乏指导,一个组织可能缺乏对关键过程域之间依赖关系的正确理解而片面地实施过程,从而使部分软件过程成为空中楼阁,缺乏其他过程的支撑。CMMI的过程域与国际标准化组织和国际电子技术协会ISO/IEC 15504也非常相似,因此可以提供过程改进与ISO/IEC 15504之间的简单比较[9,10]。

2.3.3 CMM和CMMI的等级及其基本特征

CMM包括5个发展阶段,又称为5级成熟度模型[3]。级别的设计是为了使处于较低级别的软件通过逐渐提升最终可以达到更高级别水平。在级别提升过程中,软件团队的能力也在不断提高。CMMI则提供两种表示方法:阶段式模型和连续式模型。

1. CMM的5个等级

CMM的5个等级、每个成熟度等级的目标和与之相关的关键过程域如下所示:

(1) 初始级(等级1)

在初始级别,组织可能是临时的或是混乱的。此时,组织的运行通常没有正式的程序、成本估算和项目计划。即便有正式的项目管理程序,也没有相应的管理机制来确保它们的执行。工具也没有很好地集成到过程中,更没有得到统一应用。变更控制普遍比较松懈,高级管理层也没有接触或不了解软件关键问题所在。项目如果可以成功,通常也是因为某个团队的敬业和不懈努力,而不是组织的能力。

目标:过程是不可预测的,通常是不稳定的。

关键过程域:无。

(2) 可重复级(等级2)

在可重复级别,组织已经实现了基本的项目控制:项目管理、管理监督、产品保证和变更控制。组织的能力源于其从类似工作中获得的经验,但当组织遇到新的挑战时,他们会面临重大风险。此时,组织经常会出现质量问题并缺乏有序的改进框架。

目标:过程已被记录、管理和协调,以便在项目之间和项目内得到重复使用。

关键过程域:需求管理(Requirements Management)、项目计划(Project Planning)、项目跟踪和控制(Project Monitoring and Control)、配置管理(Configuration Management)、合同管理(Contract Management)。

(3) 已定义级(等级 3)

在已定义级别,组织在流程检查和改进上已有一些基础。他们建立起一个软件工程过程小组(SEPG),以聚焦和主导过程改进工作,并让管理层持续了解这些工作的状态,促进一系列软件工程方法和技术的应用。

目标:过程已被标准化,并在整个组织中得到了广泛的应用。

关键过程域:过程定义(Process Definition)、过程资源(Process Resource)、产品集成(Product Integration)、培训(Training)、过程度量(Process Measurement)、过程改进(Process Improvement)。

(4) 已管理级(等级 4)

已管理级别建立在已定义级别之上。过程被定义之后,可以对其进行检查和改进,但因数据较少而导致有效性无法得到证明。因此,为了提升到量化管理级别,组织必须建立起一套质量和生产力度量。同时,还需要一个具有资源分析和咨询技能的过程数据库来支持项目成员的使用。在第 4 等级,会应用 Shewhart 循环来持续计划、实施和跟踪过程改进。

目标:过程已被量化和控制。

关键过程域:过程度量和分析(Process Measurement and Analysis)、过程控制(Process Control)、量化过程管理(Quantitative Process Management)。

(5) 优化级(等级 5)

在优化级别,组织有方法来识别其最薄弱的过程环节并有针对性地加强它们,有足够的数据支撑将技术应用到关键任务中,并且过程的有效性也得以证明。在这一点上,数据收集至少已部分自动化,管理层也已将其关注点从产品修复转向过程分析和改进。优化级别的关键附加活动是对缺陷原因的严格分析和缺陷预防。

目标:过程已被优化,并持续改进。

关键过程域:过程创新(Process Innovation)、技术变革(Technology Change Management)、持续过程改进(Continuous Process Improvement)。

2. CMMI 的成熟度等级

CMMI 提供两种表示方法:阶段式模型和连续式模型。针对两种模型表示方法提供了不同的等级。

(1) 阶段式模型

CMMI 阶段式模型的 5 个等级,每个成熟度等级的目标和与之相关的关键过程域与 CMM 又有所不同,其每个成熟度等级和与之相关的关键过程域如下所示:

① 初始级(等级 1)。在这个级别中,组织的过程通常是不可预测的,不稳定的,甚至是混乱的。该级别的目标是建立基础设施,以支持过程的管理和执行。

关键过程域:无。

② 已管理级(等级 2)。在这个级别中,组织的过程已经开始变得稳定和可重复。该级别的目标是建立一套管理过程,以确保过程的可控性和可重复性。

关键过程域:需求管理(Requirements Management)、项目计划(Project Planning)、项目跟踪和控制(Project Monitoring and Control)、供应商协议管理(Supplier Agreement Management)、度量与分析(Measurement and Analysis)、过程与产品质量保证(Process and Product Quality Assurance)、配置管理(Configuration Management)。

③ 已定义级(等级 3)。在这个级别中,组织的过程已经变得可控和可预测,并且已经建立了一套标准化的过程。该级别的目标是将组织过程定义和标准化,并确保其在整个组织中得到适当的执行。

关键过程域:需求开发(Requirements Development)、技术方案(Technical Solution)、产品集成(Product Integration)、验证(Verification)、确认(Validation)、组织过程焦点(Organizational Process Focus)、组织过程定义(Organizational Process Definition)、组织培训(Organizational Training)、集成化项目管理(Integrated Project Management)、风险管理(Risk Management)、决策分析与解决方案(Decision Analysis and Resolution)。

④ 量化管理级(等级 4)。在这个级别中,组织的过程已经被量化,并建立了一套量化过程控制方法。该级别的目标是通过使用定量数据来了解过程的性能,并对其进行管理和控制。

关键过程域:组织过程绩效(Organizational Process Performance)、定量项目管理(Quantitative Project Management)。

⑤ 优化管理级(等级 5)。在这个级别中,组织持续地改进其过程,并寻求进一步提高过程的效率和效果。该级别的目标是建立一套持续改进的文化,以确保组织的过程得到不断的改进和优化。

关键过程域:组织革新与推广(Organizational Innovation and Deployment)、原因分析与解决方案(Causal Analysis and Resolution)。

(2) 连续式模型

连续式模型关注每个过程域的能力,一个组织对不同的过程域可以达到不同的过程域能力等级(Capability Level,CL)。CMMI[11]中包括 6 个过程域等级,等级号为 0～5。能力等级包括共性目标及相关的共性实践,这些实践在过程域内被添加到特定目标和实践中。当组织满足过程域的特定目标和共性目标时,就说该组织达到了那个过程域的能力等级。能力等级可以独立地应用于任何单独的过程域,任何一个能力等级都必须满足比它等级低的能力等级的所有准则。对各能力等级的含义简述如下:

① CL0(未完成的):过程域未执行或未得到 CL0 中定义的所有目标,该过程没有特定的过程域要求。

② CL1(已执行的):CL1 的共性目标是过程将可标识的输入工作产品转换成可标识的输出工作产品,以实现支持过程域的特定目标,这个等级通常包括了所有 CMMI 过程域。CMMI 过程域包括项目计划、项目跟踪与控制、需求管理、供应商协议管理、测量与分析、过程与产品质量保证、配置管理。

③ CL2(已管理的):CL2 的共性目标集中于已管理的过程的制度化。根据组织级政策规定过程的运作将使用哪个过程,项目遵循已文档化的计划和过程描述,所有正在工作的人都有权使用足够的资源,所有工作任务和工作产品都被监控、控制和评审。这个等级通常包括所有的 CMMI 过程域。

④ CL3(已定义级的):CL3 的共性目标集中于已定义的过程的制度化。过程是按照组织的裁剪指南从组织的标准过程集中裁剪得到的,还必须收集过程资产和过程的度量,并用于将来对过程的改造。这个等级通常包括所有的 CMMI 过程域。

⑤ CL4(定量管理的)：CL4 的共性目标集中于可定量管理的过程的制度化。使用测量和质量保证来控制和改进过程域，建立和使用关于质量和过程执行的定量目标作为管理准则。这个等级通常包括所有的 CMMI 过程域。

⑥ CL5(优化的)：CL5 使用量化(统计学)手段改变和优化过程域，以满足客户要求的改变和持续改进计划中的过程域的功效。这个等级通常包括所有的 CMMI 过程域。

总之，CMM 和 CMMI 都是软件工程领域最常用的软件过程成熟度模型。这两个模型的目标都是提高组织的软件工程过程能力，以提高产品质量和项目成功率。它们都使用了 5 个等级来表示其成熟度等级，但在 5 个等级的划分和每个等级内的关键过程域方面略有不同。

CMM 的 5 个等级分别是初始级、可重复级、已定义级、已管理级和优化级。初始级和可重复级主要关注项目管理和过程管理的基础建设；定义级和管理级则关注于建立和执行规范化的软件开发和维护过程；优化级则强调持续过程改进和创新，关注于如何不断提高过程能力和性能。CMMI 阶段式模型的 5 个等级分别是初始级、已管理级、已定义级、量化管理级和优化管理级。CMMI 的定义和关注点与 CMM 类似，但 CMMI 在每个等级内的关键过程域方面更加具体和详细。CMMI 还涵盖了软件开发和维护以外的其他领域，如系统工程和人力资源管理等，更加全面地考虑了组织的整体能力和绩效。但无论是 CMM 还是 CMMI，它们都强调持续过程改进的重要性，旨在帮助组织提高软件的开发和维护过程。

2.4 本章小结

本章紧紧围绕软件过程这一主题，讲解了三方面的内容：

① 介绍了 ISO/IEC 12207:2017《软件系统与工程软件生命周期过程》。软件生产涉及 4 大类过程：协议过程、组织项目使能过程、技术管理过程和技术过程。协议过程描述了软件系统的需方和供方在获取满足需求的软件产品方面应该进行的活动；组织项目使能过程通过必要的资源为项目提供支撑；技术管理过程主要评估项目的技术工作量，特别是时间、成本和成果等；技术过程关注软件生存周期的所有技术工作。该标准告知人们，软件开发一般可能需要“干哪些活”。

② 介绍了几种经典的软件生存周期模型，包括最早提出的瀑布模型，以及而后提出的增量模型、演化模型、螺旋模型和喷泉模型等；分析了这些模型的优缺点，并给出了它们的适用情况以及在应用中需要注意的问题。这些模型作为过程框架，为一个软件生存周期过程的规划提供了指导。

③ 介绍了软件过程改进，包括软件过程改进的框架和要素，CMM、CMMI 的概念和思想，以及 CMM 和 CMMI 的等级及其基本特征等。

习　题

1. 基本概念：软件生存周期、软件生存周期过程、软件生存周期模型。
2. 分析软件开发人员主要涉及的软件过程。

3. 探讨软件项目管理人员主要涉及的软件过程。
4. 简述瀑布模型及可适应的情况,并且说明原因。
5. 简述演化模型及可适应的情况,并且说明原因。
6. 简述增量模型的优缺点。
7. 简述螺旋模型以及与其他模型之间的主要区别。
8. 简述基于构件的开发模型的优缺点。
9. 简述原型构造在软件开发中的作用。
10. 简述 CMM 和 CMMI 的区别。
11. 举例说明 CMMI 阶段式开发和连续式开发的共性和区别。

参考文献

[1] Systems and software engineering software life cycle processes: ISO/IEC/IEEE 12207:2017 [S/OL].[2017-11].https://www.iso.org/standard/63712.html.
[2] W. Edwards Deminy. Out of the CRISIS, Reissue[M]. Peachtree City: The MIT press, 2018.
[3] Mcfeeley B. IDEAL: A User's Guide for Software Process Improvement[R]. Carnegie Mellon University Software Engineering Institute, 1996.
[4] Mark Paulk, Charles V.Weber,Bill Curtis, et al. The capability maturity model: guidelines for improving the software process[M]. Boston: Addison-Wesley Longman, 1995.
[5] Paulk M C, Curtis B, Chrissis M B, et al. Capability Maturity Model for Softwcne,Version 1.1[J]. IEEE Software, 1993, 10(4): 18-27.
[6] Ahern D, Clouse A, Turner R. CMMI Distilled: A Practical Introduction to Integrated Process Improrement[M].Dekiny: Higher Eduation press,2005.
[7] CP Team. Capability Maturity Model Integration (CMMI), Version 1.1-Continuous Representation[J].Software Engineeriny Institue Carnegie Mellon,2022.
[8] CP Team. Capability Maturity Model Integration (CMMI), Version 1.1-Staged Representation[J].Software Engineering Institue Carnegie Mellon,2022.
[9] 沈剑沧,郑雪原,鲍培明. 软件过程改进框架[J]. 计算机工程与设计,2007,28(22):5341-5344.
[10] Unterkalmsteiner M, Gorschek T, Islam A K M M, et al. Evaluation and Measurement of Software Process Improvement—A Systematic Literature Review[J]. IEEE Transactions on Software Engineering, 2011, 38(2): 398-424.
[11] Java 全栈知识体系.能力成熟度模型集成认证——CMMI[EB/OL].[2023-09-30]. https://pdai.tech/md/dev-spec/certificate/cert-cmm.html.

第3章 软件需求工程

不管采用何种软件生存周期模型，软件开发过程都要基于软件需求，即需求是产品/系统设计、实现以及验证的基本信息源。软件需求以一种技术形式，描述了一个产品应该具有的功能、性能和性质。可见，软件需求是任何软件工程项目的基础。

3.1 如何认识需求工程

3.1.1 软件需求工程的任务

“需求工程”这一术语最早出现在美国国防和空间系统研究组在1979年发布的一篇技术报告中。在软件工程领域，需求工程是开发软件需求的工程，利用系统化、工程化的方法和技术，指导软件工程师对软件需求进行捕获、分析、记录、验证和管理等工作，以高效开发出准确表达用户需求的软件需求规格说明书。需求工程需要为软件系统在整个生命周期中的需求变化和变更提供有效的管理机制。由于需求工程处于软件开发的第一个阶段，所以它的有效实施是整个软件开发过程得以有效开展和最后取得成功的关键。

需求工程的主要任务是完整地定义问题，确定系统的功能和能力。该阶段主要包括需求获取、需求分析、需求规约（需求文档化）、需求验证和需求管理，最终形成系统的软件需求规格说明书。其中，主要成分是系统功能模型。

在需求工程之前，在软件项目策划阶段，业务领域的利益相关者（业务管理人员、市场人员、产品管理人员等）要定义业务用例，确定市场的宽度和深度，进行粗略的可行性分析，并确定项目范围的工作说明。

可行性分析就是用最小的代价，在尽可能短的时间内确定问题能否解决，即判定原定的目标和规模是否现实。在软件项目策划阶段进行的可行性分析应包括经济可行性（这个系统的经济效益能超过它的开发成本吗?）、技术可行性（使用现有技术能实现这个系统吗?）、法律可行性（软件系统是否存在侵权或其他法律问题?）、方案的选择、可行性分析报告等五个方面的内容。

如果要开发一个基于计算机的系统，讨论将从系统工程开始，涉及各领域的全局以及系统所在的领域活动。

该阶段，要建立基本的理解，包括对问题、谁需要解决方案、所期望解决方案的性质、与项目利益相关者和开发人员之间达成初步交流合作。

当经过了可行性分析，软件项目正式立项后，才进入软件需求工程。

软件需求工程的目标是，从客户和潜在用户对系统的需要和期望中，抽取出可实现的、对软件能力的要求和约束,形成软件规格说明书。

3.1.2 软件需求工程的活动

需求工程过程如图3.1所示,一般包括需求获取、需求分析、需求文档化、需求验证和需求管理等五个主要活动,其中需求管理贯穿整个需求工程过程。

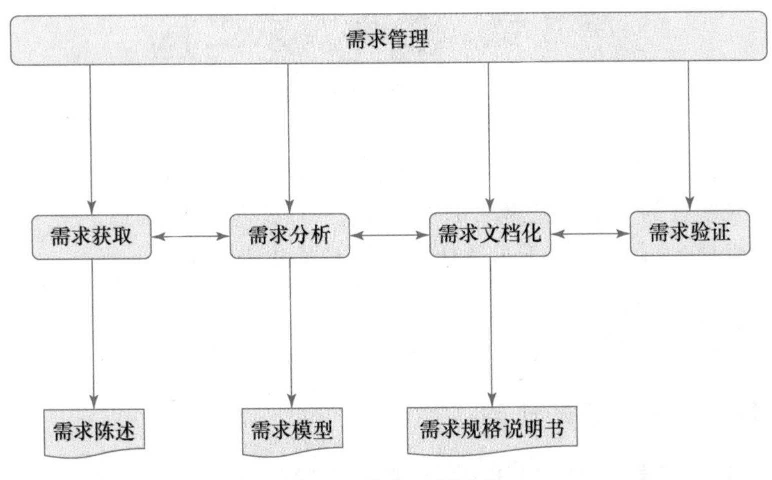

图3.1 需求工程过程

1. 需求获取

需求获取活动是询问客户、用户和其他利益相关者:系统或产品的目标是什么?想要实现什么?系统和产品如何满足业务的要求?最终系统或产品如何用于日常工作?

软件的利益相关者是指与待开发的系统相关的人或组织,包括项目经理、用户、客户、软件工程师、市场销售人员、维护工程师、系统集成商等。

① 项目经理:管理软件系统开发的人员。例如,网上银行管理系统开发商的管理人员。

② 用户:使用系统的人或组织。例如,网上银行管理系统的用户为储户、系统管理人员。

③ 客户:组织系统开发并为此支付费用的人或组织,如网上银行管理系统的客户为银行。

④ 软件工程师:与软件系统的分析、设计、开发和测试相关的人员。例如,网上银行管理系统项目开发团队人员。

⑤ 市场销售人员:负责软件产品市场销售的人员。例如,网上银行管理系统开发商的销售部门。

⑥ 维护工程师:对系统进行维护的人员。例如,网上银行管理系统的维护工程师。

⑦ 系统集成商:负责将目标软件系统和其他软硬件、网络基础设施集成在一起的人或组织。

对一个软件开发项目的需求调研,应从不同利益相关者的视角开展:业务经理关注应在预算内实现的产品特征及市场限制;用户希望系统的功能是他们熟悉的,并且易于学习和使用;客户关心系统的整体满意度以及成本控制;软件工程师关注软件需求的清晰度和实现难度;销售人员关心能激发市场潜能、有助于新系统销售的功能和特性;维护工程师关注软件的可维护性;系统集成商关注的是目标软件系统和其他软硬件系统和网络的接口是否清晰,易于集成。

需求获取活动必须注意以下问题：

① 范围问题：系统的边界不清楚。

② 理解问题：客户或用户不能完全确定需要什么，对技术环境的能力和限制所知甚少，与系统工程师沟通存在问题。

③ 易变问题：需求随时间不断变化。

该活动的结果是软件需求陈述，可以用自然语言、用况图或用户故事描述等一系列用户场景，描述如何让最终用户和其他操作者与系统进行交互。

2. 需求分析

需求分析活动的目的是开发一个精确的需求模型，用以说明软件的功能、特征和信息的各个方面。需求分析由一系列的用户场景建模和求精任务驱动的。

当不同的客户或用户提出了相互冲突的需求时，需求工程师必须进行协商解决这些冲突，让客户、用户和其他利益相关者对各自的需求排序，然后按照优先级讨论冲突，使用迭代方法给出需求排序，评估每项需求对项目产生的成本和风险，表达内部冲突、删除、组合或修改需求，以达到各方满意。

3. 需求文档化

需求文档化活动的结果是形成软件需求规格说明书（又称为软件需求规约），即采用标准模板，以促进一致的、更易于理解的方式表达需求。

对于大型系统，最好采用自然语言描述和图形化模型来编写软件需求规约。而对于技术环节明确的较小产品或系统，采用使用场景编写软件需求规约可能就足够了。

4. 需求验证

需求验证活动要检查软件规格说明书以保证：

(1) 无歧义地说明所有的系统需求。

(2) 已检测出不一致性、疏忽和错误并得以纠正。

(3) 工作产品符合为过程、项目和产品建立的标准。

正式的技术评审是主要的需求验证机制，评审小组包括软件需求工程师、客户、用户、项目经理和其他利益相关方。

5. 需求管理

需求管理是用于帮助项目组在项目进展中标识、控制和跟踪需求以及需求变更的一组活动，一般和软件配置管理技术结合。

在进行软件系统/产品的需求工程活动时，通常面临3大挑战：

(1) 对问题空间的理解

随着计算机在社会各方面不断广泛和深入的应用，在大多数情况下，软件开发人员不甚了解用户业务以及应用，但开发工作又要求他们必须把握和深入理解之，否则很难开发出一个有质量的、满足用户要求的系统/产品。因此，对问题空间的理解是软件开发人员所面临的一大挑战。

(2) 人与人之间的通信

软件开发中的各类过程、活动和任务，一般是由具有不同知识、技能的各种人员承担的，他们之间的有效沟通，是获取高质量的开发质量和产品质量的保障。例如，需求分析人员在整个分析过程中需要与用户进行沟通，以确保正确地理解问题，获取有价值的需求规约；软件设计人员在整个设计期间，需要与需求分析人员进行必要的沟通，以确保产品/系统的设计符合所确定的需求；项目管理人员在整个项目进行期间，需要与开发人员进行及时沟通，以确保项目进度符合规划要求等。因此，人与人之间的通信是软件开发人员所面临的又一大挑战。

(3) 需求的变化性

一般来说，软件需求一般处于不断的变化之中。导致需求变化的因素很多，主要包括用户、竞争者、协调人员、审批人员和技术人员。正如 Gerhard Fisher 于 1989 年指出的那样：我们不得不接受不断变化着的需求这个现实生活中的事实。需求的变化性，直接影响各类人员的开发行为，例如需求分析人员为了有效地应对需求变化，可能将采用半形式化的甚至形式化的手段来规约需求。可见，需求的变化性是软件开发人员所面临的又一大挑战。

为了应对以上三大挑战，支持需求工程目标的实现，一种好的需求技术应具有以下基本特征：

① 提供方便通信的机制，例如在不同开发阶段，使用对相关人员易于理解的语言。

② 鼓励需求分析人员使用问题空间的术语思考问题，编写文档。

③ 提供定义系统边界的方法。

④ 提供支持抽象的基本机制，例如“划分”“映射”等。

⑤ 为需求分析人员提供多种可供选择的方案。

⑥ 提供特定的技术，适应需求的变化等。

3.2 需求与需求获取

3.2.1 软件需求定义

国际标准 ISO/IEC/IEEE 24765:2017《系统和软件工程词汇(第二版)》将软件需求定义为：① 用户解决问题或实现目标所需的软件能力；② 为满足合同、标准、规范或其他正式强制性文件，系统或系统组件必须满足或拥有的软件能力[1]。软件需求描述了待开发产品必须具有的能力以及满足的条件。例如：系统必须有能力支持 1 000 个以上的并发用户，平均响应时间应该小于 1 s，最大响应时间应小于 5 s；系统必须有能力存储平均操作连续 100 天所产生的事务。

对于一个单一需求，必须具有如下 5 个基本性质：

① 必要性，即该需求是用户所要求的；

② 无歧义性，即该需求只能用一种方式解释；

③ 可测试性，即该需求是可进行测试的；

④ 可跟踪性，即该需求可从一个开发阶段跟踪到另一个阶段；

⑤ 可测量性，即该需求是可测量的。

对于需求以上 5 个性质的验证，可采用不同活动和技术。例如，验证需求是不是歧义的，一般可采用需求复审。验证需求是不是可测试的，可在标识任何所需要的数据和设施的基础上，开发一个测试概念。验证需求是不是可测量的，可通过检验一个特征是否存在，但需要考虑设计、实现和测试阶段所发生的各种情况。可见，可测试性通常从属于可测量性，是可测量性的更详细的元素。

确定一个单一需求的陈述是否满足以上5个性质，尽管这一工作复杂耗时，但可以产生更好的、更清晰的需求陈述。

3.2.2　软件需求分类

参照国际标准ISO/IEC/IEEE 24765:2017，软件需求可以分为以下几类：功能需求，性能需求，外部接口需求，设计约束需求，质量属性需求。

其中，有时把性能、外部接口、设计约束和质量属性这四类需求统称为非功能需求。

1. 功能需求

功能需求（Functional Requirement）规约了系统或系统构件必须执行的功能。例如，系统应能够产生月销售报表。

除了对要执行的功能给出一个陈述外，需求还应该规约如下内容。

① 关于该功能输入的所有假定，或为了验证该功能输入，有关检测的假定。

② 功能内的任一次序，这一次序是与外部有关的。

③ 对异常条件的响应，包括所有内部或外部所产生的错误。

④ 需求的时序或优先程度。

⑤ 功能之间的互斥规则。

⑥ 系统内部状态的假定。

⑦ 为了该功能的执行，所需要的输入和输出次序。

⑧ 用于转换或内部计算所需要的公式。

一般来说，功能需求是整个需求的主体，即没有功能需求，就没有性能、外部接口、设计约束和质量属性等非功能需求。非功能需求可作用于一个或多个功能需求，如图3.2所示。

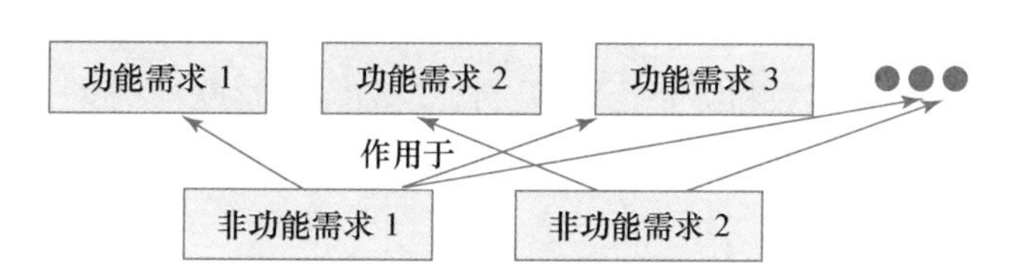

图3.2　功能需求与非功能需求的关系

2. 性能需求

性能需求（Performance Requirement）规约了一个系统或系统构件必须具有的性能特性。例如：系统应在5 min内计算出给定季度的总销售税；系统应支持100个Windows 95/NT工作站的并行访问。

性能需求隐含了一些满足功能需求的设计方案，经常会对设计产生一些关键的影响。例如，对于一个给定大小的记录集合进行排序的功能需求而言，关于排序时间的性能需求将确定选择哪种算法是可行的。

3. 外部接口需求

外部接口需求（External Interface Requirement）规约了系统或系统构件必须与之交互的硬件、软件或数据库元素，其中也可能规约其格式、时间或其他因素等。例如，引擎控制系统必须正确处理从飞行控制系统接收来的命令，并符合特定接口控制文档中的规定。

接口需求主要分为以下几类。

① 系统接口。描述一个应用如何与系统的其他应用进行交互。

② 用户接口。描述软件产品和用户之间接口的逻辑特性,即这类接口需求应规约对给定用户所显示的数据,要从用户那里得到的数据以及用户如何控制该用户接口。

③ 硬件接口。描述软件系统与硬件设备之间的交互,以实现对硬件设备的响应和控制,其中应描述所要求的支持和协议类型。

④ 软件接口。描述与其他软件产品(例如,数据管理系统、操作系统或数字软件包)进行的交互。

⑤ 通信接口。描述待开发系统与通信设施(例如,局域网)之间的交互。如果通信需求包含了系统必须使用的网络类型(TCP/IP,Microsoft Windows NT, Novell),那么有关类型的信息就应包含在该需求描述中。

⑥ 内存约束。描述易失性存储和永久性存储的特性和限制,特别应描述它们是否被用于与一个系统中其他处理的通信。

⑦ 操作。描述用户如何使系统进入正常和异常的运行,以及在系统正常和异常运行下如何与系统进行交互,其中应描述在用户组织中的操作模式,包括交互模式和非交互模式;描述每一模式的数据处理支持功能;描述有关系统备份、恢复和升级功能方面的需求。

⑧ 地点需求。描述系统安装以及如何调整一个地点,以适应新的系统。

4. 设计约束

设计约束需求(Design Constraint Requirement)限制了软件系统或软件系统构件的设计方案的范围。例如:系统必须用C++或其他面向对象语言编写,并且系统用户接口需要菜单。

对产品开发而言,为确定其相关的设计约束,需要考虑以下几个方面的问题。

① 法规政策。考虑国际、国内以及各地方、组织的法律法规。根据各种不同政策,发现系统的设计约束。

② 硬件限制。考虑技术上和经济上的限制,发现系统的设计约束,其中技术上的限制是由当今科技发展情况确定的,包括诸如处理速度、信号定序需求、存储容量、通信速度以及可用性等。

③ 与其他应用的接口。考虑与其他应用的接口,发现对新系统的设计约束。例如,当外部系统处于一个特定状态时,可能就要禁止新系统某些确定的操作。

④ 并发操作。考虑从/至一些不同的源,并发地产生或接收数据的要求,发现相关的设计约束,其中必须清晰地给出有关时间的描述。

⑤ 审计功能。考虑数据记录或事务记录的需要,例如对用户修改数据需要记录其执行,以便复审、发现相应的设计约束。

⑥ 控制功能。考虑对系统进行远程控制,以及考虑对其他外部软件以及内部过程进行控制的需要,以发现相应的设计约束。

⑦ 高级语言需求。考虑开发中需要采用一种特定的高级语言来编写系统,以发现相应的设计约束。

⑧ 握手协议。通常用于硬件和通信控制软件,特别当给出特定的时间约束时,一般就要把"握手协议"作为一项设计约束。

⑨ 应用的关键程度。考虑是否存在潜在的人员损失/伤害,或潜在的财政巨大损失,发现相应的设计约束。在许多生物医学、航空、军事或财务软件中,一般存在这一类设计约束。

⑩ 安全和保密。考虑有关系统的安全要求，发现相应的设计约束，其中保密需求通常涉及身份验证、授权和加密（数据保护）等。

在确定需求过程中，应当认识到，就约束的本意来说，对其进行权衡或调整是相当困难的，甚至是不可能的。设计约束需求与其他需求的最主要差别是，它们必须予以满足。因此，许多设计约束需求将对软件项目规划、所需要的成本和工作产生直接影响。

5. 质量属性

质量属性需求（Quality Attribute Requirement）规约了软件产品必须具有的一个性质是否达到质量方面一个所期望的水平。例如：

① 可靠性：是指软件系统在指定环境中没有失败而正常运行的概率。

② 可移植性：是指软件可以从一个环境移植到另一个环境的难易程度。

③ 可维护性：是指发现并改正一个软件故障或对特定的范围进行修改所要求的平均工作。

④ 用户友好性：是指学习和使用一个软件系统的难易程度。

⑤ 安全性：在一个预定的时间内，使软件系统安全的可能性。

一般通过一组度量指标定量地描述每一个质量属性，如表 3.1 所示，以便这些质量属性可以被客观地测试，以度量它们是否得到满足。应当认识到，规约可设计的、可测量的质量属性是一件非常困难的任务。

表 3.1　质量属性的度量指标

质量属性	度量指标
可靠性	平均失败时间 不可用的概率 失败发生频率
可移植性	目标依赖语句的百分数 目标系统的数量
用户友好性	培训时间 帮助帧数
鲁棒性	失败后重启时间 事件引起失败的百分数 失败中数据崩溃的概率

3.2.3　软件需求获取技术

发现初始需求的常用技术有以下几种：

1. 自悟（Introspection）

需求人员把自己作为系统的最终用户，审视该系统并提出问题：“如果是我使用这一系统，则我需要……”

适用条件：需求人员不能直接与用户进行交流，自悟似乎是一种切实可行的、比较有吸引力的方法。

成功条件：若自悟是成功的，需求人员必须具有比最终用户还要多的应用领域和过程方面的知识，并具有良好的想象能力。

2. 交谈(Individual Interviews)

为了确定系统应该提供的功能,需求人员通过提出问题,用户回答,直接询问用户想要的是一个什么样的系统。

成功条件:这种途径成功与否依赖于:

① 需求人员是否具有"正确提出问题"的能力。

② 回答人员是否具有"揭示需求本意"的能力。

存在的风险:在交谈期间,需求可能不断增长,以至于很难予以控制,可能导致超出项目成本和进度的限制。

应对措施:项目管理人员和客户管理人员应该定期地对交谈过程的结果进行复审。其中具有挑战的问题是,判断:

① 什么时候对这一增长划界。

② 什么时候将这一增长通知客户。

3. 观察(Observation)

通过观察用户执行其现行的任务和过程,或通过观察他们如何操作与所期望的新系统有关的现有系统,了解系统运行的环境,特别是了解要建的新系统与现存系统、过程以及工作方法之间必须进行的交互。尽管了解的这些信息可以通过交谈获取,但"第一手材料"一般总是能够比较好地"符合现实"的。

存在的风险:

① 客户可能抵触这一观察。其原因是他们认为开发人员打扰了他们的正常业务。

② 客户还可能认为开发人员在签约之前,就已经熟悉了他们的业务。

4. 小组会(Group Session)

举行客户和开发人员的联席会议,与客户组织的一些代表共同开发需求。其中:

① 通常是由开发组织的一个代表作为首席需求工程师或软件项目管理人员,主持这一会议。但还可以采用其他形式,这依赖于其应用领域和主持人的能力。主持人的作用主要是掌握会议的进程。

② 必须仔细地选择该小组的成员,不仅要考虑他们对现存的和未来运行环境的理解程度,还要考虑他们的人品。

这种途径的优点主要有以下 3 点:

① 如果会议组织得当,可很快地标识出一些需求。

② 可使需求开发人员在一次会议中能够对一个给定的需求得到多种观点,从而不但可节省与个人交谈的时间,还可节省联系他们的时间。

③ 有关需求不同观点之间的冲突,可以揭示需求中存在的问题,也有助于客户在其内部达成一致。

5. 提炼(Extraction)

复审技术文档,例如,有关需要的陈述、功能和性能目标的陈述、系统规约接口标准、硬件设计文档等,并提出相关的信息。

适用条件:提炼方法是针对已经有了部分需求文档的情况。依据产品的本来情况,可能有很多文档需要复审,以确定其中是否包含相关联的信息。有时,也可能只有少数文档需要复审。

在许多项目中，在任何交谈、观察、小组会或自悟之前，应该对该项目的背景文档进行复审，还应对系统规约进行复审，同时了解相关的标准和政策。

对于以上提到的各种发现初始需求的技术，在应用中应注意以下 4 点：

① 在任意特定的环境中，每项技术都有自己的优点和不足。在实施上述任何一项技术时，都可以辅以其他方法，例如原型构造，在举行小组会时可以使用原型，方便人员之间的交流。

② 依据需求工程人员的技能和产品、合同的实际情况，往往需要“组合”地使用这些技术来开发初始需求。

③ 执行需求发现这项活动的人，其技能水平将对这项活动的成功具有重大的影响。

④ 大型复杂项目和一些有能力的组织，在开发需求文档时，往往使用系统化的需求获取、分析技术和工具。例如，面向对象方法提供了系统化、自动化的功能，并可逐一验证单一需求所具有的 5 个性质，验证需求规约是否具有 4 个性质。

3.2.4　软件需求描述工具

1. 用况图（Use Case Diagram）

用况图（又称为用例图）是一种表达软件需求（主要是系统功能需求）的图形化工具，描述了用户和系统间交互的方式，如图 3.3 所示。

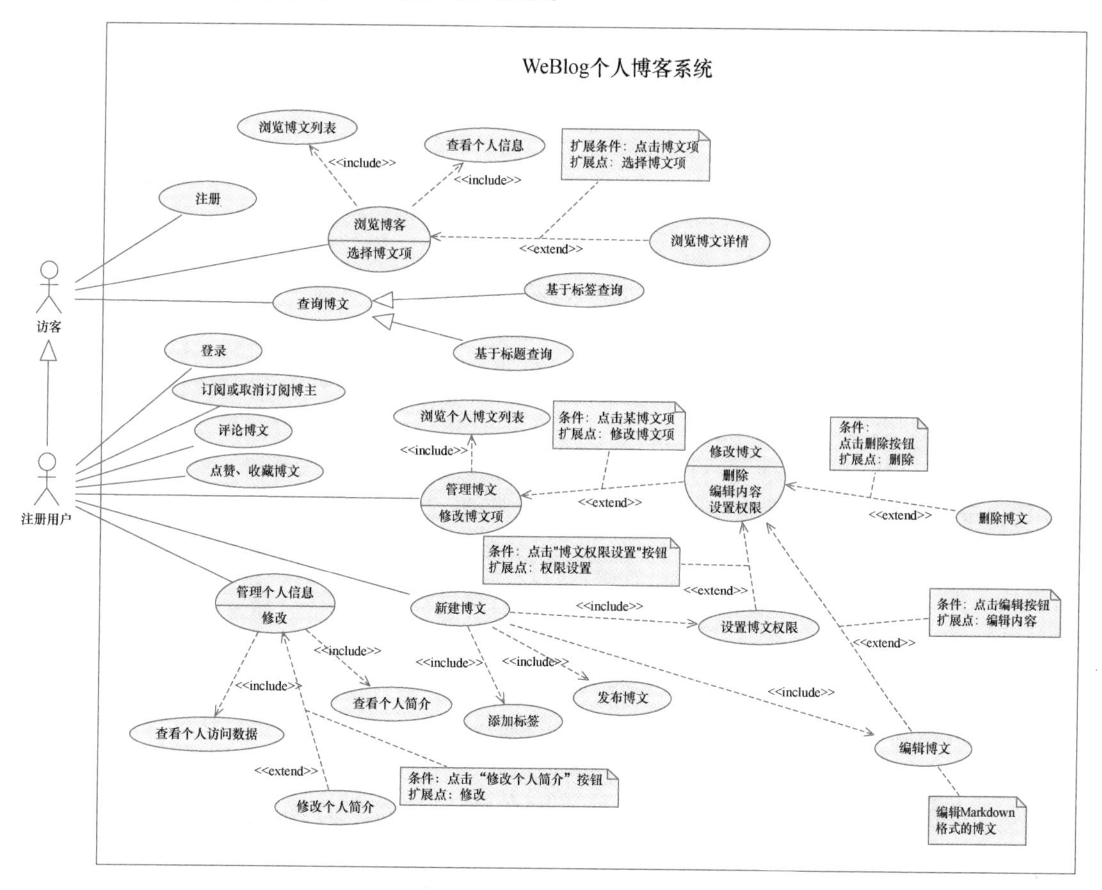

图 3.3　WeBlog 个人博客系统的用况图

(1) 用况图的模型元素

一个用况图通常包含 7 个模型元素：主题、用况、参与者、关联、泛化、包含、扩展。

① 主题，主题是由一组用况图描述的一个系统或子系统，如图 3.3 中以“WeBlog 个人博客系统”所标识的矩形就是一个主题。其中，所包含的用况描述了该主题的完整行为，即系统的所有功能需求。

② 用况，从外延上来说，用况表达了参与者使用系统的一种方式，例如，“浏览博客”，用一个命名的椭圆表示；从内涵上来说，一个用况规约了系统可以执行的一个动作(action)序列，并对特定的参与者产生可见的、有值的结果，如图 3.4 所示。

用况是通过一组动作序列来规约系统功能的，并且该功能是通过与参与者之间“交互”可见结果予以体现的。

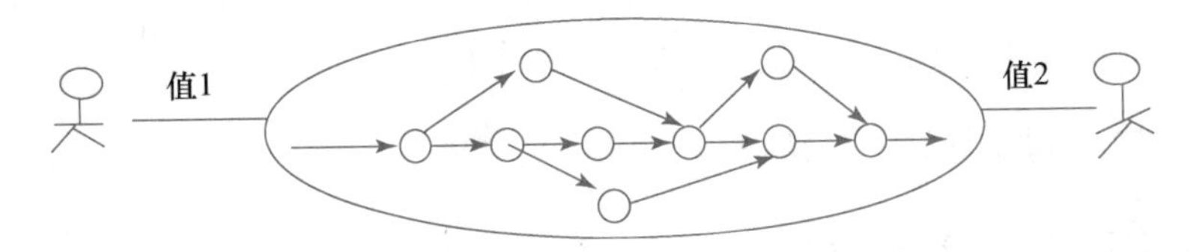

图 3.4 用况图中的动作序列示意

③ 参与者，参与者表达了一组高内聚的角色，当用户与用况交互时，该用户扮演这组角色。

参与者的表示如图 3.5 所示：

图 3.5 参与者

通常，一个参与者表达了与系统交互的人、硬件或其他系统的角色，其实例以某种特定方式与系统进行交互。

④ 关联、泛化、包含和扩展，在一个用况图中，关联是一种参与关系，即参与者参与一个用况，参与者和用况之间的连线表示关联。关联是参与者和用况之间的唯一关系。参与者之间可以存在泛化关系，如图 3.3 所示，访客和注册用户就是泛化关系。泛化关系表示成从子类(特殊类)到父类(一般类)的一条带空心三角形的线段，其中空心三角形在父类端。

在一个用况图中，用况之间可以具有三种关系，即泛化、包含和扩展。泛化是指用况 A 和用况 B 之间具有一般/特殊关系。包含是指用况 A 的一个实例包含用况 B 所规约的行为。扩展是指一个用况 A 的实例在特定的条件下可以由另一用况 B 所规约的行为予以扩展，并依据定义的扩展点位置，B 的行为被插入到 A 的实例中。在图 3.3 中，包含关系用在带枝形箭头的虚线上标注≪include≫来表示，而扩展关系用在带枝形箭头的虚线上标注≪extend≫来表示。同时，用注释的方式标注该扩展的扩展条件和扩展点。

如图 3.3 所示，用况“查询博文”和用况“基于标签查询”就是泛化关系；用况“新建博文”到用况“发布博文”是包含关系；用况“浏览博客”到用况“浏览博文详情”是扩展关系，扩展条件是“点击博文项”，被插入的扩展点是“选择博文项”。

(2) 用况图的建模策略

系统的需求建模，即用况图的建模策略如下：

① 划分系统的边界，识别系统的参与者。

② 对于每个参与者，考虑它期望的或需要系统提供的行为，将其命名为用况。

③ 提取多个用况的公共行为，作为新用况。如果提取出新用况后的用况的剩余功能是独立的，则提取后的用况和新用况建立泛化关系；如果提取出新用况后的用况的剩余功能依赖新用况，则两者之间建立包含关系。

④ 提取异常行为，作为新用况。新用况和原用况，形成扩展关系。

⑤ 在用况图中对这些用况、参与者以及它们的关系进行建模。

⑥ 用注解或约束来修饰这些用况，可能还要把其中的一些附加到整个系统。

对于每个用况，需要给出正文描述，模板如图 3.6 所示。

用况名
初始参与者：为了实现某一特定目标，初始与系统交互的参与者。
目标：该用况所能实现的功能目标。
层次：该用况在整个系统的用况图中的层次关系。
前置条件：执行该用况所必需的条件。
成功交互的主要场景：实现目标的主要交互序列。
后置条件：在该用况结束时确保成立的条件。
例外：在该用况执行的过程中可能引起的例外。
限制：在应用中可能出现的任何限制。
备注：给出这一用况的必要说明。

图 3.6　用况的描述模板

WeBlog 个人博客系统包含了若干用况。按照其功能可以将用况大致分为 4 类：账号相关、博客相关、博文管理相关和博文互动相关，每一类对应 2～4 个用况，如图 3.7 所示。

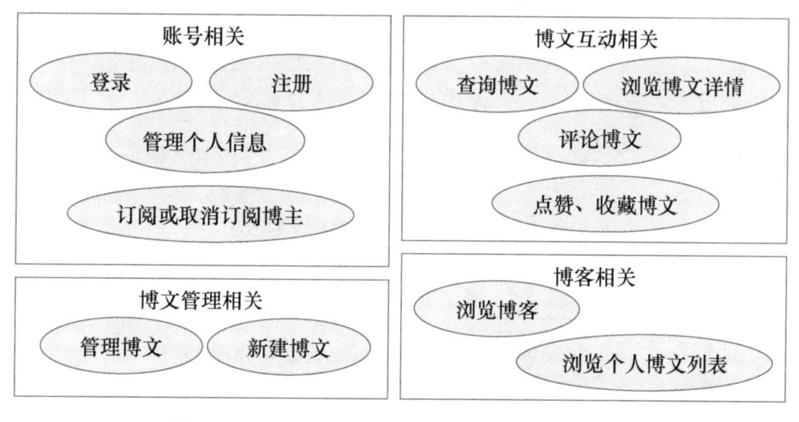

图 3.7　WeBlog 个人博客系统中的用况(部分)

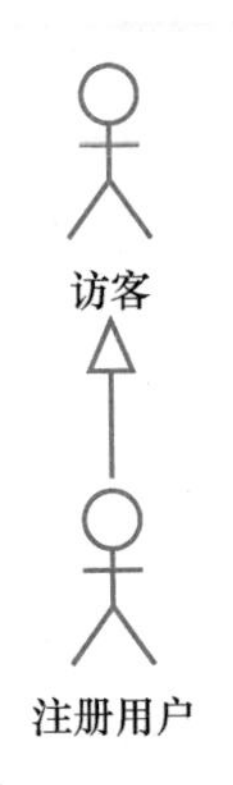

图 3.8 访客和注册用户间的泛化关系

对这一系统语境的模型化的具体操作如下：

① 确定该系统的边界。与 WeBlog 个人博客系统交互的外部事物主要有两个，即访客和注册用户。其中，访客可以使用系统中查询博文、浏览博文详情、浏览博客的功能，注册用户可以使用系统中的全部功能。此外，访客还可以通过注册成为注册用户。在这一场景下，可以把访客和注册用户确定为系统的参与者，它们构成了系统的语境。

由于注册用户也具有访客的所有特征，具有访客所具有的所有行为，所以两者之间存在一般/特殊的结构，即注册用户和访客形成泛化关系，如图 3.8 所示。

② 考察每个参与者需要系统提供的行为，将用况分配给参与者。在账号相关的用况中，除了登录，其他都是注册用户才关联的功能；在博文互动相关的用况中，访客可以查询博文和浏览博文详情，注册用户还可以评论、点赞、收藏博文；在博文管理相关的用况中，仅是注册用户需要的；在博客相关的用况中，访客可以浏览博客（浏览他人个人信息和博文列表），而注册用户还可以浏览个人的博文列表。按照上面的描述，就可以得到一个简易的用况图，如图 3.9 所示。

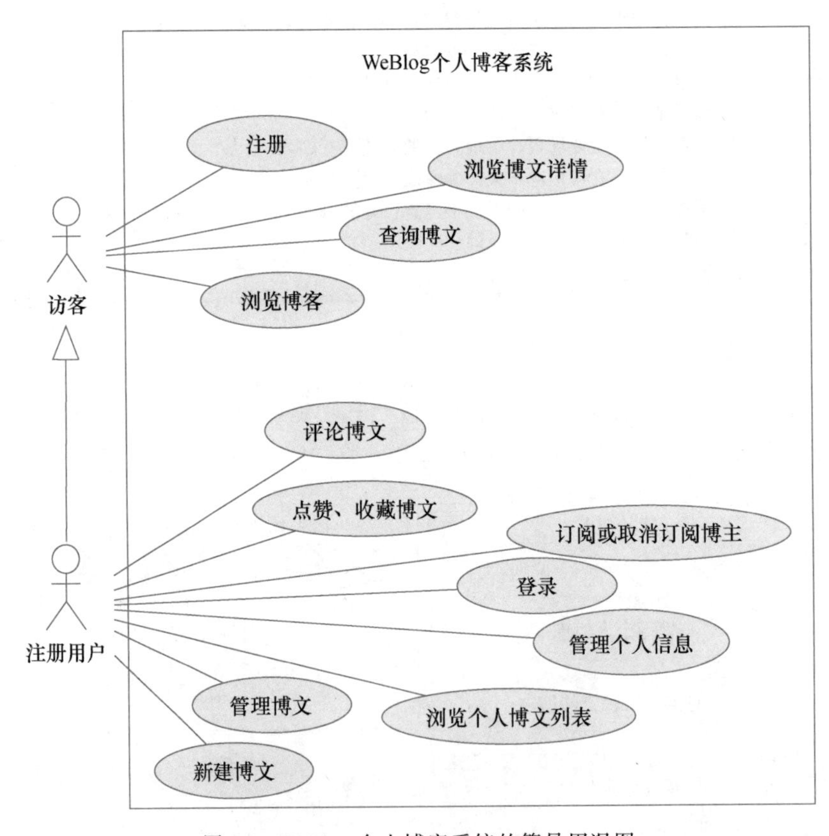

图 3.9 WeBlog 个人博客系统的简易用况图

③ 细化用况图。比如，考察“管理博文”，发现它包含了“浏览个人博文列表”以及“修改博文”两个功能。其中，“修改博文”是新的用况，但在管理博文时未必会修改博文，即“修改

博文”是一种特殊情况，所以“修改博文”和“管理博文”之间是 extend 关系；“浏览个人博文列表”是已经存在的用况，并且“管理博文”依赖“浏览个人博文列表”才能实现，因此两者之间是 include 关系，“管理博文”包含“浏览个人博文列表”。我们可以将新的用况加到图中，在调整过程中，可断开用况和参与者间的连接。

此外，我们还可以提取“新建博文”和“修改博文”两个用况的公共行为。经过分析，“新建博文”包含“编辑博文”“设置博文权限”“添加标签”“发布博文”4 个子行为，而“修改博文”又包含“编辑博文”“设置博文权限”“删除博文”3 个子行为。我们发现二者都包含“编辑博文”和“设置博文权限”，因此可以将它们提取出来，形成新用况。其中，“新建博文”依赖新用况，而这两个新用况只是修改博文的特殊情况，修改博文时未必一定会用到两个新用况。因此，这两个新用况被“新建博文”包含，同时扩展了修改博文。

假如需求分析中对“查询博文”有额外的需求，比如希望能基于标签查询或基于标题查询博文，则这里还可以将它们作为新用况添加到图中。它们是“查询博文”的特殊情况，因而它们与“查询博文”用况之间是泛化关系。

除了上面提到的，其他用况也可以做类似的细化。这一步的最终结果如图 3.10 所示。

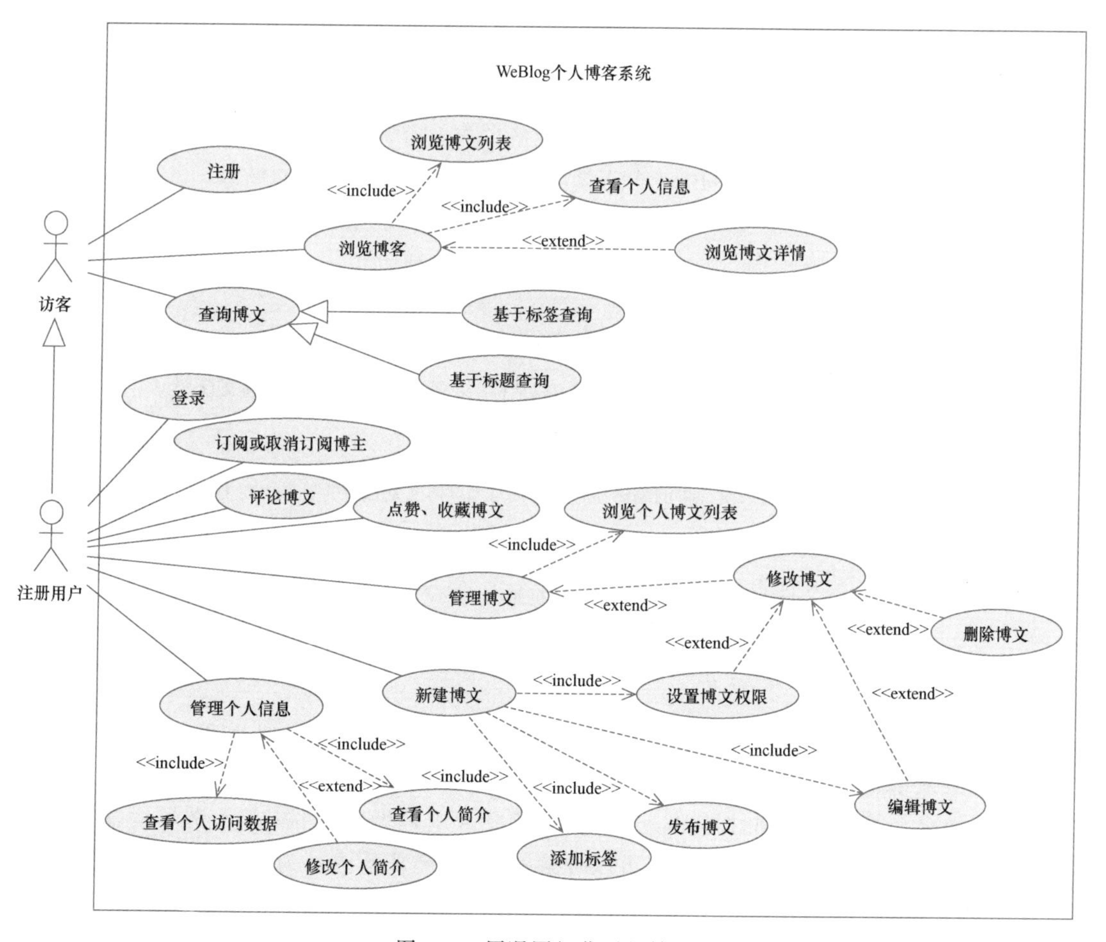

图 3.10 用况图细化后的结果

为了让图 3.10 成为最后的用况图，还需要在所有的被扩展用况中添加扩展点，并在扩展关系的箭头上注明关系对应的扩展点和扩展条件。此外，部分需求还可以通过注解表达，如对“编辑博文”用况，添加额外的注解标注其功能为“编辑 Markdown 格式的博文”。此步骤结束后，我们得到图 3.3 所示的最终用况图。

④ 为每个用况编号，并给出正文描述。图 3.11 是对用况“浏览博客”的描述。

用况名：浏览博客。
初始参与者：访客或注册用户。
目标：此用况使参与者可查看某注册用户的个人信息以及他所有公开的博文。
层次：略。
前置条件：用户进入首页或者点进某位注册用户。
成功交互的主要场景：1.用户第一次进入首页；
2.用户点进某位注册用户，可以看到该用户的博客。
后置条件：用户看到博客的列表。
例外：无。
限制：无。
备注：博客是注册用户的个人空间，博文是一篇文章，注意对二者的区分。

图 3.11　浏览博客用况的描述

2. 用户故事(User Story)

用户故事在软件开发过程中被作为描述需求的一种表达形式。每个用户故事是一个系统用户可能经历的使用场景。作为一个例子，图 3.12 描述了 WeBlog 个人博客系统的一个用户故事，描述了注册用户通过 WeBlog 个人博客系统编辑并发布博文的场景。

名称：注册用户通过WeBlog个人博客系统编辑并发布博文

用户故事描述：
1. 系统在主页提供一个“新建博文”的按钮；
2. 注册用户点击按钮；
3. 系统转入博文编辑界面，提示用户可以从标题、简介、标签、内容、博文权限5个方面创建新博文；
4. 注册用户填写标题、简介，添加标签并设置博文权限；
5. 系统以列表形式展现注册用户添加的标签；
6. 注册用户通过系统提供的编辑器，实时编写预览博文发布后的效果，或上传并插入图片；
7. 如果上述内容均已填写，页面的“提交博文”按钮就转为可点击状态；
8. 注册用户点击“提交博文”按钮；
9. 系统发布博文，并显示该博文的详情页面。

图 3.12　注册用户通过 WeBlog 个人博客系统编辑并发布博文

用户故事的命名一般由用户和事件一起构成，其中，用户表现为对主要用户的描述，事件则是场景或系统/任务价值。

用户故事是简要的意向性陈述，描述系统需要为用户做的事情，不是详尽的需求说明书。用户故事采取开发人员和用户都可以理解的方式，定义系统行为，简短易懂。用户故事代表有价值功能的小型增量，可以在数天到数周的周期内开发。用户故事容易估算，可以快速确定其实现相关功能的工作量。概括地说，用户故事具有独立性、可估算(成本可估)、可协商(可讨论)、小型、有价值(对使用者)、可测试等特点。

用户故事是由客户和开发团队一起协作编制完成。开发团队会进一步将用户故事分解为2周内完成的任务，并确定每个任务的工作量和所需资源。客户最终确定用户故事的优先级。

敏捷开发中经常使用用户故事作为系统的需求描述，以及进行系统迭代。每次迭代，开发团队选取高优先级的用户故事或任务进行开发。

3.3　软件需求的规约、评审和管理

3.3.1　软件需求规约的定义和基本性质

软件需求规约（Software Requirement Specification，SRS）是一个软件项/产品/系统所有需求陈述的正式文档，它表达了一个软件产品/系统的概念模型。

一般来说，软件需求规约应具有以下4个基本性质：

① 重要性和稳定性程度：即可按需求的重要性和稳定性，对需求进行分级，例如，基本需求、可选的需求和期望的需求。

② 可修改性：即在不过多地影响其他需求的前提下，可以容易地修改一个单一需求。

③ 完整性：即没有被遗漏的需求。

④ 一致性：即不存在互斥的需求。

而且，就其中的功能需求，还应考虑功能源、功能共享的数据、功能与外部界面的交互、功能所使用的计算资源。

3.3.2　软件需求规约的格式

在获取以上初始需求的基础上，可采用标准IEEE Std830-1998《软件需求规约》[2]所给出的格式，完成一个完整的需求文档草案的编制工作，如表3.2所示。

表3.2　需求规约基本格式

1. 引言 　1.1 目的 　1.2 范围 　1.3 定义，缩略语 　1.4 参考文献 　1.5 概述 2. 总体描述 　2.1 产品概述 　2.2 产品功能 　2.3 用户特性 　2.4 约束 　2.5 假设和依赖 3. 特定需求 　附录 　索引

在表 3.2 中，第三部分“特定需求”是文档的技术核心。一般来说，应根据不同类型的系统来构造这一部分，其中，可能会涉及以下一些模板：

模板 1：根据系统运行模式，把第三部分划分为一些小节，并在一个小节中给出系统性能的规约。

模板 2：通过一种可选的模式划分，把第三部分划分为一些小节，其中，每种模式的性能包含在该模式的规约中。

模板 3：根据用户类，把第三部分划分为一些小节，其中，每类用户执行的功能包含在该类用户的描述中。

模板 4：按对象，把第三部分划分为一些小节，在每一小节中给出该对象所关联的功能。

模板 5：根据系统层的特征，把第三部分划分为一些小节，其中，对任意给定的功能需求，可以分布于若干个特征。

模板 6：根据激发(Stimulus)，把第三部分划分为一些小节，其中，给出响应每一激发所执行的功能的规约。

模板 7：按一个功能层次，把第三部分划分为一些小节，其中，功能的规约是根据它们在信息流上的活动、信息流上所执行的处理以及通过该信息流的数据。

模板 8：根据用户类、功能和特征，把第三部分划分为一些小节。

此外，还可能给出其他组织方式。最终所选定的格式，应适合组织的经验、应用及环境、表达需求所使用的语言等。

软件需求规约有三种风格：① 在获取 SRS(草案)期，一般应使用非形式化语言来表达需求规约；② 在对需求进行技术分析期间，一般应采用半形式化语言来表达需求规约；③ 对于质量(特别是安全性)要求比较高的软件产品/系统，一般应采用形式化语言来表达需求规约。

1. 非形式化的规约

即以一种自然语言来表达需求规约，如同使用一种自然语言写了一篇文章。其中：可以不局限于该语言通常所约定的任何符号或特殊限制(例如文法和词法)，但要为那些在一个特定语境中所使用的术语提供语义定义，一般情况下，该语境与通常使用该术语的语境是有区别的。

2. 半形式化的规约

即以半形式化符号体系(包括术语表、标准化的表达格式等)来表达需求规约。因此，半形式化规约的编制应遵循一个标准的表示模板(一些约定)。其中：

① 术语表明确地标识了一些词，可以基于某一种自然语言；

② 标准化的表达格式(例如数据流图、状态转换图、实体关系图、数据结构图以及过程结构图等)标识了一些图元信息，支持以更清晰的方式系统化地来编制文档。

在应用中，不论是词还是标准化的表达格式，在表达上均必须遵循一些约定，即应以一种准确和一致的方式使用之。

3. 形式化规约

即以一种基于良构数学概念的符号体系来编制需求规约，一般往往伴有解释性注释的支持。其中：

① 以数学概念用于定义该符号体系的词法和语义；

② 定义了一组支持逻辑推理的证明规则，并支持这一符号体系的定义和引用。

在应用以上三种风格来表达需求规约时，应注意以下两个问题：

第一个问题：软件系统本来就是复杂的，因此，没有必要把系统的规约或实现“束缚”于某一技术上，即可以同时使用多种技术，分析用户需求，并建立相应的文档。例如，假定一个软件系统可能需要一个数据库、一些通信构件和一个关键控制部分。其中，有关数据库的需求，可以使用一个实体关系图；对于那些通信构件的需求，就可以使用一个状态变迁图；而对于关键控制部分，就可能使用形式化符号。适宜地使用多种可用的方法，就有可能实现高质量SRS的目标。

第二个问题：确定什么样的需求规约表达方式，这是组织或项目经理的责任，并负责监督需求开发过程的状态和进展，保证其结果符合项目规定的质量、预算和进度。

3.3.3 软件需求规约的作用

软件需求规约的作用可概括为以下4点：

一是，软件需求规约是软件开发组织和用户之间一份事实上的技术合同书，是产品功能及其环境的体现。

二是，对于项目的其余大多数工作，需求规约是一个管理控制点。

三是，对于产品/系统的设计，需求规约是一个正式的、受控的起始点。

四是，软件需求规约是创建产品验收测试计划和用户指南的基础，即基于需求规约一般还会产生另外两个文档——初始测试计划和用户系统操作描述。

(1) 初始测试计划

初始的测试计划应包括对未来系统中的哪些功能和性能指标进行测试，以及达到何种要求。在以后阶段的软件开发中，对这个测试计划要不断地修正和完善，并成为相应阶段文档的一部分。

在系统开发早期，设计一个软件测试计划是十分必要的。大量的统计数字表明，在系统开发早期，发现并修改一个错误的代价往往很低，越到系统开发的后期，改正同样错误所花费的代价越高。例如，假设在需求分析阶段检测并改正一个错误的代价为1个单位，那么到了软件测试阶段检测并改正同样的错误所花费的代价，一般需要10个单位，而到软件发布后的代价就可能高达100个单位。所以，尽可能地在系统开发的早期进行软件测试，就可以较小的代价检测出需求规格说明书中不可避免的错误。

(2) 用户系统操作描述

从用户使用系统的角度来描述系统，相当于一份初步的用户手册。内容包括：对系统功能和性能的简要描述，使用系统的主要步骤和方法，以及系统用户的责任等。

在软件开发的早期，准备一份初步的用户手册是非常必要的，它使得未来的系统用户能够从使用的角度检查、审核目标系统，因此比较容易判断这个系统是否符合他们的需要。为了书写这样的文档，也会迫使系统分析人员从用户的角度来考虑软件系统。有了这份文档，审查和复审时就更容易发现不一致和误解的地方，这对保证软件质量和项目成功是很重要的。

需求规约和项目需求是两个不同的概念，如上所述，需求规约是软件开发组织和用户之间一份事实上的技术合同书，即关注产品需求，回答“交付给客户的产品/系统是什么”；而项目需求是客户和开发人员之间有关技术合同——产品/系统需求的理解，应记录在工作陈述中或其他某一项目文档(例如，项目管理计划)中，即关注项目工作与管理，回答“开发组要做的是什么”。因此，需求规约不能实现以下两个作用：

第一，它不是一个设计文档。它是一个“为了”设计的文档。

第二，它不是进度或规划文档，不应该包含更适宜包含在工作陈述、软件项目管理计划、软件生存周期管理计划、软件配置管理计划或软件质量保证计划等文档中的信息。即在需求规约中不应给出：项目成本、交付进度、报告规程、软件开发方法、质量保证规程、配置管理规程、验证和确认规程、验收规程和安装规程等。

3.3.4 软件需求的评审

软件需求的评审就是对需求文档中定义的需求执行多种检查，以验证需求是否真正按照客户的意愿来定义系统的过程：

① 有效性检查：系统有不同的用户，这些用户需要不同的功能。

② 一致性检查：在文档中，需求不应有冲突。

③ 完备性检查：需求文档应该包括所有系统用户想要的功能和约束。

④ 真实性检查：基于对已有技术的了解，检查需求以保证需求能真正实现。

⑤ 可检验性检查：为了减少客户和开发商之间存在的争议，系统需求的书写应总是可以检查的。即有一组检查方法来检验交付的系统是否满足每一个定义的需求。

除了以上需要验证的需求特性外，在必要时还需要验证其他特性，例如设计无关性，即需求规格说明书中陈述的需求没有指定实现需求的一种特定软件结构或算法。

为了实现对以上需求特性的验证，就目前验证技术的发展情况来说，往往可根据待开发系统的特点，采用不同的验证技术。使用的需求验证技术包括：需求评审、原型建立、测试用例生成等。

3.3.5 软件需求的管理

软件需求管理是在项目进展中标识、控制和跟踪软件需求以及需求变更的一组活动。一般和软件配置管理技术结合。

软件需求管理的目标是让客户和开发组织保持对需求的共同理解，维护需求和其他软件制品的一致性，并控制软件需求的变更。

1. 需求的标识和跟踪

由于软件需求一直在变化，所以软件需求管理很重要的职责就是在软件项目开发中标识、控制和跟踪软件需求，并对需求变更进行管理。

标识需求是给每一项需求命名唯一标识符。在此基础上，建立多个需求跟踪表。每个需求跟踪表描述了所标识的需求和系统(或环境)的哪个方面有关联。跟踪表可分为以下类型：

① 特征跟踪表：描述需求和系统或产品的哪个特征相关联。

② 来源跟踪表：描述每个需求的来源。

③ 接口跟踪表：描述需求与哪个内部或外部接口相关联。

④ 依赖跟踪表：描述需求与哪个需求有依赖关系。

这些需求跟踪表一般作为需求管理系统的一部分，以便于管理需求。

2. 需求的变更管理

需求变更管理是在需求规约被确定后，在软件项目开展过程中管理所有提出的需求变更请求，以统一的方式处理需求变更请求，在需求文档的修改中保持需求的一致性。

需求变更管理的过程主要包括以下3步：

① 分析需求问题或需求变更申请。需求变更管理一般都是由发现需求问题或收到需求变更申请引发的。该阶段主要分析所发现的需求问题和变更申请是否合理，以便帮助需求变更申请者规范其合理的变更请求。

② 分析需求变更所带来的影响。利用需求追踪表以及该需求的重要性，评估需求变更对需求文档、系统设计和实现的修改带来的影响，尤其是成本和进度的影响，进而做出是否批准需求变更。

③ 实施需求变更。需要对需求文档进行修改，更新需求跟踪表，必要时也可能修改系统的设计和实现。无论是文档还是代码，都尽量保持模块化，以提高对需求变更的适应性，尽量减少需求变更的影响。

需求变更的审批通常由变更控制委员会完成，变更控制委员会是专门为评审变更请求而设立的委员会，可以由客户负责人、需求分析人员、开发负责人、项目管理人员等干系人构成。

3.4　本章小结

本章首先介绍了如何认识需求工程，包括软件需求工程的任务、软件需求工程的活动；然后介绍了需求与需求获取，包括软件需求定义、软件需求分类、软件需求获取技术，以及软件需求描述工具。最后，介绍了软件需求的规约、评审和管理，包括软件需求规约的定义和基本性质、软件需求规约的格式、软件需求规约的作用、软件需求的评审，以及软件需求的管理。通过系统地介绍软件需求工程，读者可以认识到软件需求在整个软件系统开发过程中的重要性。

习　题

1. 解释以下术语：

(1) 软件需求；　(2) 非功能需求；　(3) 需求规约。

2. 简述软件需求的分类。

3. 简述需求与需求规约的基本性质。

4. 有哪几种常用的初始需求捕获技术？

5. 简述软件需求规约的内容和作用。

6. 简述需求规约和项目需求的不同。

7. 简述用况图的作用，以及用况图包括哪些元素、各元素之间有哪些关系。

8. 简述用户故事的作用。

参考文献

[1] Systems and software engineering Vocabulary: ISO/IEC/IEEE 24765: 2017 [S/OL]. [2023-06-12]. https://www.iso.org/standard/71952.html.

[2] IEEE Recommended Practice for Software Requirements Specifications: IEEE std 830-1998 [S/OL]. [2023-06-12].https://ieeexplore.ieee.org/document/720574.

第 4 章　结构化开发方法

软件开发方法，是软件开发过程所遵循的办法和步骤。掌握并能正确运用软件开发方法，具有事半功倍的作用。软件开发的目标是最终获得一个满足用户需求的可运行的软件系统及其支持文档。本章和第五章，均讲解有关这一方面的知识，其中主要介绍结构化开发方法、面向对象开发方法。

结构化开发方法是由 Edward Yourdon，Tom DeMarco 等于 20 世纪 70 年代中后期提出的，它是一种系统化的软件开发方法，其中包括结构化分析方法、结构化设计方法以及结构化程序设计方法。

4.1　结构化分析

从一般意义上来说，分析是针对一个问题，系统化地使用信息对该问题的一个估算。就软件需求分析而言，简单地说，其目标是给出“系统必须做什么”的一个估算，即需求规格说明是以一种系统化的形式准确地表达用户的需求，其中不应存在二义性和不一致性等问题。这样的需求规格说明可作为开发组织和用户关于“系统必须做什么”的一种契约，并作为以后开发工作的基础。

为了实现以上的分析目标，结构化分析方法由三部分组成，第一部分提出了一些基本术语，支持表达分析中所需要使用的信息；第二部分提出了表达系统模型的工具；第三部分给出了如何系统化地使用这些信息来建造系统模型的过程指导。

4.1.1　基本术语

为了支持表达分析中所使用的信息，作为系统模型中的基本构造块，结构化分析方法提出了以下 5 个术语：数据流、加工、数据存储、数据源和数据潭。

1. 数据流

在计算机软件领域中，可以把数据定义为客观事物的一种表示。例如，“学生成绩”是学生的一种表示。信息是具有特定语义的数据。据此可知，数据是信息的载体。

在结构化分析方法中，数据流是数据的流动，数据流的表示如图 4.1 所示。

$\longrightarrow$

图 4.1　数据流

数据流可以给出标识，一方面用来表达分析所使用信息，另一方面用来区分其他信息。例如图 4.2 所示的即为数据流示例。

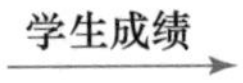

学生成绩

图 4.2　数据流示例

该标识是一个名词或名词短语，并且经常直接使用实际问题空间中的概念，这样可以使该数据具有一定的语义，例如“大一学生成绩”。

2. 加工

加工是对数据进行变换的单元，即它接受输入的数据，对其进行处理，并产生输出。

在结构化分析方法中，加工的表示如图 4.3 所示。

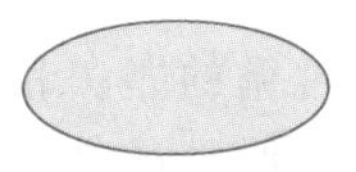

图 4.3　加工

在使用这一术语来表达信息时，往往需要使用问题空间的概念，给出加工的标识，而且一般采用“动宾”结构。例如图 4.4 所示即为加工示例。

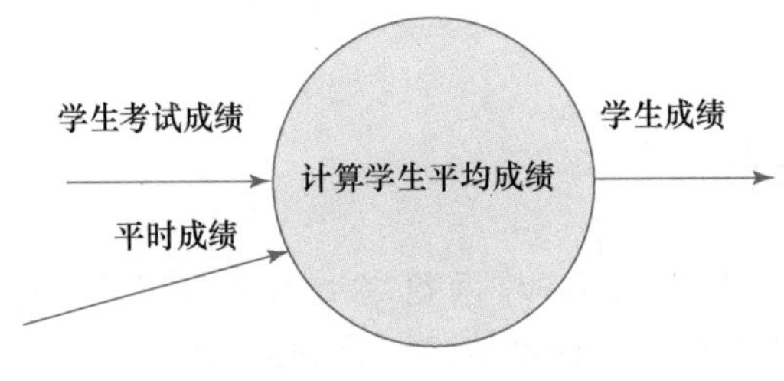

图 4.4　加工示例

3. 数据存储

数据存储是数据的静态结构，表示方式如图 4.5 所示。

图 4.5　数据存储

在使用这一术语来表达信息时，往往需要使用问题空间的概念，给出数据存储的标识。例如图 4.6 所示即为数据存储示例。

学生成绩表

图 4.6　数据存储示例

以上 3 个概念，对表达系统功能而言就是完备的。但是，如果没有清楚地界定系统边界，就有可能对系统做什么的语义理解产生歧义。例如一个小皮包，如果把它放在你的衣服口袋中，你可以说它是一个钱包，具有装钱的功能；但是如果把它扔到垃圾箱中，你可能就要说它是一件废物，不具有装钱功能。为了避免这类问题的产生，结构化分析方法引入了以下两个术语，即数据源和数据潭，以便用于定义系统的语境。

4. 数据源和数据潭

数据源是数据流的起点，数据潭是数据流的归宿地。数据源和数据潭是系统之外的实体，可以是人、物或其他软件系统，可以用一个矩形表示它们。

引入数据源和数据潭这两个术语的目的是表示系统的环境,可以使用它们和相关数据流来定义系统的边界。

在使用这两个术语来表达信息时,往往也需要使用问题空间的概念给出其标识。例如图 4.7 所示即为数据源和数据潭示例。

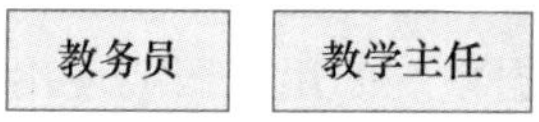

教务员　教学主任

图 4.7 数据源和数据潭示例

4.1.2 模型表示

需求分析的首要任务是建立系统功能模型,为此结构化分析方法给出了一种表达功能模型的工具,即数据流图(Dataflow Diagram,DFD),如图 4.8 所示。

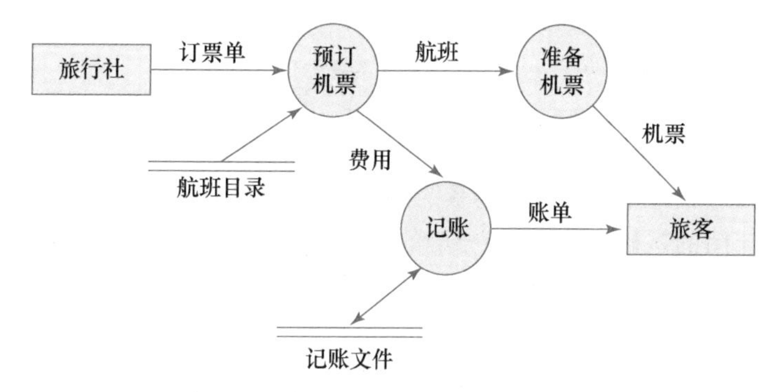

图 4.8 一个飞机票预订系统的数据流图

简单地说,DFD 是一种描述数据变换的图形化工具,其中包含的元素可以是数据流、数据存储、加工、数据源和数据潭等。图 4.8 中的“订票单”“航班”“费用”“账单”“机票”等都是数据流;“预订机票”“准备机票”“记账”等都是加工;“航班目录”“记账文件”等都是数据存储;“旅行社”是数据源;“旅客”是数据潭。

如果把任何软件系统都视为一个数据变换装置,它接受各种形式的输入,通过变换产生各种形式的输出,那么数据流图就是一种表达待建系统功能模型的工具。

在 DFD 中,数据流起到连接其他实体(加工、数据存储、数据源和数据潭)的作用,即数据流可以从加工流向加工;可以从数据源流向加工,或从加工流向数据潭;可以从加工流向数据存储,或从数据存储流向加工。在应用中,数据流和数据存储一般需要给出标识,而对流入或流出数据存储的数据流,一般不需要给出它们的标识。

加工之间可以有多个数据流,这些数据流之间可以没有任何直接联系,数据流图也不表明它们的先后次序。

加工是数据变换单元,因此不能只有输入数据流而没有输出数据流,也不可能只有输出数据而没有输入数据。另外,通过一个加工相关的输入数据和输出数据,可以进一步定义该加工的语义。

在实际应用中,对于一个比较大的软件系统,如果采用一张 DFD 来描述系统的功能,自然会出现层次不清、难以理解的情况,因此往往需要多层次的数据流图。参见以下讲解的例子。

4.1.3 建模过程

为了支持系统地使用信息来创建系统功能模型，结构化分析方法给出了建模的基本步骤。该过程属于一种“自顶向下，功能分解”风范。

第一步：建立系统环境图，确定系统语境

经过需求获取阶段的工作，根据系统的用况图或使用场景，分析人员一般可以比较容易地确定系统的数据源和数据潭，以及和这些数据源和数据潭相关的数据流，结果称为系统环境图。例如，图 4.8 所示的飞机票预订系统，其顶层数据流图如图 4.9 所示。其中，对于最顶层的“大加工”，其标识一般采用待建系统的名字。

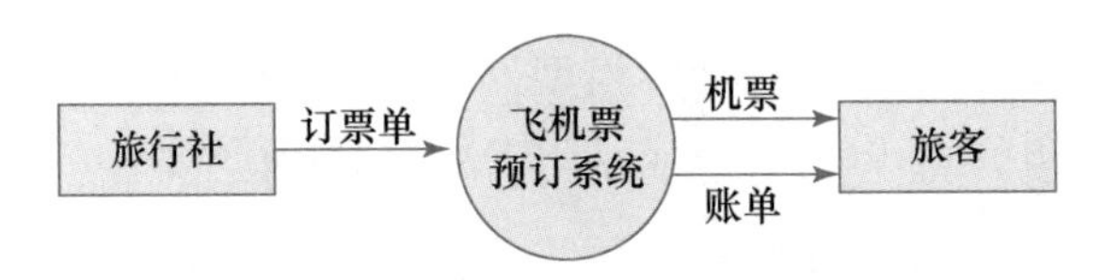

图 4.9 一个飞机票预订系统的顶层数据流图

可见，结构化方法是通过系统环境图来定义系统语境的。

第二步：自顶向下，逐步求精，建立系统的层次数据流图

在顶层数据流图的基础上，按功能分解的设计思想，进行“自顶向下，逐步求精”，即对加工(功能)进行分解，自顶向下地画出各层数据流图，直到底层的加工足够简单，功能清晰易懂，不必再继续分解为止。

图 4.10 给出了系统分层数据流图的示例，层次的编号是按顶层、0 层、1 层、2 层、……的次序编排的。顶层数据流图即系统环境图，标出了系统的边界；0 层数据流图是对顶层数据流图中包含的唯一加工的细化，0 层数据流图中包含 3 个加工，而加工 2 和加工 3 又被 1 层数

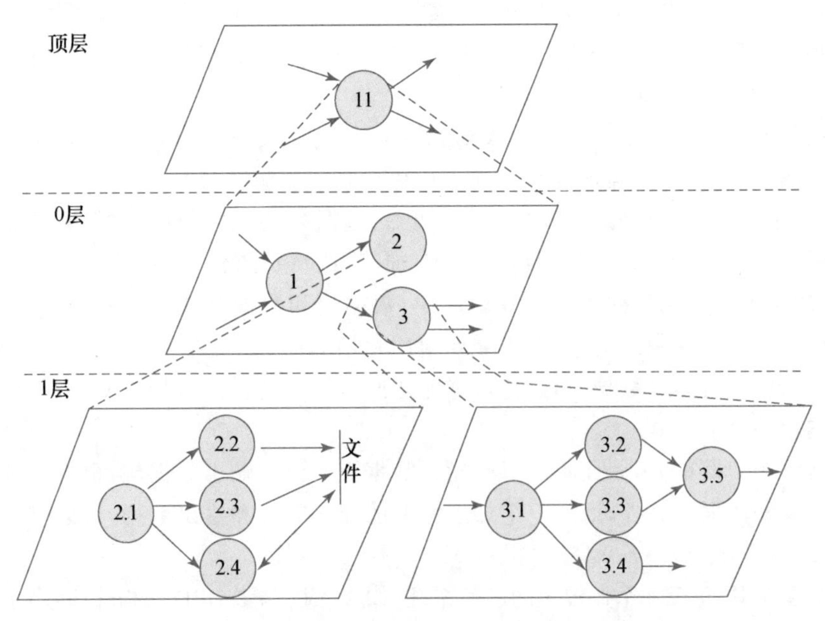

图 4.10 系统分层数据流图示意

据流图所细化。有时为方便起见，称这些图互为“父子”关系，即顶层数据流图是 0 层数据流图的“父图”，0 层数据流图是 1 层包含的所有数据流图的“父图”；反过来，0 层数据流图是顶层数据流图的“子图”，1 层包含的所有数据流图是 0 层数据流图的“子图”。除顶层数据流图外，其他各层数据流图都是某一父图的子图，这些数据流图统称为数据流子图或简称为子图。

可见，一个系统数据流图的一般结构如图 4.11 所示。

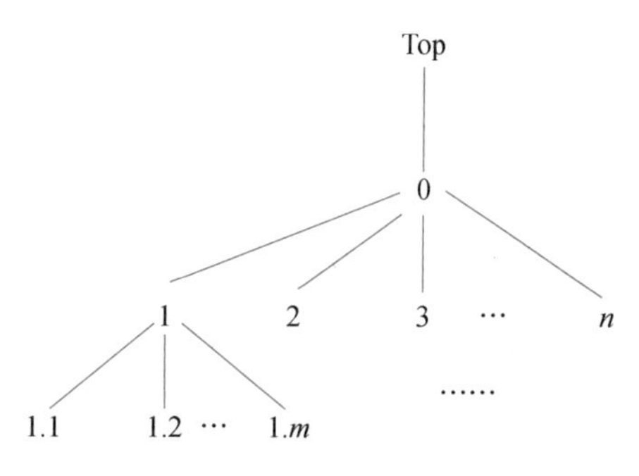

图 4.11　数据流图的一般结构

为了便于管理，从 0 层开始就要对数据流图以及其中的加工进行编号，并在整个系统中应是唯一的。一般应按下述规则为分层数据流图和图中的加工进行编号。

① 顶层数据流图以及其中唯一加工均不必编号。

② 由于 0 层通常只有一个子图，因此该子图的层号为 0，而其中每一加工的编号分别为：0.1，0.2，0.3，…

③ 以后各层，其子图层号为上一层(父层)的加工号；而该层中的加工编号为：子图层号，后跟一个小数点，再加上该加工在子图中的顺序号，例如 1.1，1.2，1.3，…(见图 4.10)，即加工编号由相应的子图号、小数点、加工在子图中的顺序号组成。

由“父图”生成“子图”的一般步骤如下：

① 将“父图”的每一加工按其功能分解为若干个子加工——子功能。例如图 4.8 所示的飞机票预订系统，可以将顶层的加工分解为三个子加工，即“预订机票”“准备机票”和“记账”，如图 4.12 所示。

图 4.12　系统的第一次功能分解

② 将“父图”的输入流和输出流“分派”到相关的子加工。例如，“父图”有输入流“订票单”，有输出流“机票”和“账单”。显然，应把“订票单”分派给加工“预订机票”，把“机票”分派给加工“准备机票”，把“账单”分派给加工“记账”，如图 4.13 所示。

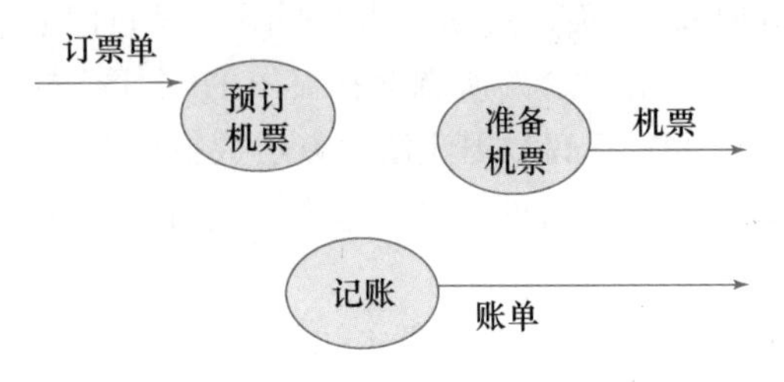

图 4.13 数据流的分派

③ 在各加工之间建立合理的关联,必要时引入数据存储,使之形成一个“有机的”整体,如图 4.14 所示。

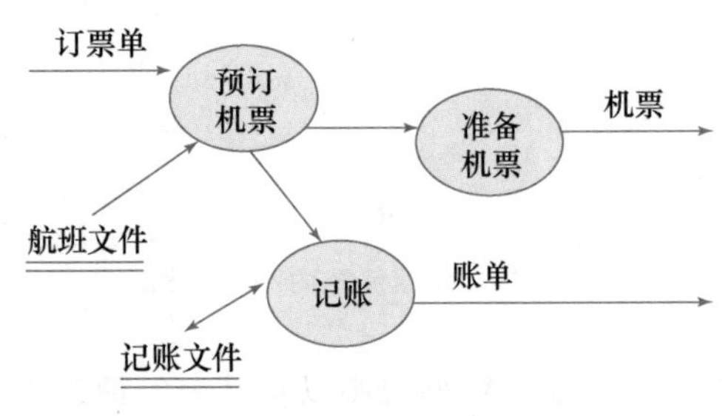

图 4.14 文件引入与精化

通过以上①,②,③三步,就可创建一个系统的 DFD,这是建模的一项重要工作。但是,如果没有给出系统 DFD 中各数据流、数据存储的结构描述,没有给出各加工更详细的语义描述,就不可能为以后的设计提供充分、可用的信息。因此,需求建模的步骤还包括:定义数据字典,用于表达系统中数据结构;给出加工小说明,用于表达每个加工输入和输出之间的逻辑关系。

第三步:定义数据字典

该步的目标为:依据系统的数据流图,定义其中包含的所有数据流和数据存储的结构,直到给出构成以上数据的各数据项的基本数据类型。

如前所述,数据是对客体的一种表示,而且所有客体均可用图 4.15 所示的三种基本结构来表示。这三种结构是顺序、选择和重复。

在图 4.15 中,顺序结构是指:数据 A 是由数据 B 和数据 C 顺序构成的,例如,“学生成绩”是由“姓名”“性别”“学号”“科目”和“成绩”构成的;选择结构是指数据 A 或是由数据 B_0 定义的或是由数据 C_0 定义的,即数据 A 不可能同时是 B_0 和 C_0,例如,“性别”是“男”或是

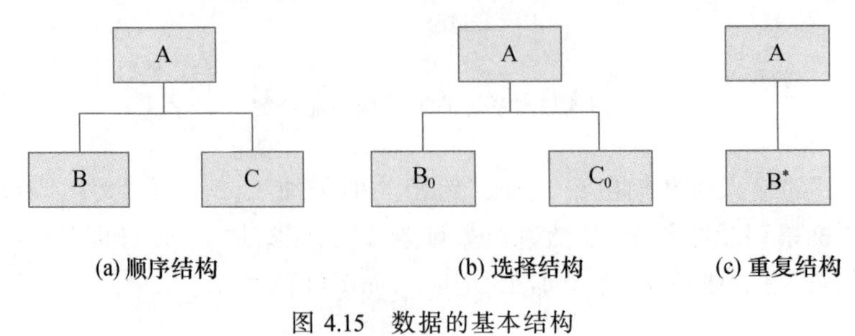

图 4.15 数据的基本结构

“女”;重复结构是指数据 A 是由多个重复出现的数据 B 构成的,例如“学生成绩表”是由多个“学生成绩”构成的。

基于“所有客体均可用三种基本结构表示”这一结论,结构化分析方法引入了三个结构符:+、|、{},分别表示以上三种数据结构。例如,可以将“学生成绩”“性别”和“学生成绩表”分别表达为:

学生成绩=姓名+性别+学号+科目+成绩;

性别=男|女;

学生成绩表={学生成绩}。

其中的“=”号表达的是“定义为”。

除了以上三个基本结构符之外,为了表达 DFD 中各种数据结构的方便,还可以引入其他结构符。例如:m..n,表达一个特定的子界类型,如:成绩=0..100。

综上,在定义数据结构中所使用的符号如表 4.1 所示。

表 4.1　定义数据结构的符号

符号	描述
=	定义为
+	顺序
|	选择
{ }	重复
m..n	子界

在数据字典中,为了使定义的数据结构便于理解和阅读,一般按三类内容来组织,即数据流条目、数据存储条目和数据项条目。详见如下:

数据字典

　　数据流条目

　　　A=……

　　　B=……

　　　……

　　数据存储条目

　　　C=……

　　　D=……

　　　……

　　数据项条目

　　　E=……

　　　F=……

　　　……

其中,数据流条目给出 DFD 中所有数据流的结构定义;数据存储条目给出 DFD 中所有数据存储的结构定义;数据项条目给出所有数据项的类型定义。

第四步:描述加工

该步的目标为:依据系统的数据流图,给出其中每一加工的小说明。由于需求分析的目的是定义问题，因此对 DFD 中的每一加工只需给出加工的输入数据和输出数据之间的关系，即从外部来“视察”一个加工的逻辑。

在一个分层的数据流图中，由于上层的加工通过细化而被分解为一些下层的、更具体的加工，因此只要说明了最底层的“叶”加工（是指那些没有对之进行进一步分解的加工），就可以理解上层的加工。当然，如果为了更便于理解，也可以在小说明中包括对上层加工的描述，以概括下层加工的功能。

如果一个加工的输入数据和输出数据之间的逻辑关系比较简单，则可以使用结构化自然语言予以表述；如果一个加工的输入数据和输出数据之间的逻辑关系比较复杂，则可以采用一定的工具，例如判定表或判定树等，以避免产生不一致的理解。

(1) 结构化自然语言

结构化自然语言是介于形式语言和自然语言之间的一种语言。它虽然没有形式语言那样严格，但具有自然语言简单易懂的特点，同时又避免了自然语言结构松散的缺点。

结构化自然语言的语法通常分为内外两层，外层语法描述操作的控制结构，如顺序、选择、循环等，这些控制结构将加工中的各个操作连接起来。内层语法没有什么限制，一般使用自然语言描述。

(2) 判定表

判定表是用以描述加工的一种工具，通常用来描述一些不易用自然语言表达清楚或需要很大篇幅才能表达清楚的加工。例如，在飞机票预订系统中，在旅游旺季的 7—9、12 月，如果订票超过 20 张，优惠票价的 15%；20 张以下，优惠 5%；在旅游淡季的 1—6、10—11 月，订票超过 20 张，优惠 30%；20 张以下，优惠 20%。对于这样复杂的逻辑关系，就可采用如表 4.2 所示的一个判定表来说明之。

表 4.2　判定表示例 1

旅游时间	7—9、12 月		1—6、10—11 月	
订票量	≤20	>20	≤20	>22
折扣量	5%	15%	20%	30%

一个判定表由四个区组成，如表 4.3 所示。其中，Ⅰ区内列出所有的条件类别，Ⅱ区内列出所有的条件组合，Ⅲ区内列出所有的操作，Ⅳ区内列出在相应的组合条件下，某个操作是否执行或执行情况。例如，在表 4.2 中，Ⅰ区的条件类别有两个：旅游时间和订票量，Ⅱ区内列出所有四种条件组合，Ⅲ区内只有一个操作，Ⅳ区标明在某种条件组合下操作的执行情况。

表 4.3　判定表的组成

Ⅰ	条件类别	Ⅱ	条件组合
Ⅲ	操作	Ⅳ	操作执行

当描述的加工由一组操作组成，而且是否执行某些操作或操作的执行情况又取决于一组条件时，用判定表来描述这样的加工就是比较合适的。表 4.4 是使用判定表的另一个例子。

表 4.4　判定表示例 2

考试总分	≥620	≥620	<620	<620
单科成绩	有满分	有不及格	有满分	有不及格
发升级通知书	Y	Y	N	N
发免修单科通知书	N	N	Y	N
发留级通知书	N	N	Y	Y
发重修单科通知书	N	Y	N	N

(3) 判定树

判定树也是一种描述加工的工具。判定表 4.2 可用图 4.16 的判定树等价表示。

对一个加工的说明,在保证对加工的描述是清晰易懂的前提下,可以自由选择描述手段。既可以独立地使用结构化自然语言、判定表、判定树等,也可以组合地使用这些工具。

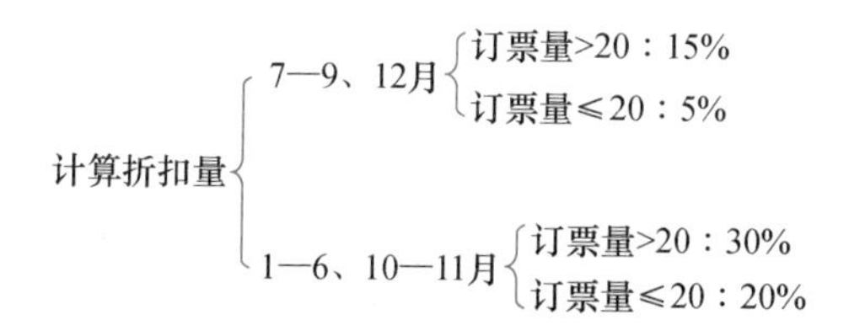

图 4.16　同判定表 4.2 等价的判定树

判定表 4.4 可用图 4.17 的判定树等价表示。

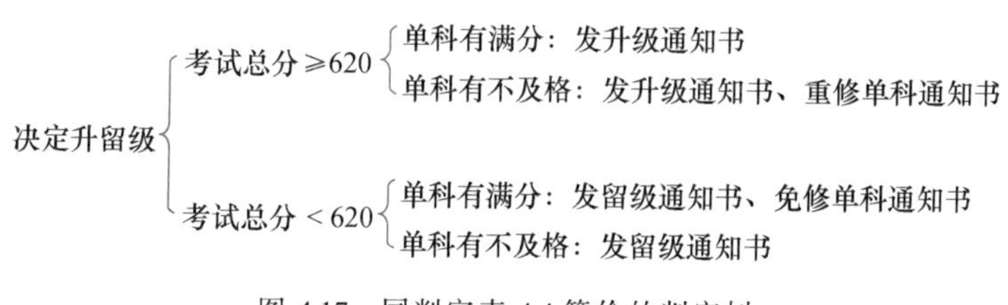

图 4.17　同判定表 4.4 等价的判定树

4.1.4　实例研究

1. WeBlog 个人博客系统的需求陈述

在需求工程阶段我们已经通过用况图对 WeBlog 个人博客系统的需求进行了描述。这里以该博客系统为例,说明结构化分析方法的具体应用。

WeBlog 个人博客系统旨在帮助用户创建和管理个人博客,以供他人浏览、评论和分享,它主要涉及 5 个方面的工作:用户管理、博客管理、博文浏览、博文搜索、订阅管理。

(1) 用户管理

用户管理包括用户的注册、登录或退出登录,以及个人信息修改。在注册时,访客需要发出注册请求,包括用户昵称、密码、联系方式、邮箱等信息,写入表单并保存到账号数据库中;在登录或退出登录时,注册用户需要发出用户登录状态变更请求,其中,登录请求包含注册用户的联系方式和密码。

(2) 博客管理

博客管理包含对用户个人信息的管理和对博文的增删改,只对注册用户开放。对于个人信息的管理,注册用户可以提供包含注册时填写信息在内的个人信息;对于博文的增删改,注册用户需要提交管理博文请求,并包含如新博文、新博文权限等相关信息。

(3) 博文浏览和博文搜索

用户在浏览或搜索博文时,需要发出浏览或搜索博文请求,系统会返回给用户博文的内容或搜索的结果。其中,博文的内容包含博文的标题、简介、正文、作者信息等信息;搜索的结果是一个列表,包含一系列博文的简要描述,这些描述只包含它的作者、标题和简介等。

(4) 订阅管理

当注册用户想要关注另一个注册用户时,则需要向系统发送一个关注请求,包含关注者和被关注者的 ID。系统会先检查注册用户的情况,如果发起关注的注册用户已经登录且被关注用户的 ID 存在,则将此关注关系记录到订阅数据库中,并在将来被关注者发布新博文时向关注者发送"新博文"邮件通知。

2. 系统功能模型的建立

(1) 顶层数据流图的建立

依据以上的需求陈述,WeBlog 个人博客系统的数据源和数据潭包括访客和注册用户。访客向系统提出搜索博文请求、浏览博文请求、注册请求等,此时访客是数据源;同时,访客也从系统中获取搜索博文结果、博文内容等数据,此时访客是数据潭。同理,注册用户也同时是数据源和数据潭。WeBlog 个人博客系统的顶层数据流图如图 4.18 所示。

图 4.18 WeBlog 个人博客系统的顶层数据流图

在图 4.18 中,用户信息、用户登录状态变更请求代表了用户管理的业务工作要求;而博文管理请求、博文搜索请求、博文浏览请求等分别代表了博文管理和订阅管理、博文搜索、博文浏览的业务工作要求。其中,博文管理请求可以定义为

博文管理请求=[修改博文请求 | 删除博文请求]

可以进一步定义其中的数据结构,例如:

修改博文请求=博文 ID+博文信息

删除博文请求=博文 ID

博文信息=博文 ID+博文标题+博文简介+博文内容+注册用户 ID+{标签信息}+博文权限

标签信息=标签 ID+标签名称+标签描述

WeBlog个人博客系统的顶级数据流表明，该系统有7个输入流和3个输出流，它们连同相关的数据源和数据潭，定义了该系统的边界，形成该系统的环境。

（2）自顶向下，逐层分解

WeBlog个人博客系统主要是对两类实体的查询和管理：一类和博文相关，如对博文的增删改查等；另一类和用户相关，主要是对注册用户账号的管理。在顶层数据流图的基础上依照上述讨论，对顶层加工“WeBlog个人管理系统”进行分解，可形成图4.19所示的两项功能。

图4.19 两项顶层功能

继之，将顶层数据流图的输入流、输出流分配到各个加工中，如图4.20所示。

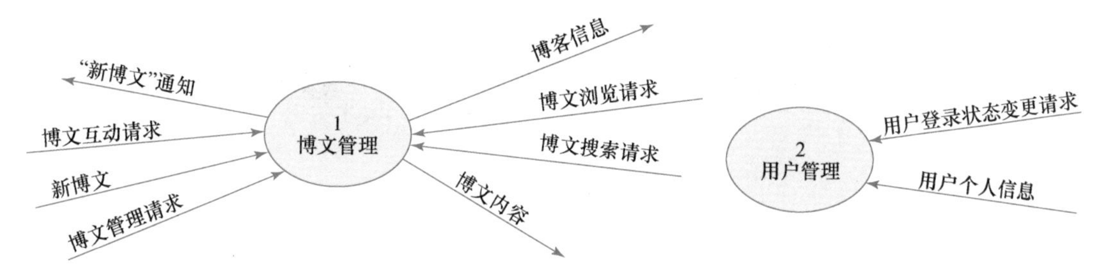

图4.20 顶层数据流图的输入流、输出流被分配到各个加工中

注意，在分派数据流中，可以省略各数据流的数据源和数据潭。

而后，引入几个相关数据库：订阅数据库、博文互动数据库、博文信息数据库、附件数据库、账号数据库，将这两项功能联系起来，如图4.21所示。从而形成了0层数据流图。

需要提及的是：

① 0层数据流图也是7个输入流，3个输出流，与顶层保持一致。

② 为了便于以后分解的管理，为每个加工给予了相应的编号。

③ 在0层数据流图中，引入了5个数据存储，可以根据自己对需求的理解，引入1个或多个数据存储。这对问题定义而言并不是十分重要的，但这关系到数据库设计问题，会形成对以后设计的约束。

是否需要进一步对0层数据流图进行分解，这取决于在0层数据流图中定义的各个加工是否功能单一，容易理解。就此例而言，可以对它们进一步分解，分解后的结果如图4.22所示。

至此，如果认为每一个加工是单一的、可理解的，就可以停止进一步的分解，形成系统1层数据流图，也是最终的数据流图。否则，对需要分解的加工继续进行分解，形成系统2层数据流图。

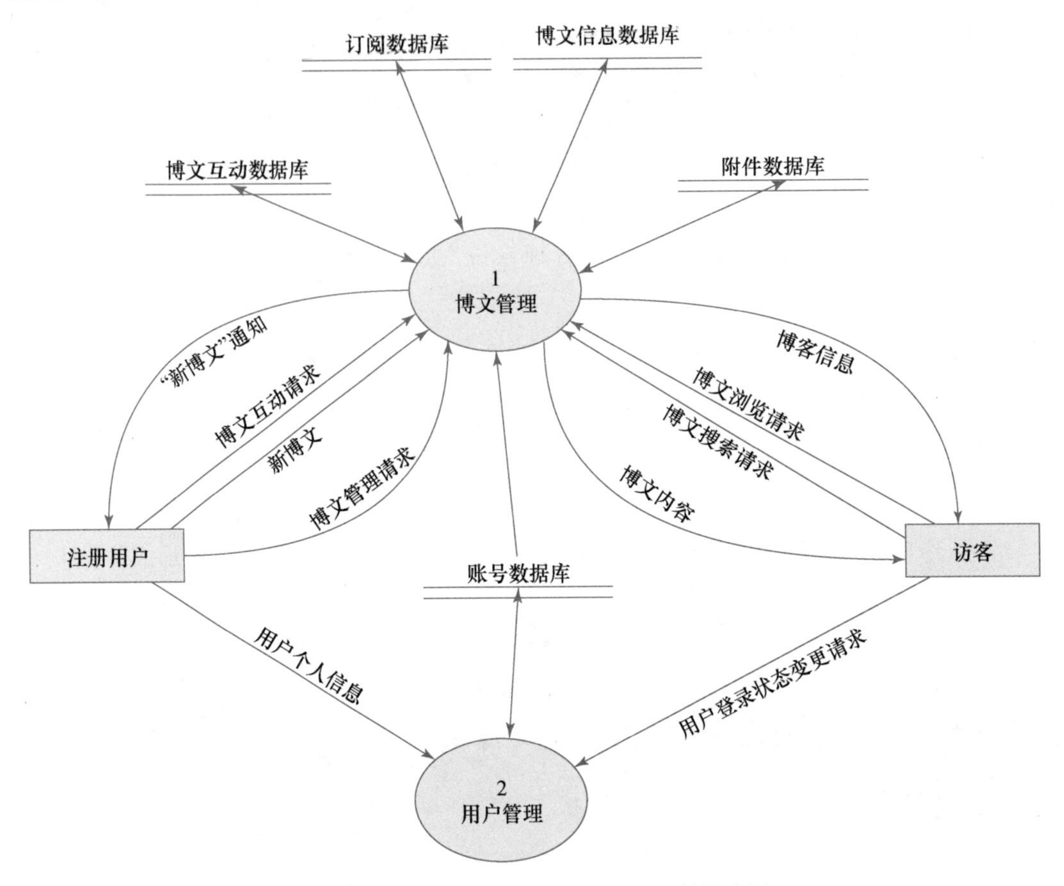

图 4.21 WeBlog 个人博客系统的 0 层数据流图

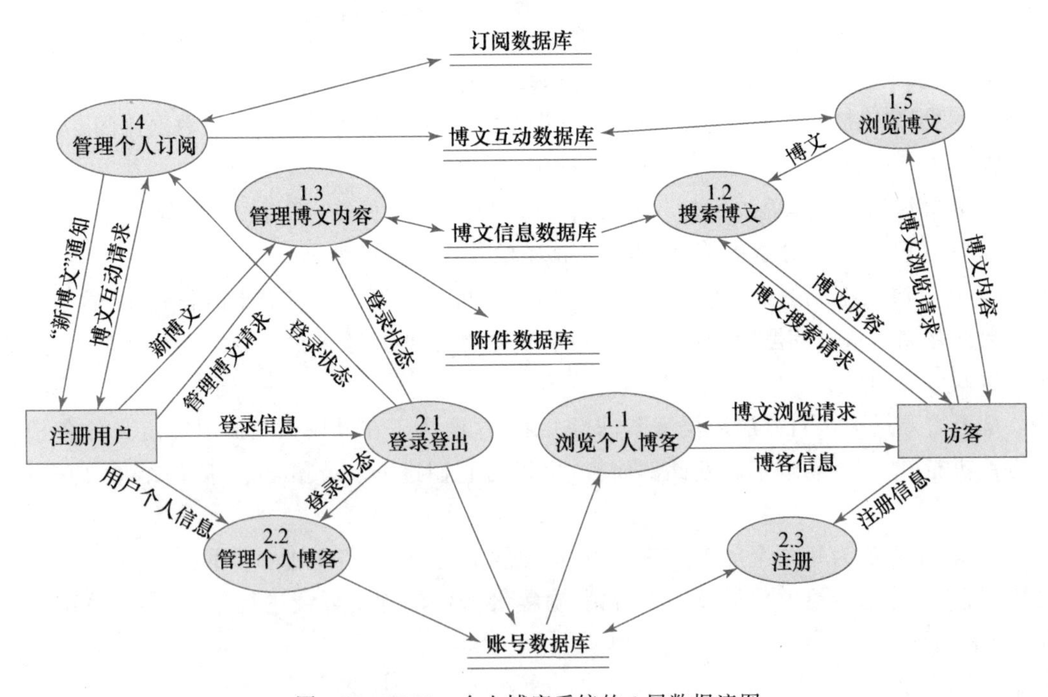

图 4.22 WeBlog 个人博客系统的 1 层数据流图

3. 建立系统的数据字典

就以上例子而言,其数据字典如下:

(1) 数据流条目

用户信息=用户个人信息+用户账号信息

用户个人信息=昵称+联系方式+邮箱+毕业院校

用户账号信息=注册用户 ID+密码

用户登录状态变更请求=[注册信息 | 登录信息]

注册信息=联系方式+昵称+邮箱+密码

登录信息=联系方式+密码

博文管理请求=[博文修改请求 | 博文删除请求]

博文修改请求=博文 ID+博文信息

博文删除请求=博文 ID

新博文=博文信息

博文信息=博文 ID+博文标题+博文简介+博文内容+注册用户 ID+{标签信息}+博文权限

标签信息=标签 ID+标签名称+标签描述

博文互动请求=博文点赞评论请求+博客关注请求

博文点赞评论请求=博文点赞请求+博文评论请求

博文点赞请求=点赞者 ID+博文 ID

博文评论请求=评论者 ID+博文 ID+评论内容

博文关注请求=关注者 ID+被关注者 ID

"新博文"通知=注册用户邮箱+博文 ID+注册用户昵称(博文作者)+邮件标题内容

博文搜索请求=搜索关键字+{标签 ID}

博文浏览请求=博文 ID+注册用户 ID

博文内容=博文信息+{评论信息}+点赞数+收藏数+浏览数

博客信息=注册用户信息(博主)+{博文信息}+点赞数+访问次数

(2) 数据存储条目

账号数据库={注册用户信息}

博文信息数据库={博文信息}

附件数据库={附件信息}

附件信息=附件 ID+附件大小+文件名+附件地址

博文互动数据库={点赞信息}+{评论信息}

点赞信息=博文 ID+注册用户 ID

评论信息=评论 ID+博文 ID+注册用户 ID+评论内容+评论 ID(被回复的评论)

订阅数据库={注册用户 ID(被订阅者)+注册用户 ID(粉丝)}

(3) 数据项条目

WeBlog 个人博客系统的数据项条目如表 4.5 所示。

表 4.5 WeBlog 个人博客系统的数据项条目

数据项名	数据类型	意义
和注册用户相关		
注册用户 ID	BIGINT	用户的唯一标识符
昵称	长度小于 10 的字符串	用于对博主个人信息的展示
联系方式	长度为 11 的只包含数字的字符串	登录的凭证
邮箱	长度小于 50 的字符串	关注的博主发新博文时将通过此邮箱通知
毕业院校	长度小于 20 的字符串	用于对博主个人信息的展示
密码	长度小于 50 的字符串，仅包含 ASCII 字符	登录的凭证
和博文相关		
博文 ID	BIGINT	博文的唯一标识符
博文标题	长度小于 50 的字符串	在展示博文列表中用
博文简介	长度小于 200 的字符串	在展示博文列表中用
博文内容	长度小于 5000 的字符串	在查看博文内容时使用
博文权限	"公开"或"不公开"	决定博文是否可以被其他人查询到或查看
标签 ID	BIGINT	标签的唯一标识符
标签名称	长度小于 20 的字符串	在搜索时使用
标签描述	长度小于 50 的字符串	在查看标签信息时使用
搜索关键字	长度小于 20 的字符串	查询时用于匹配博文标题
和附件相关		
附件 ID	BIGINT	附件的唯一标识符
附件大小	INT	以比特为单位
文件名	长度小于 30 的字符串	附件的名称
附件地址	长度小于 100 的字符串	附件的 URI 地址，访问该地址即可获取到附件内容

4. 给出加工小说明

在描述一个加工时，一般遵循如下说明：

加工编号：给出加工编号；

加工名：给出该加工的标识；

输入流：给出该加工的所有输入数据流；

输出流：给出该加工的所有输出数据流；

加工逻辑：采用结构化自然语言或其他工具，给出该加工输入数据和输出数据之间的关系。

由于本例中的加工逻辑比较简单，故采用结构化自然语言即可。加工示例如表 4.6 所示。

表 4.6 加工示例

加工编号	1.2
加工名	搜索博文
输入流	博文搜索请求、博文信息
输出流	博文内容
加工逻辑	begin 根据来自访客的博文的标签和标题文本，匹配博文数据库中符合要求的博文，将其准备到输出流中，输出给访客。 end

4.1.5　应用中注意的问题

以上集中讨论了建立系统功能模型的结构化分析方法，但在实际应用中，必须按照数据流图中所有图形元素的用法正确使用。例如，一个加工必须既有输入又有输出；必须准确地定义数据流和数据存储；必须准确地描述每一个“叶”加工。又如，在一个加工小说明中，必须说明其如何使用输入数据流，如何产生输出数据流，如何选取、使用或修改数据存储。另外，还应注意下面的一些问题：

(1) 模型平衡问题

① 系统 DFD 中每个数据流和数据存储都要在数据字典中予以定义，并且数据名一致。

② 系统 DFD 中最底层的加工必须在小说明中予以描述，并且加工名一致。

③ 父图中某加工的输入输出(数据流)和分解这个加工的子图的输入输出(数据流)必须完全一致，特别是保持顶层输入数据流和输出数据流在个数上，在标识上均是一样的。

④ 在加工小说明中，所使用的数据流必须是在数据字典中定义的，并且名字一致。

(2) 信息复杂性控制问题

① 上层数据流可以打包，例如实例研究中数据流“查询要求”就是一个打包数据，并以 * 号做特殊标记。上下层数据流之间的对应关系通过数据字典予以描述。

② 为了便于人的理解，把一幅图中的图元个数尽量控制在 7±2 个以内[1]。

③ 检查与每个加工相关的数据流，是否有着太多的输入/输出数据流，并寻找可降低该加工接口复杂性的、对数据流进行划分的方法(有时一个加工有太多的输入输出数据流与同一层的其他加工或抽象层次有关)。

④ 分析数据内容，确定是否所有的输入信息都用于产生输出信息；相应地，由一个加工产生的所有信息是否都能由进入该加工的信息导出。

根据以上关于结构化分析方法的介绍和实例研究，我们可以得出：

① 该方法看待客观世界的基本观点是：信息系统是由一些信息流构成的，其功能表现为信息在不断地流动，并经过一系列的变换，最终产生人们需要的结果。

② 为了支持系统分析员描述系统的组成成分、规约系统功能，结构化方法基于“抽象”这一软件设计基本原理，通过给出数据流概念，支持进行数据抽象；通过给出数据存储概念，支持对系统中数据结构的抽象；通过给出加工概念，支持系统功能的抽象。而且这 3 个概念就描述系统的功能而言是完备的，即客观世界的任何事物均可规约为其中之一。

③ 为了使系统分析员能够清晰地定义系统边界，同样基于抽象这一原理，给出了数据源和数据潭这两个概念，支持系统语境的定义。

④ 为了控制系统建模的复杂性，基于逐步求精这一软件设计基本原理，给出了建模步骤，即在建立系统环境图的基础上，自顶向下逐层分解。可见，抽象和分解是结构化分析方法采用的两个基本手段。

⑤ 为了支持准确地表达系统功能模型，给出了相应一组模型表达工具，其中包括 DFD、数据结构符、判定表和判定树等。其中，DFD 可用于图形化地描述系统功能；数据结构符可用于定义 DFD 中的数据结构；判定表和判定树等可用于说明 DFD 中每一加工输入和输出之间的逻辑关系。

由于结构化方法简单易懂、容易使用，且出现较早，所以在20世纪七八十年代，甚至到目前的个别应用领域，都得到广泛应用。

4.1.6 需求分析的输出

一旦得到了系统功能模型，就可以基于该模型所表达的系统功能需求来进一步规约其他需求，例如性能需求、外部接口需求、设计约束和质量属性需求等，形成如下结构的系统需求规格说明书。

××××××系统需求规格说明书

1. 引言

 1.1 编写目的

  说明编写本需求分析规格说明书的目的。

 1.2 背景说明

  (1) 给出待开发的软件产品的名称；

  (2) 说明本项目的提出者、开发人员及用户；

  (3) 说明该软件产品将做什么，如有必要，说明不做什么。

 1.3 术语定义

  列出本文档中所用的专门术语的定义和外文首字母组词的原词组。

 1.4 参考资料

  列出本文档中所引用的全部资料，包括标题、文档编号、版本号、出版日期及出版单位等，必要时注明资料来源。

2. 概述

 2.1 功能概述

  叙述待开发软件产品将完成的主要功能，并用方框图来表示各功能及其相互关系。

 2.2 约束

  叙述对系统设计产生影响的限制条件，并对下一节中所述的某些特殊需求提供理由，如管理模式、硬件限制、与其他应用的接口、安全保密的考虑等。

3. 数据流图与数据字典

 3.1 数据流图

  3.1.1 数据流图1

   (1) 画出该数据流图

   (2) 加工说明

    (a) 编号；

    (b) 加工名；

    (c) 输入流；

    (d) 输出流；

    (e) 加工逻辑。

   (3) 数据流说明

3.1.2 数据流图 2

……

3.2 数据字典

3.2.1 文件说明

说明文件的成分及组织方式。

3.2.2 数据项说明

以表格的形式说明每一数据项，格式如下表所示：

名称	类型	含义	度量单位	有效范围	精度

4. 接口

4.1 用户接口

说明人机界面的需求，包括：

(1) 屏幕格式；

(2) 报表或菜单的页面打印格式及内容；

(3) 可用的功能键及鼠标。

4.2 硬件接口

说明该软件产品与硬件之间各接口的逻辑特点及运行该软件的硬件设备特征。

4.3 软件接口

说明该软件产品与其他软件之间的接口，对于每个需要的软件产品，应提供：

(1) 名称；

(2) 规格说明；

(3) 版本号。

5. 性能需求

5.1 精度

逐项说明对各项输入数据和输出数据达到的精度，包括传输中的精度要求。

5.2 时间特征

定量地说明本软件的时间特征，如响应时间、更新处理时间、数据传输、转换时间、计算时间等。

5.3 灵活性

说明本软件所具有的灵活性，即当用户需求(如对操作方式、运行环境、结果精度、时间特性等的要求)有某些变化时，本软件的适应能力。

6. 属性

6.1 可使用性

规定某些需求，如检查点、恢复方法和重启动性，以确保软件可使用。

6.2 保密性

规定保护软件的要素。

6.3 可维护性

规定确保软件是可维护的需求，如模块耦合矩阵。

6.4 可移植性

规定用户程序、用户接口的兼容方面的约束。

7. 其他需求

7.1 数据库

说明作为产品的一部分来开发的数据库的需求。如：

(1) 使用的频率；

(2) 访问的能力；

(3) 数据元素和文件描述；

(4) 数据元素、记录和文件的关系；

(5) 静态和动态组织；

(6) 数据保留要求。

7.2 操作

列出用户要求的正常及特殊的操作，如：

(1) 在用户组织中各种方式的操作；

(2) 后援和恢复操作。

7.3 故障及处理

列出可能发生的软件和硬件故障，并指出这些故障对各项性能指标所产生的影响及对故障的处理要求。

在实际软件工程中，每个开发组织可根据相关的标准和从事的开发领域，规定自己组织的软件需求分析规格说明书的格式。

需求分析规格说明书是需求分析阶段产生的一份最重要的文档，它以一种一致的、无二义的方式准确地表达用户的需求。

4.1.7 需求验证

需求分析阶段的工作结果(即软件需求规约)是开发软件系统的重要基础。

美国从事跟踪IT项目成功或失败的权威机构Standish Group在2014年的《混乱报告》中给出了IT项目相关调查结果：① 在软件项目的挑战因素中，“需求及规格说明不完整”列第二位，占比为12.3%，而“需求及规格说明变化”列第三位，占比为11.8%。② 在软件项目失败因素中，“需求不完整”列第一位，占比13.1%，而“需求及规格说明变化”列第六位，占比为8.7%。

从以上结果我们可以看到，软件需求在一个软件项目开发中的重要性。为了发现需求中的错误，确保软件开发成功，提高软件质量和降低开发成本，在软件需求分析的最后一步，就需要对软件需求规约进行必要的验证。需求验证对于一个软件项目的成功至关重要。

按第3章所述，验证需求规约中的每一项需求是否满足5个基本性质，即必要性、无歧义性、可测试性、可跟踪性、可测量性；验证需求规约是否满足4个基本性质，即重要性和稳定性程度、可修改性、完整性和一致性。

除了需要验证以上的需求特性外，在必要时还需要验证其他特性，例如设计无关性，即需求规约中陈述的需求没有指定实现需求的一种特定软件体系结构或算法。

正式的需求评审是进行需求验证的最主要的方式，一般需要由软件需求工程师、客户、用户、项目经理及其他利益相关者组成评审小组，通过召开正式的评审会议的方式完成。

就软件开发而言，一定要清楚：尽管对需求进行了大量的验证工作，但就大多数情况来说，仍然不存在十全十美的需求规格说明。

4.2　结构化总体设计

4.2.1　软件设计概念

软件设计是软件开发过程中的重要阶段，在此阶段中，开发人员需要将需求分析模型转换为可行的设计模型，即根据软件需求形成相应的解决方案。与需求分析（注重描述软件系统的功能和行为及所需的数据）不同，软件设计关注该软件系统的软件体系结构、数据结构、接口等实现细节，而这些都是实现软件系统必需的。总之，需求分析回答软件系统能“做什么”的问题，软件设计则回答“怎么做”的问题。

软件设计在软件开发中处于核心地位。软件设计是承接需求工程和软件实现的桥梁，既要提供针对软件需求的解决方案，也要考虑软件实现的各种条件、资源和制约，为后续的构建过程提供蓝图。软件质量是在设计中建立的，设计提供了用于质量评估的软件表示，软件设计的缺失会导致构建系统不稳定的风险，尤其是在大型复杂的项目中。

为提高软件开发的效率及软件产品的质量，人们在长期的软件开发实践中总结出一些软件设计的概念和原则：

1. 关注点分离

关注点分离的设计原则表明，任何复杂问题如果被分解为可以独立解决或优化的若干子问题，该复杂问题便能够更容易地得到处理。关注点是软件需求模型的一部分，可以是一个特征或一个行为（例如业务逻辑中的用户管理、数据持久化中的数据库访问等）。将关注点分割为更小的关注点，分割后的认知复杂度之和往往低于原始的认知复杂度，因此可用更少的工作量和时间解决同一个问题，对于软件的模块化具有重要的意义。例如，在商业软件系统中通常按照不同的功能和职责划分为不同的层次，如表示层、业务层、数据层等，每一层只关注自己的功能和与其他层的交互，降低了系统的复杂度和耦合度。

关注点分离在其他相关设计原则中也有体现，包括模块化、切面、逐步求精等，这些会在下文中介绍。

2. 抽象

在哲学中，抽象可以理解为从一些事物中获取其本质属性的过程。抽象关注与某一特定目的相关的信息而忽略其余的信息。比如，将写信抽象为通信方式以及将语文、数学和英语抽象为学科等。

抽象在软件开发过程中起着非常重要的作用。抽象主要用来降低问题的复杂度。一个大型且复杂的软件系统可以先用宏观的概念进行构造和理解，然后再逐层地用相对微观的概念去解释上层的宏观概念，直到最底层的元素。

抽象可以分为过程抽象和数据抽象。过程抽象是对具有明确和有限功能的功能序列的抽象。例如购买商品，购买行为实际包含了一系列过程性步骤（例如提交订单、金额结算、支付扣款等）。数据抽象是对数据对象的抽象。例如商品实际上包含了一系列的属性，包括商品名称、价格、生产批次等。

3. 模块化

模块化是关注点分离的重要表现。模块是数据说明、可执行语句等程序对象的集合，是构成程序的基本构件。过程、函数、类、包都可以作为模块。模块化就是把系统或程序划分为可以独立访问的模块，每个模块完成一个特定的子功能，拥有属于自己的内部数据和对外的调用接口。模块集成起来可以构成一个整体，完成满足整体的需求和功能。

模块化的过程中需要注意以下两点：

① 功能独立。功能独立是指软件系统中的每个模块只完成特定的单一的功能，而与其他模块没有太多的联系。独立的模块更容易进行开发、测试和维护，也增加了模块复用的可能性。独立性可以通过两条定性的标准进行评估：内聚性和耦合性。内聚性是指模块内部各个组成元素之间彼此结合的紧密程度，耦合性是对各个模块之间相互关联程度的度量。更通俗地讲，内聚性要求一个模块不要同时包含多个不相关的功能，耦合性则要求不要通过设计多个模块来完成一个功能。一个功能独立的软件系统应当是高内聚且低耦合的。

② 信息隐蔽。信息隐蔽要求模块仅公开必要的信息，并将其他信息隐藏起来。模块的具体实现细节相对于其他不相关的模块而言是不可见的，避免了模块的行为互相干扰。信息隐藏限制了外部对模块内部信息的访问，因此，在修改某个模块的过程中引入的错误就很难传播到软件的其他模块，有利于软件的测试和维护工作。

4. 逐步求精

逐步求精是一种自顶向下的设计策略，通过连续细化过程，逐步分解高抽象层次的宏观描述，最终到达程序设计语言的低抽象层次。逐步求精实际上是一个细化的过程，有助于在设计过程中揭示底层细节。同时，逐步求精是抽象的逆过程，两者互补，有助于形成完整的设计模型。

5. 设计模式

设计模式是一套可复用、为人知晓、经过分类编目的代码设计经验的总结。设计模式可以帮助软件开发人员解决软件开发过程中面临的一般问题，能够提高代码的可读性、可维护性和可扩展性。常见的设计模式包括工厂模式、观察者模式、装饰者模式等。

① 工厂模式：根据不同的参数或条件创建不同类型的对象，无须暴露对象的创建细节。例如，手机制造商可以根据用户的硬件需求来生产不同型号的手机。

② 观察者模式：让一个对象（被观察者）把自己的状态变化传递给其他对象（观察者），从而实现对象之间的解耦。例如，订阅服务账号可以向订阅了自己的用户发送消息，用户也可以取消订阅。

③ 装饰者模式：可以在不改变原有对象的基础上，动态地给对象添加新的功能或属性。例如，游戏玩家可以给自己穿上不同的装备来提升自己的能力。

6. 面向对象

面向对象的设计原则是指在进行面向对象设计时应该遵循的一些指导性的原则，以提高代码的可读性、可维护性、可扩展性和可复用性。以下是七种面向对象的设计原则：

① 开闭原则：要求对扩展开放以及对修改关闭。也就是说，当需要增加新功能时，应该通过扩展现有代码而不是修改现有代码来实现。例如，在设计一个计算器类时，如果需要增加新的运算符，可以通过继承和多态来实现新的子类而不是修改计算器类本身。

② 单一职责原则：要求每个类只负责一件事情，即要求一个类应当只有一个使其变化的原因。例如，在设计一个商品类时，应该将商品信息和商品交易记录分离成两个类，而不是混合在一个类中。

③ 里氏替换原则：要求子类型必须能够替换掉它们的父类型。也就是说，当使用父类型作为参数或返回值时，应该能够接受任何子类型而不影响程序正确性和逻辑性。例如，在设计一个鸟类和企鹅类时，如果鸟类有飞行方法而企鹅不能飞行，则企鹅不能简单继承鸟类，应当将鸟类细分为可飞行的鸟类和不可飞行的鸟类后重新定义继承关系。

④ 接口隔离原则：要求客户端不应该被强迫依赖于它们不使用的接口。也就是说，应该将臃肿的接口拆分成多个更小、更专业的接口，以满足不同的客户端需求。例如，在设计一个鸟类接口和企鹅类时，如果鸟类接口包含了飞行方法和游泳方法，而企鹅只能游泳而不能飞行，则企鹅类不应该实现鸟类接口，而应该将鸟类接口分成多个子接口，如可飞行的鸟类和可游泳的鸟类。

⑤ 依赖倒置原则：要求上层模块不应该依赖于下层模块，而应该依赖于抽象。也就是说，应该使用接口或抽象类作为参数或返回值，而不是使用具体的实现类。例如，在设计一个电脑类和键盘类时，如果电脑类直接依赖于键盘类，则当需要更换键盘时，需要修改电脑类的代码；如果电脑类依赖于一个输入设备接口，则可以灵活地替换不同的实现了该接口的键盘类。

⑥ 迪米特法则：要求一个对象应当对其他对象有尽可能少的了解。也就是说，应该尽量减少对象之间的交互和耦合，某个对象只和与其直接相关的对象通信。例如，在设计一个学校类和教师类时，如果学校类需要打印所有教师的信息，则不应该让学校类直接访问教师类的属性或方法，而应该让教师类提供一个打印信息的方法给学校类调用。

⑦ 组合/聚合复用原则：要求在实现新功能时，应该优先使用组合或聚合关系而不是继承关系。也就是说，应该将已有的对象作为新对象的成员变量或集合元素来复用它们的功能，而不是通过继承来增加新功能或覆盖旧功能。例如，在设计一个汽车类和发动机类时，如果汽车类需要使用发动机的功能，则不应该让汽车类继承发动机类，而应该让汽车对象包含一个发动机对象作为它的成员变量。

7. 面向切面

面向切面是一种编程思想，它提供了一种在不修改原有业务逻辑的情况下对程序中的横切关注点（如日志、安全、事务等）进行统一管理和处理的方式。面向切面编程的核心概念是切面，切面是对横切关注点的抽象，它由通知、切入点组成。通知是指在特定的连接点执行的动作，如打印日志、开启事务等；切入点是指匹配连接点的条件，如方法名、参数类型等；连接点是指程序执行过程中的某个位置，如方法调用前后等。

假设我们有一个用户服务类（UserService），它有一个添加用户的方法（addUser），我们想要在这个方法执行前后打印日志，并且在执行时开启事务。如果不使用面向切面编程，我们可能需要在 addUser 方法内部添加日志和事务相关的代码，这样会增加代码量和耦合度，并且如果其他方法也需要同样的功能，则需要重复添加相同的代码。如果使用面向切面编程，我们可以定义一个日志切面类（LogAspect），它包含了一个前置通知和一个后置通知，分别在目标方法执行前后打印日志，并且指定了一个切入点为 UserService 类中所有以 add 开头的方法；同时，我们可以定义一个事务切面类(TransactionAspect)，它包含了一个环绕通知，在目标方法执行时开启并提交事务，并且指定了一个切入点为UserService类中所有以add开头并且返回值为void类型的方法。这样，我们就可以通过配置或注解将这两个切面应用到UserService类上，实现了对横切关注点的统一管理和处理。

4.2.2 软件体系结构概念

1. 软件体系结构的定义

软件体系结构也称为软件架构，是一个软件系统的高层设计结构，定义了组成软件系统的软件构件、构件的外部可见属性，以及构件之间的关系。其中，软件构件是计算或数据存储的单元，例如构件可以是客户、服务器、数据库、过滤器等，可封装为模块或类；“外部可见属性”是其他构件对该构件所做的假定，例如它提供的功能、性能、错误处理、共享资源的使用等；构件之间的关系可以是构件之间的静态结构的依赖关系，也可以是动态行为的交互关系等。

软件体系结构体现了一系列设计决策，包括：① 构成系统的结构化元素和它们接口的选择；② 指导组织软件构件以及软件构件之间的交互关系的体系结构风格的确定；③ 软件体系结构综合考虑系统的使用、功能、性能、弹性、复用、可理解性、经济、审美及技术约束等，而做出综合性的设计决策。

如果把一个软件系统类比为一座建筑物，该软件系统的软件体系结构就相当于这座建筑物的总体设计图，决定了这个建筑物有哪些组成部分，以及这些组成部分之间的关系；该软件体系结构的风格就相当于该建筑物的建筑风格(如拜占庭风格、哥特式风格、巴洛克式风格、现代主义风格、中国宫殿式风格等)；该软件体系结构基于使用、功能、性能、弹性、复用、可理解性、经济和技术约束与折中、审美考虑而做出的设计决策，相当于该建筑物考虑使用用途、经济性、抗震性能、美观等因素而做出的组成部分和组成部分之间关系的选择(钢混结构、砖混结构、大理石结构等)。

2. 软件体系结构风格

软件体系结构风格是组成软件系统的构件类型、构件之间关系类型的一个描述，以及它们如何被组织使用的约束。例如，客户/服务器(Client/Server，C/S)体系结构风格中，客户和服务器是两种软件构件类型，服务器和客户端的通信协议是组织服务器和客户端一起使用的约束条件。使用C/S体系结构风格这一术语，除了指明客户端和服务器之间通信协议的约束外，并未标识具体的客户端和服务器，也并没有指明任何客户端或者服务器具有哪些功能。所以，每类软件体系结构风格代表了一类软件体系结构家族。

软件体系结构风格包含以下常用类型。

(1) 管道/过滤器体系结构风格

管道/过滤器风格的体系结构由一组被称为过滤器的构件和一组被称为管道(pipe)的数据流组成。每一个过滤器完成系统的特定子功能，过滤器之间通过管道连接。这样，每个构件都有一组输入数据流和输出数据流，构件读取输入数据流，经过内部变换，产生输出数据流。而构件像数据流的过滤器，因而得名过滤器。而构件间的数据流像传输中的管道，因而得名管道。管道/过滤器风格中的过滤器必须是独立的构件，一个过滤器独立于上游和下游过滤器工作，不必了解相邻过滤器的工作情况。

例如，媒体播放器采用的是管道/过滤器风格（见图 4.23），其中分离器、视频解码器和音频解码器是过滤器，而视频数据、音频数据等是管道。

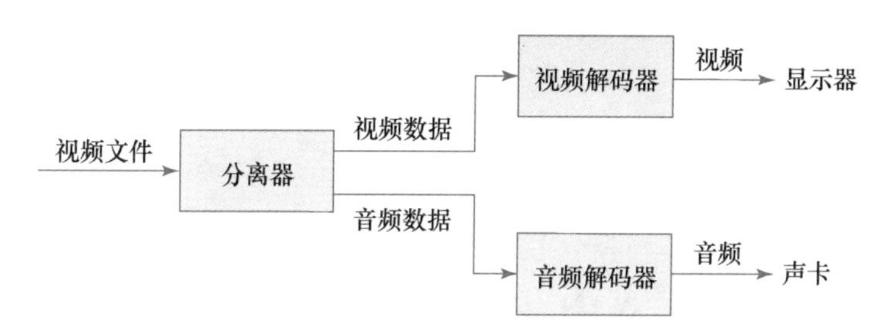

图 4.23 管道/过滤器风格示例

管道/过滤器体系结构风格有以下优点：

① 作为过滤器的构件具有良好的封装性，体现了高内聚和低耦合的特点。

② 可以将带有输入和输出的整个系统看成多个过滤器行为的简单合成。

③ 任何体现了一定功能的两个过滤器如果能被合适的数据流连接起来，就能有效支持基于构件的复用。

④ 可以在现有系统中增加新的过滤器，或替换改进后的旧过滤器，方便系统的维护和演化。

⑤ 每个过滤器完成一个独立的任务，过滤器之间可以并行执行，因此支持任务的并行执行。

⑥ 允许对吞吐量、死锁等一些属性进行分析。

管道/过滤器体系结构风格有以下缺点：

① 因为没有通用的数据传输标准，每个过滤器需要增加解析和合成数据的工作，进而导致采用这种设计风格的系统性能严重下降，同时也增加了过滤器编写工作的复杂度。

② 因为管道/过滤器模型需要处理数据流，因而很难为 GUI、复杂的输入/输出格式及基于事件（例如选择下拉菜单、移动窗口）的控制机制，实现一种符合管道/过滤器风格的顺序流。所以，管道/过滤器风格不适用于交互式系统的设计。

管道/过滤器风格适用于交互很少的批处理系统，不适用于交互式系统和事件驱动的软件系统。

(2) 层次体系结构风格

层次体系结构风格的体系结构是将软件系统组织成一个层次结构。每一层为上层提供服务，并作为下一层的客户。除了一些输出函数外，内部的层只对相邻的层可见。每层由若干抽象级别相同的构件组成，每层的构件使用下层构件提供的功能，并为上层构件提供服务。从外层到内层：处于最外层的构件直接与用户交互，完成界面层的操作；最底层的构件完成最基础的、公共的功能，向上层提供服务；中间层通过使用下层的服务，向上层提供功能更复杂的软件服务。

图 4.24 是一个层次体系结构风格示例。

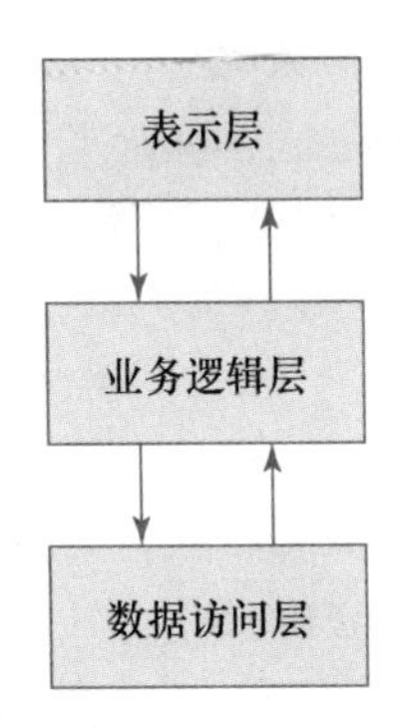

图 4.24　层次体系结构风格示例

层次体系结构风格有以下优点：

① 该风格支持系统的增量开发。允许设计者将一个复杂问题分解为一系列增量来实现。

② 该风格有助于系统地维护和演化。如果保持层次间的接口不变，则这样可以用扩展了功能的新层取代旧层，而不影响系统的使用；如果一个层次的接口发生变化，则只影响相邻两层。

层次体系结构风格有以下缺点：

① 很多软件系统很难分解为严格的层次结构，造成较高层次可能和较低层次直接交互，违反了该风格只有上下层直接交互的特点。

② 该风格会带来性能问题，因为一个服务请求在各个层次处理时需要多层解析，从而影响系统的性能。

(3) 仓库体系结构风格

在仓库体系结构风格中，往往将数据存储构件(例如文件、数据库、知识库等)作为核心，与其他构件紧密结合，类似于星型结构的拓扑关系。如图 4.25 所示是一个仓库体系结构风格示例，表示一个项目库管理系统的仓库风格体系结构，其中项目库是中心数据存储，而开发团队访问构件、项目管理人员访问构件、客户访问构件和其他项目干系人访问构件是 4 个和项目库进行交互的软件构件。

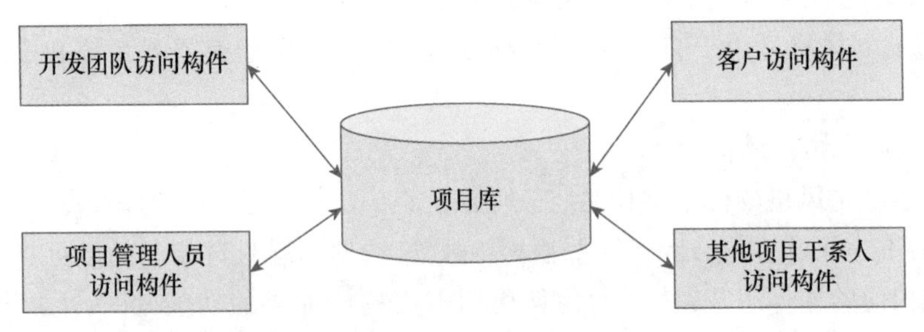

图 4.25　仓库体系结构风格示例

根据所使用的控制策略的不同，仓库体系结构风格可以分为两种类型：一种是传统的仓库风格，另一种是黑板风格。传统的仓库风格是数据由一个中心构件产生，由其他构件使用。黑板风格是将“黑板”作为中心构件，由“黑板”构件负责协调信息在客户间的传递。

信息管理系统、指挥控制系统和交互式开发环境等都是仓库风格的典型应用。

仓库体系结构风格的系统优点：因为仓库风格的系统中，数据由数据存储构件统一管理，其他构件对数据的修改可以传递到所有构件。

仓库体系结构风格的系统最大缺点是因为以数据存储构件为中心，如果该构件失效，将影响整个系统。

(4) 客户/服务器体系结构风格

客户/服务器体系结构风格经常用于分布式系统体系结构的组织，客户/服务器风格的软件系统被组织为提供一组服务的服务器，和访问使用服务的客户端。

该风格包括三类构件[2]：

① 一组向其他构件提供服务的服务器。例如，提供文件管理服务的文件服务器，提供数据管理的数据服务器，提供打印管理的打印服务器。这些服务器是软件构件，多个服务器可以在同一台计算机上运行。

② 一组请求服务器提供服务的客户端。一个客户端可以有多个实例，这些实例可以运行在不同的终端设备上。

③ 为了实现客户端访问服务器提供的服务，需要一个网络连接客户端和服务器，通过该网络提供的网络通信协议，客户端和服务器进行交互。

图 4.26 是一个客户/服务器体系结构风格示例，该示例描述了一个面向多用户的博客系统的软件体系结构。在该博客系统中，有博客应用 Web 服务器、数据库服务器、图片服务器和视频服务器等四个服务器。客户端程序是一个用于访问这些服务器的用户界面，可以使用 Web 浏览器或者手机 App 来构造。

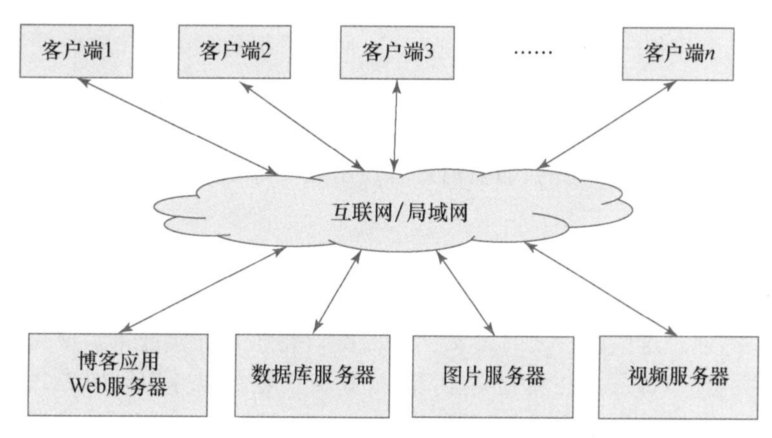

图 4.26 客户/服务器体系结构风格示例

客户/服务器体系结构风格的主要优点是采用该风格的体系结构易于维护和演化。由于该风格的系统结构是分布式体系结构，可以很容易根据需求增加相应新的服务器，而不影响系统其他部分的运行和使用。也可以在不影响其他部分的情况下，升级服务器的功能。

客户/服务器体系结构风格的缺点包括：① 每个服务器存在单点失效问题；② 由于服务器可能属于不同的组织而造成不易管理的问题；③ 受网络和服务器系统影响，性能可能不易预测。

(5) 消息总线体系结构风格

消息总线体系结构风格是一种分布式系统的体系结构风格。该风格中包含一组软件构件和一个消息总线,该消息总线连接所有构件,并负责构件之间的消息传递,各个构件接入消息总线,通过向消息总线发送消息和接收来自消息总线的消息,从而实现构件彼此之间的通信,如图 4.27 所示。其中,消息总线提供了一组规范化的接口,而满足接口规范的软件构件很容易接入消息总线。消息总线风格的核心思想是通过消息传递来实现系统中各个软件构件之间的解耦。

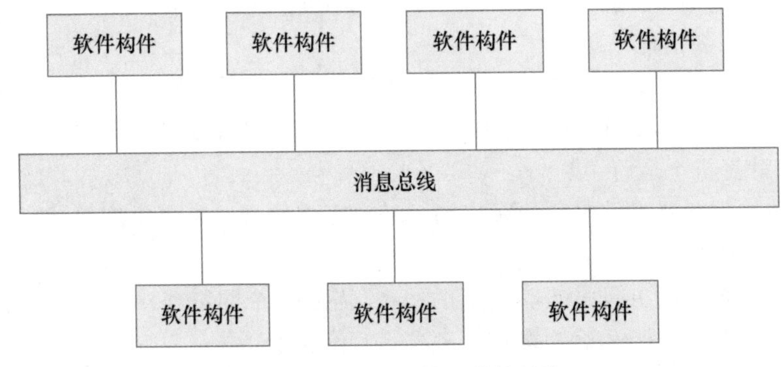

图 4.27 消息总线体系结构风格

消息总线体系结构风格的主要优点包括:

① 通过消息总线实现了软件构件之间的解耦,所以软件系统中的构件可以动态增加和删除,而不影响系统整体的正常工作,增强了系统的可扩展性。

② 由于系统中的各软件构件是相互独立的,所以系统易于更新和维护。

消息总线体系结构风格的主要缺点包括:

① 由于消息传输的异步性,基于消息总线风格的体系结构不适合实时软件系统。

② 由于消息总线是中心化的,如果消息总线出现故障,整个系统将受到影响,所以该风格存在一定的可靠性风险。

(6) 面向服务的体系结构风格

面向服务的体系结构(Service-Oriented Architecture,SOA)风格,将软件系统的不同功能单元封装为服务,通过这些服务之间定义良好的接口将服务连接起来。该风格的软件体系结构中有三种类型的软件构件:服务提供者、服务请求者和服务注册中心,如图 4.28 所示。其中,服务提供者是服务的所有者,该软件构件负责定义和实现服务,并将服务的描述发布

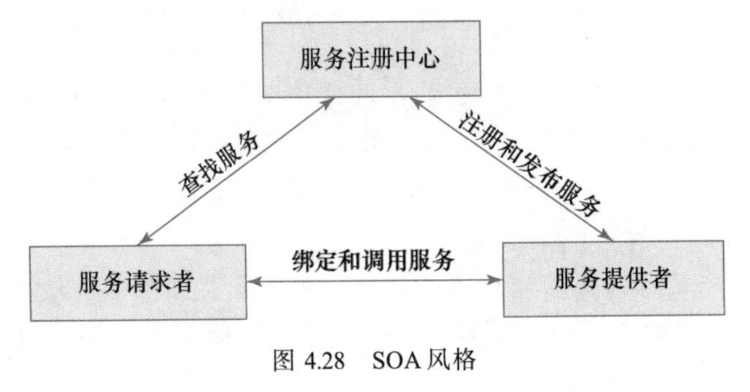

图 4.28 SOA 风格

到服务注册中心，供服务请求者查找并绑定使用。服务请求者是服务的使用者，该软件构件负责向服务注册中心查找所需的服务，然后与该服务绑定，并调用该服务。

SOA风格的最大优点是实现了服务的模块化、服务的高内聚和低耦合。每个服务封装了独立的功能，实现了服务的模块化；服务请求者只可见服务提供者的服务接口，而不可见其位置、实现技术、当前状态和私有数据等，进而实现了服务间的低耦合。服务请求者和服务提供者的有效分离，有利于实现软件系统的维护和演化。

3. 软件体系结构的表示

软件体系结构模型是在系统设计阶段描述设计方案的表示工具，用于设计的文档化。因为每一个软件体系结构模型是在特定意图下所确定的角度和抽象层次上对软件系统结构的抽象描述，所以，在单个体系结构模型中表示一个软件体系结构相关的所有信息是不可能的。经常需要从多个不同的视角，采用多个视图来描述软件体系结构。

1995年，Philippe Kruchten提出了著名的"4+1"视图来表示软件体系结构（如图4.29所示）。

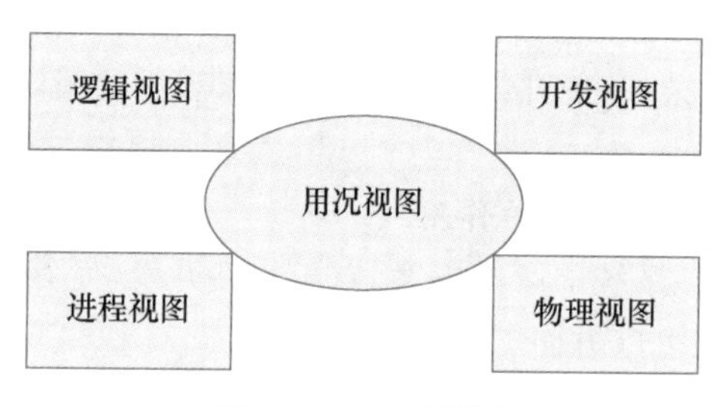

图4.29　"4+1"视图

"4+1"视图从5个不同的侧面来描述软件体系结构，其中包括4个主视图和一个用况视图：

① 逻辑视图（Logic View）：用于描述系统的功能需求。逻辑视图描述了系统在功能分解后有哪些构件（即功能抽象）、构件之间的关系、构件的约束等内容。逻辑视图反映了系统的整体结构。面向对象方法一般用类图来表示系统的逻辑视图。

② 进程视图（Process View）：进程视图关注系统的运行特性，主要关注系统的一些非功能需求，如性能、容错性等。进程视图用于描述系统运行时由哪些交互的进程构成。面向对象方法一般用UML的交互图或活动图来表示进程视图。

③ 物理视图（Physical View）：定义软件体系结构中的各个软件构件到物理设备上的部署分布，反映了软件体系结构的分布式特性。物理设备可能是服务器、PC、移动终端等物理设备。面向对象方法通常用UML的部署图表示物理视图。

④ 开发视图（Development View）：定义在开发环境中软件的静态组织结构，即软件包含哪些由开发团队开发的构件。面向对象方法一般用UML的构件图表示开发视图。

⑤ 用况视图（Use Case View）：表示场景，用况视图是"4+1"视图中最重要的视图，其他4个视图都以场景视图为核心。用况视图用于描述系统的参与者与功能用况间的关系，反映了系统的功能需求和交互设计。面向对象方法一般用UML中的用况图表示用况视图。

结构化方法一般用模块结构图来描述一个系统的软件体系结构。模块结构图由模块、调用、数据和控制等模型元素组成，它严格地定义了模块的名称、功能和接口，同时反映出结构化设计的思想。模块结构图相当于“4+1”视图中的逻辑视图。结构化方法常用程序流程图、伪码、问题分析图(Program Analysis Diagram，PAD)等工具描述软件体系结构的实现视图，这些工具详见4.3.2节。关于模块结构图的介绍请详见4.2.3节。

面向对象方法经常利用UML提出的两类图对软件体系结构进行描述：一类是结构图，包括类图、组合结构图、构件图、部署图、对象图、包图和外扩图等7种图，用于表达系统或系统成分的静态结构模型；另一类是行为图，包括用况图、活动图、状态机图、顺序图、通信图、交互概览图和定时图等7种图，用于表达系统或系统成分的动态结构模型。从而支持建模人员从不同抽象层和不同视角来创建软件体系结构。关于UML的14种图的介绍请详见5.2.4节。

敏捷方法提倡简单的设计，认为详细的设计文档是没用的。敏捷方法关注满足每一次迭代需求的解决方案，而缺乏对软件体系结构的完整性的关注。敏捷方法没有特定的软件体系结构表示工具，可以使用面向对象方法等提供的软件体系结构建模工具来描述其软件体系结构。

一些研究者提出用特定的软件体系结构描述语言(Architectural Description Language，ADL)来描述软件体系结构，ADL包括构件和连接子两种主要元素，以及相应的规则和指南。但由于ADL过于专业和复杂，软件开发团队、领域专家和用户很难理解和使用ADL，所以目前ADL没有得到推广和使用。

4. 软件体系结构在软件开发中的作用

软件体系结构作为软件系统的解决方案，对于软件开发，尤其是大型复杂系统的开发具有重要的作用，主要包括以下三方面[3]：

(1) 软件体系结构是系统相关人员之间相互交流的手段

软件体系结构代表了对系统中某些共性的抽象，与系统相关的大多数人员都可以以之作为彼此理解、达成一致和相互交流的基础。

(2) 软件体系结构是最初设计决策的体现

某个系统的软件体系结构是系统开发中最早得到的制品，利用它可以分析相互竞争的系统需求的优先级，同时它也是对系统质量属性影响最大的工作制品。对性能与安全性、可维护性与可靠性、当前开发成本与未来开发成本等多方面的权衡都在体系结构中得以体现。

(3) 软件体系结构是系统可复用、可传递的抽象

软件体系结构构成了一个可说明系统构造及各部分之间相互联系的相对较小、容易理解的模型。这一模型在若干个系统之间是可传递的。尤其是，同一软件体系结构可以应用于有类似需求的其他系统，可促进更大规模的复用和软件产品线的形成。

从软件体系结构的层次上表示系统，有利于系统较高级别性质的描述和分析。特别重要的是，在基于复用的软件开发中，为复用而开发的软件体系结构可以作为一种大粒度的、抽象级别较高的软件构件进行复用，而且软件体系结构还为构件的组装提供了基础和上下文，对于成功的复用具有非常重要的意义。

4.2.3 总体设计的目标及其表示

1. 总体设计的目标

为了控制软件设计的复杂性，定义满足需求所需要的软件结构，结构化设计又进一步分为总体设计和详细设计。总体设计的目标是建立系统的软件体系结构，即系统实现所需要

的软件模块(系统中可标识的软件成分),以及这些模块之间的调用关系。但在这时,每一个模块均是一个“黑盒子”,其细节描述是详细设计的任务。

2. 总体设计的表达工具

总体设计阶段的基本任务是把系统的功能需求分配给一个特定的软件体系结构。表达这一软件体系结构的工具很多,主要有以下表达工具。

(1) Yourdon 提出的模块结构图

Yourdon 提出的模块结构图如图 4.30 所示。

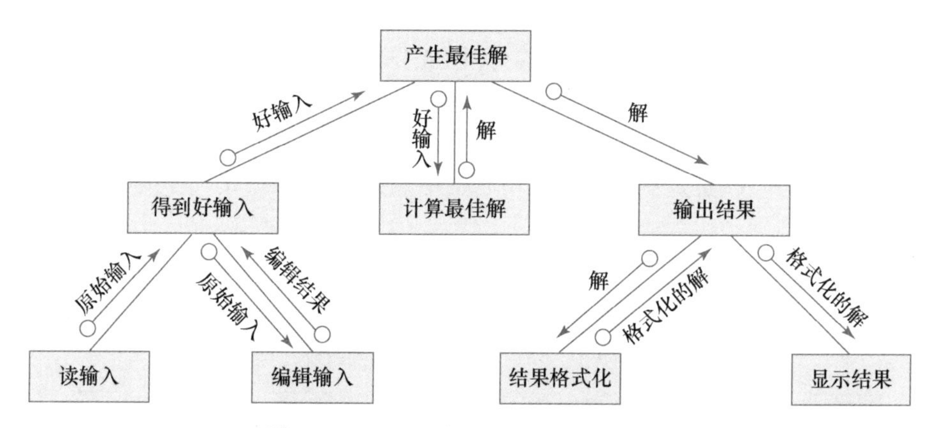

图 4.30 Yourdon 提出的模块结构图示例

模块结构图是一种描述软件体系结构的图形化工具。图中每个方框代表一个模块,框内注明模块的名字或主要功能。连接上下层模块的线段表示它们之间的调用关系。处于较高层次的是控制(或管理)模块,它们的功能相对复杂而且抽象;处于较低层次的是从属模块,它们的功能相对简单而且具体。因此,即使使用线段而不使用带箭头的线段,也不会在模块之间调用关系这一问题上产生二义性。依据控制模块的内部逻辑,一个控制模块可以调用一个或多个下属模块;同时,一个下属模块也可以被多个控制模块所调用,即尽可能地复用已经设计好的底层模块。

在图 4.30 中,还可使用带注释的箭头线来表示模块调用过程中传递的信息。其中,尾部是空心圆的箭头线标明传递的是数据信息,尾部是实心圆的箭头线标明传递的是控制信息。

更进一步,该模块结构图还可以表示模块的选择调用或循环调用。当模块 M 中某个判定为真时,调用模块 A;当为假时,调用模块 B,如图 4.31 所示。图 4.32 表示模块 M 循环调用模块 A、B 和 C。

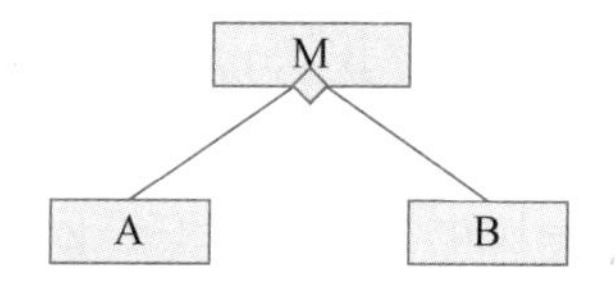

图 4.31 当判定为真时,调用 A;当为假时,调用 B

模块结构图是系统的一个高层“蓝图”,允许设计人员在较高的层次上进行抽象思维,避免过早地陷入特定的条件、算法和过程等实现细节。

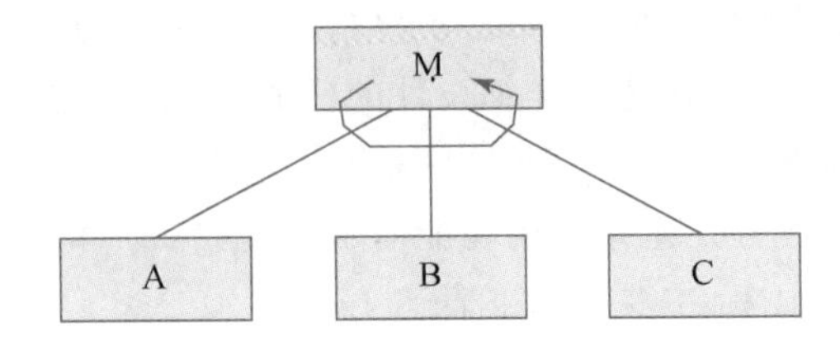

图 4.32 模块 M 循环调用模块 A、B 和 C

(2) 层次图

层次图主要用于描绘软件的层次结构(见图 4.33)。图中的每个方框代表一个模块,方框间的连线表示模块的调用关系。就这个例子而言,最顶层的方框代表正文加工系统的主控模块,它调用下层模块完成正文加工的全部功能;第二层的每个模块控制完成正文加工的一个主要功能。例如,“编辑”模块通过调用它的下属模块可以完成六种编辑功能中的任何一种。

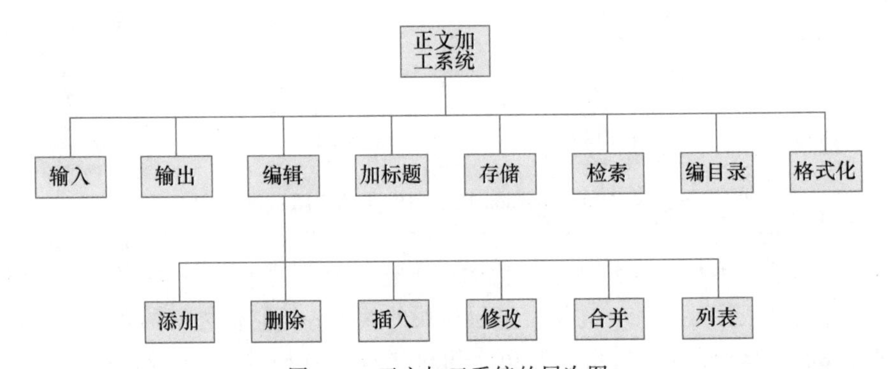

图 4.33 正文加工系统的层次图

层次图很适合在自顶向下设计软件的过程中使用。

在使用层次图中,应注意以下 3 点:

① 在一个层次中的模块,对其上层来说,不存在模块的调用次序问题。虽然多数人习惯于按调用次序从左到右绘画模块,但并没有这种规定。

② 层次图不指明怎样调用下层模块。

③ 层次图只表明一个模块调用哪些模块。

(3) HIPO 图

HIPO 是由美国 IBM 公司提出的,其中 HIPO 是“层次图+输入/处理/输出”的英文缩写。实际上,HIPO 图由 H 图和 IPO 图两部分组成的。H 图就是上面所讲的层次图。但是,为了使 HIPO 图具有可跟踪性,除 H 图(层次图)最顶层的方框之外,在每个方框都加了编号,如图 4.34 所示。

HIPO 图的编号规则如下:第一层中各模块的编号依次为 1.0, 2.0, 3.0,…如果模块 2.0 还有下层模块,那么下层模块的编号依次为 2.1, 2.2, 2.3,…如果模块 2.2 又有下层模块,那么下层模块的编号依次为 2.2.1, 2.2.2, 2.2.3,…依此类推。

对于 H 图中的每个方框,应有一张 IPO 图,用于描述这个方框所代表的模块的处理逻辑,如图 4.35 所示。

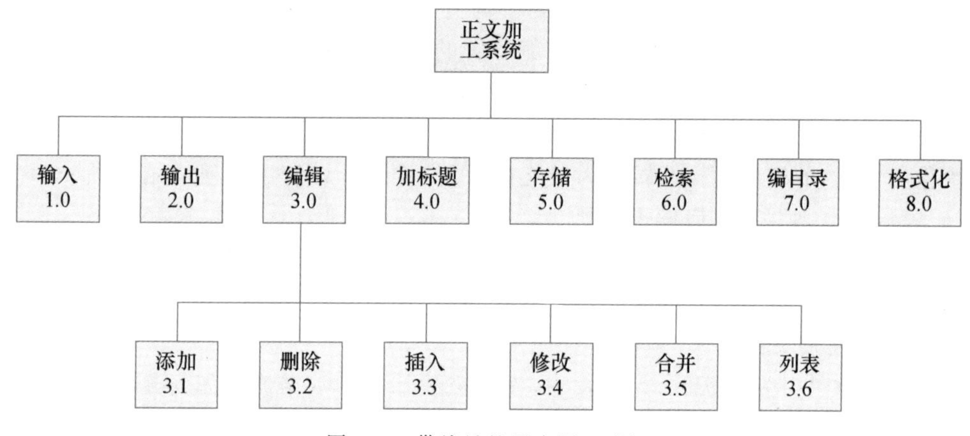

图 4.34 带编号的层次图(H 图)

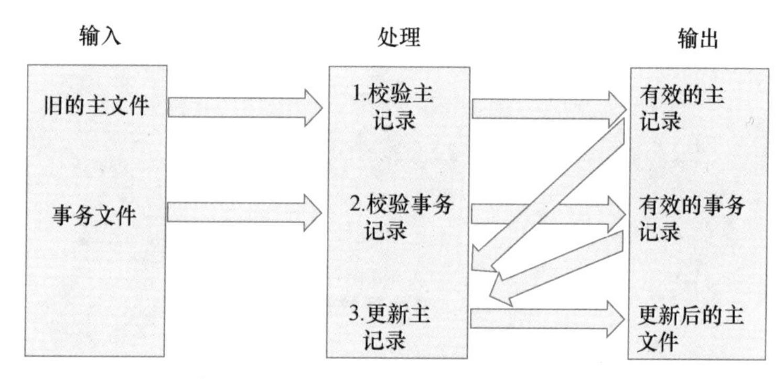

图 4.35 IPO 图的一个例子

图 4.35 是一个主文件更新的例子。IPO 图的基本形式是在左边的框(输入框)中列出有关的输入数据,在中间的框(处理框)中列出主要的处理以及处理次序,在右边的框(输出框)中列出产生的输出数据。另外,还用类似向量符号(箭头线)清楚地指出数据通信的情况。可见,IPO 图使用的符号既少又简单,能够方便地描述输入数据、数据处理和输出数据之间的关系。

值得注意的是,HIPO 图中的每张 IPO 图内都应该明显地标出它所描绘的模块在 H 图中的编号,以便跟踪了解这个模块在软件体系结构中的位置。

在进行结构化设计的实践中,如果一个系统的模块结构图相当复杂,可以采用层次图对其进一步抽象;如果为了对模块结构图中的每一模块给出进一步描述,可以配一幅相应的 IPO 图。

4.2.4 软件体系结构的设计

为了规约高层设计,即进行软件体系结构的设计,结构化设计方法引入了两个基本术语:模块和模块调用。简单地说,模块是软件中可标识的成分,而调用是模块之间的一种关系。这两个术语形成了高层设计的术语空间。

如何将需求分析所得到的系统 DFD 映射为设计层的软件体系结构中的模块和模块调

用，这是结构化设计方法所要回答的问题。为此，该方法在分类 DFD 的基础上（见本节“1. 数据流图的类型”），基于自顶向下、功能分解的设计原则，定义了两种不同的“映射”，即变换设计和事务设计。其基本步骤是，首先将系统的 DFD 首先转化为初始的模块结构图（见本节“3. 变换设计”和“4. 事务设计”），然后，基于“高内聚低耦合”这一软件设计原则，通过模块化，将初始的模块结构图转化为最终的、可供详细设计使用的模块结构图（MSD）（见本节“5. 模块化原则”和“6. 启发式规则”）。

系统/产品的模块结构图（即软件体系结构）以及相关的全局数据结构和每一个模块的接口，是软件设计中的一个重要制品，是系统/产品的高层设计“蓝图”。

1. 数据流图的类型

通过大量软件开发的实践，人们发现，无论被建系统的数据流图如何复杂，一般总可以把它们分成两种基本类型，即变换型数据流图和事务型数据流图。

（1）变换型数据流图

具有较明显的输入部分和变换（或称主加工）部分之间的界面、变换部分和输出部分之间界面的数据流图，称为变换型数据流图，如图 4.36 所示。

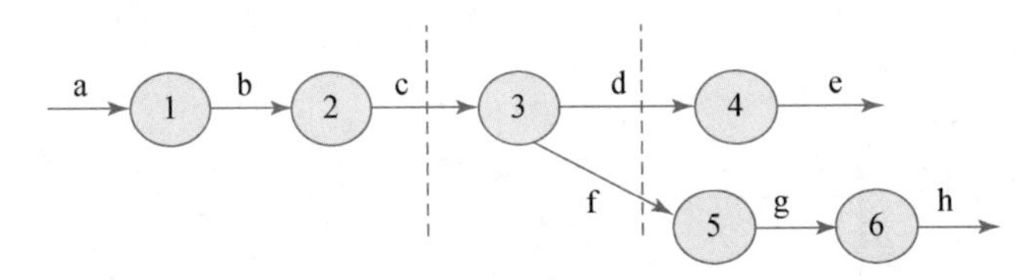

图 4.36 变换型数据流图

图 4.36 中，左边那条虚线是输入与变换之间的界面，右边那条虚线是变换与输出之间的界面。为了叙述方便，将穿越左边那条虚线的输入（如图 4.36 中标识为 c 的输入），称为逻辑输入；而将穿越右边那条虚线的输出（如图 4.36 中标识为 d，f 的输出），称为逻辑输出。相对应地，将标识为 a 的输入，称为物理输入；而将标识为 e，h 的输出称为物理输出。

可见，该类 DFD 所对应的系统，在高层次上来讲，由 3 部分组成，即处理输入数据的部分、数据变换部分以及处理数据输出部分。数据首先进入“处理输入数据部分”，由外部形式转换为系统内部形式；然后进入系统的“数据变换部分”，将之变换为待输出的数据形式；最后由处理数据输出部分，将待输出的数据转换为用户需要的数据形式。

由上可知，对具有变换型数据流图的系统而言，数据处理工作分为 3 块，即获取数据、变换数据和输出数据，如图 4.37 所示。因此可以说，变换型数据流图概括而抽象地表示了这一数据处理模式，其中变换数据是这一数据处理模式的核心。

图 4.37 变换型数据流图所表示的数据处理模式

根据变换型数据流图所表示的数据处理模式，可以很容易得出：其对应的软件体系结构（有时称高层软件结构）应由“主控”模块以及与该模式 3 个部分相对应的模块组成。就图 4.36 所示的数据流图而言，该系统的软件体系结构如图 4.38 所示。

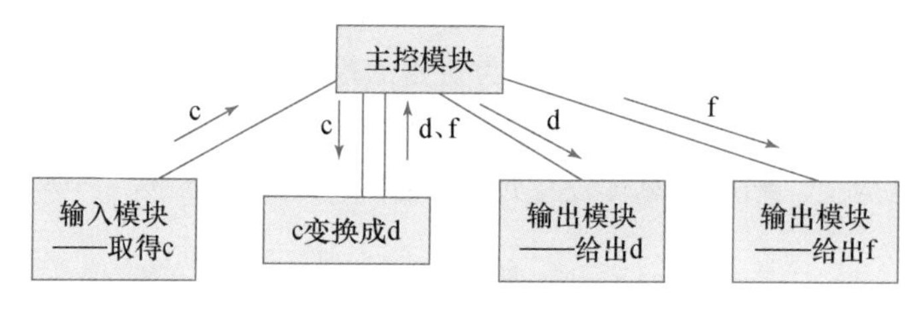

图 4.38　系统的高层软件结构

图 4.38 所示的例子的数据流图中，因为有 1 个逻辑输入 c，因此只有 1 个输入模块；又因为有 2 个逻辑输出 d 和 f，因此处理输出部分就有 2 个输出模块，1 个输出模块给出 d，1 个输出模块给出 f。

（2）事务型数据流图

当数据流图具有与图 4.39 类似的形状时，即数据到达一个加工 T，该加工 T 根据输入数据的值，在其后的若干动作序列（称为一个事务）中选出一个来执行，这类数据流图称为事务型数据流图。

在图 4.39 中，处理 T 称为事务中心，它完成下述任务：

① 接收输入数据；

② 分析并确定对应的事务；

③ 选取与该事务对应的一条活动路径。

事务型数据流图所描述的系统，其数据处理模式为“集中—发散”式。

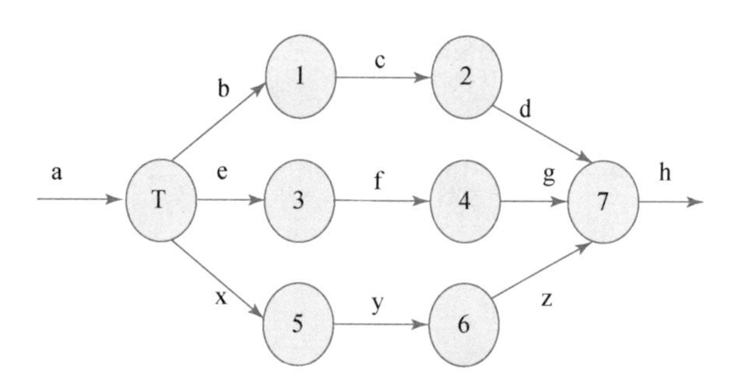

图 4.39　事务型数据流图

针对图 4.39 所示的事务型数据流图，其软件体系结构如图 4.40 所示。

其中，每一路径完成一项事务处理并且一般可能还要调用若干个操作模块，而这些模块又可以共享一些细节模块。因此，事务型数据流图可以具有多种形式的软件结构。

在实际应用中，任何软件系统从本质上来说都是信息的变换装置，因此，原则上所有的数据流图都可以归为变换型。但是，如果其中的某些部分具有事务型数据流图的特征，那么就可以把这些部分按照事务型数据流图予以处理。

2. 结构化总体设计方法的设计过程

结构化总体设计方法基于“自顶向下，功能分解”的基本原则，针对两种不同类型的数据流图，分别提出了变换设计和事务设计。其中，变换设计的目标是将变换型数据流图映射为模块结构图,而事务设计的目标是将事务型数据流图映射为模块结构图。为了控制该映射的复杂性,它们首先将系统的数据流图映射为初始的模块结构图,而后再运用在实践中提炼出来的、实现“高内聚低耦合”的启发式设计规则,将初始的模块结构图转换为最终可供详细设计使用的模块结构图。结构化总体设计过程如图 4.41 所示。

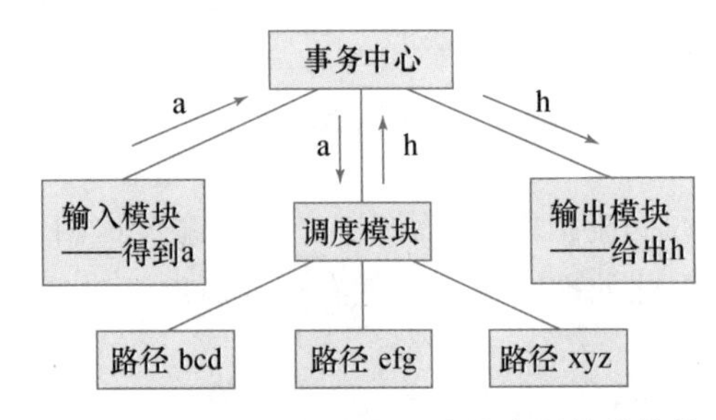

图 4.40　事务型数据流图对应的高层软件结构

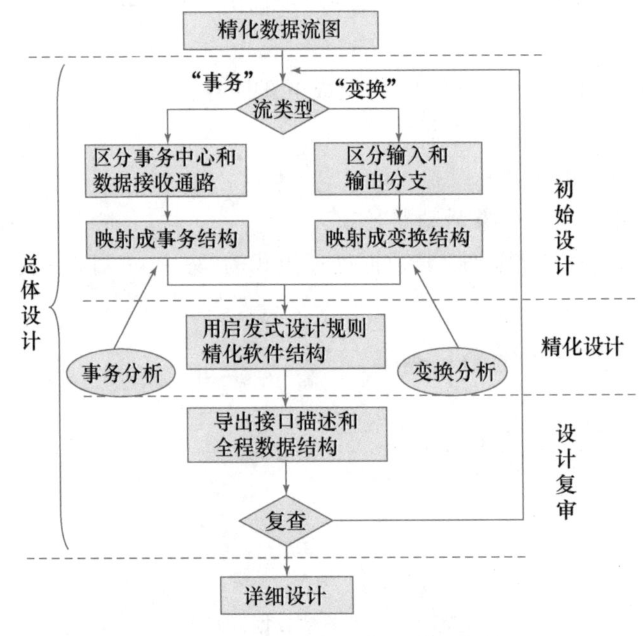

图 4.41　结构化总体设计过程

由图 4.41 可知,总体设计由 7 步组成,有时分为 3 个阶段。第一阶段为初始设计,在对给定的数据流图进行复审和精化的基础上,将其转换为初始的模块结构图;第二阶段为精化设计,依据模块“高内聚低耦合”原则和启发式规则,精化初始的模块结构图,并设计其中的全局数据结构和每一个模块的接口;第三阶段为设计复审阶段,对前两个阶段所得到的高层软件结构进行复审,必要时还可能需要对该软件结构做一些精化工作,针对软件的一些性质,特别是对软件质量的提高将产生非常大的影响。

下面分别介绍变换设计和事务设计的初始设计,有关精化设计将在本节的“5.模块化原则”和“6.启发式规则”中介绍。

3. 变换设计

变换设计是在需求规约的基础上，经过一系列设计步骤，将变换型数据流图转换为系统的模块结构图。下面通过两个案例来说明变换设计的基本步骤。

案例一：

假设汽车数字仪表板将完成下述功能：① 通过模—数转换，实现传感器和微处理器的接口；② 在发光二极管面板上显示数据；③ 指示速度(公里/小时)、行驶的里程、油耗(公里/升)等；④ 指示加速或减速；⑤ 超速报警：如果车速超过 55 公里/小时，则发出超速报警铃声。

假定通过需求分析之后，该系统的数据流图如图 4.42 所示。

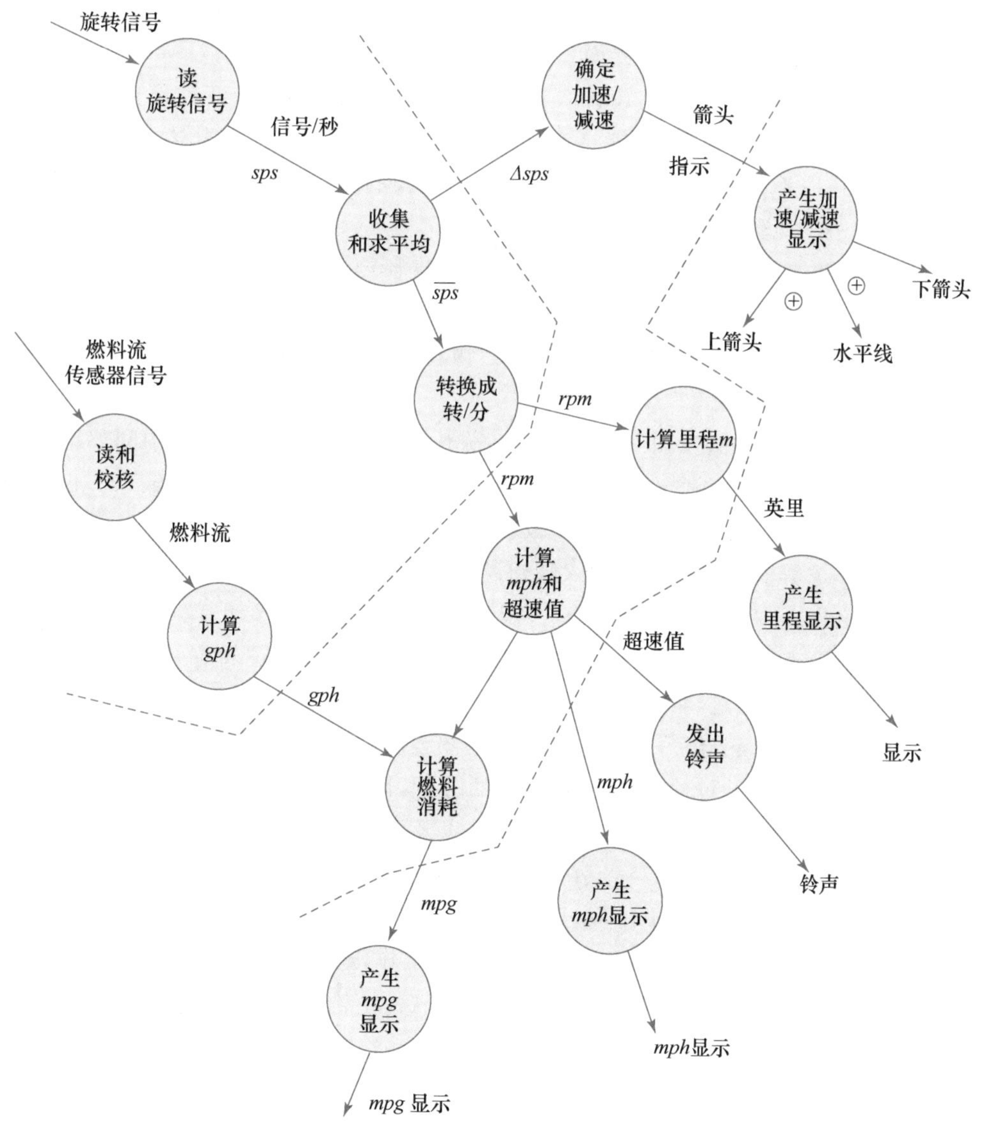

图 4.42　数字仪表板系统数据流

图 4.42 中，sps 为转速的每秒信号量；$\overline{sps}$ 为 sps 的平均值；Δsps 为 sps 的瞬时变化值；rpm 为每分钟转速；mph 为每小时公里数；gph 为每小时燃烧的燃料体积(公升)；m 为行驶里程数。数字仪表板系统变换设计的基本步骤如下。

(1) 第 1 步：设计准备——复审并精化系统模型

对已建的系统模型进行复审，一是为了确保系统的输入数据和输出数据符合实际情况而复审其语境；二是为了确定是否需要进一步精化系统的 DFD 而复审其内容，主要包括：

① 该数据流图是否表达了系统正确的处理逻辑；

② 该数据流图中的每个加工是否代表了一个规模适中、相对独立的功能等。

(2) 第 2 步：确定输入、变换、输出这三部分之间的边界

根据加工的语义以及相关的数据流，确定系统的逻辑输入和逻辑输出，即确定系统输入部分、变换部分和输出部分之间的界面。

其中需要注意的是，对不同的设计人员来说，在确定输入部分和变换部分之间，以及变换部分和输出部分之间的界面，可能会有所不同，这表明他们对各部分边界的解释有所不同。一般来说，这些不同通常不会对软件结构产生太大的影响，但该步的工作应仔细认真地思考，以便形成一个比较理想的结果。

从输入设备获得的物理输入一般要经过编辑、数制转换、格式变换、合法性检查等一系列预处理，最后才变成逻辑输入传送给变换部分。同样，从变换部分产生的逻辑输出，要经过数制转换、格式转换等一系列处理后，才成为物理输出。因此，可以用以下方法来确定系统的逻辑输入和逻辑输出。

关于逻辑输入：从数据流图上的物理输入端开始，一步一步向系统的中间移动，一直到数据流不再被看作是系统的输入为止，则其前一个数据流就是系统的逻辑输入。也就是说，逻辑输入就是离物理输入端最远的，但仍被看作是系统输入的数据流。例如上例中的 Δsps、rpm、gph 等都是逻辑输入。从物理输入端到逻辑输入，构成系统的输入部分。

关于逻辑输出：从物理输入端开始，一步一步向系统的中间移动，就可以找到离物理输出端最远的，但仍被看作是系统输出的数据流，它就是系统的逻辑输出。例如上例中的 mpg、mph、超速值等都是逻辑输出。从逻辑输出到物理输出端，构成系统的输出部分。

(3) 第 3 步：第一级分解——系统模块结构图顶层和第一层的设计

高层软件结构代表了对控制的自顶向下的分配，因此所谓分解就是分配控制的过程。其关键是确定系统树形结构图的根或顶层模块，以及由这一根模块所控制的第一层模块，即“第一级分解”。

根据变换型数据流图的基本特征，显然它所对应的软件系统应由输入模块、变换模块和输出模块组成。并且，为了协调这些模块的“有序”工作，还应设计一个所谓的主模块，作为系统的顶层模块。因此，变换型数据流图所对应的软件结构由一个主模块以及由它控制的 3 个部分组成，即：

① 主模块或称主控模块：位于最顶层，一般以所建系统的名字为其命名，它的任务是协调并控制第一层模块，完成系统所要做的各项工作。

② 输入模块部分：协调对所有输入数据的接受，为主模块提供加工数据；对于该部分的设计，一般来说有几个不同的逻辑输入，就设计几个输入模块。

③ 变换模块部分：接受输入模块部分的数据，并对这些内部形式的数据进行加工，产生系统所有的输出数据(内部形式)。

④ 输出模块部分：协调所有输出数据的产生过程，最终将变换模块产生的输出数据，以用户可视的形式输出。对该部分的设计，一般来说有几个不同的逻辑输出，就设计几个输出模块。

由此可见，顶层和第一层的设计，基本上是一个“机械”的过程。

针对以上所示的数据流图，经过第一级分解之后，可以得到如图 4.43 所示的顶层和第一层的模块结构图。

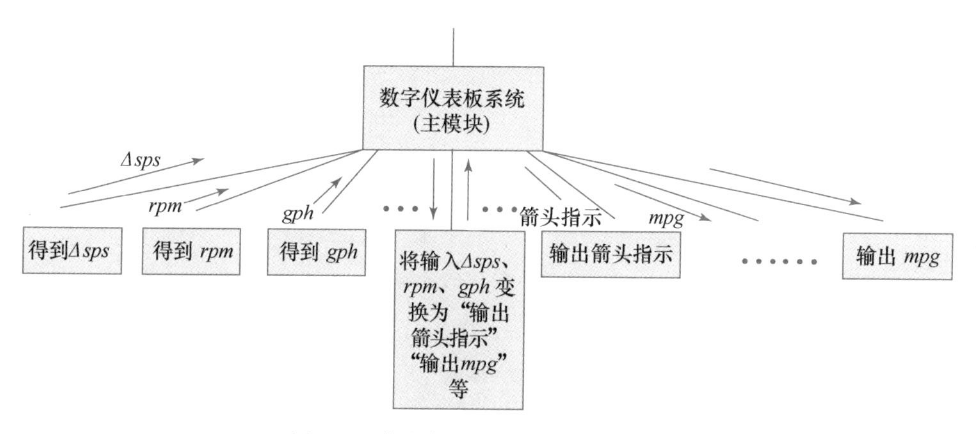

图 4.43 数字仪表板系统的第一级分解

在图 4.43 中，在第一层的输入模块部分中有 3 个模块，它们分别是“得到 Δsps”“得到 rpm”“得到 gph”；输出部分有 5 个输出模块，它们分别是“输出箭头指示”“输出英里”“输出超时值”“输出 mph”“输出 mpg”。

(4) 第 4 步：第二级分解——自顶向下，逐步求精

第二级分解通过一个自顶向下逐步细化的过程，为每一个输入模块、输出模块和变换模块设计它们的从属模块。

① 对每一个输入模块设计其下层模块。输入模块的功能是向调用它的上级模块提供数据，因此它必须有一个数据来源。图 4.44 为输入模块示例。如果该来源不是物理输入，那么该输入模块就必须将其转换为上级模块所需的数据。因此，一个输入模块通常可以分解为两个下属模块：一个是接收数据模块(也可以称为输入模块)；另一个是把接收的数据变换成它的上级模块所需的数据(通常把这一模块也称为变换模块)。

继之，对下属的输入模块以同样方式进行分解，直到一个输入模块物理输入，则细化工作停止。

在输入模块的细化中，一般可以把它分解为“一个输入模块和一个变换模块”。但是，对于一些具体情况，要进行特定的处理，例如：

如图 4.45(a)该输入部分有一个逻辑输入，根据上述第一级分解，对应第一层的一个输入模块——得到 C。但这一模块有两个数据来源，一个是 B，一个是 E，因此对这一模块的分解就有 3 个下属模块，其中 2 个是输入模块，如图 4.45(b)所示。

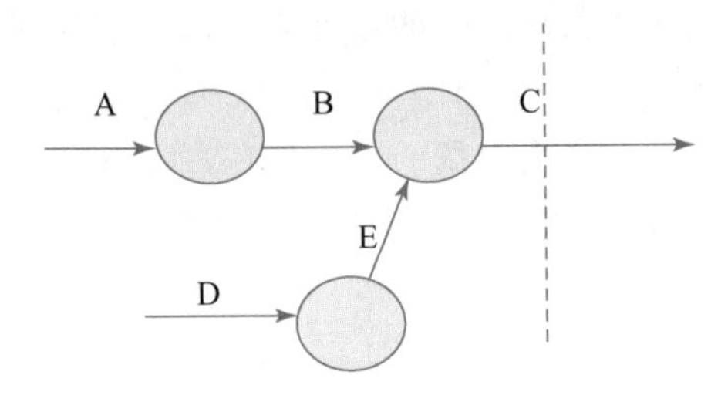

图 4.44 输入模块的示例

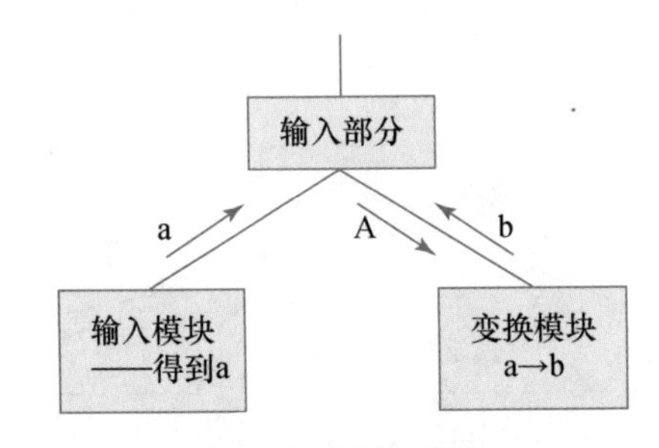

(a) 输入模块的分解 1

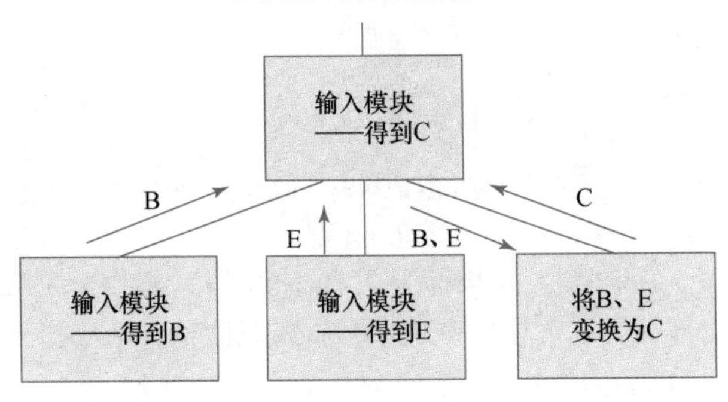

(b) 输入模块的分解 2

图 4.45 输入模块的分解

由图 4.45(b)可以看出,对于每一个输入模块的第二级分解,基本上也是可以“机械”进行的。

② 对每一个输出模块进行分解。如果该输出模块不是一个物理输出,那么,通常可以分解为 2 个下属模块:一个将得到的数据向输出形式进行转换,另一个是将转换后的数据进行输出,如图 4.46 所示。

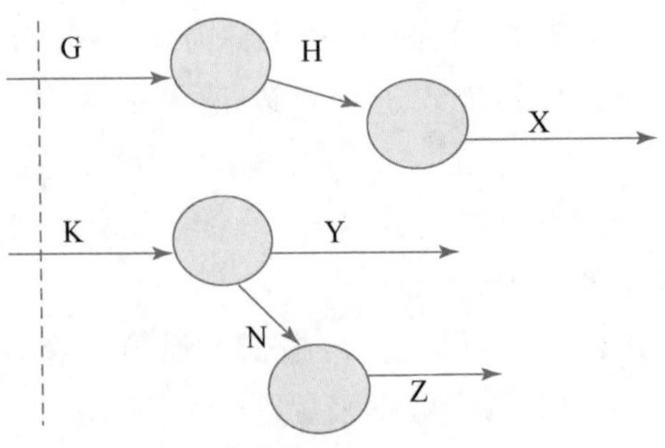

图 4.46 输出模块的示例

如图 4.46 该输出部分有两个逻辑输出，因此通过第一级分解后有 2 个输出模块，通过第二级分解后，得到的模块结构如图 4.47 所示。

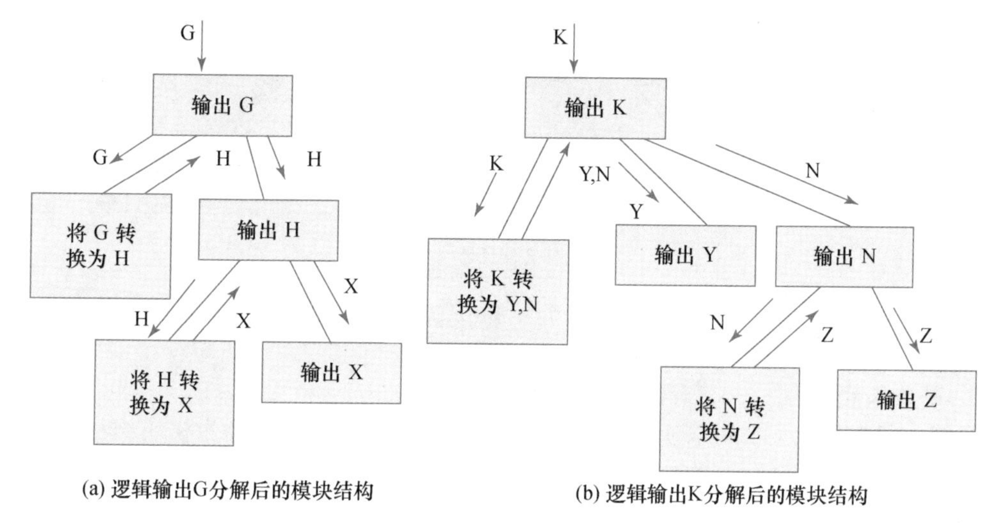

图 4.47 输出模块分解后的模块结构

由该例可以看出，对于每一输出模块的第二级分解，基本上也是可以“机械”进行的。

③ 对变换模块进行分解。在第二级分解中，关于变换模块的分解一般没有一种通用的方法，通常应依据数据流图的具体情况，并以功能分解的原则，考虑如何对中心变换模块进行分解。

通过以上 4 步，就可以将变换型数据流图比较“机械”地转换为初始的模块结构图。这意味着初始设计几乎不需要设计人员的创造性劳动。

案例二：

下面介绍在 4.14 节介绍的案例“WeBlog 个人博客系统”如何进行结构化设计。该案例的数据流图如图 4.22 所示。

首先，复审并精化系统模型，这一步没有发现值得进一步精化的地方。因为原图已经表达了系统正确的处理逻辑，而且加工规模和功能独立性也相对完善，所以没有对数据流图做改动。

其次，确定输入、变换、输出三部分之间的边界。本案例不像汽车数字仪表盘案例，个人博客系统的输入和输出部分没有物理输入到逻辑输入、逻辑输出到物理输出这样复杂的变换，从物理输入到逻辑输入的过程较短。例如，用户输入系统的搜索博客请求即可作为系统查找博文的直接输入。因此，可以直接根据数据流的方向确定输入、输出和变换模块。

最后，为模块添加主控模块，并用数据流将主控和输入、变换、输出三部分相连。输入部分总共有 7 个模块，分别是 GET 博文互动请求、GET 新博文、GET 博文浏览请求、GET 用户信息、GET 用户登录状态变更请求、GET 博文搜索请求和 GET 博文管理请求；输出部分总共有 3 个模块，分别是 PUT 博文内容、PUT“新博文”通知和 PUT 博客信息。为了绘制方便，输入输出部分均只画出 3 个，其余省略。

遵循这样的分析过程，我们可以得到如图 4.48 所示的 WeBlog 个人博客系统的第一级分解。

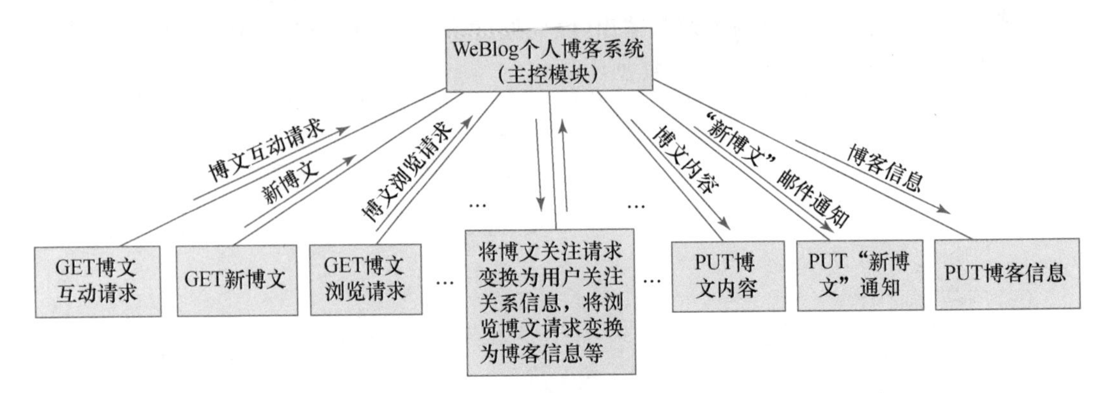

图 4.48 WeBlog 个人博客系统的第一级分解

4. 事务设计

尽管在任何情况下都可以使用变换设计将一个系统的 DFD 转换为模块结构图，但是，当数据流图具有明显的事务型特征时，也就是有一个明显的事务处理中心时，则比较适宜采用事务设计。

事务设计的步骤和变换设计的步骤大体相同，即：

(1) 第 1 步：设计准备——复审并精化系统模型

对已建的系统模型进行复审，一是为了确保系统的输入数据和输出数据符合实际情况而要复审其语境，二是为了确定是否需要进一步精化系统的 DFD 而要复审其内容，主要包括：

① 该数据流图是否表达了系统正确的处理逻辑；

② 该数据流图中的每个加工是否代表了一个规模适中、相对独立的功能等。

(2) 第 2 步：确定事务处理中心

(3) 第 3 步：第一级分解——系统模块结构图顶层和第一层的设计

事务设计同样是以数据流图为基础，按“自顶向下，逐步细化”的原则进行的。

① 首先，为事务中心设计一个主模块；

② 然后，为每一条活动路径设计一个事务处理模块；

③ 一般来说，事务型数据流图都有输入部分，对其输入部分设计一个输入模块；

④ 如果一个事务型数据流图的各活动路径又集中于一个加工，如图 4.49(a)所示，则为此设计一个输出模块；如果各活动路径是发散的，如图 4.49(b)所示，则在第一层设计中就不必为其设计输出模块。

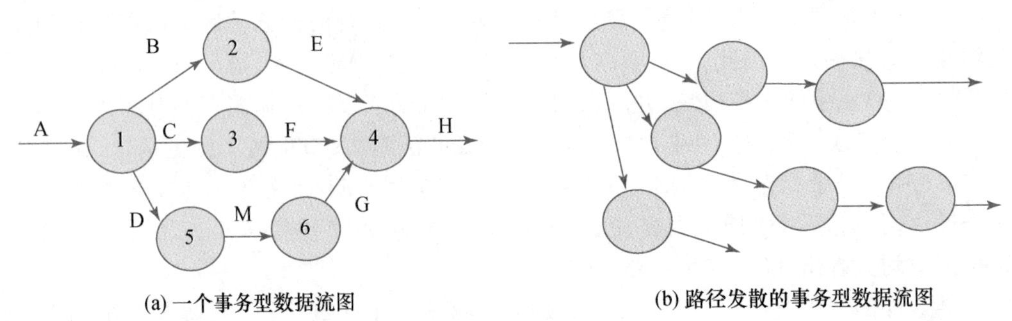

(a) 一个事务型数据流图

(b) 路径发散的事务型数据流图

图 4.49 事务型数据流图

针对图 4.49(a)所示的数据流图，经过第一层设计后，可以得到图 4.50 所示的模块设计。

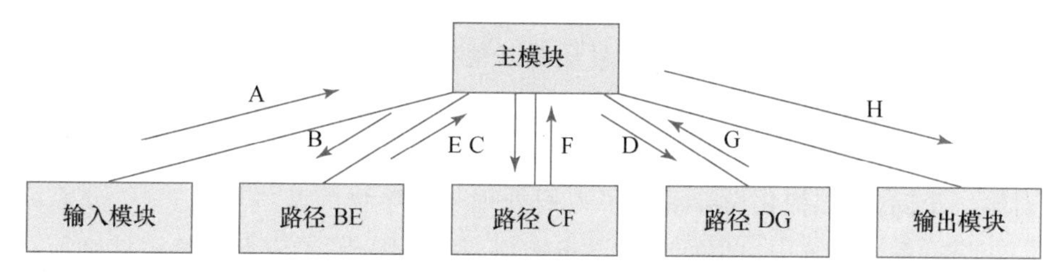

图 4.50　事务型数据流图的高层模块设计

(4) 第 4 步：第二级分解——自顶向下，逐步求精

输入模块、输出模块的细化，如同变换设计对输入模块、输出模块的细化。各条活动路径模块的细化，则要根据具体情况进行分析，没有特定的规律可循。就图 4.49(a)而言，对应的第二级分解如图 4.51 所示。

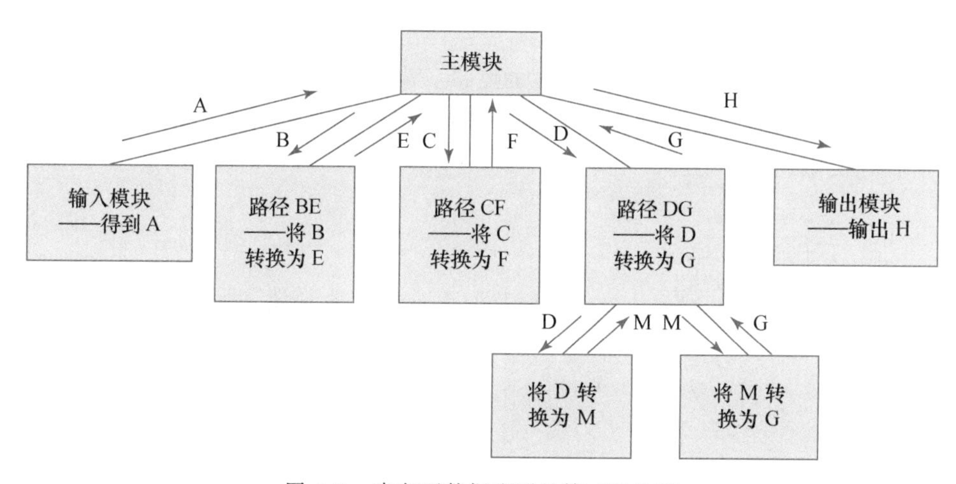

图 4.51　事务型数据流图的第二级分解

至此就完成了初始的总体设计，如同变换设计一样，几乎“机械”地产生了系统的一个初始模块结构图。

在实践中，一个大型的软件系统一般是变换型流图和事务型流图的混合结构。在软件总体设计中，通常以变换设计为主，事务设计为辅进行结构设计。即首先利用变换设计，把软件系统分为输入、中心变换和输出 3 个部分，设计上层模块，然后根据各部分数据流图的结构特点，适当地利用变换设计和事务设计进行细化，得到初始的模块结构图，再按照“高内聚低耦合”的原则，对初始的模块结构图进行精化，得到最终的模块结构图，即系统的软件体系结构。

5. 模块化原则

在初始的模块结构图产生后，下一步就要对其进行精化设计，以产生最终可供详细设计人员使用的高层模块结构，即软件体系结构。该步骤主要基于模块化的“高内聚低耦合”原则和启发式规则，以提高模块的独立性。

模块是执行一个特殊任务的一组例程以及相关的数据结构。模块通常由两部分组成。一部分是接口，给出可由其他模块或例程访问的常量、变量、函数等。接口不但可用于刻画各个模块之间的连接，以体现其功能，而且还对其他模块的设计者和使用者提供了一定的可见性。模块的另一部分是模块体，是接口的实现。因此，模块化自然涉及两个主要问题：一是如何将系统分解成软件模块，二是如何设计模块。

针对第一个问题，结构化设计采用了人们处理复杂事物的基本原则——“分而治之”和“抽象”。在进行系统分解中，自顶向下，逐步求精，其中“隐蔽”了较低层的设计细节，只给出模块的接口，如此对系统进行一层一层地分解，形成系统的一个模块层次结构。

针对第二个问题，采用一些典型的设计工具，例如伪码、问题分析图以及 N-S 图等，设计模块功能的执行机制，包括私有量（只能由本模块自己使用的）及实现模块功能的过程描述。

结构化软件设计是一种典型的模块化方法，即把一个待开发的软件分解成若干简单的、具有高内聚低偶合的模块，这一过程称为模块化。

（1）耦合

耦合是指不同模块之间相互依赖程度的度量。高耦合（紧密耦合）是指两个模块之间存在着很强的依赖；低耦合（松散耦合）是指两个模块之间存在一定依赖；无耦合是指模块之间根本没有任何关系（见图 4.52）。

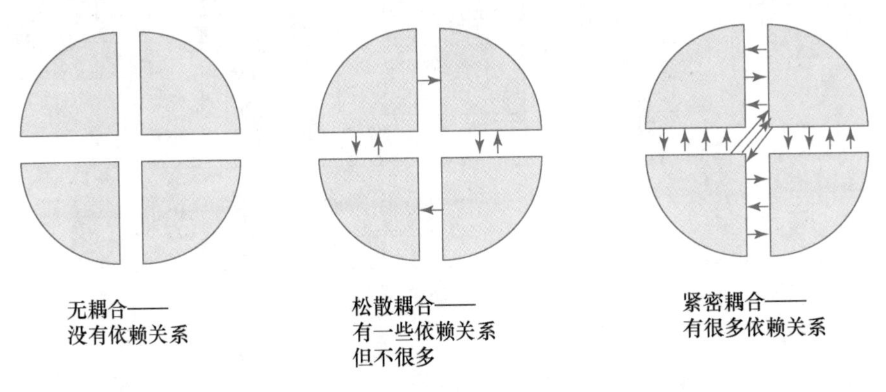

图 4.52　模块间的耦合程度

① 耦合产生的主要因素。

- 一个模块对另一个模块的引用，例如，模块 A 调用模块 B，那么模块 A 的功能就依赖于模块 B 的功能。
- 一个模块向另一个模块传递数据，例如，模块 A 为了完成其功能需要模块 B 向其传递一组数据，那么模块 A 依赖于模块 B。
- 一个模块对另一个模块施加控制，例如，模块 A 传递给模块 B 一个控制信号，模块 B 执行的操作依赖于控制信号的值，那么模块 B 依赖于模块 A。

② 耦合类型。

下面，按从强到弱的顺序给出几种常见的模块间耦合类型：

- 内容耦合。当一个模块直接修改或操作另一个模块的数据时，或一个模块不通过正常入口而转入到另一个模块时，这样的耦合称为内容耦合。内容耦合是最高程度的耦合，应该尽量避免使用它。

- 公共耦合。两个或两个以上的模块共同引用一个全局数据项，这种耦合称为公共耦合，如图 4.53 所示。

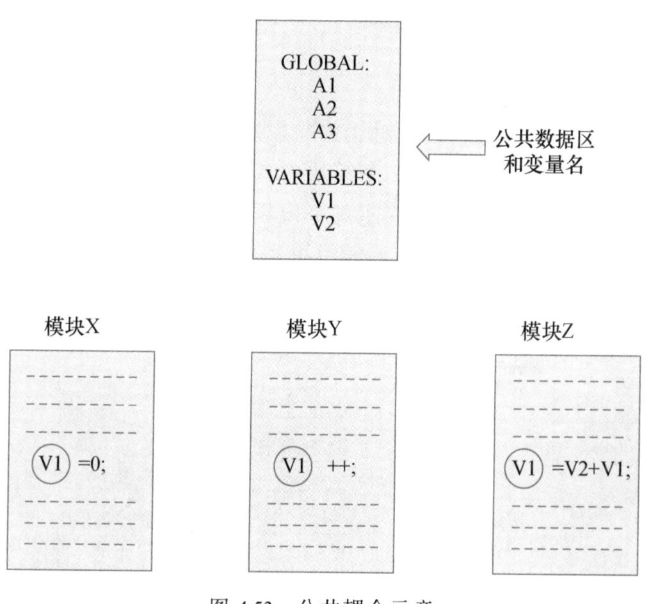

图 4.53　公共耦合示意

在具有大量公共耦合的结构中，确定究竟是哪个模块给全局变量赋了一个特定的值是十分困难的。

- 控制耦合。一个模块通过接口向另一个模块传递一个控制信号，接收信号的模块根据信号值进行适当的动作，这种耦合称为控制耦合。

在实际设计中，可以通过保证每个模块只完成一个特定的功能，这样就可以大大减少模块之间的这种耦合。

- 标记耦合。若一个模块 A 通过接口向两个模块 B 和 C 传递一个公共参数，那么称模块 B 和 C 之间存在一个标记耦合，如图 4.54 所示。

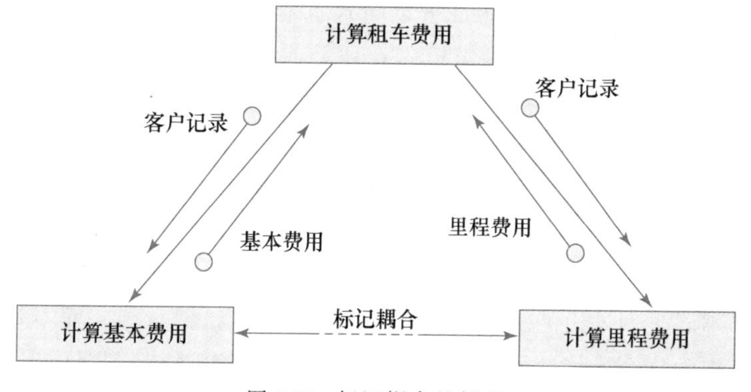

图 4.54　标记耦合的例子

- 数据耦合。模块之间通过参数来传递数据，称为数据耦合。数据耦合是最低的一种耦合形式，系统中一般都存在这种类型的耦合，因为为了完成一些有意义的功能，往往需要将某些模块的输出数据作为另一些模块的输入数据。

耦合是影响软件复杂程度和设计质量的一个重要因素，在设计上我们应采取以下原则：如果模块间必须存在耦合，就尽量使用数据耦合，少用控制耦合，限制公共耦合的范围，尽量避免使用内容耦合。

(2) 内聚

内聚是指一个模块内部各成分之间相互关联程度的度量。高内聚是指一个模块中各部分之间存在着很强的依赖，低内聚是指一个模块中各部分之间存在较少的依赖。

在进行系统模块结构设计时，应尽量使每个模块具有高内聚，这样可以使模块的各个成分都和该模块的功能有着直接相关。图 4.55 给出了从低到高的一些常见的内聚类型。

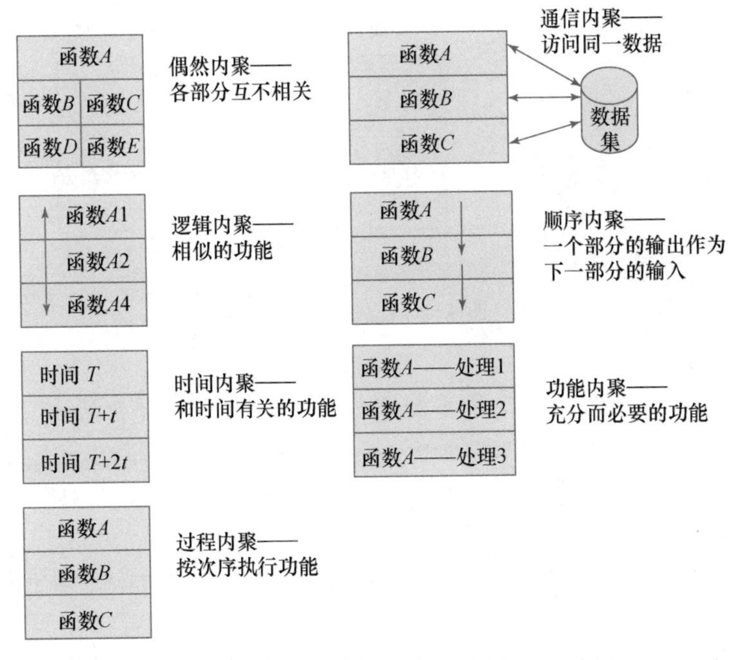

图 4.55　一些常见的内聚类型

① 偶然内聚。如果一个模块的各成分之间基本不存在任何关系，则称为偶然内聚。例如，有时在编写一段程序时，发现有一组语句在两处或多处出现，于是把这组语句作为一个模块，以减少书写工作量，但这组语句彼此间没有任何关系，这时就出现了偶然内聚。

因为这样的模块一般没有确定的语义或很难了解它的语义，那么当在一个应用场合需要对之进行理解或修改时，就会产生相当大的困难。事实上，系统中如果存在偶然内聚的模块，那么对系统进行修改所发生的错误概率比其他类型的模块高得多。

② 逻辑内聚。几个逻辑上相关的功能被放在同一模块中，则称为逻辑内聚。例如，一个模块读取各种不同类型外设的输入(包括卡片、磁带、磁盘、键盘等)，而不管这些输入从哪里来、有什么用，因为这个模块的各成分都执行输入，所以该模块是逻辑内聚的。

尽管逻辑内聚比偶然内聚低一些，但逻辑内聚的模块各成分在功能上并无关系，即使局部功能的修改有时也会影响全局。因此，这类模块的修改也比较困难。

③ 时间内聚。如果一个模块完成的功能必须在同一时间内执行(例如，初始化系统或一组变量)，但这些功能只是因为时间因素关联在一起，故称为时间内聚。

时间内聚在一定程度上反映了系统的某些实质，因此比逻辑内聚高一些。

④ 过程内聚。如果一个模块内部的处理成分是相关的，而且这些处理必须以特定的次序执行，则称为过程内聚。

当使用程序流程图作为工具设计软件时，常常通过研究流程图确定模块的划分，这样得到的往往是过程内聚的模块。

⑤ 通信内聚。如果一个模块的所有成分都操作同一数据集或生成同一数据集，则称为通信内聚，如图 4.56 所示。

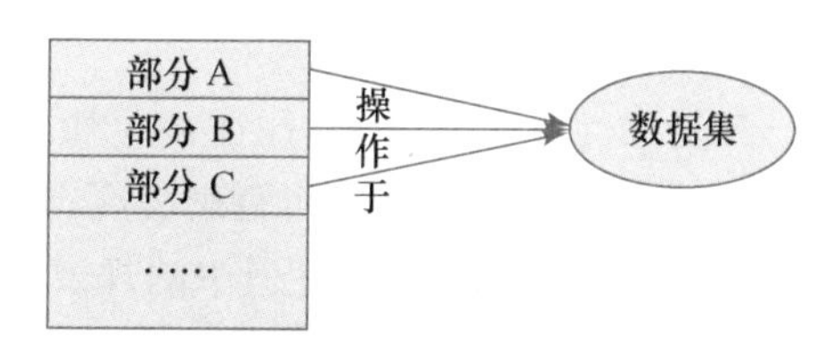

图 4.56 通信内聚示意

在实际设计中，这样的处理有时是很自然的，而且也显得很方便，但是出现的通信内聚经常破坏设计的模块化和功能独立性。

⑥ 顺序内聚。如果一个模块的各个成分和同一个功能密切相关，而且一个成分的输出作为另一个成分的输入，则称为顺序内聚。

如果这样的模块不是基于一个完整功能关联在一起的，那么很有可能破坏模块的独立性。

⑦ 功能内聚。最理想的内聚是功能内聚，模块中的所有成分对于完成单一的功能都是基本的。功能内聚的模块对完成其功能而言是充分必要的。

内聚和耦合是密切相关的，同其他模块存在高耦合的模块常意味着是低内聚的，而高内聚的模块常意味着该模块同其他模块之间是低耦合的。在进行软件设计时，应力争做到高内聚低耦合。

6. 启发式规则

不论是变换设计还是事务设计，都涉及了一个共同的问题，即“基于高内聚低耦合的原理，采用一些经验性的启发式规则，对初始的模块结构图进行精化，形成最终的模块结构图”。

人们通过长期的软件开发实践，总结出一些实现模块“高内聚低耦合”的启发式规则，主要包含：

(1) 改进软件结构，提高模块独立性

针对系统的初始模块结构图，在认真审查分析的基础上，通过模块分解或合并，改进软件结构，力求降低耦合提高内聚，提高模块独立性。例如，假定在一个初始模块结构图中，模块 A 和模块 B 都含一个子功能模块 C，即：

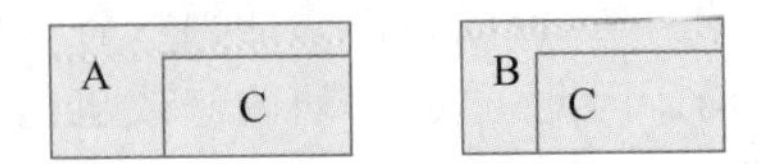

这时就应该考虑是否把模块C作为一个独立的模块，供模块A和B调用，形成如图4.57所示的新结构。

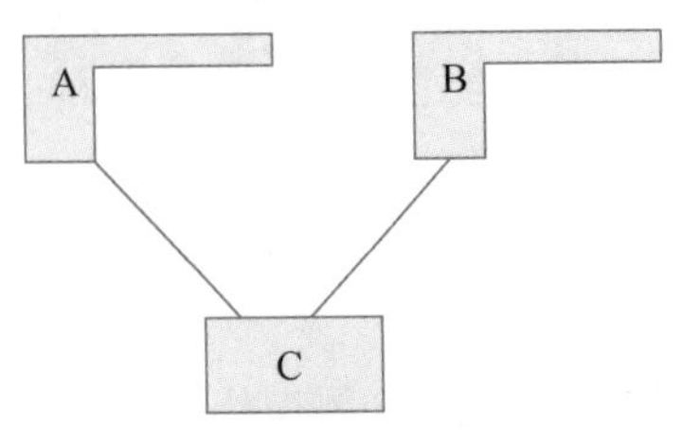

图4.57　模块化-通过改变结构

(2) 力求模块规模适中

一般来说，模块规模越大，其复杂性就越高，从而往往使模块之间的耦合度增加。经验表明，当一个模块包含的语句数超过30行以后，模块的可理解程度迅速下降。对于规模较大的模块，在不降低模块独立性的前提下，通过分解使其具有适中的规模，可以提高模块之间的内聚，降低模块之间的耦合。在实践中，一个模块的语句最好能写在一页纸内(通常不超过60行)。

但要注意，如果模块过小，有时会出现开销大于其有效操作的情况，而且可能由于模块数目过多可使系统接口变得复杂。因此，往往需要考虑是否把过小的模块合并到其他模块之中，特别是如果一个模块，只有一个模块调用它时，通常可以把它合并至上级模块中。

(3) 力求深度、宽度、扇出和扇入适中

在一个软件结构中，深度表示其控制的层数。例如在图4.58中，模块结构的深度为3。深度往往能粗略地标志一个系统的规模和复杂程度，和程序规模之间具有一定的对应关系，当然这个关系是在一定范围内变化的。如果深度过大，就应该考虑是否存在一些过分简单的管理性模块，能否适当合并。

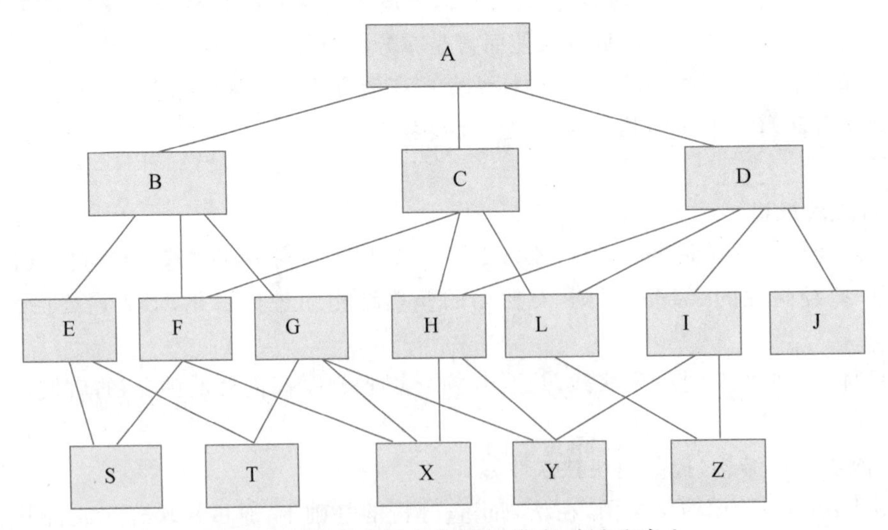

图4.58　模块结构图中的深度、宽度、扇出和扇入

在一个软件结构中,宽度是指同一个层次上模块总数的最大值。例如图 4.53 所表达的模块结构,其宽度为 7。一般说来,宽度越大系统越复杂。而对宽度影响最大的因素是模块的扇出。

模块的扇出是一个模块直接控制(调用)的下级模块数目。在图 4.58 中,模块 D 的扇出为 4。

如果一个模块的扇出过大,则意味着它需要控制和协调过多的下级模块,因而该模块往往具有较为复杂的语义。如果一个模块的扇出过小(例如总是 1),则意味着该模块功能过分集中,往往是一个功能较大的模块,会导致该模块具有复杂的语义。经验表明,一个设计得好的典型系统,其平均扇出通常是 3 或 4(扇出的上限通常是 5～9)。

在实践中,模块的扇出太大,一般是缺乏中间层次。因此,应该适当增加中间层次的控制模块。对于模块扇出太小的情况,可以把下级模块进一步分解成若干个子功能模块,甚至可以把分解后的一些子模块合并到它的上级模块中。当然,不论是分解模块或是合并模块,一般需要尽量符合问题结构,并不应违背"高内聚低耦合"这一模块独立性原则。

一个模块的扇入表明有多少个上级模块直接调用它,如图 4.58 中的模块 X,其扇入为 3。扇入越大,则共享该模块的上级模块数目越多,这是有好处的。但是,不能违背模块独立性原则而单纯追求高扇入。

通过对大量软件系统的研究,发现设计得很好的软件结构,通常顶层模块扇出比较大,中间层模块扇出较小,而底层模块具有较大的扇入,即系统的模块结构呈现"葫芦"形状。

(4) 尽力使模块的作用域在其控制域之内

模块的控制域是指这个模块本身以及所有直接或间接从属于它的模块的集合。例如,在图 4.59 中,模块 B 的控制域是 B、E、F、G、T、X、Y 等模块的集合。模块的作用域是指受该模块内一个判定影响的所有模块的集合。例如,假定模块 F* 中有一个判定,影响了模块 H、I、X、Z,那么集合{H,I,X,Z}就是模块 F 的作用域。

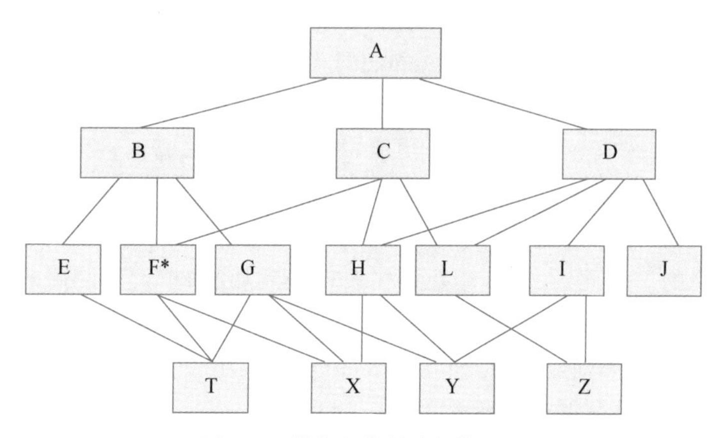

图 4.59　模块的控制域与作用域

在一个设计得很好的系统中,所有受判定影响的模块应该都从属于做出判定的那个模块,即在该模块的控制域之内。例如,在图 4.59 中,模块 F* 做出的判定只影响模块 T 和模块 X,那么就符合这一规则。

如果一个模块的作用域不在其控制域内，这样的结构一方面难以理解，另一方面还会产生较为复杂的控制耦合，即为了使该模块的判定能影响到它的作用域的那些模块中的处理过程，通常需要在该模块中给一个标记，以表明判定的结果，而且还要通过相关的其他模块，把这个标记传递给它所影响的那些模块。

当出现一个模块的作用域不在其控制域的情况时，或者把该模块移到上一个层次，或者把那些在作用域内但不在控制域内的模块移到控制域内，以此修改软件结构，尽量使该模块的作用域是其控制域的子集。对此，一方面要考虑实施的可能性，另一方面还要考虑修改后的软件结构能否更好地体现问题的本来结构。

(5) 尽力降低模块接口的复杂度

模块之间接口的复杂度是可以区分的，例如，如果模块 A 给模块 B 传递一个简单的数值，而模块 C 和模块 D 之间传递的是数组，甚至还有控制信号，那么模块 A 和模块 B 之间的接口复杂度就小于模块 C 和模块 D 之间的接口复杂度。

复杂或不一致的接口是紧耦合或低内聚的征兆，是软件发生错误的一个主要原因。因此，应该仔细设计模块接口，使得信息传递简单并且和模块的功能一致，以提高模块的独立性。

例如，求一元二次方程的根的模块 QUAD-ROOT(TBL，X)，其中用数组 TBL 传送方程的系数，用数组 X 回送求得的根。这种传递信息的方式就不利于对这个模块的理解，不仅在维护期间容易引起混淆，在开发期间也可能发生错误。如果采用如下形式：

QUAD-ROOT(A，B，C，ROOT1，ROOT2)。其中，A，B，C 是方程的系数，ROOT1 和 ROOT2 是算出的两个根，这种接口就比较简单明了。

(6) 力求模块功能可以预测

一般来说，一个模块的功能是应该能够预测的。例如，如果我们把一个模块当作一个黑盒子，也就是说，只要输入的数据相同就产生同样的输出，这个模块的功能就是可以预测的。但对那种其内部状态与时间有关的模块，采用同样方法就很难预测其功能，因为它的输出可能要取决于所处的状态。由于其内部状态对于上级模块而言是不可见的，所以这样的模块既不易理解又难于测试和维护。

如果一个模块只完成一个单独的子功能，显然呈现出很高的内聚；但是，如果一个模块过强地限制了局部数据规模，过分限制了在控制流中可以做出的选择或者外部接口的模式，那么这种模块的功能就势必相当局限。如果在以后的系统使用中提出对其进行修改时，代价是很高的。为此，在设计中往往需要增强其功能，扩大其使用范围，提高该模块的灵活性。

以上列出的启发式规则，多数是经验总结，但在许多场合下可以有效地改善软件结构，对提高软件质量，往往具有重要的参考价值。

综上可知，针对已经得到的系统初始模块结构图，在变换设计和事务设计的第 4 步中，应根据模块独立性原则对其进行精化，其中可采用以上介绍的启发式规则，使模块具有尽可能高的内聚和尽可能低的耦合，最终得到一个易于实现、易于测试和易于维护的软件体系结构。可见，精化系统初始模块结构图是软件设计人员的一种创造性活动。

4.2.5 接口的设计

1. 接口设计的分类

接口设计主要包括 3 个方面：

① 内部接口设计。指系统内部各组成元素(模块或软件构件)之间的接口设计，即设计每个模块接口的功能和非功能需求(如性能)、接口的交互协议等。

② 目标软件与其他软硬件系统之间的接口设计，即设计目标软件与其他软硬件系统之间的接口要完成的功能和非功能需求，接口的交互协议等。

③ 用户界面(User Interface，UI)设计：软件与用户之间的交互细节的设计。

数据流可以在系统内部、系统外部或穿过系统边界，穿过系统边界的数据流表示系统的输入和输出。系统的外部接口设计(包括用户界面设计及与其他系统的接口设计)是由穿过系统边界的数据流定义的。在最终的系统中，数据流将成为用户界面中的表单、报表或与其他系统进行交互的文件或通信。

在接口设计中，我们要遵循一些好的设计原则：

① 接口的命名要规范，能清晰表达出它所提供的能力。

② 接口的设计要尽量简单，这样有助于理解，并降低模块之间的耦合性。

③ 接口要体现模块功能的单一性。

④ 接口要体现可扩展性。在设计接口时，需要考虑接口的可扩展性，以便在未来需要添加新功能时，能够轻松地修改接口。

⑤ 确保接口的安全性。在设计接口时，需要确保接口的安全性，以防止未经授权的访问或攻击。

⑥ 接口的设计，必须提供详细的接口设计文档。

例如在个人博客系统中，后端控制层模块的 getBloggerPosts (uid: int, page: int, perpage: int): List〈Post〉是一个接口，它以三个整型参数 uid，page，perpage 为输入，以一个博文列表为输出。前端模块访问此接口时，后端控制层模块将查询 id 为 uid 的用户的所有博文组成的列表；page 和 perpage 控制列表的分页，其中，perpage 设置每页显示的博文数量，page 为选取列表中哪一页的数据。例如，当 uid＝1，page＝1，perpage＝10 时，将获取 id 为 1 的用户发布的列表的第 1～10 条博文。查询后，后端模块通过 HTTP 协议，将 JSON 格式的数据返回给前端模块。

2. 用户界面设计

用户界面设计是软件设计过程的重要组成部分。为了充分发挥软件的潜力，用户界面的设计应与预期用户的技能、经验和期望相匹配。

用户界面设计应该解决两个关键问题：① 用户应该如何与软件进行交互？② 软件中的信息应该如何呈现给用户？

为了设计良好的用户界面，软件设计师要了解用户界面设计的基本原则、用户的类型、用户界面设计类型、详细交互的设计原则。

(1) 用户界面设计的基本原则

① 易于学习。该软件应该易于学习，以便用户可以快速开始使用该软件完成工作。

② 易于理解。用户界面应使用该软件的常用人员经验中所提取的术语和概念，便于用

户理解用户界面,不会产生歧义。

③ 保持一致性。用户界面应该是一致的,以便以相同的方式使用类似的操作。

④ 具有可恢复性。用户界面应提供允许用户从错误中恢复的机制。

⑤ 提供用户指南。用户界面在发生错误时应提供及时反馈,并为用户提供必要的帮助。

⑥ 满足用户多样性。用户界面应为不同类型的用户提供对应的人机交互功能。

(2) 用户的类型

对用户进行分类是用户界面设计中的重要步骤,它可以帮助设计人员了解不同类型用户的需求和目标。用户通常可以分为以下几类:

① 新手用户:这些用户可能没有使用过类似产品或者服务,需要更多的指导和帮助,以及简单明了的界面和功能。

② 中级用户:这些用户已经熟悉产品或者服务的基本操作,但是还需要进一步探索和学习高级功能。他们希望更加快速地完成任务,需要更快捷、高效的操作方式。

③ 高级用户:这些用户已经非常熟悉产品或者服务,并且经常使用高级功能。他们需要更加定制化和个性化的界面和功能,以满足他们的特定需求。

④ 专业用户:这些用户通常是某个领域的专家,需要深度定制和高级功能来满足他们的专业需求。

⑤ 残障用户:这些用户可能有视力、听力、运动等方面的障碍,需要特殊的设计和功能来满足他们的需求。

(3) 用户界面设计类型

用户界面设计类型是根据不同的设计风格和目标用户而分类的。以下是一些常见的用户界面设计类型:

① 平面设计:简约、扁平化的设计风格,突出简洁明了的视觉效果,适用于移动端和 Web 应用。

② 材料设计:Google 于 2014 年推出的一种设计风格,突出大面积的阴影和层次感,旨在创建跨平台、一致性和美观的用户界面,适用于 Android 应用。

③ iOS 设计:专为苹果设备设计的界面风格,突出简洁、直观、易用性,适用于 iPhone 和 iPad 应用。

④ 自然语言设计:通过使用自然语言来交互,提高用户体验,适用于虚拟助手和聊天机器人等应用。

⑤ 响应式设计:一种适应不同设备和屏幕尺寸的设计方式,它基于网页设计的理念,可以在任何设备上提供最佳的用户体验,包括桌面电脑、平板电脑、手机和其他移动设备等。

⑥ 数据可视化设计:通过各种视觉手段来展示数据,让用户更容易理解和分析数据,适用于数据分析和报告应用。

在选择以上用户界面设计类型时,应该考虑以下因素:

① 用户需求:应该以用户为中心,考虑用户需求和行为模式,确保用户界面能够满足用户期望和需求。

② 设备和平台:应该考虑不同设备和平台的特点和限制,如屏幕尺寸、分辨率、输入方式等。

③ 目标用户群体：应该考虑目标用户的年龄、性别、文化背景、能力和兴趣等因素，以确保用户界面能够适应目标用户的需求。

④ 竞争对手：应该考虑竞争对手的设计和用户界面，以确保设计能够与竞争对手区分开来，同时提供更好的用户体验。

⑤ 可用性和易用性：应该考虑用户界面的可用性和易用性，确保用户能够轻松地使用和理解用户界面。

⑥ 可访问性：应该考虑可访问性，以确保所有用户（包括残障人士）都能够轻松地访问和使用用户界面。

⑦ 开发的难易程度：应该考虑用户界面设计是否有难度，以及开发工作量的大小。

(4) 详细交互的设计原则

设计详细交互应遵循以下原则：

① 易用性原则：设计交互要尽可能简单易懂，减少用户思考的负担，避免出现混淆和误解。

② 一致性原则：所有交互设计应该保持一致性，使得用户可以在不同的页面和软件中使用相同的交互模式。

③ 反馈原则：设计应该提供反馈，告知用户他们的操作是否成功。例如，通过动画、声音和视觉效果等方式。

④ 容错原则：设计应该考虑到用户的错误操作，提供可靠的错误提示和纠错机制，以避免用户犯错后无法恢复。

⑤ 可控制性原则：设计应该让用户有足够的控制权，可以通过设置、个性化等方式来调整软件的功能和界面。

4.2.6 数据的设计

在软件设计中，数据设计是一个非常重要的部分，在设计阶段必须对要存储的数据及其格式进行设计，这包括确定需要在软件中存储哪些数据、如何组织数据以及如何访问数据等方面的决策。

数据设计的目标是确保软件能够有效地存储、管理和访问数据，同时保证数据的准确性和一致性。在数据设计过程中，开发团队需要考虑多种因素，如数据类型、数据结构、数据存储方式、数据访问方式、数据备份和恢复策略等。

1. 数据设计过程需要考虑的主要方面

① 数据模型设计：根据需求和功能，设计适合软件的数据模型。数据模型可以是关系型数据库模型、文件数据库模型、图数据库模型等。

② 数据库设计：根据数据模型，设计数据库结构和表结构，包括确定数据类型、字段名称和约束条件等。

③ 数据访问设计：根据软件功能和数据访问需求，设计数据访问接口和方法，确保软件能够快速、准确地访问和操作数据。

④ 数据备份和恢复设计：设计数据备份和恢复策略，确保软件数据的安全性和完整性，避免数据丢失和损坏。

在结构化设计中，一般采用成熟的关系型数据库管理系统来存储和管理结构化数据，但有时也用文件来存储和管理文本、图像、音频、视频等非结构化数据。

2. 文件设计

文件通常用来存储非结构化数据，主要适用于以下情况：

① 存储非结构化数据：文件可以存储各种类型的非结构化数据，例如文本、图像、音频、视频等。

② 存储大量数据：文件可以存储大量的数据，适用于需要存储海量数据的场景。

③ 存储大文件：文件存储适用于需要存储大文件的场景，如视频文件、音频文件等。

④ 存储数据分散：文件存储可以将数据分散存储在多个文件中，以提高数据读写效率。

⑤ 存储数据共享：文件存储可以将数据存储在共享文件夹中，方便多个用户共享数据。

⑥ 对数据的存取速度要求极高的情况。

⑦ 临时存放数据。

文件设计的主要工作就是根据使用要求、处理方式、存储的信息量、数据的活动性以及存储介质等条件确定文件类型，选择文件媒体、决定文件组织方法、设计文件记录格式并估算文件的容量。

3. 数据库设计

在结构化设计中，一般将结构化分析阶段建立的数据字典和实体-关系模型映射到关系数据库中。主要考虑两方面的映射：① 数据对象的映射；② 关系的映射。

根据维基百科的定义，关系型数据库(Relational Database)是一种在关系模型上创建的数据库。具体来说，关系型数据库以预定义的关系(通常是 Entity-Relation 图)组织数据，数据存储在一个或多个表(Table)中。其中，表通常对应于现实世界中的一种实体类型，例如教师。每张表由行(Record)和列(Attribute)组成，每一行表示某一实体类型的具体实例，例如李明教师；每一列通常记录这个实体类型所具有的属性，例如教师实体类型可能具有身份ID、姓名、所属学校、教授课程 ID 等属性，那么教师的表中就会有 4 列。对于现实世界中实体之间复杂多样的关系，关系型数据库通过不同表之间的逻辑连接来实现。例如教师和课程之间的教授关联关系，可以通过教师实体的“教授课程 ID”属性与课程实体的“课程 ID”之间的连接来表达。

使用关系型数据库的优势主要在于它提供了一种直观、简洁的方式表达数据以及访问数据。因此，关系数据库通常用于管理大量的结构化数据。除此之外，关系型数据库通常提供的以下特性也为数据存储和管理提供了便利：

① 数据库规范化。关系型数据库通常使用该技术(例如 1NF、2NF、3NF)等技术指导表的属性的设计，该项技术有助于提高数据完整性以及减少数据冗余。

② ACID。关系型数据库通常提供原子性(Atomic)、一致性(Consistent)、隔离性(Isolated)和持久性(Durable)等性能，以保证在存在错误、故障等其他意外情况时的数据有效性。

③ SQL。多数关系型数据库同时配套了 SQL(Structural Query Language，结构化查询语言)，该语言是一种声明式，可以较为简便地实现数据库的增删改查。

结构化设计在进行数据设计时主要使用关系型数据库，很少使用面向对象数据库等非关系型数据库，关于非关系型数据库，尤其是面向对象数据库的介绍请参见面向对象设计的 5.4.5 节。

4.2.7 实例研究

现以上面给出的数字仪表板系统为例，说明如何对初始的模块结构图进行精化，最终形成一个可供详细设计使用的模块结构图。

1. 输入部分的精化

数字仪表板系统输入部分的初始模块结构图如图4.60所示。

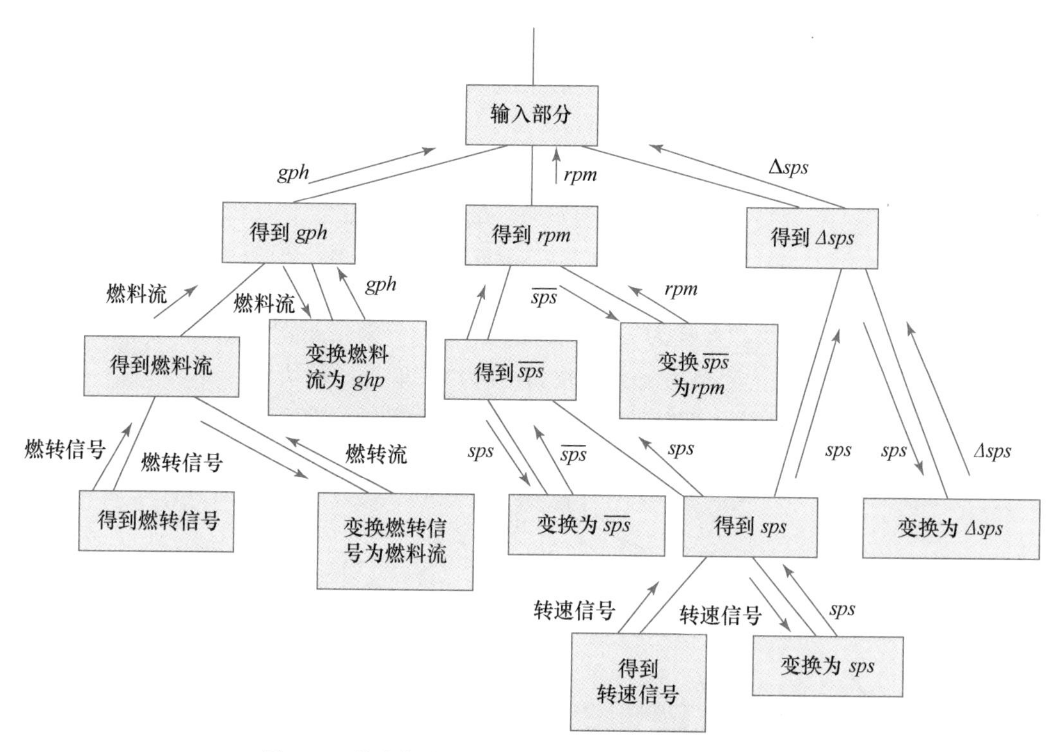

图4.60 数字仪表板系统输入部分的初始模块结构图

针对这一实例，使用启发式规则1，并考虑其他规则，可以将图4.60精化为图4.61的形式。

由上可知，在精化输入部分中，通常是：

① 为每一物理输入设计一个模块，如“读转速信号”“读燃转信号”。

② 对那些不进行实际数据输入的输入模块，且输入的数据是预加工或辅助加工得到的结果，应将它们与其他模块合并在一起。例如，“得到 gph”模块和“得到燃料流”模块就是这样的输入模块，不需要为这样的输入模块设计专门的软件模块。

③ 对于那些既简单、规模又小的模块，可以合并在一起，这样，不但提高模块内的联系，而且减少模块间的耦合。

就以上的例子而言，在运用②和③之后，可以：

① 把“得到 gph”模块和“得到燃料流”模块，与“变换燃转信号为燃料流”模块、“变换燃料流为 ghp”模块合并为“计算 gph”模块。

② 把“得到 rpm”模块、“得到$\overline{sps}$”模块与“变换为$\overline{sps}$”模块以及“变换$\overline{sps}$ 为 rpm”模块合并为“计算 rpm”模块。

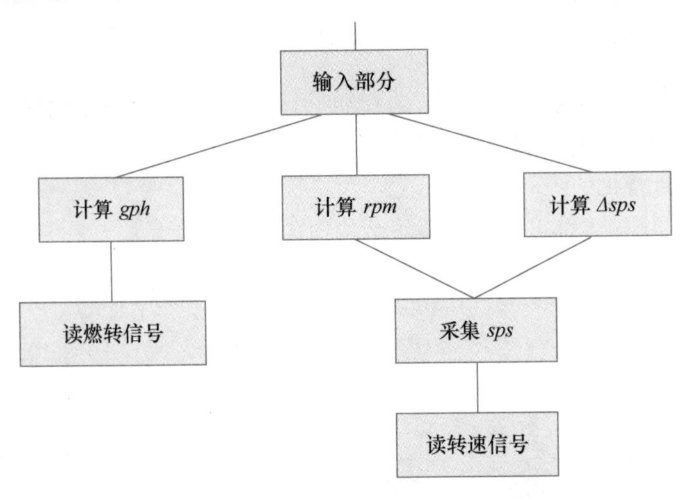

图 4.61 输入部分——精化的模块结构图

③ 把“得到 Δsps”模块、“变换为 Δsps”模块，合并为“计算 Δsps”模块。

④ 把“得到 sps”模块、“变换为 sps”模块，合并为“采集 sps”模块。

WeBlog 个人博客系统输入部分的初始模块结构图如图 4.62 所示。

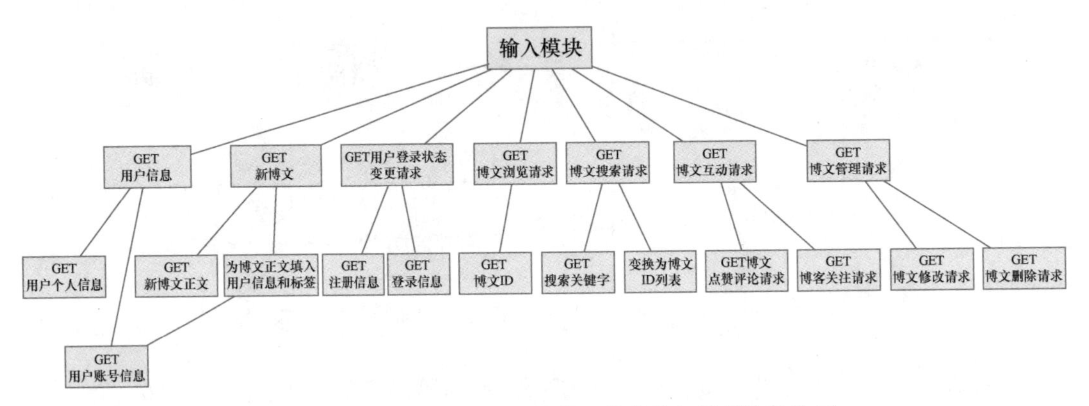

图 4.62 WeBlog 个人博客系统输入部分的初始模块结构图

在这一案例中，我们应用启发式规则，可以将图 4.62 精化为图 4.63 的形式。

在该案例的精化输入部分中，精化逻辑包括：

① 应用启发式规则 2，将规模小、功能细碎的模块合并在一起，转换后模块的规模相对适中，模块的内聚得到提升。如“获取博文点赞评论请求”和“获取博客关注请求”合并到“获取博文互动请求”中，并重新命名为“读入博文互动请求”；将“GET 用户登录状态变更请求”的两个子模块合并到自身；将“GET 博文修改请求”和“GET 博文删除请求”合并到“GET 博文管理请求”中并重命名为“读入博文管理请求”。

② 根据启发式规则 3，确保输入模块的深度、宽度、扇入扇出适中，如将“GET 用户登录状态变更请求”合并到“GET 用户信息”中并重命名为“获取用户信息”，将“GET 博文搜索请求”合并到“GET 博文浏览请求”中并重命名为“博文互动与请求”。

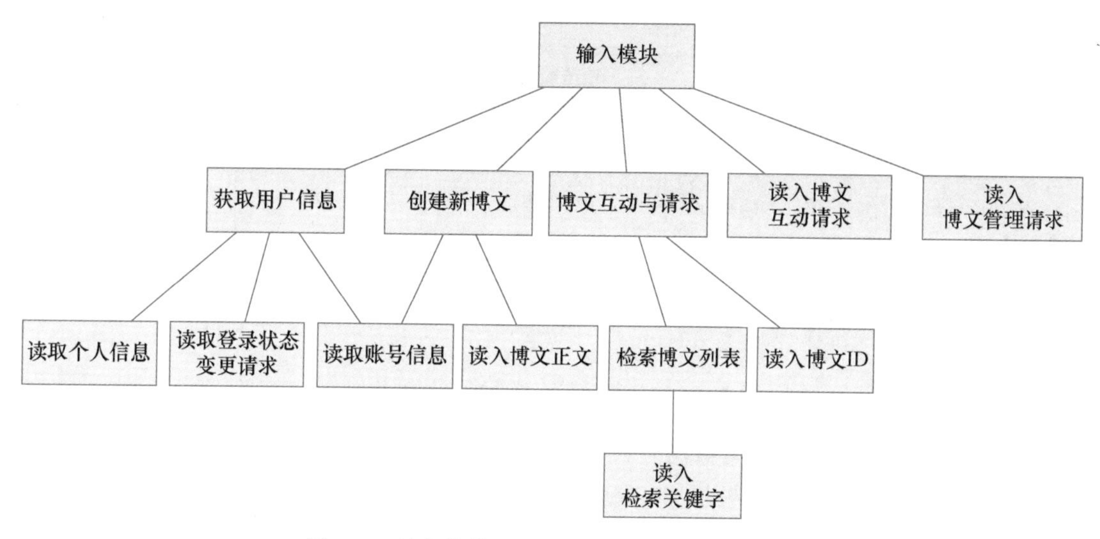

图 4.63　精化的输入部分模块结构图(博客系统)

③ 根据启发式规则 4,让软件结构更准确地体现问题的结构。为此,将“变换为博文 ID 列表”与其父模块“GET 博文搜索请求”合并且重命名为“检索博文列表”。

2. 输出部分的精化

还是以数字仪表板系统为例,说明输出部分的求精。数字仪表板系统输出部分的初始模块结构图如图 4.64 所示。

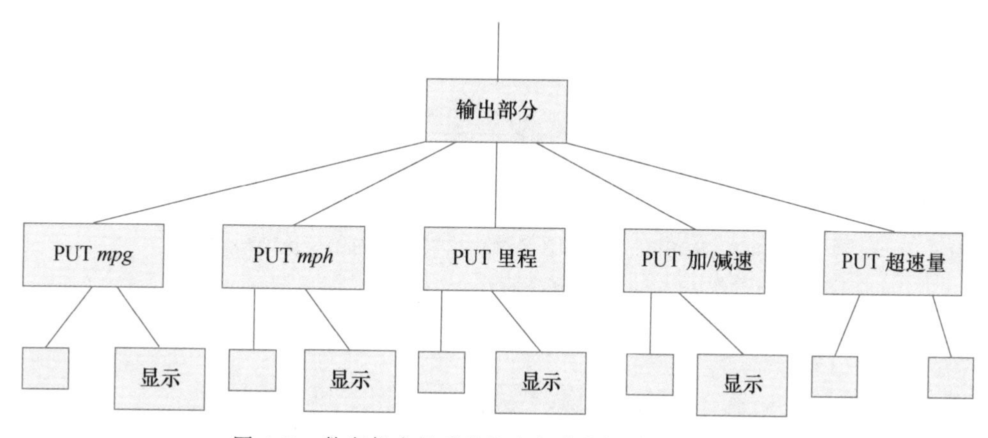

图 4.64　数字仪表板系统输出部分的初始模块结构图

对于这一初始的模块结构图,在一般情况下应:

① 把相同或类似的物理输出合并为一个模块,以减少模块之间的关联。就本例而言:左边前 3 个“显示”,基本上属于相似的物理输出,因此可以把它们合并为 1 个显示模块。而将“PUT mpg”模块和相关的“生成显示”模块合并为 1 个模块;同样地,应把“PUT *mph*”模块、“PUT 里程”各自与相关的生成显示的模块合并为 1 个模块(见图 4.65)。

② 其他求精的规则,与输入部分类同。例如,可以将“PUT 加/减速”模块与其下属的 2 个模块合并为 1 个模块,将“PUT 超速量”模块与其下属的 2 个模块合并为 1 个模块。

通过以上求精之后,数字仪表板系统的输出部分的软件结构图如图 4.65 所示。

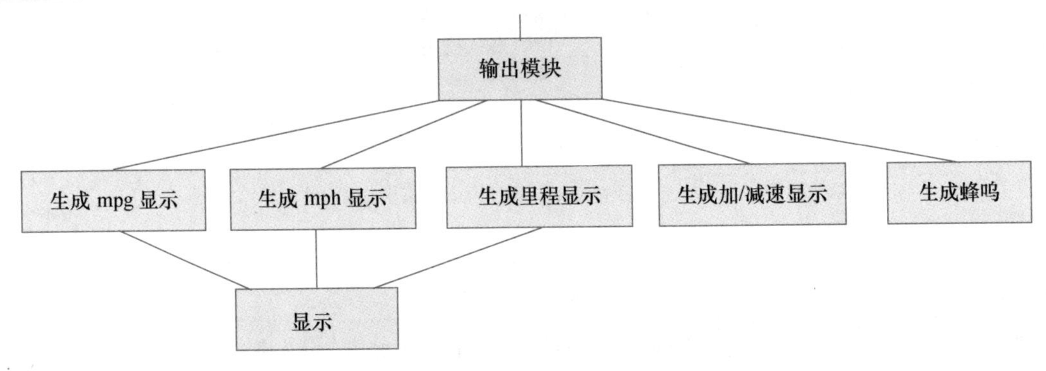

图 4.65　输出部分——精化的模块结构图

WeBlog 个人博客案例做类似的转换，我们可以从图 4.66 的输出部分的初始模块结构图，转换为图 4.67 所示的精化模块结构图。

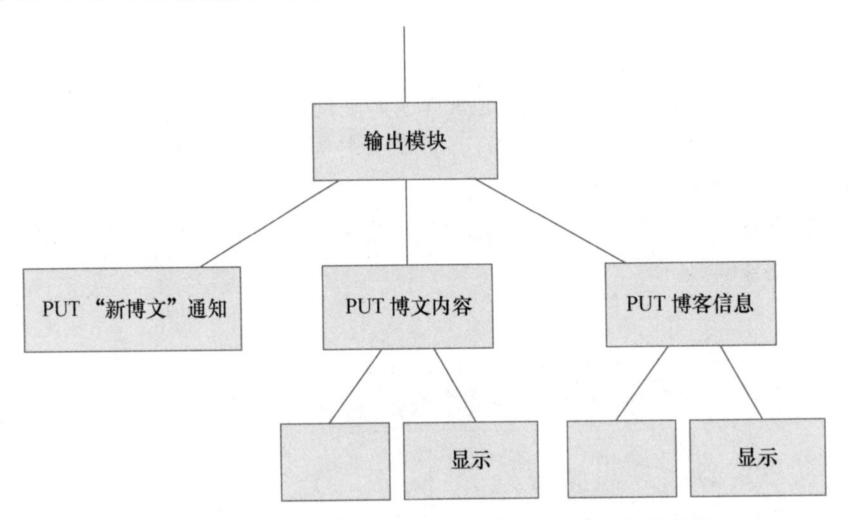

图 4.66　WeBlog 个人博客系统输出部分的初始模块结构图

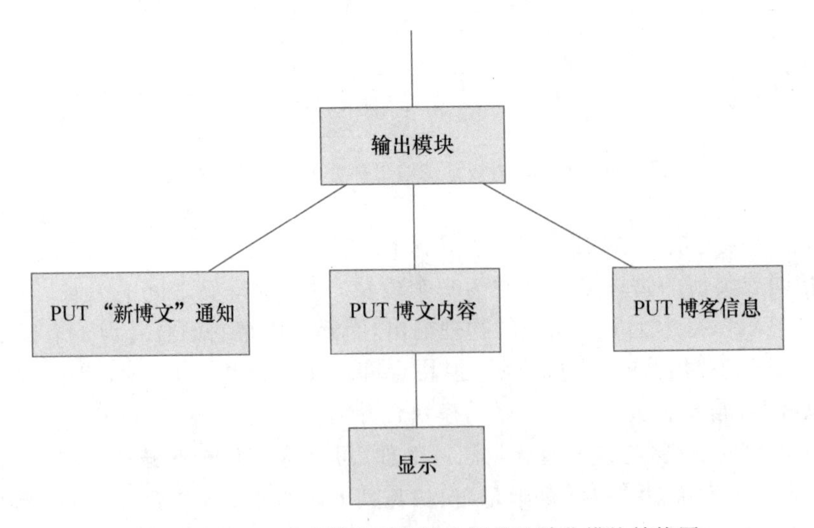

图 4.67　WeBlog 个人博客系统输出部分的精化模块结构图

WeBlog 个人博客系统的两项输出：博客信息、博文内容都通过系统前端显示。而“新博文”通知则是采取邮件通知的形式。为此，我们进行了输出模块结构的精化。

3. 变换部分的精化

对于变换部分的求精，如前所述，这是一项具有挑战性的工作。但是，其中主要是根据设计准则，并要通过实践，不断地总结经验，才能设计出合理的模块结构。就给定的数字仪表板系统而言，如果把“确定加/减速”的模块放在“计算速度 *mph*”模块下面，则可以减少模块之间的关联，提高模块的独立性。通过这一求精，对于变换部分，就可以得到如图 4.68 所示的模块结构图。

通过以上讨论可以看出，在总体设计中，如果将一个给定的 DFD 转换为初始的模块结构图基本上是一个“机械”的过程，无法体现设计人员的创造力，那么优化设计将一个初始的模块结构图转换为最终的模块结构图，对设计人员将是一种挑战，其结果将直接影响软件系统开发的质量。

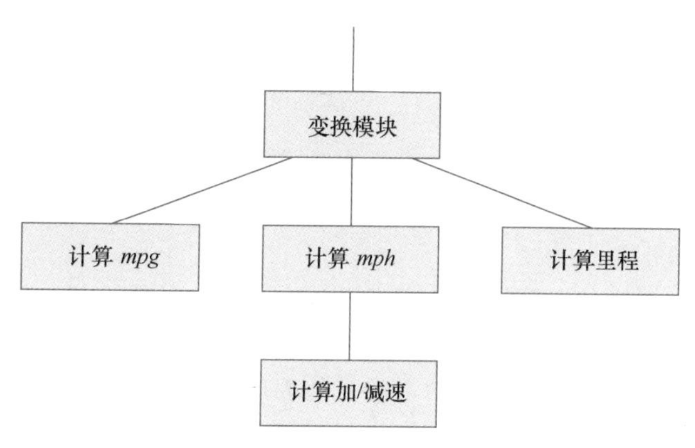

图 4.68　变换部分——精化的模块结构图

4.3　结构化详细设计

经过总体设计阶段的工作，已经确定了软件的模块结构图（即软件体系结构图）和接口描述，可作为详细设计的一个重要输入。在此基础上，通过详细设计，具体描述模块结构图中的每一模块，即给出实现模块功能的实施机制，包括一组例程和数据结构，从而精确地定义了满足需求所规约的结构。

具体地说，详细设计又是一个相对独立的抽象层，使用的术语包括输入语句、赋值语句、输出语句以及顺序语句、选择语句、重复语句等，如图 4.69 所示。

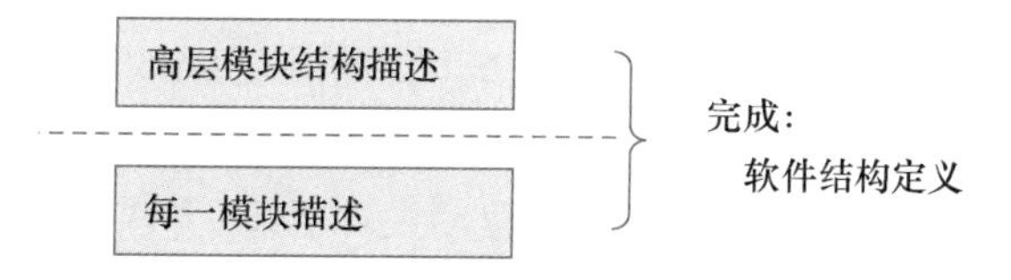

图 4.69　软件设计的两个抽象层

详细设计的目标是将总体设计阶段所产生的系统高层结构，映射为以这些术语所表达的低层结构，也是系统的最终结构。

与高层结构相比，在总体设计阶段中的数据项和数据结构比详细设计更加抽象；总体设计阶段中的模块，只声明其作用或功能，而详细设计要提供实现该模块过程或功能的算法。

4.3.1 结构化程序设计

从一般意义上来说，程序设计方法学是以程序设计方法为研究对象的学科（第一种含义）。它主要涉及用于指导程序设计工作的原理和原则，以及基于这些原理和原则的设计方法和技术，着重研究各种方法的共性和个性，各自的优缺点。一方面要涉及方法的理论基础和背景，另一方面也要涉及方法的基本体系结构和实用价值。程序设计方法学的第二种含义是，针对某一领域或某一领域的特定一类问题，所用的一整套特定程序设计方法所构成的体系。例如，基于 Ada 程序设计语言的程序设计方法学。程序设计方法学的两种含义之间的基本关系是，第二种含义是第一种含义的基础，第一种含义是在第二种含义的基础上的总结和提高，上升到原理和原则的高度。

作为一整套特定程序设计方法所构成的体系（第二种含义），目前已出现多种程序设计方法学，例如，结构化程序设计方法学、逻辑式程序设计方法学、函数式程序设计方法学、面向对象程序设计方法学等。

结构化程序设计方法是一种特定的程序设计方法学。具体地说，它是一种基于结构的编程方法，即采用顺序结构、判定结构以及重复结构进行编程，其中每一结构只允许一个入口和一个出口。可见结构化程序设计的本质是使程序的控制流程线性化，实现程序的动态执行顺序符合静态书写的结构，从而增强程序的可读性，不仅容易理解、调试、测试和排错，而且给程序的形式化证明带来了方便。

编程工作是一个演化过程，可按抽象级别依次降低、逐步精化、最终得出所需的程序。其中采用自顶向下、逐步求精，使所编写的程序只含顺序、判定、重复 3 种结构，这样可使程序结构良好、易读、易理解、易维护，并易于保障及验证程序的正确性。因此可以说，采用结构化程序设计方法进行编程，旨在提高编程（过程）质量和程序质量。

结构化程序设计的概念最早由 E. W. Dijkstra 在 20 世纪 60 年代中期提出，并在 1968 年著名的 NATO 软件工程会议上首次引起人们的广泛关注。1966 年，C. Bohm 和 G. Jacopini 在数学上证明了只用 3 种基本控制结构就能实现任何单入口单出口的程序，这 3 种基本控制结构是顺序、选择和循环。Bohm 和 Jacopini 的证明给结构化程序设计技术奠定了理论基础。

顺序、选择和循环 3 种结构可用流程图表示，见图 4.70。实际上，用顺序结构和循环结构（又称 DO-WHILE 结构）完全可以实现选择结构（又称 IF-THEN-ELSE 结构），因此，理论上最基本的控制结构只有两种。

与此同时，结构化程序设计技术作为一种程序设计思想、方法和风格，也引起工业界的重视。1971 年，IBM 公司在纽约时报信息库管理系统的设计中使用了结构化程序设计技术，获得了巨大的成功，于是开始在整个公司内部全面采用结构化程序设计技术，并介绍给了它的许多用户。IBM 在计算机界的影响为结构化程序设计技术的推广起到了推波助澜的作用。

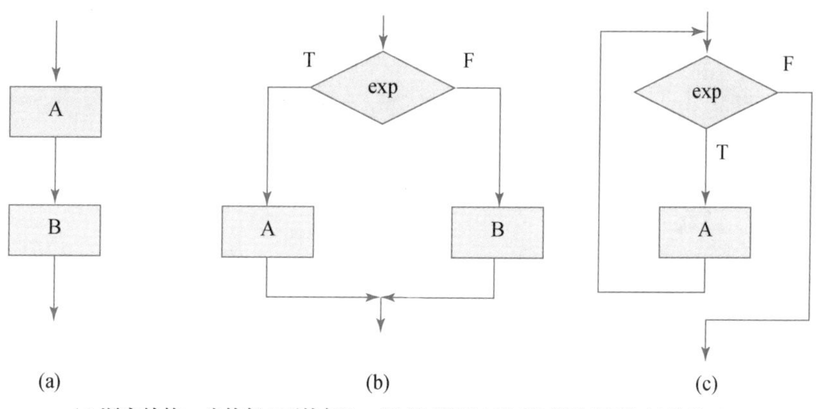

(a) 顺序结构，先执行A再执行B；(b) IF-THEN-ELSE 型选择(分支)结构；
(c) DO-WHILE 型循环结构

图 4.70 3 种基本控制结构

既然顺序结构、选择结构和循环结构是结构化程序设计的核心，它们组合使用可以实现任意复杂的处理逻辑，那么如何看待除此之外的其他控制结构，例如无条件转移语句 GOTO，这又成为人们关注的新问题。

1968 年，ACM 通信发表了 Dijkstra 的短文"GOTO Statement Considered Harmful"，认为 GOTO 语句是构成程序结构混乱不堪的主要原因，一切高级程序设计语言应该删除 GOTO 语句。自此开始了关于 GOTO 语句的学术讨论，其实质是：程序设计首先是讲究结构，还是讲究效率。好结构的程序不一定是效率最高的程序。结构化程序设计的观点是要求设计好结构的程序。在计算机硬件技术迅速发展的今天，人们已普遍认为，除了系统的核心程序部分以及其他一些有特殊要求的程序以外，在一般情况下，宁可牺牲一些效率，也要保证程序有一个好的结构。

4.3.2 详细设计工具

详细设计的主要任务是给出软件模块结构中各个模块的内部过程描述，也就是模块内部的算法设计。我们这里并不打算讨论具体模块的算法设计(感兴趣的读者可以参考 Thomas H. Cormen 等著的 *Introduction to Algorithms* 一书)，而是讨论这些算法的表示形式。详细设计工具通常分为图形、表格和语言三种，无论是哪类工具，对它们的基本要求都是能提供对设计的无歧义的描述，包括控制流程、处理功能、数据组织以及其他方面的实现细节等，以便在编码阶段能把这样的设计描述直接翻译为程序代码。下面介绍一些典型的详细设计工具。

1. 程序流程图

程序流程图又称为程序框图。从 20 世纪 40 年代末到 70 年代中期，程序流程图一直是软件设计的主要工具。因此，它是一种历史最悠久、使用最广泛的软件设计工具。它的主要优点是对控制流程的描绘很直观，便于初学者掌握。

但是，程序流程图也是用得最混乱的一种工具，常常使描述的软件设计很难分析和验证。这是程序流程图的最大问题。尽管许多人建议停止使用程序流程图，但由于其历史悠久，广泛为人所熟悉，因此，至今仍得到相当的应用。

在程序流程图中，使用的主要符号包括顺序结构、选择结构和循环结构，如图 4.70 所示。值得注意的是，程序流程图中的箭头代表的是控制流而不是数据流，这一点同数据流图中的箭头是不同的。除以上的 3 种基本控制结构外，为了表达方便，程序流程图中还经常使用其他一些等价的符号，如图 4.71 所示。

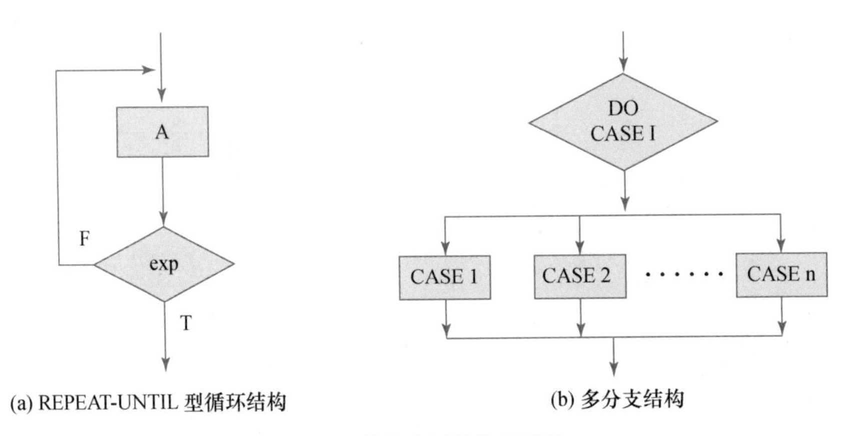

图 4.71 其他常用的控制结构

程序流程图的主要缺点是：

① 不是一种逐步求精的工具，它使得程序员过早地考虑程序的控制流程，而不去考虑程序的全局结构。

② 所表达的控制流，往往不受任何约束可随意转移，从而会影响甚至破坏好的系统结构设计。

③ 不易表示数据结构。

2. 盒图（N-S 图）

早在 20 世纪 70 年代初，Nassi 和 Shneiderman 出于一种不允许违背结构化程序设计的考虑，提出了盒图，又称为 N-S 图。其中对每次分解，只能使用图 4.72(a)、(b)和(d)所示的三种符号，分别表达三种控制结构：顺序、选择和重复。而且，为了设计上的表达方便，引入了它们的变体(c)和(e)。

当采用盒图对一个模块进行设计时，首先给出一个大的矩形，然后为了实现该模块的功能，再将该矩形分成若干个不同的部分，分别表示不同的子处理过程，这些子处理过程又可以进一步分解成更小的部分。其中，每次分解都只能使用图 4.70 给出的基本符号，最终形成表达该模块的设计。可见，盒图支持“自顶向下，逐步求精”的结构化详细设计；并且由于其以一种结构化方式，严格地限制控制从一个处理到另一个处理的转移，因此，以盒图设计的模块一定是结构化的。

3. PAD

问题分析图（PAD）是英文“Problem Analysis Diagram”的缩写，是日本日立公司于 1973 年提出的，并得到一定程度的推广应用。PAD 采用二维树形结构图来表示程序的控制流，其基本符号如图 4.73 所示。

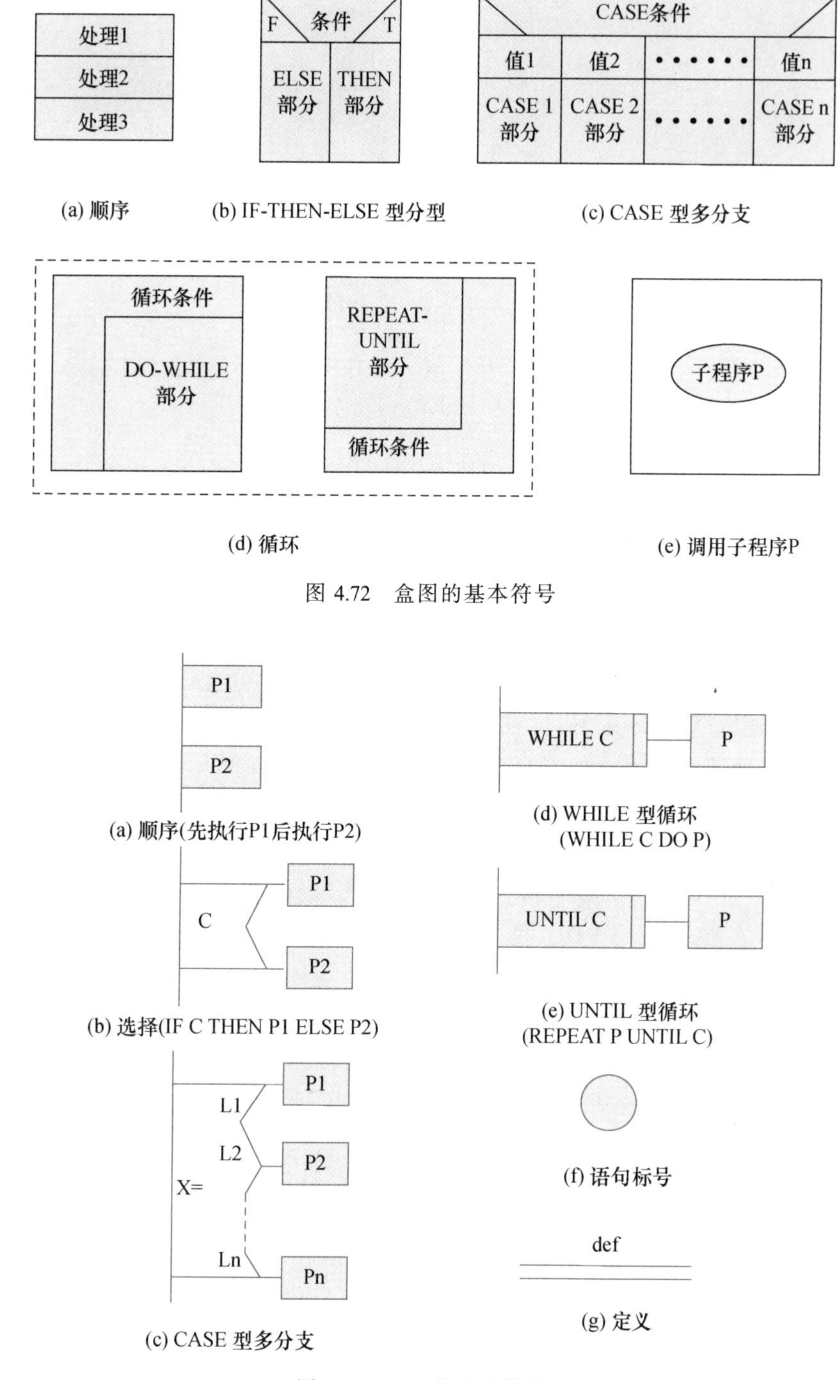

图 4.72　盒图的基本符号

图 4.73　PAD 的基本符号

如 N-S 图一样，PAD 支持自顶向下、逐步求精的设计。开始时可以将模块定义为一个顺序结构，如图 4.74(a)所示。

随着设计工作的深入，可使用“def”符号逐步增加细节，直至完成详细设计，如图 4.74(b)所示。

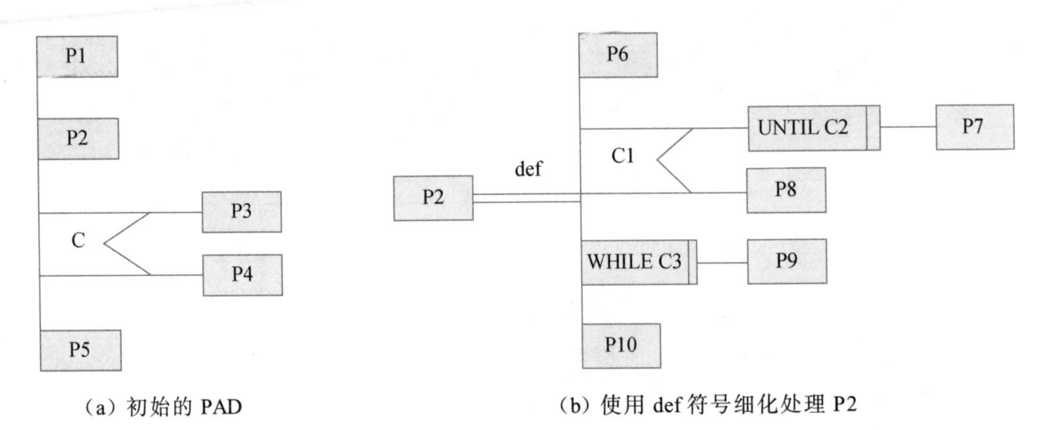

(a) 初始的 PAD　　(b) 使用 def 符号细化处理 P2

图 4.74　PAD 的设计

可见，采用 PAD 所设计的模块一定是结构化的，并且所描述的程序结构也是十分清晰的，即图中最左边的竖线是程序的主线，是第一层控制结构；随着程序层次的增加，PAD 逐渐向右延伸，每增加一个层次，图形向右扩展一条竖线，竖线的条数总是程序的控制层次数。从而使 PAD 所表现出的处理逻辑易读、易懂、易记，模块从图中最左边上端的节点开始执行，自上而下从左向右顺序执行。

无论是盒图还是 PAD，都为高级程序设计语言（例如 FORTRAN、COBOL、PASCAL 和 C 等）提供了一整套相对应的图形符号，从而将 PAD 和 N-S 图转换成对应的高级语言程序就比较容易，甚至这种转换可用软件工具自动完成。因此，可节省人工编码工作，有利于提高软件可靠性和软件生产率。

4. 类程序设计语言(PDL)

类程序设计语言(Program Design Language，PDL)也称为伪码，在 20 世纪 70 年代至 80 年代，人们设计了多种不同的 PDL，是一种用正文形式表示数据结构和处理过程的设计工具。

PDL 是一种“混合”语言，一方面，PDL 借用某种结构化程序设计语言（如 PASCAL 或 C）的关键字作为语法框架，用于定义控制结构和数据结构；另一方面，PDL 通常使用某种自然语言（如汉语或英语）的词汇，灵活自由地表示实际操作和判定条件。例如：

```
procedure  inorder(bt: bitree):
bebin
  inistack(s);  push(s,bt);
while  not  empty(s)  do
  begin
  while  gettop(s)=nil  do  push(s,gettop(s).lch);
  p:=pop(s);
if  not  empty(s)  then
  begin
      visite(gettop(s));  p:=pop(s);  push(s,p.rch)
  end
 end
end;
```

其中,关键字的固定语法,提供了结构化控制结构、数据说明和模块化的手段,并且有时为了使结构清晰和可读性好,通常在所有可能嵌套使用的控制结构的头和尾都有关键字,例如“if...fi”(或 endif)等。自然语言的自由语法,例如“inistack(s)”和“not empty(s)”等,用于描述处理过程和判定条件。

PDL 不仅可以作为一种设计工具,还可以作为注释工具,直接插在源程序中间,以保持文档和程序的一致性,提高文档的质量。

可以使用普通的正文编辑程序或文字处理系统,很方便地完成 PDL 的书写和编辑工作。目前已存在一些 PDL 处理工具,可以自动由 PDL 生成程序代码。

PDL 的主要问题是不如图形工具那样形象直观,并且当描述复杂的条件组合与动作间的对应关系时,不如判定表或判定树那样清晰简单。

另外,前面介绍过的 IPO 图、判定树和判定表等也可以作为详细设计工具。

4.4 软件设计规约及评审

4.4.1 软件设计规约

在完成软件设计之后,应产生设计规约,完整准确地描述满足系统需求规约中所有功能以及它们之间的关系等的软件结构。设计规约通常包括概要设计规约和详细设计规约,分别为相应设计过程的输出文档。

1. 概要设计规约

概要设计规约指明高层软件体系结构,其主要内容包括:

① 系统环境,包括硬件、软件接口、人机界面、外部定义的数据库及其与设计有关的限定条件等。

② 软件模块的结构,包括模块之间的接口及其设计的数据流和主要数据结构等。

③ 模块描述,包括模块接口定义、模块处理逻辑及其必要的注释等。

④ 文件结构和全局数据文件的逻辑结构,包括记录描述、访问方式以及交叉引用信息等。

⑤ 测试需求等。

概要设计规约是面向软件开发人员的文档,主要作为项目管理人员、系统分析人员与设计人员之间交流的媒体。

2. 详细设计规约

详细设计规约是对软件各组成分内部属性的描述。它是概要设计的细化,即在概要设计规约的基础上,增加以下内容:

① 各处理过程的算法;

② 算法所涉及的全部数据结构的描述,特别地,对主要数据结构往往包括与算法实现有关的描述。

详细设计规约主要作为软件设计人员与程序员之间交流的媒体。

随着软件开发环境的不断发展,概要设计与详细设计的内容可以有所变化。下面给出可供参考的设计规约格式。

1. 引言

1.1 编写目的

说明编写本软件设计说明书的目的。

1.2 背景说明

(1) 给出待开发的软件产品的名称;

(2) 说明本项目的提出者、开发人员及用户;

(3) 说明该软件产品将做什么,如有必要,说明不做什么。

1.3 术语定义

列出本文档中所用的专门术语的定义和外文首字母组词的原词组。

1.4 参考资料

列出本文档中所引用的全部资料,包括标题、文档编号、版本号、出版日期及出版单位等,必要时注明资料来源。

2. 总体设计

2.1 需求规定

说明对本软件的主要输入、输出、处理的功能及性能要求。

2.2 运行环境

简要说明对本软件运行的软件、硬件环境和支持环境的要求。

2.3 处理流程

说明本软件的处理流程,尽量使用图、文、表的形式。

2.4 软件结构

在 DFD 图的基础上,用模块结构图来说明各层模块的划分及其相互关系,划分原则上应细化到程序级(即程序单元),每个单元必须执行单独一个功能(即单元不能再分了)。

3. 运行设计

3.1 运行模块的组合

说明对系统施加不同的外界运行控制时所引起的各种不同的运行模块的组合,说明每种运行所经历的内部模块和支持软件。

3.2 运行控制

说明各运行控制方式、方法和具体的操作步骤。

4. 系统出错处理

4.1 出错信息简要说明当每种可能的出错或故障情况出现时,系统输出信息的格式和含义。

4.2 出错处理方法及补救措施

说明故障出现后可采取的措施,包括:

(1) 后备技术。当原始系统数据万一丢失时启用的副本的建立和启动的技术,如周期性的信息转储。

(2) 性能降级。使用另一个效率稍低的系统或方法(如手工操作、数据的人工记录等),以求得到所需结果的某些部分。

(3) 恢复和再启动。用建立恢复点等技术,使软件再开始运行。

5. 模块设计说明

以填写模块说明表的形式,对每个模块给出下述内容:

(1) 模块的一般说明,包括名称、编号、设计者、所在文件、所在库、调用本模块的模块名和本模块调用的其他模块名。

(2) 功能概述。

(3) 处理描述,使用伪码描述本模块的算法、计算公式及步骤。

(4) 引用格式。

(5) 返回值。

(6) 内部接口,说明本软件内部各模块间的接口关系,包括:

(a) 名称;

(b) 意义;

(c) 数据类型;

(d) 有效范围;

(e) I/O标志。

(7) 外部接口,说明本软件同其他软件及硬件间的接口关系,包括:

(a) 名称;

(b) 意义;

(c) 数据类型;

(d) 有效范围;

(e) I/O标志;

(f) 格式,指输入或输出数据的语法规则和有关约定;

(g) 媒体。

(8) 用户接口,说明将向用户提供的命令和命令的语法结构,以及软件的回答信息,包括:

(a) 名称;

(b) 意义;

(c) 数据类型;

(d) 有效范围;

(e) I/O标志;

(f) 格式,指输入或输出数据的语法规则和有关约定;

(g) 媒体。

附：模块说明表

模块说明表制表日期：　　　年　　月　　日

<table>
<tr><td colspan="4">模块名：</td><td colspan="2">模块编号：</td><td colspan="2">设计者：</td></tr>
<tr><td colspan="4">模块所在文件：</td><td colspan="4">模块所在库：</td></tr>
<tr><td colspan="8">调用本模块的模块名：</td></tr>
<tr><td colspan="8">本模块调用的其他模块名：</td></tr>
<tr><td colspan="8">功能概述：</td></tr>
<tr><td colspan="8">处理描述：</td></tr>
<tr><td colspan="8">引用格式：</td></tr>
<tr><td colspan="8">返回值：</td></tr>
<tr><td></td><td>名称</td><td>意义</td><td>数据类型</td><td>数值范围</td><td colspan="3">I/O 标志</td></tr>
<tr><td>内部接口</td><td></td><td></td><td></td><td></td><td colspan="3"></td></tr>
<tr><td></td><td>名称</td><td>意义</td><td>数据类型</td><td>I/O 标志</td><td>格式</td><td>媒体</td><td></td></tr>
<tr><td>外部接口</td><td></td><td></td><td></td><td></td><td></td><td></td><td></td></tr>
<tr><td>用户接口</td><td></td><td></td><td></td><td></td><td></td><td></td><td></td></tr>
</table>

4.4.2 软件设计评审

软件设计评审是一种质量保证活动，旨在通过对软件设计文档的审核来确保软件设计的质量和一致性。软件设计评审的目的是评估设计的正确性、完整性、可维护性和可测试性等方面。软件设计评审可以在不同的阶段进行，包括概要设计阶段和详细设计阶段等。

软件设计评审通常由一个小组进行，该小组由经验丰富的软件工程师组成。评审小组成员会认真研究设计文档，提出关于潜在问题、改进机会和最佳实践的建议。评审小组还会记录所有问题和建议，并在会议结束时向相关方提供反馈报告。

通过软件设计评审，可以发现并解决设计中的问题，从而减少软件开发中的错误，提高软件质量，降低软件开发成本，加快软件开发进度，并确保最终交付的软件符合软件需求规约中的预期要求和标准。

1. 软件设计评审的步骤

进行软件设计评审通常包括以下步骤：

① 确定评审小组：评审小组通常由几名软件开发人员、测试人员和质量保证人员组成。评审小组应该有足够的经验和知识来评估软件设计文档。

② 确定评审范围：评审范围应该在评审前确定，以确保评审小组了解哪些方面需要评审。评审范围可以包括软件设计文档的整体结构、模块间的接口设计、算法的正确性和复杂性等。

③ 分配评审任务：评审小组成员一般分别负责评审设计文档的不同部分。每个人都应该明确自己的评审任务，并对设计文档进行详细的研究。

④ 进行评审会议：评审会议通常在一个固定的时间和地点进行。在会议上，评审小组成员分享他们的评审发现，并讨论任何问题或改进机会。

⑤ 记录评审结果：评审小组记录所有评审发现，并对设计文档提出建议或改进。评审结果记录在一个评审报告中，并在评审后分发给相关人员。

⑥ 跟踪和解决问题：评审小组跟踪所有评审问题，并确保它们在软件开发过程中得到解决。任何未解决的问题都应该在最终评审前得到解决。

2. 概要设计阶段的软件设计评审

在概要设计阶段，软件设计评审通常评审以下方面：

① 功能和模块设计：评审小组会评估概要设计文档中的功能和模块设计，以确保它们符合需求规格说明书，并且可以实现所需的功能。

② 接口设计：评审小组检查概要设计文档中的接口设计，以确保各个模块之间的交互符合标准，并且可以保持良好的灵活性和可扩展性。

③ 数据结构和算法设计：评审小组评估概要设计文档中的数据结构和算法设计，以确保它们能够满足性能和效率的要求。

④ 安全和可靠性设计：评审小组检查概要设计文档中的安全和可靠性设计，以确保软件在使用过程中不会出现故障，而且可以保证数据的安全性和保密性。

⑤ 可维护性和可测试性设计：评审小组评估概要设计文档中的可维护性和可测试性设计，以确保软件可以方便地进行维护和测试。

在概要设计阶段进行软件设计评审可以帮助发现潜在的问题和风险，从而在软件概要设计阶段进行修复和改进，避免在后续的开发阶段造成更大的成本和风险。此外，评审小组可以提供建议和最佳实践，以提高软件设计的质量和可靠性。

3. 详细设计阶段的软件设计评审

在详细设计阶段，软件设计评审通常评审以下方面：

① 模块设计：评审小组会评估详细设计文档中的每个模块的设计，包括模块的内部实现、接口设计、算法设计等。

② 数据结构设计：评审小组检查详细设计文档中的数据结构设计，以确保其可以支持所需的功能和性能，并且可以有效地存储和处理数据。

③ 接口设计：评审小组评估详细设计文档中的接口设计，以确保模块之间的交互符合标准，并且可以保持良好的灵活性和可扩展性。

④ 错误处理和异常处理设计：评审小组会检查详细设计文档中的错误处理和异常处理设计，以确保软件可以对各种可能的异常情况进行适当的响应，并且可以保证软件的可靠性和稳定性。

⑤ 安全性设计：评审小组会评估详细设计文档中的安全性设计，以确保软件可以保护用户数据和系统资源的安全，并且可以防止潜在的安全漏洞和攻击。

⑥ 可测试性和可维护性设计：评审小组会评估详细设计文档中的可测试性和可维护性设计，以确保软件可以方便地进行测试和维护，并且可以降低维护成本和时间。

在详细设计阶段进行软件设计评审可以帮助发现潜在的问题和风险，从而在软件详细设计阶段进行修复和改进，避免在后续的开发阶段造成更大的成本和风险。此外，评审小组可以提供建议和最佳实践，以提高软件设计的质量和可靠性。

4.5　本章小结

本章比较详细地介绍了结构化开发方法，包含结构化需求分析方法和结构化软件设计方法。下面对结构化开发方法作一总结。

① 结构化开发方法作为一种特定的软件开发方法学，是从事系统分析和软件设计的一种思维工具。结构化开发方法看待客观世界的基本观点是：一切信息系统都是由信息流构成的，每一信息流都有其自己的起点——数据源，有自己的归宿——数据潭，有驱动信息流动的加工。因此，所谓信息处理主要表现为信息的流动。

② 结构化开发方法作为一种软件开发方法，遵循人们解决问题的一般性途径。由于人们认识问题的能力，大千世界的问题大多是非结构和半结构的，只有少数是结构的，对那些非结构和半结构的问题，通常是采用已掌握的知识，建造它们的模型，给出相应的解决方案。如图 4.75 所示，其中，使用数学作为工具，对于一个特定的问题，建造了一个模型：Y=x*x+5。

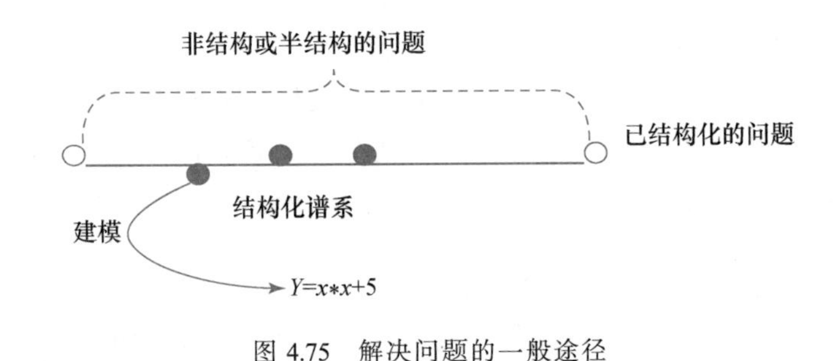

图 4.75 解决问题的一般途径

③ 所谓模型，简单地说，就是任意一个抽象，其中包括系统的一些基本能力、特性以及所描述的各个方面。进一步说，模型是在特定意图下所确定的角度和抽象层上，对一个物理系统的描述，给出系统内各模型元素以及它们之间的语义关系，通常还包含对该系统边界的描述。因此，采用结构化方法建立的系统功能模型，是为了获得该系统的需求，从系统功能的角度，在需求层上，对待开发系统的描述，包括系统环境的描述。

④ 结构化开发方法为了支持系统建模和软件求解，基于一些软件设计原理和原则，给出了完备的符号，给出了自顶向下、逐层分解的过程指导和相应的模型表示工具，如图 4.76 所示。

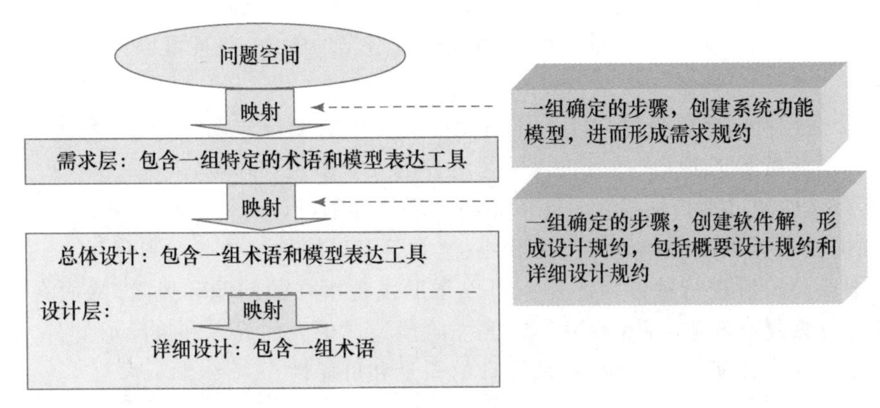

图 4.76 结构化开发方法知识结构

为了支持系统功能建模，紧紧围绕"问题分离""过程抽象""数据抽象"等基本原理，结构化分析方法提出了以下 5 个概念：数据源、数据潭、数据流、加工和数据存储，并给出了相应的表示。其中，术语"数据流"和"数据存储"支持对系统数据的抽象，"加工"支持系统功能/

过程的抽象；术语“数据源”“数据潭”以及相关的数据流支持对系统环境的描述。应该说，这些概念对于规约软件系统的功能是完备的，即它们可以“覆盖”客观世界的一切事物，并且这些概念的语义相当简单，容易理解和掌握。

为了支持软件求解，紧紧围绕“功能/过程抽象”“逐步求精”和“模块化”等基本软件设计原理和原则，给出了模块、模块调用等概念以及相应的表示，给出了模块结构图、PAD、N-S 图、伪码等设计工具，给出了自顶向下、逐层分解的过程指导——变换设计和事务设计，并给出了实现模块化的基本准则，以提高模块的独立性。

所谓模块化是指按照“高内聚低耦合”的设计原则，形成一个相互独立但又有较少联系的模块结构的过程，使每个模块具有相对独立的功能/过程。

所谓逐步求精是指把要解决问题的过程分解为多个步骤或阶段，每一步是对上一步结果的精化，以接近问题的解法。逐步求精是人类解决复杂问题的基本途径之一。抽象和逐步求精是一对互补的概念，即抽象关注问题的主要方面，忽略其细节；而逐步求精关注低层细节的揭示。

⑤ 从软件方法学研究的角度，结构化开发方法仍然存在一些问题，其中最主要的问题是结构化开发方法仍然没有“摆脱”冯・诺依曼体系结构的影响，捕获的“功能（过程）”和“数据”恰恰是客观事物的易变性质，由此建造的系统结构很难与客观实际系统的结构保持一致，如图 4.77 所示。

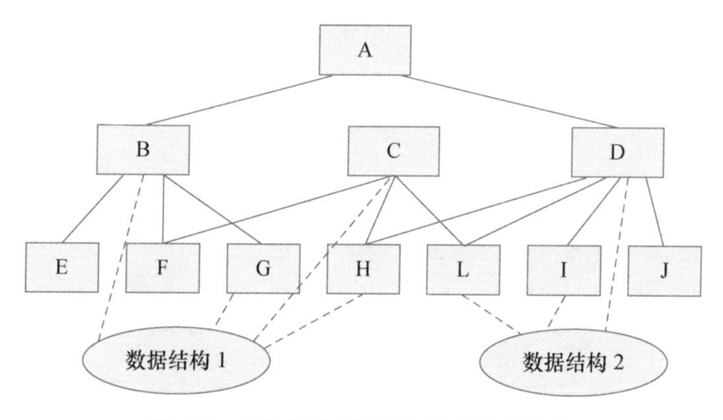

图 4.77　模块结构图以及相关的数据结构

其中，模块 B、G、C、H 访问数据结构 1，而模块 L、I、D、J 访问数据结构 2。显然，这样的模块结构一般不会保持客观系统的结构，并且也很难维护，这是因为数据是客观事物的易变属性，一旦数据发生变化，那么不但要修改相应的数据结构，很可能还需要修改相关的那些模块，甚至受这些模块修改的影响，还需要修改模块结构中的其他模块，从而为系统的验证和维护带来相当大的困难，甚至是“灾难性”的。从某种意义上来讲，就是这些问题，促使了面向对象方法学的产生和发展。

⑥ 这一章也介绍了软件设计评审。在概要设计阶段和详细设计阶段分别进行的软件设计评审可以帮助发现潜在的问题和风险，从而在软件早期开发阶段进行修复和改进，避免在后续的开发阶段造成更大的成本和风险。此外，评审小组可以提供建议和最佳实践，以提高软件设计的质量和可靠性。

习　题

1. 解释以下术语：

（1）变换型数据流图；

（2）事务型数据流图；

（3）模块；

（4）模块耦合；

（5）模块内聚；

（6）模块的控制域；

（7）模块的作用域。

2. 简答以下问题：

（1）结构化方法总体设计的任务及目标；

（2）结构化方法详细设计的任务及目标；

（3）变换设计与事务设计之间的区别；

（4）启发式规则的基本原理；

（5）为什么说结构化分析与结构化设计之间存在一条“鸿沟”；

（6）依据一个系统的 DFD，将其转换为 MSD 的基本思路。

3. 举例说明变换设计的步骤。

4. 举例说明事务设计的步骤。

5. 把图 4.78 转换为 PAD、N-S 图和伪码。

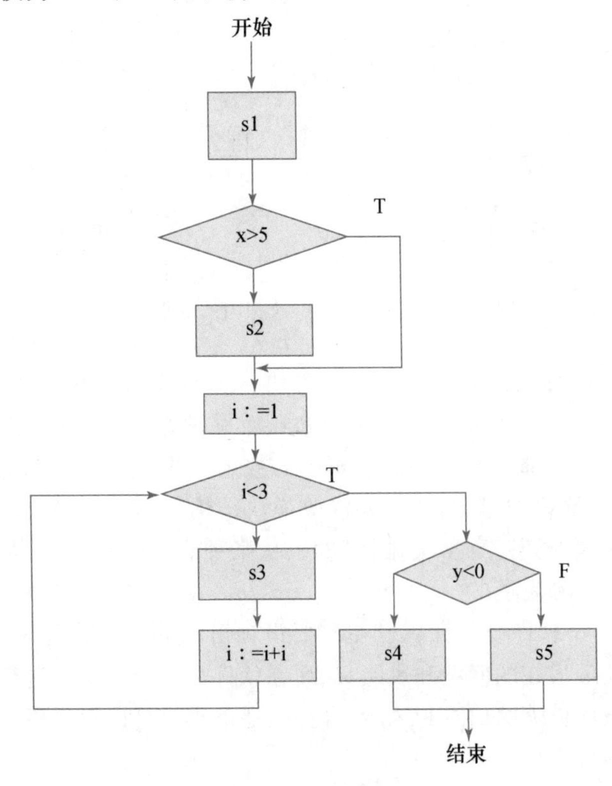

图 4.78　程序流程图示例

6. 综合实践题

假定教务管理包括以课程为中心进行资源(教师、教室、学生)配置,并根据各科考试成绩进行教学分析。在这一假定下,结合实际情况,给出教务管理系统的需求陈述,建立该系统的结构化模型,并在此基础上给出该系统的模块结构图。最后,对这一实践进行必要的总结。

参考文献

[1] G.A.Miller. The magical number seven, plus or minus two: Some limits on our Capacity to Process information[J]. Psychological Review, 1956,63(2), 81-97.

[2] 伊恩・萨默维尔(Ian Sommerville). 软件工程[M]. 10 版.彭鑫、赵文耘,等译,北京: 机械工业出版社,2018.

[3] Paul Clements, Rick Kazman, Mark Klein. Evaluating Software Architectures: Methods and Case Studies[M]. Boston: Addison-Wesley professional, 2002.

第5章　面向对象开发方法

本章详细介绍了面向对象开发方法。首先,介绍了面向对象开发方法的思想、原则及发展现状。然后,介绍了统一建模语言 UML。之后,介绍了面向对象分析和面向对象设计的指导过程,并给出相应的案例研究。此外,本章还介绍了面向对象编程语言的发展历史及设计模式在面向对象设计模型中的选择应用。

5.1　面向对象开发方法概述

5.1.1　面向对象开发方法的思想

面向对象开发方法是一种把面向对象的思想运用于软件开发过程,以指导软件开发活动的系统化方法。自 20 世纪 80 年代以来,面向对象开发方法发展迅速,目前已经成为主流的软件开发方法。

面向对象的基本观点是:客观世界是由对象组成的,对象有其自己的静态属性和动态行为;对象之间的相互依赖和相互作用,构成了现存的各式各样的系统。

面向对象开发方法解决问题的基本思想是从现实世界中的客观对象出发,充分运用人类认识客观世界、解决实际问题的思维方式和方法,从不同抽象层次、不同侧面来构造软件系统。

(1) 从现实世界中客观存在的事物出发构建软件系统

面向对象开发方法强调直接以问题域(现实世界中待解决问题所涉及的业务领域)中的事物为中心来思考问题、认识问题,并根据这些事物的本质特征,把它们抽象地表示为软件系统中的对象,作为软件系统的基本构成单位。这可以使软件系统直接映射问题域,保持问题域中事物及其相互关系的本来面貌。

在现实世界中,对象是某个实际存在的事物,它可以是有形的(例如一辆汽车),也可以是无形的(例如一项计划)。对象是构成世界的一个独立单位,它具有自己的静态特征和动态特征。在计算机世界,对象是用来描述客观事物的一个实体,它是构成一个系统的基本单位。一个对象由一组属性和对这组属性进行操纵的一组操作组成。如图 5.1 所示,现实世界的对象"汽车"映射为计算机世界的对象"汽车",汽车的静态特征抽象为属性"发动机""底盘""轮胎"等,汽车的动态行为特征抽象为操作"开关车门""启动""加速"等。

(2) 充分运用人类日常的思维方法

面向对象开发方法强调运用人类日常的逻辑思维方法与原则,例如抽象、分类、继承、聚合、封装、关联等。这使得软件开发人员能更有效地分析和解决问题,并以其他人容易理解的方式把分析结果和设计结果等表达出来。对象之间的继承关系、聚合关系和关联关系如实地表达了问题域中事物之间实际存在的各种关系。

图 5.1 现实世界和计算机世界的对象映射

因此,无论系统的构成成分,还是通过这些成分之间的关系而体现的系统结构,都可直接地映射问题域。这样,一方面可以使系统的软件结构与所要解决的问题结构保持一致;另一方面又可使系统的软件结构相对稳定,因为问题域中的成分是相对稳定的。

5.1.2 面向对象的原则

面向对象的基本原则主要有封装、抽象、继承和多态性。

(1) 封装

在面向对象方法中,封装是指将事物的静态特征(属性)和操纵这些属性的行为特征(操作)结合成一个独立单元(对象),并尽可能地隐蔽对象的内部细节(信息隐蔽),只向外部提供接口。

一方面,封装原则使对象能够完整对应并描述具体的事物,体现了事物的相对独立性,使对象外部不能随意存取对象的内部数据,也不能访问对象的内部操作;另一方面,封装原则降低了对象之间的耦合度,对象的内部修改对外部的影响很小,减少了由于修改而引发的对象间的“波动效应”。

(2) 抽象

抽象是指忽略事物的非本质特征,而提取出事物共同的本质特征(即共性)的思维方式。面向对象方法存在以下不同程度的抽象:

① 系统中的对象是对现实世界中事物的抽象。例如,汽车管理系统中,现实世界的汽车抽象为系统中的对象“汽车”。

② 类是对具有相同属性和操作的一组对象的抽象。例如,商品管理系统中,商场里的吸尘器、衣服等都可抽象为一个类“商品”。

③ 一般类是对特殊类的抽象。例如,特殊类“汽车”和特殊类“火车”可以进一步抽象出一般类“交通工具”。

④ 属性是对事物的静态特征的抽象。例如,汽车的静态特征“轮胎”抽象为汽车的一个属性“轮胎”。

⑤ 操作是对事物的行为特征的抽象。例如,汽车的行为特征“启动”抽象为汽车的一个操作“启动”。

在面向对象分析和设计中,存在过程抽象和数据抽象两种抽象类型,其中类的操作是一种过程抽象,类作为数据类型及施加在其上的操作的结合体,是一种新的数据类型,所以类是一种数据抽象。

(3) 继承

继承是面向对象的一个重要原则。通过在不同程度上运用抽象的原则(较多或较少地忽略事物之间的差异),可以得到较一般的类和较特殊的类。特殊类拥有一般类的全部属性和操作,称为特殊类对一般类的继承。继承允许我们创建一个新的类,该类可以使用现有类的所有属性和操作,可以提高软件复用和可维护性。

(4) 多态性

在计算机语言学中,多态性的一般含义是一个名字在不同的语境下有不同的语义。在面向对象技术中,对象的多态性是指一般类中定义的属性或操作被特殊类继承后,可以具有不同的数据类型或表现出不同的行为[1]。

例如,一般类"多边形"的属性"顶点坐标",其语义是指由多边形每个顶点的坐标构成的数组。特殊类"正多边形"的属性"顶点坐标",其语义是指由外接圆圆心的坐标和多边形一个顶点的坐标构成的数组。由此可见,一般类和特殊类的属性名字相同,但语义是不同的。

对于操作,其多态性是非常常见的。例如,一般类"多边形"的操作"绘图",其语义是指根据每两个相邻的顶点坐标计算它们之间边的斜率并画出每条边。特殊类"正多边形"的操作"绘图",由于其属性"顶点坐标"的语义与一般类的属性"顶点坐标"的语义不同,所以其操作的算法不同于一般类的操作算法。因此,一般类和特殊类的操作"绘图"虽然名称和格式相同,但语义不同。

面向对象除了以上4个基本原则外,还有一些来自日常思维的原则及面向对象技术的特有原则,我们可以称之为面向对象的一般原则,具体包括以下6个:

(1) 分类

对事物进行分类,把具有相同属性和相同操作的对象归为一类,类是这些对象的抽象描述,每个对象是类的一个实例。不同程度的抽象可得到不同层次的分类:较多地忽略事物之间的差别得到较一般的类,较多地注意事物之间的差别得到较特殊的类。例如,类"商品"是对现实世界多个销售对象的分类,而对一般类"商品"进一步分类,可以形成"电器商品"和"洗护商品"等不同的特殊类。

(2) 关联

关联表示对象之间的静态联系(即通过对象属性体现的联系)。例如,教师和学生之间的任课关系就是一种关联,在实现中可以通过对象的属性表达出来。

(3) 聚合

聚合是指一个复杂的对象可以由若干简单的对象作为其组成部分。聚合既是一种系统的构造原则,同时,它也是对象之间的一种关系,即整体-部分关系。整体对象描述了一个复杂事物的整体,部分对象则描述事物中的一个相对独立的局部。整体对象和部分对象之间的关系则是聚合关系,又称为整体-部分关系。例如,整体对象"汽车"由"轮胎"和"发动机"等部分对象组成。

(4) 单一职责原则(Single Responsibility Principle,SRP)

一个类只应该有一个单一的职责,即一个类只应该负责一项功能,从而实现类的功能独立性,避免类之间的耦合。

（5）消息通信

消息是向对象发出的服务请求。一个消息应该包括以下信息：接收消息的对象（通过对象标识指出），该对象中提供服务的操作（通过操作名指出），输入信息（输入参数）和返回信息（返回参数）。消息通信是对象之间唯一合法的动态联系途径，即对象之间只能通过消息进行通信。

（6）复杂性控制

为了控制信息组织和文档组织的复杂性，面向对象方法引入了包的概念。包是模型元素的一个分组。一个包本身可以嵌套在其他包中，并且可以具有子包和其他种类的模型元素。这样对于复杂的类图和其他视图，就可以按照模型元素的紧密程度分成不同的包。

5.1.3 面向对象开发方法的发展和现状

1. 起源和发展

面向对象开发方法起源于面向对象编程语言。20 世纪 60 年代后期，在 Simula-67 语言中就出现了类和对象的概念，类作为语言机制用来封装数据和相关操作。70 年代前期，A. Kay 在 Xerox 公司设计出了 Smalltalk 语言，并于 1980 年推出了商品化的 Smalltalk-80，这标志着面向对象的程序设计已进入实用阶段。随后，出现了一系列面向对象编程语言，如 C++，Objective-C，Eiffel 等。

自 20 世纪 80 年代中期到 90 年代，有关面向对象技术的研究重点已经从语言转移到需求分析与设计方法，并提出了一些面向对象开发方法和设计技术。其中，具有代表性的工作有：Grady Booch 提出的面向对象开发方法；Peter Coad 和 Edward Yourdon 提出的面向对象分析（Object-Oriented Analysis，OOA）和面向对象设计（Object-Oriented Design，OOD）；Jim Rumbaugh 等提出的面向对象建模技术（Object Modeling Technique，OMT）方法。其间，形成了两大主流学派：

① 第一大主流学派可称之为以“方法（Method）”驱动的方法学。其基本思想是：在给出模型化概念的基础上，明确规定进行的步骤，并在每一步中给出实现策略。其典型代表为 Peter Coad 等提出的面向对象分析和面向对象设计。这一学派的主要优点是：容易学习和掌握；其主要缺点是：不够灵活，不能有效地应对开发中出现的新问题。

② 第二大主流学派可称之为以“模型（Model）”驱动的方法学。其基本思想是：以给定的一组模型化概念为基础，以模型构造（Model Construction）为驱动，捕获系统知识，建立一组规范的系统目标模型，其中不明确规定实现这些目标的步骤，但给出一些必要的指导。其典型代表为：Rumbaugh 的 OMT 和 Embley 的面向对象系统分析（Object-oriented Systems Analysis，OSA）等。这一学派的主要优点是：比较灵活；其主要缺点是：与 Peter Coad 和 Edward Yourdon 提出的 OOA 相比，不易学习和掌握。

2. 现状

目前，统一建模语言（Unified Modeling Language，UML）已经成为面向对象分析和设计所用建模语言的世界标准。

在 1995 年的面向对象编程系统、语言和应用（Object-Oriented Programming Systems，Languages and Applications，OOPSLA）会议上，Grady Booch、Jim Rumbaugh 公布了他们的统一方法（0.8 版）；1996 年，Grady Booch、Jim Rumbaugh 以及 Ivar Jacobson，将他们的统一

建模语言命名为 UML；1997 年，Rational 公司发布了 UML 文档 1.0 版，作为对象管理组织(Object Management Group，OMG)的建议方案；1998 年，在合并不同建议的基础上，UML 1.1 版作为一个正式的标准发布。2005 年 8 月，发布了 2.0 版，2015 年 5 月发布了 2.5 版。

在面向对象的过程指导方面，目前没有国际标准和规范。当前比较流行的是由 OMG 推荐的统一软件开发过程(Unified Software Development Process，USDP)和国内由北京大学牵头研究的青鸟面向对象软件开发过程指导。由于 USDP 吸取了 Rational 公司多年的工作成果，所以统一软件开发过程也简称为 RUP。

5.2　统一建模语言 UML

UML 是一种可视化语言，可用于① 规约系统的制品；② 构造系统的制品；③ 建立系统制品的文档。UML 作为一种一般性的语言，支持对象方法和构件方法；其应用范围为所有应用领域，例如，航空航天、财政、通信等，以及不同的实现平台，例如，J2EE、.NET 等，如图 5.2 所示。

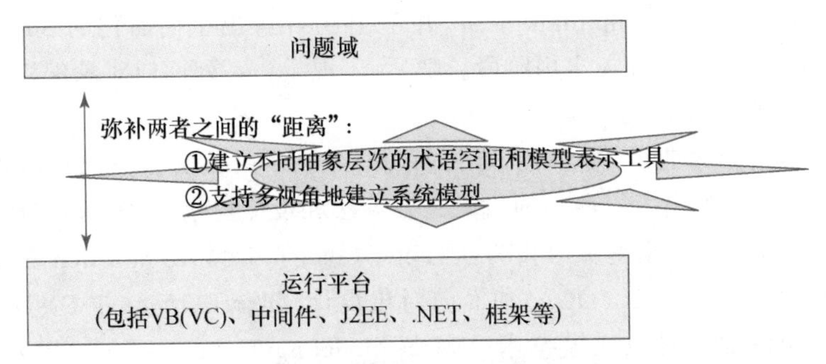

图 5.2　UML 的应用范围示意

UML 不是一种软件开发方法学，而是方法学的重要组成部分，即给出了方法学中不同抽象层次术语以及模型表达工具，如图 5.3 所示。

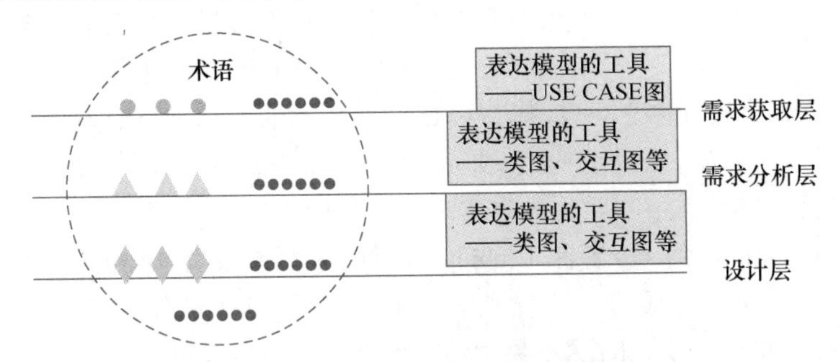

图 5.3　UML 在方法学中的角色

面向对象方法是一种以对象和对象关系来建造系统模型的一种系统化方法。其中的关键词有“对象”“对象关系”以及“建造系统模型”。因此，本节紧紧围绕“对象”“对象关系”以及“系统模型表达”这三个问题进行讨论，即：

① UML 提供哪些术语，用于表达客观世界中的各式各样的事物；

② UML 提供哪些术语，用于表达客观世界中各式各样事物之间的关系；

③ UML 提供哪些工具，用于表达客观世界中各种系统的模型。

由此可见，我们可以使用以上两类术语来表达客观事物及其之间的关系，作为系统分析和设计中所要使用的信息；可以使用 UML 提供的模型表示工具，来表达对“系统做什么”以及“系统怎么做”这两个问题的估算结果。

至于如何“建造”的问题，已超出 UML 的范围，属于面向对象过程指导的范畴，将在 5.3 节和 5.4 节中介绍。

5.2.1　表达客观事物的术语

按照 UML 的观点，客观世界的一切事物（对象），包括软件设计中的产物，可分为八大范畴：类、接口、协作、用况、主动类、构件、制品和节点，UML 把它们通称为类目，以便对客观世界的一切事物进行模型化。为了增强对客观事物语义的表达，UML 还引入一些特定的机制，例如多重性、限定符等。

另外，UML 引入了 4 个术语，即关联、泛化、实现和依赖，用于对世界的一切事物（对象）之间的关系进行模型化。

以上两类术语的引入，目的是支持在系统分析、设计和实现中表达所要使用的信息。

除这两类术语外，为了控制信息组织的复杂性，UML 引入了用于模型元素分组的术语——包。为了使建造的系统模型容易理解，UML 引入了表达注释的术语——注解，用于对模型增加一些辅助性说明。

本小节主要介绍表达事物的术语。

1. 类（class）

类是一组具有相同属性、操作、关系和语义的对象的描述。对象是类的一个实例。

通常把类表示为具有三个栏目的矩形，每个栏目分别代表类名、属性和操作，如图 5.4 所示。

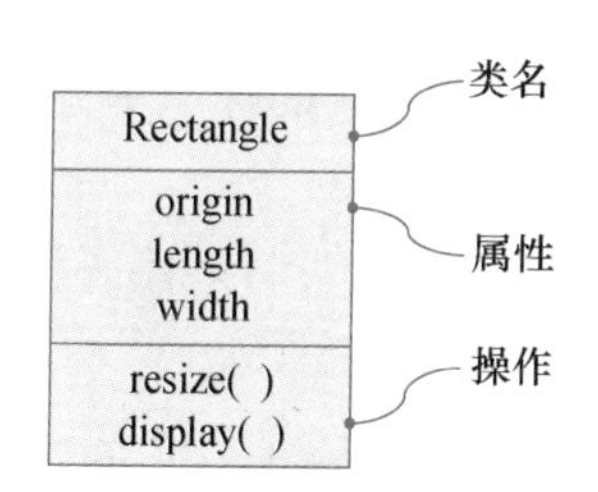

图 5.4　类的一种表示

其中，类名使用名词或名词短语，以大写字母开始，位于第一栏的中央。类名中每个词的第一个字母要大写。

类可以是抽象类，即没有实例的类，其类名采用斜体字。

由于类主要用于抽象客观世界中的事物，因此一般要有一组属性和操作。

（1）类的属性（attribute）

类的属性是类的一个命名特性，该特性由该类的所有对象所共享，是用于表达对象状态的数据。例如，图 5.4 中的 length 就是类 Rectangle 的一个属性。

一个类可以有多个属性，也可以没有属性。类的一个对象对其所属类的每一个属性应有特定的值。

在一个类中，表达属性的默认语法为：

[可见性]属性名[:类型][多重性][=初始值][{性质串}]。

例如，属性的声明可以如下：

- name　　属性名
- name：String　　属性名和类型
- name：String[0..1]　　属性名、类型和多重性
- +name：String　　可见性、属性名、类型
- name：String{readonly}　　属性名、类型和性质串

其中，

① 可见性。可见性指明该属性是否可以被其他类(类目)所使用。可见性的值可以为：

+(公有的)：可供其他类(类目)使用；

#(受保护的)：只有其子类(类目)才能使用；

-(私有的)：只有本类的操作才能使用；

~(包内的)：只有在同一包中声名的类(类目)才能使用。

另外，也可以使用关键字 public、protected、private 和 package 表示属性可见性，分别表示公有的、受保护的、私有的和包内的。例如：

```
public a: integer;
```

引入“可见性”的目的，是为了支持信息隐蔽这一软件设计原则。所谓信息隐蔽是指在每个模块中所包含的信息(包括表达信息的数据以及表达信息处理的过程)不允许其他不需要这些信息的模块访问。信息隐蔽是实现模块低耦合的一种有效途径。但是如果一个模块中的所有信息都是不可见的，即该模块是“绝对”信息隐蔽的，那么这种模块对系统而言也绝对是毫无意义的。

② 属性名。属性名是一个表示属性名字的标识串。通常以小写字母开头，除第一个词之外其他的每个词的首字母大写，左对齐。

③ 类型。类型是对属性实现类型的规约，与具体实现语言有关。例如：

```
name: String
```

其中，“name”是属性名，而“String”是该属性的类型。

④ 多重性。多重性用于表达属性值的数目。即该类实例的这一特性可以具有的值的范围。例如：

```
points[1..* ]: Point
```

多重性是可以省略的。在这种情况下，多重性是 1..1，即属性只含一个值。如果多重性是 0..1，就有可能出现空值。例如：

```
name[0..1]: String
```

这样的声明就允许属性“name”为空值或空串。

⑤ 初始值。初始值是与语言相关的表达式，用于为新建立的对象赋予初始值。

初始值是可选的。如果不声明对象这一属性的初始值，那么就要省略语法中的等号。

对象的构造函数可以参数化或修改默认的初始值。

⑥ 性质串。如果说“类型”“多重性”以及“初始值”都是围绕一个属性的可取值而给出的，那么“性质串”是为了表达该属性所具有的性质而给出的。例如：

```
a：integer＝10{frozen}
```

其中，“frozen”是一个性质串，表示属性是不可以改变的。如果没有给出一个属性的这一性质串，那么就认为该属性是可以改变的。

属性有其作用范围。UML 把属性分为两类：类范围的属性和实例范围的属性。类范围的属性是描述类的所有对象实例的共同特征的属性，对于任何对象实例，它的属性值都是相同的。在 UML 中，通过对属性加下划线来表示该属性为类范围的属性，如图 5.5 所示。如果没有声明一个属性是类范围的属性，那么它就是实例范围的属性。

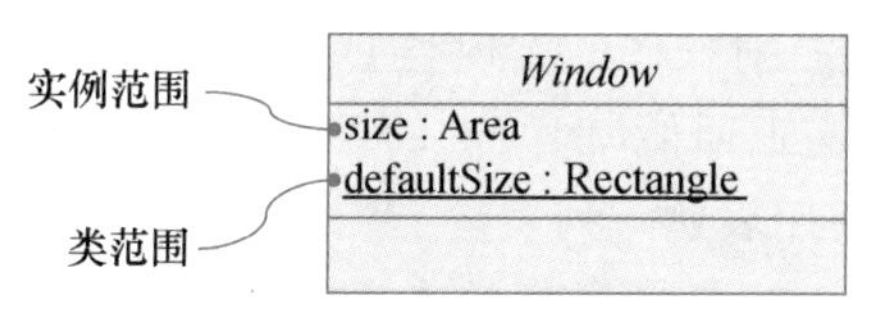

图 5.5　类范围的属性

(2) 类的操作(operation)

类的操作是对一个类中所有对象要做的事情的抽象，如图 5.4 所示。

操作可以被其他对象所调用，调用一个对象的操作可能会改变该对象的数据或状态。因此从另一角度来说，操作是对外提供的一个服务。

一个类可以有多个操作，也可以没有操作。操作可以是抽象操作，即在类中没有给出实现的操作。

表达操作的完整语法格式为：

[可见性] 操作名[(参数表)][:返回类型][{性质串}]

例如，操作的声明可以如下：

- move　　操作名
- ＋move　　可见性和操作名
- Set (id：Integer，name：String)　　操作名和参数
- getName()：String　　操作名和返回类型

其中，

① 可见性。如同属性的可见性一样，其值可以为：

＋(公有的)：可供其他类(类目)访问；

＃(受保护的)：只有其子类(类目)才能访问；

－(私有的)：只有本类的操作才能访问；

～(包内的)：只有在同一包中声名的类(类目)才能访问。

另外，也可以使用关键字 public、protected、private 和 package，分别表示公有的、受保护的、私有的和包内的。

② 操作名。操作名是该操作的标识，是一个正文串，一般是一个动词或动词短语，通常

以小写字母开头，左对齐。如果是动词短语，则除第一个字母外，其余每个词的第一个字母为大写，例如 getName()。若操作是一个抽象操作，则操作名以斜体字表示。

③ 参数表。参数表给出该操作的参数。一个操作可以有参数表，也可以没有。如果有参数表，则其语法为：

［方向］参数名：类型［＝默认值］

(a) 方向是对输入/输出的规约，是可选项，其取值可以为：

- in　输入参数，不能修改之；
- inout　输入参数，为了与调用者进行信息通信，可能要对之进行修改；
- out　输出参数，为了与调用者进行信息通信，可能要对之进行修改。

(b) 类型是实现类型(与语言有关)的规约。

(c) 默认值是一个值表达式，用最终的目标语言表示。该项是可选的。

④ 返回类型。返回类型是对操作的实现类型或操作的返回值类型的规约，它与具体的实现语言有关。如果操作没有返回值(例如 C++ 中的 void)，就省略冒号和返回类型。当需要表示多个返回值时，可以使用表达式列表。

根据实际问题的需要，可以省略全部的参数表和返回类型，但不能只省略其中的一部分。

⑤ 性质串。给出应用于该操作的特性值。该项是可选的，但若省略操作的性质串，就必须省略括号。UML 提供了叶子(leaf，操作是“叶子”操作)、抽象(abstract，操作是抽象操作)等性质串，请详见 UML 标准。

和类的属性一样，操作也分为类范围的操作和对象范围的操作。通过在操作下方画一条下划线表示类范围的操作，否则就是实例范围的操作。类范围的操作是用来创建实例或操纵类属性的操作。例如 C++ 中的前面冠以 static 的成员函数，就是类范围操作。

通过以上关于属性和操作的讲解，在实际应用中我们可以把一个类表达为如图 5.6 所示的三种形式。

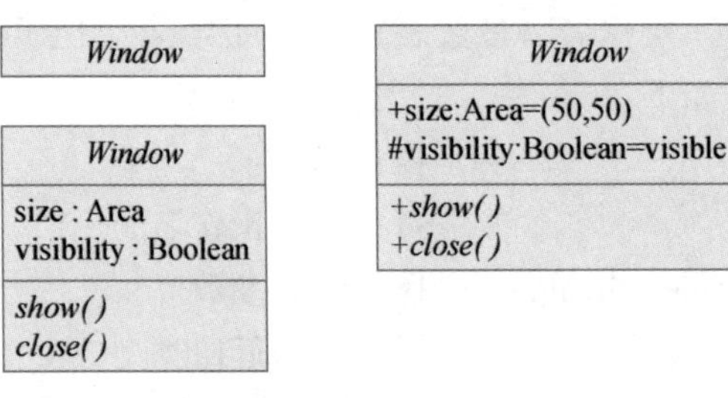

图 5.6　类的三种表示法

其中，左上方的图没有显示类的细节，左下方的图显示了类的一定细节，右边的图显示了类的更多细节。并且根据类所在的应用场景，其类名可以采用如图 5.7 所示的形式。其中，一种是简单名，另一种是限定名(用类所在的包的名称作为前缀的类名)。

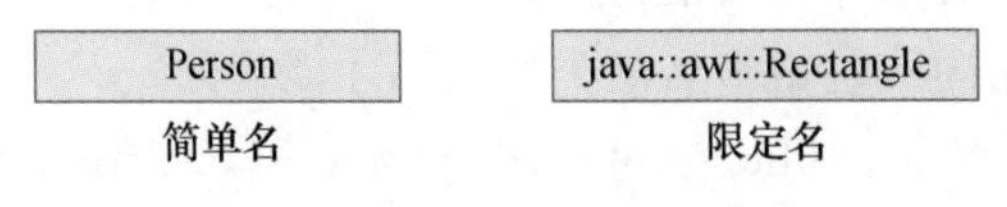

图 5.7　类名

在实际应用中，根据需要可以给出如图 5.8 所示的对象表示。

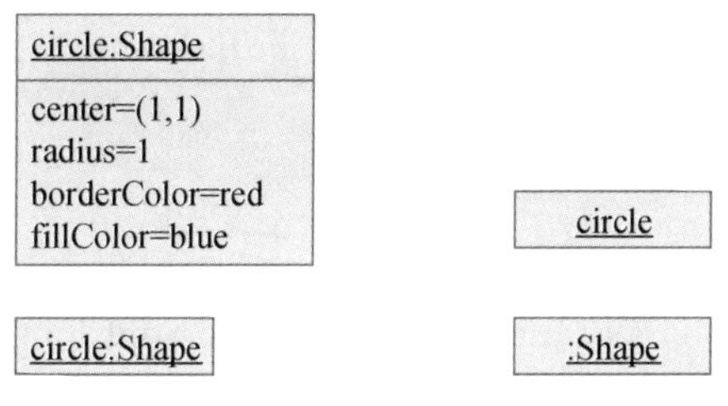

图 5.8　对象表示

在图 5.8 中，左上方图表明，类“Shape”的一个对象，其对象名为“circle”，其有 4 个属性，且每一个属性均有初值，但没有操作；左下方图表明，类“Shape”的一个对象，名为“circle”，但没有给出属性信息；右上方图仅表明有一个对象，其名字为“circle”；右下方图表明，是类“Shape”的对象，但该对象是匿名对象。

由于对象是类的实例，一个类的各对象所拥有的操作都是相同的，所以一个对象的完整描述只需要描述对象名、属性和属性值。对象的所有操作相同，操作的参数值是外界传入的。对象只有属性栏而没有操作栏，如图 5.8 左上方图所示。

在表达一个对象时，可以使用该对象所属的类名，并在类名和对象名之下有一条下划线，如图 5.8 中左上方图所示；可以省略对象名，保留冒号和类名，表示该对象是类的一个匿名对象，如图 5.8 中右下方图所示；可以只显示对象名，如图 5.8 中右上方图所示；也可以不显示整个属性栏，如图 5.8 中左下方图、右上方图、右下方图所示。

(3) 关于类语义的进一步表达

在实际应用中，如果只给出一个类的名字、属性和操作，由此所表达的语义可能还不能很好地满足以后设计的需要，因此有时还需要对该类的语义做进一步的描述。

下面给出几种在实际工作中可采用的、增强类语义的描述技术：

① 详细叙述类的职责，如图 5.9 所示。

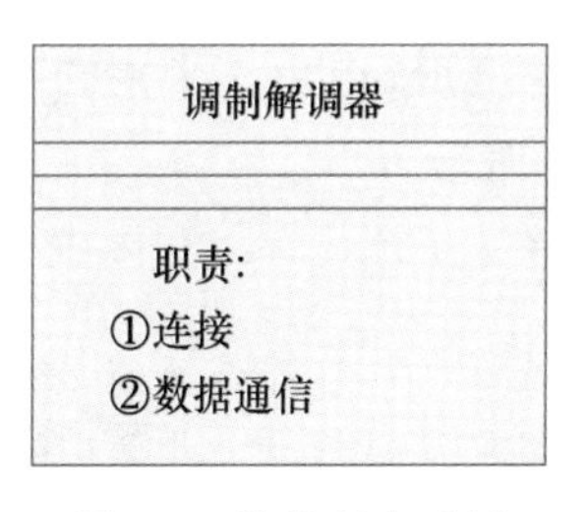

图 5.9　类的职责示例

该描述是指以正文的形式，给出该类在系统中所承担的任务和责任。这是一种非形式化的语义描述技术。

通过定义类的职责，可以表达一个类的目的，这往往是对类进行模型化的起点。在此基础上，可以进一步定义类的属性和操作。例如：为了实现调制解调器的责任：连接和数据通信，可以定义以下 4 个操作：

```
modem {
    public void dial(string pno);
    public void hangup();
    public void send(char c);
    public void recv();
}
```

其中，操作“public void dial(string pno)”和“public void hangup()”用于实现责任“连接处理”；而操作“public void send(char c)”和“public void recv()”用于实现责任“数据通信”，并标识了它们所需要的属性。

在采用这种技术为一个类增加有关“目的”方面的信息时，若想使该类具有良好结构，一般应按照单一职责原则，要求每个类只负责一件事情，即一个类应仅有一个引起它变化的原因。这条原则通常被称为内聚性原则。在实际应用中，一个类一般至少要有一个职责。如果职责过多，会为以后由于需求的变更而带来维护上的困难。

② 通过类的注解和/或操作的注解，以结构化文本的形式和/或编程语言，详述整个类的语义和/或各个方法，如图 5.10 所示。

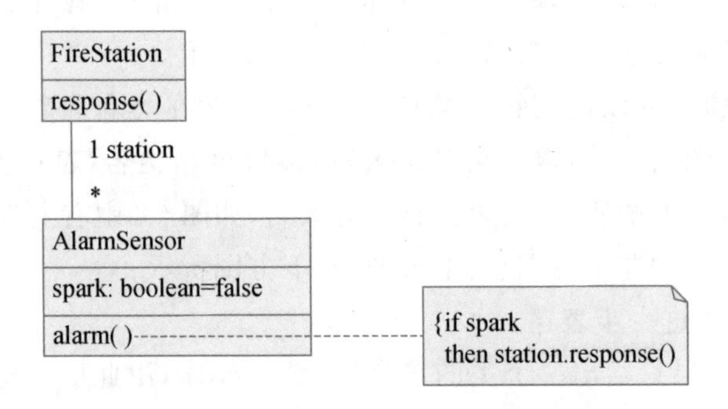

图 5.10　通过注解来表达操作的语义

在图 5.10 中，通过注解，以结构化文本或编程语言，给出操作“alarm()”的方法语义，来增加该类的语义信息。

③ 通过类的注解或操作的注解，以结构化文本形式，详述各操作的前置条件和后置条件，以及整个类的不变式，如图 5.11 所示。

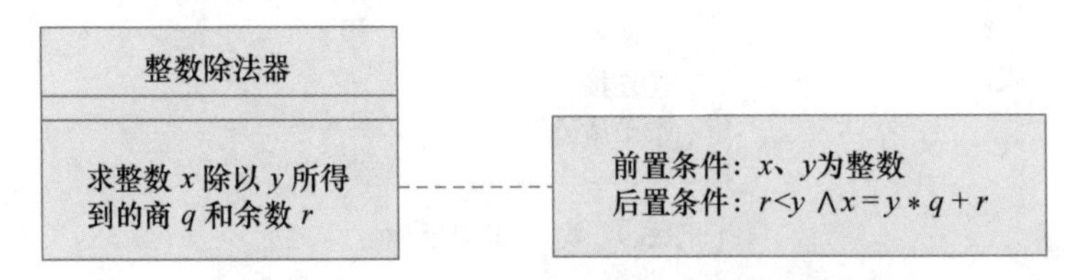

图 5.11　通过前置条件和后置条件来表达类的不变式

在图 5.11 中，通过类的注解，给出了类“整数除法器”的前置条件和后置条件，以描述该类的不变式“x＝y∗q+r”。

④ 详述类的状态机。例如：在嵌入式系统中，可以把一个控制器作为一个类，其控制行为可用状态图表示，详见 5.2.4 节。

⑤ 详述类的内部结构。可用活动图描述类的复杂操作的处理流程，详见 5.2.4 节。

⑥ 详述一个体现类的协作，可用交互图描述该类与其他类的协作，详见 5.2.4 节。

综上所述可见，关于类的语义表达，其粗细程度取决于所采用的描述手段。应用中到底需要表达到何种程度，这取决于建模的意图。在实际应用中，往往需要针对系统中的不同抽象，对以上描述技术进行必要的组合。

(4) 类在建模中的主要用途

在建立系统模型中，问题中的大量信息均可用类来规约，形成系统模型中具有特定结构的成分。具体地说，类的作用主要有三点：

① 模型化问题域中的概念(词汇)。例如，可以把一个个人博客系统中的“访客”“注册用户”“博客”“博文”“评论”等概念，模型化为个人博客系统中的类，如图 5.12 所示。

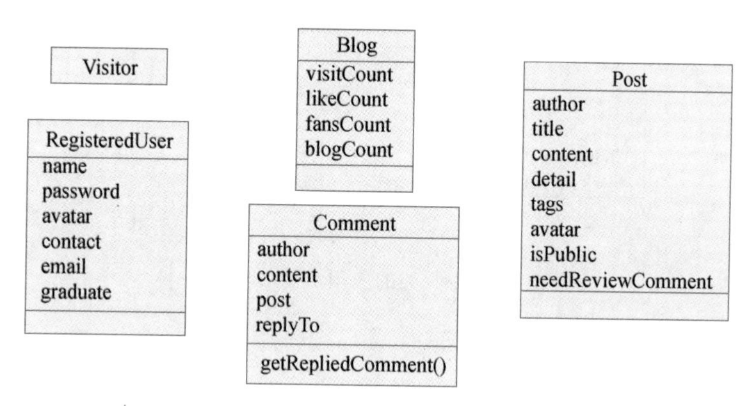

图 5.12　类的应用示例(1)

至于如何模型化问题域中的概念，将在“5.3 面向对象的分析”一节中介绍。

② 建立系统的职责分布模型。建立系统职责分布模型的目标是：均衡系统中每一个类的职责，使其完成一件事情，以避免类过大或过小。如果一个类过大，则该类将难以复用；如果一个类过小，则该类将难以理解和管理。为了实现这一目标，应做以下工作：

- 为了完成某些行为，标识一组紧密协同工作的类，并标识其中每个类的职责集。
- 从整体上观察这些类，把其中职责过多的类分解为一些较小的抽象，而把职责过于琐碎的类合并为一个较大的类，继之重新分配职责。
- 考虑这些类的相互协作方式，调整它们的职责，使协作中没有哪一个类的职责过多或过少，如图 5.13 所示。

③ 模型化建模中使用的基本类型。基本类型是指整型、实型、字符型以及相关的数组类型、记录类型、枚举类型等。对基本类型进行模型化，主要应做以下工作：

- 如果需要对类型或枚举类型进行抽象时，可使用适当的衍型类来表示。
- 当需要详细描述与该类型相关的值域时，可使用约束，如图 5.14 所示。

在系统建模中，由于类是使用最多的一个术语，因此应特别注意一个结构良好的类，应符合以下条件：

- 类明确抽象了问题域或解域中某个有形事物或概念。
- 类中包含了一个小的、明确定义的职责集，并能很好地实现之。
- 类清晰地分离了抽象和实现。

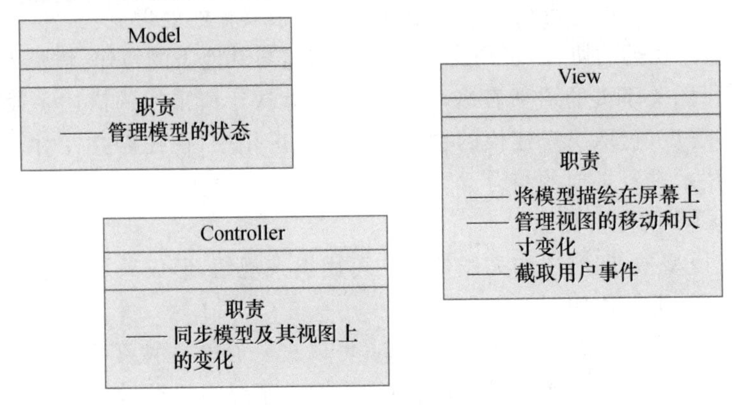

图 5.13 类的应用示例(2)

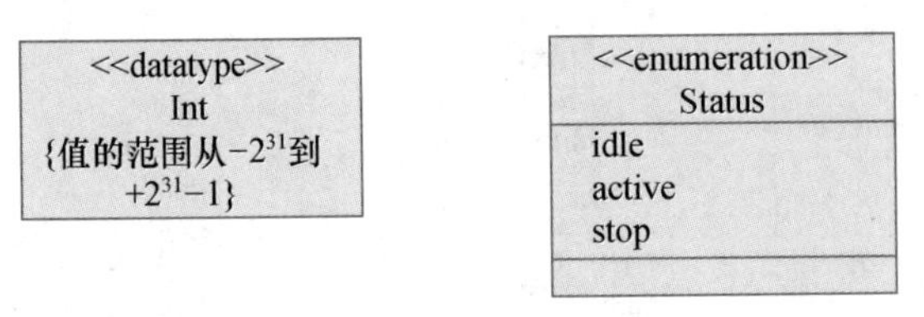

图 5.14 类的应用示例(3)

2. 接口(interface)

接口是操作的一个集合,其中每个操作描述了类或构件的一个服务。接口表示示例如图 5.15 所示。

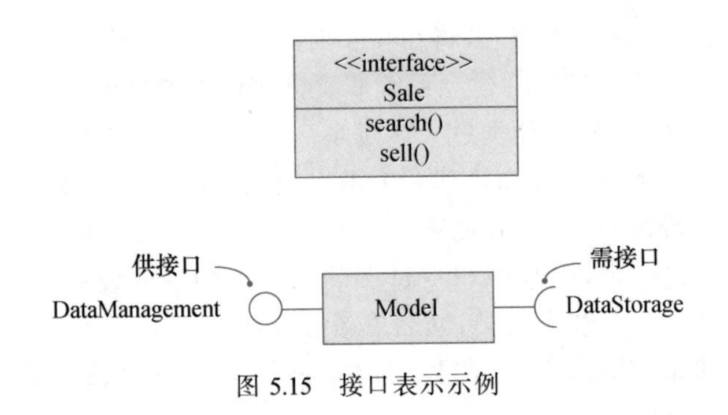

图 5.15 接口表示示例

图 5.15 表明,接口可用两种形式表示,一种是采用具有分栏和关键字≪interface≫的矩形符号来表示接口,另一种是采用小圆圈来表示接口。其中,左边的圆圈表示由类提供的接口,简称供接口;右边的半圆圈表示类需要的接口,简称需接口。

从第二种表示可以看出,接口的基本作用是模型化系统中的"接缝"。换言之,通过声明一个接口,表明一个类、构件、子系统为其他类、构件、子系统提供了所需要的且与实现无关的行为;或表明一个类、构件、子系统所要得到的且与实现无关的行为。

接口均有一个名字。根据实际应用场景,可以使用简单名,也可以使用限定名(以接口所在的包的名称作为前缀的接口名),如图 5.16 所示。

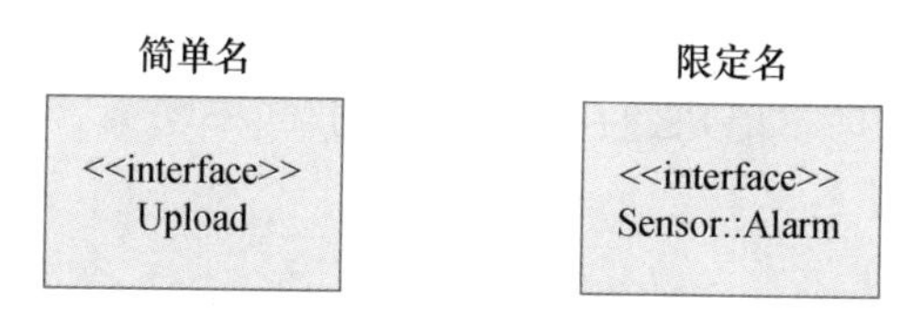

图 5.16 接口名示例

如果需要显示接口中操作列表，就应该使用矩形来表示接口，而不应使用圆圈来表示接口。

如果采用具有分栏和关键字≪interface≫的矩形符号来表示接口，就要在操作分栏中给出该接口所支持的操作列表。此时该接口的属性栏是空的。

实现接口的类(类目)与该接口之间是一种实现关系，用带有实三角箭头的虚线表示。使用接口的类(类目)和该接口之间是一种使用关系，用带有≪use≫标记的虚线箭头表示。如图 5.17 所示。

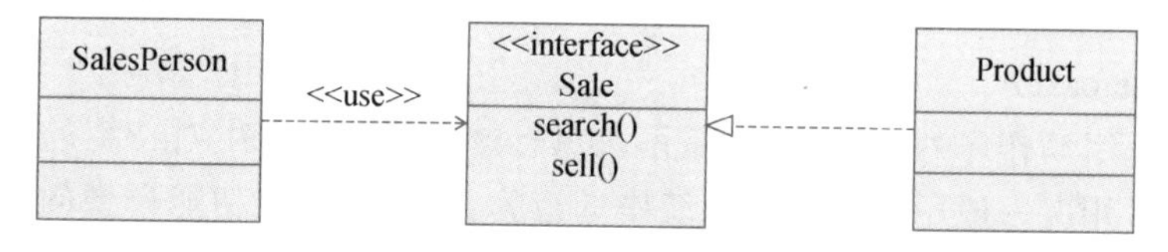

图 5.17 接口与类之间的关系示例

在图 5.17 中，“Sale”是一个接口，有 2 个操作，分别是“search”和“sell”。类“Product”提供了该接口的实现，而类“SalesPerson”使用这一接口。

在建立系统模型中，若使用接口对系统中那些“接缝”进行模型化时，应注意以下问题：

① 接口只可以被其他类目使用，而其本身不能访问其他类目。

② 接口描述类(构件或子系统)的外部可见操作，通常是该类(构件或子系统)的一个特定有限行为。这些操作可以使用可见性、并发性、衍型、标记值和约束来修饰。

③ 接口不描述其中操作的实现，也没有属性和状态。由此可见，接口在形式上等价于一个没有属性、只有抽象操作的抽象类。

④ 接口之间没有关联、泛化、实现和依赖，但可以参与泛化、实现和依赖。图 5.17 是接口参与实现和依赖示例，图 5.18 是接口参与泛化示例。

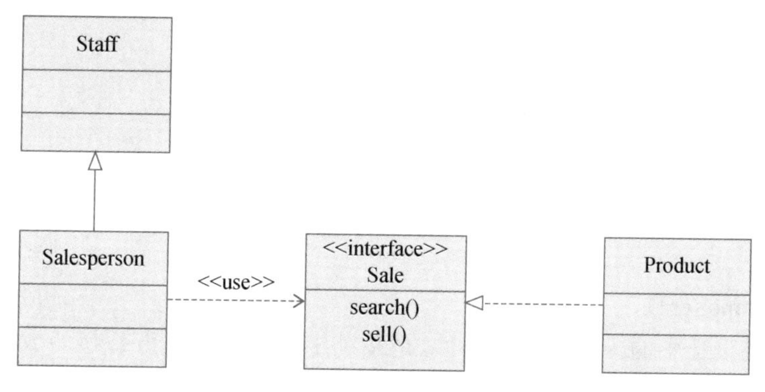

图 5.18 接口参与泛化示例

上文,比较详细地介绍了 UML 中用于规约客观事物的两个重要术语:类和接口,除此之外,还有 6 个可规约事物的术语,它们是:协作、用况、主动类、构件、制品和节点。下面对这些术语作概念性的介绍。

3. 协作(collaboration)

协作是一个交互,涉及交互三要素:交互各方、交互方式及交互内容。交互各方相互作用,提供了某种协作行为。

可以通过协作来刻画一种由一组特定元素参与、具有特定行为的结构。这组特定元素可以是给定的类或对象,因此,协作可以表现系统实现的构成模式。

在 UML 中,协作表示为虚线椭圆,如图 5.19 所示。

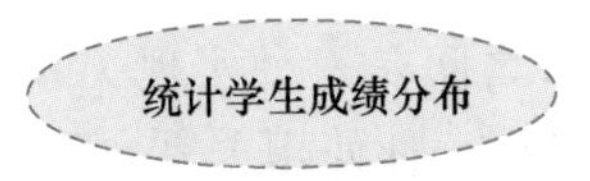

图 5.19 协作的表示

4. 用况(use case)

用况是对一组动作序列的抽象描述,系统执行这些动作应产生对特定的参与者有值的、可观察的结果。用况一般用于模型化系统中的行为,是建立系统功能模型的一个重要术语。通过协作可以对用况所表达的系统功能进行细化。

在 UML 中,把用况表示为实线椭圆,如图 5.20 所示。

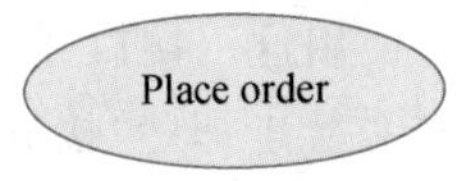

图 5.20 用况的表示

5. 主动类(active class)

主动类是一种至少具有一个进程或线程的类。由此可见,主动类能够启动系统的控制活动,并且,其对象的行为通常与其他元素行为是并发的。

主动类的表示如图 5.21 所示。

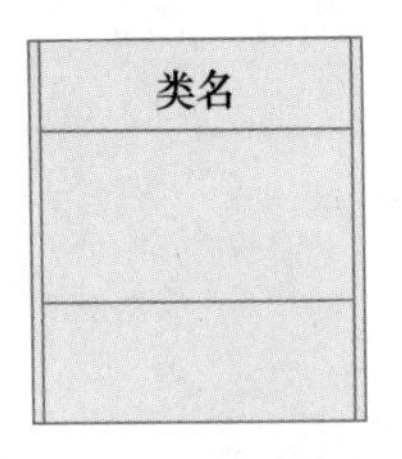

图 5.21 主动类的表示

6. 构件(component)

构件是系统设计中的一种模块化部件,是系统中逻辑的并且可替换的成分,它遵循并提供了一组接口的实现。构件通过外部接口隐藏了它的内部实现。

在一个系统中,具有共享的、相同接口的构件是可以相互替代的,但其中要保持相同的逻辑行为。构件是可以嵌套的,即一个构件可以包含一些更小的构件。

在UML中,构件表示如图5.22所示。

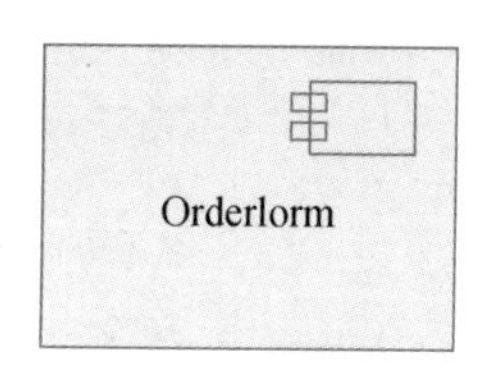

图5.22　构件的表示

7. 制品(artifact)

制品是系统中包含物理信息(比特)的、可替代的物理部件。

制品通常代表对源代码信息或运行时的信息的一个物理打包,因此在一个系统中,可能存在不同类型的部署制品,例如源代码文件、可执行程序和脚本等。

在UML中,制品表示如图5.23所示。

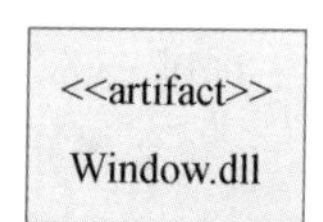

图5.23　制品的表示

8. 节点(node)

节点是在运行时存在的物理元素,通常表示一种具有记忆能力和处理能力的计算机资源。一个构件可以驻留在一个节点上,也可以从一个节点移到另一个节点。

在UML中,节点表示如图5.24所示。

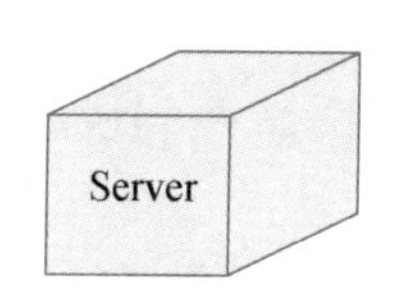

图5.24　节点的表示

以上介绍了用于抽象客观事物的8个术语,它们是:类、接口、协作、用况、主动类、构件、制品和节点。UML把这些术语统称为类目。在一个UML模型中,也可包含它们的一些变体,例如:在use case模型中的参与者(actor),是类的变体。类的变体还有信号、实用程序等;主动类的变体有进程和线程等;制品的变体有应用、文档、库、页和表等。

5.2.2　表达关系的术语

基于面向对象的世界观,"对象之间的相互依赖和相互作用,构成了现存的各式各样的系统",为了表达各类事物之间的相互依赖和相互作用,即为了表达各类事物之间的关系,UML给出了4个术语:① 关联(association);② 泛化(generalization);③ 实现(realization);④ 依赖(dependency)。

通过使用这4个术语可以表达类目之间各种具有特定语义的关系,构造一个结构良好的UML模型。

1. 关联(association)

关联是类目之间的一种结构关系,描述了两个或多个类的实例之间的连接关系。关联是对一组具有相同结构、相同语义链(links)的描述,链是对象之间具有特定语义关系的抽象。关联示例如图 5.25 所示。

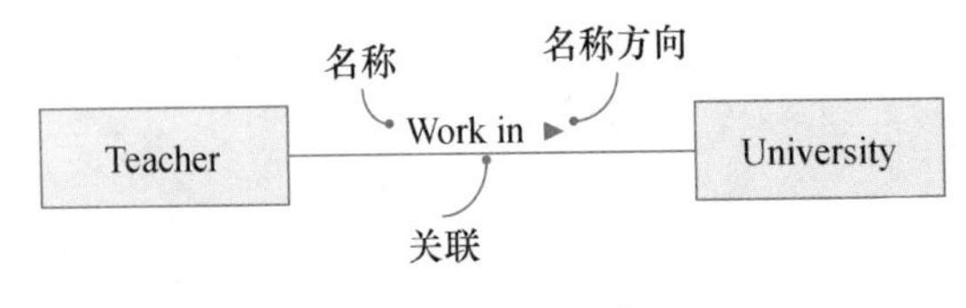

图 5.25 关联示例

其中,"Teacher"和"University"是两个类,类"Teacher"中的对象在类"University"中的对象工作。例如,{〈张三,北大〉,〈李四,北航〉,……},是一个关联,其中的链具有相同结构和相同的语义,即"某人在某大学工作",例如〈张三,北大〉意指"张三在北大工作"。

关联用一条连接两个类的线段表示,并用动词或动词词组对其命名,例如"Work in"。如果其结构具有方向性,可用一个实心三角形来指示关联的方向。

如果一个关联只连接两个类,称为二元关联;如果一个关联连接三个或三个以上的类,称为 n 元关联,并用一个菱形表示,图 5.26 给出一个三元关联的示例。

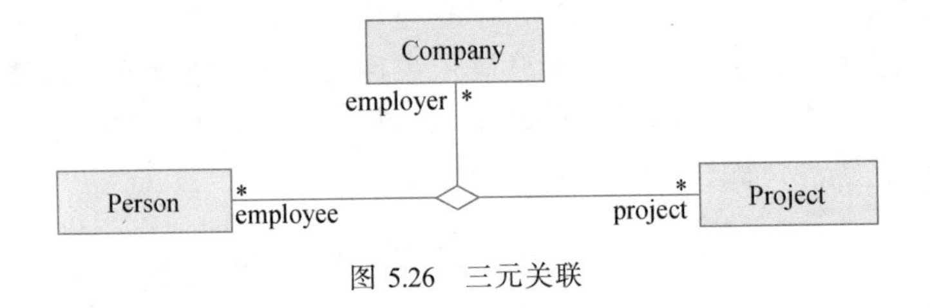

图 5.26 三元关联

类是一组具有相同属性、操作、关系和语义的对象的描述,而关联是一组具有相同结构和语义的链的描述。

为了表达关联的语义,UML 采用了以下途径:

(1) 关联名(name)

关联可以有一个名字,用于描述该关联的"内涵",如图 5.25 中的"Work in"所示。

(2) 导航(navigation)

对于一个给定的类目,可以找到与之关联的另一个类目,这称为导航。一般情况下,导航是双向的。但如果需要限定导航是单向的,这时就可以通过一个指示方向的单向箭头来修饰相应的关联,如图 5.27 所示。

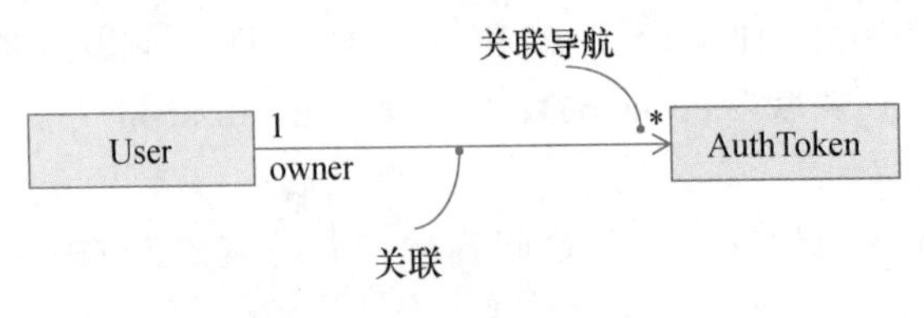

图 5.27 关联的单向导航

(3) 角色(role)

角色是关联一端的类目对另一端的类目的一种呈现。当一个类目参与一个关联时，如果它具有一个特定的角色，那么就要显式地命名该类目在关联中的角色，并把关联一端所扮演的角色称为端点名，如图5.28所示。

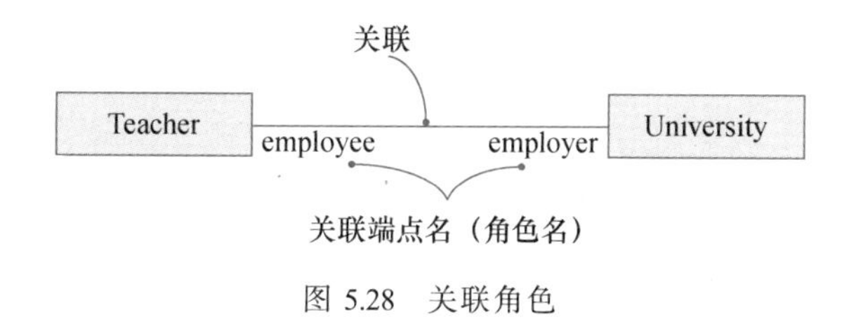

图5.28　关联角色

一个类目可以在不同的关联中扮演不同的角色，如图5.29所示。

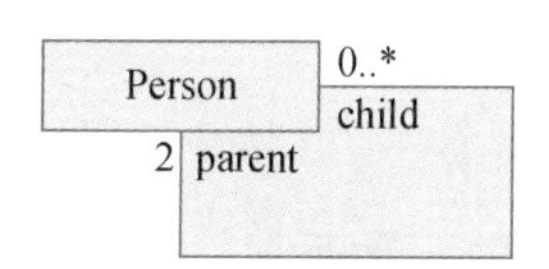

图5.29　类在关联中的不同角色

其中，类"Person"中的一个对象，就具有"parent"和"child"两种角色。

(4) 多重性(multiplicity)

类(类目)中对象参与一个关联的数目，称为该关联的多重性，如图5.30所示。

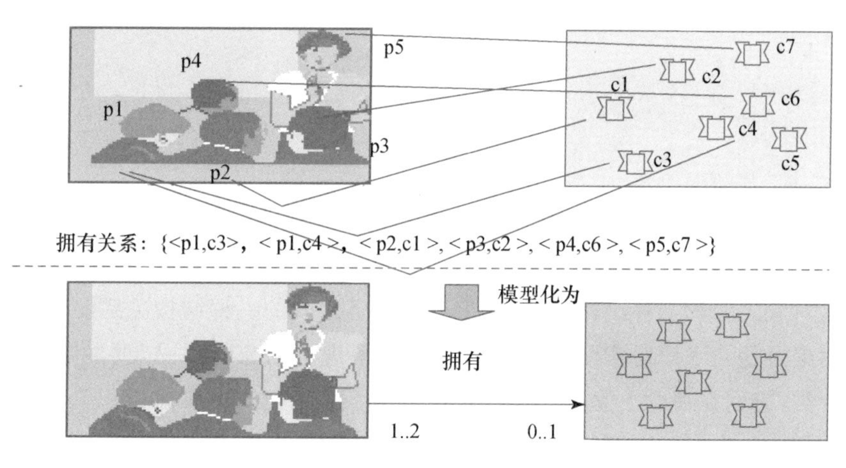

图5.30　关联的多重性示例

一般来说，表达多重性的基本格式为：下限..上限。其中的下限和上限都是整型值，表达的是一个从下限到上限的整数闭区间。星号(*)可以用于上限，表明不限制上限。如果多重性是单个(*)，那么它就表明了无穷的非负正整数的范围，即等阶于0..*。多重性0..0是没有实际意义的，表明没有实例产生。

(5) 限定符(qualifier)

限定符是一个关联的属性或属性表,这些属性的值将对该关联相关的对象集做了一个划分,如图 5.31 所示。

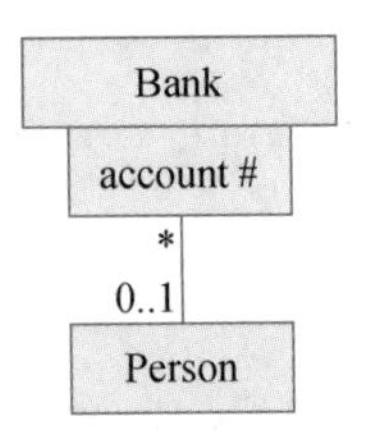

图 5.31 限定符示例

在图 5.31 中,属性“account”是一个限定符,给定一个“Bank”对象,并给定“account”一个值,可以找到 0 或 1 个“Person”对象。由此可见,该属性对类“Person”中的对象进行了一个划分。

(6) 聚合(aggregation)

分类是增强客观实际问题语义的一种手段。通过“一个类是另一类的一部分”这一性质,对关联集进行分类,凡满足这一性质的关联,被称为一个聚合。显然聚合是关联的一种特殊形式,表达的是一种“整体/部分”关系,如图 5.32 所示。

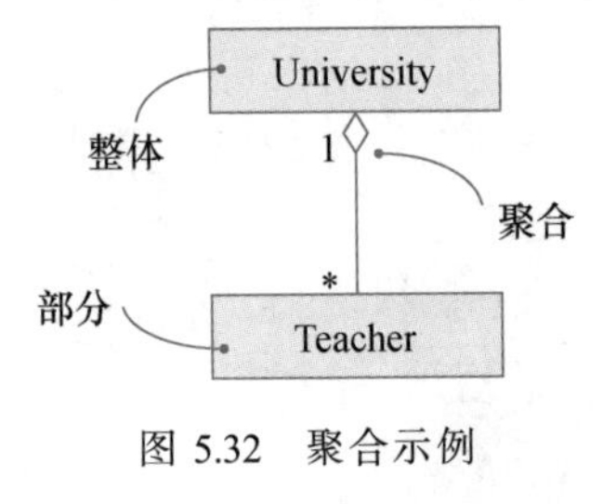

图 5.32 聚合示例

聚合表示为带有空心菱形的线段,其中空心菱形在整体类那一边。聚合可以使用多重性,表示各类参与该聚合的数目。

聚合是对象之间的一种结构关系,即聚合不是类之间的一种结构关系。

在应用聚合这一术语对实际问题中的这类关系进行抽象时,一定要注意:不论是整体类还是部分类,它们在概念上是处于同一个层次的。这是把一个实体标识为一个类的属性,还是把它标识为一个“部分类”的基本依据。

(7) 组合(composition)

组合又是聚合的一种特殊形式。如果在一个时间段内,整体类的实例中至少包含一个部分类的实例,并且该整体类的实例负责创建和消除部分类的实例,特别地,如果整体类的实例和部分类的实例具有相同的生存周期,那么这样的聚合称为组合。

根据组合的定义,不难得出以下结论:

① 在一个组合中,组合末端的多重性显然不能超过 1;

② 在一个组合中,由一个链所连接的对象而构成的任何元组,必须都属于同一个整体

类的对象。

组合一般用带有实心菱形的线段表示，其中实心菱形在整体类那一边，如图 5.33 所示。

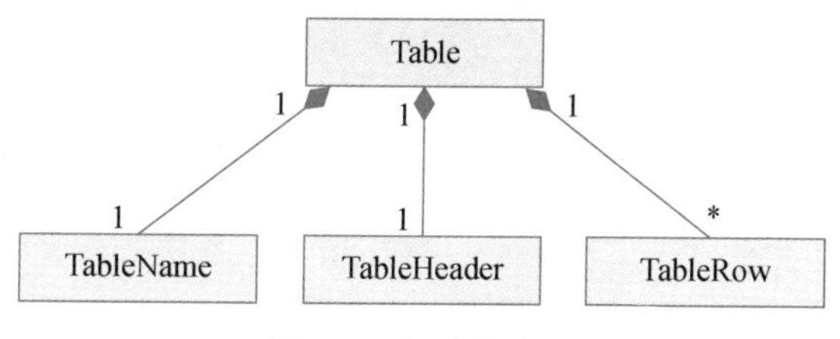

图 5.33　组合的表示

(8) 关联类(association class)

关联类是一种具有关联和类特性的模型元素。一个关联类，可以被看作是一个关联，但还有类的特性；或被看作一个类，但有关联的特性，如图 5.34 所示。

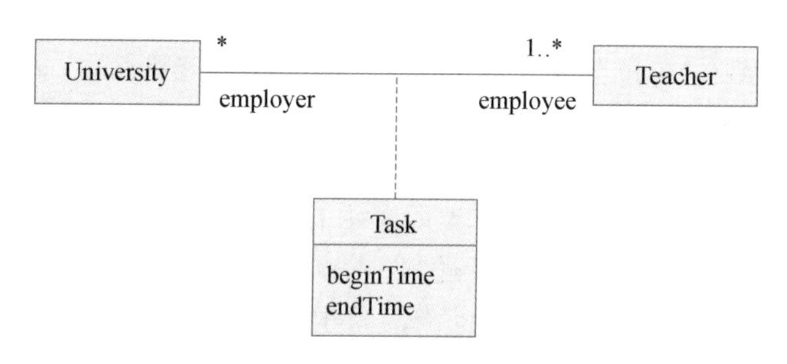

图 5.34　关联类示例

其中，“Task”类是一个关联类，用于进一步表达关联“Task”的语义。

如果关联类只有属性而没有操作或其他关联，名字可以显示在关联路径上，从关联类符号中省去，以强调其“关联性质”。如果它有操作和其他的关联，那么可以省略路径中的名字，并将它们放在类的矩形中，以强调其“类性质”。在关联路径的两端可能都具有通常的附属信息，类符号也可以具有通常的内容，但在虚线上没有附属信息。

尽管把一个关联类画成一个关联(虚线)和一个类，但它仍然是一个单一的模型元素。

2. 泛化(generalization)

泛化是一般性类(称为超类或父类)和它的较为特殊性类(称为子类)之间的一种关系，有时称为“is-a-kind-of”关系。如果两个类具有泛化关系，那么：

① 子类可继承父类的属性和操作，并可有自己的属性和操作；

② 子类可以替换父类的声明；

③ 若子类的一个操作的实现覆盖了父类同一个操作的实现，这种情况称为多态性，但两个操作必须具有相同的名字和参数；

④ 泛化可以存在于其他类目之间，例如在节点之间、类和接口之间等。

可见，泛化是一种支持复用的机制。

在 UML 中，把泛化表示成从子类(特殊类)到父类(一般类)的一条带空心三角形的线段，其中空心三角形在父类端。泛化的表示如图 5.35 所示。

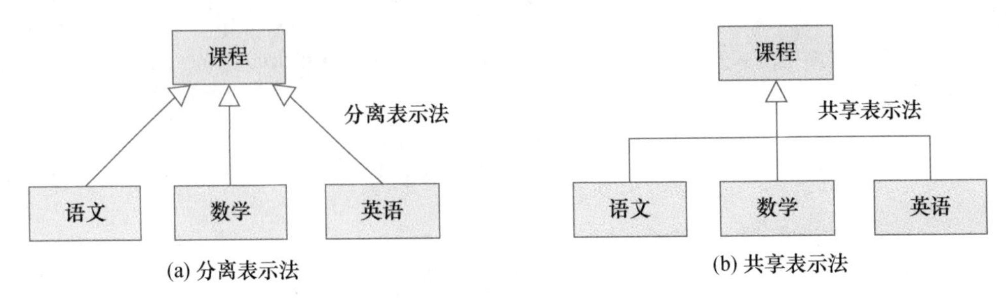

图 5.35 泛化的表示

一个类可以有 0 个、1 个或多个父类。没有父类且最少有一个子类的类被称为根类或基类;没有子类的类称为叶子类。例如图 5.35 中课程为基类,而语文、数学、英语为叶子类。

如果一个类只有一个父类,则说它使用了单继承;如果一个类有多个父类,则说明它使用了多继承,如图 5.36 所示。

在发生多继承时,不同父类可能会出现属性和操作的重叠。例如在图 5.36 中,“博士研究生”类和“职员”类都有“单位”属性。在默认的面向对象实现机制中,父类的属性会被复制到子类对象的内存空间中,如图 5.37 所示,对于这两个来自不同父类的重名的属性访问,面向对象实现机制提供了命名空间等方案来解决该问题。

值得注意的是,在图 5.36 中,“人员”类的继承有些异常。按照默认的面向对象继承实现,“人员”类的“姓名”属性会被分别复制进“职员”类和“博士研究生”类对象中,进而被复制进“在职博士”类对象中,然而,“在职博士”类对象中只会有一个“姓名”属性,这也是符合直

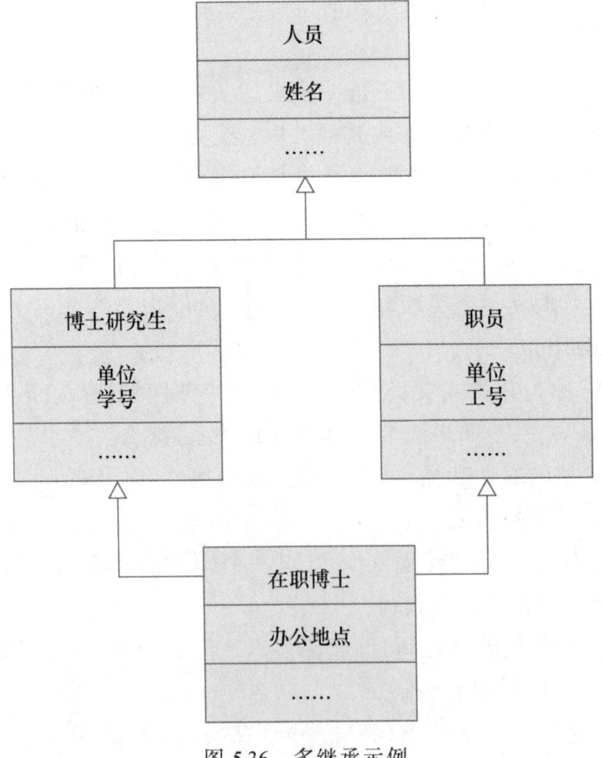

图 5.36 多继承示例

觉的，毕竟一个对象应该只会有一个姓名。符合这种特点的继承被称为“菱形继承”，如何避免重复复制“人员”类的“姓名”属性可以参考C++等语言的虚继承特性。C++虚继承特性的介绍请参见 https://en.wikipedia.org/wiki/Virtual_inheritance。

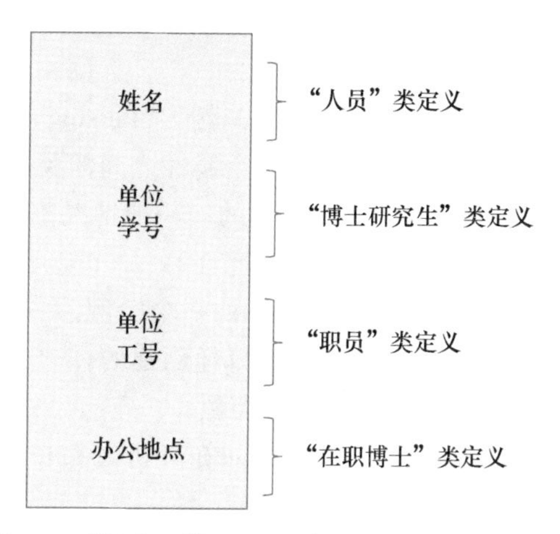

图 5.37　类“在职博士”的对象的属性的内存分布图

在大多数实际应用中，为了控制信息组织的复杂性，一般应尽量采用单继承，避免使用多继承。

3. 实现(realization)

实现是类目之间的语义关系，其中一个类目规定了保证另一个类目执行的契约。在UML中，把实现表示为一个带空心三角形的虚线段，如图5.38所示。

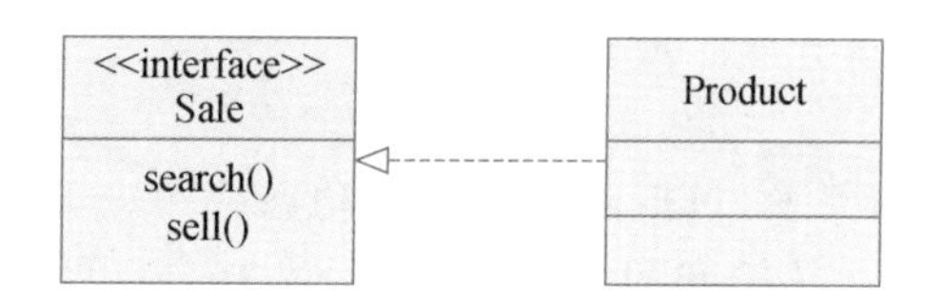

图 5.38　实现示例

在实际应用中，一般在以下2个地方会使用实现关系：

① 接口与实现它们的类和构件之间；

② 用况与实现它们的协作之间。

4. 依赖(dependency)

依赖是一种使用关系，用于描述一个类目使用另一类目的信息和服务。例如，一个类使用另一个类的操作，显然在这种情况下，如果被使用的类发生变化，那么另一个类的操作也会受到一定的影响。

在UML中，把依赖表示为两个建模元素之间一条有向虚线段，如图5.39所示。

图 5.39　依赖示例

其中，把箭头那一端的类目称为目标，而把另一端的类目称为源。

为了进一步表达依赖的语义，UML 对依赖进行了分类，并给出了相应的标记。

① 绑定(bind)：表明源的实例化是使用目标给定的实际参数来达到的。例如，可以把模板容器类(目标)和这个类实例(源)之间的关系模型化为绑定。其中绑定涉及一个映射，即实参到形参的映射。

② 导出(derive)：表明可以从目标推导出源。例如“Person”类有属性“生日”和“年龄”，由于“年龄”可以从“生日”导出，因此可以把这两个属性之间的关系模型化为导出。

③ 允许(permit)：表明目标对源而言是可见的。一般情况下，当许可一个类访问另一个类的私有特征时，往往把这种使用关系模型化为允许。

④ 实例(instance of)：表明源的对象是目标的一个实例。

⑤ 实例化(instantiate)：表明源的实例是由目标创建的。

⑥ 幂类型(powertype)：表明源是目标的幂类型。

⑦ 精化(refine)：表明源比目标更精细。例如在分析时存在一个类 A，而在设计时的 A 所包含的信息要比分析时更多。

⑧ 使用(use)：表明源的公共部分的语义依赖于目标的语义。

按照 UML 的观点，客观世界一切事物之间的关系，采用分类手段可以将其分为 4 类：关联、泛化、实现和依赖。

在系统建模中，为了模型化其中所遇到的关系，首先应使用关联、泛化和实现这 3 个术语，只有在不能使用它们时，再使用依赖。

以上谈到的 4 个术语，即关联、泛化、实现和依赖，以及它们的一些变体，例如精化、跟踪、包含和扩展等，可以作为 UML 模型中的元素，用于表达各种事物之间的基本关系。具体来说，这 4 个术语可模型化以下各种关系：

(1) 结构关系

系统中存在大量的结构关系，包括静态结构和动态结构。可以使用“关联”来模型化这样的关系。例如，一个公司有部门和职员，每个部门又有自己的职员和产品。其中的概念是：公司、部门、职员和产品可以用类规约，而它们之间的结构关系可用“关联”规约。关联的应用示例如图 5.40 所示。

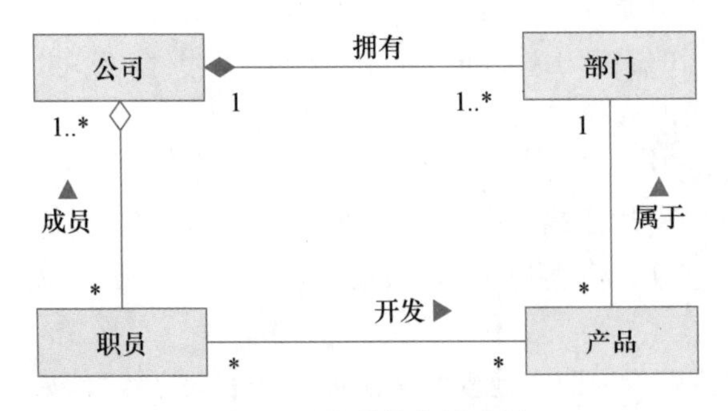

图 5.40　关联的应用示例

在对系统中各种结构关系进行模型化时，可以采用两种驱动方式：

① 以数据驱动。即对所标识的每一个类，如果一个类的对象需要导航到另一个类的对象，那么就要在这 2 个类之间给出一个关联。例如，为了了解一个产品属于哪个部门，就应

在“产品”类和“部门”类之间给出一个关联，用于描述产品属于哪个部门。

② 以行为驱动。即对所标识的每一个类，如果一个类的对象需要与另一个类的对象进行交互，那么就要在这 2 个类之间给出一个关联。例如，一个职员要开发一个产品，因此就要在“职员”类和“产品”类之间给出一个关联。

无论是数据驱动的还是行为驱动的，为了进一步给出关联的语义，一般都要：

① 给出关联的多重性。例如，在图 5.40 的例子中，一个职员可以开发多个产品，而一个产品可以由多个职员开发。

② 判断该关联是否为聚合或组合。例如，在图 5.40 的例子中，若一个职员可以在多个公司工作，那么就要把这一关联标识为聚合；由于每个部门只能属于一个公司，因此就要把这一关联标识为组合。

(2) 继承关系

对于系统中存在的一般/特殊关系，可以使用“泛化”对它们进行规约。

在对系统中一般/特殊关系进行模型化时，应以共同的责任为驱动，发现一组类中所具有的相同责任，继而抽取其共同责任及其相关的共同属性和操作，作为一个一般类，并标明该一般类和这组类之间的泛化关系。

在模型化系统中的继承关系时，应注意继承的层次不要过深(即多代“子孙”)，也不要过宽(即多个“父母”)。一旦出现这种情况，就要寻找可能的一些中间抽象类。

(3) 精化关系

对于系统中存在的精化关系，可以使用“实现”对它们进行规约。精化关系一般是指两个不同抽象层之间的一种关系，一个抽象层上的一个事物，通过另一抽象层上的术语细化，以便增加一些必要的细节。

由于软件分析和设计是一个不断求精的过程，因此经常使用这一术语来表达不同抽象层之间的精化，以体现“自顶向下，逐步求精”的思想。例如，系统需求层的一个用况，可以通过一个协作予以实现。该用况和这一协作之间的关系，就可以用“实现”来规约。

(4) 依赖关系

人类在认识客观世界时，最常用的构造方法有 3 种：一是分类，二是整体/部分，三是一般/特殊。据此，在对系统中存在的各种关系进行模型化时，首先应考虑静态结构问题。如果不是结构关系，不是继承关系，又不是精化关系，那么就要考虑使用“依赖”对之进行规约。例如，如果一个类只是使用另一个类作为它的操作参数，那么显然把这两个类之间的这一关系抽象为依赖最为合宜，如图 5.41 所示。

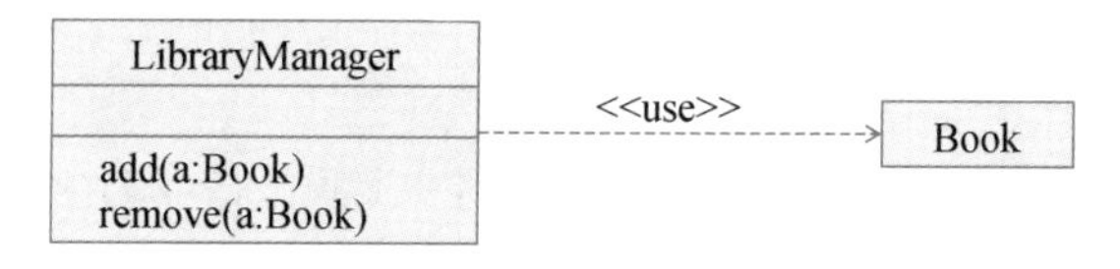

图 5.41　依赖关系应用示例

其中，“add”和“remove”操作使用了“Book”类作为参数。但是，一般只有在操作没有给出或省略明显的操作标记，或一个模型还需要描述目标类的其他关系的情况下，才把其中的关系模型化为依赖，换言之，如果操作给出了明显的操作标记(如图 5.41 中的“a:Book”)，那么一般就不需要给出这个依赖。

5.2.3　信息组织和解释的术语——包和注解

1. 包

为了控制信息组织的复杂性，形成一些可管理的部分，UML 引入了包这一术语。由此可见，包可以作为“模块化”和“构件化”的一种机制。

包是模型元素的一个分组。一个包本身可以被嵌套在其他包中，并且可以含有子包和其他种类的模型元素。

在 UML 中，把包表示为一个大矩形，并且在这一矩形的左上角还有一个小矩形，如图 5.42 所示。

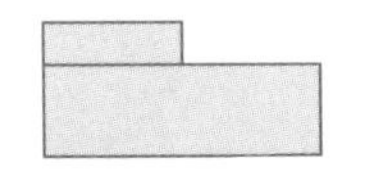

图 5.42　包的表示(1)

通常在大矩形中描述包的内容，而把该包的名字放在左上角的小矩形中，作为包的“标签”。也可以把所包含的元素画在包的外面，通过符号⊕，将这些元素与该包相连，如图 5.43 所示。这时通常把该包的名字放在大矩形中。

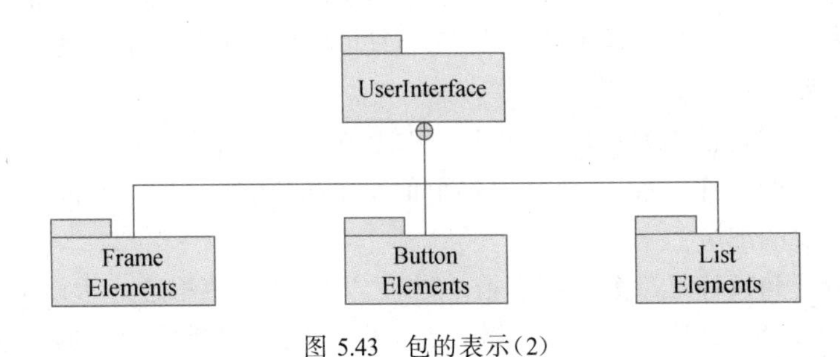

图 5.43　包的表示(2)

通过在包的名字前加上一个可见性符号(＋，－，#，～)，来指示该包的可见性。它们分别表示：

＋(公有的)：对其他包而言都是可见的；

#(受保护的)：对子孙包而言是可见的；

－(私有的)：对其他包而言都是不可见的；

～(包内的)：只对同一包内声明的模型元素是可见的。

为了模型化包之间的关系，UML 给出了两种依赖：访问和引入，用于描述一个包可以访问和引入其他包。

① 引入(import)：表明目标包中即具有适当可见性的内容(名字)被加入源包的公共命名空间中，这相当于源包对它们做了声明，因此对它们的引用可以不需要一个路径名。

② 访问(access)：表明目标包中具有可见性的内容增加到源包的私有命名空间里(即源包可以不带限定名来引用目标包中的内容，但不可以输出之，即如果第三个包引入源包，就不能再输出已经被引入的目标包元素)。

引入依赖和访问依赖是不同的，其本质区别是，前者是把目标包的内容加入源包的公共命名空间中，而后者是把目标包的内容加入源包的私有命名空间中，公共命名空间里的模型元素可以被其他包使用，而私有命名空间中的模型元素则不可以。

在 UML 中，把“引入”和“访问”这两种依赖表示为从源包到目标包的一条带箭头的虚线段，并分别标记为≪import≫和≪access≫。如图 5.44 所示。

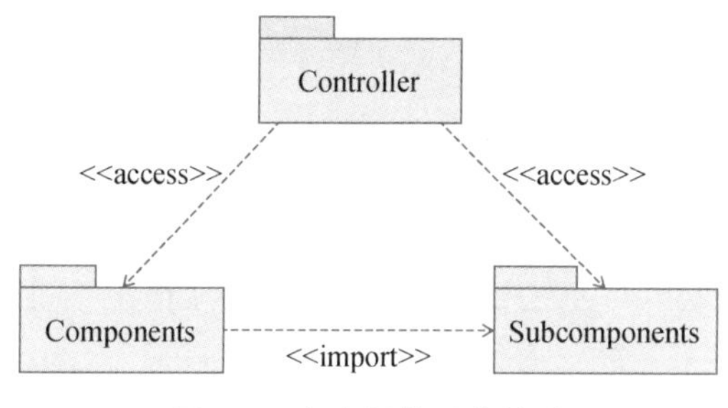

图 5.44　包之间的两种关系

2. 注解

注解是一种可用于解释信息的术语。为了使建造的系统模型容易理解，UML 引入了术语——注解，用于对模型增加一些辅助性说明。图 5.45 是注解的示例。注解可以是简单文字，也可以内嵌 URL 或文档链接，用虚线连接到所解释说明的模型元素上。

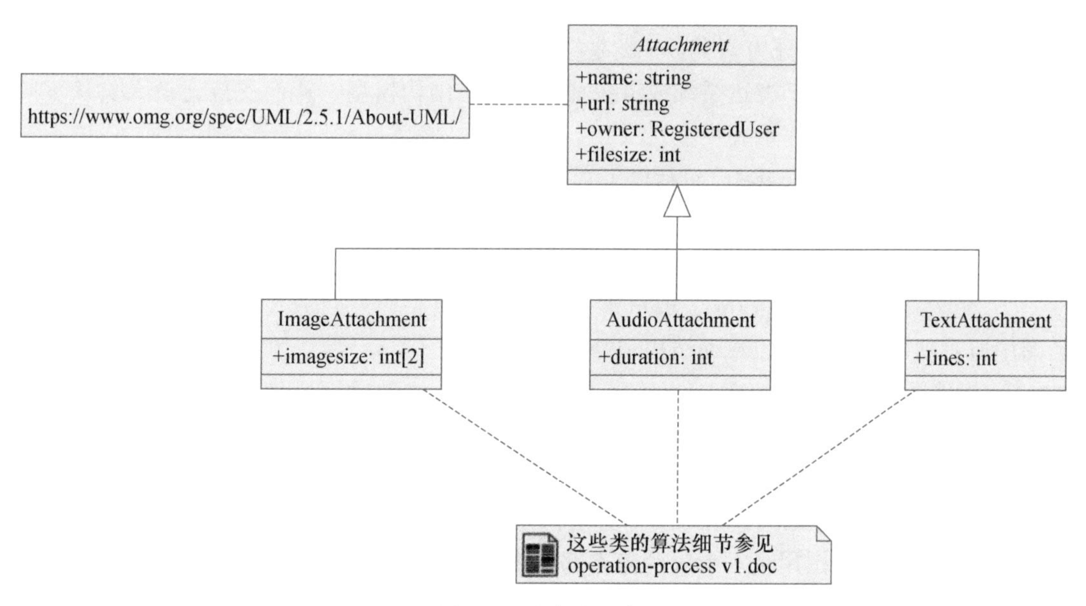

图 5.45　注解的示例

5.2.4　模型表达工具

5.2.1 节介绍了 UML 用于抽象系统中各类实体的术语，5.2.2 节介绍了 UML 用于抽象系统中各种关系的术语，5.2.3 节介绍了 UML 用于信息组织和解释的术语——包和注解。最新版本 UML 2.5 提供了一系列图形化工具，用于组织这些术语所表达的信息，形成软件开发中所需要的各种模型，UML 表达模型的图形化工具如图 5.46 所示。

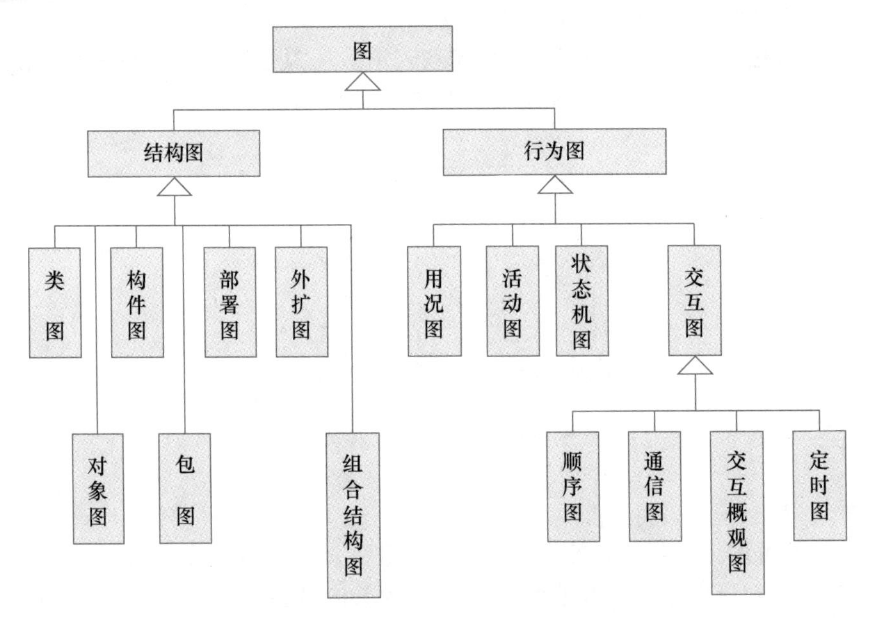

图 5.46 UML 表达模型的图形化工具

UML 的图形化工具分为两类：一类是结构图，用于表达系统或系统成分的静态结构模型；另一类是行为图，用于表达系统或系统成分的动态结构模型。从而支持建模人员从不同抽象层和不同视角来创建系统模型。

结构图(Structure Diagram)包括以下视图：

① 类图(Class Diagram)：类图显示了类(及其接口)、类的内部结构以及与其他类的联系。类图是面向对象分析与设计所得到的最重要的模型。

② 对象图(Object Diagram)：展示了一组对象以及它们之间的关系。用对象图说明在类图中所发现的事物实例的数据结构和静态快照。

③ 构件图(Component Diagram)：在转入实现阶段之前，可以用它表示如何组织构件。构件图描述了构件及构件之间的依赖关系。

④ 包图(Package Diagram)：描述模型元素的分组(包)，以及包之间的依赖关系的图。

⑤ 部署图(Deployment Diagram)：部署图展示运行时进行处理的节点和在节点上生存的制品的配置。部署图用来对系统的静态部署视图建模。

⑥ 外扩图(Profile Diagram)：外扩图是在 UML 2.5 的基础上定义新建模元素的图，用以增加新的建模能力。

⑦ 组合结构图(Composite Structure Diagram)：描述类或协作的内部结构的图。

行为图(Behavior Diagram)包括以下视图：

① 用况图(Use Case Diagram)：用况图是描述一组用况、参与者，以及它们之间关系的图，是描述需求模型的视图。

② 活动图(Activity Diagram)：描述活动、活动的执行顺序以及活动的输入和输出的图，可用来描述对象的操作流程，也可以描述一组对象之间的协作行为或用户的业务流程。

③ 状态机图(State Machine Diagram)：状态机图是描述一个对象或其他实体在其生命周期

中所经历的各种状态以及状态变迁的图。当对象的行为比较复杂时,可用状态机图作为辅助模型描述对象的状态及其状态转移,从而更准确地定义对象的操作。状态机图简称“状态图”。

④ 顺序图(Sequence Diagram):注重于消息的时间次序。可用来表示一组对象之间的交互情况。

⑤ 通信图(Communication Diagram):注重于收发消息的对象的组织结构。可用来表示一组对象之间的交互情况。

⑥ 交互概览图(Interaction Overview Diagram):用于描述系统的宏观行为,混合了活动图和顺序图。

⑦ 定时图(Timing Diagram):用于表示交互,它展现了消息跨越不同对象或角色的实际时间,而不仅仅关心消息的相对顺序。

下面主要介绍在软件开发中常用的 5 个工具:类图、用况图、顺序图、活动图和状态图。关于其他图,读者请参考相关文献。

1. 类图

类图是可视化地表达系统静态结构模型的工具,通常包含类、接口、关联、泛化和依赖关系等。有时,为了体现高层设计思想,类图还可以包含包或子系统;有时,为了凸显某个类的实例在模型中的作用,还可以包含这样的实例;有时为了增强模型的语义,还可以在类图中给出与其所包含内容相关的约束,并且为了使类图更易理解,还可给出一些注解。

类图是构件图和部署图的基础。

类图中所包含的内容,确定了一个特定的抽象层,该抽象层决定了系统(或系统成分)模型的形态,如图 5.47 所示。

图 5.47 表明,公司有多个部门,每个部门有多个产品,公司有多位职员,每位职员开发多个产品。

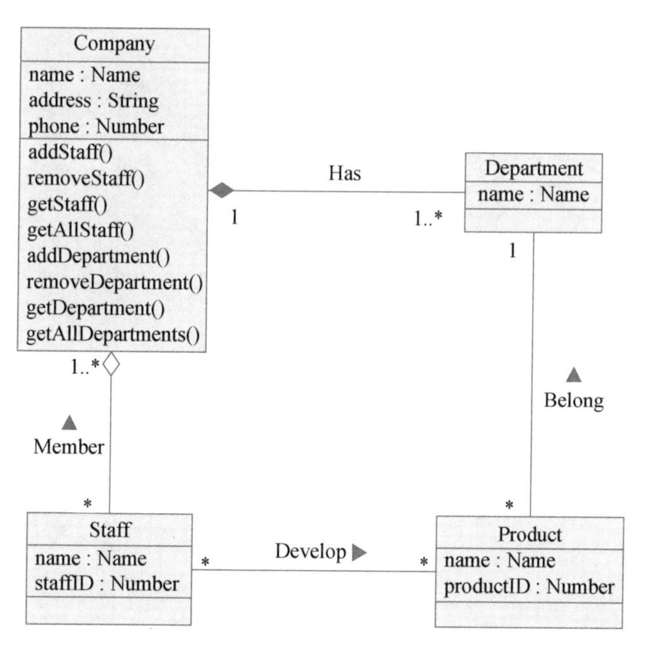

图 5.47　类图示例

由此可见，使用类图所表达的系统静态结构模型，给出的是一些关于系统说明性信息，包括系统的一些功能需求，即系统对外(最终用户)所提供的服务，以及这些需求之间的静态结构关系。因此，创建一个系统的类图，概括地说一般要涉及以下 4 个方面的工作：

(1) 模型化待建系统中的概念(词汇)，形成类图中的基本元素

使用 UML 中的哪些术语(类目)来抽象系统中各个组成部分，包括系统环境。继之，确定每一类的责任，最终形成类图中的模型元素。

(2) 模型化待建系统中的各种关系，形成该系统的初始类图

使用 UML 中的哪些表达关系的术语来抽象系统中各成分之间的关系，最终形成该系统的初始类图。

(3) 模型化系统中的协作，给出该系统的最终类图

在研究系统中以类表达的某一事物语义的基础上，使用类和 UML 中表达关系的术语，模型化一些类之间的协作，并使用有关增强语义的术语，给出该模型的详细描述。

(4) 模型化逻辑数据库模式

对要在数据库中存储的信息，以类作为工具，模型化系统所需要的数据库模式，建立数据库概念模型。

有关创建一个系统类图的细节，可参见 5.3 节。

2. 用况图

用况图是一种表达系统功能模型的图形化工具，是由参与者、用况以及这些元素之间的关系组成的图，已经在 3.2.4 节中详细介绍，此处不再赘述。

3. 顺序图

顺序图是一种详细描述一组对象之间交互的图，用于表达一组对象为完成特定任务时所进行的交互，由一组对象以及它们之间按时间顺序组织的发送消息组成，如图 5.48 所示。

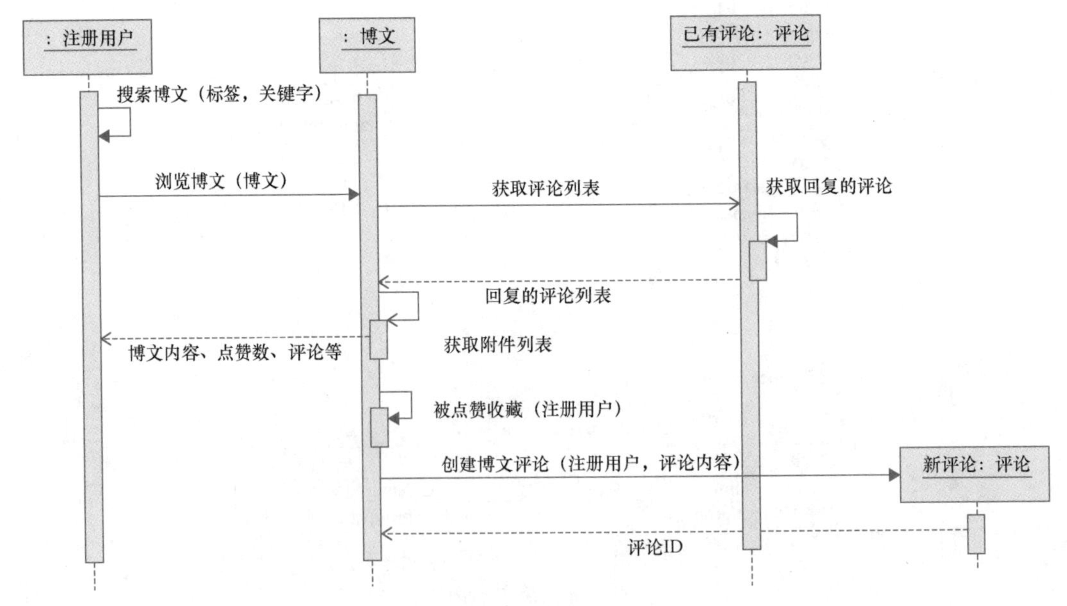

图 5.48 顺序图示例

在 UML 中,顺序图通常包含参与交互的对象、基本的交互方式(同步和异步)以及交互的内容(消息)等。其中,垂直方向表示时间,水平方向放置不同的对象。如同其他图一样,有时为了增强模型的语义,还可在顺序图中给出与其所包含内容相关的约束,并且为了使顺序图更易理解,可给出一些注解。

对象的排列顺序可以任意,但通常把彼此间存在消息通信的对象靠近安排,以减少消息线条的交叉。

顺序图包含以下术语。

(1) 对象生命线

对象生命线用于表示一个对象在一个特定时间段中的存在。对象生命线被表示为垂直的虚线,并位于对象名的下方,例如图 5.48 中,水平方向最上方的是 3 个对象名:“:注册用户”“:博文”和“已有评论:评论”,而 3 个对象名下方各有一条虚线,即对象生命线。

一条生命线上的时序是非常重要的,使消息集合成为一个关于时间的偏序集,从而形成一个因果链。

(2) 消息

消息是用于表达交互内容的术语。在 UML 中,把消息表示为一条箭头线,从参与交互的一个对象生命线到另一个对象生命线。如果消息是异步的,则用带枝形箭头的实线表示;如果消息是同步的,则用带实心三角箭头的实线表示;同步消息的回复用带枝形箭头的虚线表示,如图 5.49 所示。

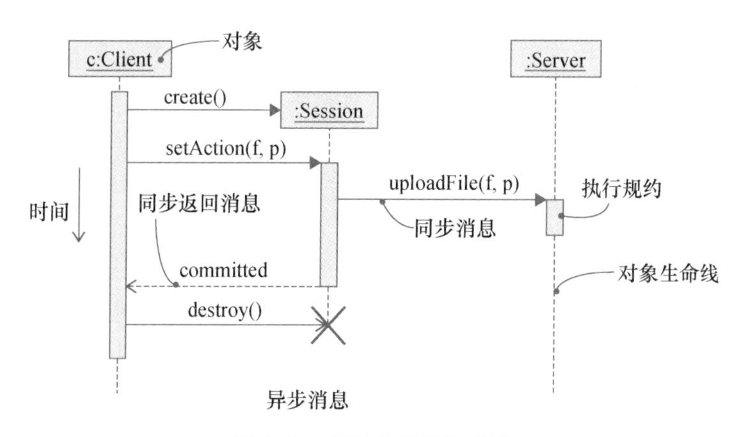

图 5.49　交互中消息的表示

(3) 执行规约或控制聚焦

执行规约也被称为控制聚焦,用于表达一个对象执行一个动作的时间段。控制聚焦表示为细高矩形,如图 5.49 所示。根据需要,可以使用嵌套的控制聚焦。

(4) 控制操作符

为了更清晰地表达顺序图中的复杂控制,UML 给出了 4 种最常用的控制操作符:opt(选择)、alt(条件)、par(并发)、loop(迭代)。图 5.50 显示了 opt、par 和 loop 3 种控制操作符。控制操作符表示为一个矩形区域,其左上角的小五边形内标出控制操作符的类型。为了清晰给出顺序图的边界,可以把顺序图用一个矩形包围起来,并在左上角的小五边形里写上 sd,后面写出顺序图的名称,如图 5.50 所示的“sd online chat”。

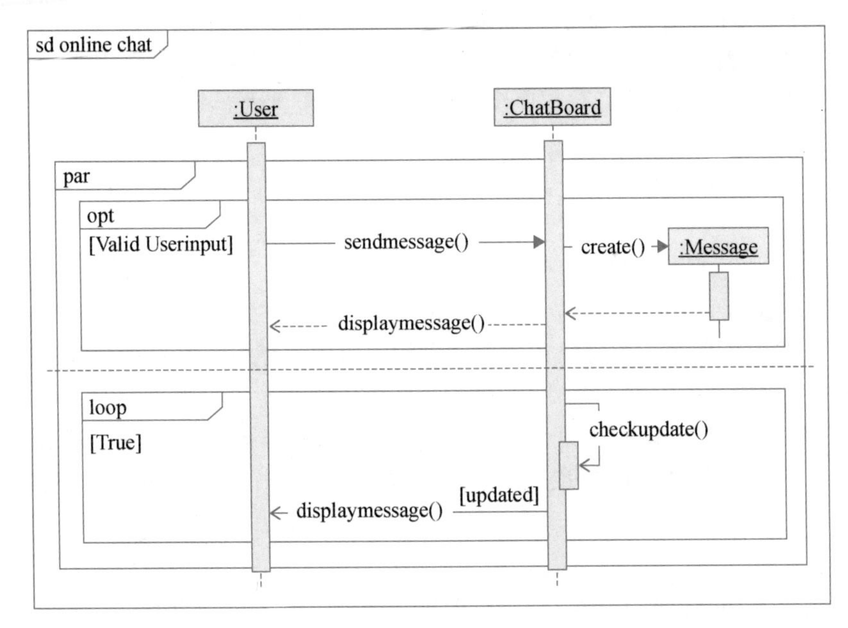

图 5.50 控制操作符

① 选择执行操作符(Operator for Optional Execution),该控制操作符记为“opt”,由两部分组成,一是监护条件,二是控制体。该控制操作符表明,在进入该控制操作符时,仅当监护条件为真时,才执行该控制操作符的体。其中,监护条件是一个布尔表达式,可以引用对象的属性。监护条件可以出现在该体中任意一个对象生命线顶端的方括号内。

② 条件执行操作符(Operator for Conditional Execution),该控制操作符记为“alt”,控制体通过水平线被分为多个部分,每一部分表示一个条件分支,每一分支有一个监护条件。该控制操作符表明:

- 如果一个部分的监护条件为真,那么该部分才能被执行。但是,最多可执行该控制体中一个部分。如果多个监护条件为真时,选择哪一部分执行,这是一个非确定性的问题,并且其执行可以是不同的。如果没有一个监护条件为真,那么控制将绕过该控制操作符而继续执行。
- 控制体中可以有一个部分具有一个特定的监护条件[else],对于这一部分而言,如果其他监护条件不为真,那么该部分才被执行。

③ 并发执行操作符(Operator for Parallel Execution),该控制操作符记为“par”,该控制操作符的体通过水平线被分为多个部分。每一部分表示一个并行计算。在大多数情况下,每一部分涉及不同的对象生命线。该控制操作符表明:当进入该控制操作符时,所有部分并发执行。

实际上,存在很多情况,它们分解为一些独立的、并发的活动,因此,这是一个非常有用的操作符。但在使用中应当注意,在每一部分中,消息的发送/接收是有次序的,而在各部分的并发执行中,消息次序则完全是任意的。

④ 迭代执行操作符(Operator for Iterative Execution),该控制操作符记为“loop”。其中一个监护条件出现在控制体中一条生命线的顶端。该控制操作符表明,只要在每一次迭代

之前该监护条件为真，那么该控制体就反复执行；当该体上面的监护条件为假时，控制绕过该控制操作符。

顺序图的建模过程请参见 5.3.5 节。

4. 活动图

活动图是展示动作或活动间的控制流和对象流的图，其中的结点描述动作、活动或对象，边描述控制流或对象流。

活动图经常用于描述业务过程，或一个复杂操作的算法，活动图示例如图 5.51 所示。该示例描述了在超级市场销售管理系统中，收款员发现某商品存货不足时请求供货员补货的业务过程。

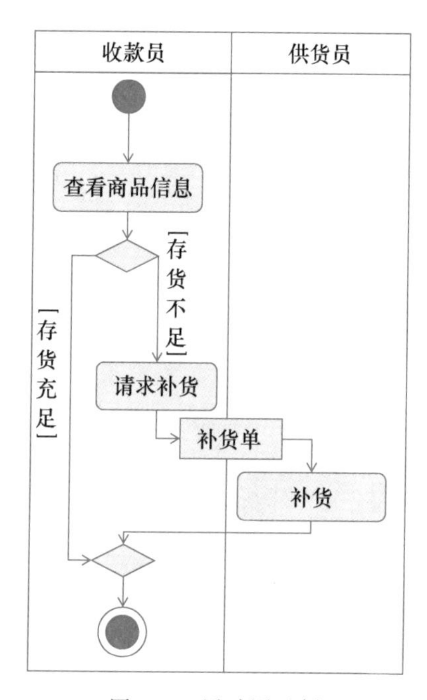

图 5.51　活动图示例

活动图包含以下术语：

(1) 动作和活动

动作(action)是行为规约的基础单元，用以描述系统中的活动，它是原子的和即时的。动作是原子的，是指在与状态相关的抽象层次上，动作是不可间断的；动作是即时的，是指动作执行的时间是可忽略不计的。如调用另一个操作，发送一个信号，创建或撤销一个对象，或者某些纯计算(例如对一个表达式求值)，都是一个动作。例如在图 5.51 中，“请求补货”就是动作。

活动(activity)是由一系列的动作构成的(也称为动作表达式)，用于描述系统的一项行为，它由动作和其他活动组成。

在活动图中，动作和活动具有相同的图形表示法。

(2) 控制流

当动作或活动结束时，马上进入下一个动作或活动。一系列的动作和活动的执行构成一个控制流。在图形上，用一个箭头表示从一个动作或活动到下一个动作或活动的转移(控制流),如图 5.52 所示。图 5.52 中的第一个和最后一个图符分别表示控制流的开始与结束。

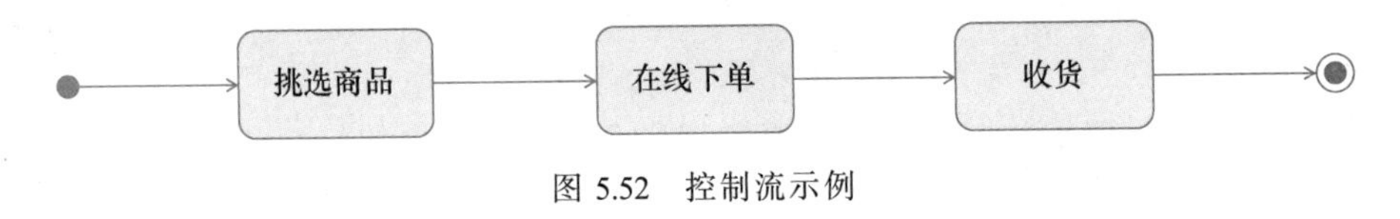

图 5.52 控制流示例

控制流可以是顺序的,也可以包含分支,它可以通过判断选择不同的执行路径,如图 5.51 所示。

当控制流是并发时,用同步条表示并发控制流的分岔(fork)和汇合(join),如图 5.53 所示。

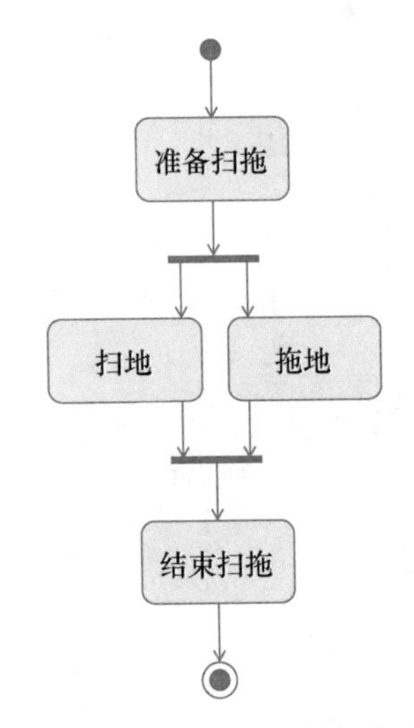

图 5.53 控制流的分岔与汇合示例

(3) 对象流

控制流中可包含对象,用以表示动作间输入与输出的数据,如图 5.54 中的"订单"所示。

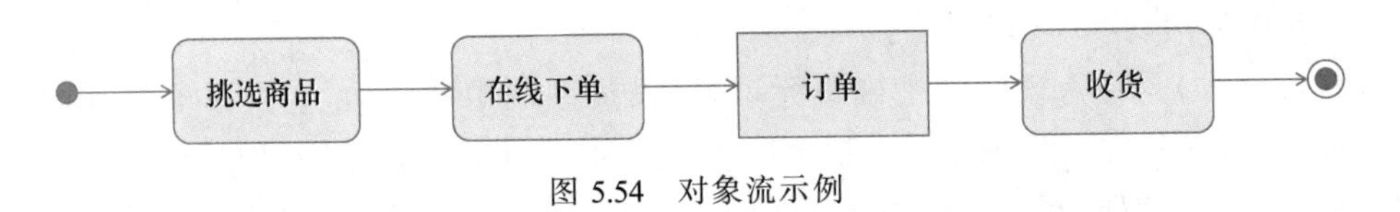

图 5.54 对象流示例

(4) 泳道

在对业务过程建模时,可以把动作分组,每组动作由特定履行者执行。履行者可以是人员、组织或其他实体。此时每一个分组称为一条泳道,图 5.51 由两个履行者将动作分为了两组,即有两条泳道。在有泳道的活动图中,对象放在泳道的边界上,在图 5.51 中,对象"补货单"就在泳道"收款员"和"供货员"的边界上。每个泳道由一个类或多个类中的操作实现。

活动图的建模过程请参见 5.3.5 节。

5. 状态机图

一个状态机图(又称状态图)描述了一个对象在其生存期间的各种状态,以及因响应事件而做出的反应,状态机图主要由状态和状态间的转移组成,如图 5.55 所示。

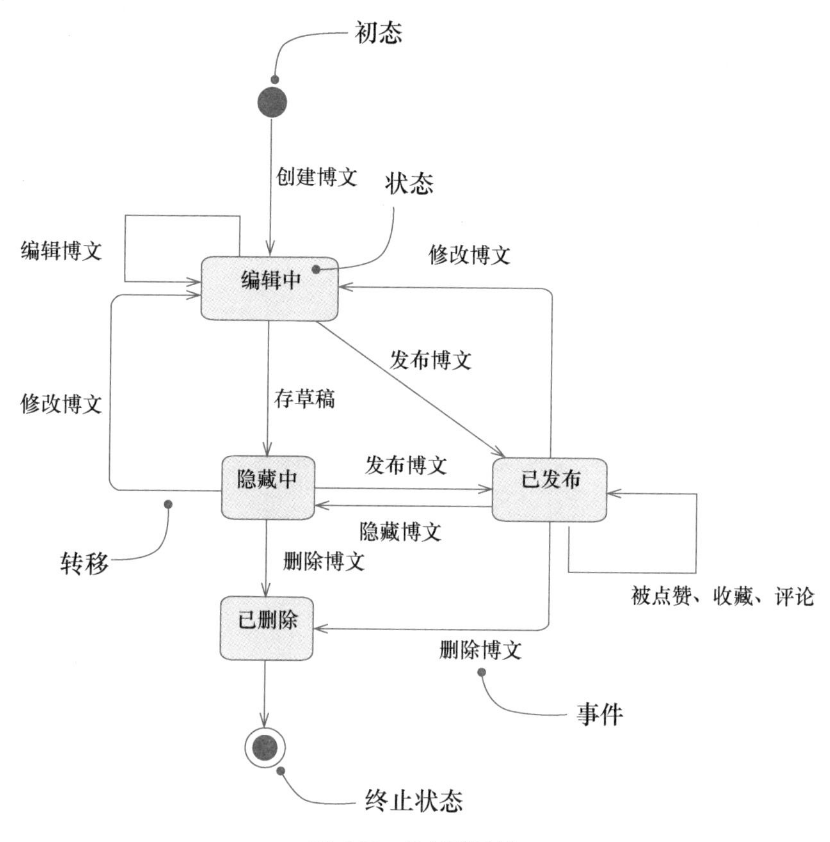

图 5.55　状态图示例

由于状态图基本上是一个状态机中所含元素的一个投影,因此:

① 为了表达一个状态机,通常在一个状态图中包含简单状态和组合状态、转移及其相关的事件和动作、消息等,有时为了增强模型的语义,还可在状态图中给出与其所包含内容相关的约束,并且为了使状态图更易理解,还可给出一些注解。

② 为了表达一个状态机,状态图可以包含分支、结合、动作状态、活动状态、对象、初始状态、最终状态、历史状态等。

由此可见,一个状态图可以包含一个状态机中任意的、所有的特征(features)。

状态图包括以下元素:

(1) 状态

一个状态是类目的一个实例(如对象)在其生存中的一种条件(condition)或情况(situation),其间该实例满足这一条件,执行某一活动或等待某一消息。

为了方便理解,在以后有关“状态”的叙述中,将“类目的一个实例”简述为“对象”。

一个状态表达了一个对象所处的特定阶段,所具有的对外呈现(外征)以及所能提供的服务。因此,一个对象的所有状态是一个关于该对象“生存历程”的偏序集合,刻画了该对象的生存周期。

在 UML 中，通常把一个状态表示成一个具有圆角的矩形。如图 5.56 所示。

图 5.56(b)具有两个分栏：名字栏和内部转换栏，用于表达更详细的状态信息。

UML 把状态分为初态、终态和正常状态，其中初态和终态是两种特殊的状态。初态表达状态机默认的开始位置，用实心圆来表示；终态表达状态机的执行已经完成，用内含一个实心圆的圆来表示，如图 5.55 所示。实际上，初态和终态都是伪状态，即只有名字。从初态转移到正常状态可以给出一些特征，例如监护条件和动作。在以后的叙述中，所说的状态在没有特别说明的情况下指的是正常状态。

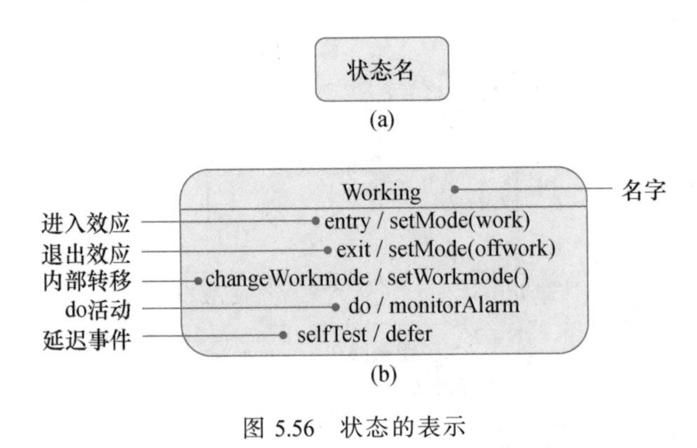

图 5.56 状态的表示

从图 5.56(b)中可知，在规约一个状态时，主要涉及以下内容：

① 名字，名字是一个标识状态的文本串，作为状态名。在同一张状态图中，不应出现具有相同名的状态。如果没有状态名，那么该状态就是匿名的；在同一张图中的匿名状态是各不相同的状态。

② 进入/退出效应，一个状态的进入/退出之效应，是进入或退出该状态时所执行的动作。例如在图 5.56 中，进入/退出效应分别以关键字“entry”和“exit”标记，而且还给出一个相应的动作。

为了表达进入/退出效应，UML 给出 2 个专用的动作标号：① “entry”，该标号标识在进入该状态时所要执行的、由相应动作表达式所规定的动作，简称进入动作；② “exit”，该标号标识在退出该状态时所要执行的、由相应动作表达式所规定的动作，简称退出动作。

一般情况下，进入/退出效应不能有参数或监护条件，但位于类状态机顶层的进入效应可以具有参数，以表示在创建一个对象状态机时所要接受的参数。

③ 状态内部转移，状态内部转移是指没有导致该状态改变的内部转移。一般情况下，在此给出对象在这个状态中所要执行的内部动作或活动列表。其中表达动作的一般格式为：

动作标号/动作表达式

其中，动作标号标识了在该环境下所要调用的动作，而该动作通过斜线分隔符‘/’之后的动作表达式规约，在规约中可以使用对象范围内的任何属性和链。当动作表达式为空时，则可省略斜线分隔符。

为了表达状态内部转移中的动作或活动，UML 给出了一个专用的动作标号：“do”。该标号标识正在进行由其相应动作表达式所规定的活动，并且只要对象在一个状态中没有完成由该动作表达式所指定的活动，就一直执行它；当动作表达式指定的活动完成时，可能会产生一个完成事件。因此，动作标号“entry”“exit”和“do”均不能作为事件名。

注意，在以上的叙述中，使用了两个词：动作（action）和活动（activity），应清楚它们之间的区别。一个活动是指状态机中一种可中断的计算，中断处理后仍可继续；而一个动作是指不可中断的原子计算，它可导致状态的改变或导致一个值的返回。由此可见，一个活动往往是由多个动作组成的。

④ 组合状态，如果在一个状态机中引入了另一个状态机，那么被引入的状态机称为子状态机。子状态是被嵌套在另一个状态中的状态。相应地，把没有子状态的状态称为简单状态，而把含子状态的状态称为组合状态。组合状态可包含两种类型的子状态机，即顺序子状态机（非正交）和并发子状态机（正交）。

- 非正交子状态机，如图 5.57 所示。

其中，图 5.57 的右边是一个组合状态，包含一些子状态，它们表达了一个非正交子状态机。注意，一个被嵌套的、非正交子状态机最多有一个子初态和一个子终态。

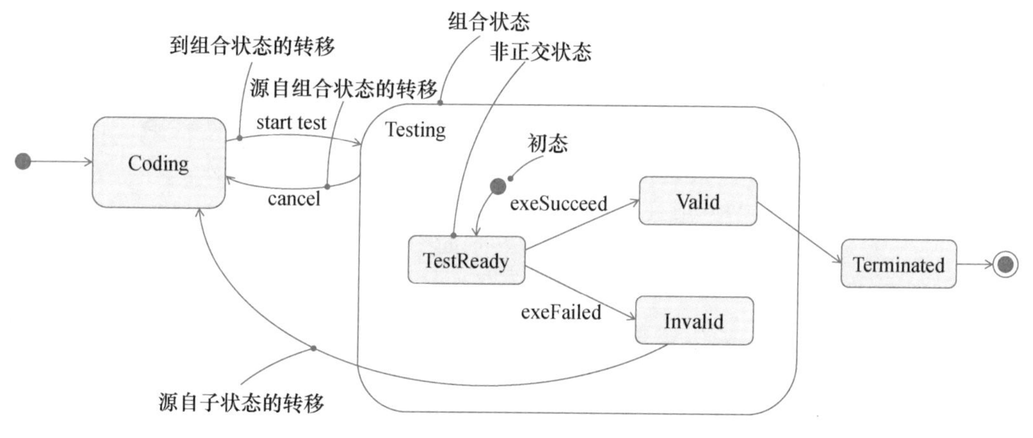

图 5.57　非正交子状态机

从一个封闭的组合状态之外的一个源状态（如图 5.57 中的“Coding”所示），可以转移到该组合状态，作为其目标状态；也可以转移到该组合状态中的一个子状态，作为其目标状态。在第一种情况里，这个被嵌套的子状态机一定有一个初态，以便在进入该组合状态并执行其进入动作后，将控制传送给这一初态。在第二种情况里，在执行完该组合状态的进入动作（如果有的话）和该子状态的进入动作后，将控制传送给这一子状态。

离开一个组合状态的转移，其源可以是该组合状态，也可以是该组合状态中的一个子状态。无论哪种情况，控制都是首先离开被嵌套的状态，即执行被嵌套状态的退出动作（如果有的话），然后离开该组合状态，即执行该组合状态的退出动作（如果有的话）。因此，如果一个转移，其源是一个组合状态，那么该转移的本质是终止被嵌套状态机的活动。当控制到达该组合状态的子终态时，就触发一个活动完成的转移。

对于一个包含非正交子状态机的组合状态而言，有时需要知道在转移出该组合状态之前所执行的那个活动所在的子状态，为此 UML 引入了一个概念——浅历史状态，用于指明这样的子状态，并用“H”来表示，如图 5.58 所示。

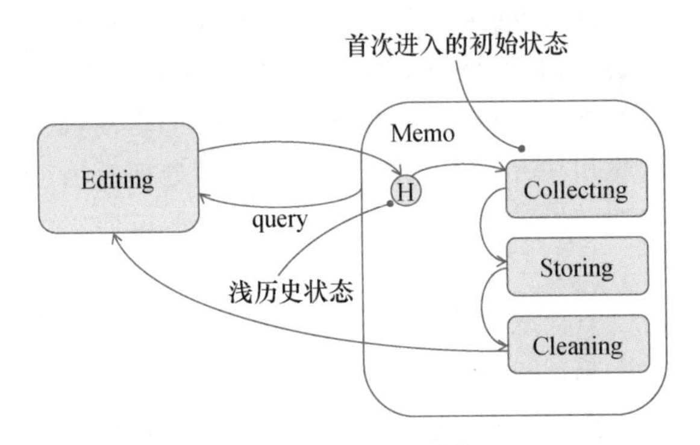

图 5.58 浅历史状态

相对于“H”所表示的浅历史,可用“H*”来表示深历史,即在任何深度上表示最深的、被嵌套的状态。

- 正交子状态机是组合状态中一些并发执行的子状态,如图 5.59 所示。

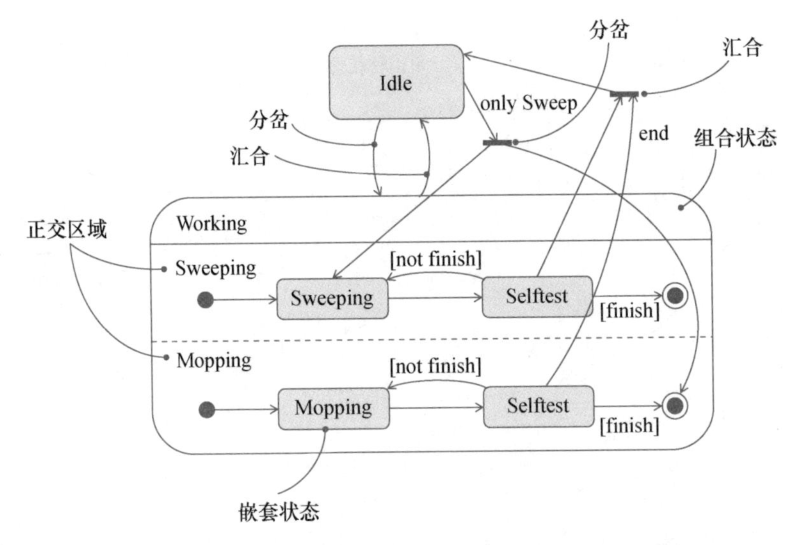

图 5.59 正交子状态机

在图 5.59 中,使用虚线段形成了两个正交区域(根据需要,可形成多个正交区域),分别以“Sweeping”和“Mopping”标记,并且每个区域均有自己的初态和终态。

这两个正交区域的执行是并行的,相当于存在两个被嵌套的状态机。如果一个正交区域先于另一个正交区域到达它的终态,那么该正交区域的控制将在该终态等待,直到另一个正交区域的控制达到自己的终态时,两个正交区域的控制才汇合成一个控制流。

当一个转移到达具有多个正交区域的组合状态时,控制就被分成多个并发流。当一个转移离开这样的组合状态时,控制就汇成一个控制流。如果所有正交区域均达到它们的终态,或存在一个指示离开组合状态的转移,那么就汇成一个流。为此,UML 给出了两个符号,一个是分岔,一个是汇合,如图 5.59 所示。

⑤ 被延迟事件,被延迟事件是那些在一个状态中不予处理的事件列表。通常,需要一个队列机制对这样的事件予以推迟并排队,以便在该对象的另一个状态中予以处理。

上文，简述了何谓状态，以及在规约一个系统或对象状态时 UML 所提供的基本术语，并为这些术语的使用提供了一些指导。下面介绍状态图中第二个基本元素——事件。

（2）事件

一个事件是对一个有意义的发生的规约，该发生有其自己的时空。在状态机的语境下，一个事件就意味着存在一个可能引发状态转移的激励。

事件可分为内部事件和外部事件。内部事件是指系统内对象之间传送的事件，例如溢出异常等；外部事件是指系统和它的参与者之间所传送的事件，如按一下按钮，或传感器的一个中断。

在 UML 中，可以模型化以下 4 种事件：

① 信号(signal)，信号是消息的一个类目，是一个消息类型。像类一样，信号可以有属性(以参数形式出现)、操作和泛化。

在实际应用中，可以将信号模型化为 UML 中的衍型类。例如，在图 5.60 中，将信号模型化为具有名字≪signal≫的衍型类，并以≪send≫所标识的依赖来表达操作“selfTest”向≪signal≫发送特定信号。

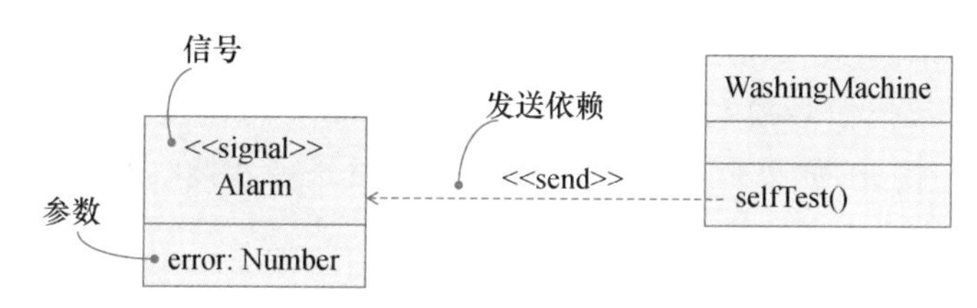

图 5.60　信号的表示

② 调用(call)，调用事件表示对象接收到一个操作调用的请求。

在 UML 中，调用事件的表示如图 5.61 所示。

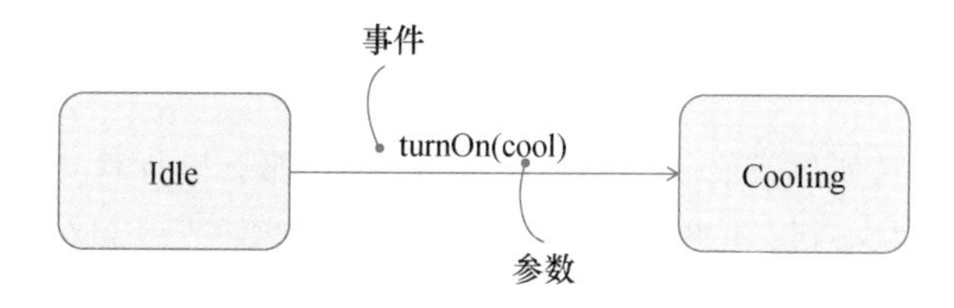

图 5.61　调用事件的表示

一个调用事件可以在类的定义中使用操作定义来规约，这样定义的操作或触发状态机的一个状态转换，或调用目标对象的一个方法。

与信号事件相比，信号是一种异步事件，而调用一般是同步事件，但可以把调用规约为异步调用；信号通常由状态机处理，而调用事件往往由一个方法来处理。

③ 时间事件和变化事件，时间事件是表示推移一段时间的事件，如图 5.62 所示。

由此可见，时间事件是通过时间表达式来规约的，例如：after(2 hours)，at(1 jan 2007, 12.00)，其中时间表达式可以是很复杂的，也可以是非常简单的。

变化事件是表示状态的一个变化或某一条件得到满足，例如：when(temperature＞25°)。

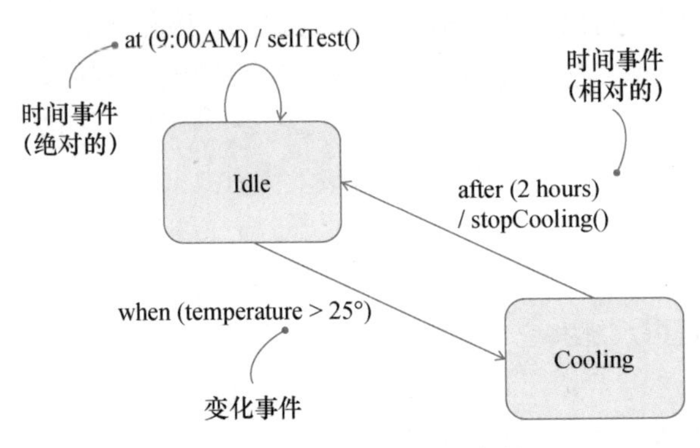

图 5.62 时间事件和变化事件

④ 发送事件和接收事件,类的任何实例都能接收一个调用事件或信号。类的任何实例都能发送一个事件或信号。

在 UML 中,通常将一个对象可能接收的调用事件模型化为该对象类的一个操作。因此,如果是一个同步调用事件,那么发送者和接收者都处在该操作执行期间的一个汇合点上,即发送者的控制流一直被挂起,直到该操作执行完成。

在 UML 中,通常把信号模型化为具有名字≪signal≫的衍型类,并作为一个类的部分类,如图 5.63 所示。因此,如果是一个信号事件,那么发送者和接收者并不汇合,即发送者发送出信号后并不等待接收者的响应。

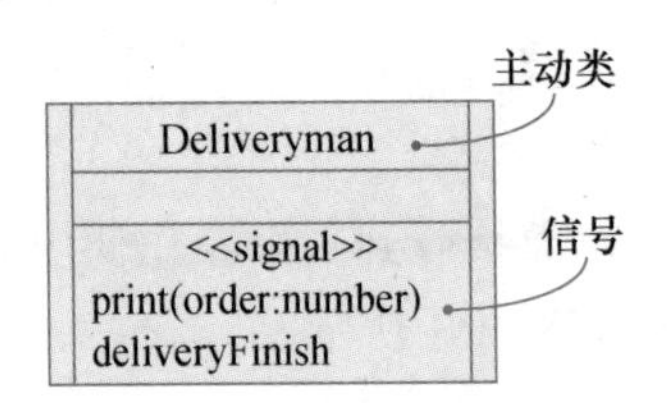

图 5.63 信号的发送与接收

在以上两种情况下,如果没有定义对该事件的响应,那么事件均可能被丢失。事件的丢失,可能会引起接收者状态机(如果有的话)的一个状态转移,或引起对一个方法的调用。

(3) 状态转移

除以上讲述的状态和事件外,状态转移是状态图的一个重要元素。

状态转换是两个状态间的一种关系,意指一个对象在一个状态中将执行一些确定的动作,当规约的事件发生和规约的条件满足时,进入第二个状态。

描述一个状态转换,一般涉及以下 5 个部分:

① 源状态:引发该状态转移的那个状态。

② 转移触发器:在源状态中由对象识别的事件,并且一旦满足其监护条件,则使状态发生转移。在同一个简单状态图中,如果触发了多个转移,"点火"的是那个优先级最高的转移;如果这多个转移具有相同的优先级,那么就随机地选择并"点火"一个转移。

③ 监护(guard)条件:一个布尔表达式,当某个事件触发器接受一个事件时,如果该表达式有值为真,则触发一个转移;若该表达式有值为假,则不发生状态转换,并且此时如果没

有其他可以被触发的转移，那么该事件就要丢失。

④ 效应(effect)：一种可执行的行为。例如可作用于对象上的一个动作，或间接地作用于其他对象的动作，但这些其他对象对这个对象是可见的。

⑤ 目标状态：转移完成后所处的那个状态。

在 UML 中，把状态转移表示为从源状态出发、并在目标状态上终止的带箭头的实线。转移可以予以标记，其格式为：

事件触发器 [监护条件] /动作表达式

其中，

- 事件触发器：描述带参数的事件。其格式为：事件名“(”由逗号分隔的参数表“)”。
- 监护条件：通常是一个布尔表达式，其中可以使用事件参数，也可以使用具有这个状态机的对象之属性和链，甚至可在监护条件处直接指定对象可达的某个状态，例如：“in State1”或“not in State2”。
- 动作表达式：给出触发转移时所执行的动作，其中可以使用对象属性、操作和链以及触发事件的参数，或在其范围内的其他特征。动作表达式可以是由一些有区别的、产生事件的动作所组成的动作序列，如发送信号或调用操作。

由以上讲述的内容可知，为了规约行为的生存周期，UML 主要引入了 3 个术语：状态、事件和状态转移，并给出了一种表达行为生存周期模型的工具——状态图。

在实际应用中，使用状态图可以：

① 创建一个系统的动态模型，包括各种类型对象、各种系统结构(类、接口、构件和节点)视觉下关于以事件为序的行为。

② 创建一个场景的模型，其主要途径是为用况给出相应的状态图。

无论是①还是②，通常都是对反应型对象的行为进行建模。反应型对象，或称为事件驱动的对象，它的行为特征是响应其外部语境中所出现的事件，并做出相应的反应。

状态机图的建模过程请详见 5.3.5 节。

5.2.5　UML 小结

① 为了支持“概念建模”和“软件建模”，UML 充分运用人类认识客观世界、解决问题的思维方式，提供了跨越“问题空间”到“运行平台”之间丰富的建模元素。而且基于给定的术语，UML 支持不同抽象层次的建模，并提供了相应的模型表示工具(见图 5.64)。

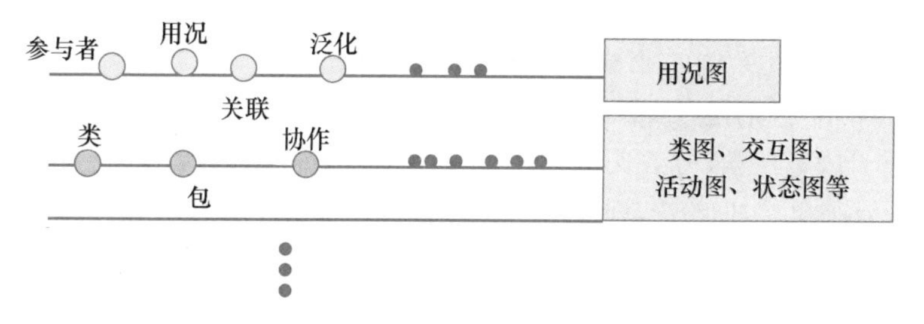

图 5.64　软件开发的抽象层与模型表示工具示意

因此可以说，UML 作为一种图形化语言，紧紧围绕"面向对象方法是一种以对象和对象关系来创建系统模型的系统化软件开发方法学"，给出表达"客体""客体关系"的术语，并给出了表达模型的工具，其主要目的是：支持软件开发人员从不同目的（静态、动态）、针对不同粒度（系统、子系统、类目等），从不同抽象层和不同视角来创建模型，并建立相应的文档。

② 为了支持抽象系统分析和设计中的事物，UML 给出了 8 个基本术语，即：类、接口、协作、用况、主动类、构件、制品、节点，并给出这些基本术语的一些变体。每个术语都体现着一定的软件设计原理，例如类体现了数据抽象、过程抽象、局部化以及信息隐蔽等原理；用况体现了问题分离、功能抽象等原理；接口体现了功能抽象等。当使用这些术语创建系统模型时，它们的语义就映射到相应的模型元素。

5.2 节重点讲解了其中的类和接口，简单地介绍了用况、协作、主动类、构件、制品和节点，希望读者在需要时能参阅有关文献，以便对它们有更深入的了解。

③ 为了表达模型元素之间的关系，UML 给出了 4 个术语，即关联、泛化、实现和依赖，以及它们的一些变体。可以作为 UML 模型中的元素，用于表达各种事物之间的基本关系。这些术语都体现了结构抽象原理，特别是泛化概念的使用，可以有效地进行"一般/特殊"结构的抽象，支持设计的复用。并且为了进一步描述这些模型元素的语义，还给出一些特定的概念和表示，例如给出限定符这一概念，以增强关联的语义。

④ 为了组织以上两类模型元素，UML 给出了包这一术语，在实际应用中，可以把包作为控制信息复杂性的机制。

⑤ 为了使创建的系统（或系统成分）模型清晰、易懂，UML 给出了注解这一术语。

⑥ 为了表达概念模型和软件模型，UML 提供了 14 种图形化工具，它们是：类图、对象图、构件图、包图、部署图、外扩图、组合结构图，以及用况图、活动图、状态图、顺序图、通信图、交互概观图，定时图。前 7 个图可用于概念模型和软件模型的静态结构方面，而后 7 个图可用于概念模型和软件模型的动态结构方面。

5.2 节比较详细地讲解了其中 5 种表达系统（或系统成分）模型的工具。其中，类图可用于创建系统的结构模型，表达构成系统各成分之间的静态关系，给出有关系统（或系统成分）的一些说明性信息；用况图可用于创建有关系统（或系统成分）的功能模型，表达系统（或系统成分）的功能结构，给出有关系统（或系统成分）在功能需求方面的信息；状态图可用于创建有关系统（或系统成分）的行为生存周期模型，表达有关系统（或系统成分）的一种动态结构，给出有关系统（或系统成分）在生存期间有哪些阶段、每一阶段可从事的活动以及对外所呈现的特征等方面的信息；顺序图可用于创建有关系统（或系统成分）的交互模型，表达系统（或系统成分）中有关对象之间的交互结构，给出系统（或系统成分）中的一些对象如何协作的信息；活动图用于描述系统的业务流程和操作的算法。

最后，需要特别注意的是，UML 是一种可视化的建模语言，而不是一种特定的软件开发方法学。一种软件开发方法学，为了支持软件开发活动（例如软件设计），至少涉及三方面的内容：一是定义设计抽象层，即给出该层的一些术语；二是给出该层的模型表达工具；三是给出如何把需求层的模型映射为设计层的模型，即过程。可见，UML 仅包括前两方面的内容，即给出了一些可用于定义软件开发各抽象层的术语（符号），给出了各层表达模型的工具。尽管在讲述中提到少量应用策略，例如类的用途及相关策略，但这最多为其应用提供一些宏观的指导。在 5.3 节和 5.4 节中，我们将介绍面向对象方法学中的第三部分：过程。

5.3　面向对象分析

本书在 5.3 节和 5.4 节中介绍的面向对象分析(Object-Oriented Analysis,OOA)和面向对象设计(Object-Oriented Design,OOD)的过程指导思想主要来自邵维忠教授和杨芙清院士合著的著作[1]。该过程指导广泛借鉴了国际上各种 OOA 和 OOD 方法,是北大青鸟工程的研究成果。它采用 UML 中的概念和表示法,简单、易学且易用,目前被国内广泛使用。

5.3.1　面向对象分析的基本任务

OOA 就是使用面向对象方法进行系统分析。OOA 运用面向对象方法,对问题域(被开发系统的应用领域)和系统责任(所开发系统应具备的职能)进行分析和理解,找出描述问题域和系统责任所需的对象,定义这些类和对象的属性和操作,以及它们之间的各种关系。最终目标是建立一个符合用户需求,并能够直接反映问题域和系统责任的 OOA 模型及其规约[1]。

目前,软件已经在所有的领域得到广泛应用。随着软件复杂性和规模的增加,对于软件所要解决问题的所在应用领域(即所开发系统所在的应用领域)的认知,以及对于所要解决的问题本身(即所开发系统应具备的职能)的认知变得越来越重要。软件需求分析人员能否准确地描述问题域和系统责任成为决定软件开发是否会获得成功的关键。

而面向对象分析强调从问题域和系统责任中的实际事物和它们之间的关系来思考问题和认识问题,并根据这些事物的本质特征来抽象表示为对象和对象之间的关系,所以 OOA 模型直接映射问题域,有利于分析人员对问题域和系统责任的准确理解和抽象描述。

另外,面向对象分析强调充分利用人类日常思维的方法和原则来进行系统分析并构造系统模型,例如抽象、分类、继承、聚合、封装、关联等。这使得软件开发人员能更有效地思考问题,并以其他人也能看得懂的方式把自己的认识表达出来,所以 OOA 模型能为软件开发组织和用户提供一个可以共同理解,并进行交流的基础。

另外,面向对象方法由于采用了封装和信息隐蔽原则,将易变化的属性和操作封装在对象内,对象通过接口对外提供服务,这样能有效应对需求的变化。

面向对象方法采用了继承机制,这样能很好地支持分析、设计和实现阶段的软件复用。

5.3.2　面向对象分析模型

20 世纪 80 年代以来,出现了很多流派的 OOA 及 OOD 方法。各种方法在概念与表示法、系统模型和开发过程等方面都不统一。UML 出现后,成为面向对象建模概念和表示法以及建模工具等方面的事实上的统一标准。本书采用 UML 概念和表示法,介绍 OOA 的各类分析模型和 OOA 的过程。

OOA 模型就是通过面向对象分析建立的系统分析模型。OOA 充分利用 UML 这种图形化语言,紧紧围绕“面向对象方法是一种以对象和对象关系来创建系统模型的系统化软件开发方法学”,使用 UML 提供的多种模型表达工具建立系统分析模型。OOA 模型的主要目的是:支持软件开发人员从不同目的(静态、动态)、针对不同粒度(系统、子系统、类目等),从不同抽象层和从不同视角来创建系统模型,并建立相应的文档(即模型规约)。

OOA模型包括基本模型——类图，多种辅助模型，以及每种模型的模型规约，如图5.65所示。

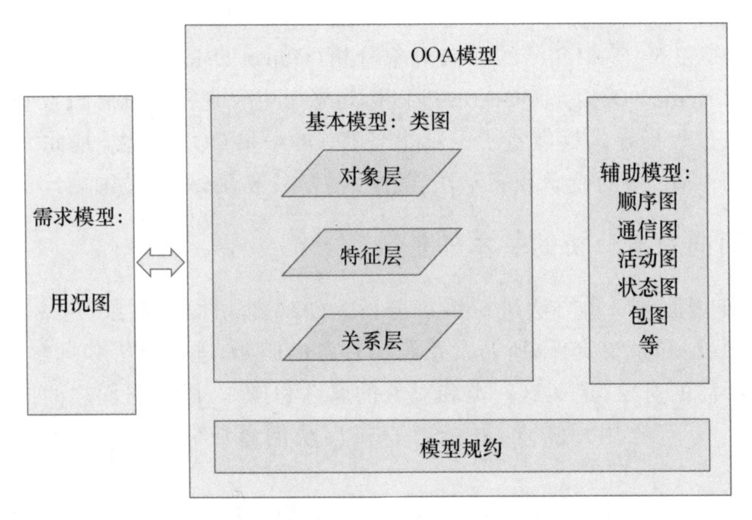

图5.65 OOA模型

在理解OOA模型时要注意以下四点：

① 用况图在面向对象方法出现之前就已经存在，作为软件需求捕获和描述的工具。UML将用况图作为建立系统功能模型（需求模型）的重要视图。OOA是对用况图描述的需求模型进一步分析，进而形成软件需求的规范化描述——OOA模型的步骤。所以，用况图不是OOA模型的组成部分，而是建立OOA模型的最重要的输入之一。同时，软件开发人员在创建OOA模型的过程中，可以用况图进一步补充和完善。

② 类图是OOA模型的基本模型，描述了构成软件系统的对象、对象之间关系的静态组织结构。类图中的建模元素可以从对象层、特征层和关系层3个层次来组织。

- 对象层：给出系统中描述问题域和系统责任所需的对象，用类抽象描述每一种对象的集合，给出相应的类名。对象层描述了系统由哪几类对象构成。
- 特征层：给出每一个类的内部特征，包括静态特征（属性）和行为特征（操作）。特征层描述了每类对象的内部构成。
- 关系层：给出每个类所代表的对象之间的关系。这些关系包括关联、泛化和依赖。关系层描述了每类对象与其他对象的关系。

③ 辅助模型是OOA模型中对类图进行辅助说明的模型，包括顺序图、通信图、活动图、状态图等行为模型，以及用于控制信息组织复杂性的包图。其中，顺序图和通信图用于描述为了完成一项复杂的功能所需对象之间的交互（包括交互各方、交互方式和交互信息），而活动图用于描述系统中的业务过程以及操作的复杂算法。状态图用于描述对象在其生命周期中的所有状态，以及由于响应事件进行的状态之间的转换。状态图经常用于分析对象中有哪些操作。包图用于组织各类系统模型，以便通过对关系密切的元素进行“打包”，控制各种系统模型信息组织的复杂性，以便各种系统模型易于理解。

④ 对于以上各种OOA模型，除了建立模型本身，还需要按照一定的要求（例如，面向对象的行业标准或开发组织的标准）进行模型规约（即详细描述）。

5.3.3　面向对象分析过程

UML 只为 OOA 和 OOD 提供了一系列概念和表示，以及多种建模工具，但没有提供建模过程。而各种 OOA 方法一般提供了具体进行 OOA 的步骤，详细规划了每一步骤要做的事情以及怎么做。但目前没有 OOA 建模过程的统一国际标准及国家标准，本书所采用的 OOA 过程，主要参考了以北京大学牵头、数十所高校和科研院所共同参与的国家重点科技攻关计划“青鸟工程”所研发的面向对象软件开发规范，OOA 过程如图 5.66 所示。

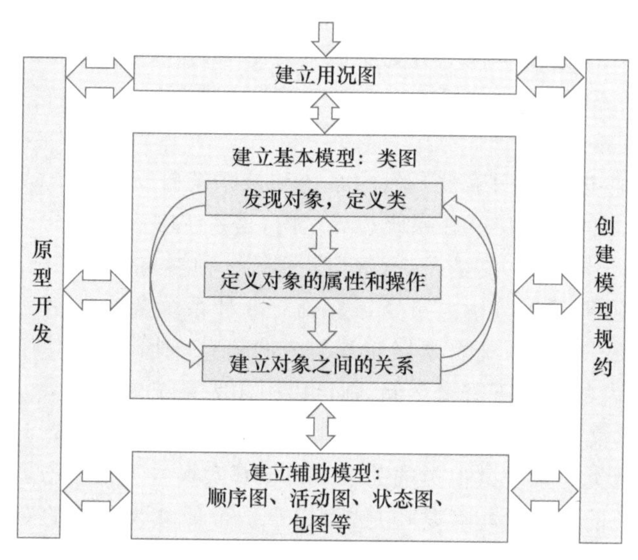

图 5.66　OOA 过程

该 OOA 过程展示了面向对象分析的整个过程：

① 建议首先根据系统的需求描述建立系统的需求模型即用况图。

② 根据用况图，建立 OOA 的基本模型类图。

首先，根据问题域和系统责任，发现对象，建立类；其次，定义对象的内部特征，即静态特征(属性)和动态特征(操作)；最后，建立对象之间的关系。

③ 建议创建完基本模型——类图后，再开始建立辅助模型，这样可以对类图无法描述的细节，进一步辅助描述。例如，用顺序图和通信图描述对象之间的交互，用状态图描述一个对象整个周期中的状态和状态之间的转换。针对信息组织比较复杂的系统模型，可以采用包图控制信息组织的复杂性。

④ 在建立基本模型和辅助模型的过程中，可以循序渐进地创建其模型规约。

⑤ 系统的原型开发可以应用到系统分析过程的任意步骤。在使用用况图进行需求捕获和描述的阶段，原型开发可以帮助软件开发人员确立需求。在基本模型创立过程中，可以增量式地进行原型开发，以便帮助软件开发人员确立对象是否准确，是否有遗漏对象等。

⑥ 代表不同建模活动的各模块之间的双向箭头表示各个建模活动之间可以回溯，可以交替进行。

5.3.4 建立基本模型

类图是OOA模型的基本模型，它描述了系统由哪些对象以及这些对象之间的关系构成。OOA从用户的需求描述入手创建类图，因为用况图完成了捕获和描述用户需求，所以一般OOA从系统的用况图入手，如果用况图不存在，就可以先创建系统用况图。建立类图主要包括以下几个步骤。

1. 发现对象，定义类

发现对象，定义类是OOA最困难的一步。系统分析人员的主要工作就是通过不断考虑系统边界、考虑问题域和系统责任等方面不断发现对象，定义类，进而细化对象内部的特征和建立对象之间的关系。

(1) 考虑系统边界

首先根据用况图，进一步明确被开发的系统和该系统打交道的人或外部事物之间的明确界限，并确定它们之间的接口。在系统边界之内，是系统本身所包含的对象。在系统边界以外，是系统外部的参与者，主要是人、设备和外系统3种参与者。

考虑系统边界，主要帮助分析人员考虑并确定3种系统参与者是否需要将其作为系统内的对象而抽象为类。如果系统需要存储参与者的信息，则需要将其作为系统内的对象而抽象为类；如果参与者的信息不需要存储，则可以不作为系统内的对象。当然如果为了强调参与者和系统之间的交互，可以设计一个没有属性只有少量操作的参与者类，并构建进系统中。通过这个参与者类与系统其他类的关系来模拟真实场景下该参与者和系统的交互。

大多数软件系统的主要参与者是用户，而用户是否抽象为系统的对象根据其信息是否需要在系统中存储而定。例如，搜索引擎系统只是向用户提供查询功能，所有的用户所用的搜索引擎功能是一致的，搜索引擎系统不需要存储用户的任何信息，所以搜索引擎系统就不用将用户作为系统内的对象抽象。如果此时想突出用户和搜索引擎之间的交互，也可在系统中构建一个“用户”类，并与搜索引擎等类产生关联，模拟用户使用搜索引擎的过程。反之，一个高校校园门户管理系统，其参与者主要是用户，包括教师和学生，而每个用户的门户功能也不完全一样，所以需要将用户的信息(账户名和密码等)进行存储，此时，就需要将用户作为系统内的对象进一步抽象为类。

(2) 考虑问题域和系统责任

考虑问题域，主要是将问题域中的客观事物映射为系统中的对象和类。可以从问题域中的一些客观事物启发系统分析人员发现对象，例如人员、组织(例如计算机学院)、物品(例如各类商品)、设备、抽象事物(例如法律条文、生产计划等)、事件(需要由系统长期记忆的事件，如交易事件、保险理赔事件等)、文件(例如人事档案、各种表格、证件等)及结构(当发现一个对象时，从现实世界中与这些事物有分类关系和构成关系等结构出发，发现其他对象)等。例如，对于飞机这个对象的类，飞机是一类交通工具，交通工具和飞机存在一般和特殊的结构关系，飞机还可以分为客机和货机两类，飞机还包括发动机等内部装置。所以，对于飞机这个对象的类，可以联想到交通工具、客机和货机、发动机等对象的类。

考虑系统责任，主要是根据用户需求描述，确定系统责任内的每一项功能是由哪个类，或由哪几个类来完成。查看是否有些功能在现有的对象中都不提供，以发现遗漏的对象。可以通过用况图中动作的模拟执行顺序来帮助系统分析人员逐一落实完成每项功能的对象或类，也可以通过分析完成一项复杂功能的多个对象之间的交互顺序来查找遗漏的对象或类。考虑系统责任，也可以将原来在问题域中发现的对象根据系统责任进一步确定是否应该保留。例如，在分析“超市前台销售管理系统”时，根据超市问题域发现“保安”对象的类，但在考虑“超市前台销售管理系统”的系统责任时，发现“保安”不承担该系统责任中的任何功能，所以最后删除“保安”对象的类。

(3) 审查与筛选

对已经找到的对象和类要进一步逐一进行审查和筛选，去掉不正确的或不必要的对象和类，仅保留应在OOA模型中需要记录其信息或需要其提供功能的对象和类。可以从以下方面对候选对象和类进行审查和筛选。

① 舍弃无用的对象。审查对象是否通过属性记录了一些对参与者或对系统的其他对象有用的信息。即这个对象所对应的事物，是否有些信息需要在系统中进行保存和处理。

审查对象是否通过操作提供了某些有用的功能。即这个对象所对应的事物，是否有某些行为在系统中提供有用的功能。

如果一个对象和类既没有通过属性记录对系统有用的信息，也没有通过操作为系统提供有用的功能，则需要删除该对象和类。

② 对象的精简。对象一般应具有多个有意义的属性，对于只有一个属性而没有操作的对象，可以考虑将其属性合并为其他对象的属性，同时删除该对象。例如，在“计算机系本科生管理系统”中有“辅导员”对象，其只有“辅导员姓名”属性，而“辅导员”对象被“计算机系年级”对象引用，以便明确每个年级的辅导员是谁。在这种情况下，可以将“辅导员”对象合并到“计算机系年级”对象中，即将“计算机系年级”对象增加一个属性“辅导员姓名”，同时删除“辅导员”对象。

对象一般应具有多个有意义的操作，对于只有一个操作而没有属性的对象，如果该对象的操作只被另一个对象请求，则可以考虑将该对象的操作合并到请求其操作的对象中，然后删除该对象。

③ 与实现条件有关的对象。在系统分析阶段只是考虑系统应该包括哪些功能，这些功能由哪些对象实现，而不应考虑怎样实现这些系统功能，即应该删除与实现环境(图形用户界面系统、数据管理系统、硬件及操作系统)有关的对象。即OOA模型应独立于实现环境。

(4) 识别主动对象

现实世界中有些事物具有主动行为，所以在面向对象分析时，要将这些具有主动行为的对象识别出来。这些对象在面向对象设计时对应为进程或线程。

① 考虑问题域和系统责任。分析问题域和系统责任，看哪些对象呈现主动行为，即不需要其他对象请求而主动呈现的行为，将这些对象识别为主动对象。

② 考虑系统边界以外的参与者与系统中的哪些对象直接进行交互。分析哪些对象直接与系统之外的参与者直接交互，如果一个交互是由系统外的参与者发起的，第一个处理该交互的对象就是主动对象。因为从系统内部来看，这个对象不需要系统内的其他对象请求就可以执行一定的行为。

③ 考虑系统的功能需求，控制线程的起点在哪个对象中。控制线程的起点所在的对象就是主动对象。

(5) 对象分类,建立类图中的类

使用问题域和系统责任知识,为每组具有相同属性和操作的对象定义一个类,用类符号表示每个类,填写类的名字。在为类命名时,要注意以下原则:

① 使用名词或名词性短语命名类,避免使用无意义的符号和数字命名类。

② 类名应反映个体而不是群体,例如,使用“马”而不使用“马群”,使用“书”而不使用“书籍”来命名类。

③ 类名要适合该类及其特殊类的全部对象实例。例如,如果一个类的特殊类的对象有轮船、汽车和飞机,可以用“交通工具”来命名一般类。

④ 类名要使用问题域通用、规范的词汇,这样便于用户和软件开发人员理解。

⑤ 在中国,可用中英文双重命名类。因为中国的软件开发人员在编写 OOA 和 OOD 文档时经常使用中文,有利于理解和交流。而使用英文对类、属性和操作命名,有利于与编码实现对应。所以,在进行 OOA 和 OOD 建模时,可以使用中文,并建立一个中英文命名对照表。

⑥ 对于已经确认的主动对象,注意将其标注为主动类。

⑦ 填写类规约中关于每个类的详细信息(见附录 A)。

⑧ 在发现对象过程中发现的属性、操作、关系都可以添加到类符号中。

2. 定义对象的属性

属性是描述对象静态特征的一个数据项。可以从常识、问题域和系统责任等角度启发和抽取对象的属性。

(1) 识别属性的策略

① 按常识分析这个对象应该有哪些属性。

例如,按照一般常识,在“户籍管理系统”中,类“人员”要有“姓名”“性别”“年龄”“身份证号”“住址”等属性。

② 分析在当前的问题域中,对象应该有哪些属性。

对象的一些属性需要在分析当前问题域的基础上提取出来,例如“商品的条形码”,只有在分析超级市场的问题域时才会提取出这个属性。

③ 根据系统责任,分析这个对象应具有哪些属性。

对象的一些属性,只有在分析系统责任时才能决定是否需要。例如,在分析“服务器管理系统”的系统责任时,确定类“服务器”不需要设立属性“服务器的尺寸”,而在分析“服务器托管平台系统”的系统责任时,确定需要设立属性“服务器的尺寸”,因为“服务器托管平台系统”根据服务器的尺寸来收托管费用的功能。

分析系统中类的责任,确定建立这个对象是为了保存和管理哪些信息。例如,在分析“在线购物系统”时,考虑类“商品”需要保存和管理哪些商品信息,进而确定设立相应的属性。

分析对象的操作实现的功能,确定在对象中设立哪些属性。例如,“监控系统”中的类“传感器”具有定时采集信号的功能,所以需要在类“传感器”中设置属性“采集时间”。

④ 分析对象是否需要通过专设的属性描述其状态。

例如,“空调”对象在“待机”“制冷”“制热”“关闭”等不同的状态下呈现不同的行为,需要为“空调”对象设立一个“状态”属性,通过其不同的属性值来表示“空调”对象的不同状态。

以上策略可以帮助系统分析员从不同的角度发现对象的属性。

(2) 审查和筛选

在根据上述策略发现对象的属性后，下一步需要对这些属性进行审查和筛选。对每个属性，我们可以从以下角度进行审查和筛选。

① 属性是否体现了系统中有用的信息。例如，人有身高、体重等特征，但在“高校教职工管理系统”中，根据系统责任，教职工的这些特征并没有用，所以这些特征不能作为对象属性。

② 属性是否描述对象本身的特征。例如，在“课程管理系统”中，“课程”对象有“主讲教师”属性，但把“老师的联系方式“也作为“课程”对象的属性就不合适。因为在现实世界中“课程”对象不具有这样的特征，所以应该将“老师的联系方式”属性从“课程”对象中删除。

③ 属性是否破坏了对象特征的“原子性”。例如，“身份证” 对象的属性“地址”是由省、市、街道、门牌号等数据项组成，这些数据项不能拆分为多个属性。

④ 属性是否可通过继承得到。检查对象是否是泛化关系中的特殊类，如果是特殊类且没有使用多态，那么该特殊类能从一般类继承的属性就不需要在该特殊类中再次定义。

⑤ 属性是否可以从其他属性直接导出。如果一个属性可以从其他属性直接导出，则可以删除该属性。例如，“学生”对象已经有属性“出生年月”，那么就不需要有属性“年龄”。

⑥ 与实现条件有关的问题都推迟到 OOD 时考虑。因为 OOA 模型目标是反映问题域和系统责任并独立于实现的系统分析模型，所以在定义属性的过程中，与实现条件有关的问题均推迟到 OOD 时考虑。

(3) 属性的命名

属性的命名原则上与类的命名相同，采用名词或名词性短语。命名属性要使用规范的问题域通用的术语，避免使用无意义的符号和数字。语言文字的选择要和类的命名一致。

(4) 属性的详细说明

要在类规约中对属性进行详细说明，其中包括属性的解释、数据类型和具体限制等，具体请参见附录 A。

3. 定义对象的操作

通过分析对象在问题域中的行为，以及其履行的系统责任来定义对象的操作。

(1) 识别操作的策略

① 考虑系统责任。查看软件需求中的每一项功能要求，看每一项需求应由哪些对象提供，进而在这些对象中设立相应的操作。

② 考虑问题域。分析对象在问题域中有哪些行为，查看其中哪些行为与系统责任相关，进而在对象中设计相应的操作，以模拟这些行为。

③ 分析对象状态。状态图是辅助分析员认识对象操作的工具。分析对象的状态，查看每一种状态下对象具有什么行为；分析对象状态的转换是由哪些行为引起的；进而将这些行为设立为对象的操作。

④ 追踪操作的执行路线。在整个系统中跟踪操作的执行路线，以发现遗漏的操作。

(2) 审查与调整

审查对象的每个操作，看该操作是否真正有用，即是否直接提供系统责任所要求的某项功能，是否响应其他操作的请求间接地完成一项功能的一部分操作。如果该操作不符合以上两点，则说明该操作无用，需要删除该操作。

另外，需要检查每个操作是否高内聚，即一个操作只完成一项单一的、完整的功能。如果该操作中包含了多项可独立定义的功能,则要将该操作拆分为多个操作。如果一个独立的功能被分割到多个操作中完成,则需要将这些操作合并为体现一个独立功能的操作。

(3) 操作的命名和定位

要用动词或动宾结构命名操作。

在对象中设置操作,要与问题域中呈现这种行为的实际事物相一致。例如,在“教学管理系统”中,操作“授课”应该放在对象“教师”而不应放在对象“课程”中,因为按照问题域和一般常识,“授课”是教师的行为而不是课程的行为。

在继承关系中,通用的操作放在一般类中,专用的、特殊的操作放在特殊类中。一个类中的操作应适合这个类及其所有特殊类的每一个对象实例。

(4) 操作的详细说明

在类规约中,要对类中每一个操作进行详细说明,包括操作的标记(操作名、输入输出参数、参数类型)、操作的解释(操作的作用和功能)、主动性、多态性、操作要发送的消息(操作执行时要请求哪些其他的对象操作)和约束条件(操作执行的前置条件、后置条件及执行时间等)、操作流程(对于功能比较复杂的操作,可给出其流程图或活动图)等。

4. 建立对象之间的关系

对象之间有泛化(继承)、关联、依赖和实现等 4 种关系,下面,分别介绍如何建立这 4 种关系。

(1) 建立泛化(继承)关系

① 学习和使用当前应用领域的分类学知识以识别继承关系。因为问题域的分类方法一般能比较准确地反映事物的特征、类别及各种概念的一般性和特殊性。按照问题域已有的分类方法,可以找出一些与事物对应的继承关系。例如,对“图书管理系统”做系统分析,需要先学习图书管理领域的图书分类方法。

② 按常识考虑事物的分类以识别继承关系。如果该问题域没有可供参考的分类方法,可以按照常识,从不同的角度考虑事物的分类,以发现继承关系。例如,对于“学生”可以从不同的角度分类:按照年级分类、按照性别分类等。

③ 根据继承的定义来识别继承关系。在新建一个类 A 时,如果发现类 A 的全部属性和操作在另一个类 B 中已经全部存在,而且类 A 还有自己特殊的属性和操作,那么类 B 和类 A 应建立继承关系,类 B 是一般类,类 A 是特殊类。

识别出继承关系后,可以逐一审查它们,对不合适的继承关系进行调整与修改:

- 审查问题域是否需要这样的分类。因为无论是按照领域分类学习知识还是按照常识得到的继承关系,不一定是问题域需要的。例如,车辆可以分为军用车辆和民用车辆,如果开发的“车辆管理系统”中没有军用车辆,就不需要这样的继承关系。
- 审查系统责任是否需要这样的分类。在继承关系中,一般类和特殊类虽然在概念上是不同的,但系统责任未必不同。例如,教师分为在职教师和退休教师两类,如果在“教师管理系统”中,对这两类人员的管理功能没有差异,就不需要这样的继承关系,只需要用“教师”类即可。
- 审查是否符合分类学的常识。类之间的继承关系应该符合分类学常识和人类日常思维方式。因为继承关系应该直接对应问题域中的实际事物的分类关系,具有“is a kind of”的语义关系,并非只是对属性和操作的继承。

继承关系有利于提高软件开发的效率和质量。但不要建立过多的继承关系，即不要从一般类划分出过多的特殊类，从而增加系统的复杂性。另外，不要建立过深的继承层次，从而增加系统的理解难度。如果一些特殊类之间的差别可以通过一般类的某个属性值来体现，则可以通过增加一般类的属性而去掉继承关系。如果一个一般类只有一个特殊类，而且这个一般类不用于创建对象实例，即这个一般类仅用于被特殊类继承其属性和操作，则可以删除这个一般类，而把其属性和操作放到特殊类中。以上简化有助于减少类的数量，以及压缩类的继承层次。

在继承关系中，一般类通常符合三个条件之一，才有存在的价值：一般类有两个或两个以上的特殊类；需要用一般类创建对象实例；一般类的存在有利于软件复用。

随着继承关系的建立，需要对类图的对象层和特征层做一些修改。包括增加、删除、合并以及拆分一些类，以及增加或删除一些类的操作。这就需要修改类图和类的规约。

（2）建立关联关系

① 从问题域角度识别类之间的静态联系，然后，判定这些静态联系是否提供了一些与系统责任有关的信息，如果是，则将这些静态联系标注为类之间的关联。例如，售货员和顾客之间有售货的关系，售货员和账册之间有记账的关系。如果建立"超市销售管理系统"，就需要建立售货员和顾客、售货员和账册之间的关联。而经理和售货员之间，虽然从问题域的角度看也发生联系（如检查工作），但若系统责任不要求这些信息，则不必建立这样的关联。

② 判断已识别出的关联是否是聚合关系。可以从以下几个角度进行判断：

- 判断具有关联关系的两个类是否在物理上存在整体和部分的关系，如果是，则标注为聚合关系。例如汽车和轮胎、人和大脑。
- 判断具有关联关系的两个类是否存在组织机构和下级部门的关系，如果是，则标注为聚合关系。例如大学和院系。
- 判断具有关联关系的两个类是否存在团体和成员的关系，如果是，则标注为聚合关系。例如计算机学会与会员、学校和老师。
- 判断具有关联关系的两个类是否存在空间上的包容关系，如果是，则标注为聚合关系。例如，工厂和设备、教室和讲台。
- 判断具有关联关系的两个类是否是抽象事物的整体与部分关系，如果是，则标注为聚合关系。例如，法律与法律条文、项目管理计划和进度计划。
- 判断具有关联关系的两个类是否具有材料上的组成关系，如果是，则标注为聚合关系。例如房屋由混凝土、钢筋组成。

如果判断出关联是聚合关系，还需要判断该聚合关系的整体对象和部分对象的生命周期是否相同，如果相同，则该聚合关系是组合关系。如图5.67所示，必须将指向整体对象的菱形画为实心菱形。

③ 认识关联的属性和操作

对于识别出的每一个关联，要进一步分析它是否带有某些属性和操作，即是否存在一些不能仅用一个简单关联就充分表达的信息，如果是，则需要建立一个关联类容纳这些信息。例如，类"售货员"和类"顾客"之间有一个关联"售货"，如果需要给出售货时间、商品清单、售货金额等信息，就需要在关联线上附加一个关联类符号来容纳这些属性与相应的操作，或者在类"售货员"和类"顾客"之间插入一个说明这些属性和操作的类。图5.68所示为复杂关联的两种表示方式。

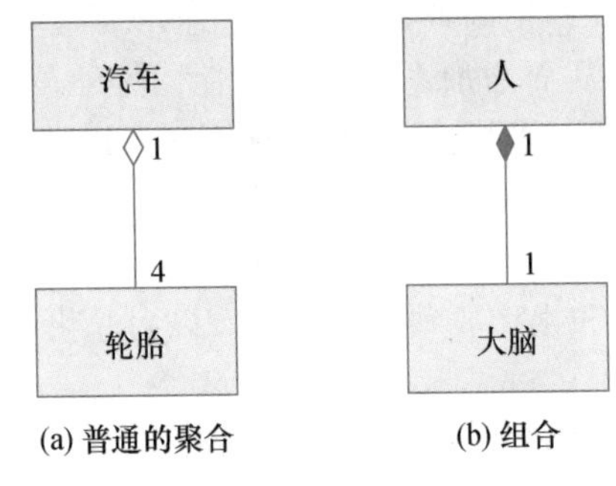

图 5.67 聚合和组合

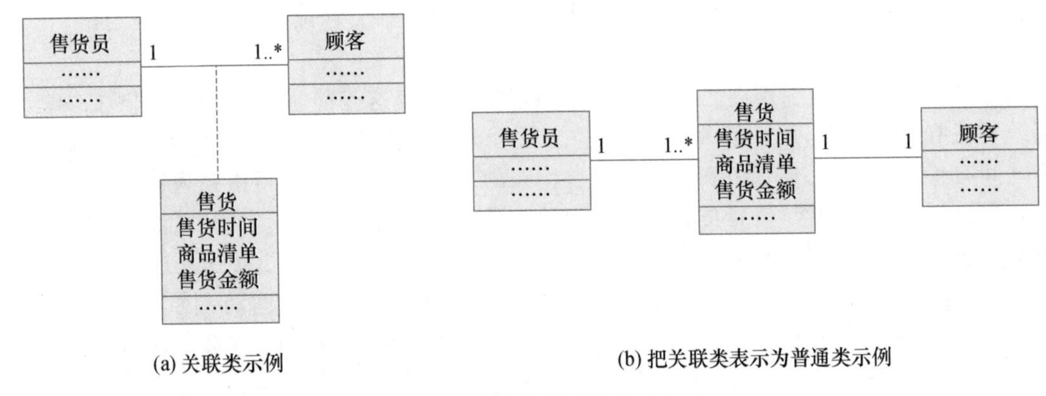

图 5.68 复杂关联的两种表示方式

④ 分析关联的多重性和关联的性质

对于每个关联,从连接线的每一端看本端的一个对象可能与另一端的多个对象有连接,然后把结果标注在连接线的另一端。可以根据需要,使用关联角色和限定符来进一步详细描述关联。

⑤ 对象层、特征层的修改以及关联的说明

在建立关联的过程中可能增加一些类,要把这些类补充到类的对象层中,并建立类的规约说明。对于每一个关联,要给出关联的详细说明,具体可参见附录 A。

(3) 建立依赖关系

依赖是一种使用关系,用于描述一个类目使用另一个类目的信息和服务。在建立类之间的关系时,如果类 A 使用类 B 的操作或直接使用类 B 作为其操作参数,则可以建立类 A 到类 B 的依赖关系。可以在类规约说明中给出依赖关系的进一步详细说明,具体可参见附录 A。

(4) 建立实现关系

在实际应用中,一般在 2 个地方会使用实现关系:① 接口与实现它们的类和构件之间;② 用况与实现它们的协作之间。所以,在类图中如果已有接口和实现它们的类,可以建立实现关系。

5. 创建类的模型规约

类的模型规约是对类图中每个类以及类之间关系的详细说明,类的模型规约格式具体可参照附录 A。

5.3.5　建立辅助模型

用况图和类图，分别用于建立系统的需求模型和系统的基本模型。对于比较复杂的系统，还需要建立一些辅助模型，用于对基本模型-类图进行辅助描述。

在 5.2.4 节已经介绍了几种常用的 OOA 辅助模型（顺序图、活动图和状态图）的模型概念和表示法，本节将主要介绍这几种模型的建模过程。

1. 顺序图

顺序图用于描述对象或参与者之间的交互场景。

顺序图的建模过程应遵循以下步骤：

① 根据交互场景，识别哪些对象或参与者参与这次交互，并在顺序图上方列出这些对象和参与者，并为每个对象设置生命线。一般将发起交互的对象放在最左边。

② 对于在交互期间被创建或撤销的对象，在创建和撤销的时刻，需用消息箭头表示。

③ 在各个对象生命线上，按照该对象操作的先后顺序自上而下排列代表各个操作的棒形条（即执行规约），也可以对一个对象只用一个棒形条代表其上的所有操作。

④ 按照交互中消息的发送和接收顺序，画出各消息，并注意标注消息的类型（同步消息、异步消息、同步返回消息）。

⑤ 如果交互中存在复杂控制，可以使用控制操作符 opt（选择）、alt（条件）、par（并发）、loop（迭代）等描述结构化控制。

⑥ 可使用注解对顺序图中的模型元素进行解释说明，例如时间或空间约束等。

关于顺序图的案例请见 5.3.6 节。

2. 活动图

活动图既可以用于描述系统的业务流程，也可以用于描述操作的流程。下面分别介绍这两类活动图的建模过程。

（1）使用活动图描述系统的业务流程

在 OOA 阶段，使用活动图对软件系统的业务流程建模，有助于认识系统的需求。对业务流程的建模一般遵循以下步骤：

① 分析业务流程的场景，识别出该业务流程涉及哪些业务履行者，并为每个履行者建立一个泳道。

② 建立初始状态和终止状态，并识别该业务流程的前置条件和后置条件。

③ 从初始状态开始，分析业务流程中按照时间顺序发生的活动或动作，并在活动图中表示它们。

④ 如果活动的输入或输出涉及对象，则把它们加到活动图中。

⑤ 画出连接这些活动或动作的控制流，以及连接对象的对象流。

⑥ 使用分支和合并来描述控制流的条件选择路径，使用分岔和汇合来描述并发的控制流。

（2）使用活动图描述操作的流程

在 OOA 阶段，使用活动图对复杂的操作进行建模，以描述其算法细节。

对操作的流程建模遵循以下步骤：

① 识别操作的前置条件和后置条件以及操作所属的类在操作执行期间必须保持的不变式。

② 从该操作的初始状态开始，分析操作流程中按照时间发生的活动或动作，并在活动图中将它们表示出来。

③ 如果需要，使用分支和合并来描述控制流的条件选择路径。

④ 仅当一个操作属于一个主动类时，才在必要时用分岔和汇合来描述并发的控制流。

关于活动图的案例请见 5.3.6 节。

3. 状态机图

对于有很多类的系统，不能对整个系统使用一个状态机图进行状态建模。一个状态机图只适合描述一个类的对象。而且建立状态机图的目的是准确认识对象的行为。只有那些行为比较复杂的对象，才需要为其建立状态机图。

建立一个对象的状态机模型时，其一般步骤为：

① 选择对象的初始状态和最终状态，并分别给出初始状态和最终状态的前置条件和后置条件，以便指导以后的建模工作。

② 选择可能对该对象的各状态有影响的属性，分析这组属性的值稳定在一定范围的条件，以决定该对象的稳定状态。

③ 判断该对象在整个生存周期内的所有状态的有意义的偏序。

④ 判断可以触发状态转换的事件。可以从一个合理定序的状态到另一个状态进行逐一检查，来模型化其中的事件。

⑤ 为这些状态转移添加动作，或为这些状态添加动作。

⑥ 使用子状态、分支、合并和历史状态等，考虑简化状态机的方法。

⑦ 检查在某一组合事件下所有状态的可达性。

⑧ 检查是否存在死状态，即不存在任何组合事件可以使该实例从这一状态转换到任一其他状态。

⑨ 跟踪整个状态机，检查是否符合所期望的事件次序和响应。

关于状态机图的案例请见 5.3.6 节。

5.3.6 实例研究

本节继续以 WeBlog 个人博客系统为例，说明面向对象分析方法的具体应用。

WeBlog 个人博客系统旨在帮助用户创建和管理个人博客，以供他人浏览、评论和分享，主要涉及 5 个方面的工作：用户管理、博客管理、博文浏览、博文搜索、订阅管理。其详细的需求描述请见 4.14 节。

(1) OOA 类图

通过分析问题域，得到 7 个类，分别为“Attachment”类、“RegisteredUser”类、“Visitor”类、“Blog”类、“Post”类、“Comment”类和“Tag”类。

首先，识别每个类的属性和操作。例如“Visitor”类，因为不需要存储访客的信息，所以“Visitor”类没有属性，访客可以注册为注册用户，可以访问博客、浏览博文、获得热点标签、获得推荐的博文、搜索博文，所以将访客的这些行为特征抽象为相应的操作。

然后分析这些类之间存在的关系：

① 继承关系。“Visitor”类和“RegisteredUser”类构成继承关系，其中“Visitor”类是一般类，“RegisteredUser”类是特殊类。

② 关联关系。“Visitor”类和“Blog”类具有“拜访”关系，“RegisteredUser”类和“Blog”类具有“拥有”关系，“RegisteredUser”类和“Post”类具有“发表博文”和“收藏博文”的关系，“RegisteredUser”类和“Comment”类具有“做出评论”的关系，“RegisteredUser”类和“Attachment”类具有“拥有”关系，“RegisteredUser”类和自身具有“订阅”关系，“而Blog”类和“Post”类、“Post”类和“Comment”类、“Post”类和“Attachment”类具有“聚合”关系。

③ 依赖关系。“Visitor”类和“Tag”类具有“依赖”关系。

WeBlog个人博客系统的类图如图5.69所示。需要按照附录A的格式给出类的规约说明，进一步详细说明类图中的各个元素及之间的关系。

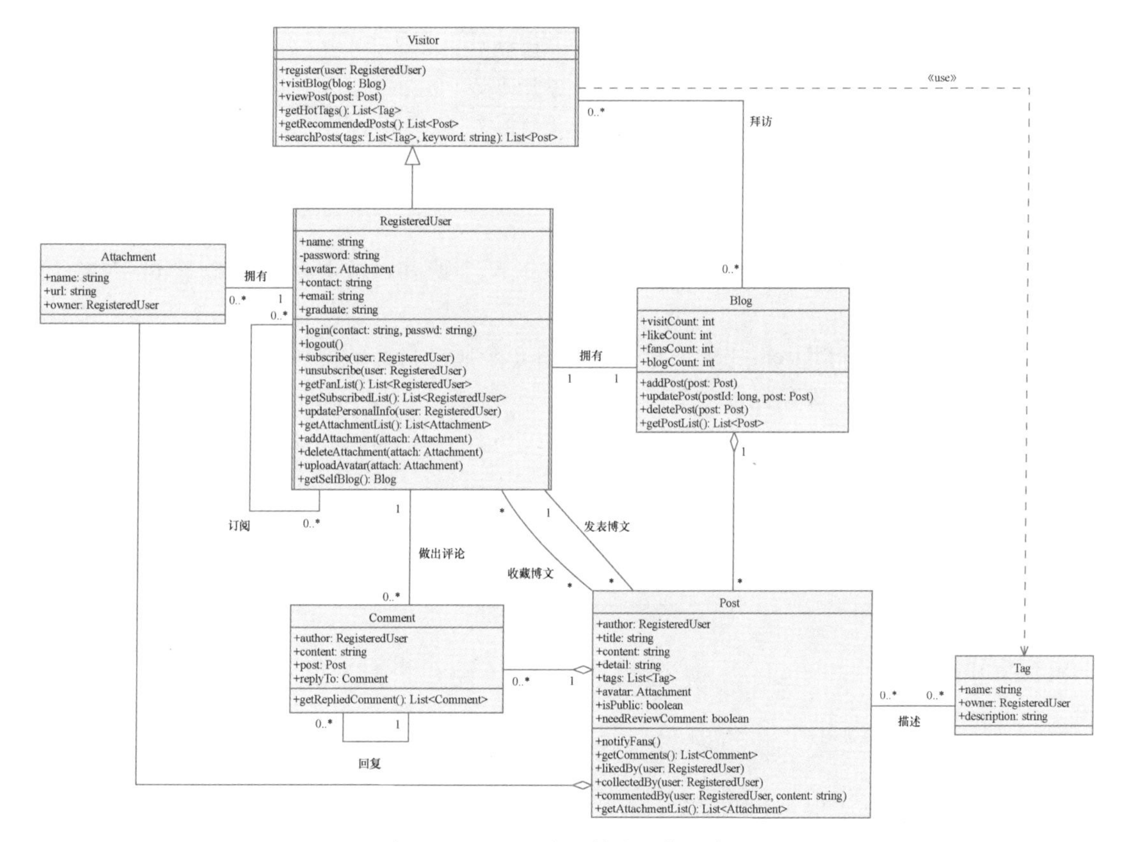

图5.69 WeBlog个人博客系统的类图

例如，类Blog的规约说明如下：

- 类的整体说明：

类名：Blog(博客)。

解释：博客类，是指由一个博主组织起来的个人博客信息。注意区分“博客”和“博文”概念上的区别。

一般类：无。

主动性：无。

其他：无。

- 属性说明如表5.1所示。

表 5.1 属性说明

属性名	多重性	解释	数据类型	聚合关系	组合关系	关联关系
visitCount	1	博客访问量	int			
likeCount	1	博客被点赞量	int			
fansCount	1	博主关注者人数	int			
blogCount	1	博文数量	in			

- 操作说明如表 5.2 所示。

表 5.2 操作说明

操作名	主动性	解释	约束条件及其他
addPost	0	添加博文	—
updatePost	0	更新博文	—
deletePost	0	删除博文	—
getPostList	0	获取博文列表	—

- 关联。Blog 关联 Visitor：1 个访客拜访 0～N 个博客，1 个博客也可以被 0～N 个访客拜访。

Blog 关联 RegisteredUser：1 个注册用户拥有 1 个属于自己的博客。

Post 聚合自 Blog：博客包含多个博文。

- 泛化：无。
- 依赖：无。

(2) 顺序图

图 5.70 展示的是注册用户编写和发布博文的顺序图。该顺序图的规约说明如下：

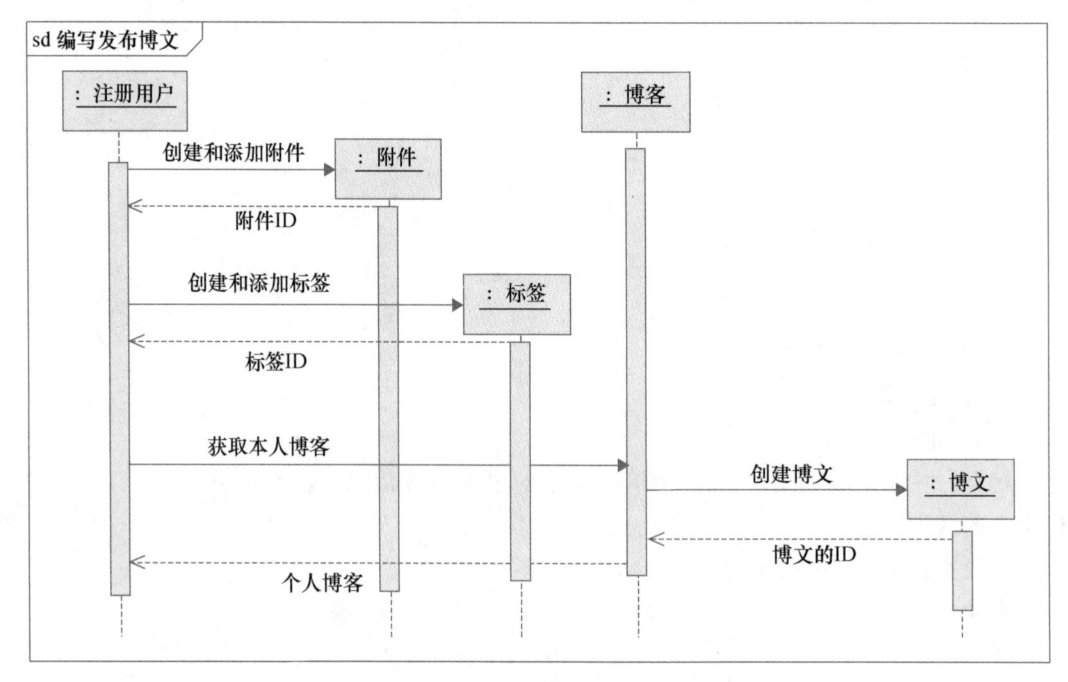

图 5.70 注册用户编写和发布博文的顺序图

① 顺序图中的对象与参与者描述见表 5.3。

表 5.3　对象与参与者描述

对象类型	对象名称	是否为主动对象	其他参与对象或参与者有关信息
类	注册用户	是	—
类	附件	否	这里指为创建博文而新添加的附件
类	标签	否	这里指为创建博文而新添加的附件
类	博客	否	—
类	博文	否	—

② 对象接收和发送消息的描述见表 5.4。

表 5.4　对象接收和发送消息的描述

消息名称	是发送还是接收	消息类型	直接触发的消息的名称列表	是否为自接收消息	消息的发送对象名称	消息的接收对象名称
创建和添加附件	发送	异步（创建对象）	—	否	注册用户	附件
附件 ID	接收	同步	—	否	附件	注册用户
创建和添加标签	发送	异步（创建对象）	—	否	注册用户	标签
标签 ID	接收	同步	—	否	标签	注册用户
获取本人博客	发送	同步	—	否	注册用户	博客
创建博文	发送	异步（创建对象）	—	否	注册用户	博文
博文 ID	接收	同步	—	否	博文	博客

(3) 活动图

图 5.71 所示为编写和发布博文业务流程的活动图。

对于编写和发布博文的业务流程，按照活动履行者的不同划分为注册用户和博文管理系统两个泳道。其中“补充其他信息”和“通知博主粉丝”的履行者是博客管理系统，其他活动的履行者是注册用户，基于此，将这些活动分类放到两个泳道中。

(4) 状态图

图 5.72 是博文的状态图。博文状态图的规约说明如下：

① 状态图中的状态描述见表 5.5。

表 5.5　状态图中的状态描述

状态名称	入口动作	出口动作	内部转换	其他相关信息
编辑中	entry/加载已编辑的内容	exit/保存博文草稿	clear/重置内容 addTag/创建标签 input/处理用户的编辑动作 addPicture/创建图片附件	处于这个状态的博文正在被博主编辑，可能是新的博文，或者是已创建的博文被重新修改完善

续表

状态名称	入口动作	出口动作	内部转换	其他相关信息
隐藏中	entry/保存博文草稿	无	无	处于这个状态中的博文不允许被编辑，且只能被博主本人浏览
已发布	entry/刷新统计信息	exit/设置为非公开	read/显示博文内容	处于这个状态的博文可以被所有人浏览
已删除	entry/删除博文	无	无	无

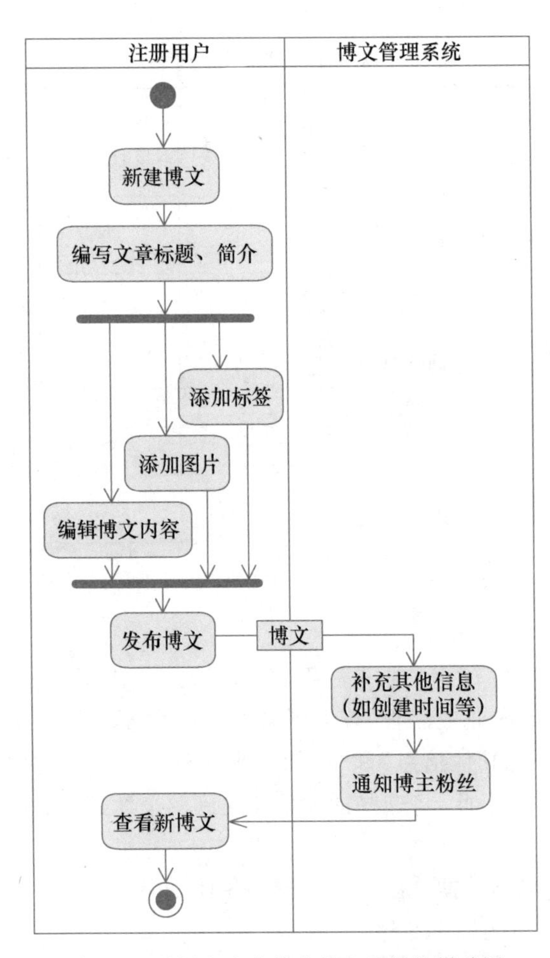

图 5.71　编写和发布博文业务流程的活动图

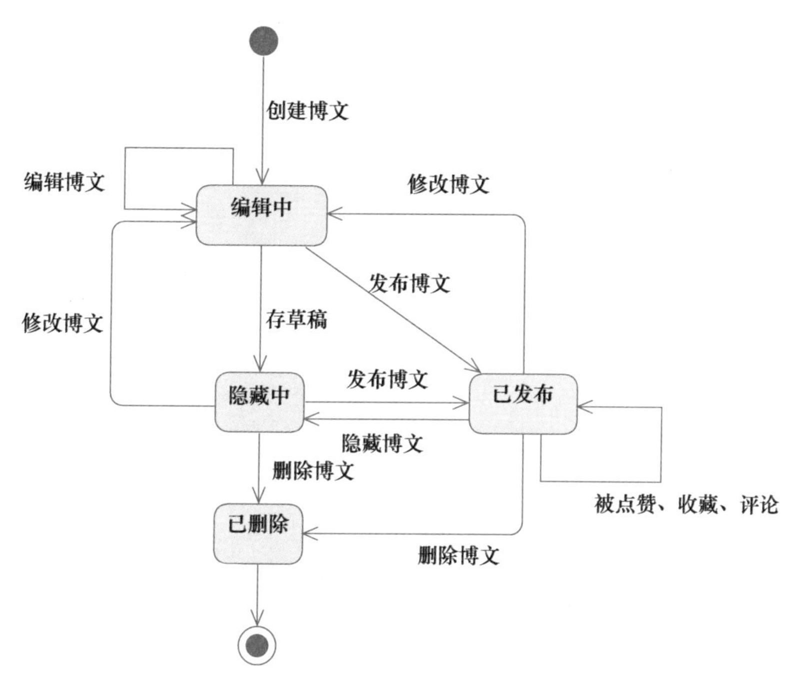

图 5.72 博文的状态图

② 状态图中的状态转换描述见表 5.6。

表 5.6 状态图中的状态转换描述

转换的源状态	转换的目标状态	转换串
编辑中	编辑中	编辑博文
编辑中	隐藏中	存草稿
编辑中	已发布	发布博文
隐藏中	已发布	发布博文
隐藏中	已删除	删除博文
已发布	已删除	删除博文
已发布	已发布	被点赞、收藏、评论
已发布	隐藏中	隐藏博文
已发布	编辑中	修改博文
隐藏中	编辑中	修改博文

5.4 面向对象设计

OOA 主要针对问题域，识别有关的对象以及它们之间的关系，产生一个映射问题域，满足用户需求，独立于实现的 OOA 模型。

OOD 阶段主要解决与实现有关的问题，基于 OOA 模型，针对具体的软件、硬件条件，设计一个可实现的 OOD 模型。

5.4.1 什么是面向对象设计

OOD 就是分析系统的实现条件，包括计算机设备、网络、操作系统、数据管理系统、图形用户界面系统及编程语言等，基于 OOA 模型，进一步应用面向对象方法对系统进行设计，产生符合具体实现条件的 OOD 模型。

OOD 模型如图 5.73 所示。

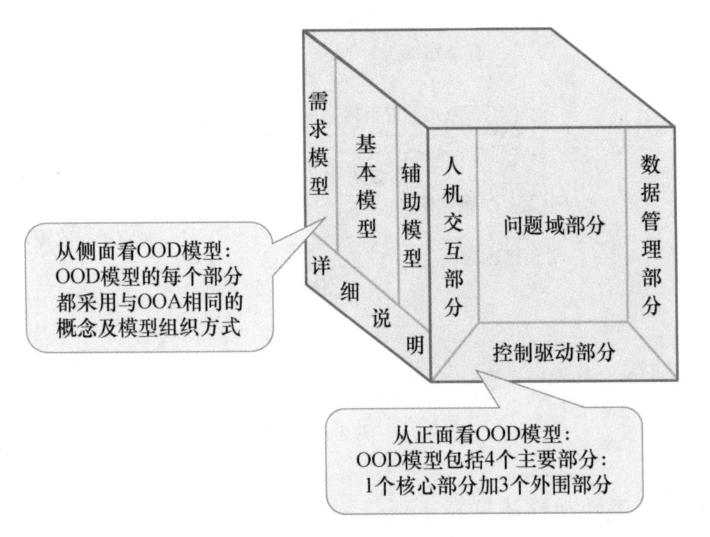

图 5.73 OOD 模型

从正面看 OOD 模型，它除了包括一个核心部分，即问题域部分，还包括 3 个外围部分：人机交互部分、数据管理部分、控制驱动部分。问题域部分即以 OOA 模型为基础，根据实现条件对其进行补充和调整而形成。控制驱动部分是分析和调整系统并发的控制流，该部分由系统中所有的主动类构成。人机交互部分即根据实际 GUI 的选择，进一步设计人机交互界面部分。

从侧面看 OOD 模型，它的每个部分都采用与 OOA 相同的概念及模型组织方式。

OOD 的过程就是由问题域部分的设计、人机交互部分的设计、控制驱动部分的设计和数据管理部分的设计组成，并且不强调这几部分设计的先后顺序。

下面就分别详细介绍这 4 部分的设计。

5.4.2 问题域部分的设计

问题域部分在 OOD 模型中处于核心地位。问题域部分的设计以 OOA 模型为输入，按照实现条件对 OOA 模型进行补充、调整而得到 OOD 模型中与问题域有关的所有类和对象。

实现条件主要包括计算机硬件、操作系统、网络设施、数据库管理系统、人机交互界面支持系统、编程语言以及复用支持等。在 OOD 中，根据以上实现条件，主要对 OOA 模型进行以下补充和调整，形成 OOD 的问题域部分。

1. 复用已有的类

如果已有一些可复用的类（来自以往成熟的项目、类库、构件库等），而且这些类提供了与 OOA 模型中的类相同或相似的功能，那么应尽量复用这些类，提高开发的效率和质量。

对比 OOA 模型(即 OOD 模型中的问题域部分)中的类(即问题域类)和可复用类的信息，有 4 种复用设计，如图 5.74 所示。

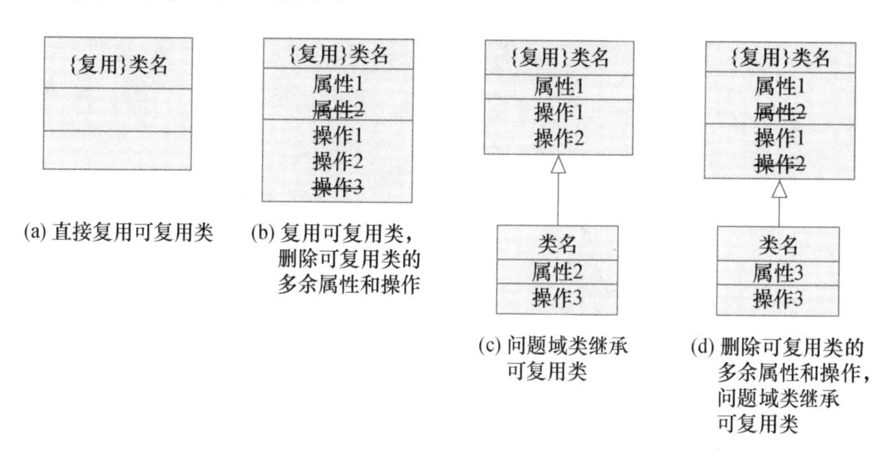

图 5.74 4 种复用设计

① 如果两者信息相同，就直接复用可复用类，将其加到 OOD 模型中，在其类名前加上{复用}。

② 如果前者的信息少于后者，则将可复用类加到 OOD 模型中，类名前加上{复用}。删除可复用类的多余属性和操作。

③ 如果前者的信息多于后者，则将可复用类加到 OOD 模型中，在其类名前加上{复用}。让问题域类通过继承可复用类实现复用。

④ 如果前者的信息和后者的信息相近，那么把可复用类加到 OOD 模型中，类名前加上{复用}。删除可复用类的多余属性和操作，将其作为一般类，让问题域类作为特殊类，两者之间建立继承关系。考虑修改问题域类与其他类之间的关系，必要时将这些关系移到可复用类上。

2. 增加一般类以建立类间的共同协议

OOD 设计时，可以增加一般类，以实现类间的一些共同实现的策略(即共同协议)。建立共同协议可以分为以下两种：

① 增加一般类，将所有的类组织在一起，提供全系统通用的协议。例如增加一般类，提供对象的创建、删除、复制等共同操作。

② 增加一般类，提供局部通用的协议。例如增加一般类，提供对象的永久存储及恢复功能。

如果新增加的类是编程语言提供的预定义的类，则只需在类符号的名字栏填写一个和语言提供的类完全相同的类名，并标注{复用}，在属性和操作栏不必填写任何属性和操作。而且，在类描述规约的“类整体说明”部分的“其他”项中用文字加以说明，例如“利用编程语言提供的同名类”。

3. 按编程语言调整继承和多态

OOA 强调如实地反映问题域，而 OOD 则考虑实现问题，所用的编程语言可能只支持单继承或不支持继承，就需要对 OOA 模型进行一些修改。图 5.75 是一个多继承示例，描述了商场的一般类“人员”可以分类为两个特殊类“顾客”和“职员”，同时“职员”对象可以在商场购物，所以“职员顾客”这一特殊类继承了“顾客”和“职员”两个类的属性和操作。下面将以该多继承示例为例，讲述如何根据编程语言对继承的支持程度进行设计调整。

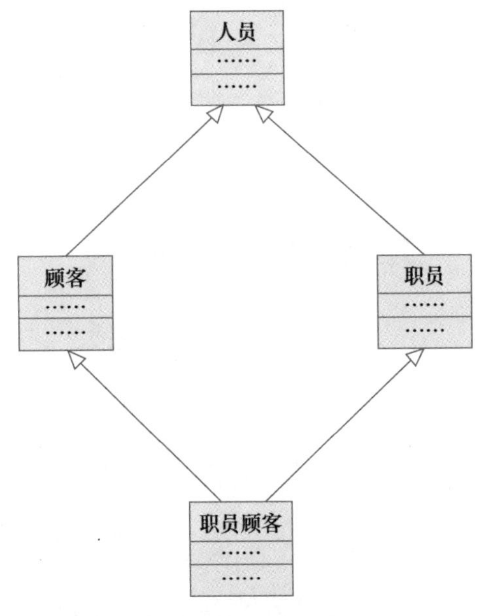

图 5.75 多继承示例

(1) 如果编程语言只支持单继承，可以采用以下两种方法将多继承转换为单继承

① 采用聚合将多继承转换为单继承。把特殊类看成是一般类的扮演角色。对于扮演多个角色的类，分别用相应的特殊类来描述。各种角色通过聚合关系关联到一般类。通过这种方法可以将图 5.75 所示的多继承转化为图 5.76 所示的单继承。

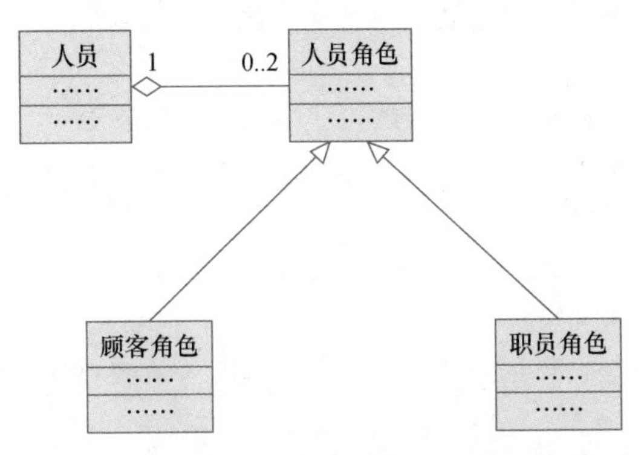

图 5.76 采用聚合将多继承转换为单继承示例

② 将多继承压平为单继承。按照该方法，图 5.75 所示的多继承将被转化为图 5.77 所示的单继承。

这种方法虽然将多继承转换为单继承，但是由于破坏了原有的继承关系，有些属性和操作在一些特殊类中会重复出现，造成信息冗余。例如，在图 5.77 中，“顾客”类和“职员”类的

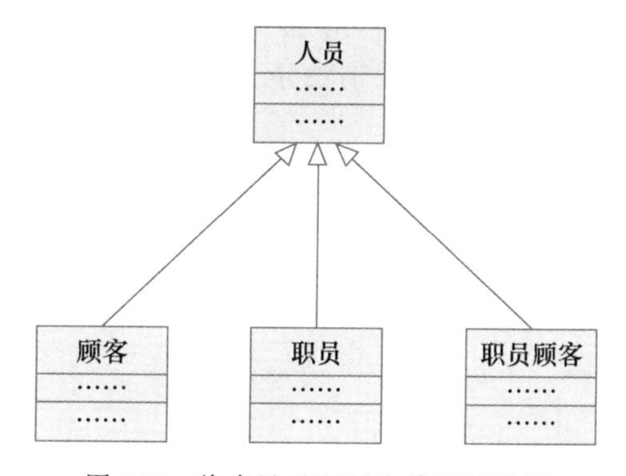

图 5.77 将多继承压平为单继承示例

信息在“职员顾客”类中重复出现。为了解决这个问题，可以采用压平和聚合相结合的方法把多继承转化为单继承，如图 5.78 所示。

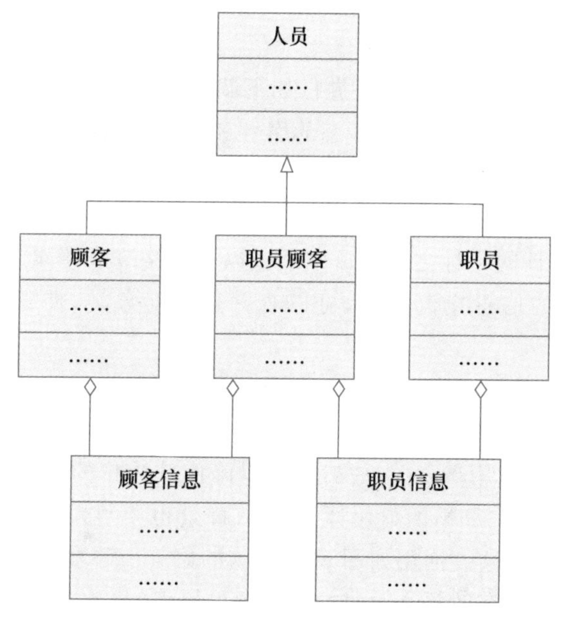

图 5.78 采用压平和聚合将多继承转换为单继承示例

（2）如果编程语言不支持继承，可以进行如下调整

① 采用压平，取消继承。采用这种方法，图 5.75 的多继承示例可以转化为图 5.79 所示的三个类。

图 5.79 采用压平以取消继承的示例

② 采用压平和聚合相结合的方法取消继承。采用这种方法，图 5.75 的多继承示例可以转化为图 5.80 所示的聚合关系，从而取消继承。这种方法的优点是每个类不存在信息冗余。

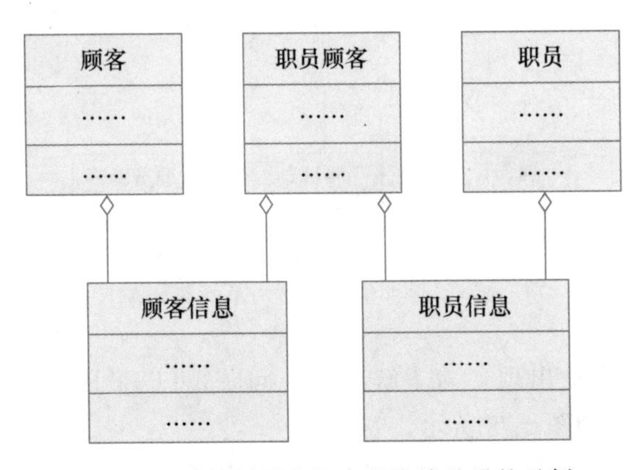

图 5.80 采用压平和聚合以取消继承的示例

(3) 如果编程语言不支持多态，需要进行如下调整

如果编程语言不支持多态，需要将多态的属性和操作的名字分别赋予不同的含义，以明确区分。也可以重新考虑对象的分类，并对属性和操作的分布进行重新调整。

4. 改进性能

提高性能是系统设计的目标之一。可以通过以下策略改进性能。

① 如果对象之间的信息交流频繁，可以合并这些对象类，使得通信成为对象内部的通信。

② 在一些类中增加某些属性，或增加一些类，以保存中间结果，避免重复计算造成性能损失。

③ 针对复杂的类，可以用聚合关系描述它，以降低其操作的算法复杂性。例如，将动画的每“帧”定义为一个对象。每帧的显示既要显示背景也要显示前景，如果用一个操作“显示”来描述其算法就比较复杂。而用如图 5.81 所示的聚合关系将对象“帧”分解为“背景”对象和“前景”对象，这样就能有效提高对每“帧”对象的操作“显示”的执行效率。

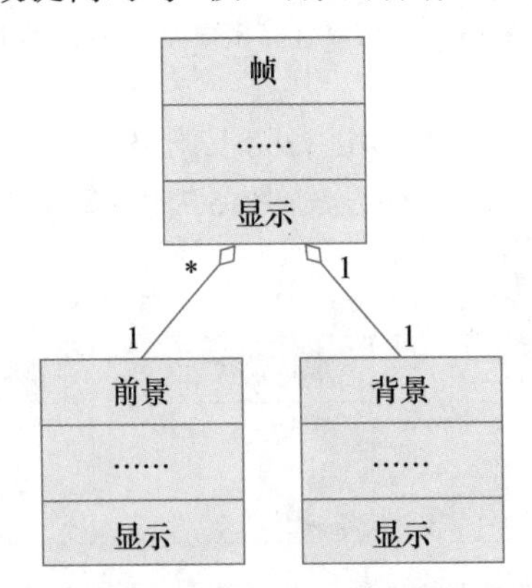

图 5.81 利用聚合关系提高性能的示例

④ 为了提高性能，可以适当增加或减少主动类。适量的并发能提高系统的性能，但过多的并发需要协调，反而降低性能。所以，可以通过适当增加或减少主动类来提高性能。

⑤ 可以通过细化对象的分类降低对象操作的复杂性。例如，有一个“螺丝刀”类，为其编制一个通用的“拧螺丝”操作比较复杂。我们可以将螺丝刀细分为一字螺丝刀、十字螺丝刀、六角螺丝刀等，而“螺丝刀”类的“拧螺丝”操作变为抽象操作，由“螺丝刀”的这些子类实现各自的“拧螺丝”操作，这些操作的算法简单而高效。

5. 为实现对象永久存储所做的修改

一些类的对象实例需要被长久存储。可以选用文件系统或关系数据库管理系统实现对象的长久存储，但需要对这些类做一些修改，例如，为实现对象的“存储”和“恢复” 操作而增加一些属性和操作。虽然在问题域部分对这些类进行修改，但它们与数据管理部分的设计紧密相关，此处不再赘述，将在数据管理部分设计中详细介绍这些修改。

5.4.3　人机交互部分的设计

OOD 模型中，人机交互部分（即用户界面）是系统中负责人机交互的部分，是一个比较独立的部分，它主要体现为：人如何向系统下达命令，以及系统如何向人提交信息。人机交互部分既取决于需求，又与选用的 GUI 密切相关。人机交互部分主要是为了隔离实现条件对问题域部分的影响。

OOA 和 OOD 都要考虑人机交互，但目的不同。OOA 主要通过人机界面反映人机交互的需求，而 OOD 主要根据实现条件，如选择的界面支持系统，设计人机交互的细节，等等。

在“4.2.5 接口的设计”一节中，已经介绍了用户界面设计的基本原则、用户的类型、用户界面设计类型、详细交互的设计原则等内容。这些内容同样适用于面向对象的界面设计。本节主要从面向对象的角度介绍人机交互界面设计。

人机交互界面的设计，一般是以一种选定的界面支持系统为基础，利用它所支持的界面构成成分，设计一个可满足人机交互需求、适合使用者特点的人机界面设计模型。在 OOD 中，要以面向对象的概念和表示法表示界面的构成成分以及它们之间的关系。

1. 根据人机交互需求选择界面元素

根据人机交互需求选择界面元素，例如窗口、菜单、对话框、图符、滚动条、控制板、剪辑板、光标、按钮等。

人机界面的开发是用选定的界面支持系统所能支持的界面元素来构造系统的人机界面。在设计阶段，要根据人机交互的需求分析，选择可满足交互需求的界面元素，并策划如何用这些元素构成人机界面。对 OOD 而言，需要用面向对象的概念和表示法来表示这些界面元素以及它们之间的关系。在实现阶段，用选定的界面支持系统所提供的功能来完成上述设计。

2. 用 OO 概念与表示法表达所有的界面元素

用 OO 概念与表示法表达所有的界面元素，可以遵照以下策略：

① 以窗口作为基本的类。

② 以窗口的部件作为窗口的部分对象类，与窗口类形成聚合关系。

例如，菜单、对话框和滚动条作为窗口的部分对象类。

③ 发现窗口与部件的共性，定义较一般的窗口类和部件类，形成继承关系。

④ 用属性表示窗口或部件的静态特征。

例如,位置、颜色、尺寸、选项等静态特征可以作为窗口或部件的属性。

⑤ 用操作表示窗口或部件的行为特征。

例如,关闭、伸缩、选中、移动等行为特征可以作为窗口或部件的操作。

⑥ 发现界面类之间的关系,建立关联。

⑦ 建立界面类与问题域类之间的联系。

在建立界面类与问题域类之间的联系时,要遵守以下原则:

- 人机交互界面只负责输入、输出及窗口更新等工作,并把所有面向问题域的请求转发给问题域部分,即界面对象不负责业务逻辑的处理。
- 在多数情况下,问题域部分的对象不应主动发起与界面部分的对象之间的通信,而只对界面部分的对象进行响应,即只有界面部分的对象才能访问问题域部分的对象。
- 尽量减少界面部分与问题域部分的耦合。界面是易变的,从维护和复用的角度,问题域部分和界面部分尽量低耦合。

5.4.4 控制驱动部分的设计

控制驱动部分是 OOD 模型的组成部分之一。系统中全部的主动类组成控制驱动部分,每个主动类的实例(即主动对象)是系统中一个控制流的驱动者。

控制流是一个动作序列,在处理机上顺序执行。目前,一个控制流是一个进程或一个线程。顺序程序只有一个控制流,并发程序有多个控制流。每个控制流开始执行的源头,是一个主动对象的主动操作。

并发行为在现实世界中普遍存在。当前大量的系统是并发系统(多任务系统),例如,有多个窗口进行人机交互的系统、多用户系统、多个子系统并发工作的系统、单处理机上的多任务系统、多处理机系统等。这些系统有多个控制流。控制驱动部分的设计,即识别多个控制流,描述问题域中的并发行为。单独设计控制驱动部分是为了隔离硬件、操作系统、网络的变化对系统其他部分的影响。

控制驱动部分的设计过程包括以下步骤。

1. 识别控制流

识别控制流的指导策略如下:

(1) 以 OOA 模型中的主动对象为单位识别控制流

OOA 模型中每个主动对象的一个主动操作就是一个控制流的源头。

(2) 从系统的并发需求出发识别控制流

如果系统要求有多项任务并发执行,则每一项任务就是一个控制流。

(3) 以分布节点为单位识别控制流

根据系统的分布方案,识别不同分布节点上的程序之间的并发,以及同一节点上的程序间的并发。每一个节点上至少有一个控制流。一个节点有几个并发程序,就有几个控制流。

(4) 根据任务的优先级和紧急情况设置控制流

① 高优先级任务:把对时间要求较高的任务从其他任务中分离出来,作为独立的任务,用特定的控制流去实现,在执行时赋予较高的优先级。

② 低优先级任务：对时间要求较低的任务从其他任务中分离出来，作为独立的任务，用特定的控制流去实现，在执行时赋予较低的优先级。低优先级任务通常实现为后台进程。

③ 紧急任务：把需要紧急完成的任务作为单独的任务，用特定的控制流去实现。紧急任务的执行不允许其他任务干扰。

（5）为并行计算设计控制流

如果系统包含并行计算，那么将并行计算的任务设计为一个控制流。

（6）为实现节点间的通信设计控制流

为了实现的方便，可以设计一些专门负责与其他节点通信的控制流。

（7）设立一个协调其他控制流的控制流

① 可以设计一个主进程，负责系统的启动和初始化、其他进程的创建和撤销、资源分配、优先级的授予等工作；

② 可以把负责协调的控制流设计成一个进程，而把其他控制流设计成它内部的线程。

2. 审查每个控制流

审查每个控制流，确认每个控制流是否具有上述识别控制流的理由，如果没有，则去掉不必要的控制流，因为多余的并发意味着执行效率的损失。

另外，尽量保证控制流内部的高内聚，控制流之间的低耦合。

3. 定义每个控制流

每个控制流都可以用主动对象的一个主动操作来描述。在主动对象中要指明哪些操作是主动操作。因为主动对象既可以包含多个主动操作，也可以包含被动操作。

UML 未提供主动操作的表示法，如果想表示主动操作，可以用 UML 的衍型机制，在操作前加一个关键词≪process≫或≪thread≫表示该操作是一个进程或一个线程，如图 5.82 所示。

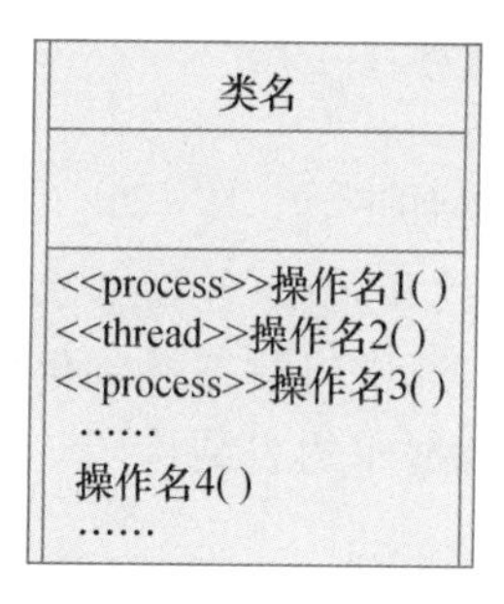

图 5.82　在主动类中表示进程和线程

5.4.5　数据管理部分的设计

数据管理部分是 OOD 模型中负责与具体的数据管理系统连接的组成部分，它为系统中需要长期存储的对象提供了在所选的数据管理系统中进行数据存储和检索的功能。

OOD 模型的数据管理部分隔离了数据管理系统对其他部分的影响，以便在选用不同的数据管理系统时，问题域部分基本保持不变。

可以选择文件系统、关系数据库管理系统（RDBMS）、面向对象数据库管理系统（OODBMS）等不同的数据库管理系统来存储和检索需要长期存储的对象。

1. 针对文件系统的对象长期存储设计

(1) 对象存储策略

用文件系统存储对象的基本策略如下：

① 确定系统中有哪些需要存储的类，以及这些类需要存储的所有属性。

② 每个类对应一个文件，用于存储该类的所有对象。

③ 每个文件中存储若干等长的记录，每个记录对应一个对象实例，包含该实例所有需要存储的属性。

对于第二点，即使两个类之间有继承关系，也将它们分别存储到两个文件中，这样就可以避免文件中的记录不等长或记录中有未使用的字节，从而提高对象保存和恢复的效率以及文件的使用率。

(2) 设计数据管理部分的对象类

可以为系统添加一个“对象存储器”类，用于为所有需要存储的对象提供保存和恢复功能。使用文件系统作长期存储设计时，“对象存储器”需要包含一个属性存储类名和文件名的对照表，并提供“对象恢复”和“对象保存”两个操作。对于“对象保存”操作，其参数指明要保存的对象以及关键字(主键)，执行时先通过对象所属类查表得到对应的存储文件，并将对象的数据保存到文件相应位置的记录中。“对象恢复”操作与之类似，但数据流向相反。

(3) 问题域部分的修改

为了让“对象存储器”正常工作，问题域中存储的对象需要添加额外的属性和操作：

① 对象需要添加“类名”属性，以便“对象存储器”根据类名查找对应的存储文件。

② 对象需要添加“请求保存”和“请求恢复”操作，用于向“对象存储器”发送请求，协助保存或恢复对象中需要存储的属性值。为了方便，通常设计一个包含上述属性和操作的一般类，以供所有需要存储的类继承。

2. 针对 RDBMS 的对象永久存储设计

(1) 对象在数据库中的存放策略

使用关系数据库存储对象的策略如下：

① 确定系统中每个需要存储的类和属性(包括继承来的属性)。

② 按照数据库范式规范化数据，通常将数据规范化到第三范式(3NF)。

③ 权衡时间和空间性能，定义数据库的表结构，其中每一列存储规范化后的一项属性，每一行存储一个对象的实例。

④ 将需要存储的对象实例按照列拆分，存放到相应的表格中。

通常有两种方法映射数据模型中的继承关系。其一是，基类和每个子类分别映射到一张表中，子类表中定义基类表的外键；其二是，基类不对应表，每个子类映射到一张表，包含基类的所有属性。具体使用哪一种映射方法需要参考子类和基类的情况。当子类数量不多、基类属性较少时，更适合使用第二种映射方法。

如果还需要存储类之间的关联关系，可以按照下面的方式映射到存储中：

一对一的关联：可以在被关联的两个类的表格中都引入对方的外键，便于双向导航，也可以考虑将两个类组合成一个单独的表；

一对多关联：“一”的类直接映射为表格，“多”的类映射后，在表格中加入外键引用“一”的表格；

多对多关联：添加一个关联表，将两个类之间的多对多关系转换成表上的两个一对多关联，其中“一”端是关联表，“多”端是两个类映射的表。

(2) 设计数据管理部分的类，并修改问题域部分

有以下两种可选方案：

方案 1：

问题域部分中的每个类的对象自己存储自己。

数据管理部分需要设立一个对象，提供两个操作：① 通知问题域部分的对象自己存储自己；② 检索被存储的对象。

为了存储自己，对象要知道以下信息：本类对象的属性数据结构、本类对象对应哪个数据库表、对象实例对应数据库表的哪一行。

方案 2：

数据管理部分设立一个对象，负责问题域部分所有对象的存储与检索。

问题域部分的对象通过消息使用数据管理部分对象的操作。

为了存储各个类的对象，数据管理部分的对象需要知道以下信息：① 每个要求存储、检索的类的属性数据结构；② 每个要求存储、检索的类的对象存放在哪个数据库表；③ 当前要求存储或检索的对象属于哪个类，对应数据库表的哪一行。

3. 针对 OODBMS 的对象存储的设计

OODBMS 支持对象、类、对象标识、对象的属性与操作、封装、继承、聚合和关联等面向对象的基本概念，无论是从内存和外存，或是应用系统和数据库的角度看，它们的数据模型都是一致的。因此，相比于文件系统和 RDBMS，OODBMS 中对象的长期存储问题更简单，不需要做类的规范化处理、不需要转换数据格式，也不需要专门设计“对象存储器”。设计人员可能需要了解 OODBMS 提供的数据定义语言(ODL)和数据操作语言(DML)，根据其提供的功能适当修改类图。

5.4.6　实例研究

本节继续以 WeBlog 个人博客系统为例，说明面向对象设计方法的具体应用。

1. 问题域部分的设计

(1) 编程语言

WeBlog 个人博客管理系统采用 Java 作为项目后端、JavaScript 作为项目前端的开发语言。由于 JavaScript 对面向对象性质支持良好，而 Java 是一门纯面向对象的编程语言，因而编程语言方面不会对问题域部分的设计产生太多影响。

(2) 硬件、操作系统和网络设施

WeBlog 个人博客管理系统将部署在一台 8 GB 内存、256 GB 硬盘的服务器上，该服务器的 CPU 为 12 代 Intel Core i7-12700F 4.8 GHz 的 4 核处理器，并运行 Ubuntu 22.04 Jammy 操作系统。服务器处于百兆宽带以太网的环境下。上述硬件、操作系统和网络配置足以支持系统的正常运行。系统中已有类不会因为硬件和操作系统不支持或影响网络通信或性能而需要调整。

(3) 复用支持

面向对象分析得到的类之间的关系相对简单，无可复用的类，因此无须做修改。

(4) 数据管理系统

系统采用 MySQL 关系型数据库管理对象的存取。在系统设计的类图中,需要存取自身的类包括“RegisteredUser”“Post”“Comment”“Attachment”“Tag”等 5 个类,为这些类添加“请求保存”和“请求恢复”等操作,如图 5.83 所示,其中用虚线框标出的部分即 5 个类新增的操作。

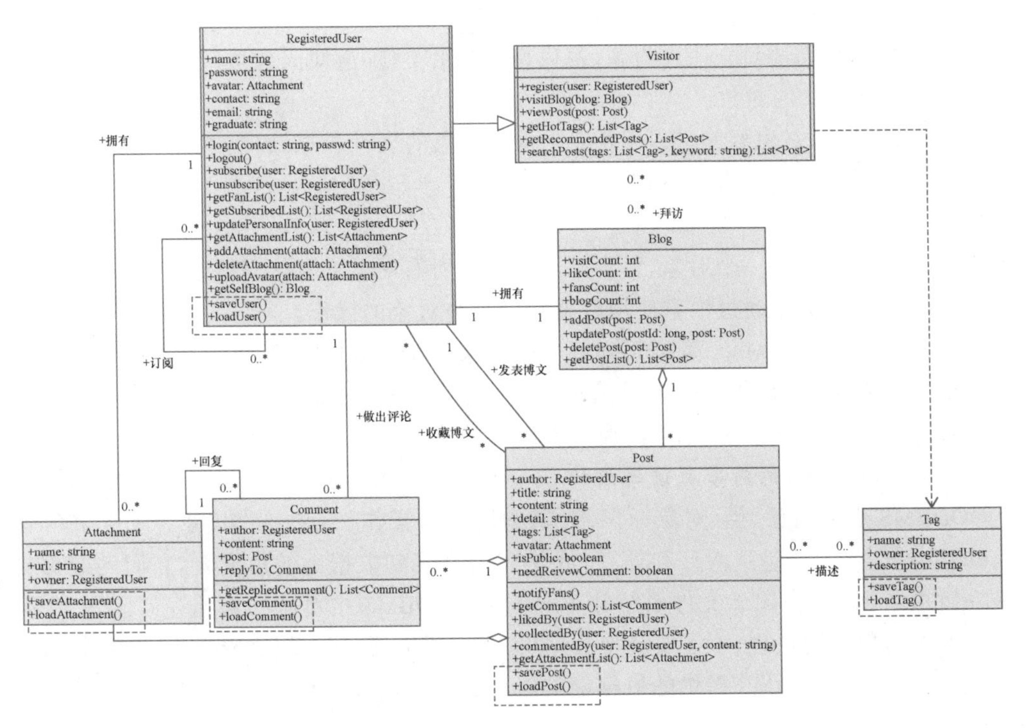

图 5.83 问题域部分的设计示例

(5) 界面支持系统

WeBlog 个人博客管理系统在界面方面使用 Vue 作为前端图形界面的框架。该框架作为项目前端的底层支持,没有对问题域部分产生影响。

2. 人机交互部分的设计

人机交互方面,系统的功能主要由两个主动类“RegisteredUser”和“Visitor”实现,前者主要负责管理个人信息和创建、修改博文,后者主要负责浏览博文。我们为这两个主动类添加若干界面类,如图 5.84 所示,其中虚线框中的类即新增的界面类。这些界面类构成了系统的人机交互部分。

3. 控制驱动部分的设计

系统的控制驱动部分由系统中全部主动类构成,即“RegisteredUser”类和“Visitor”类。这些部分不需要修改。

4. 数据管理部分的设计

个人博客管理系统的数据模型相对传统,因此我们采用传统通用的关系型数据库存储对象。为此,我们设置对象存储器“ObjectStorage”类用于存储需要长期存储的对象。修改后得到最终的类图如图 5.85 所示,其中用虚线框标出的类即新增设的“ObjectStorage”类。

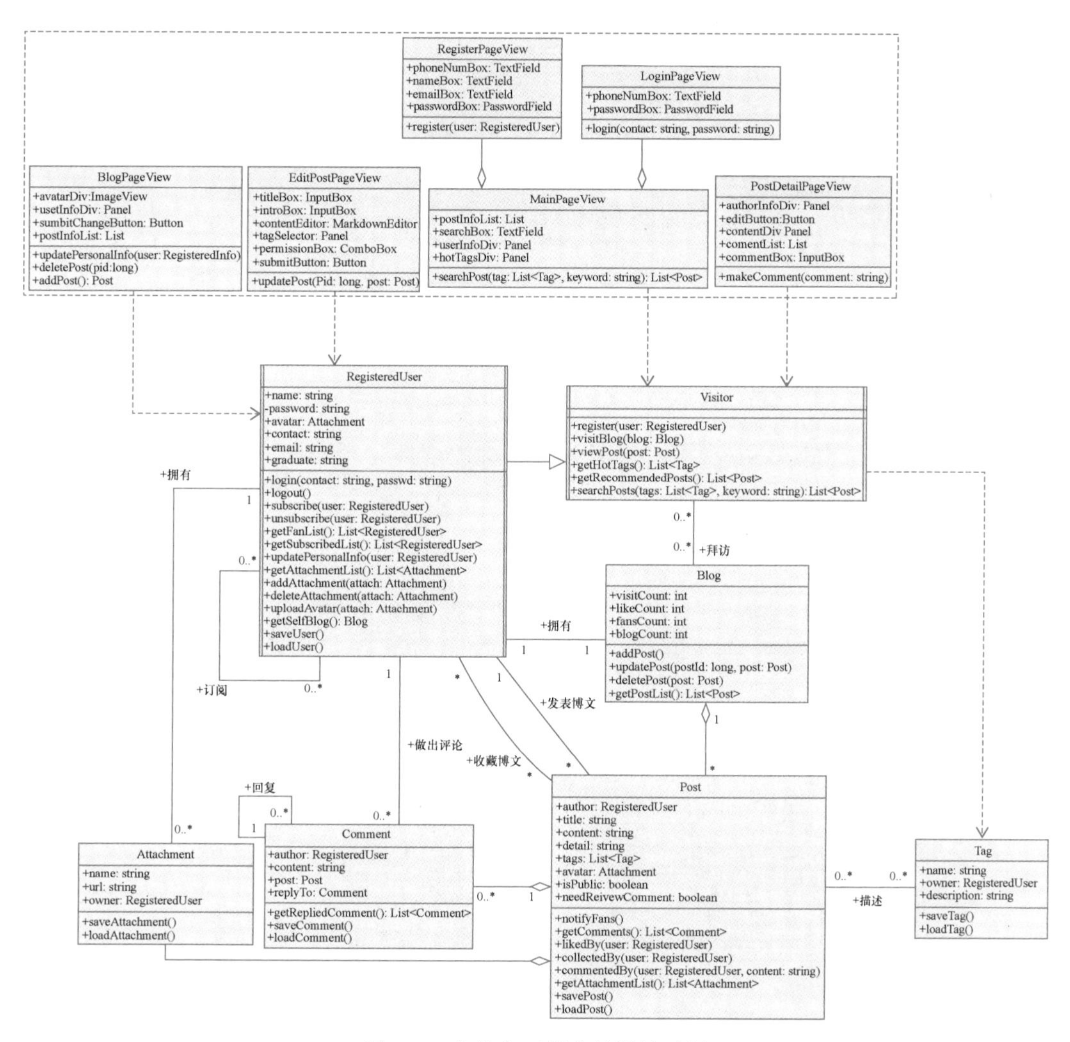

图 5.84　人机交互部分的设计示例

在完成 OOD 之后，要针对 OOD 得到的新的类图及各种关系的变化，在类的模型规约中给出补充和完善。此部分与 OOA 的类的模型规约相似，所以 OOD 的类的模型规约略。

5.5　设计模式

5.5.1　设计模式的定义

在常年的软件工程实践中，开发人员已经针对一些典型的面向对象设计问题给出了可重用的解决方案，它们被称为设计模式。

在面向对象经典著作 *Design Pattern Element of Reusable Object-Oriented Software*[2] 中，设计模式被定义为“对被用来在特定场景下解决一般设计问题的类和相互通信的对象的描述”。如何理解设计模式的概念呢？我们可以直观地从这个概念的字面入手。设计模式可以分为两个词：设计和模式。“模式”一词的定义为“在某一背景下对某个问题的一种解决

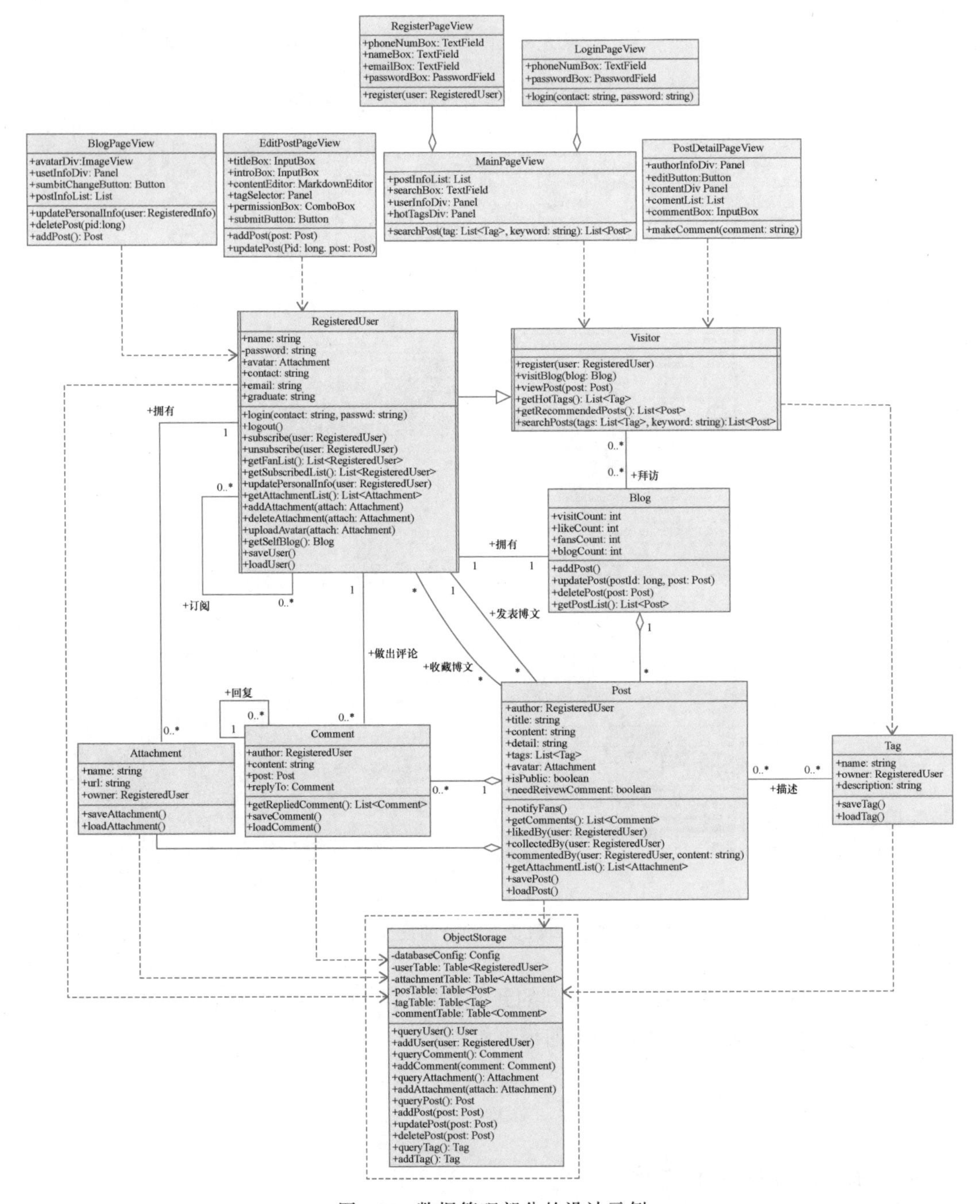

图 5.85　数据管理部分的设计示例

方案”;而“设计”一词,就是在对设计模式这种特定的模式所解决的“某个问题”做出约束。具体来说,在对系统进行面向对象设计时,我们常常面临一系列典型的设计问题,这时我们可以使用一系列特定的类和对象来对这些问题予以解决,这些类和对象通常是面向对象系统的设计者在长期的实践中总结出来的。

5.5.2　设计模式的作用

设计模式主要有以下作用：

① 设计模式可以帮助开发人员更好、更快地完成系统的设计；

② 设计模式有利于软件的复用、维护和扩展；

③ 通过对设计模式的掌握，开发人员可以加深对面向对象思想的理解。

5.5.3　典型的设计模式

下面将详细介绍几种典型的设计模式。

1. 外观模式

外观模式为向客户端提供了一个可以访问系统的接口，使得系统更易于使用，或者是在原有系统的基础上，在高层定义接口，通过接口只展示特定的功能，隐藏原有系统的复杂性。图 5.86 的类图展示了外观模式的一般结构。

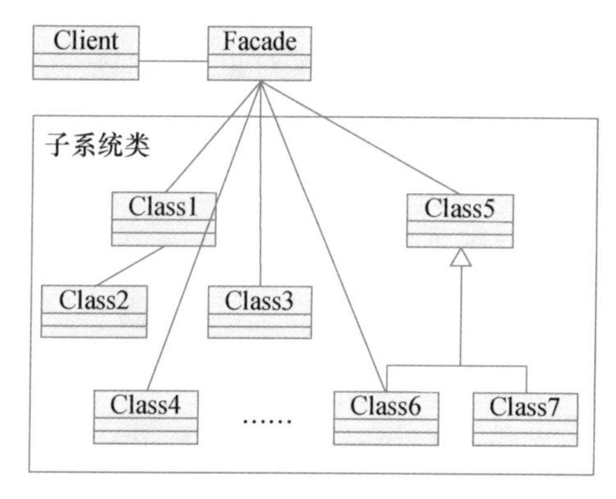

图 5.86　外观模式的一般结构

在外观模式的定义中，体现该模式核心思想的概念包括“子系统”与“统一接口”。

首先来理解“子系统”。实际的软件产品经常被分为不同的子系统，由不同的开发人员负责。为了最终协作开发出整个系统，一个开发人员经常需要使用其他开发人员开发的子系统。

子系统往往有着一定的复杂性，开发人员为了使用一个子系统完成自己的开发任务，作为子系统的“客户端”，开发人员实际只需要理解如何有效地操作子系统即可，不必理解子系统的设计细节，这也就是为什么外观模式要为子系统中的一组对象提供“统一接口”。

我们以一个生活中的例子来理解外观模式的整体语境。在生活中，我们经常接触形形色色的网络购物（网购）系统，可以使用网购系统方便地进行在线购物。在这个例子中，可将网购系统看作一个拥有一定复杂度的“子系统”，而将购物者看作子系统的“客户端”。网购系统内部包含很多设计细节，包括用户验证、商品信息存储、物流管理等，然而作为客户端的购物者则无须了解网购系统的设计细节，因为购物者可以使用网购系统提供的网购 App，一切与网购系统的交互都可以通过网购 App 提供的简单操作完成。这里，我们可以将网购 App 看作网购系统的“外观”，这就是外观模式的基本思想。

网购 App 这个“外观”的作用是什么呢？其主要作用就是为我们屏蔽它后面这个复杂的网购系统的复杂性。如果没有网购 App 这个“外观”，购物者作为网购系统的客户端，就会不得不与系统本身进行耦合，网购系统的复杂性（比如系统的 IP 地址，获取自己的用户 ID、商品的 ID、身份验证 token 等）就会完全暴露在购物者面前。对于购物者来说，如果要了解这些细节再进行使用，那么操作系统的难度将会大幅度增加。

在外观模式的实际应用中，子系统的“外观”通常会体现为一个类，该类会提供一系列可以对子系统进行的简单操作，而每个操作的背后都隐藏了子系统的细节与复杂度。

外观模式适用于软件系统中存在一个或若干复杂的子系统的情况（尤其是在理解子系统的细节代价十分高昂时）。一般而言，外观模式可以应用于以下几种场景：

① 通过新增接口的方式为原有系统增加新的功能，而不改变原有系统已有的接口。在原有系统之上新增外观类，不仅可以屏蔽原有系统的内部复杂度，而且可以在为原有系统增加功能的同时尽可能减少对原有系统的更改，提升原有系统整体的兼容性。

② 包装遗产系统，提供新的接口，以呈现新的外观。包装遗产系统是外观模式能够解决的一系列典型问题之一，因为遗产系统经常年代久远、缺乏维护，很难理解其内部细节。

③ 可以让所有的访问都通过接口，以实现监控系统的监控功能。

2. 备忘录模式

备忘录模式又称快照模式，该模式捕获一个对象的内部状态，并在该对象之外保存这个状态，以便后续需要时能将该对象恢复到原先保存的状态。图 5.87 的类图展示了备忘录模式的一般结构。

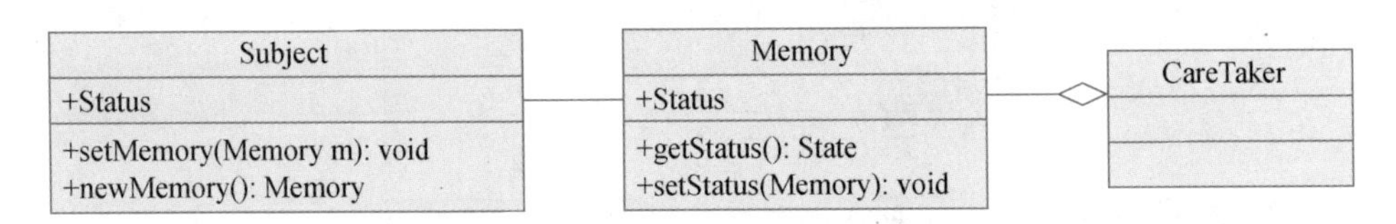

图 5.87 备忘录模式的一般结构

如果接触过“存档”或“备份”的概念，读者将能够比较直观地理解该模式的设计思想。开发游戏等需要存档功能的软件系统是备忘录模式的典型应用场景。下面，以一个带有存档功能的电子游戏系统为例介绍备忘录模式。在备忘录模式的一般结构中，一般会有“Subject”“Memory”和“CareTaker”3 个类。其中，“Subject”类是被保存的对象，我们需要保存该对象的状态，对应着游戏中所有的状态数据；“Memory”类是“Subject”类的备忘录，对应着游戏中的一条存档（保存游戏当前的状态）；“CareTaker”类则负责接管备忘录，对应着游戏中所有的存档栏位，实际上“CareTaker”类对象就是“Memory”类对象的聚合。

备忘录模式虽然简单，但是可以有效地应用于许多开发场景。比如：浏览器的访问回溯、数据库的备份与还原、文本编辑器的撤销与重做、虚拟机的快照与恢复等。总之，需要设计与备份和还原有关系的功能时，备忘录模式是一个很好的选择。

3. 策略模式

策略模式顾名思义，即定义一系列的策略，并将其封装，提供统一的对外接口，使其可以相互替换。策略模式的好处在于策略的使用和策略的定义相互分离，我们可以灵活地增加和调整策略。图 5.88 中的类图展示了策略模式的一般结构。

策略模式主要被用于解决这样一种设计问题：系统需要频繁地重复一种操作，然而每次进行该种操作时，都需要针对当时的情况灵活地使用不同的“策略”。我们可以用下面的例子来理解策略模式：在一个洗衣机系统中，洗衣机需要重复地进行“洗衣服”这个操作，然而根据放入衣物的量和用户的清洗需求不同，洗衣机需要灵活地使用强洗、标准洗、快洗、精洗等不同的清洗策略对衣物进行清洗。这就是策略模式的一个典型的应用场景。

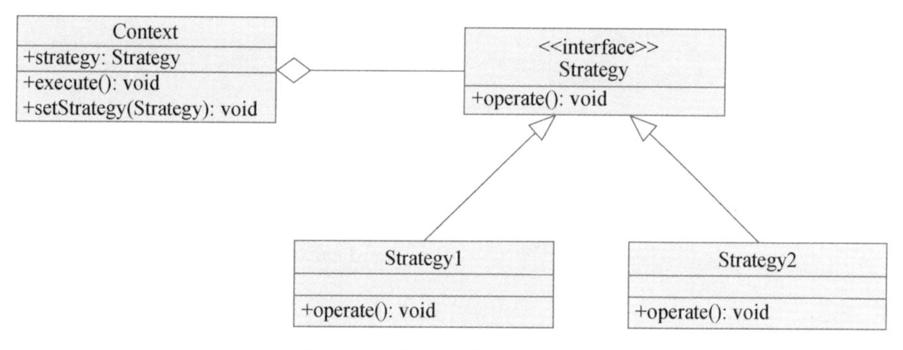

图 5.88　策略模式的一般结构

在理解了策略模式的思想后，我们可以重新审视策略模式的一般结构，观察其是如何解决策略的灵活切换的。在策略模式中，“Context”类是策略的使用者，它会使用不同的策略来进行具体的操作，在上述的例子中，“Context”类就对应着洗衣机这个洗衣操作的具体执行者。“Context”类组合了一个“Strategy”接口，该接口代表着可以使用的不同逻辑，有着若干具体的策略实现类，也就是“Strategy1”“Strategy2”类，在上述的例子中，这些策略实现类就代表着强洗、标准洗、快洗、精洗等具体的洗衣策略。这些策略实现类会实现不同的“operate”方法，以帮助系统在使用不同策略时表现出不同的行为。通过对策略实行灵活的组合策略，“Context”类在不断重复同一操作时就可以灵活地根据当时的情况进行灵活的策略变换（只需调用“setStrategy”方法即可）。

策略模式的优势主要就在于低耦合。由于策略可以自由地进行切换，系统的扩展性和灵活性都比不使用策略模式时有明显的提高。如果不使用策略模式，则难免会造成对源代码的反复修改或是大量地选择控制逻辑。

4. 工厂方法模式与抽象工厂模式

本小节将同时介绍工厂方法模式与抽象工厂模式，并对这两种模式的异同进行比较，因为这两种模式都是被用来解决同一种设计问题：如何创建对象。

对象的创建是面向对象世界的根基之一，在绝大部分面向对象的编程语言中，开发人员都可以使用 new 关键字或是与之类似的方式调用构造函数创建对象。同时，开发人员一般还可以向构造函数中传入不同的参数以构造拥有不同内部状态的对象。然而，在任何一处需要创建对象的地方直接调用构造函数是一种欠缺灵活性的做法，一旦构造函数所需的参数列表发生改变，则所有对应创建对象的代码行也要随之变更，在大型系统中，这样的变更往往会产生非常巨大的修改代价。

简单工厂模式可以解决上述问题。该模式十分简单，其主要思想是单独提供一个类（叫作简单工厂类），并将所有实例化对象的操作封装到该类中，作为该类的方法。通过这种方式，开发人员在面对构造函数变更这样的问题时，只需要改动这个类里面的方法就可以了，代价大幅降低。图 5.89 展示了简单工厂模式的一般结构。

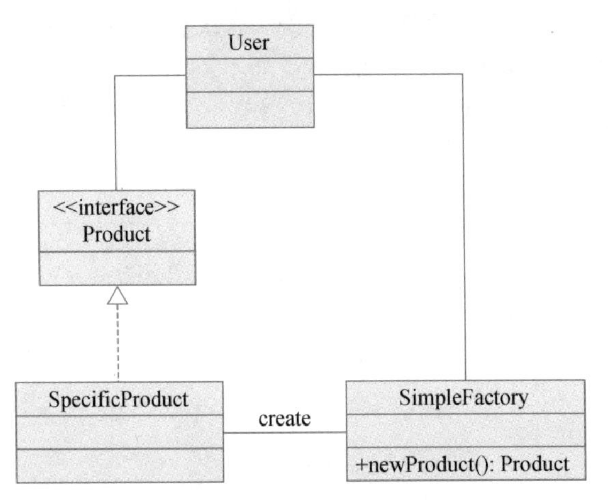

图 5.89　简单工厂模式的一般结构

简单工厂模式提供了创建对象的统一接口，为对象创建提供了一定程度的灵活性。然而，简单工厂模式不能称为一个成熟的设计模式，因为它还没有完全解决对象创建带来的问题。

在创建对象时，开发人员往往还需要灵活地创建同一抽象类的不同子类的对象。比如，在一个汉堡店管理系统中，汉堡店为了留住顾客，断然不可能只售卖一种汉堡，它可能同时售卖劲脆鸡腿堡、香辣鸡腿堡和奥尔良鸡腿堡等不同种类的汉堡(对应着同一抽象类“汉堡”的不同子类的对象)。为了在营业时灵活生产、售卖不同种类的汉堡，以及能够支持新增汉堡的种类，汉堡店管理系统在使用简单工厂模式时只能面临两种选择：

① 利用大量的选择分支结构，决定使用哪个简单工厂去做哪种汉堡。

② 每次修改原先的代码，使用不同的简单工厂来生产不同的汉堡。

两种方案分别会带来代码冗余或是频繁修改源代码的代价，都不是该问题好的解决方案。这就是为什么我们需要引入更加复杂的模式来创建对象。

(1) 工厂方法模式

工厂方法模式将实例化对象的操作抽取出来，交由一个具体工厂类(Factory)负责。为了创建不同的对象，我们通常会对“Factory”类做进一步的抽象，将实例化不同对象的方法交由继承“Factory”类的“SpecificFactory”类实现。图 5.90 中的类图展示了工厂方法模式的一般结构。

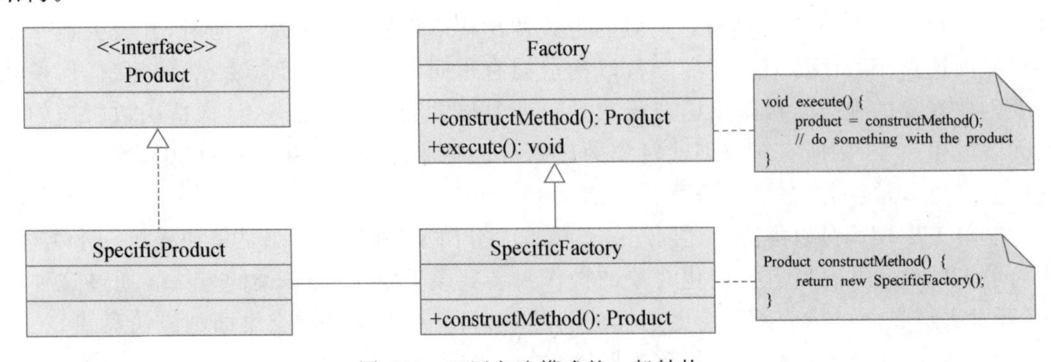

图 5.90　工厂方法模式的一般结构

工厂方法模式的核心就是“Factory”抽象类以及它的不同实现子类“SpecificFactory”。在“Factory”类中，模式规定了统一的“execute”方法，开发人员可以在这里使用创建好的对象进行操作，实现系统的逻辑。此时，开发人员不必再担心如何创建对象，因为在“Factory”类中规定了统一的抽象方法“constructMethod”来创建对象，而这个方法由“Factory”的不同子类实现。

回到刚才那个例子，在面临多种汉堡的情况时，工厂方法模式只需要提供不同的 Factory 子类即可，多态性可以保证不同的子类对象能够产出不同的汉堡、而无须大量的分支选择逻辑。同时，在增加汉堡（不同的子类对象）种类时，也不必再修改原先的代码，只需要增加具体的 Factory 子类即可。

（2）抽象工厂模式

抽象工厂模式创建一组紧密相关的对象的接口。抽象工厂模式与工厂方法模式的区别在于，工厂方法模式仅能创建同一类对象，而抽象工厂模式则提供创建一组对象的接口。图 5.91 中的类图展示了抽象工厂模式的一般结构。

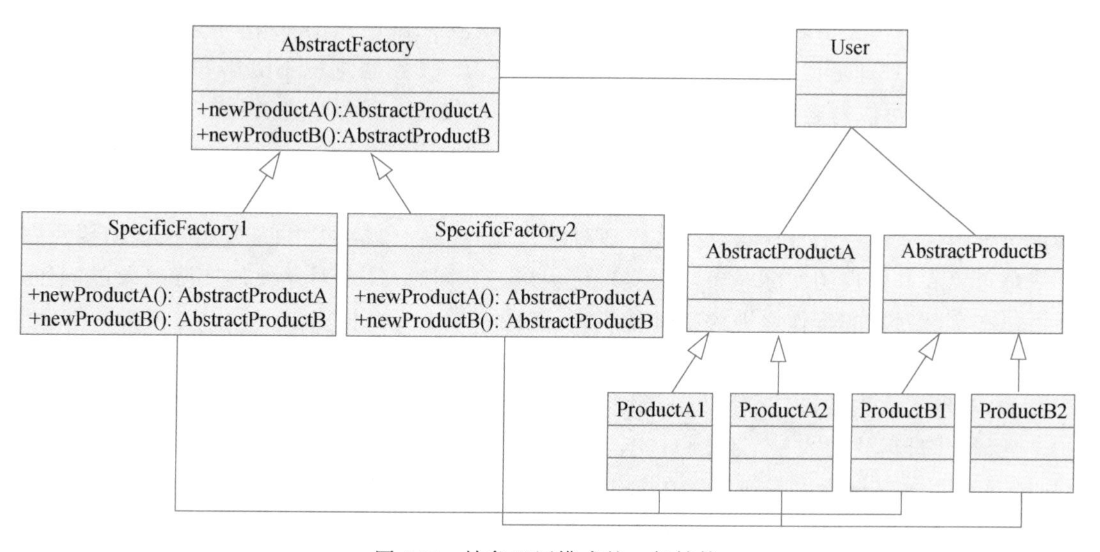

图 5.91　抽象工厂模式的一般结构

在工厂方法模式的例子中，汉堡店每次只需要创建一个汉堡对象用于出售。然而，汉堡店管理系统有时不是只需要创建一种对象，而是需要创建一系列相互关联的对象。比如，一名士兵同时需要枪和子弹两种对象才能进行射击的操作，这两种对象必须同时存在、缺一不可，因此，这两种对象必须被同时创建出来。又比如，锁和钥匙等，实际的系统中存在大量创建这样具有紧密关联的对象家族的需求。

抽象工厂模式和工厂方法模式的区别主要在于：抽象工厂创建的是对象家族，家族中的对象是相关的、必须一起创建出来，而工厂方法模式只能被用于创建一种对象。抽象工厂模式与工厂方法模式的设计又是非常类似的，实际上，抽象工厂模式可以被当作工厂方法模式的组合，我们可以使用工厂方法模式创建单一的对象。

5. 代理模式

代理模式为某对象提供一个代理以控制对该对象的访问。该模式常用于扩展原对象的行为。图 5.92 中的类图展示了代理模式的一般结构。

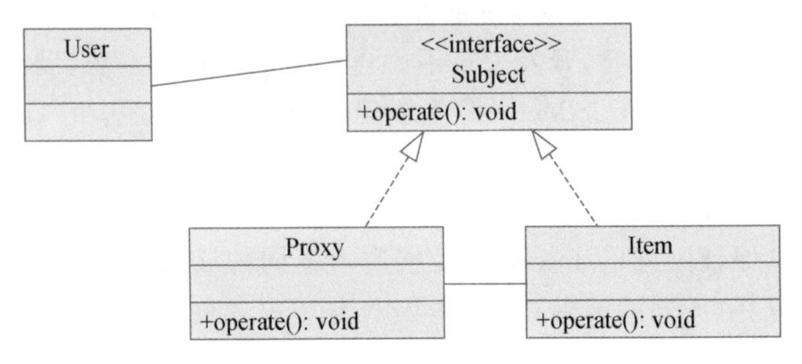

图 5.92　代理模式的一般结构

代理是一种在日常生活中经常出现的概念,它的定义主要来自"代理"的思想。比如,代理服务器就是代理概念的一种体现。在客户端与服务器通信的场景中,如果使用代理服务器,客户端向服务器发送请求时,就不是直接向服务器发送,而是发送给代理服务器,由代理服务器帮客户端转发请求;同时,代理服务器还接收服务器返回的数据,并转发回客户端。在这个过程中,一直是代理服务器和服务器进行交互,服务器意识不到客户端的存在。同时,代理服务器可以对客户端发送和接收的数据进行修改。扮演类似"中介"的角色就是代理的主要思想。

代理模式将代理的思想应用到面向对象设计中。在图 5.92 中,代理就是在两个对象的通信过程中插入了一个"Proxy"对象(代理对象),充当二者通信的"中介"。该模式的要点在于代理对象和其代理的实际对象需要实现统一接口。同时,代理对象使用实际对象的操作,并可以在实际对象的操作之上添加其他逻辑,就像一个中介一样。

图 5.93 所示为代理模式示例。在该例中,对象 A 是个男生(实现了男生接口),对象 B 是个女生(实现了女生接口)。对象 A 调用对象 B 的"RequestSelfie()"方法,请求对象 B 的自拍。此时,代理模式加入一个代理对象,该对象处在 A、B 中间,并且和 B 一样实现了女生接口,因此对象 A 完全意识不到自己在和代理对象通信;同时,代理对象可以扩展对象 B 的行为,比如为对象 B 返回的自拍进行美颜,然后将美颜后的照片返回给对象 A。

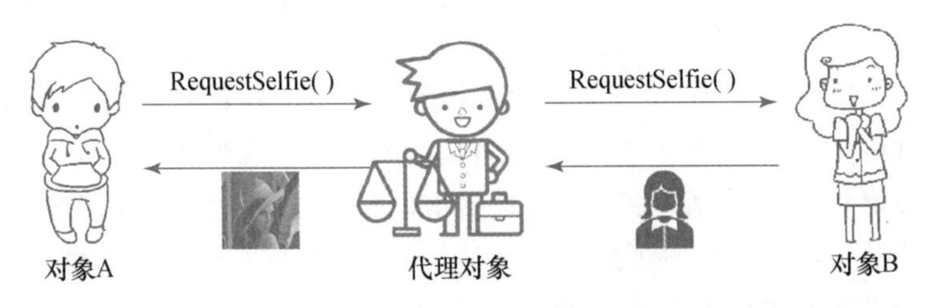

图 5.93　代理模式示例

扩展对象的行为,完全可以通过修改对象本身的代码进行实现,那么代理模式的意义是什么呢?第一,在实际系统开发的过程中,增加代码是比修改原代码更具有扩展性的方案,对原代码的修改可能影响到系统的其他部分;第二,在实际开发过程中,开发人员往往依赖大量的第三方库,而需要扩展的对象有可能位于第三方库中,无法随意改变其代码。针对上述问题,代理模式提供了良好的解决方案。

6. 观察者模式

观察者模式定义了对象之间的一对多依赖，当一个对象的状态发生改变时，它的所有依赖者都将得到通知并被自动更新。该模式又称作发布-订阅模式、模型-视图模式。图 5.94 中的类图展示了观察者模式的一般结构。

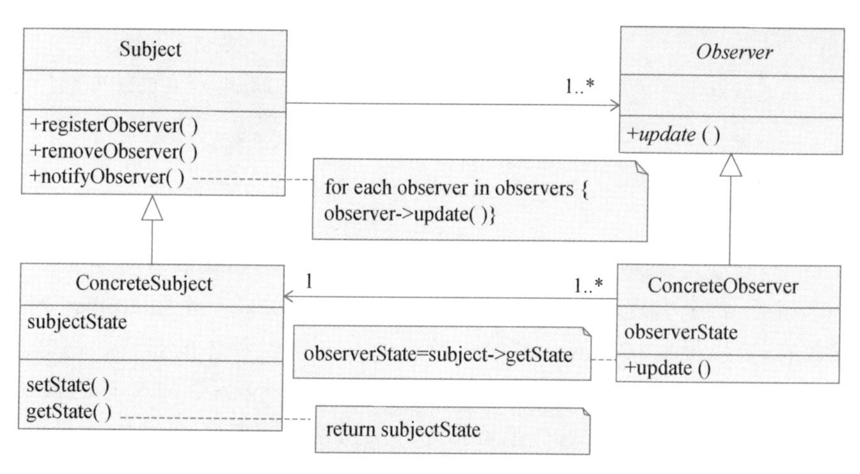

图 5.94　观察者模式的一般结构

在图 5.94 中，“Subject”类（主题）是通知的发布者，“Observer”类（观察者）是通知的接收者。一个主题对象可以有多个订阅它的观察者对象，其操作“registerObserver()”和“removeObserver()”分别表示观察者订阅和取消订阅的操作。“ConcreteSubject”类是具体通知的发布者，其属性“subjectState”用于记录该类对象的当前状态，由操作“setState()”完成。“ConcreteObserver”类是具体观察者。具体观察者一旦接收到通知，就会调用“ConcreteSubject”类中的操作“getState()”来得到新的状态信息，并将该状态信息赋值给观察者的属性“observerState”。这样一旦主题对象的状态发生变化，它的所有观察者对象都会得到通知，并且观察者对象会更新其状态，实现和主题对象的状态同步。

观察者模式已经在 React、Vue. js 等流行的 UI 开发框架中得到广泛应用。这些框架使用观察者模式来实现响应式的 UI 机制。在 UI 开发的场景中，想象这样一个功能：屏幕上有一个按钮，上面显示一个数字，点击一下该数字就加一。要实现该功能，在没有框架辅助时，开发人员首先要声明一个变量（例如叫作 count），每次按钮点击后触发点击事件，我们需要更新变量 count 的值，并请求页面刷新，以显示按钮最新的值，这是一种命令式的更新 UI 的做法。目前，大部分的 UI 框架都实现了响应式的 UI 更新，即开发人员无须显式地更新 UI，只需要更改变量 count 的值，与之相关的按钮上显示的值会自动更新。这是由于 UI 框架使用了观察者模式。在页面渲染刚开始时，框架就自动地让按钮观察变量 count 的值，一旦 count 的值发生改变，按钮就会得到通知，从而自动地刷新自己的显示。通过观察者模式，UI 框架有效地降低了开发 UI 界面的复杂度。

7. 命令模式

命令模式将一个调用请求封装为一个对象，使发出请求的责任和执行请求的责任分割开。图 5.95 中的类图展示了命令模式的一般结构。

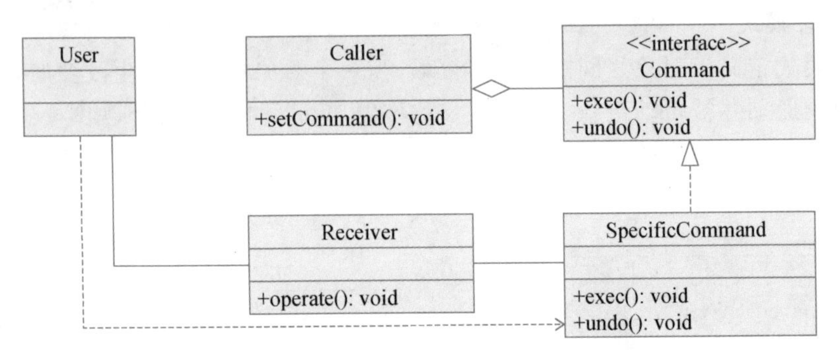

图 5.95 命令模式的一般结构

在图 5.95 中，核心是作为“命令”的抽象的“Command”接口，代表着对某个可以接受命令的对象的一个指令，每个实现了“Command”接口的对象都关联一个“Receiver”对象，该对象是命令的接收者，可以根据“Command”接口给出的命令指向具体的操作。同时，一个“Caller”类与“Command”接口形成了聚合关系，“Caller”类用来统一管理所有的“Command”接口。命令模式的设计来自“命令”这一抽象思想。从抽象角度来看，我们与系统的每次交互，都可以抽象为“我们向系统发送一条命令、系统接收命令后执行具体逻辑”。

我们可以用一个遥控器的例子来直观理解命令模式的设计。想象我们有一个万能的遥控器，可以对多种设备发出不同的命令（比如开关空调、开关灯等）。在这里，遥控器就是“Caller”类的一个对象，负责集中管理并触发每个命令。遥控器上的按钮代表着对设备的一个命令，对应着实现了“Command”接口的具体对象，比如开空调或者关空调这些命令。而“Receiver”对象就是与指令相关联的具体设备，比如空调、灯等。遥控器可以自由使用各种 Command 对设备们发出指令。

命令模式有以下优点：首先，命令模式降低了耦合，命令的使用者不再需要了解系统底层的逻辑，只需要使用包装好的命令；其次，对于文字编辑器等系统，命令模式有很多方便的作用：如命令的参数化、将命令放入队列、记录命令到日志中、撤销命令等。

8. 适配器模式

适配器模式定义一个转换器，用其将一个类的接口转换成用户需要的另一个接口，以便使原本由于接口不兼容的类可以一起协作。图 5.96 中的类图展示了适配器模式的一般结构。

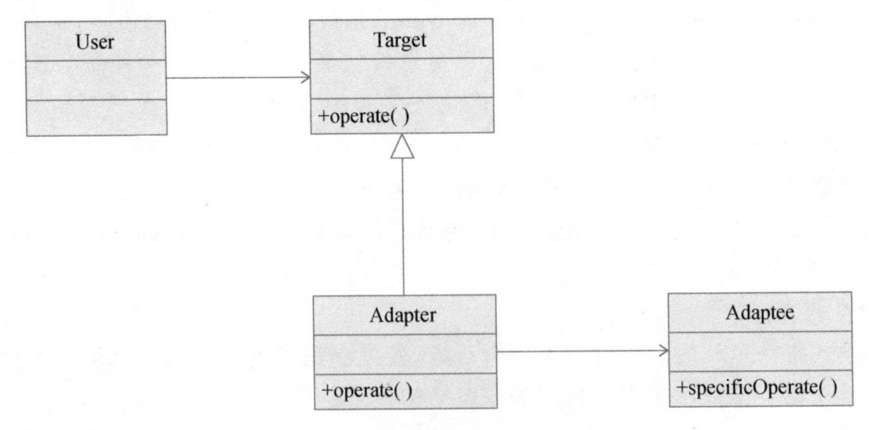

图 5.96 适配器模式的一般结构

适配器模式有一种十分类似的现实世界中的产品作为对应，那就是现实中的适配器(也可以称作转接头)。在现实的物理世界中，大量的电子设备拥有不同外形、不同协议的物理接口(如USB-A、USB-C、HDMI、VGA、DP等)，为了让只拥有一种接口的设备能够连接另一种接口的配套设备，我们需要物理适配器来对不同接口的外形、协议进行转换，使不同接口的设备能够协同工作。适配器模式将这一行为搬到了面向对象的世界中，在图5.96所示的适配器模式的一般结构中，"User"类的对象只能使用"Target"类的"operate()"方法，然而系统只提供"Adaptee"类中的"specificOperate()"方法来完成"User"类要求的操作。此时，适配器模式加入"Adapter"类，对应着现实世界中的适配器，该类继承"Target"类并覆盖"operate()"方法，同时"operate()"方法使用"specificOperate()"方法，完成接口的转换与适配。当两个类之间必须进行协作，并且它们之间的接口又不兼容时，就有必要给出一个适配器类，作为原对象与适配目标对象的桥梁。

适配器模式的应用场景同样非常广泛。比如，在系统的新版本中，开发人员更改了系统原先对外的接口，又想要兼容老用户，这时就需要增加适配器类，让新的接口也能通过调用老接口的方式被调用。

5.6 面向对象编程

5.6.1 面向对象编程语言的发展历史

Simula 67是最早的面向对象程序设计语言，它引入了所有后来面向对象程序设计语言所遵循的基础概念：对象、类、继承。

Xerox研究小组于1980年正式推出了Smalltalk 80系统。Smalltalk 80是纯面向对象语言，实现了集成化的、交互式的程序设计环境，把面向对象的思想从语言级提高到程序员接口级。Smalltalk的主要概念，如对象(object)、消息(message)和类(class)源于早期的Simula67。

在1980年，由美国贝尔实验室在C语言的基础上，开始对C语言进行改进和扩充，并将"类"的概念引入了C语言，构成了最早的C++语言。C++兼容C语言，是一种混合型面向对象程序设计语言。

1991年出现的Python是一种面向对象、解释型、动态类型计算机程序设计语言。Python不是纯面向对象语言，不支持封装。Python既支持面向过程的编程也支持面向对象的编程。

1995年Sun公司提出了Java。Java是纯面向对象语言，语法与C++基本一致，但去掉了C++的非面向对象成分。Java不使用指针，解释执行，适合于分布式环境，独立于平台。

2001年出现的C#是微软为.NET框架量身定做的程序语言，C#拥有C/C++的强大功能以及Visual Basic简易使用的特性，是第一个面向构件的程序语言，它是一种面向对象编程语言。

面向对象编程语言主要分为以下两类：

① 纯面向对象语言：例如，Smalltalk、Eiffel、Java等，较全面地支持OO概念，强调严格的封装。

② 混合型面向对象语言：例如，C++、Objective-C、Object Pascal、Python等，这些语言在一种非OO语言基础上扩充OO形成的，并且对封装采取灵活策略。

5.6.2　为实现 OOD 模型选择编程语言

选择编程语言可以遵循以下指导原则：

① 考察语言捕捉问题域语义的能力，即对 OO 概念的表达能力、对 OOD 模型的实现能力，尽量采用一种在分析、设计和编码中保持一致基本表示的编程语言。这样，能在概念、术语、风格都一致，形成良好的映射，易于复用和维护。

② 考察编程语言对面向对象的封装、继承和多态，以及关联等的支持程度，尽量选择支持多继承，至少支持单继承、能解决命名冲突和多态的编程语言。在面向对象编程中，命名冲突指的是在同一个作用域中出现了相同名称的类、方法、属性或变量，从而导致编译器或解释器无法确定要使用哪个具体的定义。这种情况下，编程语言通常会报错或产生意外的行为。

③ 考察编程语言是否带有可视化编程环境，是否带有类库，以及是否支持对象的长久存储。

5.6.3　用典型的 OO 编程语言实现 OOD 模型

OO 编程语言吸收了 OO 的概念，但不同的编程语言对这些概念有不同的实现。表 5.7、表 5.8 总结了 C++、Java 和 Python 如何实现 OOA 和 OOD 中的各种概念。

1. C++与 OOA 和 OOD 的术语对照

C++与 OOA 和 OOD 的术语对照如表 5.7 所示。

表 5.7　C++与 OOA 和 OOD 的术语对照

OOA 和 OOD	C++
对象(object)	对象(object)
类(class)	类(class)
属性(attribute)	成员变量(member variable)
操作(operation)	成员函数(member function)
一般/特殊(generalization/specialization)	基类/派生类(base class/derived class)
整体/部分(whole/part)	嵌套对象(nested object) 嵌入指针(embedded pointer)
消息(message)	函数调用(function call)
关联(association)	对象指针(object pointer)

2. Java/Python 与 OOA 和 OOD 的术语对照

Java/Python 与 OOA 和 OOD 的术语对照如表 5.8 所示。

表 5.8　Java/Python 与 OOA 和 OOD 的术语对照

OOA 和 OOD	Java/Python
对象(object)	对象(object)
类(class)	类(class)
属性(attribute)	属性(attribute)
操作(operation)	方法(method)

续表

OOA 和 OOD	Java/Python
一般/特殊(generalization/specialization)	基类/派生类(base class/derived class)
整体/部分(whole/part)	嵌套引用(nested reference)
消息(message)	方法调用(method call)
关联(association)	对象引用(object reference)

3. Python 与 OOA 和 OOD 的术语对照

Python 与 OOA 和 OOD 的术语对照与 Java 相同,请见表 5.8。

5.6.4 用非 OO 编程语言实现 OOD 模型

有时候由于某些原因(例如出于性能的考虑),必须使用非 OO 的编程语言实现 OOD 模型,这种情况下需要采用一些特定的技巧和方法。例如,C 语言中实现 OOA 和 OOD 概念的方法可总结为表 5.9。

表 5.9　C 语言中实现 OOA 和 OOD 概念的方法

OOA 和 OOD	C
类和对象(class, object)	可使用结构体实现
一般/特殊(generalization/specialization)	可通过将一般结构嵌入特殊结构实现
整体/部分(whole/part)	可表示为指针、嵌套的结构
属性与操作(attribute, operation)	变量、函数
关联与消息(association, message)	指针和函数调用

GTK 是一个跨平台的图形用户界面工具包,它是一个典型的采用 OOA 和 OOD 方法实现,却用 C 语言编写的框架。我们可以用一个例子说明上述实现技巧,如图 5.97 所示。

```
struct GtkWidget {
    int width;
    int height;

    void (*realize)(GtkWidget *widget);
    void (*draw)(GtkWidget *widget, Canvas *cr);
    // ...
};

struct GtkButton {
    GtkWidget parent;

    void (*clicked)(GtkButton *button);
    // ...
}

GtkButton *gtk_button_new() { /* ... */ }

int main(void) {
    GtkButton *button = gtk_button_new();
    button->parent.width = 100;
    button->clicked(button);
}
```

图 5.97　GTK 部分代码的简化实现

上面的代码试图通过结构体模拟“GtkWidget”和“GtkButton”两个类，用结构体的成员变量实现类的属性，用成员函数指针实现操作。结构体“GtkButton”通过嵌套结构体“GtkWidget”实现了特殊到一般之间的泛化关系，也可以嵌套其他结构体指针建立整体和部分的关系；结构体“GtkWidget”有一个成员函数“draw”，通过调用该函数并以一个结构体指针“cr”作为参数，即可实现结构体“GtkWidget”和结构体“Canvas”之间的关联和信息传递。

5.7 本章小结

本章首先概述了面向对象开发方法的思想，包括面向对象的原则以及面向对象方法的发展和现状。然后，介绍了统一建模语言 UML，其为表达客观事物和关系提供了术语和模型表达工具，方便了信息的组织和解释。在面向对象分析部分，详细介绍了面向对象分析的基本任务、模型和过程，并通过实例研究帮助读者理解。OOD 部分则包括问题域、人机交互、控制驱动和数据管理等 4 部分的设计原则和方法，并通过实例研究展示了实际应用。此外，本章还介绍了设计模式的定义、作用和典型示例，以及面向对象编程语言的发展历史和在实现 OOD 模型中的选择和应用。希望通过本章的学习，读者能够全面掌握面向对象开发方法及其在软件开发中的应用，为编写高质量的面向对象程序打下坚实的基础。

习　题

1. 解释以下术语，并举例说明：

对象　属性　操作　类　关联　链　状态　事件

2. 简答题：

(1) 类图由哪些内容构成？描述类之间的关系所使用的概念有哪些？

(2) 状态图由哪些内容构成？什么情况下需要建立状态图？

(3) 顺序图由哪些内容构成？

(4) 面向对象为什么要从多个侧面建立系统模型？

3. 分析题：

(1) 对象操作和对象状态之间的关系。

(2) 类与对象之间的关系以及关联与链之间的关系。

(3) 为什么使用包？如何划分包？

(4) 在一个继承结构中，一般类与特殊类的状态图是否相同？

(5) 在描述客观事物方面，面向对象方法与结构化方法提取信息的不同角度，以及对建造的系统模型所产生的影响。

(6) 面向对象方法与结构化方法在控制信息组织复杂性方面引入的机制。

4. 实践题：

(1) 某云产品公司需要向用户提供服务器租赁服务，核心功能包括服务器计算资源、网络资源、存储资源等申请和管理等。请给出该服务器租赁系统的用况图，利用面向对象分析的方法建立该系统的类图，并选取类图中一个典型的类，给出它的状态图。

（2）一个目录文件包含该目录中所有文件信息。一个文件可以是一个普通文件，也可以是一个目录文件。绘制描述目录文件和普通文件的类图，注意考虑类之间的关系。

（3）考虑使用网络打印机进行打印时出现的各种情况，绘制顺序图。

（4）一个光盘商店从事订购、出租、销售光盘业务。光盘按类别分为游戏、CD、程序三种。每种光盘的库存量有上下限，当低于下限时要及时订货。在销售时，采取会员制，即给予一定的优惠。请按以上需求建模该业务的活动图，并对图中的各种元素进行简要说明。

参考文献

[1] 邵维忠，杨芙清.面向对象的分析与设计[M]. 北京：清华大学出版社，2013.

[2] Erich Gamma，Richard Helm，Ralph Johnson，John Vlissides. Design Patterns：Elements of Reusable Object-Oriented Software[M]. Boston：Addison-Wesley Professional，1994.

第 6 章　编码实现

无论使用何种方法进行需求分析与设计的系统，最终都要落实到具体的编码实现上。在一个系统的开发过程中，参与开发的软件开发人员往往都有不同的编码风格与习惯。然而，不健壮的编码实现、不统一的代码风格与编码规范是工程化的头号大敌。虽然这些编码实现的细节不一定会对系统最终的表现产生影响，但对于工程化地开发一个软件系统来说，它们仍是保证软件质量很重要的因素。另外，高质量的代码重用也能有效地提高软件开发的效率和质量。

6.1　防御式编程

无论系统最终采用何种风格的编码实现，都必须要保证代码本身具有足够的健壮性，也就是要在系统开发的整个阶段中都保证采用防御式编程。

要理解防御式编程，可以从“墨菲定律”这一概念入手，防御式编程就是基于这一重要的思想衍生而来的。墨菲定律的原始表达是：如果有两种或两种以上的方式去做某件事情，而其中一种选择方式将导致灾难，则必定有人会做出这种选择[1]。墨菲定律可以总结为：凡是可能出错的事情就一定会出错。不管错误发生的概率有多小，当重复去做这件事情时，事故总会发生。这条定律在开发系统的语境下是非常可怕的，因为这意味着——如果代码可能出现错误，错误就一定会出现。而编写的代码一旦在线上环境出现错误，造成的损失是难以估量的。

我们从代码示例 1 来说明如何实现防御式编程。

【代码示例 1　防御式编程示例】

程序 1：

```
int readInputLowQuality(char* input){
  char str[100 + 1];
  strcpy(str, input);
  ...
}
```

程序2：

```
int readInputHighQuality (char* input){
  char str[100 + 1];
  strcpy (str, input, 100);
  str[100]='\0';
  ...
}
```

说明：程序2对字符串复制的最大长度进行了限制，并在字符串结尾添加字符串结束符，实现了防御式编程，相比程序1的代码拥有更好的健壮性。

在代码示例1中，程序1与程序2都是一段C语言实现的函数，函数中都实现了使用strcpy函数将一个字符串复制到一段最大长度为101的字符数组。由于C语言中的strcpy函数并不会检查复制目标的内存边界，故程序1中的代码在输入字符串input的长度大于100时，会造成严重的内存溢出错误。而程序2则考虑到输入字符串input的长度对于函数的影响，限制了字符串复制的最大长度为100，并在字符串最后增加字符串结束符"\0"，有效地防止了内存溢出错误，提高了代码的健壮性。这种考虑一切输入可能对程序造成的负面影响并使用合理的方法处理所有可能发生错误的编程方式，被称作防御式编程。

在实际的开发环境中，程序的输入是非常多样和不确定的，软件开发人员完全无法预测程序的输入会是什么样子。结合墨菲定律，即使只有一个特定输入会导致程序故障，如果开发人员不对这个特定输入进行合理的处理，那么随着时间的推移，出现程序的故障几乎可以说是一个必然事件。这就是为什么需要防御式编程的原因。

防御式编程可以通俗地理解为：不做任何假设的编程，这里的"不做任何假设"，即考虑所有可能的输入对程序带来的影响、不对可能的输入值做任何假设。防御式编程与普通编程的区别在于：考虑到输入的不确定性，在程序代码的主要逻辑之外增加了大量的检查，包括对所有外来数据的检查、对所有输入参数的检查等，并最终决定如何处理不符合预期的输入。

通常，防御式编程对程序所做的检查包括：

① 检查程序的所有外部输入数据的值是否在允许的范围内；

② 检查数组访问是否存在数组越界问题；

③ 检查迭代器是否合法；

④ 在使用指针、引用前，检查它们是否为非空；

⑤ 检查函数的参数类型是否准确、参数值是否在允许的范围内；

⑥ 检查函数的返回值是否在允许的范围内。

对于上述可能由错误的输入导致程序出错，防御式编程还要决定处理错误输入的方式。常见的处理方式包括：

① 返回一个无害的值或切换到下一条数据，保证系统能继续执行。例如，字符串操作可以返回空字符串，指针操作可以返回空指针；

② 用文件记录警告信息，例如在日志文件中记录警告信息；

③ 抛出一个异常信息或进入一个专门的异常处理子程序；

④ 退出程序。例如，医疗管理系统处理错误输入时，最好退出系统，而不是显示错误的医疗数据。

防御式编程其实并不是多么稀奇的概念，大部分的开发人员从敲下第一行代码开始可能就已经在无形中接触这个概念。但防御式编程又确实重要，是判定一名软件工程师的专业素养的重要因素。

高素养的软件工程师会关注代码的健壮性。他们会充分考虑代码中所有输入面临的可能错误，并对所有错误输入都能给出相应的解决方案，通过防御式编程以确保自己的程序不会因为错误输入而出现错误。

低素养的软件工程师则完全相反，他们通常认为自己的代码不会遇到错误输入，并且他们不会把各种可能遇到的问题记录下来，最终经常编写出不靠谱的代码。

6.2　代码风格

防御式编程并不是系统的编码实现中唯一需要考虑的问题。在软件系统的开发过程中，不同的开发人员往往由于不同的阅历和习惯而拥有不同的代码风格。如果系统由一名开发人员独立开发完成，则系统中代码的风格往往不会被特别重视。然而，现代软件都是几乎不可能靠一个人“单打独斗”就完成的庞然大物，因此，协作开发与软件维护对于现代软件是绝对必要的。上述事实要求在系统的开发过程中，开发人员必须阅读彼此的代码以理解相互的工作，而好的代码风格能够最小化他人阅读理解代码的时间，从而大大提高协作与维护效率。

下面将从命名、注释、视觉组织、语句构造、输入输出、数字与字符串字面量的使用等方面，介绍规范的代码风格。

6.2.1　命名风格

命名是编程时永远逃不过的命题，变量、方法、类，乃至包、模块，都需要开发人员合理而有效地命名。

代码示例 2 展示了一种典型的不规范的代码命名风格。

【代码示例 2　不规范的代码命名风格示例】

```
void exitLoop (bool shouldExit){
    if (shouldExit) return;
}
```

代码示例 2 中的方法与变量的命名都十分不规范。这段代码的主要问题是 exitLoop、shouldExit 等命名太过笼统，没有任何语义，无法从这段代码中推断出开发人员编写这段代码的任何意图。事实上，笼统的命名语义还只是不规范的代码命名风格中的一种表现。如果要最终在命名上实现较好的代码风格，则需要从以下几个方面考虑命名问题：

1. 命名符合语义

开发人员需要让变量、函数等代码元素的命名尽可能符合其语义，即用变量名准确地描述变量代表的实体“是什么”，而用函数名准确地描述函数要“做什么”。

首先对于变量名，应使用名词或名词化词组，同时要保持单复数的正确，如 egg、paperIndex 等。对于函数/方法名，则应使用动词+名词等形式，同时也要考虑在命名中适当反映函数的返回值类型，如 askQuestions、searchMaxNumber 等。

命名应具体，不应该在代码中使用模糊、笼统的名称，如 doit、one、each 等，这些命名无法表达代码的语义。

2. 命名易于识别

除语义清晰外，代码元素的命名还必须保证易于识别，这体现在以下几个方面：

① 避免使用容易产生歧义的缩写。例如，需要避免 TM 这种会招致歧义的缩写，TM 可以表示 TradeMark（商品标志），也可以指代一个软件产品——Tencent Messenger（简称 TM），还可以表示 Transparent Mode（透明模式）。

② 避免使用容易引起歧义的命名。例如，lichen 既可以解释为中文拼音又可以被解释为英文单词的命名。

③ 命名与类型进行对应。例如，bool 类型的变量可以命名为 isAnimal 或 haveMoney 等。

④ 命名时避免使用无用的单词。例如，在 each_city 这个命名中，each 是命名中的无用部分，可以去掉。

⑤ 命名时使用前缀表示枚举类型的类别或其他命名指代，以提升变量的易识别性。例如，使用 birth-month，birth-date 这两种命名，区分与生日相关的变量。

3. 统一命名法

为同一类别的代码元素应用统一的命名法，以更好地区分不同的代码元素（类、方法、变量、常量等）。常见的命名法包括大驼峰命名法（例如 StudentTest）、小驼峰命名法（例如 doHomework）、下划线命名法（例如 module_name）以及连字符命名法（例如 first-name）。在具体命名法的选择上，可以根据编码选用的编程语言的习惯进行选定。

4. 共同用途元素命名风格保持一致

有时，开发人员可能需要命名一系列具有共同用途的代码元素，此时，让具有共同用途的元素保持一致的命名风格，有利于代码阅读者快速建立这些元素之间的关联，提高代码阅读的效率。例如，代码示例 3 展示了具有一组共同用途的代码元素。

【代码示例 3　共同用途元素命名示例】

程序 1：

```
.Nav {
    padding-top: 10px;
}
.textBody {
    color: rgb (10, 10, 10);
}
.first-element {
    margin-bottom: 10px;
}
.last_element {
    margin-top: 10px;
}
```

程序 2：

```
.nav {
    padding-top: 10px;
}
.nav-text-body {
    color: rgb (10, 10, 10);
}
.nav-first-element {
    margin-bottom: 10px;
}
.nav-last-element {
    margin-top: 10px;
}
```

代码示例3展示的是一段串联样式表(Cascading Style Sheets, CSS)代码,其中规定了若干文档对象模型(Document Object Model, DOM)组件的样式。这些组件实际都是一个导航栏(Navigation Bar)的一部分,拥有“为导航栏规定样式”这一共同用途,内在关联十分密切。在这种情况下,可以考虑给这些组件命名一个统一的前缀,保持它们在命名上的一致性,赋予命名更加清晰的语义。

5. 避免在视觉上容易混淆的命名

许多命名在视觉上容易造成阅读者的混淆,例如:hard2Write 和 hardZWrite,让阅读者难以区分。在命名时,需要注意避免一些容易混淆的字符,如数字0和字母O、数字1和字母I、数字2和字母Z、数字5和字母S、数字6和字母G等。同时,也要注意避免使用与各种编程关键字相近的词汇命名。

6.2.2　注释风格

注释像一把“双刃剑”,适当的注释能够提高系统的开发效率,但过度的注释会为开发人员阅读彼此的代码造成过大的阅读负担,影响开发效率。因此,注释的使用时机很重要。

从代码阅读者的角度出发,开发人员能够得到有关注释使用时机的一些原则性指导思想。在大多数情况下,代码阅读者还是需要从代码本身得到信息,而非从注释中了解一切的实现细节。因此,注释应该专注于提供代码本身无法提供的信息,而不是将代码本身能够说明的事情进行简单复述。总而言之,正确的做法是专注于提高代码本身的可读性,再适当使用注释对代码阅读加以辅助。

注释的正确使用场景包括:

① 总结代码,以便阅读者快速理解代码;

② 标记一些内容,例如,强调代码的重要部分、编写者的联系信息等;

③ 说明代码的意图或设计,例如,在类或函数前的块注释指出随后代码的设计思路或意图解决的问题;

④ 说明代码无法表述的信息,例如,不明显的算法选择、版本信息或法律声明等。

注释的错误使用场景包括:

① 说明编码的一些技巧;

② 利用注释说明代码实现的整个过程。

最后注意,注释不是越多越好。一方面注释过多会导致屏幕显示的代码过少,同时注释过多也会增加注释维护的工作量。正确的注释是在代码的宏观尺度上对代码进行总结说明,传达代码本身无法传达的信息,而不是纠结于代码的实现细节,实现细节的理解应该通过代码本身的高可读性解决。换句话说,我们首先要考虑的是代码的“自注解性”。

6.2.3　视觉组织风格

在实际编写代码的过程中,好的代码风格不仅要考虑代码的内容,也要考虑代码“看起来怎么样”,这就是代码的视觉组织。具体来说,视觉组织主要考虑代码的3个因素:缩进、空格和换行。

1. 缩进风格

代码的缩进有着非常重要的作用，在诸如 Python 等编程语言中，缩进甚至是不可或缺的一部分，被融入语言的语法中。规范的缩进主要有以下两个方面要点：

① 规范的缩进可以让代码阅读者快速定位程序的嵌套层次；

② 规范的缩进可以帮助编写代码的开发人员快速定位一些错误，如“遗漏 end”类型的错误。这种错误的含义为：在开发过程中，可能有时会遗漏和左括号对应的右括号的错误。规范的缩进能让开发人员更容易在视觉上找到语言中对应的括号，从而更好地避免这种错误。

2. 空格风格

空格对于大部分的代码都没有作用，而是起到一个良好视觉观感的作用，这和写英文文章时，在标点后往往添加空格的道理是相同的。在代码中如何添加空格才能达到比较好的视觉观感，这个问题没有统一的答案，一般在大多数语言中可以采用以下原则：

① 赋值等双目运算符前后加一个空格；

② 行内逗号、分号、问号等后加一个空格（这一部分和英文写作的要求是十分类似的）；

③ 括号前后是否加空格都可以，但在一个软件项目中，要保持统一风格。

3. 换行风格

换行是编程中非常普遍的事情，一般会在一行写一个语句，然后进行换行。除了这种基础的用法之外，适当添加一些多余的换行还可以让程序的视觉结构变得更加清晰，例如：

① 在一个程序块中，逻辑区别较大的代码段可以用空行进行分隔，例如输入和输出处理部分；

② 用一个（或多个）空行分隔函数、类等定义，方便代码的阅读。

另外，在一些包含大括号语法的语言中，书写大括号是否要求换行是一个具有争议、没有绝对答案的问题，只要在项目中保持统一，两种换行方式都可以接受。

6.2.4　语句构造风格

命名、注释、视觉组织等代码风格属于字符级别、微观尺度下的代码风格，而在宏观尺度下，每一条代码语句的构造同样也是代码风格的重要组成部分。语句构造风格主要包含以下几个方面的考量。

1. 避免子程序过长

子程序可以理解为程序中实现了一部分相对独立逻辑的程序的一部分。考虑一个计算某商店 7 月份日均销售额的子程序。在这个子程序中，程序需要读取商品列表、读取所有商品的销售量、计算月销售总额并最终计算出日均销售额。如果将这些逻辑写在一起，那么整个子程序就显得有点冗长了，这不是良好的代码风格。因此，可以考虑将这四部分各抽象为一个函数，而子程序只是对函数进行调用。这样，虽然整体逻辑没有改变，但整个程序的可读性会有很大提升。

2. 避免嵌套过深

过深的嵌套逻辑会使得语句前的缩进过长、严重影响程序的可读性，而不对嵌套应用缩进，同样会造成程序层次不清晰的问题。

为了避免程序中出现过深的嵌套,可以使用与避免子程序过长相似的思路,将内部具有一定独立逻辑的嵌套提取出来,作为函数调用。这样,就能够抵消一部分嵌套的影响,将“大嵌套”变成“小嵌套”。

3. 避免语句过长

在实际开发过程中,软件开发人员很容易编写出过长的语句,例如一个很长的逻辑表达式。长语句无论对于自然语言还是代码都是难以理解的。此时,可以考虑将过长的语句变为一行函数调用,在函数中更加清晰地编写长语句中需要编写的逻辑。

4. 尽量一行一条语句

在编写代码时,尽量保证在一行中只写一条语句,言简意赅。当一行中包含太多语句的代码时,往往会出现因为信息量太大而干扰阅读代码的情况。

5. 优先使用清晰的结构构造语句

除上述的几个方面外,一个很容易被忽略的原则是代码的清晰性。很多开发人员热衷于在自己程序的设计中使用更加简洁、更有效率的程序写法(比如使用大量的语法糖)。然而,在实际的协作开发环境中,为了最大化协作开发的效率,代码逻辑的清晰性反而比其效率更加重要。

为此,开发人员可以只使用 3 种基本的逻辑结构、避免使用临时变量、尽量减少“否定”条件的出现、适度使用语法糖等,降低他人对代码的阅读门槛。

6.2.5　输入输出风格

对于一些以控制台作为主要交互手段的程序来说,输入和输出的格式也是基本由编写代码的开发人员去决定的,因此,也需要开发人员对该部分的风格进行一些考量。

对于输入来说,为了让用户快速理解输入要求,更加便捷地输入,需要考量的输入风格包括:

① 检查输入项组合的合理性,避免不合常理的输入项组合;

② 允许更加自由的输入,例如支持输入中的换行;

③ 对于连续输入,使用文件结束标志(End Of File,EOF)等结束标志判断输入结束;

④ 对于输入数据要进行检查,筛除不合法的输入,或给出报警提示;

⑤ 在交互式场景下,对用户下一步的输入给出提示信息。

对于输出来说,程序需要规范化地输出结果,便于用户快速了解情况,需要考量的输出风格包括:

① 检验输出数据,避免无意义的输出;

② 为输出数据加注释,并设计报表格式,便于用户快速了解。

6.2.6　数字与字符串字面量的使用风格

在开发过程中,许多代码风格不规范的开发人员喜欢在代码中直接使用数字或者字符串字面量。由于这些字面量混杂在代码逻辑之中,自身又没有很强的语义,对代码的阅读者具有很强的迷惑性,因此又被称作“魔法数字/魔法串”。使用这些数字或字符串时,只有写下这段代码的开发人员能够明确每个字面量的意义,而其他人则百思不得其解,就像该开发人员在使用“魔法”一样。

【代码示例 4　数字与字符串字面量的使用风格示例】

程序 1：

```
if (name===null || name===''){
   alert('用户名不能为空')
}
if (name.length > 20) {
   alert('用户名长度不能大于 20')
}
```

程序 2：

```
if category==0:
   print('该课程为语文')
if category==1:
   print('该课程为数学')
if category==2:
   print('该课程为英语')
```

代码示例 4 展示了一些典型的“魔法数字/魔法串”使用场景。可以看到，这样充斥在代码中的字面量不仅难以管理，而且也基本不可能理解它们的语义。例如程序 2 中使用的 0、1、2“魔法数字”就不带有任何的语义，难以理解。

对于这样的“魔法数字/魔法串”，良好的代码风格推荐将其写入单独的配置文件，让它们作为常量存在，再单独引入，并使用全大写命名表示。这样，能够基本解决“魔法数字/魔法串”在语义上的迷惑性问题。

6.3　编码规范

目前，没有统一的编码规范。本节主要参考了 Google 的各种编程语言的编码规范[2]，整理出主要的 JavaScript 编码规范、Java 编码规范和 Python 编码规范。

6.3.1　JavaScript 编码规范

对于常见的排版风格，我们建议按照下面的风格书写 JavaScript 代码：

① 缩进：使用两个空格进行缩进；

② 字符串：统一使用单引号包裹，除非是转义字符串；

③ 空行：不允许多行空行；

④ 命名规则：变量与函数统一使用小驼峰命名法，构造函数以大写字母开头；

⑤ 空格：默认的排版风格即可，具体见 6.2.3 中的第 2 点；

⑥ 以分号“;”结束每一个语句。

除此之外，书写良好的 JavaScript 代码还应考虑如下的风格规范：

① 三元操作符中保证符号“?”和“:”与它们负责的代码处于同一行；

② 无参构造函数调用带上括号(尽管可以不带)；

③ 避免使用常量作为条件表达式的条件(循环语句除外);

④ 当统一模块由多个导入时,请一次性写完,便于阅读者快速理清模块依赖关系;

⑤ 避免直接使用字符串拼接得到路径名,建议使用 path.join,它可以使用平台特定的分隔符,并帮助进行路径规范化,在规范性、跨平台与可读性方面有更好的支持;

⑥ 使用反引号"`"包括 ES6 中的模板字符串;

⑦ else 与之后的大括号保持在一行。

考虑到 JavaScript 语言过高的动态性,我们建议在标准的代码风格要求之外,书写 JavaScript 代码时,同样需要遵循下面的一些原则,以保证代码的安全性和可维护性。

1. 始终使用"==="代替"=="

由于 JavaScript 语言不会在"=="的判断中,考虑参与比较的两个变量的类型,这会导致一些非常不合期望的情况出现。在使用===进行等于比较时,会检查参与比较变量的类型,进而规避这些意外情况。同理,对于不等于的比较情况,使用"!=="替代"!="。代码示例 5 展示了一个不符合直觉的条件表达式,JavaScript 执行引擎认为空数组和整数 0 是相等的。

【代码示例 5 "=="的判断示例】

```
[]==0 // true
```

2. 不要使用 eval

eval 函数可以接受一段字符串作为参数,并将这段字符串解析为 JavaScript 代码进行执行。eval 函数的动态性过高,容易为代码埋下隐患。与此类似的还有 new Function 语法,也应当避免使用。代码示例 6 是一个 eval 的示例。

【代码示例 6 eval 的示例】

```
eval ('var result=user.' + prop_name) // 不推荐使用
var result=user[prop_name] // 推荐使用
```

3. 异常处理

保证正确抛出异常对象而不是字符串,同时在异常处理程序中处理被抛出的异常,而不是简单地丢弃。代码示例 7 是一个处理异常的示例。

【代码示例 7 异常处理的示例】

```
throw 'error'; // 不推荐使用
throw new Error ('error'); // 推荐使用

run (function(err)) {
  if (err) throw err; // 处理异常
  window.alert ('done');
}
```

4. 不要使用未定义的变量

JavaScript存在变量提升的机制，即在JavaScript代码执行前，栈内存作用域形成时，浏览器会将带有var，function关键字的变量提前进行声明。这就导致使用未定义的变量并不会触发错误，并且很有可能导致不合预期的情况出现。这其实引申出另外一条编程规范：即尽可能少地使用var，而使用ES6引入的const和let关键字声明变量。相比于var，它们可以有效帮助提升代码的可读性以及可维护性。代码示例8展示了一个使用未定义变量的示例。

【代码示例8 使用未定义变量的示例】

```
function func (){
  a=10; // 使用未定义的变量
}
func ();
console.log (a); // Output: 10
```

6.3.2 Java编码规范

我们建议从以下几个方面规范Java代码的编写。

1. 文件结构

① Java要求文件名必须与其顶级类类名保持一致，并且大小写敏感。

② 一个组织良好的Java代码源文件应当依次包含以下内容：版权信息(license)、依赖库import语句，以及顶级类定义。每部分应当以一个空行进行分割。

③ 类定义：每个Java源文件有且只有一个顶级类，而且每个类应该以某种逻辑去排序它的成员变量或方法。一个典型的应用场景是，当一个类有多个同名方法，那么它们应该彼此紧挨着出现，不应被其他代码分隔。

2. 代码格式要求

(1) 括号

大括号遵循Kernighan和Ritchie风格：左大括号前不换行，左大括号后换行；右大括号前换行，右大括号后不换行。当右大括号指示一个代码块的结束时，换行。一个例外的情况是，当大括号包裹的是空块时(即没有代码)，大括号可以在打开之后立即关闭，当然在这种情况下使用Kernighan和Ritchie风格也是没有问题的。对于小括号，我们一般认为除去过多冗余的情况之外，小括号有助于阅读者理清代码逻辑，便于阅读，推荐使用。代码示例9是一个大括号编码规范示例。

【代码示例9 大括号编码规范示例】

```
return new AClass (){
    @ Override public void aMethod (){ //左大括号前不换行,左大括号后换行
      if (something ()) {
        try {
          something ();
```

```
        } catch (Exception e) { //右大括号前换行,右大括号后不换行
          handleException ();
        }
      }
    } //右大括号后换行
    public void doNothing () {} // 包括空块的大括号可以不遵循 Kernighan 和 Ritchie 风格
};
```

(2) 语句组织

一行一条语句,且行长度限制为 100 个字符。但在下面的使用场景中,语句可以突破行长度限制,例如较长的 package 语句、import 语句以及其他不宜进行分割的字符串,如较长的 URL,或者 shell 中的命令行。对于正常的突破行长度限制的语句,Java 推荐用如下方案进行换行:运算符尽量与右值放在同一行;赋值运算符可以选择与左值在同一行,也可以选择与右值位于同一行;方法名与左括号留在同一行。值得注意的是,一般情况下,Lambda 表达式不宜在"->"符号处进行跨行,但当 Lambda 主体只有单个无括号表达式时,可以选择在"->"符号处断开。代码示例 10 是一个 Lambda 函数编码规范示例。

【代码示例 10　Lambda 函数编码规范示例】

```
// 常见的 Lambda 换行方式
Test test=() -> {
    ...
};
Test test=value -> // 此处可以换行,因为 Lambda 主体只有一条没有被{}包裹的语句
    System.out.println ("hello world test");
```

(3) 空行

类间使用空行进行分隔,类内方法定义使用空行进行分隔。在函数体内,可以按照代码的逻辑使用空行进行区分。

(4) switch 语句

switch 块中的内容缩进为 4 个空格。每个 switch 标签后新起一行,再缩进 4 个空格,写下一条或多条语句。每个 switch 语句应包括一个 default 语句组,对于 enum 类型的 switch 语句可以省略 default 语句组。代码示例 11 是一个 switch 语句编码规范的示例。

【代码示例 11　switch 语句编码规范的示例】

```
switch (sentence){
    case 1:
        doSomething1();
        // 尽量在此处通过注释指明期望的代码逻辑就是 fall through,
        // 避免让人误解是少写了 break;
```

```
        // fall through
    case 2:
        doSomething2 ();
        continue;
    case 3:
        doSomething3 ();
        break;
    case 4:
        doSomething4 ();
        break;
    default:
        doSomethingN ();
}
```

(5) 注解

每条注解独占一行。单个的注解可以和函数签名出现在同一行。应用于字段的注解紧随文档块出现,应用于字段的多个注解允许与字段出现在同一行。代码示例12是一个注解编码规范的示例。

【代码示例12 注解编码规范的示例】

```
@ Deprecated
class TestClass {
  // do something
}
@ Override public int doSomthing() { ... }
@ Partial @ Mock DataLoader myDataLoader;
```

(6) 注释

块注释与注释代码在同一缩进级别。对于多行的/* ...* /注释,注释内容必须以*开始,所有注释内容的*必须位置保持对齐。

(7) 修饰符

Java存在大量的用于修饰类和成员的修饰符,如果存在需要多个修饰符的情况,推荐按照下面的顺序排列修饰符:public protected private abstract default static final transient volatile synchronized native strictfp。

3. 命名规范

标识符只能使用ASCII字母和数字命名。包名建议使用小写单词拼接,例如myapplication,类名(或接口名)建议使用大驼峰命名法,例如Student(类),Readable(接口)。值得注意的是,如果一个类的用途是单元测试样例,这个类的名称最好以字符串"Test"收尾,用于显式表明该类为测试类,例如StudentTest。方法名建议使用小驼峰命名法,例如doHomework。对于变量名,如果是常量变量,建议使用全大写字母的下划线命名法命名,例如CONST_VAR;

如果是正常变量，建议使用小驼峰命名法命名，例如 mathGrade。

6.3.3 Python 编码规范

我们建议从以下几个方面规范 Python 代码的编写。

1. 行长度

如同大多数语言编码规范要求，Python 也建议单行长度不能超过 80 个字符（Python 增强建议书进一步要求注释每行不能超过 72 个字符），除非遇到较长的模块导入（import）语句、注释中的 URL 或者路径名、模块级别的字符串常量。如果字符串中存在空格字符，可以使用括号隐式连接的方法对其分割。对于正常的突破行长度限制的语句，也应当尽可能避免使用“\”符号进行跨行的显式连接。代码示例 13 是一个行长度的编码规范示例。

【代码示例 13　行长度的编码规范示例】

```
# 字符串隐式拼接：小括号中的多行字符串会被拼接
text=('You got to put the past behind you, '
      'before you can move on.')

# 出现在注释中的 URL，即便超出行长度限制也不应分割
# See details at
# http://www.example.com/a_long_long_long_long_long_long_long_long_long_long_
url.html
```

2. 缩进

制表符（Tab）在各类编辑器中的宽度不同，因此不推荐使用 Tab 键或者 Tab 和空格混合模式进行缩进，推荐使用 4 个空格缩进。除去 Python 编程语言要求的缩进方案之外，对于行连接的语句，例如长函数名的参数、字典变量的内容等，我们应当使用下面的缩进规范之一来对齐它们的内部元素：

（1）换行垂直对齐

代码示例 14 是一个换行垂直对齐的编码规范示例。

【代码示例 14　换行垂直对齐的编码规范示例】

```
# 函数调用或声明中的换行垂直对齐
foo=function_with_long_long_name (v1, v2,
                                   v3, v4)
# 字典元素的换行垂直对齐
bar={
    long_long_dict_key: v1 +
                        v2,
    ...
}
```

(2) 4 个空格悬挂对齐

代码示例 15 是一个 4 个空格悬挂对齐的编码规范示例。

【代码示例 15 4 个空格悬挂对齐的编码规范示例】

```
# 函数调用或声明中的 4 个空格悬挂对齐
# 函数第一行不能有参数
# 后面每行比函数名所在行向后 4 个空格对齐
foo=function_with_long_long_name(
    v1, v2, v3, v4)

# 字典元素中的 4 个空格悬挂对齐：比键值向后 4 个空格
foo={
    long_long_dict_key:
        long_long_dict_value,
    ...
}
```

3. 空行

顶级定义(如类定义和函数定义)之间空两行。类定义与第一个类内第一个成员方法定义以及方法之间都应该空一行;对于函数或者方法中的代码块,可以根据逻辑性加一定的空行来区分不同的逻辑块。

4. 空格

在参照标准的排版规范之外,使用空格还需要注意以下情况:

(1) 函数参数

当“=”用于指示关键字参数或默认参数值时,不要在其两侧使用空格。但在函数定义时,如果同时指定关键字类型和默认值时,“=”两侧需要使用空格。

(2) 不要使用空格来垂直对齐多行间的标记

代码示例 16 是一个空格编码规范的示例。

【代码示例 16 空格编码规范的示例】

```
# 合理的空格使用
def complex(real, imag=0.0): return magic(r=real, i=imag)
def complex(real, imag: float=0.0): return Magic(r=real, i=imag)

# 不合理的空格使用
# 不要使用空格来垂直对齐多行间的标记,多行间的注释也不要对齐
foo          =1000    # 注释 1
long_name_bar=2       # 注释 2
dictionary={
    "foo"        : 1,
    "long_name_bar": 2,
}
```

5. 字符串

在同一个软件项目开发中，应当保证字符串引号使用的统一，如都使用单引号或双引号。对于多行字符串，我们可以使用 """ (三双引号)包裹，同时也可以使用字符串+运算、括号隐式连接等方式实现跨行字符串的书写表示。代码示例 17 是一个字符串编码规范的示例。

【代码示例 17　字符串编码规范的示例】

```
# 下面四种表示多行字符串的方式都是可以的
long_string_1="""You got to put the past behind you,
before you con move on."""

long_string_2=("You got to put the past behind you,\n" +
      "before you can move on.")

long_string_3=("You got to put the past behind you,\n"
      "before you can move on.")

import textwrap

# `textwrap.dedent`方法删除每行前的空格.
long_string_4=textwrap.dedent("""\
  You got to put the past behind you,
  Before you can move on.""")
```

6. 注释——文档字符串

文档字符串是 Python 独特的注释方式，通常出现在包、模块、类或函数里的第一条语句，使用三双引号(""")包裹。它的常见组织方式为第一句以句号、问号或者感叹号结尾的陈述，然后空一行，后面再书写剩余部分。不同位置的文档字符串都有各自的规范。

(1) 模块

每个文件应当包含一个版权信息(license)样板，例如 Apache 2.0、BSD、GPL 等。模块文档字符串还要包含模块内容和用法的描述。

(2) 函数或方法

函数或方法的文档字符串主要用于描述函数或方法的功能以及输入输出格式，通常不需要描述“怎么做”。一个函数或方法的文档字符串通常需要包含以下的结构化内容：

① Args：列出参数名字以及对该参数的描述；

② Returns(或 Yields)：描述返回值的类型和语义；

③ Raises：列出与接口有关的所有异常。

此外，对于外部不可见、非常短小或者简洁明了的函数或方法，文档字符串可以省略。代码示例 18 展示了一个函数或方法文档字符串的编码规范示例[2]。

【代码示例 18 函数或方法文档字符串的编码规范示例】

```
def fetch_smalltable_rows(table_handle: smalltable.Table,
                          keys: Sequence[Union[bytes, str]],
                          require_all_keys: bool=False,
) -> Mapping[bytes, Tuple[str]]:
    """Fetches rows from a Smalltable.

    Retrieves rows pertaining to the given keys from the Table instance
    represented by table_handle. String keys will be UTF-8 encoded.

    Args:
        table_handle: An open smalltable.Table instance.
        keys: A sequence of strings representing the key of each table
        row to fetch. String keys will be UTF-8 encoded.
        require_all_keys: Optional; If require_all_keys is True only
        rows with values set for all keys will be returned.

    Returns:
        A dict mapping keys to the corresponding table row data
        fetched. Each row is represented as a tuple of strings. For
        example:

        {b'Serak': ('Rigel Ⅶ', 'Preparer'),
        b'Zim': ('Irk', 'Invader'),
        b'Lrrr': ('Omicron Persei 8', 'Emperor')}

        Returned keys are always bytes. If a key from the keys argument is
        missing from the dictionary, then that row was not found in the
        table (and require_all_keys must have been False).

    Raises:
        IOError: An error occurred accessing the smalltable.
    """
```

(3) 类

类在其定义下应当有一个用于描述该类功能的文档字符串，如果该类具有公共属性(attributes)，那么文档字符串也应当有一个属性 attributes 段，类似于函数或方法中的 Args 段。

7. 注释

注释的目的是解释代码的功能，即“做什么”，而不应解释代码如何实现这样的功能，即“怎么做”。为了提高可读性，行注释至少需要离开代码句 2 个空格。

8. 模块导入

模块导入语句应总放在文件顶部，位于模块文档字符串之后，模块全局变量和常量之前。每个模块的导入应当独占一行，模块导入应该按照下面的顺序：

① __future__导入；

② Python 标准库导入；

③ 第三方库导入；

④ 本地代码子包导入。

对于属于相同顺位导入的模块，应当根据每个模块的完整包路径按照字典顺序排序，忽略大小写。

代码示例 19 描述了一个正常的模块导入代码块。

【代码示例 19　正常的模块导入代码块】

```
from __future__ import absolute_import
from __future__ import division

import os, sys
import sqlite3

import pandas as pd

from clients import RequestClient as Client #  本地子包
```

9. 命名规范

通常，建议使用下划线命名法，例如 module_name。但是对于异常和类名，建议使用大驼峰命名法，例如 ClassName。对于全局变量，建议使用全大写字母的下划线命名法，例如 GLOBAL_VAR_NAME。对于 Python 来说，我们还需要尽可能避免双下划线开头和结尾的变量命名，因为此形式可能是 Python 的保留字，例如__init__。

Python 依赖于变量的命名格式实现封装，一般来说，正常命名的变量可见性是 public，以单下划线开头的变量的可见性是 protected，以双下划线开头的变量的可见性是 private。

6.4　代码重用

编码规范给开发人员制定了半强制性的规定，可以帮助开发人员编写出便于他人理解和维护的代码。但是，这种措施无法避免由于开发人员水平参差不齐产生的诸如安全性差、鲁棒性弱、性能低等问题。因此，代码重用作为一种能够大幅度降低成本并且提高软件可靠性的方法被广泛研究和应用。

6.4.1　代码重用的概念

代码重用是一种使用现有的代码(包括变量、函数、类、模板等)、软件以及经验来灵活构建新的软件的编程技术。代码重用的核心思想是将目标软件进行拆解，将现有的代码和软件视为组成目标软件的一部分。通过这种方式,可以将目标软件的编写问题变成一个现有代码和软件的组合问题。代码重用可以通过不同的方式实现,这取决于所选择的编程语言的复杂性以及代码重用的范围。代码重用的范围包括较低层次重用,如重用代码片段、对象和类等,以及较高层次重用,如重用高层次的包、框架和软件等。下面,我们将根据代码重用的规模大小,介绍不同方式的代码重用。

6.4.2 代码重用的优点

当前,较为复杂的软件几乎都是“庞然大物”,“站在巨人的肩膀上”结合代码重用进行软件开发的方法不仅可以保证软件的质量,也能提高软件开发的效率。通过代码重用,开发人员在开发新应用程序时不必从头开始,而是可以使用相同的代码来实现类似功能,这大大减少了整体软件的开发时间。由于被重用的代码已经被反复使用,其质量可以得到保证,这将降低软件整体的出错概率。从软件开发的成本来看,软件和代码重用,可以在保证其他功能质量的前提下,投入足够的成本到特定的功能模块的开发中。

6.4.3 代码重用的方式

1. 框架重用

大型软件系统经过长时间的演化变得非常复杂,想要开发出完善且鲁棒的软件系统对于开发人员的要求非常高。因此,可重用框架的研究愈发火热,有些框架甚至已经成为某个语言在特定领域开发的“事实上的标准”,例如用于 Java 语言的 Web 开发框架 Spring。

框架通常采用统一定义的标准接口,并且提供可重用的抽象算法和高层设计。这些标准接口和高层设计使得开发人员可以非常容易地组装已有的构件实现目标软件。除此之外,采用成熟的框架可以帮助开发人员专注于业务逻辑的实现而不用关注事务处理、安全性、数据流控制等问题。

使用软件框架进行开发当然也存在缺点,例如,框架过于庞大导致应用臃肿、自己的产品受制于开发框架的大公司、大型框架使用门槛较高等问题。但是这些缺点仍然无法影响框架作为代码重用的一种方式变得愈发流行。代码示例 20 给出了一个使用 Spring 框架进行快速开发的示例[3],用户通过少量代码构建了“Hello World!” Web 应用。在该代码中,用户使用 Spring 提供的 3 个注解@SpringBootApplication、@RestController 和@GetMapping(“/helloworld”)完成了标注主程序、处理请求、返回数据、完成请求与方法的映射等复杂功能。

【代码示例 20:Spring 官方给出的示例:通过少量代码即可快速构建自己的软件】

```
@SpringBootApplication
@RestController
public class DemoApplication {
    @GetMapping("/helloworld")
    public String hello() {
        return "Hello World!";
    }
}
```

2. 程序库重用

程序库重用是最常见的代码重用方式之一。程序库是一种代码仓库，给用户提供了一些开箱即用的变量、函数或者类。用户可以通过调用程序库实现一些常用操作，如文件读写、数学计算、信息输出等。使用程序库的好处显而易见，即程序库通常由专业开发人员发布，其安全性、可靠性和性能均有保障。缺点则是可定制化程度较低，且功能粒度较细。与可复用的框架相比，程序库并不是单独可以执行的软件，需要软件开发人员进行后续开发。

程序库文件主要分为动态库文件和静态库文件。其中，静态库文件在编译时完成代码重用，而动态库文件则在链接时完成代码重用。因此，两者有着不同的优势：静态库执行效率更高，而动态库更加灵活甚至可以被不同软件共享。由于库文件在运行时需要被系统载入内存，因此在不同系统下，库文件的格式也有所不同。Linux 系统下静态链接库文件为.a 文件，动态链接库文件为.so 文件。而在 Windows 系统下静态链接库文件为.lib 文件，动态链接库文件为.dll 文件。图 6.1 展示了 Windows 系统提供的动态链接库文件（Dynamic-Link Library，DLL）。

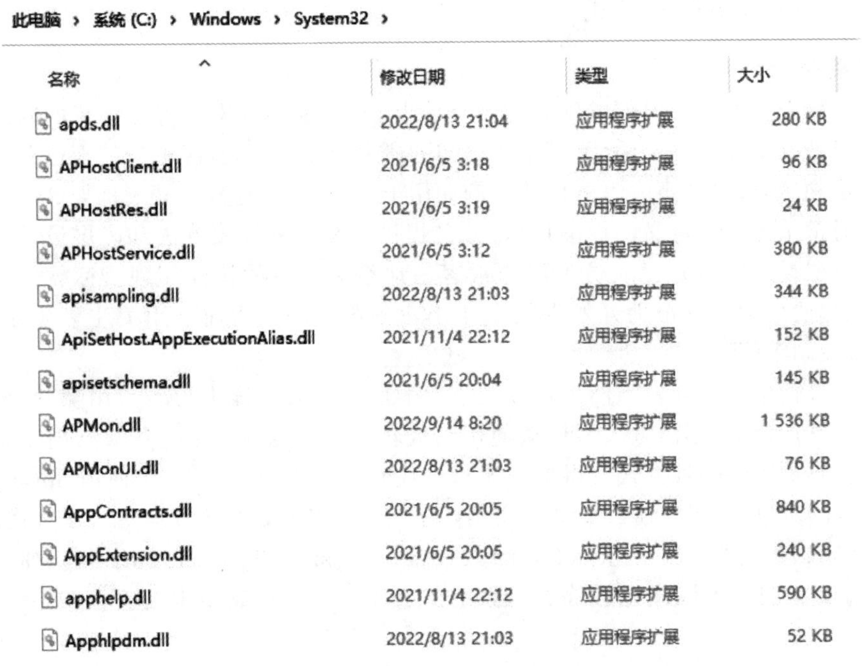

此电脑 › 系统 (C:) › Windows › System32 ›

名称	修改日期	类型	大小
apds.dll	2022/8/13 21:04	应用程序扩展	280 KB
APHostClient.dll	2021/6/5 3:18	应用程序扩展	96 KB
APHostRes.dll	2021/6/5 3:19	应用程序扩展	24 KB
APHostService.dll	2021/6/5 3:12	应用程序扩展	380 KB
apisampling.dll	2022/8/13 21:03	应用程序扩展	344 KB
ApiSetHost.AppExecutionAlias.dll	2021/11/4 22:12	应用程序扩展	152 KB
apisetschema.dll	2021/6/5 20:04	应用程序扩展	145 KB
APMon.dll	2022/9/14 8:20	应用程序扩展	1 536 KB
APMonUI.dll	2022/8/13 21:03	应用程序扩展	76 KB
AppContracts.dll	2021/6/5 20:05	应用程序扩展	840 KB
AppExtension.dll	2021/6/5 20:05	应用程序扩展	240 KB
apphelp.dll	2021/11/4 22:12	应用程序扩展	590 KB
Apphlpdm.dll	2022/8/13 21:03	应用程序扩展	52 KB

图 6.1 Windows 系统提供的动态链接库文件

3. 面向对象的代码重用

面向对象的编程风格是目前最主流的风格之一，现在比较流行的编程语言大部分都是面向对象编程语言，大部分项目也都是基于面向对象编程风格来开发的。面向对象编程因其具有封装、抽象、继承、多态等优良特性，可以实现复杂的设计思路，是很多设计原则、设计模式实现的基础。其中，易于重用类以及通过继承方便地定制类是面向对象技术最吸引人的地方。子类通过继承可以简便地重用父类中已有的代码，通过重写父类中的方法可以定制特定于自己的方法，这在提高代码重用性的基础上，极大地便利了对程序后续修改以及扩充等操作。

代码示例 21 描述了学校的教务系统中各个角色之间的继承关系，实际上每个角色都是某种 Person。首先，程序 1 定义了基类 Person 类，这个类通过构造函数初始化了属性值：学号或者工号，姓名以及学院或者部门。其次，程序 2 的 Teacher 类继承自程序 1 中的 Person 类，由于教师可以在教务系统中为学生的某门课程设置分数，因此在子类 Teacher 添加了其特有的方法 setCourseGrade。最后，程序 3 中的 Student 类也继承自程序 1 中的 Person 类，由于学生可以在教务系统中选课以及查看某门课程的分数，在 Student 类添加了其特有的 chooseCourse 以及 getCourseGrade 方法。可以看到，通过继承 Person 类、Teacher 类和 Student 类重用了父类中的构造函数来初始化类的某些属性，同时 Teacher 类和 Student 类分别根据其在系统中的行为添加了自己特有的方法。

【代码示例 21　教务系统中各个角色之间的继承关系】

程序 1：

```
class Person {
  Person(string id, string name, string department) {
    System.out.println("I am a Person");
  }
}
```

程序 2：

```
class Teacher extends Person{
  Teacher(string id, string name, string department){
    super(id, name, department);
    System.out.println("I am a teacher");
  }
  void setCourseGrade(Student s, string courseid, int grade);
}
```

程序 3：

```
class Student extends Person {
  Student(string id, string name, string department){
    super(id, name, department);
    System.out.println("I am a student");
  }
  void chooseCourse(string courseid);
  void getCourseGrade(string courseid);
}
```

4. 代码片段重用

代码片段重用是通过复制粘贴代码，并在适当修改的基础上进行使用，这种重用也被称为代码克隆。在学术界，代码克隆的类型主要分为两种：句法克隆（Syntactic Clones）表示代码片段的文本相似，语义克隆（Semantic Clones）表示代码片段的功能相似[4]。图 6.2 展示了代码克隆的具体实例，原始代码是通过辗转相除来计算两个数之间的最大公约数，克隆代码一对其中的一个变量名进行了修改，原始代码和克隆代码文本基本相似，代码的执行逻辑没有发生变化，这种克隆方式称为句法克隆。克隆代码二不再使用循环实现辗转相除，而是使用递归来实现辗转相除，代码的执行逻辑完全发生了变化，但其语义上仍是求解最大公约数，这种克隆方式称为语义克隆。

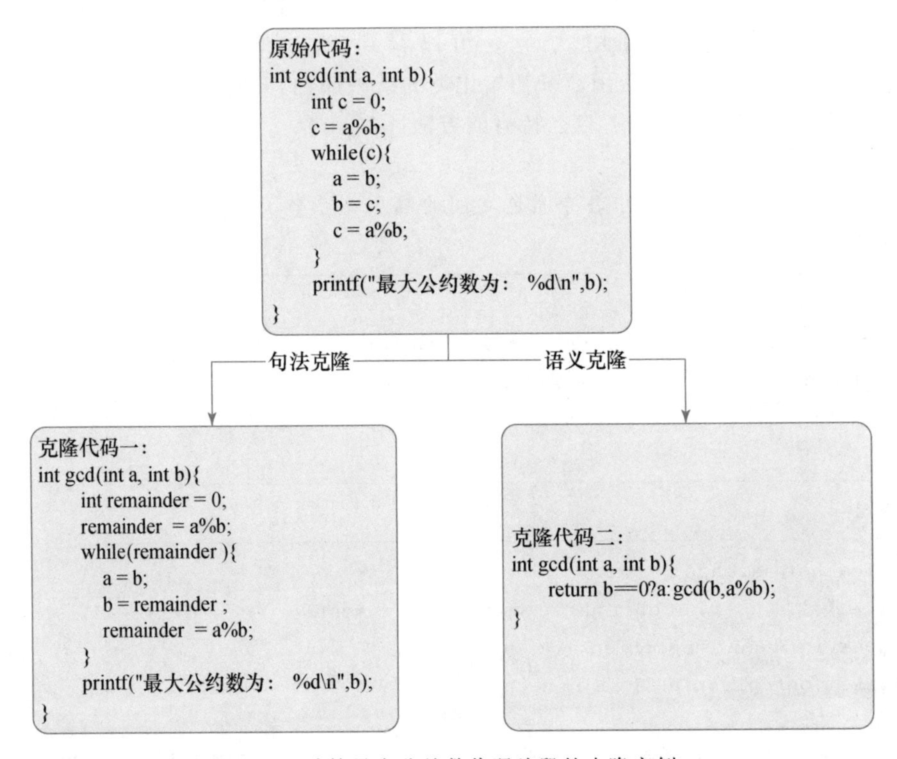

图 6.2　计算最大公约数代码片段的克隆实例

克隆代码有以下两方面缺点：一方面，代码片段重用虽然能够提高开发效率，但由于开发人员在克隆过程中往往没有很好地理解克隆代码的结构或作用，而是尽可能简单地让其适配于现有项目，这有可能意外引入外部漏洞；另一方面，克隆代码可能会被粘贴到项目的多个地方，当项目需要对这段克隆代码进行修改的时候，开发人员需要修改所有克隆代码，这对软件的可维护性带来极大挑战。由于克隆代码被修改，其语义和结构发生变化，极大影响代码克隆的检测准确率，因此，代码克隆的检测是当前软件工程领域一个非常重要的研究方向。

6.5　本章小结

在本章中，我们介绍了防御式编程和代码风格，并结合 3 种比较常见的编程语言 JavaScript、Java 和 Python 介绍了常见的编程规范。应当看到，一段好的代码不应只以它的正确运行为唯一标准，应对各种输入的鲁棒性以及可维护性也是重要的代码质量原则。在目前流行的协作开发中，统一良好的代码风格显得尤为重要。我们通常可以在各种大型开源项目的 Pull Requests 中看到项目维护者对于项目贡献者细致乃至苛刻的代码风格要求。一个具有良好代码风格的开源项目才更容易吸收新的贡献者，由此变得更有活力。即便对于个人开发人员来说，持久统一的代码风格也可以让其在短时间内快速拾起一个曾经开发的旧项目。

实际上，代码风格并无定法，本章介绍的代码风格规则仅仅是一些比较通用的原则，远非在开发过程中可能遇到的全部代码风格规则，也不是在任何情况下都需要遵守的定律。应当看到，良好的代码风格最终是为了便于维护代码。制定这么多的标准和规范，无非是让一个新来的人在较短的时间内理清代码的思路，方便接管和维护代码。在一个具体的项目中，只要能够保证代码结构清晰、易读，提供充足的提示便于未来发展和维护，便可以声称这样的代码风格是优秀的。举一个例子，如果两个语句非常简单，可以将这两个语句写进一行，如此还能使得在相同的屏幕长度下，不通过滑动屏幕显示更多的代码。另外一个不那么典型的例子是：由于各种原因，目前只能给一个问题提出一种非法侵入的解决方案，并且未来有可能会被替换掉。那么为了便于后面的贡献者重构这部分代码，给出良好的解决方案，通常需要在这里解释我们进行了哪些不优雅的 hack。这实际上就违背了注释中不应解释代码"怎么做"的要求。这些都提示我们不要墨守成规，而是应该灵活地看待代码风格，只要某些代码书写格式更加利于项目维护和发展，便可以认为这些代码是符合规范的。

良好的代码风格主要提高了代码的可维护性而非可靠性与开发效率。代码重用则是提高软件可靠性与开发效率的有效方法，它可以在保证可靠性的前提下，将尽可能多的人力和物力投入到软件的业务逻辑中，从而降低软件开发成本。举一个例子，在编写 Java 代码的时候，如果想要在终端输出字符，可以直接调用 System 包中的 System.out.print()方法进行输出，而不用关注我们的软件与系统进行数据交互的细节。但代码重用的缺点同样明显，如复用代码带来的缺陷扩散问题、使用第三方库带来的供应链攻击问题、使用代码克隆导致软件维护成本增加问题以及软件著作权的法律保护问题等，这些问题也是当前软件工程领域研究的热点。

习 题

1. 如何理解"防御式编程"中的"防御"二字，并给出一个不同于本书中的示例进行解释。

2. 魔法数字对于软件的危害是什么？你能想到除配置文件之外，其他解决魔法串的方法吗？

3. 一般来说，浏览器端的 JavaScript 代码在运行之前会进行打包处理，打包之后的 JavaScript 代码被极大压缩，变量被替换为 a，b 等无意义字符，可读性极差。如何理解这样的操作和代码风格之间的矛盾关系？（可以就什么时候需要代码风格进行解释）

4. 请指出下面这段 Java 代码中不合代码风格的地方，并进行修改。

5. 6.4.3 节的代码示例 21 展示了教师和学生对应的类，实际上，教务系统中还有管理员（Admin）角色。请你编写一个 Admin 类，继承代码示例 21 中的 Person 类，除了初始化父类中的已有属性，还需要初始化管理员密码和管理员权限列表属性。此外，根据你对管理员行为的预想，为其添加其特有的方法。

参考文献

[1] 阿瑟·布洛赫. 墨菲定律[M]. 曾晓涛，译. 太原：山西人民出版社，2012.

[2] Google Style Guides[EB/OL]. [2022-09-02]. https://google.github.io/styleguide/.

[3] Spring[EB/OL]. [2022-09-08]. https://spring.io/.

[4] Walker A, Cerny T, Song E. Open-source tools and benchmarks for code-clone detection: past, present, and future trends[J]. ACM SIGAPP Applied Computing Review, 2020, 19(4): 28-39.

第 7 章 软件测试

软件测试是软件开发中的重要环节，占据了一半或一半以上的工作量。因此，对软件测试技术的研究和应用一直是软件工程的热点。

软件测试可分为静态分析和动态测试。静态分析技术支持不执行程序而对软件源代码进行分析，例如代码审查、走查等。动态测试技术支持通过输入样例来执行程序对软件进行分析，一般可分为白盒测试技术和黑盒测试技术。

本章首先介绍软件测试概念、思想和原则；接着介绍软件测试目标与软件测试过程模型；然后介绍软件测试技术、软件测试步骤、测试驱动的开发、面向对象软件的测试技术和常用测试工具；最后介绍案例研究，通过案例讲授测试技术的具体应用。

7.1 软件测试概念、思想和原则

7.1.1 软件错误、缺陷和故障与软件测试的关系

错误(error)是指“与所期望的设计之间的偏差，该偏差可能产生不期望的系统行为或失效”。

缺陷(defect)是指软件中存在的不能满足需求或规约的问题。错误导致缺陷。

失效(failure)是指“与所规约的系统执行之间的偏差”。失效是系统故障或错误的后果。

故障(fault)是指“导致错误或失效的不正常的条件”。故障可以是偶然性的或是系统性的。

程序员在编写程序的过程中，通常会无意或有意地犯一个或多个错误。

故障是一个或多个错误的表现。例如，当软件处于执行一个多余循环过程时，我们就说软件出现故障。

当执行程序中有故障的代码时，就会引起失效，导致程序出现不正确的状态，影响程序的输出结果。

一般从下列 5 个规则判定是否存在软件错误[1]：

① 软件未达到产品说明书标注的功能。

② 产品出现了产品说明书指明不会出现的错误。

③ 软件功能超出产品说明书的范围。

④ 软件未达到产品说明书虽未指出但应达到的目标。

⑤ 软件测试员认为软件难以理解、不易使用、运行速度缓慢，或者最终用户认为不好。

软件测试的目的是发现软件错误和预防软件错误。

7.1.2　软件测试和软件调试的区别

软件调试是发现所编写软件中的错误，确定错误的位置并加以排除，使之能由计算机或相关软件正确理解与执行的方法与过程。

在进行软件调试工作以前，首先要发现软件中存在着某种错误的迹象，随后的调试过程通常分为两步：

① 确定问题的性质并且找到该错误在软件中所处的位置；

② 修正这一错误。

软件测试与软件调试相比，在目的、技术和方法等方面都存在着很大区别，主要表现在以下几个方面：

① 测试从一个侧面证明程序员的“失败”，而调试是为了证明程序员的正确。

② 测试以已知条件开始，使用预先定义的程序，且有预知的结果，不可预见的仅是程序是否通过测试。调试一般是以不可知的内部条件开始，除统计性调试外，结果是不可预见的。

③ 测试是有计划的，并要进行测试设计；而调试是不受时间约束的。

④ 测试是一个发现错误、改正错误、重新测试的过程；而调试是一个推理过程。

⑤ 测试的执行是有规律的，而调试的执行往往要求程序员进行必要推理。

⑥ 测试经常是由独立的测试组在不了解软件设计的条件下完成的；而调试必须由了解详细设计的程序员完成。

⑦ 大多数测试的执行和设计可由工具支持，而调试时，程序员能利用的工具主要是调试器。

7.1.3　软件测试的定义和原则

软件测试是使用人工或自动手段，运行或测定某个系统的过程，其目的是检验它是否满足规定的需求，或是清楚地了解预期结果与实际结果之间的差异[2]。

1. 软件测试分为静态分析和动态测试

① 进行静态分析时，不必运行软件，只是通过对源代码进行分析，检测程序的控制流和数据流，发现其中执行不到的“死代码”、无限循环、未初始化的变量、未使用的数据、重复定义的数据等；也可能包括对多种复杂性度量值的计算。静态分析虽然不能取代动态测试，但它是动态测试开始前有用的质量检测手段。

② 动态测试技术借助于输入样例（即测试用例）来执行软件，一般又分为功能测试（即黑盒测试）以及结构测试（即白盒测试）。

2. 软件测试的原则

软件测试的原则[3]如下：

① 所有的测试都应当追溯到用户需求。软件测试的目的在于发现错误，而从用户角度看，最严重的错误就是那些致使程序无法满足需求的错误。

② 在测试工作开始前，要进行测试计划的设计。测试计划可以在需求分析一完成时开始，详细的测试用例定义可以在设计模型被确定后立即开始。

③ 测试应从小规模开始，逐步转向大规模。最初的测试通常放在单个程序模块上，测试焦点逐步转移到在集成的模块簇内寻找错误，最后在整个系统中寻找错误。

④ 穷举测试是不可能的。一个大小适度的程序，其路径排列的数量是惊人的。

⑤ 为了尽可能地发现错误，应由独立的第三方来测试。

⑥ 在一般情况下，在分析、设计、实现阶段的复审和测试工作能够发现和避免 80%的 bug，而系统测试又能找出其余一些 bug，最后剩下的 bug 可能只能在用户的大范围、长时间的使用后才会暴露。因此，测试只能保证尽可能多地发现错误，无法保证能够发现所有的错误。

⑦ 妥善保存测试计划、测试用例、出错统计和最终测试分析报告，为维护提供方便。

7.2　软件测试目标与软件测试过程模型

7.2.1　软件测试目标

关于软件测试目标，人们在长期的实践中逐渐有了统一的认识，即首要目标是预防错误。如果能够实现这一目标，那么就不需要修正错误和重新测试。

可惜的是，由于软件开发至今离不开人的创造性劳动，这一目标几乎是不可能实现的。因此，测试的目标即第二目标只能是发现错误。

软件错误的表现形态是多种多样的，并且不同的错误可以表现为同样的形态，因此，即便知道一个程序有错误，也可能不知道该错误是什么。这样，要实现第二目标，也需要研究软件测试理论、技术和方法。

人们关于软件测试目标的认识，大体经历了 5 个阶段。第一阶段认为软件测试和软件调试没有什么区别；第二阶段认为测试是为了表明软件能正常工作；第三阶段认为测试是为了表明软件不能正常工作；第四阶段认为测试仅是为了将已察觉的错误风险减少到一个可接受的程度；第五阶段认为测试不仅仅是一种行为，而是一种理念，即测试是产生低风险软件的一种训练。

7.2.2　软件测试过程模型

软件测试过程包括测试设计、测试执行以及测试结果比较等活动。

软件测试过程模型如图 7.1 所示。其中，环境模型是对程序运行环境的抽象。程序运行环境包括支持其运行的硬件、固件和软件，例如计算机、终端设备、网卡、操作系统、编译系统、实用程序等，它们一般都经过了生产厂家的严格测试，出现错误的概率比较小，软件可靠

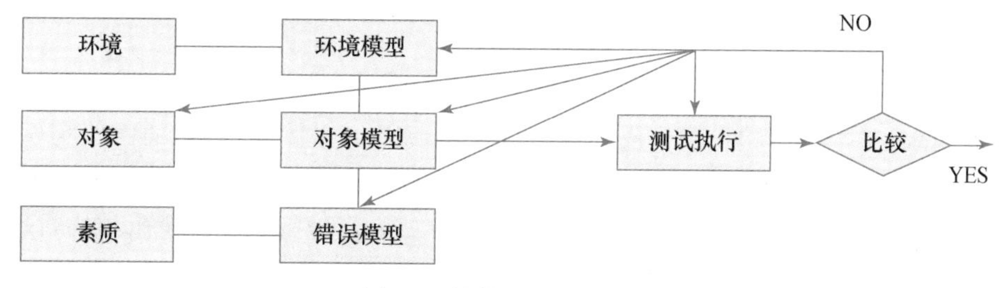

图 7.1　软件测试过程模型

性较好。在抽象程序运行环境中,往往只考虑程序中使用的计算机指令系统、操作系统宏指令、操作系统命令以及高级语言语句等。在程序/软件测试中,建立环境模型的主要动机是,确定所发现的错误是否为环境造成的。

被测对象模型是从测试的角度对程序的抽象。为了测试,我们必须简化程序,形成被测程序的简化版本即对象模型。不同测试技术,对同一被测对象可产生不同的对象模型。这一简化或着重于程序的控制结构,或着重于处理过程,于是形成了所谓的白盒测试技术和黑盒测试技术。

错误模型是对错误及其分类的抽象。由于参与软件开发的人员众多,且各有各的侧重,因此,他们对"什么是错误"往往在认识上是不一致的。有的问题,对开发人员来说,称不上是一个"错误",而对测试人员来说,它就是一个"错误"。因此在软件测试中,往往需要定义"什么是错误",什么是"严重错误",即给出"错误模型"。

在建立了环境模型、被测对象模型,以及错误模型的基础上,才能执行测试及测试结果的比较。如果预测结果与实际结果不符,首先就要考虑是否是环境模型、被测对象模型、错误模型以及测试执行中的问题。一旦判断不是它们的问题时,就认为被测对象中存在错误。

可见,在软件测试中:

① 环境模型、被测对象模型和错误模型在软件测试中扮演了一种很重要的角色;这些模型的质量,特别是被测对象模型的质量,对发现错误起到关键性作用;

② 动态软件测试的错误假定是,预测结果与实际结果不符。在此基础上,可进一步分析是什么错误。

7.3 软件测试技术

软件测试实际上是软件开发过程中较为消耗人力、物力的阶段,但其也是保障软件质量至关重要的手段和方法之一。设计一系列数据并将其输入需要测试的软件模块或系统中,通过比较输出结果与预期结果即可判断测试对象是否存在缺陷,输入的一系列数据和预期结果被称为测试用例。好的测试用例能够有效和高效地发现被测对象存在的问题,即使用最少的测试用例发现最多的缺陷。

软件测试技术包含了一些设计测试用例的策略和方法,其一般被划分为两类:黑盒测试和白盒测试,黑盒测试往往会用来验证我们是否构建了正确的软件,而白盒测试则往往用来验证我们是否正确地构建了软件[4]。黑盒测试与白盒测试虽然在名字上或者在其测试的前置条件上是相互对立的测试技术,然而,在一个完整项目的测试过程中,两种技术需要组合使用从而保证软件的质量。

7.3.1 白盒测试

白盒测试也被叫作结构化测试或者玻璃盒测试,该测试技术中,程序的内部实现逻辑对于测试人员是透明的,由于白盒测试技术更关注程序的逻辑和结构,因此其一般用于单元测试和集成测试中。在理想状态下,进行白盒测试的测试人员理解程序的逻辑结构,设计测试用例来覆盖所有从程序流程图入口到出口的执行路径,其中一条执行路径对应了一个测试用例。实际上,对于稍微复杂一点的程序,如果有 n 条判断语句,那么理论上至少有 2^n 条执行路径,也就需要编写 2^n 个测试用例。在有限的测试资源下,对所有路径进行测试是很难实现的。因此,白盒测试往往根据覆盖规则编写对应的测试用例,具体包括:语句覆盖、分支覆盖、条件覆盖、分支-条件覆盖、条件组合覆盖以及路径覆盖等,以此提高白盒测试的效率。

如果程序的逻辑比较复杂,测试人员往往会首先构建一个流程图来描述程序的实现细节。代码示例 1 描述的是一个二分查找函数的程序示例,本节以此程序为例将为其构造程序流程图以及控制流程图。

【代码示例 1　二分查找函数的程序示例】

```
public int BinarySearch(int targetArray[], int objectValue) {
    int left=0;
    int right=targetArray.length -1;
    int mid=0;
    while (left < right) {
        mid=(right-left) / 2 + left;
        if (targetArray[mid]==objectValue) {
            return mid;
        } else if (objectValue < targetArray[mid]) {
            right=mid -1;
        } else {
            left=mid + 1;
        }
    }
    return -1;
}
```

在程序流程图中,矩形节点表示一般的语句,菱形节点表示判断语句,而边表示节点之间的数据流和控制流,二分查找函数的程序流程图如图 7.2 所示。其中,通过添加哑结点来表示条件语句的结合点,图 7.2(b)为程序流程图中的各节点进行了编号。

控制流程图(Control Flow Graph,也称为控制流图)是表达程序运行逻辑的图,是有向图,用有标记的圆表示一个或多个语句、决策条件以及程序过程等,边表示程序控制流。相较于程序流程图,控制流程图不关注程序的过程细节,而着重描述程序的控制结构。在构建控制流程图时,需要将程序流程图中的部分节点,即部分语句进行合并为控制流程图中的一个节点,由于控制流程图不关注过程性语句,因此需要将一起执行的顺序语句,例如程序流程图中的 1,2,3 节点,合并为控制流程图中的一个节点。以上程序流程图对应的控制流程图如图 7.3 所示。

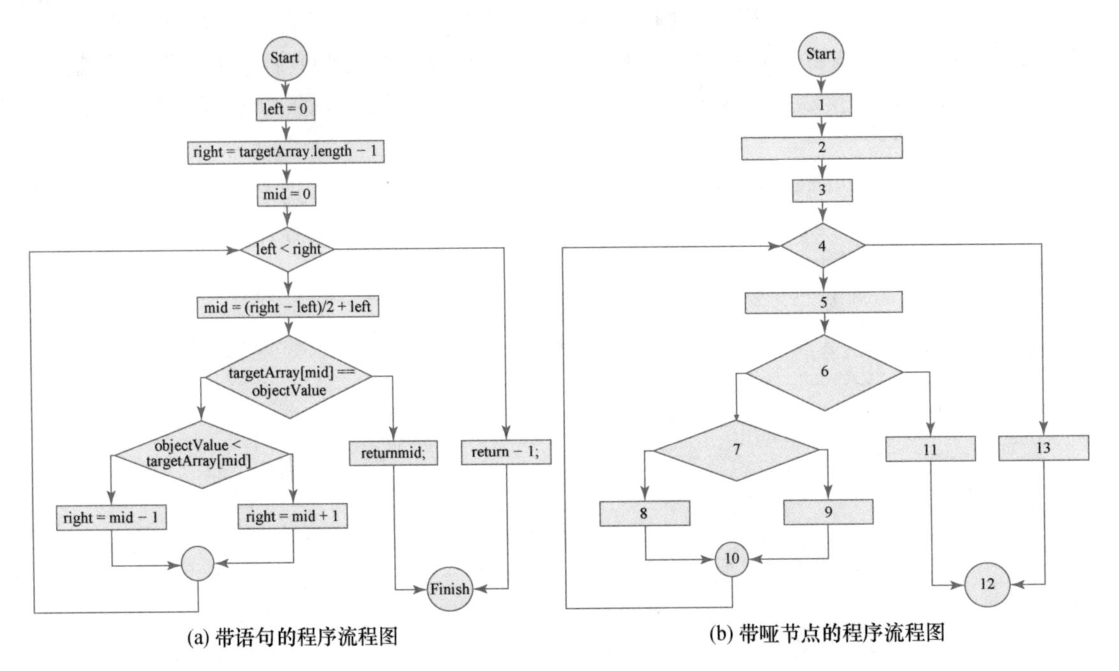

(a) 带语句的程序流程图　　(b) 带哑节点的程序流程图

图 7.2　二分查找函数的程序流程图

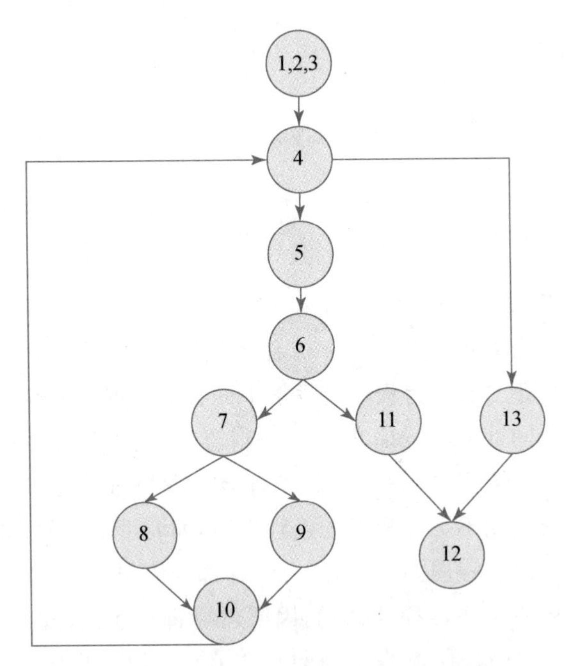

图 7.3　二分查找函数的程序控制流程图

1. 语句覆盖

语句覆盖要求设计一组测试用例,使得被测程序中的每条可执行语句都至少被执行一次。语句覆盖的缺陷在于,对于显式存在的语句可以实现完全覆盖,但是无法覆盖隐式的分支。例如对代码示例 1 中的二分查找函数,如果将 return－1;这一行代码误写为 return 0;时,表 7.1 中两个测试用例实现了对所有语句的覆盖,预期输出与测试用例的输出也是一致的,即实现了语句覆盖。然而对于输入 targetArray= [－1], objectValue= 2 的时候,实际返回值仍然为 0,这表明测试用例 1 与 2 虽然实现了语句覆盖,但并没有检测到 return－1;这一行代码误写为 return 0;这个缺陷。语句覆盖实际上是最基本的覆盖准则,很多错误都无法覆盖,接下来将介绍其他更严格的覆盖准则。

表 7.1　语句覆盖的测试用例示例

	输入数据	测试用例输出	预期输出	覆盖语句
测试用例 1	targetArray=[1,2,3,4,5,6,7], objectValue=3	2	2	1,2,3,4,5,6,7,8,9,10,11,12
测试用例 2	targetArray=[0], objectValue=0	0	0	1,2,3,4,13,12

2. 分支覆盖

为了进一步提高对于程序路径的覆盖率,分支覆盖着重关注程序中的分支结构,尽可能地覆盖程序中每个判定的 true 分支和 false 分支。为了更好地说明分支覆盖,并与后续的条件覆盖等其他规则形成区别,在此引入代码示例 2,并画出这段程序的程序流程图。

【代码示例 2　多分支程序示例】

```
if(a > 0 && b > 0){
    flag=1;
}
if (c < 0){
    flag=0;
}
```

从图 7.4 可以看到,程序存在两条分支语句 2 与 4,根据分支覆盖的规则,通过表 7.2 中两个测试用例即保证所有的分支至少被执行了一次。分支覆盖仍有很多缺陷无法捕获,如果将分支语句 2 中的>误写为>=,那么目前的两个测试用例仍能正确执行,但是没有检测到这个问题。

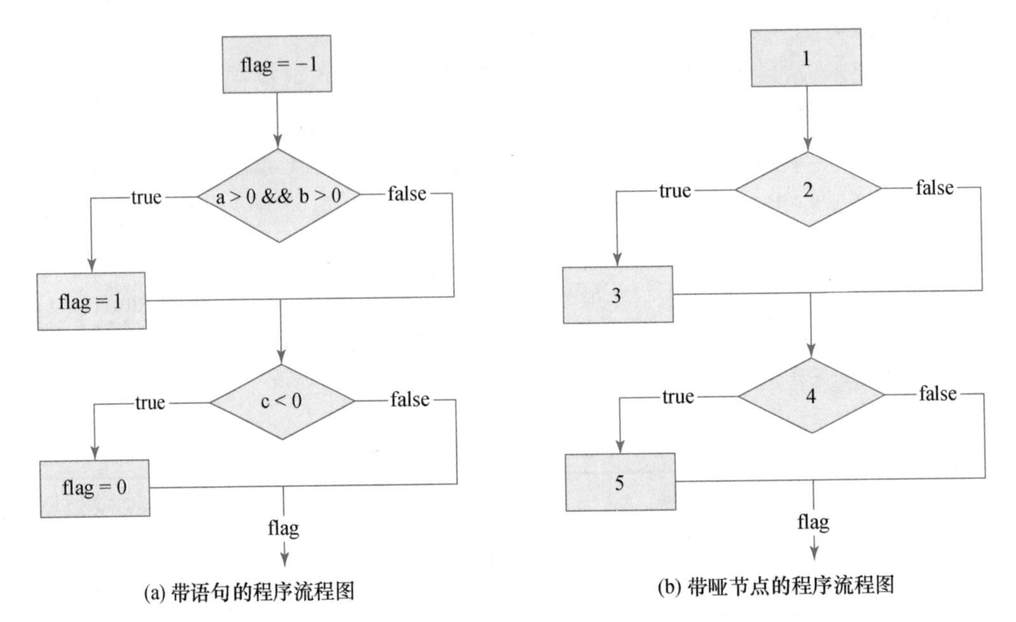

图 7.4 多分支程序流程图

表 7.2 分支覆盖的测试用例示例

测试用例	输入数据	分支语句(2,4)值	预期结果	覆盖路径
测试用例 1	a=1,b=2,c=−1	true,true	flag=0	1,2,3,4,5
测试用例 2	a=−1,b=2,c=1	false,false	flag=−1	1,2,4

3. 条件覆盖

条件覆盖将更关注于程序所有判定的原子条件,例如对于以上多分支程序的判定 a>0&&b>0,实际包含了两个原子判断条件,a>0 以及 b>0,条件覆盖的规则则是每个条件的可能值要至少被满足一次,因此可以通过表 7.3 的两个测试用例来满足条件覆盖。

表 7.3 条件覆盖的测试用例示例

测试用例	输入数据	分支语句(2,4)值	预期结果	覆盖路径
测试用例 1	a=1,b=2,c=−1	true,true	flag=0	1,2,3,4,5
测试用例 2	a=−1,b=−2,c=1	false,false	flag=−1	1,2,4

如表 7.3 所示,在测试用例示例 1 和示例 2 中,原子条件 a>0,b>0 以及 c<0 的 true 和 false 分别被覆盖一次,与此同时,满足条件覆盖的测试用例仍然没有覆盖所有的基本路径,例如路径 1,2,3,4 就没有被覆盖到。

4. 分支-条件覆盖

实际上,分支-条件覆盖包括了分支覆盖和条件覆盖。上文已经阐述了分支覆盖和条件覆盖的规则,这里进一步说明分支-条件覆盖的规则。分支-条件覆盖是分支覆盖和条件覆盖两者的结合,即要求测试用例既要覆盖每个条件的 true 和 false 分支,又要覆盖每个原子条件所有的可能值。条件覆盖的两个测试用例实际上就满足了分支-条件覆盖的规则,这说明分支-条件有时也不能满足所有基本路径的覆盖。

5. 条件组合覆盖

相比于分支-条件覆盖，一个更高的覆盖规则是条件组合覆盖，其要求每个条件判定的原子条件组合至少被满足一次，这意味着每个原子条件以及整个条件判定的真假值都能被覆盖到，根据这个规则，多分支示例程序的测试用例可以进一步调整，如表 7.4 所示。

表 7.4　条件组合覆盖的测试用例示例

测试用例	输入数据	分支语句(2,4)值	预期结果	覆盖路径
测试用例 1	a=1,b=2,c=-1	true,true	flag=0	1,2,3,4,5
测试用例 2	a=-1,b=-2,c=1	flase,false	flag=-1	1,2,4
测试用例 3	a=-1,b=2,c=1	flase,false	flag=-1	1,2,4
测试用例 4	a=1,b=-2,c=1	flase,false	flag=-1	1,2,4

相比于分支-条件覆盖规则，条件组合的覆盖率有所提升，但其仍存在某些路径无法覆盖的问题，例如路径 1,2,3,4 仍然没有被覆盖到。

6. 路径覆盖

路径覆盖准则要求所设计的一组测试用例能够使程序中所有可能的执行路径都被至少执行一次。让我们重新聚焦到代码示例 1，由于这个示例中存在循环结构，因此要覆盖所有可能的路径需要设计大量的测试用例。由于循环结构的错误容易发生在控制变量的边界上，因此应针对不同结构类型的循环，给出相应的路径选取规则。循环结构主要有“单循环”“嵌套循环”“级联循环”，以下将主要介绍“单循环”与“嵌套循环”：

(1) 单循环

单循环根据循环执行细化为以下 7 种情况，其中，N 表示允许通过循环的最大次数，表 7.5 的测试用例可以用于单循环结构的程序：

表 7.5　单循环的测试用例示例

测试用例	循环控制变量值	预期结果
测试用例 1	0	跳过整个循环
测试用例 2	1	通过一次循环
测试用例 3	2	通过两次循环
测试用例 4	m(m<N)	通过 m 次循环
测试用例 5	N-1	通过 N-1 次循环
测试用例 6	N	通过 N 次循环
测试用例 7	N+1	通过 N 次循环

(2) 嵌套循环

由于随着嵌套数的增加，测试集的数量可能呈几何级数增加，因此，通过对嵌套循环的路径选取来减少测试用例的数量，其基本策略是：

① 在最深层的循环开始，设定所有外层循环取它的最小值；

② 保持外层循环的测试为循环次数的最小值，对最深层的循环进行简单循环的测试方法；

③ 设定内循环在典型值处，按②测试外层循环，直到覆盖所有循环。

可以看到，这样仍然需要设计大量的测试用例。基本路径测试是一种提高测试效率的技术，对于代码示例1中的二分查找程序根据基本路径测试来设计测试用例时，首先需要确定程序的所有独立路径数量，我们可以根据环复杂性的计算方法 $V(G)=E-N+2$ 计算所有独立路径数量，E 为控制流程图的边数，N 为控制流程图的节点数。根据二分查找的控制流程图，$V(G)=13-11+2=4$。由此，可以得到控制流程图的独立路径集合如下所示，根据表7.6中的测试用例1,2可以满足基本路径测试的要求。

(1) 路径1：1,2,3-4-13-12

(2) 路径2：1,2,3-4-5,6-11-12

(3) 路径3：1,2,3-4-5,6-7-8-10-4-13-12

(4) 路径4：1,2,3-4-5,6-7-9-10-4-13-12

表7.6　路径覆盖的测试用例示例

	输入数据	预期输出	覆盖路径
测试用例1	targetArray=[1,2,3,4,5,6,7], objectValue=3	2	路径2,3,4
测试用例2	targetArray=[0], objectValue=0	0	路径1

虽然路径覆盖技术覆盖了程序中的每一条执行路径，但是并不能覆盖条件语句的所有组合，因此在实际使用路径覆盖技术的时候也要结合其他技术一起使用，从而提高测试的覆盖率。

7.3.2 黑盒测试

相较于白盒测试，黑盒测试无法了解程序的内部结构，测试人员只知道程序与外界交互的接口，因而测试人员需要根据软件功能规约或用户手册中所列的功能以及与功能相关的性能设计测试用例，包括对正常和异常的输入(或操作)、出错处理、边界情况和极端情况等进行测试，通过比较测试用例的实际输出与预期输出来判断被测功能的正确性。例如，在测试Web应用的登录功能时，黑盒测试往往面对的是用户登录的界面，而不是登录功能的具体代码，因此需要设计测试用例的输入数据是用户的账号和密码，预期结果应该是能否完成登录。黑盒测试在软件测试中起着非常重要的作用，有助于系统的整体功能验证。因此，与白盒测试不同，黑盒测试经常被应用在软件测试的后期阶段，主要用于集成测试、确认测试和系统测试过程中。

由于无须了解软件的实现细节，所以编写测试用例的人员不必掌握编程语言知识，因而黑盒测试从软件生命周期的开始就可以进行。例如，需求工程师可以根据需求文档设计确认测试的测试用例，这有助于充分暴露软件功能与需求不一致的问题。

黑盒测试技术的技术难点在于不知道程序的实现细节，从而导致测试用例的输入数据空间非常大，因此黑盒测试技术主要的目标是通过一系列策略在尽可能保证测试用例覆盖率的情况下减少测试用例的数量，以此提升测试效率以及降低测试用例设计成本。下面将介绍3种常用的黑盒测试技术：等价类划分、边界值分析和错误推测法。

1. 等价类划分

等价类划分认为程序的输入数据可以根据输入条件被划分为有限数量的等价类，每个等价类中包含能够表现出相同功能或者行为的一定数量的输入数据。在等价类划分中，最重要的就是确定输入数据的范围，并根据这个范围划分出正确的等价类。在划分出等价类之后，选取每个等价类的一组数据即可代表整个等价类中的数据在测试程序中的行为，通过这种划分可以在实现输入数据覆盖待测功能的同时，大大减少测试用例的数量。

(1) 划分等价类

对于等价类划分，开发人员在实践中经常从有效和无效的角度对输入数据进行等价类划分。

① 有效等价类是指对于程序的规格说明而言，合理地、有意义地输入数据集合。可以利用它检验程序是否实现了规格说明预先规定的功能和性能。

② 无效等价类是指对于程序规格说明而言，不合理地、无意义地输入数据集合。主要利用这一类测试用例检查程序中功能和性能的实现是否不符合规格说明的要求。

在设计测试用例时，要同时考虑有效等价类和无效等价类的设计。软件不能仅接收合理的数据，还要经受意外的考验，接受无效的或不合理的数据，这样获得的软件才具有较高的可靠性。

(2) 一些划分等价类的策略和方法

① 当输入数据的输入条件为一个范围，可以定义该范围内的数据为一个有效等价类，范围外的输入定义为无效等价类，若输入范围有左右边界，则以最小值左侧的数据以及最大值右侧的数据作为两个无效等价类。例如，在程序的规格说明中，对输入条件限定为其数值为1到100，则有效等价类是“1≤输入数据≤100”，两个无效等价类是“输入数据＜1”或“输入数据＞100”。

② 当输入数据的输入条件为某个特定值，有效等价类中应该只包含该值，而除该值之外的数据可以定义为一个无效等价类，也可以把小于该值的数据以及大于该值的数据分别作为两个无效等价类。例如，在程序的功能规约中，规定“一名教师在一个学期至少教授1门课程”。则有效等价类是“教授课程＝1”，两个无效等价类是不教授课程和教授课程超过1门。

③ 如果输入条件规定了输入数据的一组可能取的值，而且程序可以对每个输入值分别进行处理，则可为每一个输入值确立一个有效等价类，而针对这组值确定一个无效等价类。例如，在高校本科生管理系统中，要对大一、大二、大三、大四的学生分别进行管理，则可确定4个有效等价类为大一、大二、大三、大四的学生，一个无效等价类是所有不符合以上身份的人员的输入值集合。

④ 当输入数据的输入条件为布尔值，有效等价类为输入条件对应的布尔值，无效等价类为输入条件布尔值取反。

⑤ 如果某个输入条件规定了必须符合的条件，则可划分一个有效等价类和一个无效等价类。例如，某系统中各数据项的关键字的首字符必须是K，则可划分一个有效等价类(首字符为K的输入值)，一个无效等价类(首字符不为K的输入值)。

⑥ 若在已划分的某一等价类中各元素在程序中的处理方式不同，则应将此等价类进一步划分为更小的等价类。

下面，将用一个具体例子说明如何使用等价类的划分来设计测试用例，例如，某一个8位计算机，其十六进制常数的定义为：以0x或0X开头的数是十六进制整数(大小写字母不加区别，第一位为符号位，0为负数，1为正数)，为了方便表示，这里将第一位设置为0，正数不加符号，负数添加"－"符号，因此其值的范围是－0x7f至0x7f，如0x13、0X6A、－0x3c，测试用例设计的主要过程为在确立了等价类之后，建立等价类表，列出所有划分出的等价类，如表7.7所示。

表 7.7　等价类表格式

输入条件	有效等价类	无效等价类
……	……	……

再根据等价类来设计测试用例，过程如下：

① 为每一个等价类规定一个唯一的编号。

② 设计一个新的测试用例，使其尽可能多地覆盖尚未被覆盖的有效等价类，重复这一步，直到所有的有效等价类都被覆盖为止。

③ 设计一个新的测试用例，使其仅覆盖一个尚未被覆盖的无效等价类，重复这一步，直到所有的无效等价类都被覆盖为止。

之所以这样做，是因为某些程序中对某一输入错误的检查往往会屏蔽对其他输入错误的检查。因此设计无效等价类的测试用例时应该仅包括一个未被覆盖的无效等价类。

第一步：建立等价类表，如表7.8所示。

表 7.8　等价类表

输入条件	有效等价类	无效等价类
十六进制整数	① 0x或0X开头1～2位数字串 ② 以－0x开头的1～2位数字串 ③ 在－0x7f至0x7f之间	① 非0x或非－开头的数字串； ② 含有非数字且(a,b,c,d,e,f)； ③ 多于5个字符 ④ －后跟非0的多位串； ⑤ －0后跟数字串； ⑥ －后多于3个数字 ⑦ 小于－0x7f; ⑧ 大于0x7f

第二步：为有效等价类设计测试用例，如表7.9所示。

表 7.9　有效等价类的测试用例

测试用例	期望结果	覆盖范围
0x23	显示有效输入	1,3
－0x15	显示有效输入	2,3

第三步：为无效等价类至少设计一个测试用例，如表7.10所示。

表 7.10 无效等价类的测试用例

测试用例	期望结果	覆盖范围
2	显示无效输入	4
G12	显示无效输入	5
123311	显示无效输入	6
－1012	显示无效输入	7
－011	显示无效输入	8
－0134	显示无效输入	9
－0x777	显示无效输入	10
0x87	显示无效输入	11

其中，第一步所建立的等价类表，相当于被测对象的模型。第二步和第三步设计的测试用例覆盖了等价类表中 11 个等价类。

等价类划分生成的测试用例可以用最少的测试用例来检测尽可能多的缺陷，但是其能够使用的前提是所有等价类内部所有数据的行为相同。因此，仅靠等价类划分生成测试用例是不够的，还需要同时使用边界值分析。

2. 边界值分析

边界值分析是一种常用的黑盒测试技术。测试工作经验表明，大量错误经常发生在输入或输出范围的边界上。因此，使用等于、小于或大于边界值的数据对程序进行测试，发现错误的概率较大。因此，在设计测试用例时，应选择一些边界值，这就是边界值分析测试技术的基本思想。边界条件可以看作一种特殊情况，因此，在开发程序的时候尤其需要注意。例如，int16 定义的整数变量 a，其范围应该在[－32768，32767]之间，如果在某个判断语句中为保证 a 值不越界而使用 a，使其绝对值小于 32767，即 math.abs(a)＜32767，那么－32768 是不在这个范围的。由此可见，在构建程序的时候需要仔细考虑边界值，而边界值分析正是将这些容易出错的数据作为程序输入来检测程序中可能存在的问题。

(1) 设计边界值分析测试用例的策略

① 如果某个输入条件规定了输入值的范围，则应选择正好等于边界值的数据，以及刚刚超过边界值的数据作为测试数据。例如，若输入值的范围是－1.0～1.0，则可选取“－1.0”“1.0”“－1.001”“1.001”作为程序的测试数据。

② 如果某个输入条件规定了值的个数，则可用最大个数、最小个数、比最大个数多 1、比最小个数少 1 的数作为测试数据。例如，一个输入文件可有 1～255 个记录，则可以选择 1 个、255 个记录以及 0 个和 256 个记录作为测试的输入数据。

③ 根据规格说明的每个输出条件，使用前面的原则①。例如，某程序的功能是计算折旧费，最低折旧费是 0 元，最高折旧费是 100 元。则可设计一些测试用例，使它们恰好产生 0 元和 100 元的折旧费结果。此外，还需要设计测试用例，使输出结果为负值或大于 100 元。

这里要注意的是，由于输入值的边界不一定与输出值的边界相对应，所以直接应用输入边界值不一定能直接得到输出边界值，而且不一定能够产生超出输出值之外的结果。但分析上述情况将有利于程序的测试工作。

④ 根据规格说明的每个输出条件，使用前面的原则②。例如，一个网上检索系统，根据输入条件，要求显示最多 10 条的相关查询结果。可设计一些测试用例，使得程序分别

显示 0 个、1 个和 10 个查询结果，并设计一个有可能使程序显示 11 个查询结果的测试用例。

⑤ 如果在程序的规格说明中，输入域或输出域是有序集合(顺序文件)，在实践中，则经常选取集合的第一个元素、最后一个元素以及典型元素作为测试用例。

⑥ 如果程序中使用了内部数据结构，则应当选择这个内部数据结构的边界上的值作为测试用例。例如，如果程序中定义了一个数组，则其元素下标的下界是 0，上界是 100，那么应选择达到这个数组下标边界的值，即 0 与 100，作为测试数据。

⑦ 分析规格说明，找出其他可能的边界条件。

通过以上原则的说明可以看出，边界值分析与等价类划分技术的区别在于：边界值分析着重于边界的测试，应选取等于、刚刚大于或刚刚小于边界的值作为测试数据，而等价类划分选取等价类中的典型值或任意值作为测试数据。

实际上，边界值分析是建立在等价类划分的基础上，但是边界值分析存在一定的限制。首先，一般用等价类的输入数据为连续范围的变量，无法分析布尔以及逻辑变量；其次，可能存在边界左右无法估计的情况；最后，对于强类型语言可能不是非常有效。我们同样使用 8 位计算机的例子来说明边界值分析，其输入的范围为－0x7f 至 0x7f，那么根据边界值分析测试用例的策略，测试用例如表 7.11 所示。

表 7.11 边界值分析的测试用例示例

测试用例	期望结果
－0x7f	显示有效输入
0x7f	显示有效输入
0x100	显示无效输入
－0x100	显示无效输入

3. 错误推测法

错误推测法是一种依赖于测试人员经验的黑盒测试技术，测试人员根据自己经验和直觉推测系统中可能存在的缺陷，并针对性地编写一系列测试用例来检查这些缺陷是否存在。错误推测法的优点是随着在软件迭代开发过程中，测试人员对于软件的了解逐渐加深，测试人员通过错误推测法编写的测试用例，可以更加快速准确地发现程序中存在的缺陷。然而，由于在使用这项技术的时候，没有固定的实施步骤，因而无法保证测试覆盖率，并难以复制。

我们同样使用 8 位计算机的例子来说明错误推断法。直觉与经验告诉我们，边界值左右的输入往往会引发这个计算机可能存在的错误，因此可以编写如表 7.12 所示的一组测试用例来检测当输入－0x7f 与 0x7f 边界值左右的值时，程序是否存在问题。

表 7.12 错误推测法的测试用例示例 1

测试用例	期望结果
－0x7f	显示有效输入
0x7f	显示有效输入
－0x777	显示无效输入
0x87	显示无效输入

实际上，我们能感觉到，错误推测法是在为被测程序编写一些经验上容易出错的测试用例输入，来检查被测程序是否存在缺陷，边界值实际上就是一种容易出错的输入。对于这个例子，另一种容易出错的输入可能是无效值，因而我们可以编写如表7.13所示的测试用例检查这个计算机对无效值的处理是否正确。

表7.13 错误推测法的测试用例示例2

测试用例	期望结果
G12	显示无效输入
123311	显示无效输入

这里要说明，表7.11和表7.12中编写的6个测试用例并不是唯一的，错误推测法高度依赖测试人员的个人经验，因而由于经验的不同，使用错误推测法而编写的测试用例就不同。在实际工作中，测试用例的设计需要更全面、覆盖更多的边界条件和可能的输入组合。因此，这项技术往往作为其他技术的辅助手段，在其他测试技术基础上，可以使用错误推测法补充一些测试用例，以提高测试的全面性和可靠性。

7.3.3 其他测试技术

白盒和黑盒测试主要是对软件的功能进行测试，然而一个成熟的软件还需要通过功能测试之外的测试。常见的非功能性软件测试有：

1. 压力测试

压力测试是指测试软件系统短时间内超过系统预期负载时系统的运行情况。例如，电商系统在“双十一”期间需要同时处理海量的订单创建以及商品支付功能。在进行压力测试的时候，往往需要模拟超过系统预期负载的场景或者流量。

2. 安全测试

当前软件的安全性逐渐受到关注，通过软件泄露个人信息的事件频发，对软件进行安全测试是非常必要的。当前进行安全性测试的方法主要是通过软件的攻防技术，即模拟可能存在的软件攻击，以此发现软件的漏洞，进而修补漏洞，从而保证软件的安全。

3. 灾难恢复测试

灾难恢复测试主要测试系统遭遇不可抗力系统崩溃后，系统恢复的能力。灾难恢复测试不会直接在业务数据上进行，而是建立快照，模拟灾难场景，进行灾难恢复，从而完成灾难测试。其首先需要确定测试的目标和范围，即涉及哪些业务和人，准备相应的数据，确定具体的测试方案，模拟不同类型的灾难情景，相关人员进行灾难恢复，最后评估分析结果。灾难恢复测试是一个持续改进的过程，定期重复测试以确保组织的灾难恢复能力保持有效性。

4. 兼容性测试

兼容性测试主要验证软件与其所处环境的兼容情况，软件使用者的个人环境往往不完全一样，因此开发人员需要通过兼容性测试，测试硬件兼容性、浏览器兼容性、操作系统兼容性等方面的兼容性问题，开发人员应该将软件的最低兼容要求告知使用者。例如，安卓开发人员往往需要测试开发的应用与不同安卓版本之间的兼容性问题。

7.3.4 软件测试用例的设计

软件测试用例的设计是软件测试的关键,测试用例的好坏直接决定了软件测试的效果,即能否快速高效地发现软件系统中存在的缺陷。软件测试用例的设计贯穿于软件开发的各个阶段,例如,根据需求模型和文档,即可设计用于系统整体功能测试的测试用例,这种测试用例设计的技术往往属于黑盒测试技术。在软件测试阶段,根据程序内部的逻辑和结构设计的测试用例的方法属于白盒测试技术。测试用例的主要设计方法为白盒测试技术与黑盒测试技术,这两种技术已经在上文进行了介绍,因此本小节将结合代码示例3中的奇偶数字统计函数介绍测试用例的组成元素、设计步骤以及使用。

【代码示例3 奇偶数字统计示例】

```
public class EVEN_ODD_COUNT {
    public static int[] even_odd_count(int num) {
        int even_count= 0;
        int odd_count= 0;

        for (char c : (Math.abs(num) + "").toCharArray()) {
            int n= c- '0';
            if (n % 2= = 0) even_count + = 1;
            if (n % 2= = 1) odd_count + = 1;
        }
        return new int[] {even_count, odd_count};
    }
}
```

1. 测试用例的组成

测试用例最主要的两个元素为输入数据以及预期结果:

① 输入数据:输入数据表示待测试程序需要处理的数据,输入数据并不是随意的,可以使用白盒测试技术和黑盒测试技术确定输入数据;待测程序接受输入数据后并运行,将产生输出数据。将此输出数据与预期输出结果比较,即可检测程序是否存在缺陷。

② 预期输出:根据程序的功能以及测试用例的输入数据,得到预期的输出结果。例如,代码示例3中的函数 even_odd_count(-12)预期返回的数组应该为{1,1},代码示例3中的函数 even_odd_count(123)预期返回的数组应该为{1,2}。

除此之外,测试用例设计完成后还要对其进行恰当的描述,其中最重要的是前置条件和测试步骤。

① 前置条件:某些测试用例的执行往往需要一些前置条件,例如在测试二分查找程序的时候,目标数组应该是已经排好序的,而不能是一个随机的数组,因此在设计测试用例的时候,不能仅考虑如何确定输入数据,也要考虑输入数据的上下文是否需要一定的前置条件。例如,对于代码示例3中,前置条件应该为输入为整数。

② 测试步骤：待测试程序从运行测试用例直至完成的整个过程，可能需要经过一系列的步骤，测试人员需要提前确定每个步骤，以保证待测程序的运行逻辑能够被完整测试。例如，在测试某个软件的登录功能时，需要首先进入登录界面，然后输入用例中准备好的账号和密码，最后点击登录按钮，以完成对登录功能的测试。

实际上，除了这些元素，测试用例还包括一些其他描述信息，例如测试用例编号、测试用例名称、测试背景、优先级、重要性、编写人以及执行人等。

2. 测试用例的设计步骤

测试需求分析：从需求规格说明书中分析出被测试对象的功能和性能，明确测试目标和范围，确定测试用例的数量和类型。对于代码示例3中的函数，被测对象的功能是计算输入的整数奇数和偶数分别有几位。因此对于在编写测试用例时，测试用例的输入应该为整数。

测试用例设计方法选择：根据不同的测试目标和范围，选择合适的测试用例设计方法，如等价类划分、边界值分析、错误推断法等。对于代码示例3中的输入，通过等价类可以将输入划分为正数、0、负数三类。

测试用例编写：根据选择的测试用例设计方法，编写具体的测试用例，包括测试编号、测试目标、前置条件、测试步骤、测试数据、预期结果、实际结果、测试结果和备注等。

测试用例检查和评审：对编写好的测试用例进行自我检查和同伴评审，发现并修改不合理或不完善的地方，提高测试用例的质量和覆盖率。

测试用例更新和完善：根据需求变更或测试执行过程中发现的问题，及时更新和完善测试用例，保持测试用例的有效性和一致性。代码示例4就是对于代码示例3的一个测试用例，在这个测试用例中被测目标函数的输入值为－78，预期的输出为数组{1,1}。代码示例5和代码示例6为另外两个等价类的测试用例，针对正数等价类，代码示例5中的测试用例2的输入为346211，预期输出为{3,3}；针对0等价类，代码示例6中的测试用例3的输入为0，预期输出为{1,0}。

【代码示例4　测试用例1】

```
public void test_1() throws java.lang.Exception {
        int[] result = EVEN_ODD_COUNT.even_odd_count(- 78);
        org.junit.Assert.assertArrayEquals(
            result, new int[] {1, 1}
        );
    }
```

【代码示例5　测试用例2】

```
public void test_2() throws java.lang.Exception {
        int[] result = EVEN_ODD_COUNT.even_odd_count(346211);
        org.junit.Assert.assertArrayEquals(
            result, new int[] {3, 3}
        );
    }
```

【代码示例 6 测试用例 3】

```
public void test_3() throws java.lang.Exception {
        int[] result = EVEN_ODD_COUNT.even_odd_count(0);
        org.junit.Assert.assertArrayEquals(
            result, new int[] {1, 0}
        );
    }
```

3. 测试用例的使用

测试用例编写完成后，需要与待测试程序一起运行，从而检测程序中是否存在缺陷。Java 程序常用的单元测试框架为 JUnit，开发人员可以简单地编写测试代码并运行，JUnit 就会给出成功的测试和失败的测试，上一小节中的代码示例 4,5,6 就是基于 JUnit 编写的测试用例。

然而在某些情况下，待测试程序的运行可能还依赖其他程序的执行结果，因此在执行测试用例的过程中，应该为待测试程序构建适当的环境，以便顺利地执行测试用例，如果所依赖的程序还没构建完成，则需要测试人员为其编写桩模块，从而模拟此程序的功能，并保障待测程序正常运行。假设我们有一个购物车模块，而购物车中的物品需要计算总价。我们希望在测试购物车时不涉及实际的价格计算，而是使用一个价格计算的桩模块。代码示例 7 就是一个价格计算的桩模块，真实计算价格的程序逻辑应该为 quantity* pricePerItem，可以看到在桩模块中直接将返回值设置为 10.0，这样确保测试的焦点是购物车模块的其他功能而不是价格计算的逻辑。

【代码示例 7 价格计算桩模块】

```
public class StubPriceCalculator {
    public double calculateTotalPrice(int quantity, double pricePerItem) {
        //桩模块的简化实现，直接返回一个固定值
        //真实的计算逻辑为：return quantity* pricePerItem;
        return 10.0; //假设总价始终为 10.0
    }
}
```

由此在设计购物车模块测试用例的时候，我们不用担心测试中的价格计算会引入额外的复杂性或风险，如代码示例 8 所示 ShoppingCart 类的 calculateTotalPrice 方法使用了价格计算的桩模块，而不会涉及实际的价格计算逻辑，这有助于保持测试的简洁性和可维护性。

【代码示例 8　购物车模块测试用例】

```
public class ShoppingCartTest {

    @ Before
    public void setUp() {
        //在测试之前设置价格计算的桩模块
        stubPriceCalculator = new StubPriceCalculator();
    }

    @ Test
    public void testCalculateTotalPrice() {
        ShoppingCart cart = new ShoppingCart(stubPriceCalculator);
        cart.addItem("Product A", 3, 5.0);
        double totalPrice = cart.calculateTotalPrice();
        //断言购物车计算的总价是否符合预期
        assertEquals(10.0, totalPrice); // 预期总价为 10.0
    }
}
```

7.4　软件测试步骤

由于软件错误的复杂性，在软件工程测试中我们应综合运用测试技术，并且应实施合理的测试序列：单元测试、集成测试、有效性测试和系统测试。单元测试关注每个独立的模块；集成测试关注模块的组装；根据软件有效性的一般定义（软件实现了用户期望的功能），有效性测试关注检验是否符合用户所见的文档，包括软件需求规格说明书，软件设计规格说明书以及用户手册等；系统测试关注检验系统所有元素（包括硬件、信息等）之间协作是否合适，整个系统的性能、功能是否达到。其中，系统测试已超出软件测试，属于计算机系统工程范畴。

下面简单介绍与软件系统有关的单元测试、集成测试、有效性测试及系统测试。

7.4.1　单元测试

1. 测试重点

单元测试主要检验软件设计的最小单元——模块。该测试以详细设计文档为指导，测试模块内的重要控制路径。一般来说，单元测试往往采用白盒测试技术。

在单元测试期间，通常考虑模块的 4 个特征（包括模块接口、局部数据结构、重要的执行路径、错误的执行路径），以及与 4 个特征相关的边界条件。

首先，单元测试测试穿过模块接口的数据流，为此应当测试：输入实际参数的数目是否等于形式参数的数目、实际参数的属性与形式参数的属性是否匹配、实际参数的单位与形式参数的单位是否一致、传送给被调用模块的形式参数的数目是否等于实际参数的数目、传送给被调用模块的形式参数的属性是否与实际参数的属性匹配、传送给被调用模块的形式参数的单位是否与实际参数的单位一致、对实际参数的任何访问是否与当前的入口无关、跨模块的全程变量定义是否相容等。如果该模块是实现外部 I/O 的模块,还必须测试:文件属性是否正确、I/O 语句与格式说明是否匹配、记录长度与缓冲区大小是否匹配、是否处理了文件结束条件、是否处理了 I/O 错误等。

其次,进行数据结构的测试。为此,要设计相应的测试用例,以发现下列类型的错误:不正确的或不相容的说明、置初值的错误或错误的缺省值、错误的变量名、不相容的数据类型、下溢与上溢错误等。除了局部数据结构外,还应确定全程数据对模块的影响。

再次,还要进行执行路径的选择测试。为此,要设计相应的测试用例,以发现由于不正确的计算、错误的判定或错误的控制流而引发的错误。常见的错误有:算术运算优先级错误、置初值错误、表达式符号表示错误、计算精度错误、不同的数据类型进行比较、循环终止错误(包括循环出口错误)、不正确地修改循环变量等。

最后,进行边界测试。这往往也是最重要的工作,因为软件常常在边界上出现错误。

在单元测试中,由于模块不是一个独立的程序,必须为每个模块单元测试开发驱动模块和(或)桩模块。驱动模块模拟"主程序",接受测试用例的数据,将这些数据传送给要测试的模块,并打印有关的结果。桩模块代替被测模块的下属模块,打印入口检查信息,并将控制返回到它的上级模块。

驱动模块和桩模块作为单元测试的测试设备,需要花费一定的开销进行编制。

当被测模块的设计是高内聚的或是一个功能性模块时,单元测试就比较简单,因为容易预计结果,因此只要设计一定量的测试用例,便会发现其中的错误。

2. 代码审查

人工测试源程序可以由程序的编写者本身非正式地进行,也可以由审查小组正式进行。后者称为代码审查,对于典型的程序来说,可以查出 30%～70% 的逻辑设计错误和编码错误。

(1) 审查小组的构成(最好由下述 4 人组成)

审查小组包括组长(应该是一个很有能力的程序员,且没有直接参与这项工程)、程序的设计者、程序的编写者、程序的测试者。

(2) 审查的步骤

① 在审查之前,小组成员应先研究设计说明书,力求理解这个设计。

② 在审查会上,由程序的编写者解释他是如何用代码实现这个设计的,通常是逐个语句地讲述程序的逻辑,小组成员倾听并力图发现错误。

③ 在审查会上,对照上面五类错误,分析审查这个程序,发现的错误由组长记录下来。

④ 在审查会上,还可以由一人扮演"测试者"(他需要在会前做好测试方案),其他人扮演"计算机",这样由扮演计算机的成员模拟计算机执行被测程序。

7.4.2 集成测试

每个模块完成了单元测试,把它们组装在一起并不一定能够正确地工作,其原因是模块的组装存在一个接口问题。具体表现在:① 数据通过接口时可能予以丢失;② 一个模块可能对另一个模块产生"副作用";③ 子模块的组合可能无法实现所要求的基本功能;④ 模块与模块之间的误差积累可能产生不可接受的程度;等等。

集成测试是软件组装的一个系统化技术，其目标是发现与接口有关的错误，将经过单元测试的模块构成一个满足设计要求的软件结构。

集成测试可“自顶向下”地进行，称为自顶向下的集成测试；也可以“自底向上”地进行，称为自底向上的集成测试。

自顶向下的集成测试是一种递增组装软件的方法。从主控模块（主程序）开始，沿控制层次向下，或先深度或先宽度地将模块逐一组合起来，形成与设计相符的软件结构。

对于先深度的集成测试，依据应用的专业特性，选取结构的一条主线（路径），将相关的所有模块组合起来，如图7.5所示。

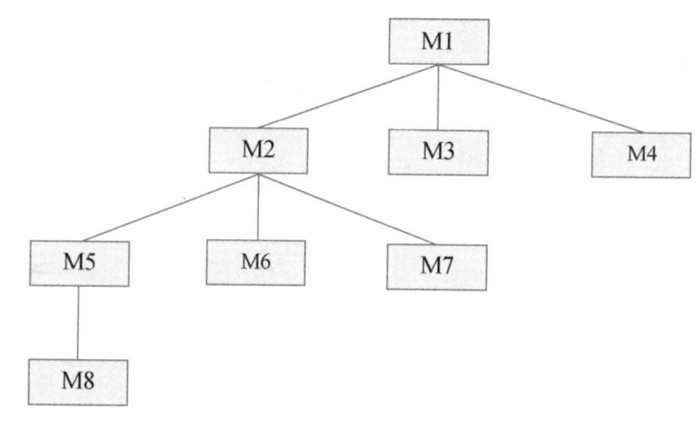

图7.5 自顶向下的集成测试

可以选择左边的路径作为主线，首先组合模块M1，M2，M5和M8，然后组合M6（如果M2的某个功能需要M6），继之再构造中间和右边的控制路径。

对于先宽度的集成测试，逐层组合直接的下属模块。例如，首先组合模块M2，M3和M4，继之组合M5，M6和M7……

一般来说，集成测试是以主控模块作为测试驱动模块，设计桩模块替代其直接的下属模块，依据所选取的测试方式（先深度或先宽度），在组合模块时进行测试。每当组合一个模块时，要进行回归测试，即对以前的组合进行测试，以保证不引入新的错误。

自底向上的集成测试从软件结构最低的一层开始，逐层向上地组合模块并测试。由于可以使用在给定层次上所需要的下属模块的处理功能，因此无须设计桩模块。

一般来说，自底向上的集成测试首先将低层模块分类为实现某种特定功能的模块组；继之，书写一个驱动模块，用以协调测试用例的输入和输出，测试每一模块组；沿着软件结构向上，逐一去掉驱动模块，将模块组合起来。这一过程如图7.6所示。

其中，有3个模块组，为每一模块组设计一个驱动模块（虚线框），并进行测试；去掉驱动模块Dl和D2，将这两个模块组直接与模块Ma接口。类似地，去掉D3，将另一模块组直接与模块Mb接口。

自顶向下和自底向上的集成测试各有其优缺点。自顶向下的主要缺点是需要设计桩模块以及随之而带来的困难。自底向上的主要缺点是“只有在加上最后一个模块时，程序才作为一个实体而存在”。在实际的集成测试中，应根据被测软件的特性以及工程进度，选取集成测试方法。一般来说，综合地运用这两种方法，即在软件的较高层使用自顶向下的方法，而在低层使用自底向上的方法，可能是一种最好的选择方案。

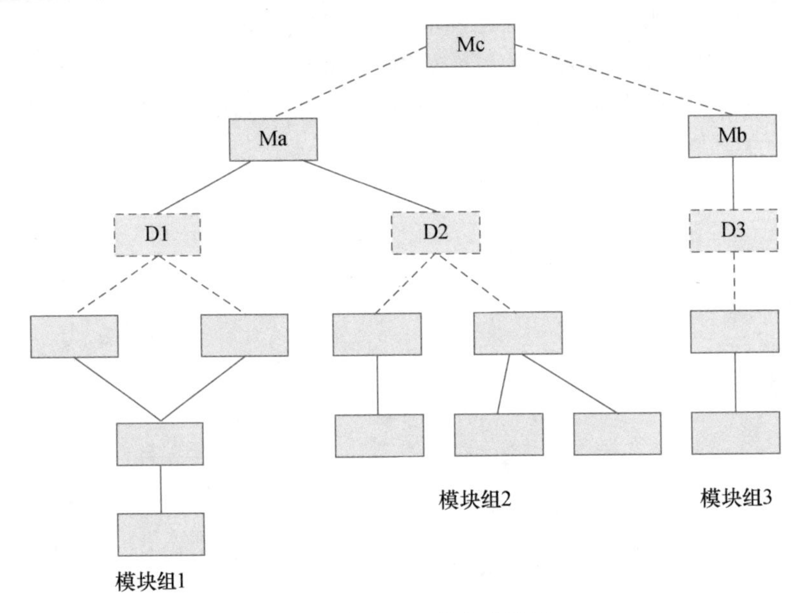

图 7.6　自底向上的集成测试

7.4.3　确认测试

确认测试，又名有效性测试，其目标是发现软件实现的功能与需求规格说明书不一致的错误。

1. 确认测试的范围

确认测试对应系统需求，以确保软件符合所有功能、行为、性能的需求测试。因此，确认测试通常采用黑盒测试技术。为了实现确认测试，制定的测试计划应根据采用的测试技术，给出要进行的一组测试，并给出测试用例和预期结果的设计。

确认测试必须有用户积极参与，或者以用户为主进行。

用户应参与设计测试方案，使用用户界面输入测试数据并分析评价测试的输出结果。

2. 软件配置检查

通常，在测试执行之前，应进行配置复审，其目的是保证软件配置的所有元素已被正确地开发并编排目录，具有必要的细节以支持软件生存周期中的维护阶段，如图 7.7 所示。

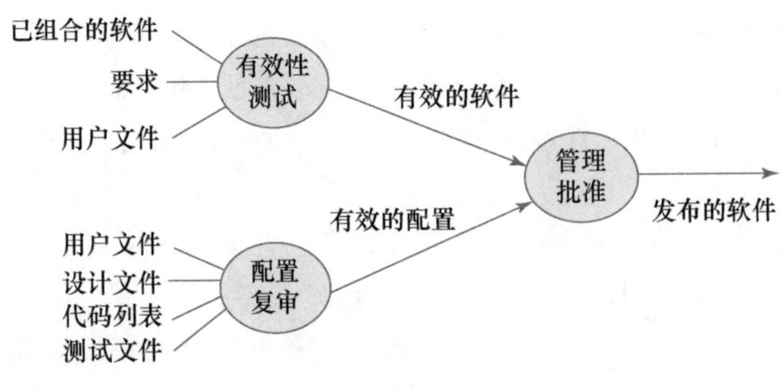

图 7.7　配置复审

保证软件配置的所有成分都齐全，质量符合要求，文档与程序完全一致。在确认测试过程中，还应该严格遵循用户指南及其他操作程序，以便检查这些使用手册的完整性和正确性。

3. Alpha 和 Beta 测试

如果软件专为某个客户开发，可以进行一系列确认测试，以便用户确认所有需求都得到满足。

如果一个软件是为许多客户开发的，让每个客户进行确认测试是不现实的。这时，软件开发商使用 Alpha 和 Beta 测试，来发现那些看起来只有最终用户才能发现的错误。

Alpha 测试：产品发布前开发单位的内部综合测试。

Beta 测试：产品正式投入市场前，由有关用户试用测试。

在测试计划完成之前，有效性测试发现的偏差或错误一般不予纠正，通常需要和开发人员一起协商，建立解决这些缺陷的方法。

7.4.4　系统测试

集中检验系统中的所有元素（包括硬件、信息等）之间协作是否合适，整个系统的性能、功能是否达到。

系统测试实际上是一系列不同的测试，以下是用于系统测试的几种典型软件系统测试。

1. 恢复测试

恢复测试是一种系统测试，它指采取各种人工干预方式强制性地使软件出错，使其不能正常工作，进而检验系统的恢复能力。

如果恢复是自动的，则重新初始化、检测点设置、数据恢复以及重新启动等都是对其正确性的评价；如果恢复需要人员的干预，则要估算出修复的平均时间，以及确定它是否能在可接受的限制范围内。

2. 安全性测试

安全性测试就是试图去验证建立在系统内的预防机制，以防止来自非正常的侵入。充当任何角色，测试者可以通过外部书写的方式得到口令；可以用用户设计的软件去破坏已构造好的任何防御的袭击系统；可以破坏系统，使系统不能为他人服务；可以跳过侵入的恢复过程，而故意使系统出错；也可以跳过找出系统的入口钥匙，而放过看到的不安全数据等。

3. 强度测试

强度测试是在非正常数量、频率或容量资源方式下运行一个系统，目的是检查在系统运行环境不正常乃至发生故障的情况下，系统可以运行到何种程度的测试。确定本系统正常工作的最差工作环境，也可能是用于验证在标准工作压力下的各种资源的最下限指标。

4. 性能测试

性能测试就是测试软件在被组装进系统的环境下运行时的性能。性能测试应覆盖测试过程的每一步，即使在单元层，单个模块的性能也可以通过白盒测试来评价；性能测试有时与强度测试联系在一起，常常需要硬件和软件的测试设备。

5. 可用性测试

可用性测试是从使用的合理性、方便性等角度对软件系统进行检验，以发现人为因素或使用上的问题。

6. 部署测试(配置测试)

软件必须在多种平台及操作系统环境中运行。有时将部署测试称为配置测试,是在软件运行的每一种环境中测试软件。另外,部署测试检查客户将要使用的所有安装程序及专业安装软件,并检查用于向最终用户介绍软件的所有文档。

综上所述,软件测试的目标是揭示错误,为实现这一目标,要实施一系列的测试,包括单元测试、集成测试、确认测试和系统测试。每种测试将涉及一系列系统化的测试技术,以支持测试用例设计和测试执行。目前,在软件开发中,通常采用的还是人工测试技术,辅以一定自动化工具的支持。但是随着测试理论和技术的研究,尤其是形式化测量技术的研究,必将会更有效地支持软件测试工作。

7.5 测试驱动的开发

测试驱动的开发(Test Driven Development,TDD)是一种将测试和代码的开发交织在一起的软件开发方法。与传统的软件开发实践不同,在测试驱动的开发中,开发人员先编写测试用例,然后编写功能代码满足测试用例;循环此过程以添加新功能,直到完成全部功能的开发。测试驱动的开发最早作为极限编程等敏捷开发方法的一部分,如今被普遍认同后也可用于基于计划的开发过程。“代码简洁可用”是测试驱动开发追求的目标,这种开发模式可以帮助开发人员正确理解代码、促进开发团队的合作、避免程序出错导致项目延期。

7.5.1 测试驱动开发的概念、目标和原则

测试驱动的开发不是一种测试技术。它是一种分析技术、设计技术,更是一种组织所有开发活动的技术。

分析技术,体现在TDD对问题域的分析,将问题分解成一个个可操作的任务。

设计技术,体现在用测试驱动代码的设计和功能的实现,然后驱动代码的再设计和重构,在持续细微的反馈中改善代码。

组织所有开发活动的技术,体现在TDD很好地组织了测试、开发和重构三项活动,并促进实施需求分析、任务拆分和规划活动等TDD前置活动,这使得TDD具有非常好的可扩展性。

“代码简洁可用”是测试驱动开发的目标。代码简洁是指通过重构消除重复设计、优化设计结构,使得代码更加易于阅读、维护和扩展;可用是指保证代码通过自动化测试。为了达成此目标,TDD将开发过程分成三个步骤地循环迭代(7.5.2节详述),先达到“可用”,再追求“简洁”的目标。

测试驱动的开发是围绕着下面四个原则展开的。

① 测试先行:需求推演出测试,也规划出软件边界。因此,测试需要首先明确需求,再用测试用例等方法精确描述这些需求。

② 小步迭代:TDD追求小步快速地迭代,而非在大量设计后缓慢地走出一大步。每次迭代,开发人员只针对一个小的功能需求,编写全部测试用例以及相应的编码实现,并让所编写的代码通过测试,如此积累直到完成开发。

③ 重构：小步迭代能保证代码可用，而重构用于保证代码的简洁和高质量。在一般的软件开发中，重构通常是在代码实现后进行的；而TDD中的重构被视为是迭代开发过程的一部分，而不是一个单独的步骤。它让开发人员在整个开发阶段都能够不停地去思考、实践再思考，直到无法再添加或删除一行代码，做到高质量的开发。

④ 持续集成：TDD要保证每一次迭代都是可用且有价值的、都可以为后续开发提供支撑。

7.5.2 测试驱动开发的流程规则

测试驱动开发的流程可以归纳为三个步骤的循环：不可运行/可运行/重构，它既是测试驱动开发的口号，也是其核心[5]。

1. 不可运行：创建并运行小的测试

测试先行是测试驱动开发对开发人员的要求。开发人员首先识别一个较小的功能增量，并考虑建立对该功能的测试，而非直接着手于功能的实现。这样的测试要保证功能完备，保持与其他测试相互隔离，同时要小到足以快速实现。如果该功能增量的测试通过了，说明代码已经实现了新功能，则可以着手于重复此步骤，创建新的测试用例；如果测试编写有误，需要调整测试用例。但通常，新编写的测试是会失败的。这时应该进入下一步，做出修改以实现此功能。

2. 可运行：做最小量的修改，使得代码通过测试

如果能尽快使测试运行起来，那么就可以降低来自系统的反馈周期，持续保持小步快跑的节奏，提高整体的开发效率。因此，尽快使测试可运行是此步骤的中心任务。如果存在明显简洁而简单的解决方案，则直接引入它；如果短时间内无法找到这样的方案，也可以使用一些不优雅、不合理，甚至是ad-hoc的方法。除非有合理的动机，否则不要引入多余的设计；如果实现的方法引入了新的问题，就将它们加入到待做清单中，在稍后的迭代中再考虑它们。

以下3种方法，可以让测试利落地运行起来：

第一种方法：如果知道如何实现所需功能，则可以直接编写实现代码。

第二种方法：如果不清楚如何实现所需的功能，则可以先返回一个常量或变量以通过测试，然后再做调整直到编程实现所需的功能代码。

第三种方法：当明确功能的输入和输出却不知道如何实现时，可以先用简单的可运行的例子作为参考的信息源，然后推出测试的实现，即可以多构造几组测试用例，并逐渐推断出满足所有测试用例的实现。

在传统的软件开发中，遵循良好的工程法则是第一要义。尽管设计驱动的开发暗示我们可以在此步骤偏离正派的软件设计之路，但这只是暂时的。

3. 重构：消除重复设计，优化设计结构

经过第二步系统已经能运行了，于是着手编写合格的代码。在此阶段，开发人员需要重构刚刚编写的代码，消除先前引入的重复设计，以去除不必要的依赖关系；并优化设计结构，逐渐使代码普适化。若完全重构后仍然可以运行通过所有测试用例，此步骤完成，回到第一步，为新的需求编写测试用例。

不同步骤的目的不同。前两个步骤需要快速完成，以达到一个包含新功能的“可用”的目标；第三步则是为了提高代码的质量，达到“代码简洁”的目标。因此，测试驱动的开发过程需要设计，在适当的时候进行测试、开发或重构，使得开发过程在可用和质量之间达成平衡。

这一步对开发人员的需求分析能力、代码质量意识、程序设计能力、重构方法等有较高要求，是测试驱动开发中至关重要的一步。可以说前两步的意义，就在于为这一步做好准备。

7.5.3 测试驱动开发的优势

基于上述讨论的原则和流程，测试驱动的开发可以带来以下好处。

1. 保证功能符合实际需求

用户需求是软件开发的源头，但在实际的软件开发过程中，往往会在主观判断下，开发出一个完全没有实际应用场景的功能。如果是测试驱动开发，即先根据用户的实际需求编写测试用例，再根据测试用例来完成功能代码，就不会有这种浪费时间精力的情况发生。

2. 更加灵活的迭代方式

传统的需求文档，往往会从比较高的层次去描述功能，这让开发人员无从下手。但是，在 TDD 的流程里，需求是以具体且充足的测试用例描述的。拿到这样的需求后，开发人员可以先开发一个很明确的、针对用户某一个小需求的功能代码，再不断通过测试、修改、重构使开发的代码符合预期；而不是等所有功能开发完成后，将一个笨重的产品交给测试人员进行长周期的测试。另外，如果用户需求有变化，我们能够很快地定位到要修改的功能，从而实现快速修改。

3. 保证系统的可扩展性

为了满足测试先行的灵活迭代方式，开发人员需要设计松耦合的系统，以保证其可扩展性和易修改性。这就要求，开发人员在设计系统时，要考虑它的整体架构，搭建系统的骨架，提供规范的接口定义而非具体的功能类。这样，当用户需求有变化时，或者有新增测试用例时，能够通过设计的接口快速实现新功能，满足新的测试场景。

4. 更好的质量保证

TDD 要求测试先于开发，也就是说，在每次新增功能时，都需要先用测试用例去验证功能是否运行正常，并运行所有的测试来保证整个系统的质量。在这样的回归测试中，开发人员会不断调试功能模块、优化设计、重构代码，暴露出许多问题并改正，使其能够满足所有测试场景。同时，由于每个代码片段都对应至少一个相关的测试，所以开发人员有把握相信系统中的所有代码都被测试过了，测试具有极高的代码覆盖率。可以说，TDD 让开发人员拥有一套值得信赖的测试，打消他们对修改代码的恐惧。

5. 测试用例即文档

测试用例明确地给出函数的预期输入输出，反映出函数的功能。不像文档经常会和代码不同步，软件的迭代包含了测试步骤，测试用例总是和源码相互对应。因此，对于一个开发团队的新成员，单元测试就是最好的底层文档。

7.5.4 其他注意事项

测试驱动的开发有许多优势，提供了一定的好处，但使用时仍有些需要注意的事项：

① 测试驱动的开发不一定适合所有场景：测试驱动是极限编程中的核心概念，它适用于可迭代的、可快速测试的、不存在交互边界的场景。不符合这些要求的开发场景，如复杂

算法、模拟程序、硬件系统等的开发，以及无法搭建自动化测试环境的场景，就很难从测试驱动的开发中获得好处。

② 测试驱动开发不能代替需求分析设计：测试先行不是说不需要思考直接写测试代码。在开始写代码之前，仍需要进行需求分析，将需求分解为任务列表。然后，再从列表中挑选一个任务，转换成一组测试用例，进入不可运行/可运行/重构的循环中。

③ 测试驱动的开发无法代替所有测试：测试是测试驱动开发中自然而然的副产品，需要经常地执行。但它不能代替所有软件测试，如性能测试、压力测试、可用性测试、系统测试等。

7.6　面向对象软件的测试技术

对于面向对象软件而言，软件测试的目的仍然是要找出软件系统中的潜在缺陷。类是面向对象测试的测试单元，然而，一个类中包含了多个操作，而一项特定的操作又可能由多个类协作完成；此外，面向对象的程序引入了类、继承、消息传递等机制。上述这些特性为测试造成诸多困难。

在面向对象系统中，测试可以分为以下四个层次：

① 测试单个操作：操作是一些函数或方法，其与某个对象关联。7.3 节讨论过的白盒测试和黑盒测试方法都适用于该层级的测试。

② 测试单个对象类：类封装了一组方法，每个类的方法都与其所在的上下文密切相关（如类中定义的属性和其他方法），在此层次下，黑盒测试的原理基本不变，但需要充分考虑对象所在的上下文，并做出相应调整。

③ 测试对象的集成：面向对象的软件没有明显的层次控制结构，所以严格的自顶向下或自底向上的集成都不适合一组关联对象的情况。面向对象的集成测试主要分为基于线程的集成测试或基于使用的集成测试。

④ 测试面向对象系统：与传统方式开发的系统一样，需要根据系统需求描述进行需求的有效性验证等。

7.6.1　面向对象软件测试的特殊性

在面向对象的单元测试中，测试的基本单元是类。类的测试中有如下三个问题，使面向对象的测试和传统的测试相比存在特殊性。

① 继承：在面向对象程序设计中，继承等机制的引入使得类运行的上下文变得相对复杂。某个方法可能在子类和父类中都出现过。一方面，子类可以重载父类中的方法；另一方面，子类可以引入新的属性。这些都会导致父类和子类的运行上下文环境不同，使得同一个方法具有不同的行为。另一方面，如果对某个类进行修改，则它的所有子类都有可能被间接引入错误，且很难单独测试子类并将错误隔离到一个类中。

② 状态：在面向对象程序中，通过对象间的通信，控制流从一个对象切换到另一个对象。因而类中没有类似于函数的控制流，不能直接将应用在顺序控制流程图上的测试方法直接用于测试类。此外，在函数中，只有全局数据和传递给函数的参数才会决定过程中的执

行路径;但在对象中,与对象关联的状态也会影响到执行的路径。类的方法之间可以通过对象的状态通信,所以在测试对象时,对象的状态也必须要被重视并纳入考虑。

③ 依赖关系:传统软件系统中存在的依赖关系包括变量之间的数据依赖、调用模块之间的依赖、模块与其计算变量之间的功能依赖、变量与其类型定义之间的依赖。而面向对象的软件系统的依赖关系更加复杂。除上面提到的四种依赖之外,还包括类与类、类与方法、类与消息、类与变量、方法与变量、方法与消息、方法与方法之间的依赖。这些复杂的依赖关系使得面向对象的测试更加复杂,且不像函数具有明确的输入-输出行为,使其更加难以测试。

7.6.2 面向对象的单元测试

面向对象软件的类测试等同于传统软件的单元测试。传统软件的单元测试对象是软件设计中的最小单位,即模块。在详细设计中,详细地描述了模块的功能,倾向于关注模块的算法细节和流经模块接口的数据。单元测试对模块内所有重要的路径设计测试用例,以发现模块内部的错误,因而单元测试多采用白盒测试技术,同时测试多个模块。

但在面向对象的软件中,"单元"的概念有所不同。类和对象中封装了数据和操作这些数据的函数,因而单元测试的单位不是模块和函数,而是类和对象。面向对象软件的类测试由封装在类中的操作和类的状态行为驱动,某个特定的操作可能包含了多个类的方法的协作,而且类包含了一组不同的操作。因此,单元测试中不再孤立地测试单个操作,而是将操作作为类的一部分,通过为类中所有重要的属性和方法设计测试用例,以发现类内部的错误。

类测试的目的是确保类的代码满足类的说明中描述的需求,因此,测试的最佳时机是在完全描述并编码某类后不久。在反复迭代中,类的实现和说明也在发生着变化,在软件的其他部件使用该类之前,也有必要对其做单元测试和回归测试。

白盒测试是类测试中常用的方法。在类测试中,两个基本的测试方法为:

① 基于属性的测试:测试类中的所有属性的设置和访问。

② 基于方法的测试:测试类中的所有方法,且要相对隔离地测试。这项测试中的方法类似于传统软件中的单个函数的测试,可以应用部分传统白盒测试技术(如逻辑覆盖、路径覆盖等)。

此外,考虑到类的方法之间有约束关系(在某些方法需要其他方法调用过才可以被调用),且类内部有状态变化,还需要对类的行为做测试,即基于状态的测试。

基于状态的测试:测试所有引起对象状态改变的操作序列。类的行为通常可以用状态图描述。在利用状态图测试时,要考虑覆盖所有的状态和状态迁移,也要考虑覆盖所有从初始到终止状态的路径。

考虑下面这个例子:在 WeBlog 系统中,Post 类(博文类)有如下操作:create()、edit()、release()、modify()、public()、delete()、interact()、hide()。图 7.8 为其状态图。

这 8 个操作都可以直接应用于 Post 类,但其中包含了一些约束关系,如 Post 中的其他操作必须在 create()方法调用后才可以使用,delete()方法只能作为最后一个操作等。即使有了这些限制,我们仍然可以构造许多操作序列,比如其中最简单的操作序列为:

测试用例 1:create · release · delete

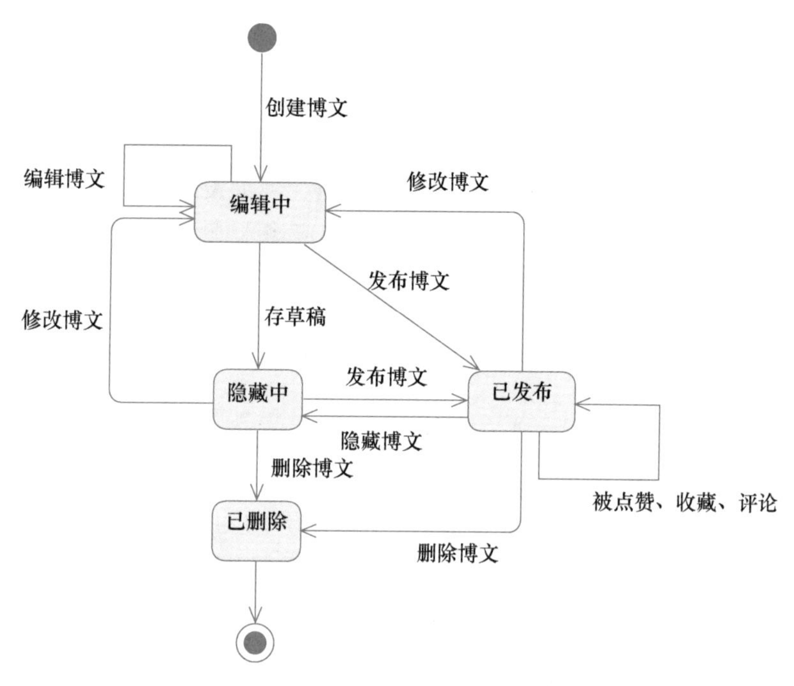

图 7.8　Post 类的状态图

然而，用户的操作序列可以产生大量其他行为，可以设计更多测试用例，保证覆盖所有的状态和状态转移。比如下面的两组测试用例就满足这两个条件：

测试用例 2：create・edit・release・modify・public・hide・delete

测试用例 3：create・release・public・interact・modify・release・public・delete

在设计测试用例时，也可以使用等价类划分的方法减少需要的测试用例数量，也可以基于操作对类状态的影响划分，如基于操作是否修改类的状态、操作修改的属性、操作实现的功能划分，将不同操作分配到不同的测试用例中测试。

如果使用了继承，类测试的设计则会更加困难。基于 7.6.1 节的讨论，若某类有若干个子类，则不光需要测试该类中的方法，还要测试子类中继承来的方法，因为父类和子类的上下文不同，且子类也可能覆盖父类的方法，则其行为也会有所不同。在测试时，应该先测试父类再测试子类，这样有助于在子类的测试中复用父类的测试用例。

7.6.3　面向对象的集成测试

单元测试关注类和它的成员行为的正确性，而集成测试则关注系统的结构和内部的相互作用。类测试无法检测到类相互作用时才会产生的问题，因此，需要在面向对象软件中进行集成测试。

在结构化的程序设计中，不同模块之间有明确的控制关系，整个系统有层次清晰的控制结构；但在面向对象软件中，对象到子系统间的集成通常是松散耦合的，对象之间采用消息传递的方式交互，系统没有明显的层次控制结构，也没有明显的“顶层”作为集成的目标，因此传统的自顶向下和自底向上的集成策略没有太大意义。此外，由于组成类的各部分存在直接或间接的依赖关系，因此不能像传统的增量集成方法每次将一个操作集成到类中。

簇测试是面向对象软件集成测试中的一个步骤，其中的测试用例被设计为用于发现一簇类中的协作错误。我们可以根据类的操作以及类的相关属性之间的关联构建集成测试方案。具体而言，在面向对象的集成测试中，有以下三种主要的策略：

① 第一种是基于线程的测试。线程在这里指响应输入或事件的类的集合。该测试策略首先找出响应系统的一个输入或事件的一组类，将它们集成起来，不同类分别集成每个线程测试，同时使用回归测试以保证没有副作用的产生。由于面向对象的系统通常是事件驱动的，因此这是一种十分贴合实际的测试方法，但要使用好此方法，需要了解清楚事件在系统中是如何处理的。

② 第二种是基于使用的测试。它有些类似于自底向上的集成策略，首先测试几乎不使用服务类的类，这种类又被称为独立类。独立类测试完成后再测试使用独立类的下一层类，这层类被称为依赖类。然后在此依赖层的基础上再寻找下一层依赖类，一层层测试下去，直到构造完成整个系统。这种策略更关注那些不会与其他类大量协作的类。

③ 第三种是基于场景的测试。基于场景的测试将发现参与者与软件进行交互时发生的错误，它更关心用户做什么，而不是软件产品做什么。它首先通过用况捕获用户必须完成的任务，然后在测试的时候使用用况的变体，通常是与之相关的不寻常或异常的场景。它是三种测试策略中最有效的，因为它不仅可以用于类之间的集成测试，还可以用于系统的确认测试。

驱动程序和桩程序的作用在面向对象的软件集成测试中也发生了变化。其中，驱动程序可用于测试软件低层的操作和整簇类的测试，也可以用于替代用户界面，以便在界面实现之前进行一定的系统功能的测试；桩程序用在测试类之间的协作上。如果协作的类中有一个或多个尚未完全实现，可以使用桩程序替代之。

7.7 常用测试工具

自动化测试已经成为现代软件工程中重要的一部分。目前，针对需求的确认测试以及系统整体的系统测试等步骤尚无法实现完全的自动化。但是，专注于系统设计的单元测试与集成测试可以通过使用特定编程语言的自动化测试框架实现完全自动化的运行。在实际测试过程中，测试人员需要使用测试框架编写专门的测试代码，并通过运行测试代码让测试自动化地运行。

7.7.1 单元测试

单元测试用于验证代码中各个单元是否按照预期工作，是开发过程中早期阶段进行的自动化测试。单元测试使用广泛，因此市面上有多种单元测试工具供开发测试人员选择，主要基于编码的编程语言选择。如在 Golang 中通常使用标准库自带的 testing 库；PHP 中使用最流行的 PHPUnit 框架；Python 中基于应用场景，有通用的单元测试框架 unittest 和 pytest，也有针对 Django 和 flask 的 django.test 和 flasking-testing；微信小程序中可以使用 JavaScript 的单元测试框架 jest，也可以使用小程序自带的 miniumtest。

我们详细叙述两个框架来详细说明单元测试框架的使用方法。首先是 Java 中最流行的单元测试框架 JUnit。项目通常由某个项目管理工具进行管理，在 Java 开发中，gradle 和 maven 通常担任此项管理职责。为了在项目中引入 JUnit，需要首先向项目中添加 Junit 单元测试的依赖包，即在配置文件中添加依赖的声明，并同步项目。对于 gradle 管理的项目，是在名为 build.gradle 的文件的 dependency 块中添加下面的代码：

```
testImplementation 'junit:junit:4.12'
androidTestImplementation 'com.android.support.test:runner:1.0.2'
androidTestImplementation 'com.android.support.test.espresso:espresso-core:3.0.2'
```

对于 maven，则是在 pom.xml 的 dependencies 标签内部添加依赖项：

```
<dependency>
    <groupId> junit</groupId>
    <artifactId> junit</artifactId>
    <version> 4.12</version>
    <scope> test</scope>
</dependency>
```

Java 是一门纯面向对象语言，因此 JUnit 的测试也是以类为单位的。按照 Java 项目的约定俗成，项目中的类会被放到 src/main/目录下的某包路径下，而某类的测试代码则放到 src/test/目录与被测类相同的包路径下，并被命名为原类名+Test。JUnit 的测试是基于注解和断言的，下面是一个 JUnit 单元测试类的例子：

```
import org.junit.Test;
import static org.junit.Assert.assertEquals;

public class MessageDemoTest {
    private String message =  "HelloWorld";
    private MessageDemo messageDemo =  new MessageDemo (this.message);

    @ Test
    public void testPrintMessage () {
        assertEquals(message, messageDemo.printMessage());
    }
}
```

在这个例子中，被测类是 MessageDemo；通过在方法上注解“@ Test”，JUnit 框架将测试类中的 testPrintMessage 方法识别为测试用例，该方法用于测试 MessageDemo 中的 printMessage()方法。方法中使用了 assertEquals 函数，用于断言实测调用结果是否和预期相同。除了 assertEquals，JUnit 还提供了多种断言的 API，包括 assertTrue、assertFalse、assertSame、assertNull、assertThrows 等。测试人员可以使用这些断言 API 进行测试逻辑的编写。运行此测试类,JUnit 将依次执行测试类中的方法,并在结束后列出测试的结果,通常包含通过、失败测试用例的数量,并给出测试失败的原因(通常是断言失败,此时会展示出期望值和实际值的区别)。

接下来,我们再来看一下 iOS 中的单元测试框架。iOS 应用开发通常使用 XCode 代码编辑工具和 Swift(或 Objective-C)语言进行开发。对于 iOS 应用的单元测试、集成测试、UI 测试和其他测试,XCode 提供了统一的测试框架 XCTest 来辅助用户设计、编写并运行这些测试。

XCTest 提供了一个 XCTestCase 类来组织相关的单元测试用例,用户可以继承 XCTestCase 类书写自己的测试类,在测试类中可以定义多个测试方法,每个测试方法必须设定为无参数、无返回值、命名必须以"test"开头的类函数。符合这些要求的测试方法会被 XCTest 框架检测到并自动运行,可以通过断言函数对测试样例的结果进行正确性的判断,例如 XCTAssertEqual 用于判断代码输出与预期结果是否一致,更多的 XCTest 断言函数可以参考 https://developer.apple.com/documentation/xctest/#2870839。下面的代码是对 Table 类的测试,使用了 XCTAssertEqual 这个断言判断表格的行和列数是否为零。

```
class TableValidationTests: XCTestCase {
    // Tests that a new table instance has zero rows and columns.
    func testEmptyTableRowAndColumnCount() {
        let table =  Table()
        XCTAssertEqual(table.rowCount, 0, "Row count was not zero.")
        XCTAssertEqual(table.columnCount, 0, "Column count was not zero.")
    }
}
```

不同的单元测试框架尽管有不同的使用细节(如使用注解或使用继承),但大多有类似的使用方法:在一个类或者文件中编写若干个函数,与被测函数对应,在编写的函数中使用断言函数比较期望值和实际值。因此,开发人员和测试人员在了解了某个框架后,可以很快学会使用其他测试框架。

此外,单元测试框架并非只能用于单元测试。比如在 Android 开发中(使用 Java 语言开发),JUnit 框架也可以用作界面测试,只需要引入相关的测试包,并将测试代码编写到测试类的方法中;在 iOS 开发中,XCTest 也提供了性能测试等工具,用于收集代码执行所用的时间、执行期间所用的内存或所写的数据这些方面的信息。

7.7.2 集成测试

集成测试用于验证系统不同组件之间的交互和集成是否按照预期工作。一般来讲,测试人员可以在单元测试框架中编写达成此目标的方法,并使用和单元测试相同的方法执行测试并获取测试结果;但有时被集成的多个组件可能并非使用同一种编程语言,或者涉及用户操作的模拟,这些特殊情况无法简单地复用单元测试框架,或者需要使用额外的包或控件,或者需要特别的测试方法。

比如，在前后端分离项目中，开发人员和测试人员需要保证网络 API 的正确性、可靠性和性能，因此网络 API 接口测试是必不可少的。Postman 是一个被广泛使用的网络 API 接口测试工具，开发人员可以利用它创建、管理、共享 API，测试人员可以使用它发送并测试 API。Postman 用户界面如图 7.9 所示，具体请参考 Postman 的官方网址：https://learning.postman.com/docs/。

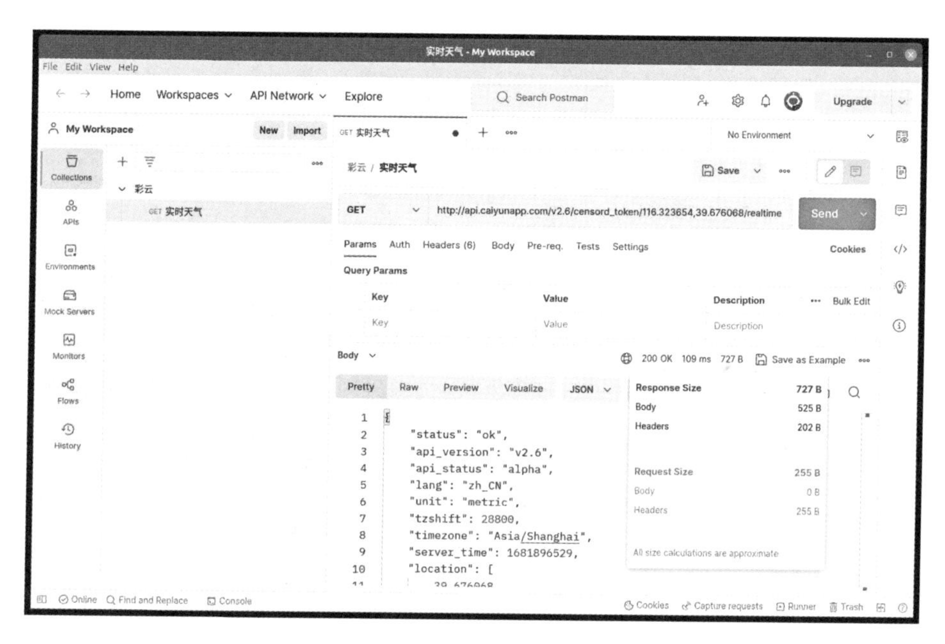

图 7.9　Postman 用户界面

7.7.3　系统测试

系统测试的涵盖面广泛，常见的内容包括用户界面测试、功能测试、性能测试等。下面从这三个方面各选一个测试框架介绍常用的工具和测试方法。

1. 用户界面测试：以 Appium 为例

Appium 是一个开源的跨平台测试自动化工具，适用移动端、Web 和桌面应用程序测试。Appium 最初是为了 iOS 和 Android 移动应用程序而创建的自动化测试工具，现已发展成为一个功能齐全的平台。官方网址为：https://github.com/appium/appium。

以 Windows 为例，选择 Appium+WinAppDriver 进行测试。WinAppDriver 是微软开发的自动化测试工具，支持 Appium 框架，在使用时需要开启开发人员选项中的“开发人员模式”。在开始测试之前，开发人员首先安装测试需要的 Windows SDK 与 WinAppDriver，并检查是否有 inspect.exe。inspect.exe 是组件识别工具，可以查看元素的名称，以及元素支持的其他操作。

桌面应用的测试需要通过 IP 地址、端口号及待测应用的绝对路径，使用 Appium 打开软件。之后，通过定位控件获得界面元素的属性值，执行常见的点击、移动、滑动等操作。测试样例的设计思路和其他形式的软件应用有一定的相似之处，即对定位的组件模拟操作，并检查操作结果。同样地，可以通过断言进行操作结果的自动化判断。在测试完成后，需要关闭WinAppDriver服务从而释放资源。

测试样例如下：

```
# 导入相关包
from appium import webdriver
from selenium.webdriver.common.keys import Keys
import unittest

# 编写测试内容
class MyTest(unittest.TestCase):

    @ classmethod
    def setUpClass(self):
        desired_caps = {}
        desired_caps['app'] = r"C:\Windows\System32\myApp.exe" # 应用安装路径
        self.driver = webdriver.Remote(
            command_executor = 'http://127.0.0.1:4723',
            desired_capabilities = desired_caps)

    @ classmethod
    def tearDownClass(self):
        self.driver.quit() # 关闭 WinAppDriver.exe

    def test_case1(self):
        self.driver.find_element_by_xpath("//input[@ class= 'user']").send_
keys("myname ") # 输入用户名
        self.assertTrue(self.find_element_by_id('login').is_enabled(),'未输密
码，不可登录，Fail')

if __name__ == "__main__":
    suite = unittest.TestLoader().loadTestsFromTestCase(MyTest)
    unittest.TextTestRunner(verbosity=2).run(suite) # 执行测试，显示详细测试信息
```

在该测试样例中，自动化工具对myApp.exe程序执行了用户编写的测试样例，测试样例内容为查找输入用户名的组件并传递参数"myname"，模拟输入用户名。这里find_element_by_xpath函数通过标签名"input"和class属性"user"查找到正确的输入组件。在正常执行逻辑中，当前尚未输入密码，所以不可登录，可以使用断言语句进行判断。

2. 功能测试：以Selenium为例

Selenium是一种流行的Web应用程序测试工具，它提供了多种语言的客户端库，包括Java、Python、JavaScript等。Selenium支持各种浏览器，可以模拟用户交互，支持自动化测试、功能测试等。下面是一个使用Selenium进行Web应用集成测试的示例代码，该代码可

以实现打开百度首页并搜索关键字,然后验证搜索结果是否包含指定文本:

```
from selenium import webdriver
from selenium.webdriver.common.keys import Keys

driver = webdriver.Chrome() # 创建浏览器对象
driver.get("https://www.baidu.com/") # 打开百度首页

# 查找搜索框元素并输入关键字
search_box = driver.find_element_by_name("wd")
search_box.send_keys("Selenium")
search_box.send_keys(Keys.RETURN)

driver.implicitly_wait(10) # 等待搜索结果加载完成
assert "Selenium" in driver.page_source # 验证搜索结果是否包含指定文本
driver.quit() # 关闭浏览器
```

3. 性能测试:以 JMeter 为例

JMeter 是 Apache 提供的一款功能比较齐全的性能测试工具。用例既可以通过 GUI 进行编写,也可以通过录制脚本的方式创建。另外,JMeter 也可以作为应用的功能/回归测试,通过设定结果断言,脚本会自动判断请求是否返回了正确结果。

JMeter GUI 是 JMeter 的图形模式,提供可视化的编辑方式、多样的监听器,适合于创建测试计划以及脚本调试。

jmeter-n-t [test JMX file]-l [test log file]-e-o [Path to output folder]

—n:以非 GUI 形式运行 Jmeter;

—t:脚本路径;

—l:运行结果保存路径(.jtl 或.csv)——这里后缀可以是 jtl 或 csv,但文件内容格式必须是 csv 格式;

—e:在脚本运行结束后生成 html 报告;

—o:保存 html 报告的路径,此文件夹必须为空或者不存在。

JMeter 的进一步使用可以参考 7.8 节。

7.8 案例研究

在本节中,我们继续以 WeBlog 个人博客系统为例,来呈现软件测试的整体流程和实现细节。

7.8.1 案例项目介绍

WeBlog 个人博客系统旨在帮助用户创建和管理个人博客,以供他人浏览、评论和分享,主要涉及 5 个方面的工作:用户管理、博客管理、博文浏览、博文搜索、订阅管理。在设计实现上,WeBlog 采用了 Java Web 开发中常用的三层架构设计,包括:

① 控制层(也称 Controller 层),负责接收和处理用户的请求,生成并返回响应数据。

② 业务逻辑层(也称 Service 层),负责处理业务逻辑,对数据进行处理和转换,并将结果返回给控制层。

③ 持久层(也称 Dao 层),负责管理和操作数据源,并将数据存储到数据库中。

在本案例中,对于 WeBlog 的测试是一个完整且规范的测试流程,包含了单元测试、集成测试、确认测试和系统测试。下面将具体介绍测试过程。

7.8.2 项目测试过程

1. 单元测试

单元测试是对软件设计最小单元的测试,在 Java 项目中通常是针对某个方法的测试。在实际的单元测试过程中,针对核心功能的方法通常使用白盒测试,保证较高的语句覆盖和路径覆盖;对于一些工具类和第三方依赖的方法等则使用黑盒测试,保证输入输出符合预期,同时提高测试的效率。

WeBlog 后端使用 Java 编程语言,对这部分的单元测试采用 JUnit 框架。我们以后端中的若干方法为例,介绍单元测试的编写方法。

项目中的 AttachmentController 是控制层中的一个业务类,它处理和附件相关的网络 API 接口的处理,包括获取、保存、删除附件等。函数 AttachmentController.getBlogger Attachments(long uid, int page, int perpage) 用于获取指定博主的附件,其中 uid 指定博主 ID, page 和 perpage 用于对结果分页。在编写上层方法的单元测试时,通常需要模拟(mock)下层对象。这是因为,上层对象通常会依赖于下层对象来实现业务逻辑,而下层对象可能会包括数据库、网络、文件系统等外部资源,这些外部资源可能会导致测试变得复杂、缓慢、不可靠。另外,mock 下层对象可以使得测试变得更加独立和自包含,即将上层和下层的测试分开进行,从而使测试更加模块化和可重用,这也是单元测试中对于"单元"一词的要求。

为了编写测试此方法的单元测试用例,我们可以参考以下的实现过程:

① 准备测试数据:需要准备一组测试数据,包括一个已知的博主 ID,和几个已知的附件信息。

② 执行测试:调用 getBloggerAttachments()方法,并将准备好的测试数据作为参数传递给该方法,获得返回结果。

③ 验证结果:将实际返回的结果与预期结果进行比较,以确定测试是否成功。在这个测试中,需要验证返回的附件信息是否与预期的附件信息相同,包括 ID、名称、扩展名、URL 等属性值。

④ 清理测试数据:如有必要,需要在测试结束后清理测试数据,以免影响其他测试或应用程序。

上层方法的单元测试如代码示例 9 所示。测试使用了"@MockBean"注解来创建一个 mock 对象,并将其注入到被测试的 Controller 类中。

被测方法 AttachmentController.getBloggerAttachments(方法 A)内部调用了 AttachmentService.getBloggerAttachments 方法(方法 B)。

测试该方法时，我们使用了 Mockito 工具包中的 when 方法来模拟调用 Service 层的 getBloggerAttachments()方法并指定了返回结果为 mockReturn 数组。这样当执行到方法 A 调用方法 B 时，程序将不会进入后者的方法内执行，而是在其调用位置直接返回我们预先指定的结果。

然后，我们使用 assertArrayEquals 断言来判断返回的结果是否与我们预期的结果相同，从而判断测试是否通过。

最终，在测试报告中可以添加如表 7.14 所示的内容来说明单元测试的执行结果。

【代码示例 9　AttachmentController 类中获取指定博主的附件信息的单元测试】

```
class AttachmentControllerImplTest {
    @ MockBean
    private AttachmentService attachmentService;

    ......

    @ Test
    void getBloggerAttachments() throws Exception {
        long uid = 1L;

        AttachmentInfo[] mockReturn = new AttachmentInfo[]{
          new AttachmentInfo(1, "A", "gz", "/file/blogger/1/attachment/1", blog-
ger, 1024),
          new AttachmentInfo(2, "B", "gz", "/file/blogger/1/attachment/2", blog-
ger, 2048),
        };
        Mockito.when(attachmentService.getBloggerAttachments(any(), any(), any
()))
                .thenReturn(mockReturn);

         AttachmentInfo[] atts = attachmentController. getBloggerAttachments
(uid, 0, 10);

        AttachmentInfo[] expect = new AttachmentInfo[]{...}; // 细节略
        assertArrayEquals(expect, atts);

    }
}
```

表 7.14 AttachmentController 的部分单元测试结果示例

类	方法	输入数据	期望结果	实际结果	测试结果
Attachment-Controller	getBloggerAttachments (uid: long, page: int, perpage: int)	uid=1, page=0, perpage=10	用户 1 的所有附件	用户 1 的所有附件	通过

此外，我们还可以关注在 PostController 中添加博文的方法，其函数为 PostController.addPost (uid: long, post: PostInfo)，其中，PostInfo 包含了博文的标题、内容、简介等信息。正确使用此接口需要对调用时的情况做出多项判断，适合使用等价类划分的方法设计测试用例。表 7.15 所示三个测试用例包含了一个正常和两个错误使用方法的用例，这两个错误的用例代表了两种情况，其一是调用此方法时用户尚未登录，其二是已登录的用户 ID 和调用方法时传入的 uid 参数不符，它们覆盖了所有可能的错误。

表 7.15 PostController 的部分单元测试结果示例

编号	函数声明	输入数据	期望结果	实际结果	测试结果
1	addPost (uid: long, post: PostInfo)	uid= 1, post= PostInfo (title= "理塘", content= "理塘简介", detail= "到达世界最高层——理塘。")	访问正常	访问正常	通过
2	addPost (uid: long, post: PostInfo)	未登录, uid=1, post=...	返回错误码 1	返回错误码 1	通过
3	addPost (uid: long, post: PostInfo)	登录用户 uid=2, post=...	返回错误码 2	返回错误码 2	通过

同样，相关的测试代码也应该写在测试类中。

2. 集成测试

集成测试将单元测试的构件组装成子系统或系统进行测试，以发现软件体系结构(例如接口等)的错误。集成测试用例的编写可以参考单元测试，但需要注意两者测试对象的粒度和数据 Mock 方式的差异。在测试对象的粒度上，对于一个后端 Web 应用，集成测试的对象通常是控制层接口方法、定时任务入口方法等上层方法。在数据 Mock 方式上，同样是针对控制层中的方法，在单元测试过程中，可以利用借助 MockMvc、Mockito 等 Mock 工具，模拟前端的调用和下层类的方法调用；在集成测试阶段，应当将代码中涉及的 Mock 对象逐步替换为实际的对象。例如，Controller 层的功能依赖 Service 层的对象，在单元测试阶段，测试人员编写被依赖的 Service 类的 Mock 对象；而在集成测试阶段，将其替换为实际被依赖的对象实现。因此，后端的集成测试复用了单元测试的代码，逐步将后端项目中的各类集成起来。

在代码示例 10 中，我们对代码示例 9 中相同的方法进行集成测试。但这次测试没有模拟 AttachmentService 对象，因为我们希望测试能够覆盖从控制层至持久层的代码。这是集成测试和单元测试的明显区别。

最终，在测试报告中可以添加如表 7.16 所示的内容来说明集成测试的执行结果。

【代码示例 10 AttachmentController 类中获取指定博主的附件信息的集成测试】

```
@ Test
void getBloggerAttachments() throws Exception {
    long uid = 1L;

    AttachmentInfo[] atts = attachmentController.getBloggerAttachments(uid, 0,
10);

    AttachmentInfo[] expect = new AttachmentInfo[]{...}; // 细节略
    assertArrayEquals(expect, atts);
}
```

表 7.16 集成测试结果示例

接口	类	方法	输入数据	期望结果	实际结果	测试结果
GET/blogger/{uid}/attachment	Attachment-Controller	getBloggerAttachments(uid: long, page: int, perpage: int)	uid=1, page=0, perpage=10	用户 1 的所有附件	用户 1 的所有附件	通过

3. 确认测试和系统测试

确认测试的任务是验证软件的有效性，即验证软件的功能、性能及其他特性是否与用户的要求一致。当软件完成了集成测试且可运行，所有软件代码都在配置管理控制下，已经具备了合同规定的软件确认测试环境时，可进行确认测试。

系统测试是将通过确认测试的软件，作为整个基于计算机的系统的一个元素，与计算机硬件、外设、某些支持软件和人员等其他系统元素结合起来，在实际运行（使用）环境下，集中检查系统包括硬件和信息在内的所有元素是否协作合适，整个系统的性能和功能是否达标。

对于有外部系统的软件（比如工业控制软件），确认测试和系统测试的区别是明确的；但网页应用作为相对独立的系统，不需要在多样的外部环境下进行复杂的系统测试，因此在本案例中可以将两者合二为一。

(1) 功能测试

功能测试旨在测试系统是否按照预期功能运行。对于 Web 程序，功能测试通常涉及测试系统的用户界面、功能和交互行为，以确保系统满足用户需求和预期，以下是构建功能测试的思路和步骤：

① 理解业务需求和用户场景，并确定测试的功能点和优先级：这有助于确定测试的范围和重点。我们可以通过分析产品文档、用户反馈和业务需求等方式来确定要测试的功能点和优先级。

② 列出测试用例：对于每个功能点，需要列出一组测试用例，用于测试该功能点的各种情况和条件。测试用例应该包括输入和输出值、预期结果和实际结果之间的比较。应该尽可能地考虑各种边界情况和异常情况，确保测试用例足够全面和准确。

③ 确定测试数据和环境：测试数据应该是真实和有代表性的数据，以确保测试的准确性和可靠性。测试环境应该与实际使用环境尽可能相似，以确保测试的可靠性和真实性。

④ 执行测试用例并分析结果：执行测试并记录测试过程中遇到的问题和缺陷。可以使用测试报告和其他测试工具来分析测试结果，识别存在的问题和缺陷，并进一步优化测试用例和测试计划。

最终，在测试报告中可以添加如表 7.17 所示的表格来说明功能测试执行结果。

表 7.17　功能测试执行结果示例(部分)

测试编号	测试用例名称	用户输入	期望结果	实际结果
1	注册	个人联系方式和密码等	显示注册是否成功的提示	符合预期
2	浏览博客	—	显示博文列表和个人信息	符合预期
3	查询博文	标题搜索关键字、标签	查询出的博文	符合预期
4	浏览博文详情	—	博文内容	符合预期
5	登录	个人联系方式和密码	登录成功或失败的提示	符合预期
6	订阅博主	被订阅者 ID	订阅成功或失败的提示	符合预期

(2) 界面测试

界面测试常用来验证页面元素的可用性，界面中文字是否正确等。界面测试可以通过人工或自动化的方式执行。例如，Selenium 常用于 UI 自动化测试，它可以驱动浏览器执行特定的动作，如点击、下拉等操作，也可以读取网页特定元素的内容和样式。

在设计界面测试用例时，以下是一些应该注意的事项：

① Web 程序在不同浏览器和设备上的显示效果可能会有所不同，因此，测试用例应该覆盖各种浏览器和设备，以确保网站在各种环境下都能够正常显示。

② 测试用例应该覆盖所有页面元素，包括文字、图像、链接、表格等，以确保所有元素都能够正常显示。

③ 测试用例应该覆盖所有的功能，包括表单的输入、按钮的点击、菜单的选择等，以确保所有功能都能够正常使用。

④ 测试用例应该包括各种边缘情况和异常情况，例如超长文本、无效输入等，以确保网站在各种情况下都能够正常处理。

⑤ 测试用例应该考虑易用性和用户体验，例如页面布局、颜色搭配、字体选择等，以确保用户体验良好。

⑥ 测试用例应该具有可重复性和可验证性：测试用例应该具有可重复性和可验证性，以确保测试结果可靠和准确。

最终，在测试报告中可以添加如表 7.18 所示的内容来说明界面测试的执行结果。

表 7.18　界面测试结果示例(部分)

测试编号	测试项	测试评价
1	顶边栏搜索输入文本框	正常输入内容
2	MultiSearch 组件中的搜索输入文本框	正常输入内容
3	顶边栏登录,注册按钮	正常点击跳转
4	顶边栏个人主页按钮	正常点击跳转
5	顶边栏退出按钮	正常点击退出
6	顶边栏主页按钮	正常点击跳转
7	用户卡片——写博客按钮	正常点击跳转
8	MultiSearch 组件中的增加标签	正常输入、增加、删除标签

(3) 性能测试

压力测试包含在系统测试过程中,是评估软件质量的重要方法。压力测试可以评估系统的性能上限,为后续的系统部署提供定量数据。同时,压力测试可以发现系统可能的性能瓶颈,有利于进一步优化性能。JMeter 是 Java 生态常用的压力测试工具,它最初被设计用于 Web 应用测试,但后来扩展到其他测试领域,可用于测试静态资源和动态资源。本案例将使用 JMeter 对 WeBlog 的若干页面进行压力测试。

JMeter 在运行时会创建大量线程,用于模拟用户的并发访问。线程会发送请求到目标服务,服务端处理返回结果对象,JMeter 的监听器会保存结果对象,并生成测试报告。其中,线程相关的设置是最为重要的,主要的几个配置参数如下:

① 线程数:虚拟用户数。一个虚拟用户占用一个进程或线程,即设置的虚拟用户数等于占用的进程数或线程数。

② 准备时长:启动全部设置的虚拟用户所需的时间。如果线程数为 20,准备时长为 4 s,那么需要 4 s 内启动 20 个线程。

③ 循环次数:每个线程发送请求的次数。如果线程数为 10,循环次数为 200,那么每个线程将发送 200 次请求,总请求数为 10*200=2000。此外,循环次数还可以选择“永远”,所有线程将会一直发送请求,直到手动停止。

最终,在测试报告中可以添加如表 7.19 所示的来说明压力测试执行结果。

表 7.19　压力测试结果示例(部分)

测试编号	测试项	输入数据	期望结果	实际结果	测试结果
1	浏览并发量	随机	并发＞1000	并发＞1000	通过
2	浏览主页延迟	随机	延迟＜1000 ms	延迟＜1000 ms (avg:23 ms)	通过
3	搜索延迟	随机	延迟＜1000 ms	延迟＜1000 ms (avg:17 ms)	通过
4	浏览个人信息延迟	随机	延迟＜1000 ms	延迟＜1000 ms (avg:13 ms)	通过
5	上传图片延迟	图片大小小于 2 MB	延迟＜1000 ms	延迟＜1000 ms (avg:143 ms)	通过

7.9 本章小结

本章首先对软件测试的概念、思想和原则进行了探讨。我们探讨了软件测试与软件错误、缺陷和故障的关系，并区分了软件测试和调试之间的区别，并在此基础上给出了软件测试的定义和原则。

随后我们给出了软件测试的目标与软件测试过程模型。软件测试的目标是预防和发现错误；软件测试的过程模型包含环境模型、被测对象模型、错误模型三部分。

接下来，我们从单元测试出发，介绍了常用的软件测试技术，其中重点介绍了白盒测试和黑盒测试。白盒测试关注软件内部的结构和代码，而黑盒测试关注于测试软件的功能和外部行为。我们还简单介绍了其他测试并阐述了软件测试用例的设计策略。

测试驱动开发和面向对象的测试技术是本章另外两个重要主题。测试驱动的开发方法强调测试在软件开发周期中的早期参与以及测试用例编写的重要性；面向对象软件具有的特殊性要求我们针对继承、状态、依赖关系，对测试方法做出相应的调整。

最后，我们介绍了目前常用的测试工具，并通过案例研究展示了软件测试的实际应用。

习　　题

1. 解释以下术语：

(1) 软件测试；

(2) 测试用例；

(3) 测试覆盖率。

2. 简述测试过程模型，并分析这一模型在软件测试技术研究以及实践中的作用。

3. 简要回答以下问题：

(1) 软件测试与调试之间的区别；

(2) 程序控制流程图的作用以及构成；

(3) 语句覆盖、分支覆盖、条件组合覆盖、路径覆盖之间的关系；

(4) 单元测试、集成测试、确认测试之间的区别；

(5) 针对程序控制流程图中出现的各种不同循环，说明如何选取测试路径；

(6) 测试执行的基本条件。

4. 根据图 7.10，设计最少的测试用例，实现分支覆盖（注：在设计测试用例时，其中的循环结构可以看作一个过程块）。

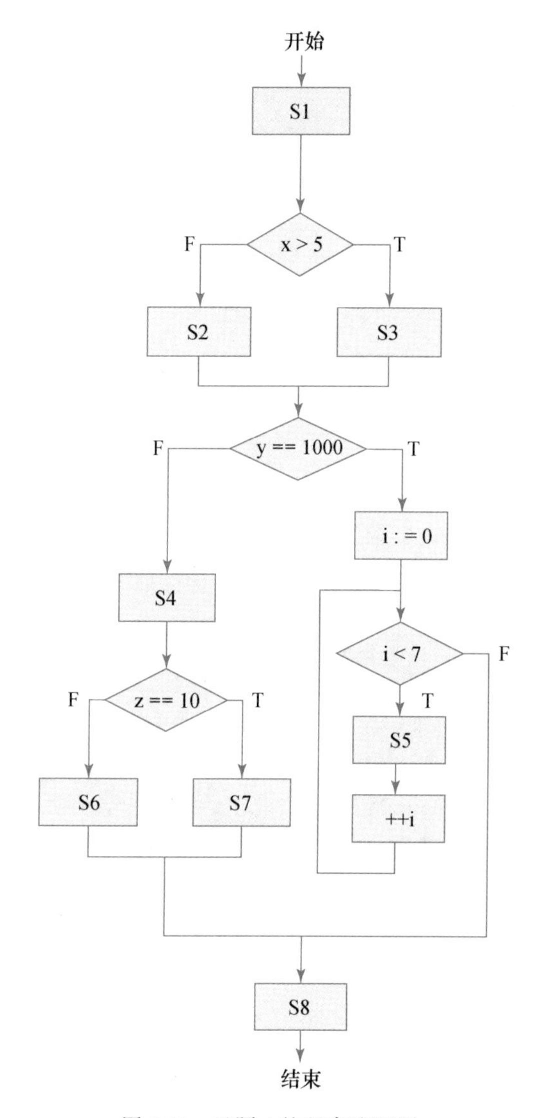

图 7.10　习题 4 的程序流程图

5. 针对以下的程序伪码，建立该程序的测试模型(即被测对象模型)，并设计实现分支覆盖所需要的测试用例(表达用例的方法是任意的)。

```
BEGIN
    输入一元二次方程的系数 A,B,C;
    为根变量赋初值;
    IF 平方项的系数 A=0 且一次项系数 B<>0
    THEN BEGIN root1:=-C/B;输出"A=0";
        root2:=-C/B
    END;
    IF 平方项的系数 A<>0 且一次项系数 B=0
    THEN BEGIN
```

```
        IF(－C/A)> ＝0
        THEN BEGIN root1:＝SQR(－C/A);输出“B＝0”;
            root2:＝－SQR(－C/A)
        END
    END;
    IF 平方项的系数 A<>0 且一次项系数 B<>0
    THEN
        IF(B2－4AC)> ＝0
        THEN BEGIN root1:＝(－B+SQR(B2－4AC))/2A;
            root2:＝(－B－SQR(B2－4AC))/2A
        END
    ELSE 输出“此方程无实根”;
    输出 root1 和 root2 的值
END.
```

6. 某C语言编译器对标识符的要求为：① 由大小写英文字母、数字、下画线组成；② 首字母不能是数字；③ 长度不大于20个字符。针对以上定义，请用等价类划分方法，设计测试用例。

参考文献

[1] Ron Patton. 软件测试[M]. 2版. 张小松等，译. 北京：机械工业出版社，2006.
[2] 王立福，孙艳春，刘学洋. 软件工程[M]. 3版. 北京：北京大学出版社，2009.
[3] 张海藩，牟永敏. 软件工程导论[M]. 6版. 北京: 清华大学出版社，2013.
[4] Nidhra S，Dondeti J. Black box and white box testing techniques-a literature review[J]. International Journal of Embedded Systems and Applications（IJESA），2012，2(2)：29-50.
[5] Kent Beck. 测试驱动开发(中文版)[M]. 孙平平，张小龙，赵辉等，译. 北京：中国电力出版社，2004.

第 8 章　软件集成、交付与部署

软件集成、交付与部署是一系列重要的软件开发活动，项目团队开发人员通过协作的方式将多种软件或软件构件集成到一个软件里，并通过一系列的测试等流程验证软件是否达到交付要求，最终部署到生产环境中供用户使用。本章主要介绍软件集成、交付与部署的相关定义和实践经验，并在此基础上介绍持续集成(Continuous Integration，CI)、持续交付和持续部署(Continuous Delivery/Continuous Deployment，CD)等流行技术以及具体的应用案例。

8.1　软件集成、交付与部署概念

8.1.1　软件集成

根据 PCMag 百科全书的定义[1]，软件集成指将软件子程序、软件模块或完整程序和其他软件构件组装成新应用程序或者对已有应用程序的增强的活动过程。学术界也有软件集成的相关研究，杨芙清院士团队关注基于构件技术的软件集成[2,3]，将可复用构件通过集成机制组装为完整的系统，对于遗产系统则可以结合软件再工程(Software Re-engineering)技术挖掘、整理出可以复用的软件构件，再进行软件集成。

按照软件开发分层的思想，软件集成可以分为表示集成、控制集成、数据集成等不同层次的集成，如图 8.1 所示。

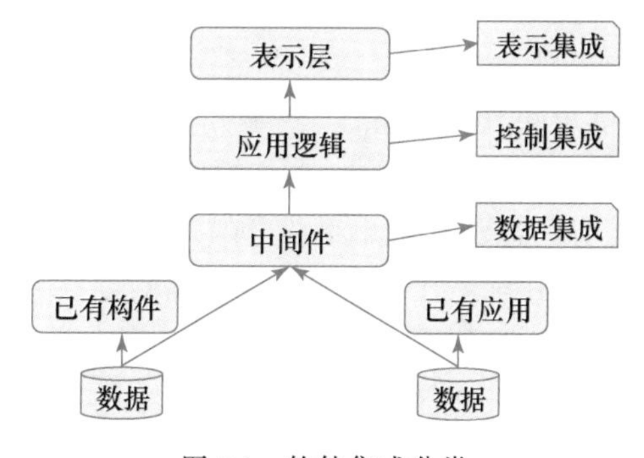

图 8.1　软件集成分类

① 表示集成是将不同的模块、构件或系统等集成在一个新的表示层界面上，例如通过门户网站的方式可以将不同业务构件或系统的表示层界面进行集成，使得用户可以通过一个表示层界面访问不同的构件或系统。

② 数据集成是通过中间件等技术将不同构件或系统中的数据进行整合，支持不同构件或系统间进行数据共享，现有的数据平台、数据仓库等都可以视作是数据集成。

③ 控制集成，也称为功能集成和应用集成，主要是通过接口在业务逻辑上将不同的构件或系统进行集成，使得原本独立的多个构件或系统之间可以进行协同，例如在进行应用开发的不同团队开发了不同的子系统，最后通过协商好的接口和规范组装成一个完整的应用系统。

软件构件接口的标准化和软件构件的集成机制是实现软件集成的基础。例如，通过过程调用可以实现软件模块（如函数）的集成，通过消息通信机制，例如，通用对象请求代理体系（Common Object Request Broker Architecture，CORBA）①和组件对象模型（Component Object Model，COM）②，可以实现对象化构件的集成。在构件开发的过程中，定义好接口标准并进行符合接口标准的程序实现，进而可以支持构件或系统之间的互操作，即软件集成。

传统的软件集成方案有 J2EE（Java 2 Platform Enterprise Edition）、Windows. NET、CORBA 等，在开发可复用构件或系统的时候需要遵循响应框架开发的规范和接口定义，支持不同构件和系统之间的集成。随着云计算、微服务等新一代信息技术的涌现，构件和系统以服务的形式对外暴露标准的接口，服务和服务之间采用轻量级通信机制进行协作，如常见的 Restful API，通过接口集成的方式可以快速进行软件集成。例如，通过改造系统的数据存储方式、软件开发工具包（Software Development Kit，SDK）或者应用程序编程接口（Application Programming Interface，API）接入云平台提供的存储服务，快速集成云存储服务，实现数据集成；通过 SDK 或者 API 接入云平台提供的图片识别服务，支持软件图片导入后自动识别图片中的物体，实现控制集成；通过低代码平台的拖拽方式将封装好的不同业务构件快速组装成新的应用进行发布，自定义个性化界面，支持界面集成。

8.1.2 软件交付

软件开发教父 Martin Fowler 对软件交付（Software Delivery）的定义是：软件交付是一个开发人员从开发完一个新的功能到最终应用在产品上的过程[4]。软件交付是在软件集成的基础上，处理生产部署所需的后续阶段，交付不一定需要最终部署，软件交付涉及文档交付、源代码交付和可执行程序交付。

文档是反映交付过程的成果，文档交付需要满足：① 文档完备有价值，涵盖需求方要求的文档类型交付物要求，能够反映软件的特性、使用方法等；② 文档内容全面详细且满足功能要求，不存在前后不一致的问题。交付文档涉及软件开发全生命周期，涵盖需求文档、设计文档、接口文档、测试文档、部署文档、用户手册、操作手册、交付验收文档等。

源代码交付需要满足：① 明确交付代码的版权权属问题；② 代码可以正确编译、运行，规范好源代码中的配置文件的配置项、配置参数；③ 代码结构清晰、注释详细、可读性强。

可执行程序交付需要满足：① 确保可以正确执行，明确可执行程序运行环境、运行依赖、资源需求；② 通过充分的软件测试，验证交付的可执行程序的功能和性能满足交付要求，提供翔实的测试方案、测试用例。

---

① https://www.corba.org/

② https://learn.microsoft.com/en-us/windows/win32/com/component-object-model--com--portal

保障软件交付是项目所有参与人员的共同目标，无论是开发人员、测试人员还是运维人员都应该通过频繁的交流和协作保证交付成功，尽量提升交付过程的自动化，完成应用程序的构建、测试、部署等流程[5]，其中，构建过程通俗理解就是将源码编译成一组可供用户使用的可执行程序的过程，广义上的构建还包括编程、调试、测试等过程。在软件交付过程中，人工参与过多、自动化程度过低会严重影响交付效率，本书会在8.2.2节展开介绍，通过流水线等方式提高软件交付的效率。

软件配置管理（Configuration Management，CM）是保证软件交付的基础，是指一套按规则管理软件开发和软件维护以及其中各种中间软件产品的方法[6]，配置管理的目标是记录软件产品的演化过程，确保软件开发人员在软件生命周期的各个阶段都能得到精确的产品配置。

版本控制系统（如Git）是软件配置管理中最常见的工具，开发人员狭义上关注的软件交付主要是可执行程序的交付，包括软件开发、软件构建、软件测试等过程。版本控制横穿整个软件交付过程，通过版本控制可以保证软件交付的正确性。良好的配置管理需要确保：① 满足必须遵守的规则，例如代码在审核后才能合并进主分支；② 可以快速复现需要的软件环境，如操作系统版本、网络配置、数据库等软件依赖及其配置；③ 可以方便地对上述配置信息进行增量修改，并可以方便地将修改部署到一种或多种环境中；④ 可以快速定位到构建的软件的每次修改，并能知道是哪个开发人员进行的修改，以及修改时间等细节，从而可以快速定位到有缺陷的代码；⑤ 不会妨碍项目的高效交付，项目参与人员可以方便地获取和修改相关信息，例如将项目的源代码、配置文件等都存储在一个可以供所有参与人员访问的版本控制仓库中。

8.1.3　软件部署

软件部署（Software Deployment）是使软件系统可以被使用的一系列活动[7]，主要包括如下几个活动：

① 发布（Release）：发布是在开发结束后的活动，有时候也会被划分在开发阶段；它包括将开发的软件进行编译并转移到生产环境中运行的系统上的所有操作。

② 安装和激活（Installation and Activation）：对于简单的系统，安装只需要执行一些简单的命令或者脚本，对于复杂的系统可能涉及系统的配置；激活是首次启动软件的可执行构件的活动。

③ 停用（Deactivation）：停用是激活的逆过程，它会关闭软件系统中任何已经执行的构件。通常需要停用软件才能执行其他部署活动。

④ 卸载（Uninstallation）：卸载是安装的逆过程。

⑤ 更新（Update）：更新过程将软件系统的全部或部分的早期版本替换为较新的版本。

⑥ 内置更新（Built-in Update）：安装更新的机制内置在某些软件系统中（例如Android、iOS）。

⑦ 版本追踪（Version Tracking）：版本追踪系统可帮助用户查找并安装软件系统的更新。

构建好的软件应用应该发布到中央软件仓库中，供不同的用户或者应用服务器安装部署使用。例如，现在流行的移动应用在开发完后会发布到相应的应用市场（如iOS）；在进行软件部署前，需要检测部署服务器是否满足软件运行需求，确保服务器资源（如 CPU、内存、网络）满足运行软件的配置要求、服务器运行操作系统和数据库等中间件版本要求等。

传统的部署方式一般是开发人员将构建好的可执行软件发送给运维人员，运维人员上传到生产环境服务器，停用旧版本的软件，在安装和激活新的软件后完成整个部署过程。随着用户规模的增大，生产环境的应用服务器持续增加，以及更频繁的软件发布需要运维人员花费大量的时间和精力进行重复的软件部署，这不仅会浪费大量人力、财力，人工部署的过程还容易发生误操作，导致部署失败发生宕机事故等，造成不可挽回的损失。目前，大量的企业都是通过自动化部署的方式进行软件部署的，减少甚至无须人工干预，从而节省人力和成本，并降低部署出现问题的概率。Instagram 在 2016 年每天部署后端代码的次数都已经达到 30 至 50 次[9]，开发人员每次将修改提交到服务器都会进行部署，而且大多数情况下都是没有人工干预的，主要采用持续部署的方式进行，下文将详细介绍持续部署的概念和相关内容。

8.2 持续集成、持续交付与持续部署

随着互联网的快速发展和敏捷开发、极限编程思想、DevOps 的流行，应用的发布周期越来越短、发布频率也快速增加，导致传统的集成、交付和部署流程已经不能满足需求，推进了持续集成、持续交付和持续部署思想的发展和相关工具的快速兴起。

“持续”在持续集成、持续交付与持续部署中的作用是支持“随时可运行”，包含了软件开发领域的几个核心理念和最佳实践，主要是频繁自动化、可重复、频繁发布和快速迭代。持续集成、持续交付和持续部署（CI/CD）本质是在应用开发阶段引入自动化手段来频繁地交付软件，通过一系列流程（通常被称为管道）支持开发过程中的持续迭代和监控等。

8.2.1 持续集成

软件开发大师 Martin Fowler 对持续集成（Continuous integration，CI）是这样定义的：持续集成是一种软件开发实践，即团队开发成员经常集成他们的工作，通常每个成员每天至少集成一次，也就意味着每天可能会发生多次集成[8]。每次集成都会通过自动化的构建（包括编译和自动化测试等）来验证，从而尽快地发现集成错误。许多团队发现这个过程可以大大减少集成的问题，让团队能够更快地开发内聚的软件。持续集成要求源代码的获取、编译、连接、部署、测试等流程自动完成。

持续集成通常由代码仓库（如基于 Git 进行版本控制的 GitHub①、GitLab②、Gitee③ 等系统）、构建工具（如 Gradle④、Jenkins⑤）和测试工具（如 JUnit⑥、SonarQube⑦）通过流水线的方

---

① https://github.com/

② https://about.gitlab.com/

③ https://gitee.com/

④ https://gradle.org/

⑤ https://www.jenkins.io/zh/

⑥ https://junit.org/junit5/

⑦ https://docs.sonarqube.org/latest/

式集成在一起，开发人员频繁地将代码提交到主分支，然后自动化地进行构建和测试，从而尽快地发现和修复存在问题的集成。Martin Fowler 在他的持续集成白皮书里提出了一组持续集成的最佳实践[8]，本书在此基础上结合个人开发经验进行了总结和延伸：

① 维护一个单一的源代码仓库。这里所说的“单一”不是说只能有一个代码管理仓库，而是应该将软件源代码以及构建该项目依赖的相关文件（如构建脚本）都集中放置在一组协作开发人员都可以访问的仓库中，开发人员从源代码仓库中获取源代码和相关配置文件后可以直接进行构建。

② 构建过程自动化。支持通过 Gradle、Ant 等构建工具自动进行软件的构建过程，编写自动化构建脚本，减少人工、易出错的构建流程。需要注意的是，应该保证构建脚本不依赖于集成开发环境（Integrated Development Environment，IDE），可以直接运行，不同的开发人员可能使用不同的 IDE（如 Eclipse、IDEA），依赖 IDE 的构建脚本可能导致在不同的开发人员的机器上运行失败，改进构建的可配置性，保证在不同的环境下都能够成功构建软件。

③ 构建过程可以进行自动测试。源代码在每一次被构建的时候，都应该执行相应的测试，以保证运行结果和开发人员的预期一致。因此，开发人员在编写源代码的时候，应该也编写相关的测试用例。例如，编写单元测试用例，并通过构建脚本使单元测试可以实现自动化运行，对构建结果进行自动化测试。

④ 开发人员应该每天都提交到主线。开发人员应该经常提交代码，及时将代码提交到主线，可以减少代码冲突变更的次数，至少每天提交一次更改（创建或修改一个功能）通常被认定为持续集成定义的一部分。需要强调的是，代码应该通过自动化检测工具或者代码评审才能提交到主分支。

⑤ 应当对每一次提交代码进行构建，及时修复错误的构建。基于持续集成工具，对每次提交的代码进行自动构建，确保每次提交的代码是可以构建的代码，不要将无法构建的代码提交到代码仓库，当提交的代码导致构建失败时，应该立即修复代码。不同的分支可能有不同的 CI 工作流，主分支的构建一般应该包含更多的测试。

⑥ 保持构建速度。持续集成需要提供快速的反馈，如果构建时间过长会影响开发人员的开发效率和体验，如果构建失败也应该尽快抛出错误信息，而不是一直不响应。避免在构建过程的单元测试中使用数据库，可以使用专门的高性能 CI 服务器进行构建，保证构建效率。此外，也可以通过分阶段构建的方式先执行初步的构建，后续再对构建的软件进行深度测试、审查等。

⑦ 通过克隆一个生产环境进行测试。应该在和生产环境一样的环境下进行测试，使用相同的硬件、相同的数据库、相同的操作系统版本以及软件版本等。在实际开发中比较难实现的是，克隆一个完全一样的生成环境进行测试，建议可以使用 Docker 等虚拟化技术来尽量复制生产环境，这样也更容易保证不同的开发人员能够在尽量一致的环境中进行构建。

⑧ 任何人可以很容易获取最新的构建成果（如可执行程序）。可以通过 Jenkins 等持续集成工具自动将每次构建的成果存储在 Nexus 等资源仓库中，并通过版本号进行管理，这样所有的构建参与者都可以获取特定版本的构建包。例如，测试人员就可以及时获取最新的可执行程序进行相应的测试。

⑨ 每个参与者都可以看到构建过程。应该让项目参与人员（无论是开发人员还是测试人员等）可以看到整个构建过程，包括发生的错误信息等。当前的 CI 工具都包含显示构建

状态和指标的仪表盘，可以在构建发生异常的时候通过邮件或者短信通知相应的开发人员，以便可以及时对出现的问题进行修复。

⑩ 自动化部署。在构建结束后，可以通过脚本将可执行程序（软件）自动部署到测试服务器，如果需要部署到生产环境，则需要结合持续部署，并支持回滚构建，可能需要用旧版本的构建覆盖新的有缺陷的版本。

一个完整的持续集成系统一般包含以下几个部分或子系统：① 代码版本控制系统，将代码存储到版本控制系统中；② 构建流水线，支持自动化从代码仓库获取最新代码并进行代码编译、测试和部署等自动化构建流程，其中，测试过程包括集成测试、功能测试和验收测试等；③ 持续集成服务，按照既定设计的流程自动完成流水线。

8.2.2 持续交付

持续交付（Continuous Delivery，CD）在持续集成的基础上，将集成后的代码和构建制品部署到更贴近真实环境的类生产环境进行验证，是持续部署的基础。CI 环节完成了软件构建和测试流程，之后就要进行交付，然而这里的交付不是指直接交付到生产环境，只是保证软件可以稳定、持续地保持在随时可以发布到生产环境的状态[10]。持续交付有时候会与持续部署的概念混淆，持续部署意味着每次更改都会通过部署流水线自动投入生产环境，导致发生多次生产部署，而持续交付意味着可以进行频繁部署，但是可能不进行部署，通常企业只会在大版本更新的时候才会发布新的部署。

持续交付通过自动化流水线的方式实现，将执行过程中那些容易出错且复杂的步骤变成可靠且可重复的自动化步骤，能有效缩短软件开发过程中所有需求的交付周期、降低软件开发的成本、减少风险。流水线是对软件开发到交付这一流程的建模，在相关工具的支持下，支持对整个过程的持续监督、测试和反馈，最终发布给用户。

图 8.2 展示了一个典型的持续交付流水线过程：① 开发人员将代码提交到代码仓库（如主分支上）；② 构建服务器从代码仓库获取最新提交的代码，进行编译，生成可执行的软件制品，构建过程的每一步结果都需要反馈给相应的开发人员；③ 编译成功的软件制品部署到测试环境，进行单元测试、接口测试、功能测试等验证过程，测试结果也需要反馈给开发人员；④ 如果需要，则可以进一步部署到类生产环境进行验证，进行更贴近生产环境的测试；⑤ 测试完成后，可以按需部署到生产环境，正式对外提供服务，如果需要发布，则通过人工的方式将构建成功的软件制品发布到生产环境。整个流水线的每个流程的信息应该是公开、共享的、可度量、可控制的，团队的每个成员应该遵循一样的流程，使用相同版本的构建工具、开发环境等，可以有效降低团队中成员之间协作的门槛，可以更快地定位到代码故障位置。

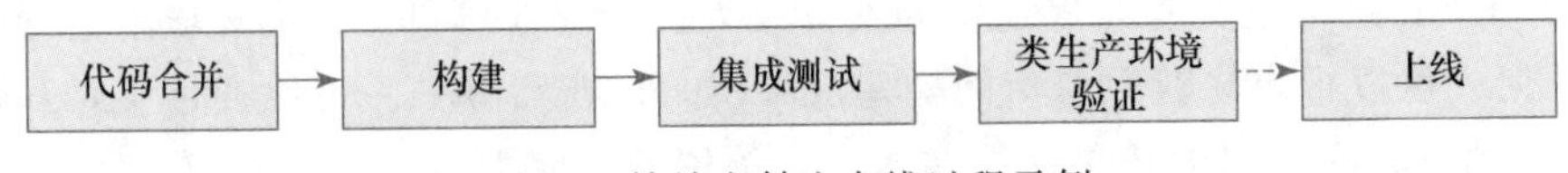

图 8.2 持续交付流水线过程示例

上述流水线流程可以根据具体的业务需求进行调整，增加其他流程，例如可以添加对新的代码进行提交和对构建进行验证的流程，包括代码合规检查（例如通过静态分析来分析所提交的代码是否符合规范要求）、安全检测（漏洞检查）、性能测试等。持续交付适用于几乎任何对交付速度有要求、过程可观测、结果可预测的软件交付场景，包括 Web 应用、移动应用、嵌入式应用、车载应用等。

8.2.3 持续部署

持续部署(Continuous Deployment，CD)是持续交付的下一步，在交付的软件通过评审后，自动化地部署到生产环境中[11]。持续交付涉及人工决策何时发布应用，而持续部署支持提交的代码经过自动化测试和验证后自动部署到生产环境，这是持续部署和持续交付的主要差异。

除了自动化能力外，持续部署在稳定的技术架构、运维工具等基础上，还应包括蓝绿发布、滚动发布、金丝雀发布和快速回滚等能力[12]，有效解决人工实施应用发布后不及时验证导致的不可控问题，进一步提升应用交付效率，降低应用发布风险。

蓝绿发布是为了减少发布时的中断时间，能够快速撤回发布。在蓝绿发布中维护两套系统，标记为“绿色”的系统为正在提供服务的系统，标记为“蓝色”的系统则为最新的预发布系统，两套系统都是正在运行的功能完备的系统，只存在系统版本和对外服务情况的差异。“蓝色”系统主要用于发布前的测试，测试过程中出现的问题直接在“蓝色”系统上进行修复，不会影响现有的“绿色”系统。“蓝色”系统经过反复测试、修复和验证，达到上线要求之后直接将用户切换到“蓝色”系统，此时“绿色”系统已经保留，如果新上线的系统出现问题则切换回原有的“绿色”系统。当新上线的系统持续稳定运行后，不再需要原有的“绿色”系统，则可以释放原有“绿色”系统的资源。维护“蓝色”“绿色”两套系统需要考虑系统之间如何切换以及数据是否需要同步等问题，而且需要双倍的资源，并不是适用于所有的软件产品。

滚动发布不需要像蓝绿发布时要求双倍的资源，而是在系统升级的过程中先启动一台新版本的应用服务，再停止一台旧版本的应用服务，迭代直至所有系统升级完毕，这样的话只需要额外一台的应用服务器。滚动发布的问题是流量会直接流向已经启动的新版本的应用服务，而新版本的应用服务需要进一步验证才能确认是否可用，导致在滚动升级的过程中系统可能处于一个不稳定的状态，而且难以排查系统的运行问题是由新版本应用导致的还是由旧版本应用导致的。

金丝雀(Canary)发布，即灰度发布，是一种逐步更新的发布策略，例如 Chrome 浏览器有专门的 Canary 版本。金丝雀发布的策略是逐步替换现有正式上线的产品或服务，而不是像蓝绿发布一样维护两套系统。互联网时代，支持大规模用户的分布式服务往往需要部署在大量的应用服务器上(例如百度搜索服务等，服务器规模甚至能达到上万台)，此时不可能申请同样的资源来部署蓝色系统，金丝雀发布则是先将少量的服务器部署的系统替换为最新的预发布系统，验证通过后逐步将其他的应用服务器上部署的系统替换为最终的系统。可以通过精细的流量控制等方式，控制流到部署的新版本应用的流量，从而方便进行线上验证，在确保新版本运行稳定后再逐步导入更多的流量。如果在灰度发布过程中发现新版本出现问题，则可以将流量切回到运行老版本应用的应用服务器上，这样可以将负面影响控制在最小范围内。注意，只有一台应用服务器的系统无法采用金丝雀发布的部署策略。

8.3 软件集成、交付与部署实践

8.3.1 利用第三方平台进行的 CI/CD

本节介绍持续集成工具 Jenkins、代码管理平台 Gitee、Docker 容器引擎[①]，并基于这些工具展示一个前端应用的软件集成、交付和部署流程。Jenkins 是基于 Java 开发的一种流行的开源持续集成工具和解决方案，可以自动执行预先设置好的脚本，支持监测持续重复的工作流程。Gitee 是类似 GitHub 的代码管理平台，支持通过 Git 管理项目源码，也提供质量管理、CI/CD 等工具。Docker 是开源的容器引擎，开发人员可以将自己的应用打包到容器中，也可以迁移到支持容器的环境中运行，从而屏蔽硬件和底层系统的差异。实际上，Jenkins 系统可以直接通过 Docker 进行安装部署，读者可以根据各个软件官网的指南进行安装和配置，也可以在安装好 Docker 后直接通过镜像的方式安装剩下的软件。

图 8.3 展示了基于 Docker Compose file 安装 Jenkins 的示例，其中指定镜像为“jenkins/jenkins：lts”、对外服务端口映射为 8099 等信息，在该配置文件目录下运行“docker compose up-d”命令后就可以启动 Jenkins 服务，用户通过 http：//localhost：8099 即可通过前端网页访问和配置 Jenkins 服务。

```
version: '3'
services:
  jenkins:
    image: jenkins/jenkins:lts
    container_name: jenkins
    restart: always
    ports:
      - '8099:8080'
      - '50000:50000'
    environment:
      JAVA_OPTS: -
Duser.timezone=Asia/Shanghai
    volumes:
      - '/home/jenkins/local:/var/jenkins_home'
```

图 8.3 基于 Docker Compose file 安装 Jenkins 的示例

安装完 Jenkins 后即可配置 Gitee 信息，包括 Gitee 域名和证书令牌。如图 8.4 所示，单击“测试链接”成功后，Jenkins 就可以根据配置的令牌有权限获取 Gitee 上托管的仓库信息。

在配置好 Gitee 信息之后，新建一个自由风格的项目“软件集成、交付与部署”，如图 8.5 所示。创建成功后可以进行相关的项目配置，如图 8.6 所示，填写项目在 Gitee 上的仓库地址、用户名和密码等信息。

如图 8.7 所示，开发人员可以配置构建的触发器，常见的包括定时构建（如每天 24 点触发一次构建，生成每天最新的部署），也可以设置 Gitee WebHook 触发构建，在每次往仓库中推送代码的时候触发一次构建。

① https：//www.docker.com/.

Dashboard > Manage Jenkins > Configure System >

Gitee 配置

Gitee 链接

链接名

Gitee

Gitee 域名 URL

Gitee 域名完整URL地址 (例如 https://gitee.com)

https://gitee.com

证书令牌

Gitee API V5 的私人令牌 (获取地址 https://gitee.com/profile/personal_access_tokens)

Gitee API 令牌

+ 添加

忽略 SSL 证书错误

10

建立链接超时时间

读取超时时间，单位秒

链接读取超时时间

10

成功

测试链接

保存　应用

图 8.4　Gitee 信息配置

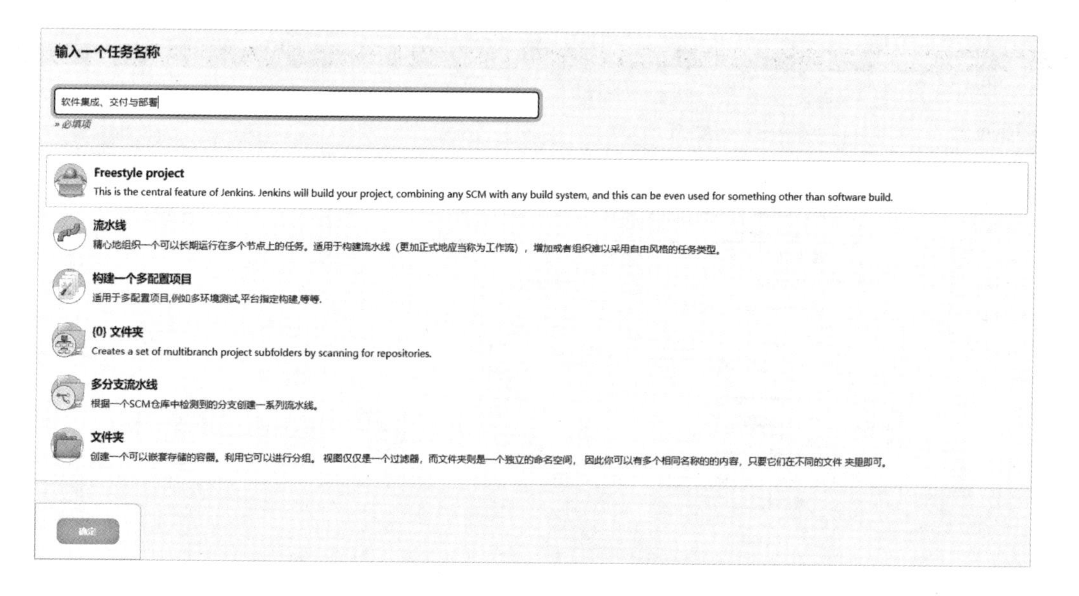

图 8.5　新建自由风格的项目

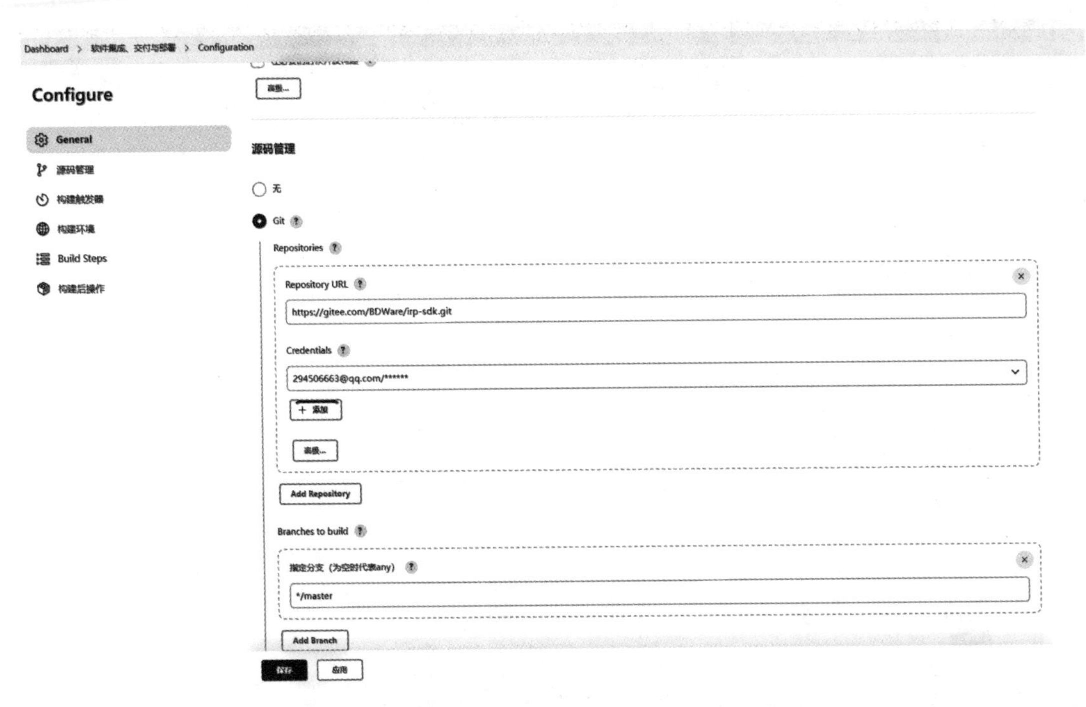

图 8.6 配置 Gitee 仓库地址、用户名和密码等信息

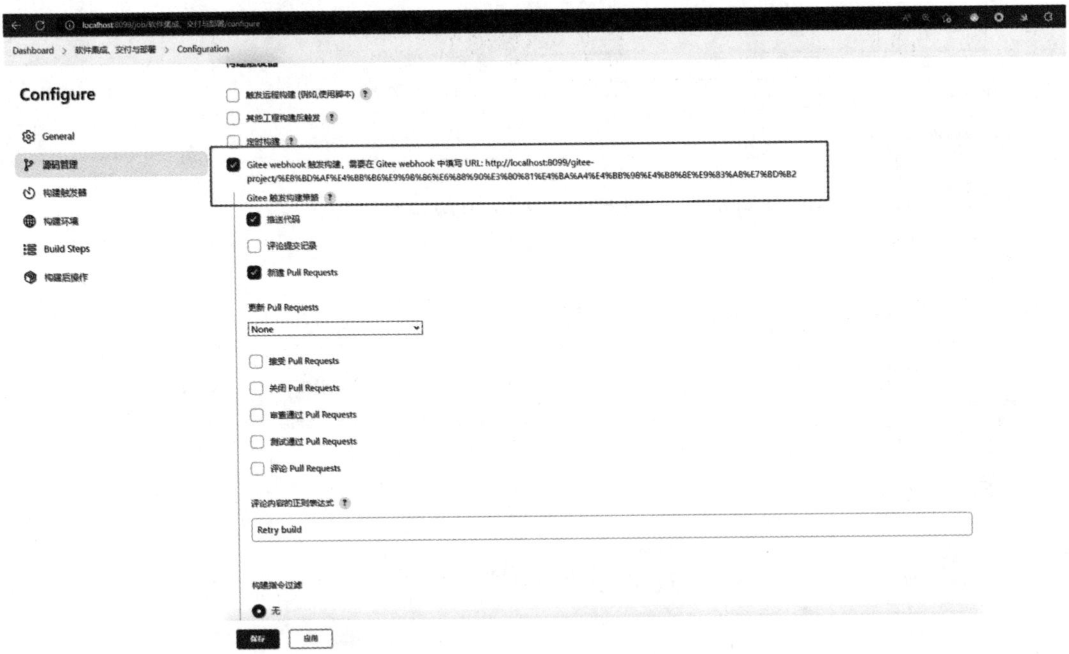

localhost:8099/job/软件集成、交付与部署/configure

Dashboard > 软件集成、交付与部署 > Configuration

Configure

General
源码管理
构建触发器
构建环境
Build Steps
构建后操作

触发远程构建（例如,使用脚本）
其他工程构建后触发
定时构建
Gitee webhook 触发构建，需要在 Gitee webhook 中填写 URL: http://localhost:8099/gitee-project/%E8%BD%AF%E4%BB%B6%E9%9B%86%E6%88%90%E3%80%81%E4%BA%A4%E4%BB%98%E4%B8%8E%E9%83%A8%E7%BD%B2
Gitee 触发构建策略
推送代码
评论提交记录
新建 Pull Requests
更新 Pull Requests
None
接受 Pull Requests
关闭 Pull Requests
审查通过 Pull Requests
测试通过 Pull Requests
评论 Pull Requests
评论内容的正则表达式
Retry build
构建指令过滤
无
保存
应用

图 8.7 设置构建触发器

如图 8.8 所示，在设置 Gitee WebHook 类型的构建触发器时，需要对应地在 Gitee 仓库的项目管理页面添加 Jenkins 中的 WebHook 触发地址，Gitee 平台在收到代码推送事件时会调用该地址通知 Jenkins 进行构建，因此需要保证该地址可以被 Gitee 平台访问到。对于内网私有部署的 Jenkins，则可以在内网私有化部署诸如 GitLab 码管理平台，再执行相关的配置，保证可以访问 Jenkins 的构建服务。

图 8.8　设置 Gitee WebHook 类型的构建触发器

图 8.9 展示了配置构建脚本，每次构建都会执行配置的构建脚本，脚本内容可以从 Gitee 仓库拉取最新代码、进行代码编译和构建、重新生成软件镜像、进行软件部署、自动执行单元测试等，可以灵活运用 Jenkins 提供的构建流水线和构建脚本实现持续交付和持续部署的相关流程。在构建成功之后，可以给开发人员发送展示构建状态的邮件等，或者通知开发人员构建失败的信息以便及时进行修复。

8.3.2　利用代码托管平台进行的 CI/CD

GitHub Actions 是一种持续集成和持续交付（CI/CD）平台，可用于自动执行生成、测试和部署管道。通过创建工作流程来构建和测试存储库的每个拉取请求，或将合并的拉取请求部署到生产环境。GitHub Actions 主要包括以下部分：

（1）工作流

工作流是一个可配置的自动化过程，包含若干个作业。配置文件一般以 yaml（或 yml）格式书写，并存放在项目.github/workflows 目录下。同一个项目可以存在多个工作流，每一个工作流以一定的规则触发运行，例如特定事件发生、手动触发或定时触发等。

（2）事件

事件是项目中触发工作流运行的特定活动，常见的事件包括 Pull Request 的创建和合并、Issue 的提出、推送（Push）更改动作的发生等。

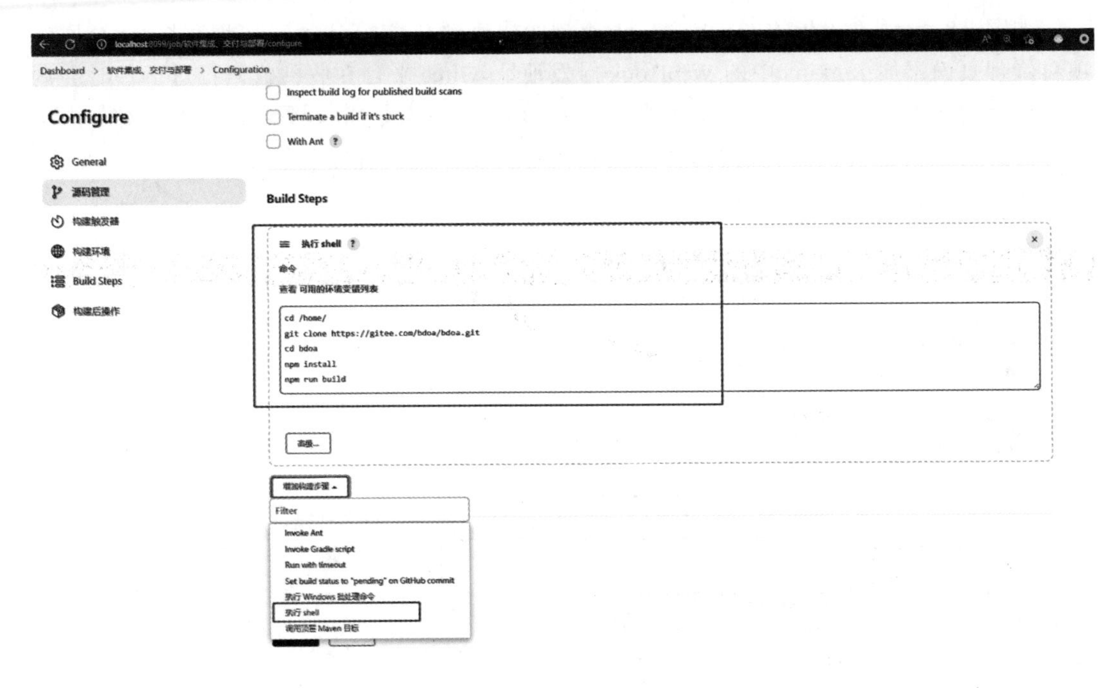

图 8.9　配置构建脚本

（3）作业

作业是指工作流中在同一运行器上执行的一组步骤，每个步骤要么是一个 shell 脚本，要么是一个执行的动作。作业内的步骤按顺序执行，并且互相依赖。每个作业可以指定一个独立的运行器，这个运行器可以是 GitHub 托管的运行器，也可以是自托管运行器。GitHub 托管的运行器是一个用后即焚的虚拟机，在免费限制下，该虚拟机最多只有 500 MB 存储空间和 2 000 分钟/月的使用时长，并且同时运行作业任务不能超过 20 个。可以通过付费获得更加优秀的硬件配置以及更加宽裕的运行限制。

（4）操作

这是用于 GitHub Actions 平台的自定义应用程序，通常会将一些逻辑复杂但经常重复的任务包装为一个操作，便于复用。

图 8.10 展示了一个定义工作流的示例 yaml 文件，name 字段定义工作流的名称，on 字段定义该工作流运行的时机，在本例中，每次有人合并 Pull Request 或者推送更改到项目时，该

```
name: learn-github-actions
on: [push]
jobs:
  check-bats-version:
    runs-on: ubuntu-latest
    steps:
      - uses: actions/checkout@v3
      - uses: actions/setup-node@v3
        with:
          node-version: '14'
      - run: npm install -g bats
      - run: bats -v
```

图 8.10　定义工作流的示例

工作流便会运行。jobs 字段定义了该工作流包含的作业，在本例中，该工作流只包含一个作业，名为 check-bats-version，在这个作业中，我们通过 runs-on 设置该作业的运行器，本例中是一个 ubuntu-latest 镜像 Docker 容器，该运行器属于 GitHub 托管运行器。Steps 字段定义了该作业运行的各个步骤。在前两步中，我们调用了 GitHub Actions 中可复用的操作，分别为 actions/checkout 和 actions/setup-node（v3 指示版本号）。两者的功能分别是在运行器中拉取和签出项目代码以及设置 node 环境，其中，运行 actions/setup-node 时，我们传入了参数，即 node-version，其值为"14"，表明希望构建的 node 版本为 14 版本，相当于函数调用的传参。随后，我们执行了两条 shell 指令，用来打印 bats 的版本信息。

配置完毕之后，每当项目仓库发生推送更改或者合并 Pull Request 时，便会执行该工作流，执行情况可以在项目 GitHub 网站 Actions 标签页中查看。如果工作流中的某项作业失败，GitHub 默认通过邮件等形式通知引入该变化的开发人员。

在持续交付的应用场景中，通常需要将代码发布到私有的服务器中。此时，便不能使用 GitHub 托管的运行器，而要使用自己托管的服务器，相关设置路径在项目"setting"－>"Actions"－>"Runners"中添加，详细的配置方法参考 https://docs.github.com/zh/actions/hosting-your-own-runners/using-self-hosted-runners-in-a-workflow 和 https://docs.github.com/zh/actions/hosting-your-own-runners/about-self-hosted-runners。

8.4　本章小结

本章首先介绍了软件集成、交付与部署的定义和最佳实践，由于人工干预过多会导致集成、交付和部署流程效率低、易出错等问题，因此促进了持续集成、持续交付与持续部署技术的发展和推进。通过流水线和自动化工具等尽量将集成、交付与部署过程中重复、繁琐的事务进行自动化处理。最后，基于 Jenkins、Gitee 和 Docker 展示了如何进行软件集成、交付与部署的实践。

习　题

1. 请简述软件交付与软件部署的区别。
2. 请简述软件持续交付和软件持续部署的区别。
3. 请简单阐述软件持续交付的流程。
4. 请简述持续集成、持续交付和持续部署中"持续"的内涵。
5. 对于有大规模服务器的分布式应用，请说明使用的部署方式并给出理由。

参考文献

[1] PCMag Encyclopedia. software integration [EB/OL]. [2022-12-01]. https://www.pcmag.com/encyclopedia/term/software-integration.

[2] 杨芙清，梅宏，李克勤. 软件复用与软件构件技术[J]. 电子学报，1999，27(2)：68-75.

[3] 张世琨，张文娟，常欣，等. 基于软件体系结构的可复用构件制作和组装[J]. 软件学报，

2001，12(9)：1352-1359.

[4] Martin Fowler. Software Delivery Guide [EB/OL]. (2019-08-21)[2022-12-01]. https://martinfowler.com/delivery.html.

[5] Jez Humble，David Farley. 持续交付：发布可靠软件的系统方法[M]. 乔梁，译. 北京：人民邮电出版社，2011.

[6] 张路，谢冰，梅宏，等. 基于构件的软件配置管理技术研究[J]. 电子学报，2001，29(2)：266-268.

[7] 罗杰 S.普莱斯曼，布鲁斯 R.马克西姆.软件工程：实践者的研究方法(原书第 8 版) [M]. 郑人杰，马素霞，等译.北京：机械工业出版社，2019.

[8] Martin Fowler. Continuous Integration [EB/OL]. (2006-05-01)[2022-12-01]. https://martinfowler.com/articles/continuousIntegration.html.

[9] CSDN. Instagram 的持续部署实践[EB/OL]. (2016-05-06)[2022-12-01]. https://blog.csdn.net/qiansg123/article/details/80123082/.

[10] Martin Fowler. Continuous Delivery [EB/OL]. (2013-05-30)[2022-12-01]. https://martinfowler.com/bliki/continuousdelivery.html.

[11] IBM. 什么是持续部署[EB/OL]. [2022-12-01]. https://www.ibm.com/cn-zh/cloud/learn/continuous-deployment.

[12] Christian Posta. Blue-green Deployments，A/B Testing，and Canary Releases[EB/OL]. (2015-08-03)[2022-12-01].https://blog.christianposta.com/deploy/blue-green-deployments-a-b-testing-and-canary-releases/.

第 9 章　软件开发工具和环境

软件开发离不开工具和环境的支持。软件开发的各个流程中都存在许多繁琐和重复的工作，在适当的工具和环境辅助下，开发人员能够更加高效地完成软件开发任务。为了解决软件开发的效率问题，20 世纪 80 年代提出了计算机辅助软件工程（Computer-Aided Software Engineering，CASE）技术。最初推出的是计算机辅助建立文档和画图工具，被用来建立结构化图形（如数据流图、程序结构图等），并自动产生各类结构化文档。随着 CASE 技术的发展，围绕着软件开发的各个流程，各类 CASE 工具不断涌现，并且通过一些集成模型，形成了面向特定过程或者全生命周期的工作台以及集成开发环境，对改变软件产业的生产方式产生了很大的影响和作用。

9.1　计算机辅助软件工程（CASE）

9.1.1　CASE 定义

CASE 是支持软件开发全生命周期的集成化工具、技术和方法的总称。从狭义范围来说，CASE 是一组工具和方法的集合，可以辅助软件开发的各个阶段，如分析、开发、测试和维护等。从广义范围来说，CASE 是辅助软件开发的任何计算机技术，它主要包含两个含义：一是在软件开发过程中提供计算机辅助支持，通过 CASE 实现软件开发任务的自动化；二是在软件开发过程中引入工程化方法，通过 CASE 对各类软件工程方法进行落地。

Alfonso Fuggetta[1] 依据 CASE 相关产品对软件过程的支持范围，将 CASE 分为 3 类：

① 工具：用于支持单个软件开发任务。

② 工作台：用于支持某一软件过程或一个过程中的某些活动。

③ 环境：用于支持某些软件过程以及相关的大部分活动。

9.1.2　CASE 工具

CASE 工具又常称为“软件工具”，是用于辅助计算机软件开发过程中的某一活动或任务的一类软件。最早出现的软件工具是引导程序、装入程序和编辑程序。自从软件工程的概念于 20 世纪 60 年代被提出之后，支持软件需求分析、设计、编码、测试、维护和管理等活动的各种工具也相继产生。进入 20 世纪 80 年代以后，随着交互式图形图像技术的发展，出现了图形用户界面工具（如窗口系统）。近年来，随着各种软件工程方法和技术的提出，如以 UML 为代表的面向对象分析方法、以 DevOps 为代表的新型开发方法，又出现了很多新的支持工具。

纵观软件工具的发展，可以总结为以下几个方面的主要特点：

① 趋于工具集成：通过把若干个工具结合起来，使几个相关的工具可以协同操作，有力促进了继承和软件开发环境的发展。

② 重视用户界面设计：通过采用多窗口、图形表示等技术，极大地提高了用户界面的质量，提高工具的可用性。

③ 采用最新理论和技术：通过采用一些最新的技术，如人工智能技术、人机交互技术等，提高工具的效用。

9.1.3　CASE 工作台

CASE 工作台通过将一组工具组装(通过共享文件、数据结构或数据仓库等实现集成)，以支持分析、设计或测试等特定软件开发阶段。工作台可以分为开放式工作台和封闭式工作台，区别在于前者提供了集成机制和公有数据集成标准或协议。工作台支持大多数的软件活动，如分析设计工作台、程序设计工作台、软件测试工作台、配置管理工作台、项目管理工作台等。下面，简单给出程序设计工作台和软件测试工作台的基本结构。

(1) 程序设计工作台

程序设计工作台由支持程序开发的一组工具组成。其中，编译器将高级语言程序转换为机器代码。在编译阶段生成的语法和语义信息也能被程序分析器、程序浏览器、动态分析器等其他工具使用。程序分析器可以分析程序的性质，程序浏览器可以显示程序的结构，动态分析器可以创建动态程序执行轮廓。

程序设计工作台的基本结构如图 9.1 所示。其中，CASE 工具以圆角矩形表示，工具的输入和输出以矩形框表示。在这个工作台中，工具通过抽象语法树和符号表集成，抽象语法树和符号表代表程序的语法和语义信息。

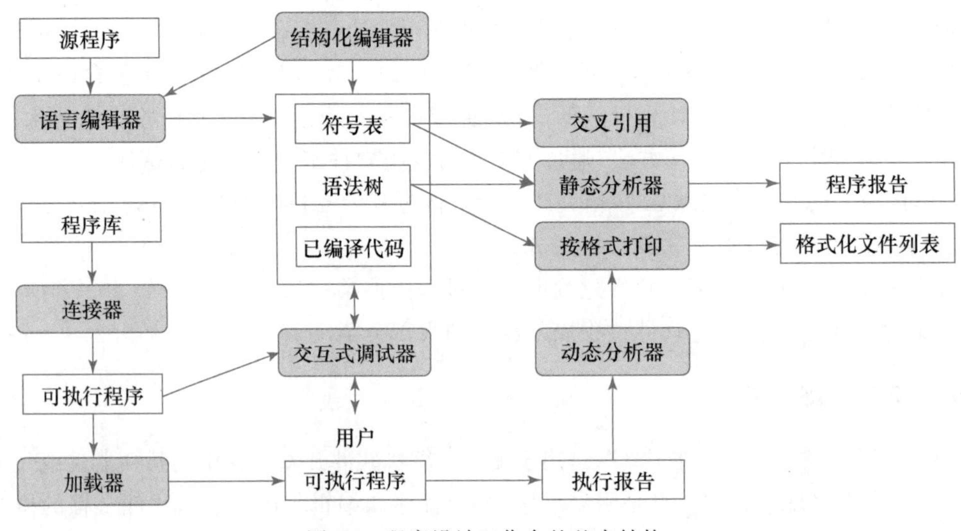

图 9.1　程序设计工作台的基本结构

① 语言编译器：将源代码程序转换为目标码，同时创建抽象语法树(AST)和符号表。

② 结构化编辑器：结合嵌入的程序设计语言知识，对 AST 中的程序语法进行编辑。

③ 连接器：将已编译的程序目标码模块连接起来。

④ 加载器：在执行程序之前，将其加载到计算机内存。

⑤ 交叉引用：产生一个交叉引用表，显示所有程序名声明和引用的位置。

⑥ 按格式打印：扫描 AST，根据嵌入的格式规则，打印源文件和源程序。

⑦ 静态分析器：分析源文件代码，找到诸如未初始化变量、不能执行的代码、未调用的函数和过程等异常。

⑧ 动态分析器：产生带附注的源文件代码列表，标有程序运行时每个语句执行的次数，以及有关程序分支和循环的信息，并统计 CPU 的使用情况等。

⑨ 交互式调试器：允许用户来控制程序的执行次序，并显示执行期间的程序状态。

(2) 软件测试工作台

测试是软件开发过程中最为耗时耗力的阶段之一，因此在最早出现的一批 CASE 工作台中，就存在一些测试和调试工具。软件测试工作台的基本结构如图 9.2 所示。

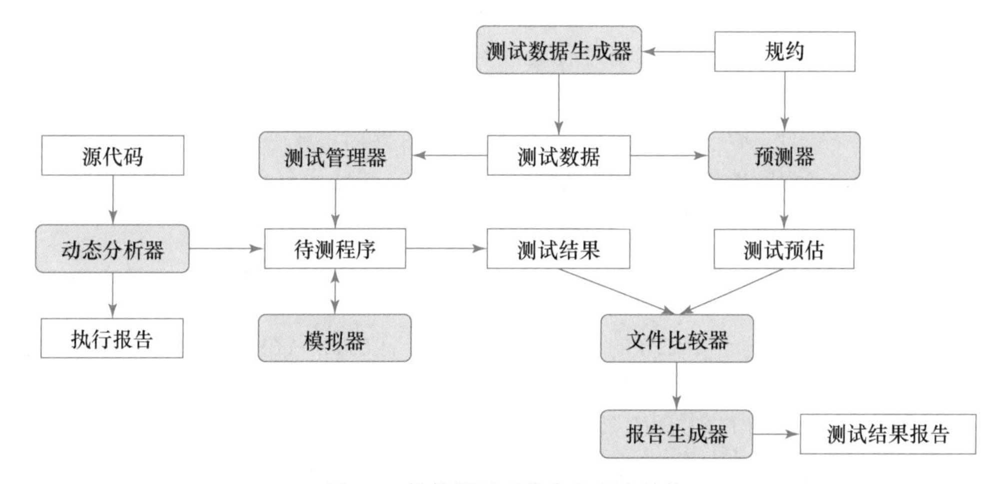

图 9.2　软件测试工作台的基本结构

① 测试数据生成器：生成待测程序的测试数据。可以是从数据库中选取数据，也可以是使用模式来生成正确格式的随机数据。

② 测试管理器：管理程序测试的运行和测试结果的报告。其中包含对测试数据的跟踪、对预期结果的跟踪以及对待测程序的跟踪等。

③ 预测器：生成对所期待的测试结果的预测。

④ 报告生成器：提供报告定义，以及测试结果的生成设施。

⑤ 文件比较器：比较程序测试的结果和预期的结果，并报告它们之间的差异。

⑥ 动态分析器：计算每条语句的执行次数，生成待测程序执行轮廓、特定点程序状态、语句覆盖情况等。

⑦ 模拟器：常见的模拟器包括目标模拟器和 I/O 模拟器。前者是脚本驱动的程序，模拟多个同时进行的用户交互；后者是模拟程序的输入和输出，保证事务执行次序是可重复再现的。

9.1.4 软件开发环境

软件开发环境(Software Development Environment, SDE)由软件工具和环境集成机制构成。软件工具用以完成软件开发的相关过程、活动和任务,环境集成机制为工具集成和软件开发、维护及管理提供统一的支持。具体来说:

① 软件开发环境中的软件工具可包括:支持特定过程模型和开发方法的工具,如支持瀑布模型的工具、支持面向对象方法的工具;独立于模型和方法的工具,如界面辅助生成工具和文档自动生成工具。

② 软件开发环境中的集成机制按功能可划分为环境信息库、过程控制及消息服务器、环境用户界面三部分。其中:

- 环境信息库是软件开发环境的核心,用以存储和共享与软件开发相关的信息。库中存储的信息主要包括两类:一类是开发过程中产生的信息,如设计文档、测试报告等;另一类是环境提供的支持信息,如文档模板、系统配置等。
- 过程控制及消息服务器是实现过程集成和控制集成的基础。过程集成是按照具体软件开发过程的要求进行工具的选择与组合,控制集成实现工具之间的通信和协作。
- 环境用户界面包括环境总界面和各环境部件的界面。统一的用户界面是软件开发环境的重要特征,能够帮助用户高效地使用工具、减轻学习负担。

9.2 工具集成模型

在 9.1 节中,我们了解了 CASE 的概念和工具。由于 CASE 常用的工具比较多,各自功能又不尽相同,如何将它们有机地结合在一起就成了一个有挑战的问题。本节我们介绍将这些 CASE 集成在一起的方式,即工具集成模型。

9.2.1 工具集成模型的作用

工具集成模型可以使得开发环境中的所有工具之间可以共享软件工程信息、提供信息变更的追踪、对所有软件提供版本控制和配置管理、自动将需要的工具和数据集成到任务分解网络中、支持软件开发工程师之间的通信、辅助收集改善软件产品的信息。下面,我们介绍一些经典的工具集成模型。

9.2.2 经典的工具集成模型

1. APSE 模型

1980 年,Buxton 在美国国防部的支持下提出了 Ada 编程支持环境(Ada Programming Support Environment,APSE)模型。它是一种基于 Ada 编程语言的软件开发环境模型,主要用于提供 Ada 程序员在开发过程中所需的工具和支持。APSE 模型结构如图 9.3 所示,其结构主要包括:

① 核心 APSE (KAPSE),提供环境的基础设施,并且有一个公共的工具接口,支持对操作系统进行扩充开发为一个完整的 SEE。

② 最小的 APSE (MAPSE),基本上是一个程序设计工作台。

③ 以增量方式建立一个完整的 APSE,加入可提供的支持其他过程活动的工具。

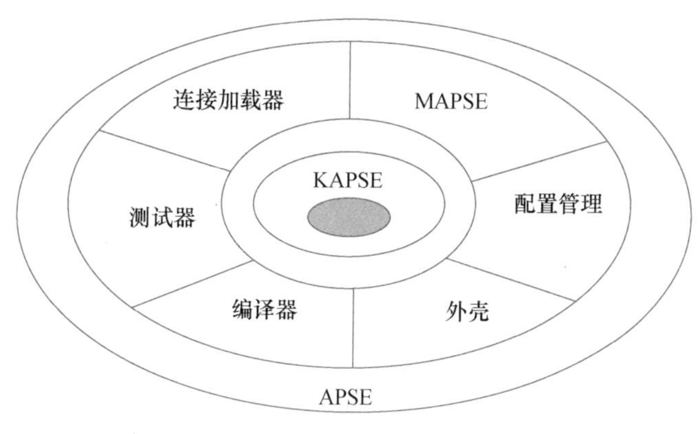

图 9.3　APSE 模型结构

在 APSE 模型中，中间的核心是 KAPSE，可以通过添加 MAPSE、编译器、测试器等建立一个完整的 APSE。

2. PCTE 模型

在 APSE 的影响下，1984 年，欧洲信息技术研究战略计划设立了 PCTE（Portable Common Tool Environment）项目。PCTE 模型的主要目的是提供一种开放的、可移植的软件开发环境，使不同的软件开发工具可以协同工作，提高软件开发的效率和质量。

为了解决 PCTE 标准中的问题，如缺乏对安全性和访问控制的支持、与 UNIX 平台联系过于紧密等，欧洲计算机行业协会（European Computer Manufacture Association，ECMA）设立项目，支持开发 ECMA PCTE。ECMA PCTE 最终成为当时软件开发环境框架的事实标准。

ECMA PCTE 的主要特征可以概括为：

① 基于 ERA（实体-关系-属性）模型，实现对象的管理，包括支持对象之间的连接，对象类与对象的定义。

② 通过控制事务（一个事务是“原子”动作的一个集合）中动作的执行方式（或全部执行，或一个也不执行），提供数据恢复、复原能力。当事务处理中发生错误时，可以将数据库恢复到一个一致的状态。

③ 提供事务执行的管理，即支持进程之间的通信，支持进程的启动、终止和存储。

④ 支持进程和数据在网络上的分派。

⑤ 采用一个比较复杂的安全模型，其中提供了不同的安全级别，控制对 OMS 中对象的访问。

3. SAA 模型

20 世纪 80 年代后期，基于信息仓库的 CASE 逐渐流行，因此，IBM 在 1988 年提出了系统应用体系结构（Systems Application Architecture，SAA）模型[2]。它提供整个企业范围内的信息仓库，该仓库集成了一套用于规划、分析、设计、编程、测试、维护的工具。开发人员在 SAA 系统的 AD/Cycle 平台上进行应用项目的开发，只需根据业务目标选取信息系统（Information System，IS）的部分结构和成分，拼凑成应用项目，然后测试、编写文档和交付。最终，用户在 AD/Cycle 平台上可以直接访问 SAA，了解本项目的目标、结构与功能，所做的处理，数据流程，业务信息以及它们的关系，查找能满足本项目已有的应用系统。

SAA 的出现把开发的原型化和软件重用推到一个新的高度，应用开发从项目为中心转向面向处理过程。这是一种革命性的转变，其技术基础是现代集成 CASE 环境的信息仓库技术。信息仓库在 SAA 模型中是集成的核心，它是 CASE 专用的信息库。信息仓库由信息模型、控制功能和数据库管理系统组成。仓库按企业的某种信息模型组织、存放、使用各种工具与信息，按信息模型生产、使用、维护各项目应用。

IBM 的 SAA 系统的集成框架和软件平台 AD/Cycle 的实现模型，如图 9.4 所示。其中，工作站服务和工作项管理即进程管理服务的具体化。工具服务和 AD 信息模型即数据集成服务的细化，而增加库服务是为了提高效率，对于更改不频繁的少量、重要的系统程序放于库中。需要注意的是，库与仓库不同，库只能按照关键字查找。

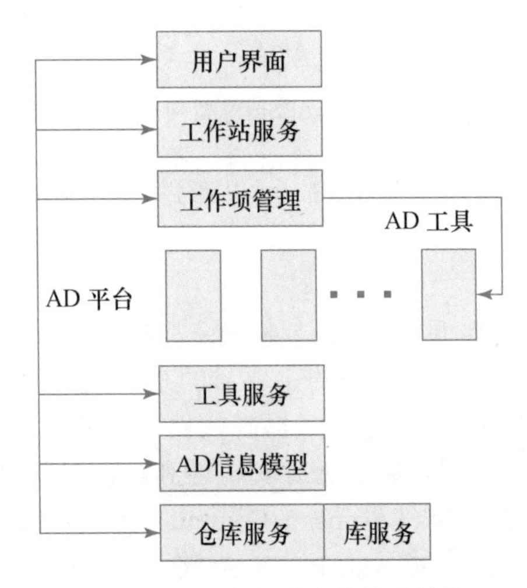

图 9.4　AD/Cycle 平台的体系结构

9.2.3　现代的工具集成模型

随着各种 IaaS，PaaS 服务的发展，工具集成模型也从本地开发、专业人员开发，向开发过程的方向慢慢转变，成为更加全面、易用的软件开发方案。现代的工具集成模型主要有以下几种：

1. 基于云服务的工具集成模型

随着越来越多的企业和组织将工作负载和数据迁移到云上，云计算已经彻底改变了企业和组织的 IT 架构和应用程序开发方式。基于云服务突破了传统的工具集成模型在本地开发的限制，为企业提供灵活、低价、可扩展的解决方案。

基于云服务的工具集成不仅可以加速应用程序的开发和部署，还可以大大简化 IT 管理工作。通过云服务提供商提供的 API 和工具，企业和组织可以轻松地将不同的应用程序和服务整合到一个集成解决方案中，从而实现更高效的业务流程和更好的用户体验。云服务提供商（如 AWS、Azure、Google Cloud 等）均提供了丰富的 API 和工具。图 9.5 显示了 AWS 提供的所有产品。

除提供 API 和工具外，云服务提供商还提供了一系列的安全和管理服务，帮助企业和组织保护其在云上的工作负载和数据。这些服务包括身份验证和访问控制、数据加密、网络安全、日志和监控等。通过利用这些服务，企业和组织可以更好地管理其在云上的 IT 基础设施，并保护其重要的业务资产。

搜索所有 AWS 产品

搜索 AWS 产品与服务

清除筛选条件

re:Invent
- re:Invent 2022 发布内容
- re:Invent 2021 发布内容

免费套餐类型
- 12 个月免费
- 永久免费
- 试用

产品类别
- 分析
- 应用程序集成
- 区块链
- 业务应用程序
- 云金融管理
- 计算
- 容器
- 数据库
- 开发人员工具
- 终端用户计算
- 前端 Web 和移动应用程序
- 物联网
- 机器学习
- 管理与监管
- 媒体服务
- 迁移与传输
- 联网和内容分发
- 量子技术
- 机器人技术
- 卫星
- 安全性、身份与合规性
- 存储

1-15 (239)　　排序依据　服务名称

分析　免费试用 Amazon OpenSearch service 对 PB 级文本和非结构化数据进行搜索、可视化和分析	业务应用程序 Alexa for Business 使用 Alexa 为您的组织赋能	前端 Web 和移动应用程序　免费试用 Amazon API Gateway 构建、部署和管理 API
应用程序集成 Amazon AppFlow SaaS 应用程序与 AWS 服务的无代码集成	最终用户计算　免费试用 Amazon AppStream 2.0 将桌面应用程序安全地流式传输至浏览器	分析 Amazon Athena 使用 SQL 在 S3 中查询数据
机器学习　免费试用 Amazon Augmented AI 轻松实施机器学习预测的人工审核	数据库 Amazon Aurora 高性能托管式关系数据库	量子技术　免费试用 Amazon Braket 加速量子计算研究
业务应用程序 Amazon Chime 轻松开展会议、视频通话和聊天	联网和内容分发　12 个月免费 Amazon CloudFront 全球内容分发网络	分析 Amazon CloudSearch 托管式搜索服务
管理与监管 Amazon CloudWatch 监控资源和应用程序	开发人员工具 Amazon CodeCatalyst（预览版） 统一的软件开发服务，加速 AWS 上的开发和交付	机器学习 Amazon CodeGuru 查找最昂贵的代码行

1　2　3　4　5　6　…　>

图 9.5　AWS 平台提供的所有产品[3]

2. 低代码平台工具集成模型

传统的工具集成模型中，核心仍然是需要开发人员。低代码开发平台是一种用于快速应用开发的软件，它允许开发人员通过图形界面而非传统的手动编码来创建应用程序。这些平台使非专业开发人员和专业开发人员都能够迅速构建和部署应用程序，从而加速应用的开发过程。目前，市面上常见的低代码开发平台有 Microsoft Power Apps、OutSystems、Mendix 等，图 9.6 显示了 OutSystems 平台可以让非专业开发人员以拖动点按的方式快速构建应用。

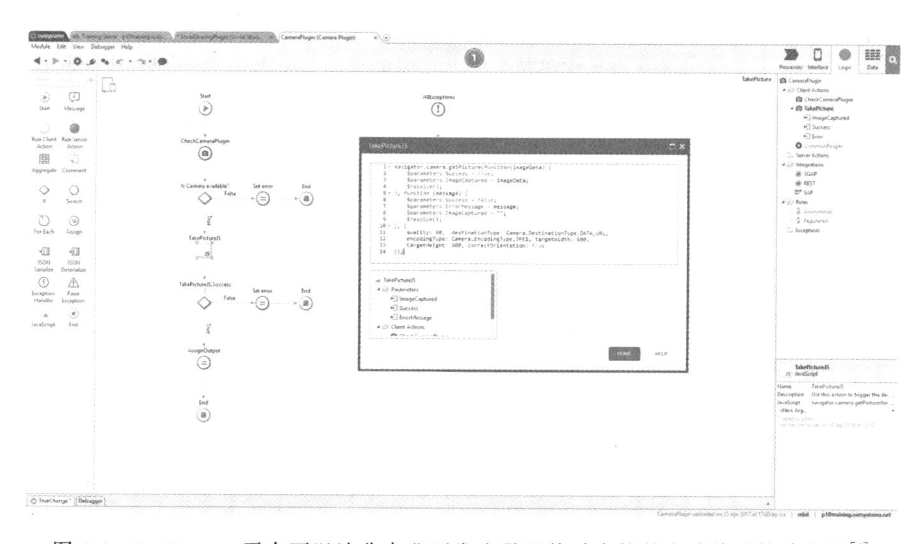

图 9.6　OutSystems 平台可以让非专业开发人员以拖动点按的方式快速构建应用[4]

与经典的工具集成模型相比，低代码平台不仅提高了开发效率，而且降低了开发的门槛，并且通过大量重用的模板和组件提高了代码的性能和稳定性。同时，目前的低代码平台大多通过 Web 技术进行在线合作，这也大大缓解了经典工具集成模型中多人协作困难的问题。

3. DevOps 工具集成模型

经典的工具集成模型，大多数针对软件开发人员，然而实际生产生活中，一个软件的成功，是开发、测试、运维等工程师通力合作的结果。经典的工具集成模型着重于软件开发阶段，没有关注整个从开发到上线的生命周期。而这就是 DevOps 的核心理念，它将软件开发和 IT 运维整合在一起，通过自动化、可重复性和协作来提高软件开发的效率和质量。

DevOps 强调的团队协作，不仅仅是开发人员之间的协作，还包括测试人员、运维人员等多个角色之间的协作。另外，DevOps 也强调自动化，这意味着软件开发、测试、部署和运维的流程都需要进行自动化，从而提高效率和质量。同时，自动化也能够减少人为干预，减少错误和故障的发生。

受 DevOps 思想影响，DevOps 工具集成模型是一种将不同的 DevOps 工具和服务整合到一起，以实现更快速、更可靠的软件开发和发布的方法。图 9.7 展示了常见的 DevOps 流程图。DevOps 工具集成模型主要分为以下几个部分：

① 持续集成：将开发人员的代码持续集成到主干代码库中，并通过自动化测试实现快速反馈，以确保代码质量和可靠性。

② 持续交付：通过自动化的软件构建和部署流程，实现快速且可靠的软件交付和发布。

③ 持续部署：通过自动化的软件构建和部署流程，实现自动化的部署和发布，减少人为干预，提高效率和可靠性。

④ 监控与日志管理：通过实时监控和分析软件运行情况，及时发现和解决问题，保证软件的稳定性和可靠性。

常见的 DevOps 工具有 Jenkins、GitLab、Docker、Kubernetes 等。

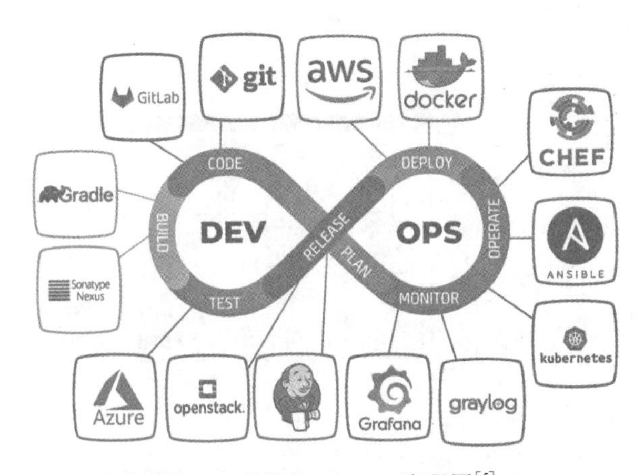

图 9.7　常见的 DevOps 流程图[5]

9.2.4 工具集成模型的发展趋势

随着软件开发理念于网络、计算、存储等基础设施的发展,工具集成模型也在不断发生演变,主要的发展趋势有以下几个方面:

① 与云服务的集成:随着云计算发展,工具集成模型需要支持多种不同的云服务,以实现更加灵活和可扩展的软件开发和运维。

② 容器化集成:容器化技术的发展,促进了容器化集成的出现,通过将应用程序和依赖项打包为容器镜像,实现更加轻量级和可移植的软件开发和运维。

③ DevSecOps 集成:随着安全性的日益重要,工具集成模型需要支持 DevSecOps 的集成,以确保软件开发和运维的安全性,并提供自动化的安全检查和审计。

④ 人工智能集成:人工智能和机器学习的应用,可以通过自动化代码、自动化测试和自动化部署来提高软件开发和 IT 运维的效率和质量。

9.3 软件开发框架与工具

在前面的章节中,我们介绍了工具集成框架的概念,但是上述概念都较为抽象。下面,我们介绍目前实际开发中常用的 CASE 工具和环境等。

9.3.1 软件开发框架的定义

软件开发框架是一种相对于建筑工程学中的框架概念的抽象,其提供通用的构件、接口、编程思想帮助开发人员快速开发标准的、可重用的、鲁棒性高的、可协作性强的软件。软件开发框架主要包括可重用代码库、工具集、API、文档等。

软件开发框架与常见的代码库的区别主要在于:

① 控制反转:如果使用框架,那么在这个软件项目的开发过程中,整个软件项目的控制流和数据流是由框架来决定的而不是由调用者决定的。

② 可扩展性:用户可以通过框架定义的模板或者接口规范来重写或者添加自己需要的功能。

③ 功能范围:通常来说,开发框架的功能范围更大,实现的功能也更完善。开发人员甚至可以完全不用自己编写代码,就可以完成一个完整的软件项目,而软件库无法独立完成一个软件项目。

9.3.2 常用的软件开发框架和工具

1. 常用的软件开发框架

根据目前主流的软件应用场景,我们将常用的软件开发框架分为以下四类:网页客户端应用、桌面客户端应用、移动客户端应用、其他领域应用。

(1) 网页客户端应用

网页客户端开发应用方面,目前通常采用前后端分离的开发方式,主流的后端开发框架包括 Java 语言的 Spring、Python 语言的 Django、C# 语言的 ASP.NET、PHP 语言的 Laravel 等。而前端开发主要以 JavaScript/TypeScript 语言为主,流行的开发框架包括 React、Vue.js、AngularJS 等。

目前，网页客户端应用开发中，Spring 框架占据了非常高的市场份额，其能流行主要有以下几个原因：

① 控制反转(Inversion of Control，IoC)：Spring 框架提出 IoC 的思想。IoC 将创建对象的控制权转移给了 Spring 框架，开发人员只需要负责调用，减少了对象之间的耦合性，便于测试和复用。

② 面向切片编程(Aspect Oriented Programming，AOP)：AOP 与传统的面向过程编程(Procedure Oriented Programin，OPP)、面向对象编程(Object Oriented Programming，OOP)不同，其主要目的是提取业务过程中的切面，从而降低逻辑过程中各个部分之间的耦合程度。

③ 依赖注入(Dependency Injection，DI)：依赖注入是 IoC 思想实现的一种具体的实现方式，用于将依赖的控制反转。

图 9.8 展示了 Spring 框架的结构图[6]，其中，Core 模块内包含了 IoC 与 DI 的基本实现。

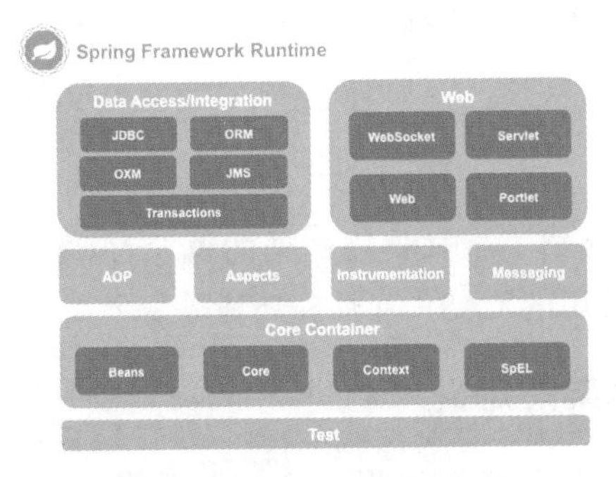

图 9.8　Spirng 框架的结构图

(2) 桌面客户端应用

桌面操作系统主要分为 Windows、Linux、macOS，针对不同的桌面操作系统使用的开发框架存在许多不同。例如 Windows 系统下目前较为流行的是 C# 结合 Windows 呈现基础(Windows Presentation Foundation，WPF)框架进行开发。C# 是由微软公司推出的一种基于.NET 的面向对象的高级编程语言。C# 不仅继承了 C 和 C++强大的功能，而且通过添加垃圾回收、边界检查、去掉指针等方式有效解决了大量复杂的内存问题。WPF 是由微软推出的用于 Windows 平台开发的用户界面框架。WPF 使用 XAML 语言来开发界面，降低了前后端代码的耦合程度。WPF 不仅提供了大量精美的通用控件，而且使用硬件加速技术使得应用有更好的性能表现。

macOS 系统下使用 Swift 结合 SwiftUI 进行开发。Swift 是苹果公司在 C 语言和 Objective-C 语言基础上开发的全新的编程语言，不仅适用于 macOS 的桌面应用开发，同时适用于 iOS、iPadOS、Apple tvOS 和 watchOS，是苹果公司生态系统开发中首推的语言。Swift 配合 SwiftUI 和 Xcode，为用户提供了从代码编辑、界面设计到应用测试、打包分发的一切所需资源。

而 Linux 环境中最流行的是使用 C++结合 Qt 进行开发。C++是在 C 语言基础上开发的一种面向对象的编程语言，其不仅保持了 C 语言的高效、灵活、便于移植的特点，而且支持一些高级语言的特征，例如面向对象编程、泛型编程等。C++高效的性能与强大的能力，使得其在绝大多数领域(如服务器端开发、网络应用开发、游戏开发、嵌入式系统开发、人工智能等领域)都有广泛的应用。Qt 是一个跨平台的用户界面开发框架，其可以运行在 Linux、

Windows、maxOS 或者嵌入式系统等多种不同的平台。经过多年的发展，Qt 支持多种编译器，并且拥有 SQL 数据访问、XML 解析、多线程通信等功能，这不仅提高了 Qt 的能力而且提高了 Qt 的性能表现。需要注意的是，Qt 有非常复杂的授权模式，开发人员/公司需要注意自己开发的应用是否需要支付授权费。

图 9.9 展示了 Qt 应用的框架图[7]，从左到右分别是：开发语言（包括 C++、Python 等）、Qt 框架（包括目标平台、基本库、附加库）、开发工具、设计工具。

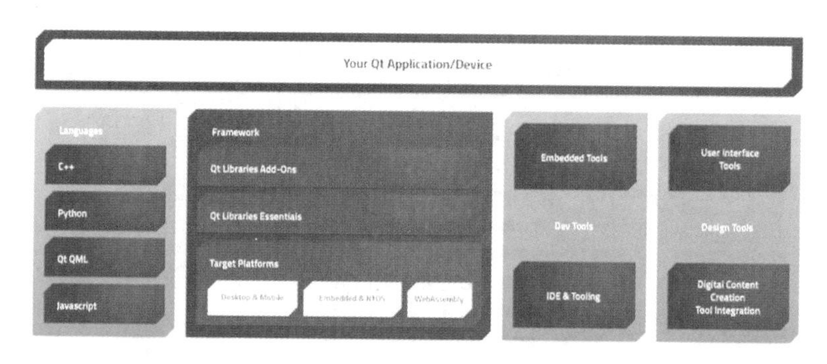

图 9.9 Qt 应用的框架图

（3）移动客户端应用

移动操作系统目前主要分为 Android 和 iOS/iPadOS。

Android 应用主要使用谷歌公司提供的 Android SDK 和 Android Studio 进行开发。其中，Android Studio 是谷歌公司基于 IntelliJ IDEA 推出的集成开发环境，它不仅包含了代码编辑器、编译器，还内置了多种 Android SDK 和 Android 虚拟机。近年来，谷歌公司推荐由 Jetbrain 开发的 Kotlin 语言代替 Java 作为 Android 开发的首选语言。Kotlin 相比 Java 来说，语法非常简洁、通过限制空指针提高了代码安全性、提供了更加前沿的协程来完成异步编程。谷歌公司声称目前已经有超过 60% 的 Android 开发人员在使用 Kotlin[8]。

随着近几年苹果公司推出自家研发的桌面端 ARM 芯片，苹果公司开发生态中桌面端应用与移动端应用的界限逐渐模糊，Mac 用户可以在桌面端运行 iOS/iPadOS 应用，而 iOS/iPadOS 平台也逐渐获得 macOS 平台的软件和功能的下放，桌面端和移动端应用有着统一的趋势。对于目前苹果公司的移动客户端应用开发来说，通常使用和桌面端应用完全相同的开发流程和环境，即 Swift 配合 SwiftUI 以及 Xcode 完成应用从开发到分发的所有流程。

（4）其他领域应用

除了上面介绍的三种领域的应用外，还有一些其他领域的应用，例如嵌入式应用、分布式应用等。其中嵌入式应用对于性能要求较高，通常采用 C、C++进行开发。而分布式应用在开发方面，需要开发语言能够处理大量高并发数据、方便横向扩展、跨平台兼容、高效网络通信等。因此，Java、Go 等语言成为分布式软件开发的主流。

2. 常用的软件开发工具

近年来，人们为了提高软件开发的效率和质量，降低开发人员的开发难度，开发出了许多 CASE 工具和环境来帮助开发人员完成工作。我们根据软件开发的代码编辑、代码编译、代码调试、软件测试、软件部署等过程，将这些工具分为编辑器、编译器与解释器、调试器、测试工具以及集成开发环境。

（1）编辑器

编辑器主要完成代码编写的工作。常见的代码编辑器有：Visual Studio Code、Sublime Text等。现代化的代码编辑器通常具有语法高亮、错误检查、代码提示、添加扩展等功能。Stack Overflow（程序设计领域的问答网站）在2021年对全球181个国家/地区的83 439名开发人员进行了一项全方位的调查，调查结果如图9.10所示。在开发工具/环境方面，Visual Studio Code是开发人员最喜欢的开发工具/环境，并且遥遥领先第二名[9]。

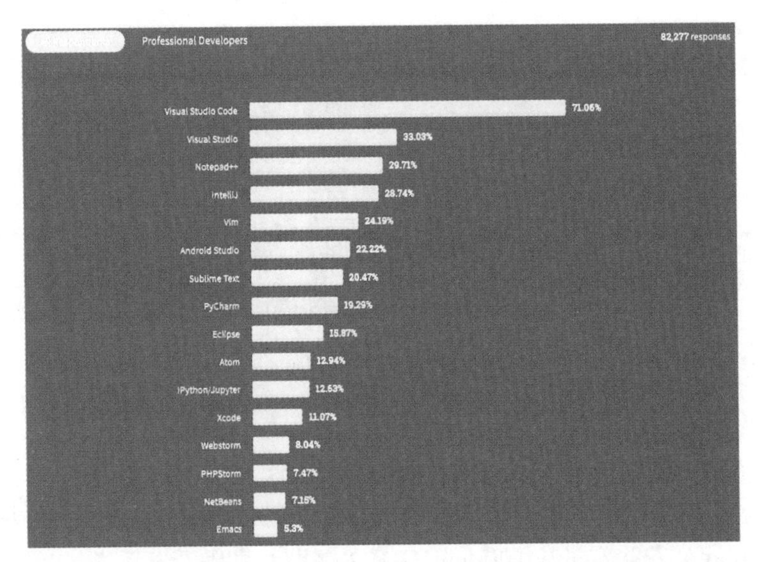

图9.10　Stack Overflow关于开发工具/环境的调查结果

（2）编译器与解释器

编译器的主要工作是将开发人员编写的高级代码编译生成二进制代码或者中间码（例如Java字节码）。不同的语言具有不同的编译器，例如C/C++语言常用GCC、Clang、MSVC等、Java常用OpenJDK、OracleJDK等。解释器的主要工作与编译器类似，但解释器用于解释性语言，例如Python、JavaScript、PHP等，其在解释的过程中不产生任何的中间码、解释完成后不保存任何机器代码、每次读取执行一行代码。同样地，针对不同语言，也有专门的解释器帮助其转换成二进制代码。

（3）调试器

在编写代码的过程中，开发人员需要经常查看代码的执行结果、中间过程、运行开销等，调试器的主要工作就是帮助开发人员完成上述调试工作。针对不同的语言有不同的调试器可选，例如C/C++的调试器GDB、Java的调试器JDB、Python的调试器PDB等。这些调试器不仅可以通过命令行运行，也可以很方便地集成到编辑器/IDE中。

（4）测试工具

测试工具的主要工作是帮助开发人员、软件测试人员检测代码、程序的问题。测试工具主要分为功能测试工具、性能测试工具和安全测试工具等。

① 功能测试工具通常包含单元测试、接口测试、边界值分析、类测试、行为测试、缺陷定位、测试报告生成、缺陷追踪等功能。常用的功能测试工具包括JUnit、Bugzilla、SonarQube等。

② 性能测试工具通常包括压力测试、性能调优、可靠性测试、系统监控、报告生成等功能。常用的性能测试工具包括 LoadRunner、Apache JMeter、WebLOAD 等。

③ 安全测试工具通常包括 SQL(结构化查询语言，Structured Query Language)注入、XSS(Cross Site Scripting，跨站脚本)攻击、端口扫描、反编译/反汇编、漏洞报告生成等功能。常用的安全测试工具包括 AppScan、Burp Suite、Nessus 等。

(5) 集成开发环境

由于开发人员在开发过程中，通常需要上述工具协同工作，开发人员经常需要将编写好的代码进编译运行，然后调试与测试，上述工具之间的耦合性很高。因此，将上述工具结合在一起的集成开发环境(Integrated Development Environment，IDE)诞生了。现代化的 IDE 不仅包含了上述的代码编辑、编译/解释、调试、测试等功能，还拥有良好的图形化界面、版本控制、应用打包、文档管理等功能，甚至还包括了部署、签名、分发等功能。常用的 IDE 包括 Visual Studio、Eclipse、IntelliJ IDEA、Xcode 等。

9.4 本章小结

自动化软件开发一直是软件工程领域的研究和发展重点，而这离不开 CASE 技术的支持。CASE 的实质是为软件开发人员提供一组优化集成、节省大量人力的软件开发工具，从而实现软件生命周期各个环节的自动化并使之成为一个整体。本章，我们首先介绍了 CASE 的定义，并结合一些示例介绍了 CASE 的主要构成，包括 CASE 工具、CASE 工作台、软件开发环境。为了形成一个集成开发环境，集成模型也是 CASE 必不可少的一部分。我们分别介绍了几种经典的工具集成模型以及现代的工具集成模型，并探讨了工具集成模型的发展趋势。最后，作为当前最常见的 CASE 技术的载体，我们介绍了一些常用的软件开发框架和工具，包括网页客户端应用、桌面客户端应用、移动客户端应用以及其他领域应用。

习 题

1. 针对一个常用的软件集成开发环境，分析其工具构成以及集成机制。

2. 根据 APSE 和 SAA 的模型图，思考其中模块的对应关系与演变。

3. 思考软件设计模式与软件开发框架的区别和联系，并对 Spring 框架进行分析，思考其中包含的设计模式。

4. 以 Visual Studio Code 编辑器为基础，尝试添加辅助插件和工具来代替 IDE 完成 Java 开发工作。

参考文献

[1] A Fuggetta. A classification of case technology[J]. IEEE Computer, 1993, 26(12), 25-38.

[2] Mercurio V J, Meyers B F, Nisbet A M. AD/Cycle strategy and architecture[J]. IBM Systems Journal, 1990, 29(2): 170-188.

[3] AWS. AWS 云产品[EB/OL]. [2023-03-15].https://aws.amazon.com/cn/products/.

[4] outsystems. Outsystems low-code platform[EB/OL]. [2023-03-15]. https://www.outsystems.com/.
[5] Meedeniya D, Rubasinghe I, Perera I. Artefact Consistency Management in DevOps Practice: A Survey: Tools and Techniques for Software Development in Large Organizations: Emerging Research and Opportunities[C]. IGI Global,2020.
[6] Introduction to the Spring Framework[EB/OL].[2022-10-29]. https://docs.spring.io/spring-framework/docs/4.3.x/spring-framework-reference/html/overview.html.
[7] Qt Framework[EB/OL]. [2022-10-29]. https://www.qt.io/product/framework.
[8] 使用 Kotlin 开发 Android 应用[EB/OL].[2022-10-29]. https://developer.android.com/kotlin?hl=zh-cn.
[9] 2021 Developer Survey[EB/OL].[2022-10-29].https://insights.stackoverflow.com/survey/2021/?utm_source=social-share&utm_medium=social&utm_campaign=dev-survey-2021.

第 10 章　软件维护和演化

本章主要介绍了软件维护、软件演化和软件再工程的概念和方法。

10.1　软件维护概念

在 20 世纪 70 年代初，IBM 将“维护”定义为对现有软件进行有目的的修改任务。学者 Ganning 在 1972 年的论文中使用了“冰山”的比喻来说明软件维护实践者面临的潜在问题。当时，软件维护实践者狭隘地将维护仅视为纠正系统错误和扩展系统功能的过程，将其错误地看作是软件开发的延续。然而，软件开发是需求驱动的，即其目的是设计和实现一个满足特定功能和非功能需求的系统，而软件维护则是事件驱动的，只有在接收到用户关于软件改正和增强的请求后，软件开发人员才会组织和实施相应的软件维护活动。本章将详细介绍软件维护的概念以及软件维护的分类方法，以及软件演化和软件再工程的概念和方法。

10.1.1　软件维护的定义

根据 ISO/IEC/IEEE 14764：2022 的定义，软件维护是指在软件交付后对软件产品进行修改的活动，旨在纠正错误、提高性能或改善其他属性。为了评估软件的易理解性、易纠正性、易调整性和易增强性，学术界定义了软件的可维护性。软件的可维护性越高，就越容易进行修改和适应变化。在国际软件产品质量标准中，软件维护性是其中的六个软件质量特性之一，其他五个分别是功能性、可靠性、易用性、效率性和可移植性。可维护性与软件的可读性、可理解性、可扩展性和易修改性密切相关。在软件开发和维护过程中，软件的可维护性与多个因素相关，包括采用的软件开发方法学、标准化的文档结构，所选用的编程语言、编码规范，设计实现的前瞻性、软件文档的完整性。一般而言，采用面向对象的软件开发方法学、按照标准化规范编写软件文档、使用标准高级程序语言、遵循相应的编码规范、在设计实现阶段考虑未来的变化并预留修改空间，以及撰写完整翔实的软件文档，都有助于提高软件的可理解性、可修改性和可维护性。

10.1.2　为什么要进行软件维护

根据软件维护的定义，软件维护是一项广泛的活动，涵盖错误纠正、功能增强、过时功能消除以及优化等一系列软件修改活动。随着时间的推移，计算机软件系统的变化是不可避免的。这些变化可能源于用户提出的新功能需求、软件在使用过程中出现的故障报告，以及软件运行环境变化所带来的新技术需求。这些不断出现的需求驱使了软件维护过程的进行，因为无法快速、有效地进行软件修改通常会导致商业机会的丧失。

在软件工程领域中，软件维护是一项至关重要的活动。它的目标是确保软件系统持续运行并适应不断变化的需求。错误纠正是其中的一个主要方面，它涉及识别和修复软件中的错误和缺陷。此外，功能增强也是软件维护的重要组成部分，它通过引入新功能或改进现有功能来提高软件的价值和竞争力。另外，消除过时的功能也是必要的，因为随着技术的进步和用户需求的变化，一些旧有功能可能变得不再适用或低效。此外，优化是为了提高软件性能和效率而进行的改进措施。

软件维护的重要性在于它对于保持软件系统的可靠性、安全性和可用性至关重要。有效的软件维护可以提高软件的稳定性，减少故障和停机时间，提升用户满意度，并为企业带来商业机会。因此，软件维护应该被视为软件生命周期中不可或缺的一部分，需要在整个软件开发过程中得到充分的重视和规划。

10.1.3 软件维护的分类

根据软件维护的意图，学者 E.B. Swanson 最初给出了三种类型的维护活动，分别为改正性维护、适应性维护和完善性维护[1]，而在随后的 ISO/IEC 14764 标准中，预防性维护被添加进来，形成了四类软件维护。

（1）改正性维护

改正性维护是一种软件诊断和错误改正活动，旨在识别和纠正软件中的错误，并改进性能缺陷。在较大型的软件系统中，由于测试无法发现所有隐藏的问题，必然会存在一些错误在运行阶段被暴露出来，特别是在用户特定的使用场景中。这些错误可能表现为功能错误，例如程序产生错误的输出；或者性能缺陷，例如软件无法满足实时需求。

改正性维护的过程旨在隔离并纠正导致错误的故障点，以修复软件产品并满足用户需求。通过分析错误现象、进行故障定位和修复工作，改正性维护活动可以解决软件中的问题，提高软件的质量和可靠性。在改正性维护过程中，开发团队可能会采用调试工具、故障排除技术和修复策略，以快速有效地解决问题，并确保软件的正确运行。

（2）适应性维护

适应性维护是使软件适应外部环境或数据环境的变化的软件修改活动。随着时间的推移，软件运行所依赖的外部环境可能会发生变化，例如操作系统的升级。同时，软件所处理的数据环境也可能发生变化，如数据库、数据格式、输入输出方式和存储介质等的变化。适应性维护的目标是对现有软件系统进行改变、添加、删除、修改、扩展和增强，以满足系统在其所运行的环境中的演化需求。适应性维护的具体任务可能涉及对代码、配置文件、数据存储结构等的修改，以确保软件在变化的环境中继续有效运行。适应性维护对于软件系统的长期可用性和可持续性至关重要。通过及时适应外部环境和数据环境的变化，软件可以保持与用户需求和运行环境的一致性，从而提供稳定和可靠的服务。

（3）完善性维护

完善性维护是为了满足用户需求而进行的软件维护活动，它涉及对软件进行修改或再开发，以扩充功能、增强性能和提升可维护性。常见的完善性维护场景包括为了满足用户需求的新功能而修改软件，改进软件以满足用户对性能的更高要求（例如降低软件的响应延迟），以及对软件系统进行重构以提升可维护性等。

完善性维护活动通常包括代码重构、创建和更新文档以及进行性能优化等。代码重构可以改善软件的结构和设计,使其更易于理解和修改。文档的创建和更新可以提供关于软件的准确和详尽的信息,帮助开发人员和维护人员更好地理解和操作软件。性能优化则旨在提高软件的执行效率和响应速度,以满足用户对性能的要求。

通过完善性维护,软件可以持续适应用户需求的变化,并不断提升其功能、性能和可维护性,从而满足用户的期望并增强软件的价值。

(4) 预防性维护

预防性维护是一种具有预防性质的维护活动,旨在提高软件的可维护性和可靠性,并为将来进一步改进软件打下良好的基础。预防性维护采用先进的软件工程方法对需要维护的软件或软件的特定部分进行重新设计、编码和测试。

预防性维护与改正性维护的最显著区别在于,触发的事件不同。改正性维护是由软件系统出现错误的事件驱动,即用户已经发现了软件系统中的功能错误和性能缺陷,需要对其进行修复。而预防性维护则是软件开发团队根据先进的软件工程方法,在用户尚未发现故障的情况下对软件进行修改,以避免潜在的错误和问题的发生。

根据经验,四种软件维护活动的占比如图 10.1 所示。其中,完善性维护活动约占 50%,改正性维护活动约占 20%,适应性维护活动约占 25%,而预防性维护活动最少,约占 5%。

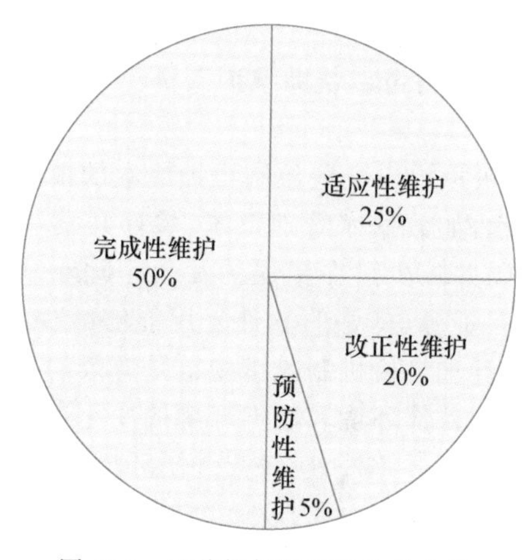

图 10.1　四种软件维护活动的占比

10.1.4　软件维护的工作量和成本

在过去的几十年中,软件维护的费用稳步上升。1970 年用于维护已有软件的费用只占软件总预算的 35%～40%,1980 年上升为 40%～60%,而在 1990 年上升为 70%～80%。一个软件的维护活动通常可以持续数十年,而软件开发活动通常不会超过 3 年,软件维护活动花费的工作量占整个软件生存周期工作量的 70% 以上。在 20 世纪 70 年代后期,学者 Lientz 和 Swanson 进行的一项著名且被广泛引用的调查研究揭示了,在生命周期成本中有非常高的部分成本用于维护。导致软件维护工作量不断攀升并居高不下的原因主要有:

① 现代软件系统通常具有复杂的架构和大量的代码,这增加了维护的难度和成本。理解和修改复杂系统需要更多的时间和资源。

② 在软件交付之后漫长的使用过程中，总不断地出现错误和新需求，对软件的修改也会不断发生。

③ 维护过程中发生的软件修改可能引入新的错误，即便没有引入错误，依然可能没有关注整体软件体系结构，使得软件的设计结构、编码、逻辑和文档变差，增加维护成本。

④ 软件维护活动并不像软件开发活动具有规范的流程和模型指导。

⑤ 团队成员的流动和知识损失会导致维护人员花费时间重新学习和理解系统，增加了维护成本。

影响软件维护工作量的主要因素有：

① 系统规模。通常来说，越大的软件系统所需的软件维护工作量也越大。

② 程序设计语言。相比于低级程序语言，高级程序语言书写的软件更具有维护性。

③ 软件系统的服役时间。通常来说刚刚交付的软件系统维护工作量较小，已经交付并使用多年的软件系统维护工作量较高，因为在此阶段引入的程序修改也变成了后续维护工作的一部分。

④ 数据库技术的应用水平。成熟的数据应用可以有效隔离数据管理部分引入的复杂度，降低软件维护的工作量。

⑤ 采用的软件开发技术和软件开发的工程化程度。使用成熟框架等进行软件开发有助于降低软件维护工作量。

⑥ 开发时是否考虑将来的修改。

⑦ 其他。例如良好的代码风格可以帮助维护人员更好地理解软件系统，隐形之中可以降低软件维护工作量。

基于这些主要因素，我们可以提出一些控制维护成本的策略。对于改正性维护方面，建议在开发阶段采用较新的技术，如数据库管理系统、软件开发环境和高级编程语言等，这些技术有助于生成更可靠的代码并减少潜在错误的发生。此外，可以充分利用成熟的软件开发框架和第三方依赖库等已有资源，良好的软件复用能够减少错误并加快开发进程。在开发过程中，引入防错性程序设计和自检机制等措施也是有效的方法。

对于适应性维护，需要应对外部环境和数据环境的变化，建议在配置管理阶段考虑多种环境因素，包括操作系统和硬件等。此外，应将与外围环境因素相关的程序局限在特定的程序模块中，以便于灵活调整。使用面向对象技术可以使系统更易于修改和移植。

针对完善性维护，除采用改正性维护和适应性维护的策略来提高软件的容错性和应对变化的能力之外，还可以考虑建立软件系统原型。在实际系统开发之前，提供原型给用户使用，有助于用户更清晰准确地表达他们的需求，从而减少后续的完善性维护活动的需求。

10.2 软件维护活动

为了有效地进行软件维护，需要对所有维护活动提出标准，并在事先进行组织工作。这包括以下方面的规范化：维护申请报告的过程和评价过程，为每个维护申请制定标准的处理步骤，建立维护活动的记录制度，规定评价和审查维护活动的标准。

直接修改代码来进行软件维护是一种低效且不规范的方法。良好的软件维护活动可以按照流程划分为三个阶段：维护前、维护中和维护后。每个阶段都对应着具体的流程，包括软件维护申请、软件维护的工作流程、维护档案记录和维护评价。

10.2.1 软件维护申请

一般来说，软件维护组织会向用户提供维护申请报告（Maintenance Request Form, MRF），由申请维护的用户填写。如果用户需要改正性维护，则通常需要用户说明错误产生的完整情况，包括输入数据、错误描述清单和其他有关材料等。如果用户需要完善性维护和适应性维护，则通常需要提交一份修改说明书，列出所希望的修改。用户在提交维护申请报告之后，通常会由维护人员与系统监督员研究处理，制作软件修改报告（Software Change Report, SCR），详细说明所需修改变动的性质、修改的优先级、为满足某维护申请报告所需的工作量和预计修改后的状况等。软件修改负责人批准软件修改报告之后，便可进入到实际软件维护的工作流程中。

10.2.2 软件维护的工作流程

软件维护的工作流程如图 10.2 所示。

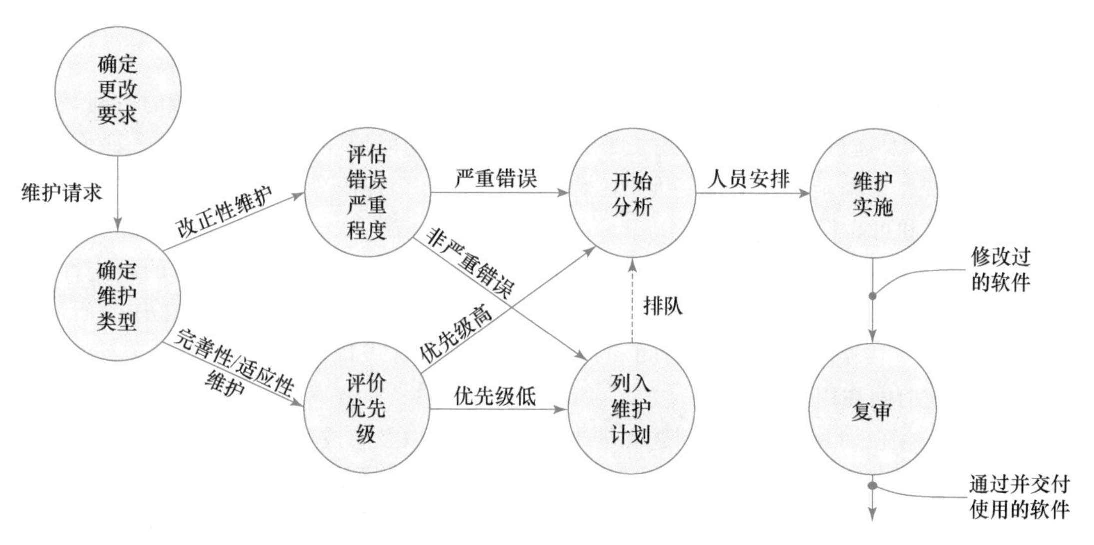

图 10.2 软件维护的工作流程

首先需要确定维护需求，并通过维护人员与用户之间的反复协商，确定错误概况、业务影响程度以及用户对修改的期望。这些情况应被记录在软件维护数据库中，由维护人员确认维护类型。对于被确认为改正性维护的活动，首先需要评估错误的严重程度。如果可能导致重大事故的严重错误，则应立即安排人员进行紧急维护；如果非严重错误，则可根据任务和人员情况，任务的轻重缓急进行排队，统一安排时间进行维护。对于被确认为完善性、适应性或其他维护类型的活动，需要先确定维护活动的优先级。如果优先级较高，可立即开始维护行动；否则，可将维护工作进行排队，统一安排时间实施。

在确定不同的维护类型并进行人员安排后，进入核心的“维护实施”步骤。在该步骤中，涉及的具体活动包括修改软件需求说明、修改软件设计、进行设计评审、修改源程序、进行测试等。在完成维护后，被修改的软件还需经历“复审”步骤，用于对本次维护进行评价和总结。评价和总结的内容包括：

① 设计、编码、测试是否可以改进?

② 缺少哪些维护资源?

③ 维护工作中的困难是什么?

④ 目前是否应该进行预防性维护?

10.2.3 维护档案记录和维护评价

软件维护活动结束后,需要对其进行维护档案记录,用于评估软件维护有效程度、确定软件产品质量和确定维护的实际开销。根据学者 Swanson 的建议,维护档案应包括程序名称、源程序语句条数、机器代码指令条数、程序设计语言、程序安装日期、程序安装后运行次数、安装后处理故障次数、程序修改时增加或减少的源程序语句条数、修改时付出的"人时"数、修改程序的日期、软件维护人员的姓名、维护申请报告名称、维护类型、维护开始时间和结束时间等内容。

利用记录的维护数据可以组成一个维护数据库,对维护活动进行评价,并为未来的维护工作提供参考。通常,可以从以下 5 个维度评价维护工作:

(1) 成本效益

评估软件维护工作所产生的成本与收益之间的平衡,包括维护活动所花费的时间、资源和人力成本,以及通过维护工作实现的改进、错误修复和功能增强所带来的效益。评价软件维护工作的成本效益能够帮助确定维护工作是否合理,并为资源分配提供指导。

(2) 质量和可靠性

衡量维护工作对软件质量和可靠性的影响。维护工作应致力于改进软件的稳定性、可用性和性能,减少故障和错误的发生,并增加系统的可维护性。评价软件维护工作的质量和可靠性可以通过错误率、故障修复时间和系统稳定性等指标进行量化。

(3) 响应时间和用户满意度

考察维护团队对用户报告的问题和需求的响应速度以及解决问题的能力。维护团队应及时响应用户反馈并提供有效的解决方案,以确保用户的满意度。评价维护工作的响应时间和用户满意度可通过用户反馈、调查问卷和用户支持数据等进行收集和分析。

(4) 可追溯性和文档记录

评估维护工作的可追溯性和文档记录情况。维护工作应有清晰的文档记录,包括问题报告、变更请求、修复过程和版本控制等信息。这有助于团队成员之间的沟通和知识共享,并支持将来的维护工作和系统追溯。

(5) 持续改进和创新

评价维护团队在持续改进和创新方面的努力和成果。维护工作应不断寻求提高工作效率、降低成本和提升软件质量的方法和工具。评估维护工作的持续改进和创新能力可以通过团队的技术能力、工作流程改进和采用新技术的情况进行衡量。

10.3 程序修改

软件维护活动的整体工作流程中,核心的一步是"维护实施"。而在这一步,核心的部分是程序修改。在进行源程序的修改时,需要非常谨慎。程序修改的前提条件是对程序进行分析和理解,而程序修改的核心流程是实施修改。完成程序修改之后,还需要对修改后的程序进行重新验证,进行设计测试,以确保修改不会引入更多问题。

10.3.1 程序分析和理解

分析和理解程序是成功的程序修改的前提条件。全面、准确、迅速理解程序是决定维护成败和质量好坏的关键。分析程序的目标在于理解程序以下方面的知识:

① 功能和行为。了解程序的功能和行为,即程序在不同情况下的预期操作和输出。这包括理解程序的主要功能模块、算法和逻辑流程,以及程序对输入数据的处理方式。

② 数据流和依赖。分析程序中数据的流动和依赖关系。这包括了解数据在程序内部的传递和转换方式,以及不同模块之间的数据交互和依赖关系。

③ 结构和组织。理解程序的结构和组织方式,包括模块、类、函数和变量的组织结构,以及它们之间的关系和层次结构。这有助于理解代码的模块化和可维护性。

④ 接口和交互。了解程序与外部系统或用户之间的接口和交互方式。这包括了解程序的输入输出接口、API调用、文件交互、网络通信等,以及程序对外部事件和用户输入的响应方式。

⑤ 错误和异常处理。分析程序中的错误处理和异常处理机制。了解程序如何检测和处理错误、异常情况,以及相关的错误处理代码和异常处理代码。

为此,我们可以通过以下方式来分析和理解源程序:

① 分析程序结构图。从存储程序的文件中分析代码,并抽取各个过程以及各个过程之间的交互(即接口),估计修改的工作量。

② 数据追踪。在上一步建立的程序接口图上,通过各个模块的调用方式和接口参数,并对过程内部的变量进行跟踪。

③ 控制跟踪。采用符号执行等方法,了解程序从输入到输出点的数据流动。

④ 阅读程序注释和软件文档。

10.3.2 实施程序修改

除了分析和理解源程序之外,对程序的修改也必须进行事先计划,以便有准备地、周密有效地实施。修改程序的流程主要分为修改程序的准备阶段(主要包括制订修改计划)和修改程序的实施阶段(即真正开始修改源程序)。

(1) 修改程序的准备阶段

对于较小的软件维护活动,可能不需要制订详细的修改计划,但面对可能持续数月的修改,则必须进行计划。计划的内容包括规格说明信息、维护资源和人员信息。其中,规格说明信息包括实际发生修改的内容,即数据修改、处理修改、接口修改等;维护资源包括新程序版本、测试数据、所需的软件系统等;人员信息包括负责维护的开发人员、用户、技术支持人员等。为了确定需要修改的程序部分,需要开展以下工作:

① 研究程序各个模块、模块的接口以及数据结构。不仅包括局部数据结构(如类定义),也包括全局数据结构(如文件、数据库等)。

② 分离修改的目标模块,并对受其影响的模块和数据结构进行切分。

③ 对切分的每个模块进行详细分析,制订修改计划,标明对现有逻辑的改动。

在维护活动进行时，为了确保系统的连续运行并最大限度地提供服务，当软件出现错误导致某些业务中断时，需要向用户提供回避措施。在问题的原因还未确定之前，可以采取以下操作方法来回避问题：

① 提供临时操作指南。针对问题出现的现象，向用户提供临时的操作方法，使其能够在正常范围内继续使用系统。例如，对于系统停机问题，可以提供插入临时代码或进行人工运行等方式，以确保系统的持续运行。

② 局部化问题。将问题局限在特定的部分，以防止其影响整个系统的正常运行。通过合理的控制和调整，确保问题的影响范围尽可能小，并使其他功能和模块能够正常运行。

一旦确定了问题的原因，可以采取以下措施来回避问题：

① 临时修改代码逻辑。对出现问题的代码逻辑进行临时修改，以消除或减轻问题的影响，确保系统的稳定运行。

② 改变运行控制。通过调整运行控制流程或改变相关参数等方式，避免问题的触发或进一步扩大化。

通过提供回避措施，用户可以在软件问题得到解决之前继续使用系统，并最大限度地减少中断和影响。

(2) 修改程序的实施阶段

在确定修改计划并制定了良好的用户回避措施之后，可以组织编程人员等对软件系统进行修改来纠正错误，良好的程序修改应该保证。

① 尽量添加代码而非修改或删除代码，修改代码易引入错误，除非确定完全无用的代码，否则尽量不要删除。

② 防御式编程，插入错误检测语句。

③ 保持统一的编程规范。

④ 若源程序结构混乱、代码质量低，则需要进行代码重构。

⑤ 记录详细的维护活动和维护结果。

然而应当认识到，改动源程序可能带来一些如下的副作用：

① 在修改源代码时，可能引入新的问题。如删除、修改一个标号，改变代码时序关系等，都很容易引入错误。

② 在修改数据结构时，很有可能带来其余部分软件设计与改动的数据格式并不匹配的问题，导致软件出错。

③ 在修改数据流、软件结构、模块逻辑等时，也很容易造成文档和程序功能的不匹配。此时，应当注意同时修改相关的技术文档。

控制副作用的方法主要包括：

① 按模块分组修改。

② 按照特定顺序(自顶向下或自底向上)修改模块。

③ 每次修改一个模块，并确定修改后的模块有无副作用。

④ 进行适当的版本控制。

10.3.3 重新验证程序

运用静态确认、回归测试、维护后验收等方法，可以对程序进行充分的确认和测试，保证程序修改的正确性。

（1）静态确认

静态确认即代码审查，需要至少两个人参加，对程序进行静态的验证，包括：① 验证修改是否足以修正软件中的问题，源代码有无逻辑错误；② 验证修改是否涉及规格说明，如两者是否一致等；③ 验证修改部分对其他部分有无不良影响等。

（2）回归测试

回归测试是先对修改部分和未修改部分进行隔离、单独测试，再将它们集成起来进行的集成测试。因此，对于每次的软件维护活动，均需要设计单独的测试用例，回归测试的种类主要包括对修改程序的测试、系统运行过程的测试、使用过程的测试、系统内部以及与外部系统之间的接口测试、安全性测试、备份/恢复过程测试等。

（3）维护后验收

在相关代码修改和测试均完成之后，需要维护主管部门在交付前对软件维护进行验收。验收的检查内容主要包括：

① 完备性检查。检查所有相关文档是否完整并已更新，包括规格说明、测试用例、配置文件等，确保所有必要的文档都已准备就绪。

② 测试用例和测试结果验证。核对所有测试用例和测试结果，确保测试过程符合要求，并且已记录所有必要的测试信息。

③ 软件配置记录验证。确认所有维护过程中的软件配置副本已完成记录工作，确保配置信息的准确性和完整性。

④ 维护工序和责任确认。明确维护工序的流程和责任分配，确保每个环节都有明确的责任人，并且工作流程合理高效。

10.4 软件演化

早在 20 世纪 60 年代，有学者提出使用概念“软件演化”来代替概念“软件维护”。支持这种观点的主要依据为交付之后的软件依然会发生变更，而这种变更却不能被“软件维护”统一地描述，更多的变更属于“软件演化”范畴。由此可见，“软件维护”和“软件演化”具备许多相似之处，却也有其独特之处。

10.4.1 软件演化的定义

1965 年，Mark Halpern 提出了“软件演化”的概念，用户描述软件的动态发展。之后，不同学者（Lehman，Bladey，Ned Chapin 等）都尝试对“软件演化”进行定义。然而时至今日，软件演化依然没有明确统一的定义，不过被大家普遍接受的观点是，软件演化是软件产品交付给客户之后所发生的一系列功能增强和结构改进活动，以满足变化的软件需求。相比于软件维护活动，软件演化具有以下特点：

（1）新版本发布

尽管软件演化和软件维护活动都涉及系统功能的增强，但通常软件维护工作是根据用户反馈修复软件的某些缺陷或者添加某些细小的功能特性等，通常不会发布一个新的版本。软件演化则不同，通常发生在软件演化范畴的软件修改活动都是较大粒度的功能更新和软件结构变更。例如，2017 年 5 月，微信发布“微信实验室”功能，并新增“搜一搜”等功能，为微信信息生态引入了“搜索引擎”；再如，软件中 UI 交互界面的重大升级等。这些软件变更粒度更大，通常需要以一个新版本软件的形式发布。

(2) 主动应对变更

软件维护活动通常是事件驱动的(预防性维护活动除外)，一旦客户提出软件维护请求，软件维护团队就针对该请求进行软件维护工作。在工作结束之后，软件维护团队就开始等待用户新的软件维护请求。而软件演化活动是基于对用户需求及其变化的理解，软件维护团队主动进行各种功能规划和成本估计，并开展一系列功能增强等软件开发活动。

此外，还有一些学者(如洛厄尔杰伊·亚瑟)这样区分软件演化和软件维护：软件维护活动的目标是保持软件不发生衰退或故障，而软件演化的目标是软件从不良状态到更好状态的持续变化，它以旧版本软件、人力资源、资金等作为输入，输出为一个新版本的软件。

10.4.2 软件演化法则

自 20 世纪 70 年代以来，学者 Lehman 假设了 8 条法则[2]，用于解释大型闭源软件系统演化的一些关键观察结果。这些法则简述如下：

① 持续变更。系统必须持续调整以适应各种变化，否则系统将变得越来越不实用。

② 复杂性增长。随着系统的演化，其复杂度会增加，除非采取措施保持或降低系统的复杂度。

③ 自我调节。在软件演化过程中，软件产品和过程的测量受限于各种管理实体(例如财务、业务、人力资源、销售、营销、支持和用户过程)的控制，通常呈现一种正态分布，并且具备自我调节能力。

④ 组织稳定性守恒。在整个软件生存周期中，一个不断演化的软件系统的平均有效活动占比是不变的。这条法则充分说明了部分额外且无效的工作量是无法避免的。

⑤ 熟悉度守恒。在软件系统演化时，开发人员和用户必须熟练掌握系统的内容和行为。在一个软件新版本发布后，用户对系统详细知识和掌握程度的下降会暂时减缓系统的增长速率。因此，系统在演化过程中的平均增长值是恒定的。

⑥ 功能持续增长。为了保持软件在整个生命周期中的用户满意度，必须持续增加软件的功能特性。

⑦ 质量衰减。代码的不断变更会导致软件质量的持续下降。如果没有严格的维护和适应性调整使得软件适应软件运行环境的变化，软件质量会随着软件演化不断下降。

⑧ 反馈系统。软件系统的演化过程由多智能体、多层次、多回路反馈系统构成。多回路是指演化过程是一个需要重复运行的迭代过程，多层次是指演化不只发生在软件及其文档的一个方面，多智能体软件系统是指软件智能体相互配合并竞争实现一些集体任务的计算系统。

10.5 软件再工程

随着时间的推移，软件系统常常面临技术陈旧、可扩展性差、维护困难以及缺乏文档等问题。这些问题可能影响系统性能，限制其适应新平台或环境，并妨碍进一步地开发或增强。软件再工程作为对这些挑战的回应而出现，旨在解决现有软件的限制和不足。它涉及对软件系统的系统分析、修改和增强，以改善其功能性、可维护性和性能。术语“再工程”借鉴了工程领域的概念，是指对现有结构或系统进行修改或重新设计，以增强其能力。类似地，在软件工程中，再工程涉及对软件系统进行修改和改进，以克服其限制，使其与当前的需求和标准相符。

10.5.1　软件再工程的意义

对于遗留系统，或者历经多年维护的软件系统，它的设计结构和代码风格往往已经变得混乱，软件代码难以理解和维护，修改费时费力。然而有相当的组织和产品依赖这些系统，这些系统无法完全被抛弃。软件再工程是对这些系统进行分析研究，利用更为现代的软件开发技术重新构造一个新的目标系统，该新系统保留旧系统的功能，并且可维护性和代码质量大大提高，便于未来的使用和维护。

10.5.2　软件再工程过程

Pressman 提出的软件再工程过程模型主要分为6类活动[3]，如图10.3所示。

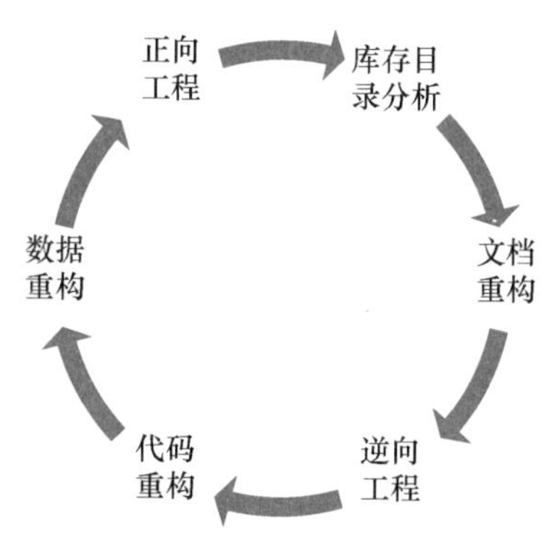

图10.3　软件再工程过程模型

一般来说，软件再工程过程模型中的6类活动均可重复出现，并且按照图中的顺序线性出现。然而在一些特殊情况下，上述活动的发生可以不按照顺序发生，例如可能要在重构文档前通过逆向工程了解程序内部的工作原理等。下面分别对这6类活动进行介绍。

(1) 库存目录分析

在软件组织中，建议保存一个包含所有应用系统的库存目录。该目录应提供每个应用系统的详细描述，包括系统的规模、年限以及业务重要程度等信息。该目录并不需要过于复杂，可以使用电子表格等工具进行管理。库存目录分析是对库存目录进行定期分析的过程，通过根据业务重要程度、寿命、当前的可维护性、可支持性以及其他准则，选出需要进行软件再工程的系统，并为这些系统分配资源。通常，库存目录分析是软件再工程活动的起点之一。

(2) 文档重构

优秀的文档在帮助开发人员理解软件系统方面起着重要的作用。然而，许多遗留系统的文档质量较差，难以理解，因此，进行适当的文档重构是必要的。

对于即将“寿终正寝”的软件系统，如果系统仍能正常工作且不会发生变化，并且文档重构代价较高，则可以保持现状，无须进行文档重构。但是，如果系统发生变更且文档重构势在必行，并且资源有限，可以仅重构正在发生变更的部分文档，而不必对整个系统的文档进行重构。对于业务关键系统，重构全部文档是必要的，最好将文档重构的范围精简到最小。

(3) 逆向工程

逆向工程是一种分析程序并在比源代码更高的抽象层次上表示程序的过程，旨在恢复软件设计的过程。逆向工程工具通过从现有程序代码中提取与数据、体系结构和处理过程相关的设计信息来实现这一目标。根据不同的抽象层次，逆向工程可以提取以下目标：

① 每个过程的设计表示(较低层次的抽象)。逆向工程工具可以从程序中提取出每个过程的设计信息，包括过程的输入、输出、算法、逻辑流程等。

② 程序和数据结构信息(稍高层次的抽象)。逆向工程可以揭示程序中的数据结构和它们之间的关系，帮助理解程序的数据组织方式和数据流动情况。

③ 对象模型、数据流和控制流模型(更高层次的抽象)。逆向工程可以推导出程序的对象模型，即程序中的对象及其属性和关系。此外，还可以提取程序的数据流和控制流模型，以便更好地理解程序的结构和行为。

④ 实体的关系模型(最高层次的抽象)。在最高抽象层次上，逆向工程的目标是提取实体之间的关系模型，以便了解程序中的实体(如数据库表、类)之间的连接和依赖关系。

逆向工程的主要目的是帮助理解和改进现有程序，提供设计信息以便进一步分析和修改软件系统。它在软件维护、重构和逐步升级等方面起着重要的作用。逆向工程的一般流程为重构代码、抽取抽象与精简文档等步骤，如图 10.4 所示。代码重构将在下面介绍，重构代码的主要目的是将无结构代码转换为具有良好模块结构的代码，使其更加易于理解。抽取抽象主要分为处理抽象、数据抽象和用户界面抽象。其中，处理抽象主要负责从源程序中抽取功能，并使用结构图表示不同功能之间的交互；数据抽象主要有两个方面，分别是局部数据抽象和全局数据抽象，局部数据抽象主要是观察程序内部的结构体、列表、类定义等，抽取系统内对象的定义，而全局数据抽象则需要了解文件、数据库等全局数据管理系统中数据对象的定义和它们之间的关联；用户界面抽象主要目的是详细说明目前系统界面的结构和行为，以指导用户界面的重新开发。

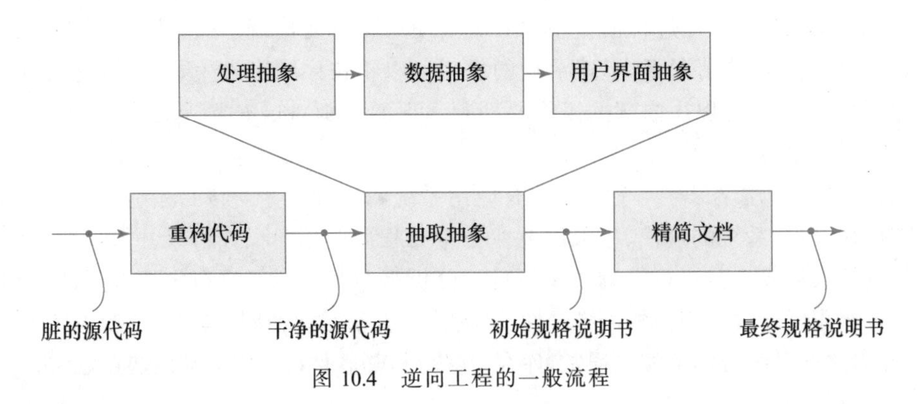

图 10.4　逆向工程的一般流程

(4) 代码重构

代码重构是对软件系统中部分模块难以理解、测试和维护的低质量代码进行改进的常见软件再工程活动。通过使用代码重构方法，将这些可疑模块的代码转变为高质量的代码。

在进行代码重构活动之前，首先需要使用重构分析工具对源代码进行分析，以识别出不符合代码规范的部分。这些工具能够帮助标记出潜在的代码质量问题，如重复代码、复杂逻辑、低效算法等。通过分析结果，可以确定需要重构的代码部分。

在代码重构的过程中，可以借助现代的编程语言或更好的编码设计来重写被标记为低质量的代码。重构代码的目标是提高代码的可读性、可维护性和性能等方面的质量，同时确保代码功能不受影响。在重构代码时，需要遵循良好的编码实践和设计原则，以确保代码的质量和可靠性。

此外，代码重构活动还可能涉及对相关文档的更新。重构后的代码可能会引入新的设计和逻辑，因此需要及时更新相关文档，以确保文档与代码保持一致。

有一些重构工具可用于支持代码重构活动。例如，Clone Doctor 是由 Semantic Designs, Inc 开发的重构软件，可以分析和重构使用 C、C++、Java、COBOL 等编程语言编写的程序。这类工具能够自动识别重构机会，并提供相应的代码改进建议，加快重构过程并提高重构的效果。

（5）数据重构

数据结构较差的程序在适应性修改和增强方面面临困难，其生存能力较低。为了改善这种问题，可以采用数据重构进行改进。数据重构的过程主要包括以下步骤：① 进行逆向工程，抽取数据项及对象、数据流信息及已实现的数据结构；② 进行数据重设计，若新设计与现有的数据结构、文件格式中的数据项、物理记录格式等保持一致，仅需要对数据记录进行标准化，这种修改的工作量最小；若旧设计中的数据命名约定不符合本地标准，则需要在新设计方案中对数据重命名，使得数据名合理化；当旧设计中的数据结构完全不可用时，通常需要在物理层次上重新修改数据结构，这种修改的工作量最大，通常涉及文件格式的变化或数据库的迁移等。

由于数据重构发生在相对代码重构更低的抽象层次上，对数据的重构修改通常也会对程序体系结构及程序中的算法产生较大的影响，因此，数据重构通常也伴随着代码变动。

（6）正向工程

正向工程应用新的软件工程原理、概念与方法重新构建现有的软件系统的过程，以应对软件未来的发展。它与预防性维护的区别在于，正向工程需要重新构建现有的软件系统，预防性维护只需要对软件系统中可能出现问题的某一部分进行重新设计、编码和测试，并不一定涉及整个软件系统的重构。

既然已经有一个可以运行的软件版本，为什么还要重新构建一个全新版本的软件系统呢？首先，维护一行代码的成本可能达到其初始开发成本的 20～40 倍，若原始代码采用的设计观念老旧，采用正向工程可以引入现代软件工程的经验，往往可以降低维护成本。同时，正向工程的意义并不仅仅是创建旧软件的现代等价物，而且将新的用户和技术需求集成到再工程中，重新开发的软件往往可以扩展原有系统的能力。正向工程的可行性得到保障的原因包括：

① 由于软件原型（即老版本软件）已存在，因此正向工程时的开发效率应高于平均水平。

② 用户已对软件有使用经验，可以更容易确定新的需求与需求变更方向。

③ 再工程的自动化工具可以简化部分工作。

④ 已经完成的预防性维护能够提供部分完整的软件配置(如程序、文档和数据结构)。

利用正向工程可以将传统的大型机系统转变为客户/服务器(C/S)体系结构的软件,系统的功能以及 GUI 可以迁移到每个客户端计算机,复杂的计算和数据库等可以放在服务器端,通过网络等方式在客户端和服务器建立可靠连接来保证双方的及时通信。这种方式可以将复杂的功能进行解耦,并由不同的部分(客户/服务器)进行实现,并显著提高系统的可扩展性。

10.6 本章小结

本章围绕软件维护、软件演化和软件再工程介绍了相关概念。对于软件维护,本章介绍了软件维护的定义、分类,以及软件可维护性的定义和 4 种软件维护活动。对于软件演化,本章根据学者 Lehman 等人的总结,介绍了软件演化的 8 种法则,并对软件演化和软件维护的区别和联系进行了阐述。对于遗留系统或者历经多年维护的软件,软件再工程是重新赋予软件系统良好质量和可用性的保障措施,本章对 Pressman 提出的软件再工程模型进行了简要的介绍,重要的软件再工程活动包括库存目录分析、文档重构、逆向工程、代码重构、数据重构和正向工程。

习　题

1. 软件维护的种类有哪几种?你认为这些软件维护足以涵盖所有软件维护活动吗?
2. 探讨预防性维护、软件演化和正向工程的异同之处。
3. 探讨代码重构和完善性维护的区别。
4. 请结合一个实例探讨如何在开发过程中提高软件的可维护性。

参考文献

[1] Swanson E B. The Dimensions of Maintenance: Proceedings of the 2nd International Conference on Software Engineering, January 1,1976[C].Washington IEEE Computer Press,1976.

[2] Lehman M M, Ramil J F, Wernick P D, et al. Metrics and laws of software evolution-the nineties view: Proceedings Fourth International Software Metrics Symposium, Norember 05-07,1997[C]. Albuquerque: IEEE,1997.

[3] Pressman R S. Software Engineering: A Practitioner's Approach(Six Edition)[M]. New York: MC Graw Hill,2005.

第11章　软件项目管理

计算机发明初期由科研人员编写软件，后来计算机爱好者独立开发软件，现在公司团队开发大规模软件项目，来自全世界的开发人员共同进行开源软件活动。随着软件项目越复杂，软件开发项目不但考验程序开发人员的编程能力，更考验项目管理者的管理水平。研究表明，大部分失败的软件项目是由管理层面的问题导致的，并不是由技术层面的问题导致的。本章首先介绍现有的项目管理知识，然后介绍软件项目管理常用的技术和工具，最后通过案例研究展示软件项目管理的流程。

11.1　项目管理概念

数学家华罗庚说过，我们的企业要两条腿走路，一个是科学技术，一个是项目管理。管理学大师汤姆·彼得斯在1991年就指出，明天的企业都是项目的集合。而项目的本质就是要实现一种期望的变化，项目与创新有着本质的关联，项目是创新的载体。创意和项目管理相结合才能带来真正的创新，21世纪创新时代的关键将是项目管理。

11.1.1　项目的定义和特性

根据国际标准化组织在ISO 21500族中对项目的定义，项目是一个独特的过程，包含一系列有限的活动，为了实现特定的目标而进行，这些目标可能包括创建一个独特的产品、服务或结果。项目目标的实现需要提供符合特定要求的可交付成果。其中，项目是有明确"时限"的，每一个项目都有明确的起点和终点；"特定"是指一个项目所形成的产品或服务在关键特性上不同于其他的产品和服务。

不同的国家或者组织都对项目下过不同的定义，不同专业领域的项目在内容上也可以说是千差万别。但是从本质上来说，无论是软件项目、科研项目还是工程项目，它们都有一些共同的特性。项目的共同特性可以概括如下：

1. 一次性

项目是一种非重复性工作，非重复性工作往往使用有限的资源、在有限的时间内为特定的干系人完成特定目标而开展的工作，而且这些工作基本都是一次性的。项目不是常态化运作的，再长的项目也需要有一个完成时间，每个项目都有明确的时间起点和终点，都是有始有终的。项目的一次性是项目活动不同于一般日常运营活动的关键特性。

2. 独特性

赫拉克利特说：人不能两次踏入同一条河流。项目也是同理，由于项目的一次性，导致每个项目都是独特的。项目所完成的工作及其环境必定在某一方面与以前的经历不同，即不存在完全一样的项目。即使项目的产品是完全相同的，执行项目的环境也会不同，所以不同项目之间或多或少存在着差异，由于这些差异的存在，项目团队可能不具备或无法找到相关的经验来借鉴。比如功能类似的两个软件，可能因为时间不同，它需要集成的资源、市场和风险可能有很大不同。

3. 渐进性

因为项目的交付成果或服务事先不可见，在项目前期只能粗略地进行项目定义，随着项目的进行才能逐渐完善和精确。这意味着在项目逐渐明晰的过程中一定会有修改，产生相应的变更。因此，在项目执行过程中要对变更进行控制，以保证项目在各相关方同意下顺利开展。项目中大致有三个方面是在项目过程中渐进明晰的：项目管理计划、项目范围和项目目标。需要注意的是，渐进明晰一定要在项目的边界范围内进行，才能避免把项目的渐进明晰演变成项目的范围蔓延。

4. 制约性

项目的制约性是指每个项目都在一定程度上受客观条件和资源的制约。制约因素的类型有多种，比如人力、物力、时间、风险水平、项目的社会影响或者是生态影响以及相关法律法规的要求。项目可交付成果宜满足对项目的要求并与任何规定的制约因素相关联，例如范围、质量、进度、资源和费用等。并且制约因素通常相互关联，一个因素中的变化可能影响一个或多个其他制约因素。因此，制约因素可能对项目管理过程中的决策产生影响。项目利益相关方之间就制约因素达成共识可能为项目成功构成坚实的基础。

5. 风险性

由于项目的一次性、独特性和制约性，导致项目是具有风险的。项目的独特性使得项目团队不一定能找到相关的经验来借鉴，因此需要进行不同程度的创新，而创新就存在各种不确定性，从而会造成项目风险。由于项目的资源和时间都是有限制的，在项目执行中，资源和时间的缺乏可能给项目带来风险。项目经理进行项目风险管理工作的主要目标就是通过相应的管理手段，来控制项目中风险发生的可能性、降低其对项目工作的影响。

11.1.2 项目管理的发展历史

现代的项目管理通常被认为源于第二次世界大战，主要运用在军事工业和建筑业，项目管理的任务主要是项目的执行。下面，按照时间顺序介绍项目管理的发展历史。

1. 古代项目管理的认识和实践

人类历史上不乏项目管理的典范，比如中国的长城、京杭大运河、故宫以及埃及的金字塔等不朽的伟大工程，都是人类历史上运作的大型复杂项目的范例。我国在几百年前就已出色地运用统筹思想与方法解决工程实践中的难题。例如，公元 13 世纪的元代科学家郭守敬修浚京城附近的通惠河时，有两万以上的军人、工匠、水手与囚徒参加施工。为了加快工程进度，郭守敬反复勘察地势和水源，精心设计河道走向和施工程序，这不仅减轻了劳动强度，也解决了自古以来始终未能解决的水源问题，整个工程仅用 1 年多时间便告完成。

2. 近代项目管理的发展

近代项目管理方法的创建可以追溯到 20 世纪初期。早在 20 世纪初，美国人亨利 · 甘特就发明了甘特图的项目管理工具。20 世纪 30 年代，里程碑(Milestone)被提出并广泛应用。20 世纪四五十年代，近代项目管理开始萌芽，主要应用于国防和军工领域的项目。比如著名的“曼哈顿计划”，美国把研制第一颗原子弹的任务作为一个项目来管理。这个项目规模庞大，而且内部关系复杂，涉及大量人员，据说当时美国 1/3 以上的科学家都投入到这个计划。1957 年，杜邦公司发明了关键路径法(Critical Path Method，CPM)，他们把检修流程精细分解，缩短最长路线上工序的工期，就能够缩短整个检修的时间。最后，他们使维修停工时间由 125 小时锐减为 78 小时。1958 年，美国海军在北极星导弹项目中应用计划评审技术(Program Evaluation and Review Technique，PERT)，为每个任务估计一个悲观的、一个乐观的和一个最可能情况下的工期，在关键路径法技术的基础上，用“三值加权”方法进行计划编排，最后将北极星导弹项目的工期缩短了 2 年。20 世纪 60 年代，CPM 和 PERT 在由 42 万人参加、耗资 400 亿美元的“阿波罗”载人登月计划中得到应用，并取得了巨大成功。从此开始，项目管理有了科学的系统方法。

3. 现代项目管理发展

随着项目管理学科的不断发展，全球逐渐形成了两大项目管理的研究体系，即以欧洲为首的体系——国际项目管理协会(International Project Management Association，IPMA)和以美国为首的体系——项目管理协会(Project Management Institute，PMI)。PMI 经过近十年的努力，于 1987 年推出了项目管理知识体系指南(Project Management Body of Knowledge，PMBOK)。这个知识体系把项目管理归纳为范围管理、时间管理、费用管理、质量管理、人力资源管理、风险管理、采购管理、沟通管理和整合管理九大知识领域。PMBOK 又分别在 1996 年、2000 年和 2004 年进行了多次修订，2012 年第五版增加了项目干系人管理，让项目管理有了十大知识领域，其体系更加成熟和完整。20 世纪七八十年代，项目管理迅速传遍世界各国，我国将其称为统筹法(华罗庚教授根据其核心思想命名)。项目管理从美国最初的军事项目和宇航项目很快扩展到各种类型的民用项目。项目管理除了计划和协调外，对采购、合同、进度、费用、质量、风险等给予了更多重视，初步形成了现代项目管理的框架。进入 20 世纪 90 年代以后，项目的特点发生了巨大变化，传统的管理原则已不能适合飞速发展的知识经济时代。为了能在全球化以及激烈的国际市场竞争中保持竞争优势，人们在实施项目管理的过程中更加注重人的因素、注重顾客、注重柔性管理，同时，应用当今最先进的科学技术手段最大限度地利用内外部资源。在此期间，项目管理理论和方法得到了快速发展，应用领域进一步扩大，极大地提高了工作效率，成为企业重要和更加有效的管理手段，得到了广泛的应用。

11.1.3 软件项目管理的定义

软件项目管理即项目管理方法在软件项目中的应用，但由于软件项目固有的抽象性、阶段划分模糊、一次性、渐进性、制约性、风险性、难度量等特性，导致软件项目管理相较于一般的项目管理难度更大。在 20 世纪七八十年代的美国，美国国防部进行了统计，发现软件开发不能按时提交，即为软件开发过程中预算超支和软件产品质量不能达到用户要求的项目中，70% 的项目都是因为管理不善导致的。直到 20 世纪 90 年代中期，软件项目中的管理问题仍然存在，据调查，大约 11% 的项目能够在预算和规定日期内交付完成。

软件项目管理是为了使软件项目能够顺利完成，而对成本、人员、进度、质量、风险等进行分析和管理的活动。软件开发项目管理的基本目的是，让软件项目在整个软件生命周期中(从需求分析、概要设计、详细设计、编码调试和测试验收、维护的所有过程中)都能在项目管理者的监控之下进行，并且在满足预定的成本、按照预定的日程且保证质量的前提下，生产出满足客户需求的软件并交付给客户。有效的软件项目管理应该集中关注四要素(4P)，即人员(People)、产品(Product)、过程(Process)和项目(Project)。

1. 人员

人员是软件工程项目的基本要素和关键因素。美国卡耐基·梅隆大学的软件工程研究所认识到："每个组织都需要不断地提高他们的能力来吸引、发展、激励、组织和留住那些为实现其战略业务目标所需的劳动力。"他们开发了人力资源能力成熟度模型(People Capability Maturity Model，PCMM)来指导组织改善人力资源管理流程。一般来说，参与软件过程的利益相关者可以分为5类：① 项目管理人员：计划、激励、组织和控制软件开发的人员；② 高级管理人员：负责定义业务问题的人员；③ 开发人员：拥有开发产品或应用软件所需技能的人员；④ 客户：阐明软件需求的人员；⑤ 最终用户：直接使用或者与软件产品交互的人员。每个软件项目都有上述人员的参与，但是在开发Web应用或者是移动应用的时候，在内容创作方面可能需要其他非技术人员的参与。

2. 产品

在进行项目计划之前，首先应该进行项目定义，确定产品的目标和范围，考虑可选的解决方案、技术或管理的约束等。只有利用这些信息，项目管理人员才能进行合理的成本估算，进行有效的风险评估和适当的项目任务分解，并且制订明确的项目进度计划。软件开发人员必须和其他利益相关者一起定义产品的目标和范围。确定产品目标只是从利益相关者的角度识别出该产品的总体目标，但不必考虑这些目标如何实现。软件范围定义了与软件产品相关的数据、功能和行为特征，并且应该用量化的方式界定这些特性。之后就要开始考虑备选的解决方案，项目管理人员和开发人员需要根据给定的约束条件选择最好的解决方案。约束条件包括产品交付期限、预算成本、人力资源、技术接口以及其他因素。

3. 过程

传统的项目管理会有多种任务的分解层次，对于软件项目来说，更多强调的是对过程进行控制。软件过程有个基本框架，这个通用框架定义了五种框架活动：沟通、策划、建模、构建以及部署。此外，还有一系列普适性活动贯穿过程始终：项目跟踪控制、风险管理、质量保证、配置管理、技术评审以及其他活动。

在软件工程中，不同的软件过程模型以不同的方式组织框架活动中的活动、动作和任务，比如瀑布模型、增量过程模型、演化过程模型以及其他各种模型。项目团队要在项目开始前选择一个合适的过程模型。这需要开发人员和其他利益相关者共同讨论，根据产品自身的特性和团队的工作环境来确定最合适的过程模型。在选定模型后，项目团队可以基于这组过程框架活动来制订一个初步的项目计划。一旦确定了初步计划，就开始过程分解，也就是说，必须制订一个完整的计划来反映框架活动中所需要完成的工作任务。

4. 项目

为了避免项目失败，软件项目管理人员和开发工程师必须避免一些常见的项目警告信号，了解实施成功的项目管理的关键因素，还要使确定计划和监控项目变得一目了然。Reel针对软件项目提出了5个容易理解的方法[1]。

(1) 明确目标及过程

首先，要努力正确理解要解决的问题，为每个参与项目的人员设置现实的目标和期望。

组建合适的项目团队并给予项目团队工作中所需的自由、权力和技术。

(2) 保持动力

为了保持动力,项目管理人员必须提供激励措施以保持人员变动最小。项目团队应该强调所完成的每个任务的质量,而高层的管理应该尽量不干涉项目团队的工作。

(3) 跟踪进展

针对每个软件项目,当工作产品(如模型、源代码、测试用例集等)正在产生或者通过技术评审的时候,要对其进展进行跟踪,并对软件过程和项目进行评估,保证项目质量。

(4) 做出明智的决策

项目管理人员和项目团队的决策应该“保持项目的简单”。只要有可能,就使用商用软件或现有的软件构件或模式,可以采用标准方法避免定制接口,识别并避免显而易见的风险,以及分配比预计的时间更多的时间来完成复杂或有风险的任务。

(5) 进行事后分析

建立统一的机制,从每个项目中获取可学习的经验。评估计划的进度和实际的进度,收集和分析软件项目度量数据,从项目团队成员和客户获取反馈,并记录所有的发现。

11.2 项目管理知识体系与人才认证

本节首先介绍主要的项目管理协会和他们发布的项目管理知识体系指南,然后介绍项目管理人才的培养,考核的标准和认证方法。

11.2.1 项目管理协会的成立

第二次世界大战以后,综合性项目管理学科迅速发展,人们开始认识到项目管理的重要性,业界对项目管理领域的认识和理解不断丰富深化,逐渐形成了相关的知识体系。不同国家地区相继成立了项目管理协会,致力于研究项目管理学科,制定行业标准和指南,发放项目管理人才资格证书,以提升业界项目管理质量和水准。

目前,世界上项目管理主要分成两大研究体系,分别是以欧洲为首的国际项目管理协会,和以美国为首的项目管理协会。我国也有自己的项目管理委员会。

1. 国际项目管理协会(IPMA)

1965年,一个名叫“国际项目管理协会”(International Project Management Association,IPMA)的非营利性组织在瑞士成功注册。它的前身是一个在国际项目领域的项目经理之间分享交流项目管理经验的论坛。经过不断地发展,如今,IPMA已经成为国际项目管理界两大最权威的专业组织之一,截至2023年,拥有70个成员组织,是项目管理国际化的主要促进者并提供专业人员认证等服务。

IPMA的成员组织是各国的项目管理协会。这些成员组织依托于IPMA的指南,结合本国具体的项目管理需求,用本国语言编写自己的项目管理标准。IPMA则使用通用性较高的英语提供有关需求的国际层次的服务。

2. 项目管理协会(PMI)

1969年,美国成立了“项目管理协会”(Project Management Institute,PMI),致力于项目管理领域的研究工作,探索科学的项目管理体系。如今,PMI已经成为世界领先的项目管理组织之一,拥有近65万名活跃会员和300多个国际地方分会。

PMI开发了世界上第一套PMBOK,为项目管理行业做出了巨大贡献。国际标准化组织以该文件为框架,制定了著名的ISO10006组织质量管理和质量保证标准。

3. 项目管理研究委员会(PMRC)

1991年,我国成立了中国项目管理研究委员会(Project Management Research Committee China,PMRC),它是我国唯一的跨行业、全国性、非营利的项目管理专业组织。1996年,PMRC加入国际项目管理协会,成为IPMA的国家成员,IPMA授权PMRC在中国进行IPMP的认证工作,PMRC根据IPMA的要求建立了"中国项目管理知识体系(C-PMBOK)"及"国际项目管理专业资质认证中国标准(C-NCB)"。PMRC作为IPMA在中国的授权机构,于2001年7月开始全面在中国推行国际项目管理专业资质的认证工作。

11.2.2 项目管理体系指南

项目管理协会对项目管理知识进行了体系化和标准化,从而为项目管理人员提供指导和帮助。本节主要介绍一些权威的项目管理指南和标准。

1. 国际项目管理专业资质基准(ICB)

IPMA推出了国际项目管理协会能力基准(IPMA Competency Baseline,ICB),制定了项目管理的知识范围,对项目管理资质认证所要求的能力标准进行了定义和评价,并在一些欧洲国家实行,例如英国的APM知识体系,瑞士的VZPM评估结构,德国的PM-ZERT项目管理标准,法国的AFITEP的评估标准。这4份国家能力基准(National Competence Baseline,NCB)反映了IPMA组织内部普遍接受一套知识体系,在这个知识体系的基础上,ICB构建了一套四级三阶段的项目管理人才资质认证系统(在11.2.3节中会详细介绍)。

具体来说,ICB把个人能力划分为42个要素,其中28个核心要素(见表11.1)、14个附加要素(见表11.2)。

表11.1 ICB个人能力28个核心要素

1	项目与项目管理	15	资源
2	项目管理的运行	16	项目费用和财务
3	通过项目进行管理	17	状态与变化
4	系统方法与综合	18	项目风险
5	项目背景	19	效果衡量
6	项目阶段与生命周期	20	项目控制
7	项目开发与评估	21	信息/文档与报告
8	项目目标与策略	22	项目组织
9	项目成功与失败的标准	23	协作(团队工作)
10	项目启动	24	领导
11	项目首位	25	沟通
12	项目的结构	26	冲突与危机
13	内容、范围	27	采购/合同
14	时间进度	28	项目质量

表 11.2 ICB 个人能力 14 个附加要素

29	项目信息科学	36	组织学习
30	标准与规则	37	变化管理
31	问题解决	38	行销、产品管理
32	会谈与磋商	39	系统管理
33	固定的组织	40	安全、健康与环境
34	业务过程	41	法律方面
35	人力开发	42	财务与会计

由于各个国家项目的发展管理情况不同，IPMA 允许各个成员国的国家认证委员会结合本国的情况和需求，结合 ICB 制定本国的认证标准，并负责管理和实施项目管理的认证工作。为了协调各成员国的项目管理需求差异性并保证生态价值一致性，IPMA 要求各成员组织必须接受 ICB 的全部 28 个核心要素，自由挑选至少 6 个附加要素，以及个人态度和总体印象的各个方面。各成员组织将 ICB 框架知识模块化，以实现项目管理知识体系的本土化。

2. 项目管理知识体系指南(PMBOK)

美国的 PMI 于 1976 年首次提出制定项目管理标准的设想，意图整理出一套完整的从事项目管理工作所涉及的所有知识内容，为项目管理领域提供指导和规范。1987 年 PMI 推出 PMBOK。

PMBOK 的内容包括项目管理的框架结构和项目管理的知识领域。

(1) 项目管理的框架结构

PMBOK 给出了一个基本的项目管理知识结构，它由以下三部分组成：

① 项目管理的基本概念和相关理论。PMBOK 在这一部分界定了项目管理相关概念的定义与特点。这里简要介绍 PMBOK 对项目和项目管理的定义。PMBOK 知识体系认为项目是一种实现某一组织的战略计划的“方法”，与简单地反复执行的“操作”不同，它是临时且唯一的，可以理解为为创造某一种唯一产品或服务的临时性努力。而项目管理则是运用知识、技术、技巧和工具满足项目需求，通过立项、计划、执行、控制和结束过程以实现项目目标。此外，整个组织的渐进活动也可以看成一个项目，通过项目管理的方法来处理组织级别的问题以实现组织中各个项目的目标。

② 项目管理内容。PMBOK 在这一部分对项目运行的环境进行了说明，要求组织对项目的日常活动进行管理，以取得项目的成功。

③ 项目管理过程。PMBOK 指出，项目管理应包括 5 个过程：项目初始过程、项目计划过程、项目执行过程、项目监管过程、项目结束过程，如图 11.1 所示。这些管理过程贯穿于项目的整个生命周期。项目初始过程就是一个新项目识别和启动的过程，其最主要的内容是明确商业目标并进行可行性分析，这个阶段的项目管理产出主要有项目章程，任命项目经理，确定约束条件与假设条件等。项目计划过程则是根据初始过程确定好的目标和范围对项目进行任务分解、资源分析，并制订出一个科学的项目计划。项目执行过程将具体的实施进度与进展信息以报告的形式进行沟通和反馈。项目监管过程则根据执行过程反馈的情况及时发现问题偏差并采取管理措施修改计划或纠正执行过程，确保项目朝着目标方向前进。项目结束过程通过对项目生成完整文档，对项目干系人进行交付，完成对项目的收尾工作。

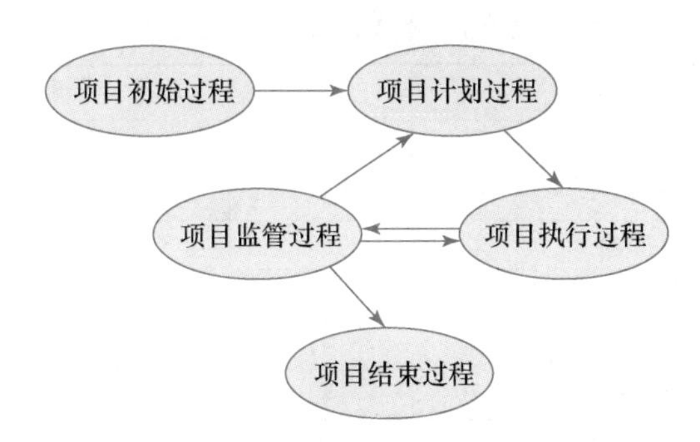

图 11.1 项目管理过程之间的联系(箭头方向表示信息的流动方向)

(2) 项目管理的知识领域

PMBOK 把项目经理所必须掌握的知识归纳为 10 个领域：项目范围管理、项目时间管理、项目费用管理、项目质量管理、项目人力资源管理、项目沟通管理、项目风险管理、项目采购管理、项目干系人管理和项目整合管理。其中，每个领域知识又根据所适用的管理过程分成若干个组成部分，PMBOK 分别对这些组成部分进行了定义和解释。如项目范围管理界定了项目的范围，其领域知识具体包括立项、范围计划、定义范围、改变控制、范围核实；费用管理具体包含资源计划、费用估计、费用预算、费用控制。项目管理过程与项目管理知识领域之间的联系可以用表 11.3 表示。

表 11.3 项目管理过程与项目管理知识领域之间的联系

知识领域/ 项目管理过程	初始过程	计划过程	执行过程	监管过程	结束过程
项目整合管理		综合计划	计划执行	对变化的综合控制	
项目范围管理	立项	范围计划 范围定义		范围核实 改变控制	
项目时间管理		活动定义 活动安排 活动时间 估计 进度安排		进度控制	
项目费用管理		资源计划 费用估计 费用预算		费用控制	
项目质量管理		质量计划	质量保障	质量控制	
项目人力 资源管理		组织计划 人员招聘	队伍建设		
项目沟通管理		沟通计划	信息传输	实施报告	验收报告
项目风险管理		风险识别 风险估计 风险对策		风险控制	

续表

知识领域/项目管理过程	初始过程	计划过程	执行过程	监管过程	结束过程
项目采购管理		采购计划 征购计划	征购 资源选择 合同管理		合同终结
项目干系人管理	干系人识别	干系人分析 干系人管理计划	沟通计划更新	干系人监控	计划终结

PMBOK 在 1996 年、2000 年、2004 年、2008 年、2012 年、2017 年和 2021 年进行了 7 次修订，该体系还在不断地成熟和完善中。它的影响力在工业界也很大，很多知名企业，如美国的 AT&T，都要求他们的职员进行 PMBOK 的培训，以学习相关领域知识，培养项目管理素养。

3. 中国项目管理知识体系（C-PMBOK）

中国项目管理委员会 PMRC 于 2001 年推出了 C-PMBOK。把项目管理知识领域分为 88 个模块。如目标确定、项目分解、质量计划、进度控制、安全控制、风险评估、计划技术、挣值法等，包含了美国 PMI 里定义的九大职能领域。

11.2.3 项目管理人才认证

知识体系为项目管理提供了指南，但是项目管理最终还是需要人来实现。因此，项目管理专业人才的培养、考核和认证一直是项目管理界的重点工作。各个国际组织和国家也在积极地制定不同的标准和认证方法。

项目管理认证在过去几十年里迅速发展[2]。为了帮助项目管理人员解决实际问题，各项目管理协会以知识体系和行业标准的形式给出了一系列项目管理的“最佳实践”（Best Practice）。

项目管理人员的专业素养和实战能力是项目成功与否的关键。希望有一套权威的资质认证体系来衡量评估一个项目管理人员是否具有一定的资格水准。

一个好的人才认证系统应该具备以下几点要求：与人才认证系统挂钩的考核内容知识学习平台（推广自己的知识体系和价值导向）、现代化的高效考核方式以及高素质的评审专家团队。好的人才认证系统具有非常重要的意义，对客户来说，优质的项目管理工作得到了保障；对人才来说，项目管理人员的业务能力得到协会的认可，在工作中充分发挥业务技能；对协会/生态来说，提升业界项目管理平均水平，同时通过主导人才学习知识体系，科普前沿理论，推广把控价值导向。

各个项目管理协会也纷纷建立了自己的项目管理人才认证系统。

1. 美国项目管理专业人士资格认证（PMP）

PMI 在 1984 年提出了项目管理专业人士资格认证（Project Management Professional，PMP）。PMP 是项目管理专业在全球范围内最被认可的资格证书。目前，PMP 包括预测性、敏捷性和混合方法，证明项目领导经验和任何工作方式的专业知识。它为各个行业的项目管理人员的职业发展提供动力，帮助企业组织找到他们需要的项目管理人才。

PMP 只有一个级别，即通过和不通过。PMP 注重知识的完整性，在达到了从事项目管理工作时间和数量的基本要求的基础上，申请者需要在4.5小时内回答200个问题。

2. 国际项目经理资质认证(IPMP)

IPMA在全球推行了一套四级项目经理资质认证体系——国际项目经理资质认证(International Project Manager Professional，IPMP)。IPMP把项目管理人才能力定义为“知识、经验、个人素质”的综合。通过报告、面试、组织讨论会等实战活动的形式对人员的能力进行评估，把高层次项目管理人才划分为4个等级，如图11.2所示。不同级别的资格认证考核也有着相对应的准入门槛，并给通过考核的申请者发放以下对应级别的资格证书。

(1) A级认证的国际特级项目经理(Projects Director)

在过去的12年中，申请者应具备：至少有5年的时间在非常复杂的项目中担任负责的项目经理的领导职能，其中，至少有3年的战略层面的管理经验。

(2) B级认证的国际高级项目经理(Senior Project Manager)

在过去的8年中，申请者应具备：至少有5年的项目管理方面的经验，其中，有3年的管理复杂的项目、负责领导职能方面的经验。

(3) C级认证的国际项目经理(Project Manager)

在过去的6年中，申请者应具备：至少有3年在中等复杂性项目中担任负责管理角色的经验；或者至少有3年在复杂项目中处于负责的管理岗位，协助项目经理的经验。

(4) D级认证的国际项目管理助理(Project Management Associate)

没有具体的从事项目经历的要求。

等级划分\Level	领域分类/Domain		
	项目 Project	项目集群 Programme	项目组合 Portfolio
A	认证的国际特级项目经理 Certified Project Director	认证的国际特级项目集群经理 Certified Programme Director	认证的国际特级组合经理 Certified Portfolio Director
B	认证的国际高级项目经理 Certified Senior Project Manager	认证的国际高级项目集群经理 Certified Senior Programme Manager	认证的国际高级组合经理 Certified Senior Portfolio Manager
C	认证的国际项目经理 Certified Project Manager		
D	认证的国际项目管理助理 Certified Project Management Associate		

图11.2　国际项目经理资质认证证书等级划分

3. 中国项目管理师(CPMP)

中国项目管理师(China Project Management Division，CPMP)是中华人民共和国人力资源和社会保障部(原劳动和社会保障部)在全国范围内推行的项目管理专业人员资质认证体系的总称。它共分为4个等级：项目管理员(职业资格四级)、助理项目管理师(职业资格三级)、项目管理师(职业资格二级)、高级项目管理师(职业资格一级)，每个等级分别授予不同级别的证书。

目前,国家职业资格项目管理师证书已成为我国政府部门和各企事业机构组织对项目管理专业人员素质考核的主要参考因素,是对项目管理专业人员执业、求职、任职的基本要求。

11.3　软件项目管理的过程

11.3.1　软件项目估算和计划

在软件项目执行之前,需要对项目进行规划。主要是对项目进行任务分解和成本估算,然后根据分解的任务包和每个任务的成本来规划整个项目的进度安排。

1. 软件项目的任务分解

只有明确定义项目的范围才能进行很好的项目规划。因此,我们需要进行任务分解。当需要解决的问题过于复杂时,我们常常采用"分而治之"的思想,即将问题拆解为一个个容易解决的子问题,再通过依次求解子问题进而完成对原问题的求解。在软件项目管理的过程中,我们也可以采取这种方法,将待完成的项目拆分成更易管理、更易操作的、小的子项目,进而得到项目的任务分解结构(Work Breakdown Structure,WBS)。一般来说,任务分解结构的制定一般遵从"由面及点"的思想,即从项目成果整体性框架入手,逐渐细化拆分,将项目要求实现的软件系统划分成若干相对独立的子系统,并进一步将子系统拆分成不同的模块等。因为这种方法要么考虑到了业务逻辑间的关联性,要么考虑到了代码模块功能间的差异性,符合大多数项目参与者的思考方式。因此,在评审时往往更容易被纠错与校正,得到的结果也更直观、有计划性。

在实际操作中,工作包(Work Package)被认为是任务分解的直观产出,是可以由一个项目团队负责的可交付成果的最小单元(注意,这里并不意味着工作包的工作量都会特别小)。这些工作包由于已经是拆分、解耦后的产物,所以可以将其根据需要分配给另外一位项目经理通过成立新的子项目的方式完成。

那么,应该如何有条理地进行任务分解呢? 一般来说,可以参照如下流程:

① 确认项目的主要要素。项目的主要要素是该项目的工作细目,比如开发某电商平台中的"信息展示系统""在线聊天系统"等。在确认主要要素后,这些要素就应该用项目工作怎样开展、在实际中怎样完成的形式来定义,并配以有形的、可证实的表现绩效。

② 确定任务的分解标准。任务分解标准是实施任务分解时最主要的参考依据,反映了项目团队对自身现状以及项目的认知。任务分解应采用统一的标准,避免使用不同标准导致的混乱。例如,可以以项目生存期的阶段为标准,可以以功能的组成为标准,或者也可以以团队成员的构成为标准。

③ 确认分解结果。完成任务分解后,需要确认分解结果以明确责任。所需确认的内容包括分解是否详尽,是否可以作为费用和时间估计的标准等。

④ 确定项目交付成果。交付成果是有衡量标准的,以此检查交付结果。

⑤ 验证分解正确性。验证分解正确后,建立一套编号系统。

基于上述流程,人们在实践中创建了各种具体的任务分解方法,如模板参照、类比、自顶向下等方法。接下来,我们将简单介绍这些方法:

(1) 模板参照法

许多应用领域都有标准或半标准的WBS,它们可以当作模板参考使用。例如,有些企业如果专注于承担某类应用的开发[比如企业资源计划(Enterprise Resource Planning,ERP)系统],那么在实际生产中会逐渐累积大量的WBS分解的指导说明、模板以及案例。

(2) 类比法

类比法与模板参照法有一定的相似性,但是在该方法中,缺少相应的模板,而是需要通过归纳总结其他具有相似背景的项目的分解结果来完成本次分解。例如,许多项目有相同或相似的周期,会因此而形成相同或相似的工作细目要求。此时,这些类似项目的WBS就可以作为参考,为其他项目的分解提供参照。

(3) 自顶向下法

模板参照法与类比法的实施往往基于对已有项目的参考与借鉴,如果在实际中不具备相关条件,则需要从零开始完成任务分解。自顶向下方法是一种基于演绎推理进行任务分解的方法,它沿着从一般到特殊的方向进行,从项目的大局着手,然后逐步分解子细目,将项目变为更细、更完善的部分。如果WBS开发人员对项目具有清晰的认识或者对项目大局有把握,则可以使用自顶向下方法。在应用自顶向下方法开发WBS时,可以采用下面的操作:

① 步骤1:首先确定主要交付成果或者阶段,将它们分别写在便条上,然后按照一定的顺序将它们贴在白板上。

② 步骤2:接下来开始考察第1个交付成果或者第1个阶段,将这些部件分解为更小的交付成果,然后继续分解这些交付成果直到分解为比较容易管理的工作包。分解项目交付成果需要一定的技巧。可能一开始不能将任务划分得太细,但一定要考虑将合适的时间和资源分配给每个阶段中必须完成的活动。只需把握大方向,然后给团队成员分配他们应该完成的工作,而不必详细描述具体的工作机制。

③ 步骤3:完成了第1个主要交付成果或者完成第1个阶段以后,就可以进行第2个交付成果或者第2个阶段的工作,以此类推,直到所有的交付成果被分解成工作包。此时,白板上的白条已经清楚地表达了项目的执行全过程。

2. 软件项目的成本估算

软件开发项目中的成本指项目需要的所有费用,包括人力成本、材料成本、设备租金、咨询费用、日常费用等。由于企业经营的经济基础与直接目标是利润,而成本与利润的关系最为密切,所以项目结束时的最终成本应控制在预算内。有效的软件成本估算,一直是软件工程和软件项目管理中最具挑战、最为重要的问题。然而,估算不是精确的科学计算,软件项目中存在太多的不确定性,而且对需求和技术的认知随着项目的推进极有可能发生重大更新。

总之,成本估算可以理解为以团队现有资源、项目本身以及对项目的约束为输入,以给定指标体系下的实际成本为输出的拟合函数。成本估算的常见方法有代码行估算法和功能点估算法。

(1) 代码行估算法

代码行(Lines of Code,LOC)估算法是在软件规模度量中最早使用、最简单的方法。这种方法依据以往开发类似产品的经验和历史数据,估计实现一个功能所需要的源程序行数。代码行是从软件程序量的角度定义项目规模的。在使用代码行估算法时,要求软件项目的任务分解已经足够详细(已经构建出详细的 WBS 并导出相应工作包),同时要求估算者有一定的经验数据(例如了解各种语言完成同样功能的代码行差异)。在得到对项目所有的代码行估计后,根据当前团队的实际开发效率(比如某项目团队的开发效率为 1 万 LOC/人月)计算出所需的资源数(例如,经评估该项目需要 100 人月),并根据该资源数估算出所需要成本。代码行估算法的主要优点体现在代码是所有软件开发项目都有的"产品",具有非常强的直观性和易用性。但是,代码行估算法也存在许多问题,具体如下:

① 目前,"代码行"数量还没有公认的定义。例如,对于空行、注释、数据声明、代码复用等实际大量存在但对实际工作量的贡献很难界定的代码,以及包含多条指令的代码行等是否进行统计,以及如何统计,目前仍有争论。

② 个人的代码风格与不同语言的编码规范会对代码行数量产生较大影响。因此,在对不同语言的开发项目的生产率进行对比时,代码行估算法很难帮助我们进行直接比较。

③ 项目早期需求不稳定、设计不成熟、实现不确定,很难准确地估算代码行数量。

④ 软件项目并非只有实现阶段,且在大型软件项目开发中实现阶段所占比例也不尽相同。而代码行估算法片面强调编码的工作量,使得项目整体的成本估计产生偏差。

(2) 功能点估算法

功能点(Function Point,FP)估算法[3,4]是在 1979 年由 IBM 公司的 Alan Albrecht 首先开发的,因此也称作 Albrecht 功能点估算法。该方法用系统的功能数量来测量软件规模,且与实现产品所使用的语言和技术没有关系。该方法非常适合信息系统的估算,其将系统分为 5 类构件和一些常规系统特性。这 5 类构件分别是:外部输入(External Input,EI)、外部输出(External Output,EO)、外部查询(External Inquiry,EQ)、内部逻辑文件(Internal Logical File,ILF)和外部接口文件(External Interface File,EIF),如表 11.4 所示。

使用功能点估算法,首先需要评估产品所需要的内、外部基本功能的未调整功能构件(Unadjusted Function Component,UFC)计数,然后根据技术复杂度因子(Technical Complexity Factor,TCF)对这些构件总量进行折算,最终通过 $FP=UFC\times TCF$ 完成项目规模的估算。

表 11.4　Albrecht 复杂度权重

外部用户类型	低	中	高
外部输入	3	4	6
外部输出	4	5	7
内部逻辑文件	7	10	15
外部接口文件	5	7	10
外部查询文件	3	4	6

在 UFC 的计算方面,首先需要统计各个复杂程度下不同构件的个数,得到统计矩阵 $\boldsymbol{A}$。在该统计矩阵中,对任意 $T\in\{EI,EO,EQ,ILF,EIF\}$ 以及 $C\in\{$低,中,高$\}$,矩阵元素 $\boldsymbol{A}(T,C)$ 表示复杂度为 C 的构件 T 的个数。同时,如表 11.4 中所列,Albrecht 对不同复杂程度下不同构件已赋予了各自的权重,可以用权重矩阵 $\boldsymbol{W}$ 来表示。在该权重矩阵中,对任意 $T\in\{EI,EO,EQ,ILF,EIF\}$ 以及 $C\in\{$低,中,高$\}$,矩阵元素 $\mathrm{W}(T,C)$ 表示复杂度为 C 的构件 T 的统计权重。此时,UFC 的值可通过下面的公式得到。

$$UFC=\sum_{T\in\{EI,EO,EQ,ILF,EIF\}}\sum_{C\in\{低,中,高\}}\mathrm{A}(T,C)*\mathrm{W}(T,X) \tag{11.1}$$

在 TCF 的计算方面，首先需要为系统的 14 项通用系统特征（见表 11.5）进行影响力评估，对每一个通用系统特征而言，以 0～5 分从“毫无影响”到“强大影响”描述该特征对于最终交付的重要性。若将对于第 i 个通用系统特征的影响程度记为 F_i（$1\leqslant i\leqslant 14$），则 TCF 的值可以由下面的公式得到。

$$TCF = 0.65 + \sum_{i=1}^{14} \frac{F_i}{100} \tag{11.2}$$

表 11.5　14 个技术复杂度因子

序号	技术复杂度因子
F1	可靠的备份和恢复
F2	数据通信
F3	分布式函数
F4	性能
F5	大量使用的配置
F6	联机数据输入
F7	操作简单性
F8	在线升级
F9	复杂界面
F10	复杂数据处理
F11	重复使用性
F12	安装简易性
F13	多重站点
F14	易于修改

此时，得到的用于表示软件项目规模的功能点 FP 与实现产品所使用的语言和技术没有关系。但在实际开发中，通常指定某种语言进行开发，比如在开发网站时偏向于使用 J2EE 系列开发工具。可以借助功能点语言转化表进行适当的 LOC 估算，如表 11.6[5] 所示。该表提供了常用语言的每个功能点对应的 LOC（包括平均值、中位数、低水平值与高水平值），可以通过相应换算完成对软件项目 LOC 的预估。

表 11.6　功能点语言转化表

程序语言	平均值	中位数	低水平值	高水平值
ASP	51	54	15	69
C	97	99	39	333
C++	50	53	25	80
C#	54	59	29	70
Excel	209	191	131	315
Focus	43	45	45	45
FoxPro	36	35	34	38
HTML	34	40	14	48
J2EE	46	49	15	67
Java	53	53	14	134
JavaScript	47	53	31	63

3. 软件项目的进度计划

一般来说，对项目成本和进度的估算基本上是同时进行的。成本估算是从资源（如工时、材料或人员）使用的角度对项目进行规划，而进度估算是从时间的角度对项目进行规划。时间因其单向性与不可替代性而区别于其他资源——如果因错误的进度估算导致项目设置了过早的完成时间，一定会面临交付期延期的挑战。交付期作为软件开发合同或者软件开发项目中的时间要素，意味着软件开发在时间上的限制、软件开发的最终速度，以及满足交付期带来的预期收益和达到交付期需要付出的代价，它是软件开发能否获得成功的重要判断标准之一。因此，项目管理者必须制订详细的进度计划，以便监督并控制整个项目的进度。项目进度计划的主要流程如下：

① 步骤一：根据 WBS 进一步分解出主要的任务（也可被称为活动）。

② 步骤二：确立任务之间的关联关系。

③ 步骤三：完成任务的资源评估。

④ 步骤四：估算出每个任务需要的时间。

⑤ 步骤五：编制出项目的进度计划。

可以发现，在这一流程中有两个核心问题：一个是如何进行任务资源评估，另一个是如何估算任务时间开销。接下来，将对这两个问题分别进行介绍。

(1) 任务资源评估

任务资源评估是对任务所需人力资源、设备资源及其他资源等进行综合考察。为了完成任务资源评估，需要回答下面的一系列问题：

① 对于团队中的成员来说，该任务难度如何？

② 是否有唯一的特性影响资源的分配？

③ 以往类似项目中的个人的成本如何？

④ 企业现在是否有完成项目合适的资源（人、设备、资料等）？

⑤ 是否需要更多的资源来完成这个项目（比如是否需要外包人员）？

通过回答这些问题，并将这些回答整理完毕，项目管理人员便可以获取项目的任务（活动）列表、任务（活动）的属性、历史项目计划、企业的环境因素、企业的过程制度、可用资源状况等必需信息。由于人力资源是软件项目中最主要的成本，因此在项目的早期，应该从不同渠道来获取相关的信息，当然这个结果也随着项目的推进不断修改和完善。

(2) 任务历时估计

定义了项目中的任务、任务之间的关系，估计了需要的资源，下面就需要估计任务的历时，即花费的时间。任务历时估计是估计任务的持续时间，持续时间估算是对完成某项活动、阶段或项目所需的工作时段数的定量评估。项目团队中熟悉该任务特性的个人和小组，可对任务所需时间做出估计。例如，如果设计软件系统需要 2～4 个工作日，究竟需要多少工作日取决于活动的开始日期是哪一天，周末是否计入工作日，以及参加设计的人数等。一般地，在任务历时估计的时候，还应该考虑如下信息：

① 历史经验。与待考察项目有关或类似的项目的先前经验可以帮助项目进行时间估计。

② 参与人规模。一般在规划项目时，应该按照人员完成时间来考虑，如多少人月、多少人天等，同时要考虑资源需求、资源质量和历史资料等。

③ 人员生产率。生产率是指人员利用自身技能完成软件项目的效率，如 200 LOC/d 等。在团队中，人员生产率往往与人员的技术级别相关——不同的人员，级别不同，生产率不同，成本也不同。对于同一活动，假设两个人均能全日进行工作，一个高级工程师所需时间一般少于初级工程师所需时间。

④ 工作时间。由于项目团队的主要组成是人，因此需要根据人的活动规律描述工作时间。一般来说，正常工作时间要去掉节假日等。在正常的工作时间内，去掉聊天、打电话、上卫生间、休息等正常低效时间后的时间即为有效工作时间。而连续工作时间是指工作不被打断的有效工作时间。例如一周工作几天，一天工作几个小时等。

历时估计应该是有效工作时间加上额外的时间或者称为安全时间。下面介绍几种软件项目历时估计常用的估算方法。

① 类比估计方法。类比估计也称为类推估计，是一种使用相似活动或项目的历史数据来估算当前活动或项目的持续时间的方法。这是一种粗略的估算方法，有时需要根据项目复杂性方面的已知差异进行调整，在项目详细信息不足时，就经常使用类比估计方法来估算项目持续时间。相对于其他估计技术，类比估计方法通常成本较低、耗时较少，但准确性也较低。类比估计可以针对整个项目或项目中的某个部分进行，也可以与其他估计方法联合使用。如果以往活动是本质上而不是表面上类似，并且从事估算的项目团队成员具备必要的专业知识，那么类比估计方法就最为可靠。

② 定额估算法。定额估算法是比较基本的估算项目历时的方法，公式为

$$T=\frac{Q}{R\times S} \tag{11.3}$$

其中，T 为活动的持续时间，是待估计的项目历时；Q 为任务的工作量；R 为人力数量；S 为工作效率。定额估算法比较简单、容易计算，比较适合对某个任务的历时估算或者规模较小的项目。但是该方法有一定的局限性，例如式(11.3)中的参数很难用某个定额来表示，并且估算时没有考虑任务之间的关系。

③ 参数模型估算法——COCOMO 81 模型。结构化成本模型(Constructive Cost Model，COCOMO)是被广泛应用的参数型软件成本估计模型，由 B.W.Boehm 在 1981 年出版的《软件工程经济学》中首先提出，因此也称为 COCOMO 81 模型[6,7]。该模型利用式(11.4)估算工作量：

$$PM=A\times\left(\sum Size\right)^{\sum B}\times\prod(EM) \tag{11.4}$$

在式(11.4)中，A 为校准因子；$\sum Size$ 为软件各个模块的功能尺寸的度量的和，表示软件项目的总功能量；$\sum B$ 为对工作量呈指数影响的比例因子的和；$\prod(EM)$ 为影响开发工作量的工作量系数的乘积。这些因素共同影响，得到了对工作量 PM(通常以人月为单位)的估算。具体而言，COCOMO 81 将软件分为 3 种类型，如表 11.7 所示。

表 11.7 软件的项目类型

项目类型	类型说明
有机型	相对较小、较简单的软件项目，开发人员对其开发目标理解得比较充分，与软件系统相关的工作经验丰富，对软件的使用环境很熟悉，受硬件的约束比较小，程序的规模不是很大。如数据处理、科学计算
半嵌入型	主要是指各类实用软件项目，如编译器(程序)、连接器(程序)、分析器(程序)等，半嵌入型介于有机型和嵌入型两种模式之间，具有中等或者更高的规模和复杂度
嵌入型	主要指各类系统软件项目，如实时处理、控制程序等，要求在紧密联系的硬件、软件和操作的限制条件下运行，通常与某种复杂的硬件设备紧密结合在一起，对接口、数据结构、算法的要求高，软件规模任意，如大且复杂的事务处理系统，大型或超大型的操作系统、航天用控制系统、指挥系统等

同时，COCOMO 81 又将对项目工作量的评估根据项目所在的阶段划分为 3 个等级，即基本模型、中等模型和高级模型。基本模型在项目相关信息极少的情况下使用，中等模型在需求确定以后使用，高级模型在设计完成后使用。模型的级别越高，包含的参数约束越多。3 个等级模型都可以用如式(11.5)描述：

$$Effort = a \times (kLOC)^b \times F \tag{11.5}$$

其中，*Effort* 为工作量，以人月为单位；a 和 b 为系数，具体的值取决于模型等级(即基本、中等或高级)及项目类型(即有机型、半嵌入型或嵌入型)，这个系数的取值先由专家意见决定，然后用 COCOMO 81 数据库的 63 个项目数据来对专家给出的取值再进一步求精；*KLOC* 为软件项目开发中交付的有用代码行(以千行为单位)，代表软件规模；*F* 为调整因子。具体而言，不同模型等级使用的公式与参数如表 11.8 所示。

表 11.8 不同模型等级使用的公式与参数

模型等级	工作量估计公式	系数参数取值			
			有机型	半嵌入型	嵌入型
基本模型	$a \times (kLOC)^b$	a	2.4	3.0	3.6
		b	1.05	1.12	1.2
中等模型	$a \times (kLOC)^b \times F$	a	3.2	3.0	2.8
		b	1.05	1.12	1.2

11.3.2 软件项目跟踪

1. 软件项目进度的表示

软件项目的进度安排一般以图形来表示。图形标识可以简单直观地展现项目的计划进度和工作的实际进度的区别、各项任务之间进度的相互依赖关系和当前资源的使用情况，从而有利于进度管理。下面介绍两种常见的软件进度的图形表示法：甘特图和网络图。

(1) 甘特图

甘特图[8]以提出者亨利・劳伦斯・甘特(Henry Laurence Gantt)的名字命名，因其具有直观简明、容易绘制的优点，故被广泛运用到计划进度规划中。在甘特图中，通常将待完成的任务排列在垂直轴，并用水平轴表示时间，如图 11.3 所示。空心矩形表示任务的计划起止时间，实心矩形表示任务的实际起止时间。从图 11.3 中可以看出，所有任务的起止时间都推迟了，并且任务十一的历时超额很多。

通过甘特图可以很容易地看出一个任务的开始时间和结束时间，但是甘特图的最大缺点是不能反映某项任务的进度变化对整个项目的影响，不能明显地表示各项任务彼此间的依赖关系，也不能明显地表示关键路径和关键任务。因此，在管理大型软件项目时，仅用甘特图是不够的，而网络图可以反映任务的起止时间变化对整个项目的影响。

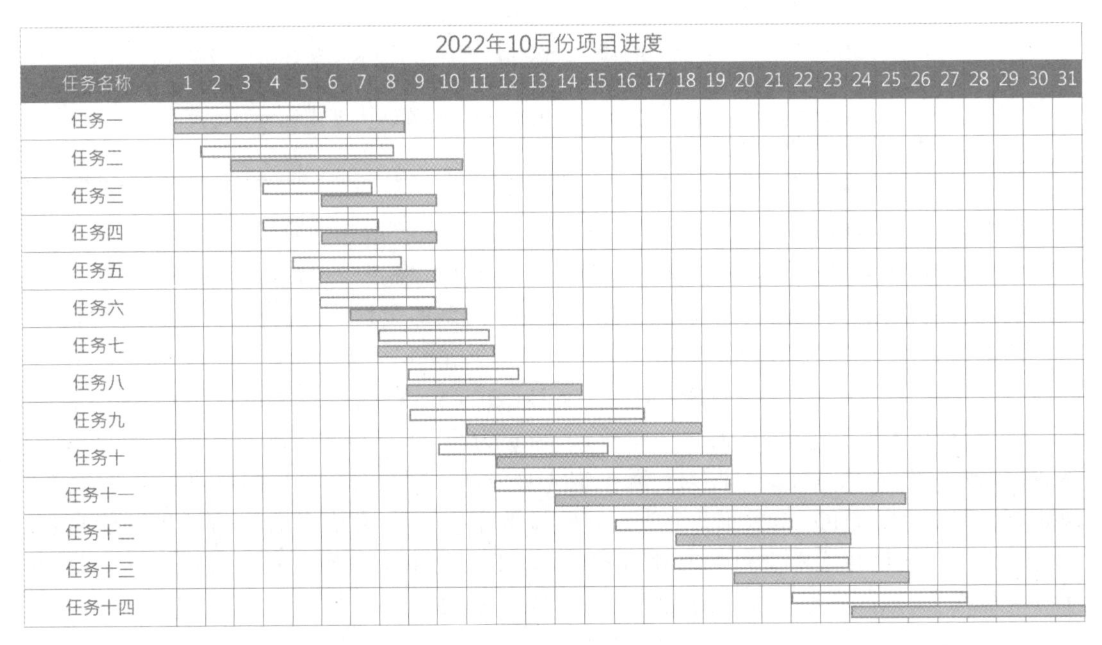

图 11.3 用甘特图表示项目进度

(2) 网络图

网络图是活动排序的一个输出，用于展示项目中的各个活动及活动之间的逻辑关系，表明项目任务将以什么顺序进行。在进行历时估计时，网络图可以表明项目将需要多长时间完成；当改变某项活动历时时，网络图可以表明项目历时将如何变化。

网络图不仅能描绘任务分解情况及每项活动的开始时间和结束时间，而且能清楚地表示各个活动彼此间的依赖关系。通过网络图，我们可以很容易地识别出关键路径和关键任务。因此，网络图是制定进度计划的强有力的工具。通常，联合使用甘特图和网络图这两种工具来制订和管理项目进度计划，利用它们互相补充，取长补短。

网络图是非常有用的项目进度表达方式。网络图可以将项目中的各个活动及各个活动之间的逻辑关系表示出来，从左到右绘制出各个任务的时间关系图。网络图开始于某一个节点（如任务、工作、活动、里程碑），结束于某一个同类型节点，有些节点有前置节点或者后置节点。前置节点是在后置节点前进行的，后置节点是在前置节点后进行的——前置和后置关系用于表明项目中的节点将以什么顺序进行。常用的网络图有图 11.4(a)所示的前导图法（Precedence Diagramming Method，PDM）网络图[9]、图 11.4(b)所示的箭线图法（Arrow Diagramming Method，ADM）网络图[10]等，PDM 和 ADM 所表达的计划内容是一致的，两者的区别仅在于绘图的符号不同。

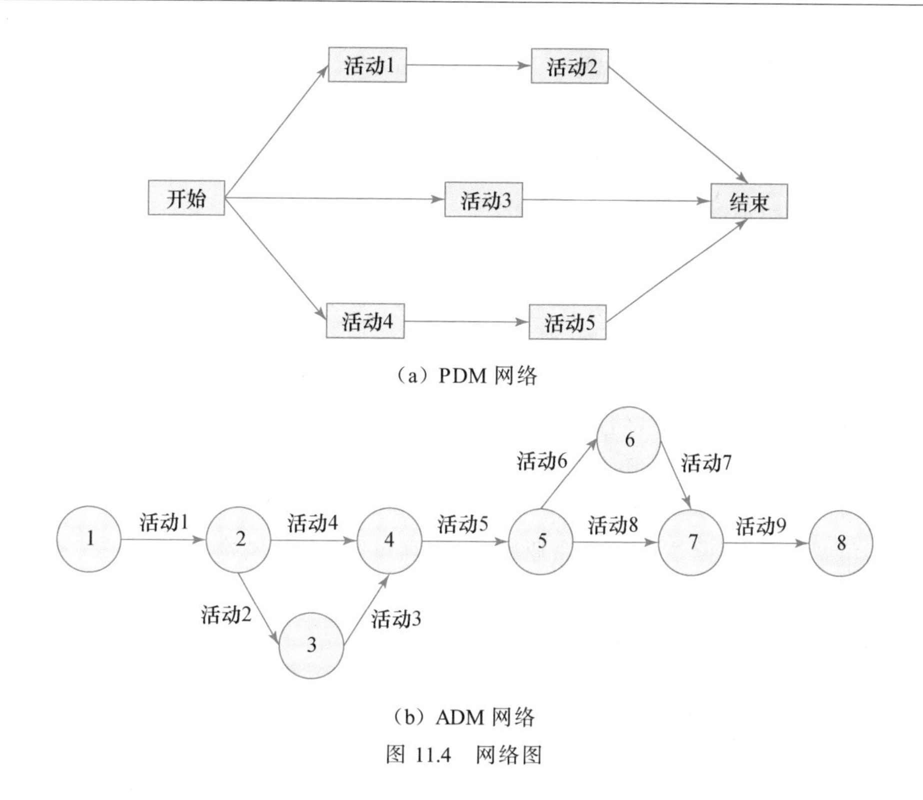

图 11.4　网络图

2. 软件项目进度的控制

由于软件项目进度计划在实施过程存在大量不确定因素，因此，在项目进行过程中必须不断掌握环境的变更与计划的实施状况，开展有效的进度控制管理，进而确保目标的实现。进度控制是一种动态的、全过程的管理，需要根据项目管理计划、项目进度计划、工作绩效信息、组织过程资产对项目进行全方位考察，并利用各种技术手段和人事手段做出适当干预。这些控制方法包括输出工作绩效、更新资产、更新请求、调整项目计划、修改项目文件等。软件项目进度控制没有一成不变的模板，但大多数场景下可以遵循如下基本理念：

① 进度控制是动态的。项目的进行是一个动态的过程，因此进度控制随着项目的进展而不断进行。项目管理人员应在项目各阶段制订各种层次的进度计划，需要不断监控项目进度并根据实际情况及时调整。

② 进度控制是系统性的。项目各实施主体、各阶段、各部分、各层次的计划构成了项目的计划系统，它们之间相互联系、相互影响，因此，必须用系统的理论和方法解决进度控制问题。

③ 进度控制是封闭循环的。项目进度控制的全过程是一种循环性的活动，其活动包括编制计划、实施计划、检查、比较与分析、确定调整措施、修改计划，进度控制过程就是这种封闭的循环系统不断运行的过程。

④ 进度控制是全面性的。在项目过程中的各种信息是项目进度控制的依据，因此必须建立信息系统，对信息进行全面的收集与分析，通过及时有效的传递和反馈帮助决策。

⑤ 进度控制是弹性的。软件工程项目工期长、体系庞大、影响因素多而复杂。因此，在进度控制时需要对计划留有余地。

11.3.3 软件项目风险管理

伴随着软件技术的不断更新、软件数量的增多、软件复杂程度的不断加大，客户对产品的要求也在不断地提高，随之而来的是软件项目的巨大风险。风险管理与控制已成为决定软件开发项目成败的关键。

1. 软件项目风险的定义

在软件项目中，风险是对软件开发过程及软件产品本身可能造成的负面影响的总称。每个风险都包含3个要素：风险事件、风险事件发生的概率和风险造成的影响。风险发生的概率越高，造成的影响越大，就越容易导致高风险。软件项目风险会影响项目计划的实现，可能影响项目的进度，增加项目的成本，甚至使软件项目不能实现。如果对项目进行风险管理，就可以最大限度地减少风险的发生。根据关注重点的不同，风险可以划分为不同的类别。

从范围角度来看，风险主要分为商业风险、管理风险、人员风险、技术风险、开发环境风险、客户风险、产品风险、过程风险等。

① 商业风险。即与管理或市场所加诸的约束相关的风险，主要包括市场风险、策略风险、和预算风险等。例如，软件不满足市场的需求会引发市场风险，软件不符合公司的产品策略会引发策略风险，而预算不足则会引发预算风险。

② 管理风险。即潜在的预算、进度、个人(包括人员和组织)、资源、用户和需求方面的问题，如时间和资源分配的不合理、项目计划质量的不足、项目管理理论使用不当、资金不足、缺乏必要的项目优先级等所导致的风险。项目的复杂性、规模的不确定性和结构的不确定性也是构成管理风险的因素。

③ 人员风险。即与参与项目的软件人员稳定性、总体技术水平及项目经验相关的风险。例如，开发人员和管理层之间关系不佳，导致决策缓慢，影响全局；缺乏激励措施，士气低下，降低了生产能力；某些人员需要更多的时间适应还不熟悉的软件工具和环境；项目后期加入新的开发人员，需进行培训并逐渐与现有成员沟通，从而使现有成员的工作效率降低；项目组成员之间发生冲突，导致沟通不畅、接口出现错误和额外的重复工作；不适应工作的成员没有调离项目组，影响了项目组其他成员的积极性；没有找到项目急需的具有特定技能的人等。

④ 技术风险。即与待开发软件的复杂性及系统所包含技术的“新奇性”相关的风险，如潜在的设计、实现、接口、检验和维护方面的问题。规格说明的多义性、技术上的不确定性、技术陈旧及“过于先进”的技术等都是技术风险因素。复杂的技术，以及项目执行过程中使用技术或者行业标准发生变化所导致的风险也是技术风险。

⑤ 开发环境风险。即与用以开发产品的工具的可用性及质量相关的风险。例如，设施未及时到位；设施虽到位，但不配套；开发工具未及时到位；开发工具不如期望的有效，开发人员需要时间创建工作环境或者切换新的工具；新的开发工具的学习期比预期长，内容繁多。

⑥ 客户风险。即与客户的素质及开发人员和客户定期沟通的能力相关的风险。例如，客户对最后交付的产品不满意，要求重新设计和重做；客户的意见未被采纳，造成产品最终无法满足用户要求，因而必须重做；客户对规划、原型和规格的审核决策周期比预期要长；客

户没有或不能参与规划、原型和规格阶段的审核，导致需求不稳定和产品生产周期发生变更；客户答复的时间（如回答或澄清与需求相关问题的时间）比预期长；客户提供的构件质量欠佳，导致额外的测试、设计和集成工作，以及额外的客户关系管理工作。

⑦ 产品风险。即与质量低下的不可接受的产品相关的风险。例如，矫正这些产品的质量，需要比预期更多地测试、设计和实现工作；严格要求与现有系统兼容，需要进行比预期更多的测试、设计和实现工作；要求与其他系统或不受本项目组控制的系统相连，导致无法预料的设计、实现和测试工作；在不熟悉或未经检验的软件和硬件环境中运行所产生的未预料到的问题；开发一种全新的模块将比预期花费更长的时间；依赖正在开发中的技术，延长计划进度。

⑧ 过程风险。即与软件过程被定义的程度及它们被开发组织所遵守的程度相关的风险。例如，大量的纸面工作导致进程比预期慢；太不正规（缺乏软件开发策略和标准），导致沟通不足，质量欠佳，甚至需重新开发；过于正规（教条地坚持软件开发策略和标准），导致过多耗时于无用的工作；风险管理粗心，导致未能发现重大的项目风险。

从预测角度来看，风险可分为下面 3 种类型：

① 已知风险。已知风险是指通过仔细评估项目计划、开发项目的商业与技术环境及其他可靠的信息来源（如不现实的交付时间、没有需求或软件范围的文档、恶劣的开发环境）之后可以发现的那些风险。

② 可预测风险。可预测风险是指能够从过去项目的经验中推测出来的风险（如人员调整、与客户之间无法沟通等）。

③ 不可预测风险。不可预测风险是指可能、也许真的出现，但很难事先识别出来的风险。

项目管理者只能对已知风险和可预测风险进行规划，不可预测风险只能靠企业的能力来承担。

2. 软件项目风险的识别与应对

(1) 风险识别的方法

风险识别的方法可以分为以下种类：

① 风险条目检查表法[11-13]：风险条目检查表法是最常用且比较简单的风险识别方法。它需要让风险管理者回答一组包含与每个风险因素有关的问题，使得风险管理者可以通过回答这些问题来识别常见的、已知的和可预测的风险，如产品规模风险、依赖性风险、需求风险、管理风险及技术风险等。通常来说，检查表中的条目来自以往项目经验的总结，可以根据需求自行更改。

② 专家访谈法[11-13]：专家访谈法起源于 20 世纪 40 年代末期，最初由美国兰德公司首先使用，是一种组织专家就某一专题达成一致意见的信息收集技术。作为一种主观、定性的方法，专家访谈法广泛应用于需求收集、评价指标体系的建立、具体指标的确定及相关预测领域。在专家访谈法中，首先由项目风险小组选定与该项目有关的领域专家，并与这些适当数量的专家建立直接的函询联系，通过函询收集专家意见，然后加以综合整理，再匿名反馈给各位专家，再次征询意见，这样反复经过四至五轮，逐步使专家的意见趋向一致，作为最后预测和识别的根据。

③ 头脑风暴法[11-13]：头脑风暴法是一种以专家的创造性思维来获取未来信息的直观

预测和识别方法。此法是由美国人奥斯本于1939年首创的，从20世纪50年代起就得到了广泛应用。头脑风暴法一般在一个专家小组内进行，通过专家会议，激发专家的创造性思维来获取未来信息。这要求主持专家会议的人在会议开始时的发言能激起专家们的思维“灵感”，促使专家们感到急需和本能地回答会议提出的问题，通过专家之间的信息交流和相互启发，从而诱发专家们产生“思维共振”，以达到互相补充并产生“组合效应”，获取更多的未来信息，使预测和识别的结果更准确。

(2) 软件项目风险的应对

项目开发是一个高风险的活动，如果项目采取积极的风险管理策略，就可以避免或降低许多风险。规划降低风险的主要策略是回避风险、转移风险、损失控制及自留风险。

回避风险。回避风险是指通过分析找出发生风险事件的原因，尽可能地规避可能发生的风险，采取主动放弃或拒绝使用导致风险的方案，这样可以直接消除风险损失。回避风险具有简单、易行、全面、彻底的优点，因为已经将风险的起因消除了，从而保证项目安全运行。项目管理组不可能排除所有风险，但特定的风险事件往往是可以排除的。在回避风险时，应注意以下几点：

① 当其他的风险策略不理想的时候，可以考虑这个策略。

② 不是所有的风险都可以采取回避策略(如地震或者洪涝等自然灾害是无法回避的)。

③ 由于回避风险策略只是在特定范围内及特定的角度上才有效，因此避免了某种风险，而有可能产生另一种新的风险。例如，避免采用新的技术可能导致开发出来的产品技术落后的风险。

转移风险。转移风险是指为避免承担风险损失，而有意识地将损失或与损失有关的财务后果通过采购等手段转嫁给另外的单位或个人去承担。例如，将有风险的子项目分包给其他分包商，或者通过免责合同等手段澄清责任范围等。风险转移策略往往将意味着风险置换。例如，为了减缓成本风险与供应商签订固定价格合同，若销售商不能够顺利供货，则会造成项目延期风险。

损失控制。损失控制是指在风险发生前消除风险可能发生的根源，并减少风险事件发生的概率，在风险事件发生后减少损失的程度。故损失控制的基本点在于消除风险因素和减少风险损失。该策略是最主动的风险应对策略。根据目的不同，损失控制分为损失预防和损失抑制。

① 损失预防是指风险发生前为了消除或减少可能引起风险的各种因素而采取的各种具体措施，制订预防性计划，即设法消除或减少各种风险因素以降低风险发生的概率。预防性计划包括针对一个确认的风险事件的预防方法及风险发生后的应对步骤。例如，经过风险识别发现，项目组的程序员对所需的开发技术不熟悉，那么可以事先进行培训来减轻对项目的影响。

② 损失抑制也称风险减缓，是指风险发生时或风险发生后为了缩小损失幅度所采用的各项措施。通过降低风险事件发生的概率或得失量来减轻对项目的影响。例如，为了避免自然灾害造成的后果，在一个大的软件项目中考虑异地备份来进行损失抑制。

自留风险。自留风险是指由项目组织自身承担风险事件所致损失的策略。这种接受可以是积极的，一般是经过合理判断和谨慎研究后决定承担风险；也可以是消极的，例如承担因未意料到的风险因素而遭受的损失。

11.3.4 软件项目质量保证

1. 软件项目质量定义与质量模型

（1）质量定义

软件质量与软件产品满足规定的和隐含的需求能力有关的特征或特性的全体。在这里，“规定”是指在合同环境中，用户明确提出的需求或需要，通常是合同、标准、规范、图纸、技术文件中做出的明确规定。而“隐含的需求”则是顾客或者社会对实体的期望，或者指人们所公认的、不言而喻的、不需要做出规定的需求，在项目实施中尤其应加以识别和确定。例如，数据库系统必须满足存储数据的基本功能。软件本身“按需定制”的特性让我们需要以用户为中心去度量其符合规定的程度和满足用户需求的程度，这是软件质量与传统工程质量标准的区别所在。

（2）质量模型

软件质量是贯穿于软件生命周期，是软件开发过程中采用的一切手段的最终体现。因此，如果能够总结出影响软件质量的特性、评估软件质量的要素与指标（即质量模型）用于规范化表述与监控软件质量，那么软件项目的质量管理便有了实质性的指导。在实际项目中，比较常用的质量模型是 Boehm 质量模型、McCall 质量模型和 ISO/IEC 25010 软件质量模型等，我们将分别对这些模型进行简单介绍。

① Boehm 质量模型。Boehm 质量模型[14]认为软件产品的质量基本可从 3 个方面来考虑，即软件的可使用性、软件的可维护性、软件的可移植性。在这 3 个不同的方面，又将软件质量进一步细分为若干层次，形成树形结构，对于最底层（叶子节点）的软件质量概念再引入数量化的指标，从而得到软件质量的整体评价。

② McCall 质量模型。McCall 质量模型[15]列出了影响质量的因素是分别反映用户在使用软件产品时的 3 种不同倾向或观点，包括产品运行、产品修改和产品转移。软件质量首先表现在软件可以正确运行，然后才可以评价其可维护性，最后评价它的可移植性。通常，对这些质量因素进行度量是很困难的，有时甚至是不可能的。因此，McCall 定义了一些评价准则，通过评价准则对反映质量特征的软件属性进行分级，依次来估计软件质量特征的值。

③ ISO/IEC 25010 软件质量模型。ISO/IEC 25010 软件质量模型[16]是在 ISO 9126 模型的基础上制定的，是评价软件质量的国际标准。它由功能性、可靠性、兼容性、易用性、效率、维护性、可移植性、使用质量和信息安全性共 9 个质量特征组成，用以从不同维度描述和评价软件质量。同时，每种质量特征都有一组质量子特征，用于对该质量特征进行细化描述。在项目实施时，如果某些质量特征并不能产生显著的经济效益，我们可以降低它们的优先级，把精力用在对经济效益贡献最大的质量要素上（从技术角度讲，质量要素是指对软件整体质量影响最大的那些质量属性；从商业角度讲，质量要素是指客户最关心的、能成为卖点的质量属性）。

总的来说，这些模型各有各的优势与劣势。McCall 质量模型的最大贡献在于它建立了软件质量特征和软件度量项之间的关系，但是有些度量项不是客观指标，而是主观判断。另外，它没有从软件生存周期不同阶段的存在形态来考虑，而仅仅考虑一种产品形态，不利于在软件产品早期发现缺陷和降低维护成本。Boehm 质量模型与 McCall 质量模型相似，也是一种由纵向软件特征构成的层次模型，唯一的差别在于特征的种类。另外，Boehm 质量模型包括 McCall 质量模型没有的硬件领域的质量要素。ISO/IEC 25010 软件质量模型的贡献在于将软件质量特征分为外部特征和内部特征，考虑到软件产品不同生命周期阶段的不同形态问题，但是该模型没有清楚给出软件质量特征如何度量。因此，在确定质量模型的时候，还需要针对项目的特点进行有针对性的选择或修改。

2. 软件项目的质量保证与质量控制

（1）质量保证（Quality Assurance，QA）

质量保证是为了提供信用，证明项目将会达到有关质量标准而开展的有计划、有组织的工作活动。它在项目过程中将不断对项目质量计划的执行情况进行评估、检查与改进等工作，向管理者、客户或其他方提供信任，确保项目质量与计划保持一致。质量保证主要依赖的方法是质量审计。质量审计是对过程或者产品的一次结构化的独立评估，将审核的主体与为该主体以前建立的一组规程和标准进行比较。质量审计包括软件过程审计和软件产品审计。软件过程审计分为需求过程审计、设计过程审计、编码过程审计、测试过程审计等。而软件产品审计包括需求规格审计、设计说明书审计、代码审计、测试报告审计等。质量保证本身并不直接提高产品的质量（因为产品质量的提升必定是开发组的工作结果），但是通过质量保证的一系列工作可以间接地提高产品的质量。

（2）质量控制（Quality Control，QC）

质量控制是确定项目结果与质量标准是否相符，同时确定不符的原因和消除方法，控制产品的质量，及时纠正缺陷的过程。质量控制对阶段性的成果进行检测、验证，为质量保证提供参考依据。缺陷在软件开发的任何阶段都可能会被引入。潜在的缺陷越大，用来消除它所花的费用就越高。因此，成熟的软件开发过程在每一个可能会引入潜在缺陷的阶段完成之后都会开展质量控制活动。质量控制的任务是策划可行的质量管理活动，然后正确地执行和控制这些活动，以保证绝大多数的缺陷可以在开发过程中被发现。在进行评审和测试时可检测到缺陷。评审是面向人的过程，测试是运行软件（或部分软件）以便发现缺陷的过程。质量控制方法有技术评审、走查、测试、返工等。

（3）质量保证与质量控制的关系

质量保证和质量控制是有区别的。质量保证是审计产品和过程的质量，保证过程被正确执行，确认项目按照要求进行，属于管理职能。质量控制是检验产品的质量，保证产品符合客户的需求，是直接对项目工作结果的质量进行把关的过程，属于检查职能。质量保证的焦点是过程和产品提交之后的质量监管，而质量控制的焦点是产品推出前的质量把关。例如，施工对房屋铺设水管时，可以进行质量保证和质量控制。质量控制是指施工队在完成水管铺设后通过质量检测水管是否漏水等来把控质量。如果检测出异常，则应该通过返工和再测试及时纠正出现的问题，这时的质量控制对水管铺设作业有直接提高质量的意义。而质量保证是指聘请监理对当前施工节点提交验收报告，这个质量保证报告对本施工节点没有直接的质量提高意义，但是对将来的施工是有意义的。质量保证和质量控制可以提高项目和产品的质量，最终达到令人满意的目标。

11.3.5　软件配置管理

软件项目进行过程中面临的一个主要问题是持续不断的变化，变化是多方面的，如版本的升级、不同阶段的产品变化。配置管理是有效管理变化的重要手段。有效的项目管理能够应对变化和控制变化;无效的项目管理则被变化所控制。如何在受控的方式下引入变更、监控变更的执行、检验变更的结果、最终确认变更,并使变更具有追溯性,这一系列问题直接影响项目的成败,而有效的配置管理可以应对这一系列问题。

1. 软件配置管理概述

软件配置管理在软件项目管理中有着重要的地位。软件配置管理工作以整个软件开发过程中的可控性和可追溯性为目标,为软件项目管理和软件工程的其他领域奠定基础,以便稳步推进整个软件企业的能力成熟度。软件配置管理的主要思想和具体内容在于版本控制。版本控制是软件配置管理的基本要求,是指对软件开发过程中各种程序代码、配置文件及说明文档等文件变化的管理。版本控制最主要的功能是追踪文件的变更。它将什么时候、什么人更改了文件的什么内容等信息忠实地记录下来。对于每一次文件的改变,文件的版本号都将增加,如 V1.0、V1.1、V2.1 等。它可以保证任何时刻恢复任何一个配置项的任何一个版本。版本控制还记录了每个配置项的发展历史,这样可保证版本之间的可追踪性,也为查找错误提供了帮助。除了记录版本变更外,版本控制的另一个重要功能是并行开发。软件开发往往是多人协同进行,版本控制可以有效地解决版本的同步及不同开发人员之间的协同问题,提高协同开发的效率。软件配置管理并不只包含软件的版本控制。项目管理者与开发人员的项目视角是不一样的,项目管理者更关注项目的进展情况,这不是简单的版本控制能够解决的。项目管理者需要从各种变更记录数据中了解项目遇到的关键问题、项目的开发进展、开发工程师的资源是否充分使用以及工作是否平衡等。

2. 软件配置管理过程

软件配置管理主要包括建立配置管理环境、配置项标识、配置项变更管理、配置项审计、配置项状态统计等活动。建立配置管理环境的核心工作是建立用来存储所有基线配置项及相关文件等内容的配置管理库,是在软件产品的整个生命周期中建立和维护软件产品完整性的基础。配置项标识用于识别产品的结构、产品的构件及其类型,为其分配唯一的标识符,并以某种形式提供对它们的存取,同时找出需要跟踪管理的项目中间产品,使其处于配置管理的控制之下,并维护它们之间的关系。配置项变更管理是指需要按照程序进行控制并记录修改的过程。通过配置项变更管理可以保证项目在复杂多变的开发过程中真正地处于受控状态,在任何情况下都能迅速地恢复到目标状态。配置项审计利用配置项记录验证软件达到的预期结果,确认产品的完整性并维护构件间的一致性,即确保产品是一个严格定义的构件集合。例如,它将解决目前发布的产品所用的文件的版本是否正确的问题。配置项状态统计用于记录并报告配置项和修改请求的状态,并收集关于产品构件的重要统计信息。例如,它将解决修改这个错误会影响多少个文件的问题,以便报告整个软件变化的过程。

11.3.6　软件项目组织和团队管理

软件项目是由不同角色的人共同协作完成的,每种角色都必须有明确的职责定义,因此选拔和培养适合角色职责的人才是首要的因素。选择合适的人员可以通过合适的渠道进行,而且要根据项目的需要进行,不同层次的人员需要进行合理的安排,明确项目需要的人员技能并验证需要的技能。有效的软件项目团队由担当各种角色的人员所组成,每位成员扮演一个或多个角色。

(1) 项目组织结构

组建团队时首先要明确项目的组织结构。项目组织结构应该能够提高团队的工作效率,避免摩擦,因此,一个理想的团队结构应当适应人员自身和集体的特点,利于项目中各项任务的协调。在确定组织结构时,每个组织都需要考虑大量的因素。在最终分析中,每个因素的重要性也各不相同。组织决策者必须综合考虑因素及其价值和相对重要性以便进行分析。

(2) 人员职责计划

组织结构确定之后,还需要确定人员职责计划,人员职责计划说明每个人员的角色和职责。一个软件团队的主要角色有项目经理、系统分析员、系统设计员、数据库管理员、支持工程师、程序员、质量保证工程师、配置管理人员、业务专家(用户)、测试人员等角色。可以采用多种格式来记录和阐明团队成员的角色与职责。大多数格式属于层级型、矩阵型或文本型。有些项目人员安排可以在子计划中列出。无论使用什么方法来记录团队成员的角色,目的都是要确保每个工作包都有明确的责任人,确保全体团队成员都清楚地理解其角色和职责。

(3) 人员管理计划

对人员的配置、调度安排贯穿整个软件过程,人员的组织管理是否得当是影响软件项目质量的决定性因素。在软件开发的开始,要根据项目的工作量、所需要的专业技能,参考各个人员的能力、性格、经验,组织一个高效、和谐的开发小组。一般来说,一个开发小组的人数在5~10人最为合适。如果项目规模很大,则可以采取层级式结构,配置若干个这样的开发小组。选择人员要结合实际情况。作为考查标准,技术水平、与本项目相关的技能和开发经验及团队工作能力都是很重要的因素。另外,还应该考虑分工的需要,合理配置各个专项的人员比例。例如,一个网站开发项目中需要根据美工、后台服务、数据采集、数据库等不同任务合理地组织人员配比。人员职责需要明确且合理,分工合理与责任明确,是保证项目各阶段、各方面的工作能够按计划完成的基础。

(4) 项目沟通管理

项目沟通分为外部协调和内部沟通两部分。

① 对于外部协调,原则上由合同管理者负责与客户进行协调。为了减少交流成本,项目人员也可直接与客户联系,但必须将联系内容通报合同管理者和项目助理,并由项目助理记入沟通记录。此外,需要建立定期报告制度,由项目管理者向客户进行工作汇报,报告内容包括项目进展状态、下一步安排、项目管理问题协商等。

② 对于内部沟通,所有项目参与者需要保持积极的沟通态度,通过每日站立会议(一般为15分钟)、冲刺计划会议、冲刺复审会议等沟通方式频繁沟通,及时发现问题,对项目的进度和挑战做到心中有数。例如,在每天下班前开始的站立会议上,管理人员可以通过任务板展示进度,项目人员则可以将提出当日问题并寻求团队成员的帮助。在每次迭代开始的冲刺计划会议上,项目管理人员可以估算本次迭代的工作项,明确优先级排序,确定本次迭代的冲刺提交结果,给出设计方案,估算本次冲刺的工作量。

11.4　软件项目管理常用技术和工具

为了更具体,更定量地分析项目进度,需要使用一些技术和工具辅助进行项目管理。本节将介绍软件项目管理中常用的技术和工具。

11.4.1　软件项目管理常用技术

这一部分将介绍软件项目管理常用的技术,比如甘特图、关键路径法、计划评审技术以及挣值分析等。其中,甘特图已经在 11.3.2 节中进行了讨论,此处不再赘述。

1. 关键路径法

关键路径法(Critical Path Method,CPM),是计划项目活动中用到的一种算术方法,该方法主要用于在进度模型中估算项目的最短工期。关键路径就是指项目最长的路线,它决定了项目的总耗时。对于一个进度网络,使用关键路径法沿着路径使用顺推法和逆推法,计算出所有活动的最早开始、最早结束、最晚开始和最晚结束日期。

如图 11.5 所示的关键路径法示例,一共有 A 到 F 6 个活动,最开始已知的信息是每个活动的持续时间和活动的前后依赖关系。先使用顺推法计算每个活动的最早开始时间和最早结束时间,每个活动的最早开始时间由所有前置活动中的最晚结束时间决定,由起始的活动计算到最后的活动我们就可以得到网络的关键路径,这里的关键路径是活动序列 A—C—E—F,因此这个项目的最短工期是 12。然后使用逆推法计算每个活动的最晚结束时间和最晚开始时间,每个活动的最晚结束时间由所有后续活动中的最早开始时间决定,从最后的活动开始一直计算到起始的活动,最后计算最早开始时间和最晚开始时间的差值,也就是浮动时间。浮动时间体现了进度的灵活性,代表了进度活动可以从最早开始时间推迟而不至于延误项目完成日期或违反进度制约因素的时间。由于关键路径决定了项目的终期,所以在一般情况下为了按期完成项目,关键路径的浮动时间为零。

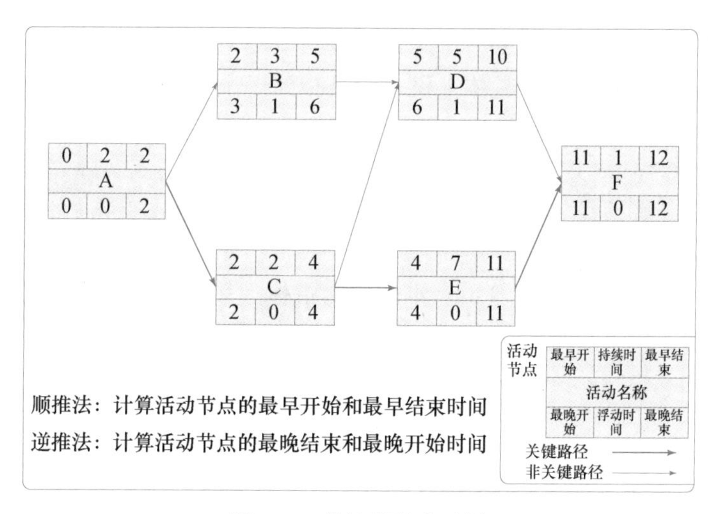

图 11.5　关键路径法示例

2. 计划评审技术

计划评审技术(Program Evaluation and Review Technique,PERT),是一种分析项目涉及任务执行的规划技术。计划评审技术和关键路径法非常类似,在实际使用中,这两个方法也是相辅相成,关键路径分析对于所有活动的持续时间都用单点估算。而在现实中,持续时间不太可能是如此确定的。计划评审技术对于每个活动使用三点估算法,对于每个活动时间定义3种时间:乐观时间O,这个任务不可能用比之更短的时间完成;悲观时间p,这个任务不可能用比之更长的时间完成;最可能时间m,这是我们真正认为这个任务将使用的时间。那么,单个活动预期时间te或者路径预期时间 TE 可以由式(11.6)和式(11.7)计算:

$$te = \frac{O + 4m + p}{6} \tag{11.6}$$

$$TE = \sum_{i=1}^{n} te_i \tag{11.7}$$

完成时间的标准差 σ_{te} 或者路径时间的标准差 σ_{TE} 可以由式(11.8)和式(11.9)计算:

$$\sigma_{te} = \frac{(p - O)}{6} \tag{11.8}$$

$$\sigma_{TE} = \sqrt{\sum_{i=1}^{n} \sigma_{te}^2} \tag{11.9}$$

3. 挣值分析

挣值分析(Earned Value Analysis,EVA)是一种用于项目进展的定量分析技术。挣值分析法是采用统计学的方法,使得管理者能够不依赖于感觉,而是采用定量科学的分析方法来评估一个项目的“完成百分比”,尽早地预测和发现项目成本差异与问题,努力在情况变坏之前采取纠偏措施。在应用挣值分析方法前,通常需要以下的数据:

① 预算(Planned Value,PV)。具体来说,PV是指截至某一时间点的、计划投入的成本,即计划到某一时间点的预算。它也被称作预计工作的预算成本(Budgeted Cost of Work Scheduled,BCWS)。其中,所有的工作任务的PV值加在一起,可以计算出完成工作预算(Budget at Completion,BAC),即 $BAC = \sum PV_i$。

② 成本(Actual Cost,AC)。具体来说,AC是指到一个时间点实际花费的成本。它也被称作已完成工作的实际成本(Actual Cost of Work Performed,ACWP)。

③ 挣值(Eared Value,EV)。具体来说,EV是指到一个时间点实际完成工作应当花费的预算,主要是表示当前已经完成的工作量。它也被称作已完成工作的预算成本(Budgeted Cost of Work Performed,BCWP)。

在这些数据的基础上可以计算出基本的项目指标。和项目进度相关的指标有:

$$\text{进度绩效指数 } SPI = \frac{EV}{PV} \tag{11.10}$$

$$\text{进度偏差 } SV = EV - PV \tag{11.11}$$

其中,SPI 是效率指标,度量了项目使用预定资源的效率。当 $SPI>1$ 时,表示进度提前;当 $SPI<1$ 时,表示进度延误。SV 反映了实际与计划进度的偏差。

此外,也可以计算出和成本相关的指标:

$$\text{成本绩效指数 } CPI = \frac{EV}{AC} \tag{11.12}$$

$$成本偏差\ CV=EV-AC \tag{11.13}$$

其中，当 $CPI>1$ 时，表示成本低于预算；当 $CPI<1$ 时，表示成本超出预算。CV 反映了当前项目成本的超支或者节省。

下面用一个简单的例子来应用挣值分析法。

【例题】一个项目预算为 6 000 万美元预计需要 24 个月才能完成。12 个月后，该项目完成了 60%，并使用了 3 500 万美元。那么预算和进度状态如何？

首先，要获取项目的基本数据 PV、EV 和 AC。当前的时间节点是 12 个月，预算是平均每个月使用 $6\ 000\div24=250$ 万美元，那么 $PV=250\times12=3\ 000$ 万美元。当前项目完成了 60%，那么 $EV=6\ 000\times60\%=3\ 600$ 万美元。当前使用了成本 3 500 万美元，那么 $AC=3\ 500$ 万美元。接下来就是计算项目的各个指标：

$$CV=EV-AC=100\ 万美元$$

$$SV=EV-PV=600\ 万美元$$

$$CPI=EV/AC=3\ 600/3\ 500\approx1.03$$

$$SPI=EV/PV=3\ 600/3\ 000=1.2$$

结果说明，该项目 $CPI>1$ 时，表示成本低于预算，进度超前。

11.4.2 软件项目管理常用工具

研究表明，77% 的高绩效项目都在使用项目管理工具来辅助其项目管理工作[17]。项目管理工具通过内置不同的项目管理技术，以协助团队完成项目管理的准备工作，使团队任务透明化，减少人员沟通不畅而产生误解的可能性，使项目进程有条不紊。优秀的项目管理工具通常集成了多种综合性功能，如时间管理、团队协同工作、成员自我管理等。使用项目管理工具完成软件项目管理主要有 3 个好处：

① 目标明确。对需求的清晰理解是软件开发过程中的第一个也是最重要的任务。在项目的初期阶段，项目管理工作包括了大量的交流、解释、研讨。团队需要对这些频繁更新的概念和需求进行精确的规范、定义和传达，以便开发团队可以随时检查，并确保一切都在按部就班地进行。

② 透明化管理。当使用了正确的项目管理工具时，项目团队可以很容易地给成员分配工作，监控进度和结果。这同时也可以让所有项目成员清楚地了解他们的工作是如何与队友的工作对接并产生影响的。透明化管理极大地提高了团队协作和总体性能水平，有助于快速和顺利地交付软件产品。

③ 信息同步。在软件项目开发的过程中，需求会经常发生变动和更新，团队的实时工作进展、突发的意外情况等，信息都需要及时地传递给团队。项目管理工具极大地便利了这项任务。项目成员通常只需打开项目管理工具的工作台做出更新操作，就可以让每个人都得到通知，而不需要额外的简讯、电话和会议形式的交流，这省去了团队的时间和人员的精力成本。

不同项目根据其项目规模、人员构成等因素选择适合的项目管理工具。下面将介绍几个当前流行的软件项目管理工具。

1. Jira

Jira[18]是一个专门为敏捷开发团队设计的跨平台问题和故障跟踪软件，具有先进的项目管理能力和功能。开发团队可以在这里创建用户故事和问题，并制订项目任务计划。任务可以被标注优先级并分发到每一个项目成员，JIRA 还提供了一系列实时项目进展报告的可视化方案，方便项目管理人员对项目计划进度进行管理和决策。Jira 的一个主要优点是它可以与 GitHub、GitLab、Jenkins 等软件开发工具相结合。它简化了更新和跟踪项目 backlog 的工作。一个 Jira 账户可以供 10 个用户使用，因此它非常适合自成一体或小型开发团队。Jira 的界面如图 11.6 所示，从左到右分别是 issue 面板、每个 issue 的甘特图、洞察面板。

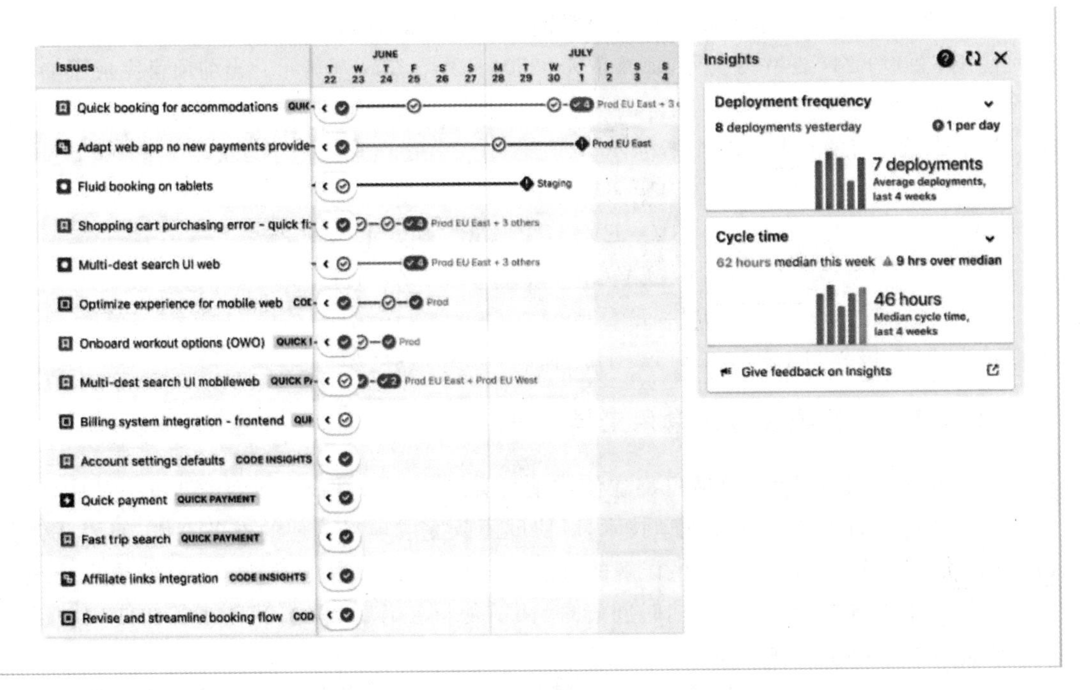

图 11.6　Jira 界面

2. Wrike

Wrike[19]是一个典型的商业管理软件，适合那些喜欢用电子表格工作的人。在 Wrike 中，项目团队将他们的任务标记为计划中、进行中、完成或推迟，并根任务信息定制仪表板，实时跟踪项目进度。Wrike 既适合大公司，也适合几个人的小团队，甚至是自由职业者对小项目进行管理等。Wrike 界面如图 11.7 所示，可以看到活动的项目、请求的项目、项目进度、不同部门的占比、进展报告等。

3. Zoho Projects

Zoho Projects[20]提供了灵活性和自定义功能，以满足传统项目经理和敏捷团队的需求。通过简单的甘特图生成器、看板式的任务管理，再加上资源利用图和自动化功能等特点，Zoho Projects 为各种规模的团队提供了完整的项目管理体验。图 11.8 所示为 Zoho Projects 的甘特图界面。在 Zoho Projects 中，团队成员可以改变各种各样的可视化构件，以匹配团队的喜好。通过将项目转换为模板，团队可以在未来的项目中重复使用它们。作为 Zoho 生态系统的一部分，Zoho Projects 还可以连接到 Zoho 的其他几项服务中，如 Zoho Books、Zoho CRM 和 Zoho Finance Suite。

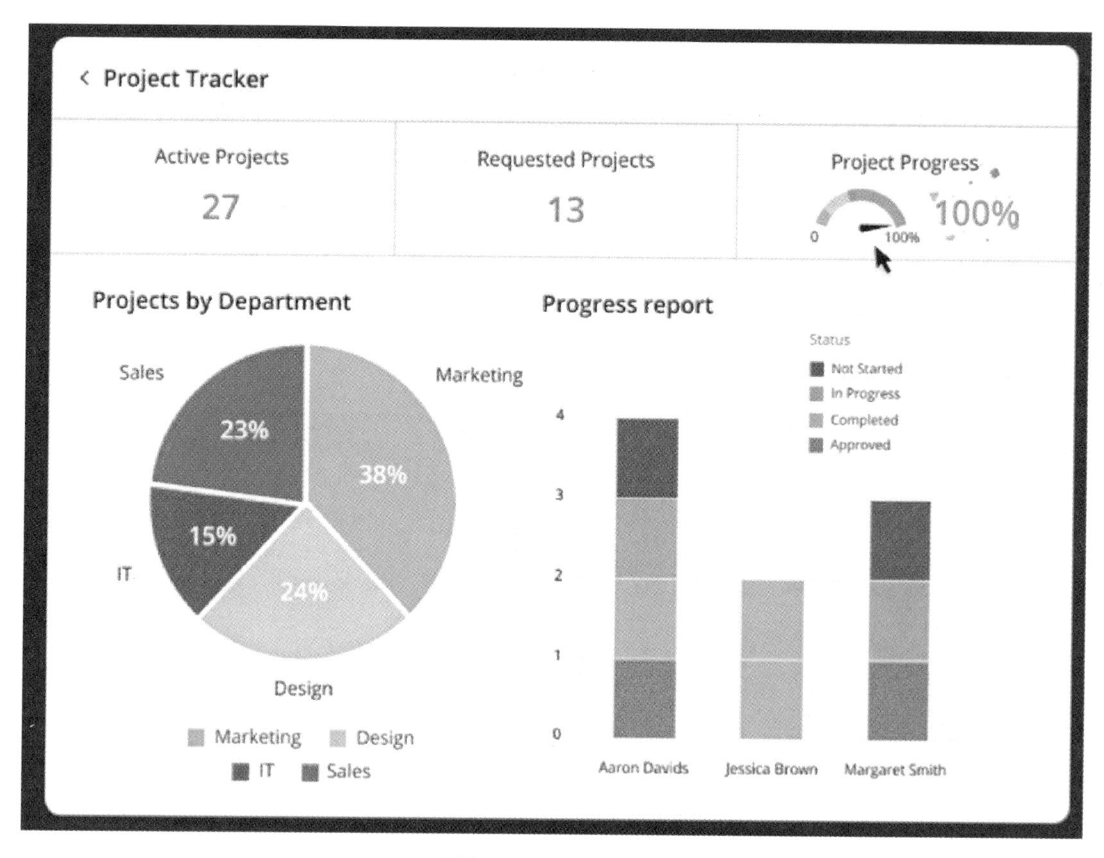

图 11.7　Wrike 界面

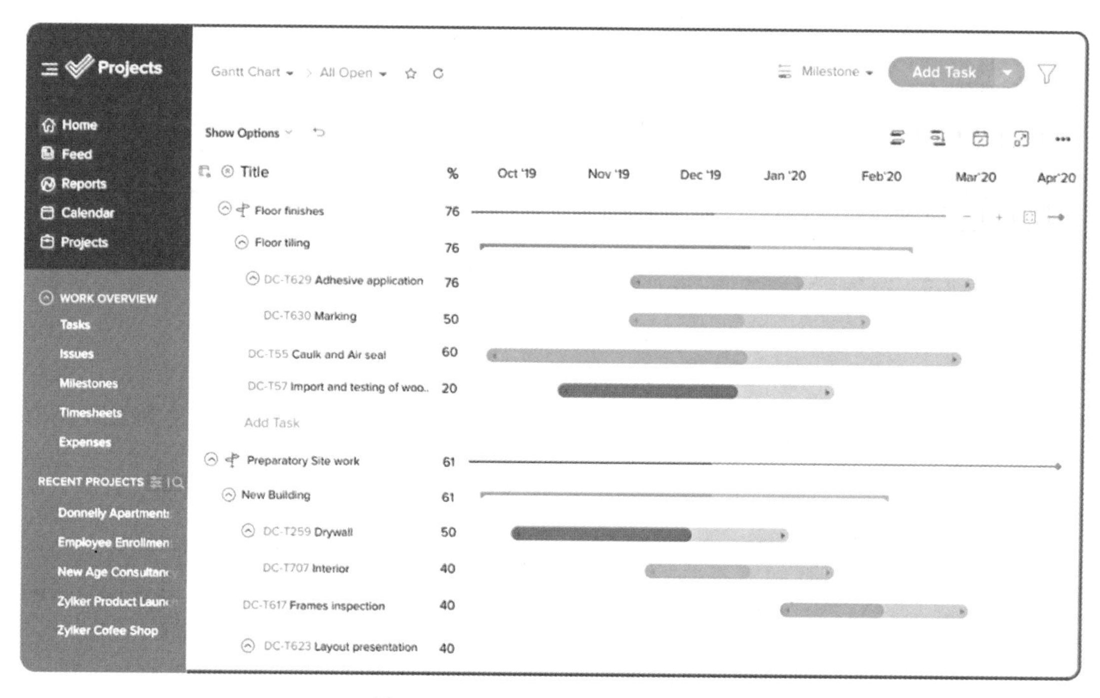

图 11.8　Zoho Projects 的甘特图界面

4. Asana

Asana[21]是一个改进版的待办事项清单。它允许使用者创建大型可扩展的任务,并将其分解为各个部分和子项目。Asana 界面如图 11.9 所示,它提供了一个直观的仪表板,可以给具体的项目开发人员分配任务,并且管理进度,有助于项目开发人员跟踪任务进度,例如今天做了什么,哪些任务已经完成,哪些任务仍在进行中,以及还有哪些任务有待完成。项目管理人员可以将项目任务进行拆分,并从短期和长期的角度进行规划,并把每一项任务分配给具体的项目开发人员,后者可以在"我的任务"视图中查看所有自己被分配到的任务。

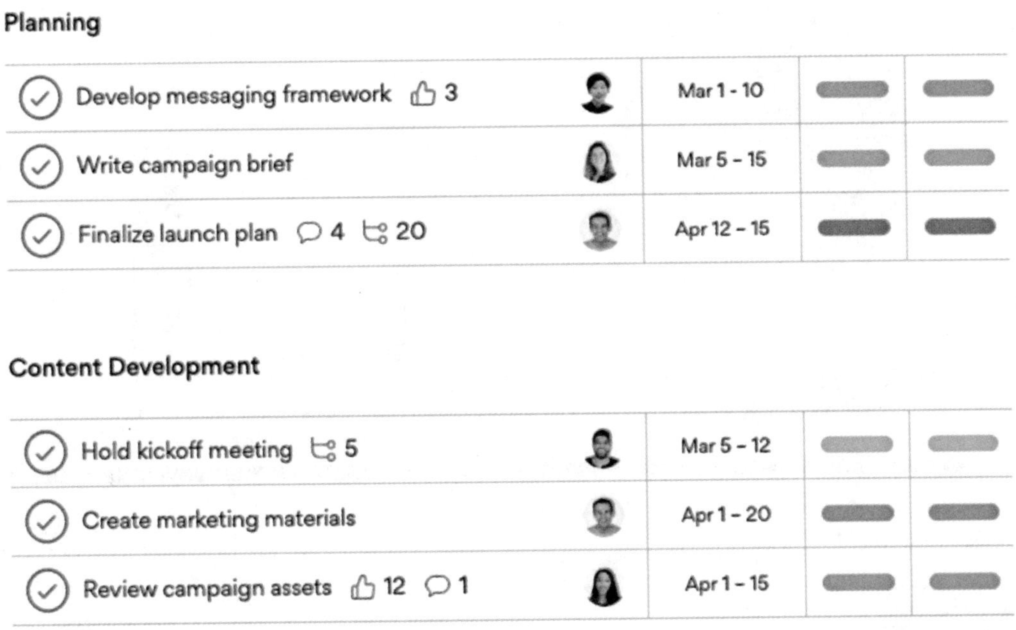

图 11.9 Asana 界面

5. ClickUp

ClickUp[22]提供了多种形式的视图工具,如列表、日历、看板和甘特图等。ClickUp 界面如图 11.10 所示,它包含项目管理、事件清单、时间轴(甘特图)、文档管理、即时通信等功能。ClickUp 一共提供了 11 个工作台的功能选项,如聊天区、嵌入功能、协作表格等。在 ClickUp 中,聊天区是一个内部的聊天工具,项目团队可以上传/下载文件;嵌入功能可以支持使用者在任务栏旁边嵌入应用程序和网站;协作表格可以为每个任务创建一个表格/表/列表并保持数据有序。

6. Microsoft Project

Microsoft Project 是由微软开发和销售的用于项目管理的软件,如图 11.11 所示。它旨在帮助项目经理制订计划、为任务分配资源、跟踪进度、管理预算和分析工作负载。Microsoft Project 通过提供甘特图的方式帮助项目经理完成项目管理。在 Microsoft Project 中,用户可以创建并共享丰富的交互式仪表盘,以辅助一些项目进度跟踪、工作量分析的工作。

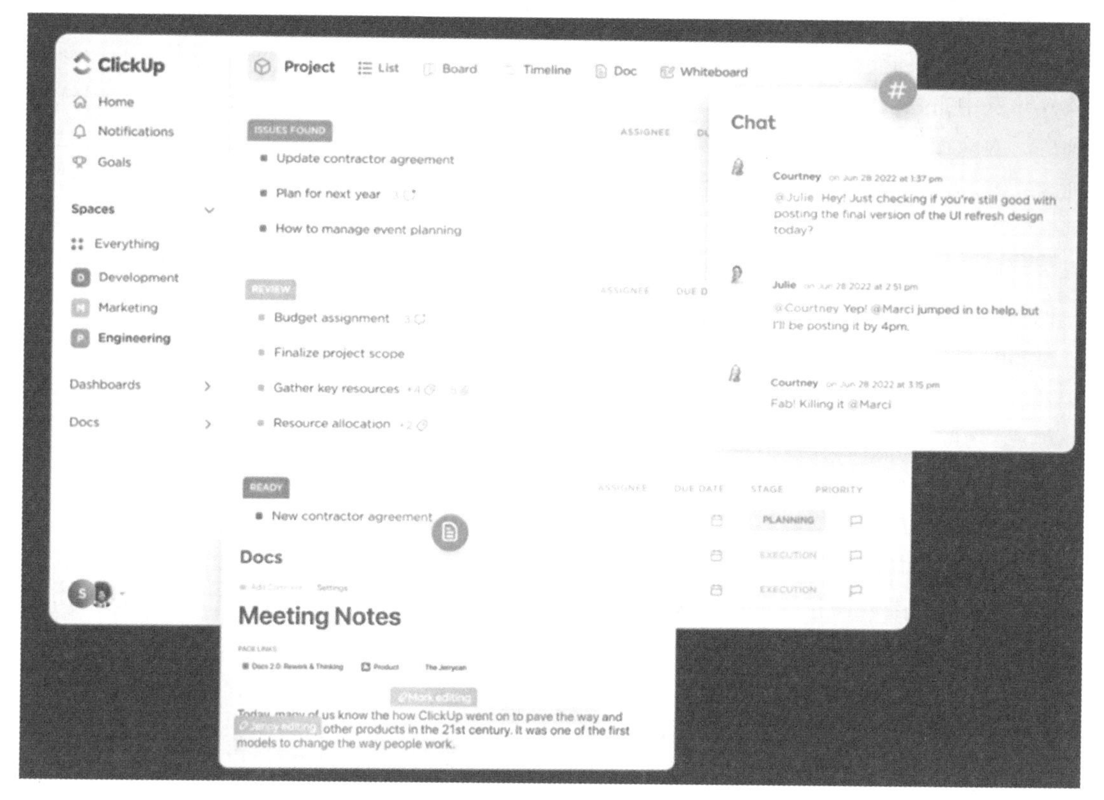

图 11.10　ClickUp 界面

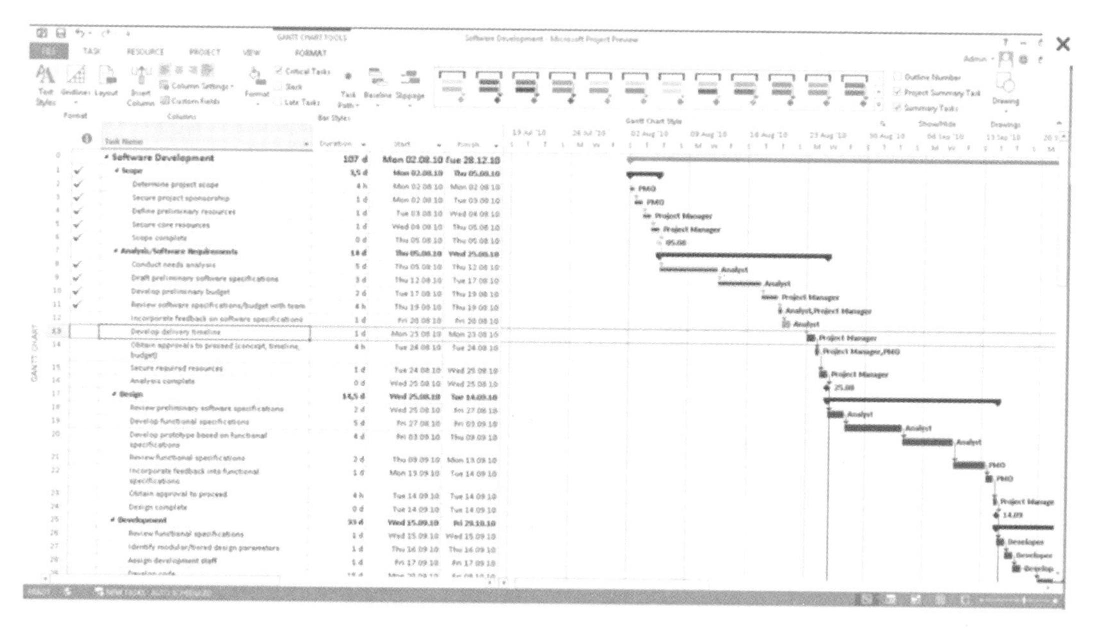

图 11.11　Microsoft Project 界面

7. GitHub

开源软件是指可以在开放的许可证下使用、修改和分发的软件，它允许更多的人参与到软件开发中来，提出自己的需求并贡献自己的代码。目前，开源软件项目已经在各个领域得到广泛的应用和推广。然而，由于开源项目的开发人员是分散的，所提交代码质量难以保证，文档和说明不足等问题也给开源项目管理带来了困难。为了解决这些问题，开源软件管理通常需要建立一个良好的社区和合作机制，以吸引更多的开发人员和用户参与到项目中，提出反馈或参与讨论；并且需要建立一套面向开发人员的质量保障体系和面向用户的文档与说明体系，以确保项目有效地运转迭代。

GitHub[23]是基于 Git 的代码托管平台，它提供了一系列的项目管理工具和支持，以便于开源项目的开发和管理。由于它是一个开放平台，因此使用 GitHub 开发、维护和管理的模式在开源项目中非常普遍。具体来说，GitHub 为开源项目管理主要提供了以下几种服务：

① Git 代码托管

GitHub 提供了一个中央化的代码托管平台，可以让开发人员在一个地方共享和管理代码，方便开发人员之间进行协作和交流，同时也可以方便地切换到不同变更分支不同的历史版本上进行测试和发布。

② Issues

GitHub 提供了一个 Issues 系统，可以用于跟踪和管理项目中的缺陷和问题，方便开发人员进行协作和解决问题。具体而言，开发人员和用户可以在 GitHub 上提交一个 Issue 来描述问题或建议，如缺陷报告、功能请求和改进建议等。其他开发人员和用户可以在这个 Issue 下进行讨论和解决问题。通过这种方式，开发人员可以更好地了解问题的本质和解决方案，从而更好地优化和改进软件，而用户反馈的问题和建议也可以得到有效地回应和解决。图 11.12 展示了一个用户提出了一个关于蓝色背景中的黑色字看不清的 Issue，并建议开发人员将圈中的字换成更醒目的颜色。

③ Pull Requests

GitHub 的 Pull Requests 功能可以让开发人员将代码变更提交到项目的代码仓库中，并且可以让其他开发人员（通常是本项目资深的开发人员）进行审核和评审，从而保证代码的质量和稳定性。

④ Wiki

GitHub 还提供了 Wiki 和文档功能，可以用于管理项目的文档和说明，方便开发人员和用户了解项目的功能和使用方法。在这里，开发人员可以记录项目的设计、架构、功能、API 说明、下一步开发计划等信息，从而让团队成员和用户更好地了解和使用项目。同时，结合 Git 进行版本控制，开发人员可以更好地跟踪和管理不同历史版本下的项目文档变更。此外，GitHub 还支持多个开发人员同时编辑和协作文档，从而更好地共享知识和信息。

⑤ Actions

Actions 是 GitHub 提供的一项自动化工具，可以帮助开发人员在 GitHub 上管理和执行各种任务，如自动化测试、自动化部署、代码审查等，并将结果及时通知到开发人员。提高项目质量减少开发人员的工作量的同时，也降低项目管理的复杂度。

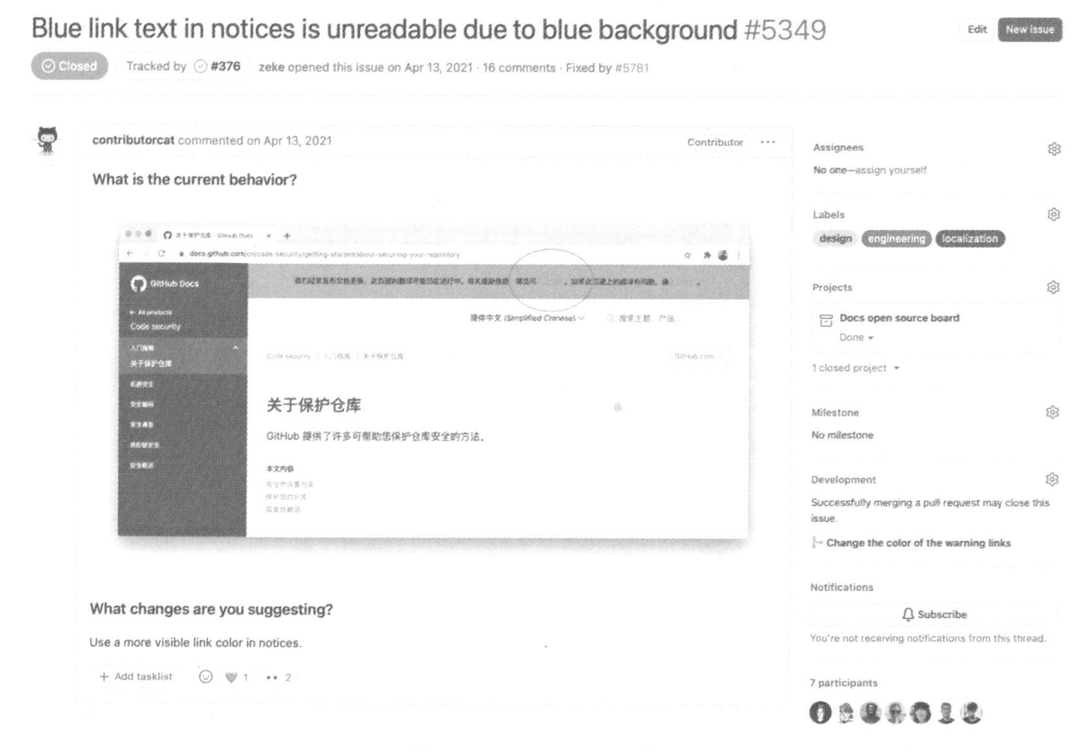

图 11.12　GitHub Issue 界面

除 GitHub 之外，还有很多类似的基于 Git 的代码托管平台，如 GitLab，BitBucket，SourceForge。他们都为项目管理提供了许多工具支持，可以帮助团队高效地进行软件项目管理工作。同时，借助其他一些项目管理工具，可以更加完善地完成项目管理工作。

11.5　案例研究

本节将通过一个简单的“高校在线教学系统”的案例介绍软件项目管理的过程。

1. 任务分解

根据对“高校在线教学系统”需求的分析，我们可以将该系统分解为“用户管理”“课程管理”“在线选课”“作业系统”“班级管理”5 个子系统，并针对相关功能的描述将各个子系统分解成符合要求的模块，得到如图 11.13 所示的任务分解结果。注意，这里的图 11.13 是一个初步拆分，它可以随着系统的完善而不断更新和改进。

2. 成本估算

针对本项目的任务分解结构，接下来我们将采取 Albrecht 功能点估算法来评估软件的与语言和技术无关的项目规模。我们将任务分解，按照外部输入、外部输出、外部查询、内部逻辑文件和外部接口文件这五类构件进行划分，分别统计各个任务包括的低、中、高复杂性的构件的数量，如表 11.9 所示。

表 11.9 项目各个构件分析

子系统	子模块	任务包	外部输入			外部输出			内部逻辑文件			外部接口文件			外部查询		
			低	中	高	低	中	高	低	中	高	低	中	高	低	中	高
用户管理	注册	学生注册	1			1			1			1					1
		教师注册	1			1			1			1					1
		班主任注册	1			1			1								1
		辅导员注册	1			1			1								1
		教学办注册		1		1					1				1		
	管理	用户信息		1		1			1							1	
		用户权限		1			1										
		统计分析						1		2	1			1	1	1	
课程管理	编辑	课程信息	1			1			1								1
		课程资料	1			1			1								1
		教学组信息		1		1			1		1				1	1	
	浏览	个人课程表					1				1		1		1		
		推荐课程表					1		1						1		
在线选课	志愿申报	志愿信息		1		1			1						2	1	
		志愿排序			1		1			1							
	课表规划	教师排课需求管理			1		1			1						1	
		上课场地约束管理			1		1			1					2		
		自动排课						1		1							
作业系统	编辑	作业题型管理	1					1								1	1
		作业信息	1				1				1			1	1		1
		在线批改					1			1					1		
	浏览	按日期浏览				1			1						1		
		按主题浏览				1				1					1		
	发布	定期发布					1			1					1		
		条件发布					1			1					1		
班级管理	组班管理	自动组班				1					1				1		
		职责管理		1			1		1						1		
	消息系统	站内信	1			1			1			1			2		1
		讨论区	1			1				1		1			1		1

此时，根据上述统计表格中列出的不同复杂度的五类构件的数量，可以进一步算出项目的未调整功能构件数 $UFC=10\times3+6\times4+3\times6+15\times4+11\times5+3\times7+13\times7+11\times10+6\times15+4\times5+1\times7+2\times10+20\times3+6\times4+6\times6=666$。同时，利用专家访谈方法对项目的14个技术复杂度因子进行评估，综合项目团队内的专家意见，我们可以综合得到不同技术复杂度因子的得分，并将结果记录在表11.10中。

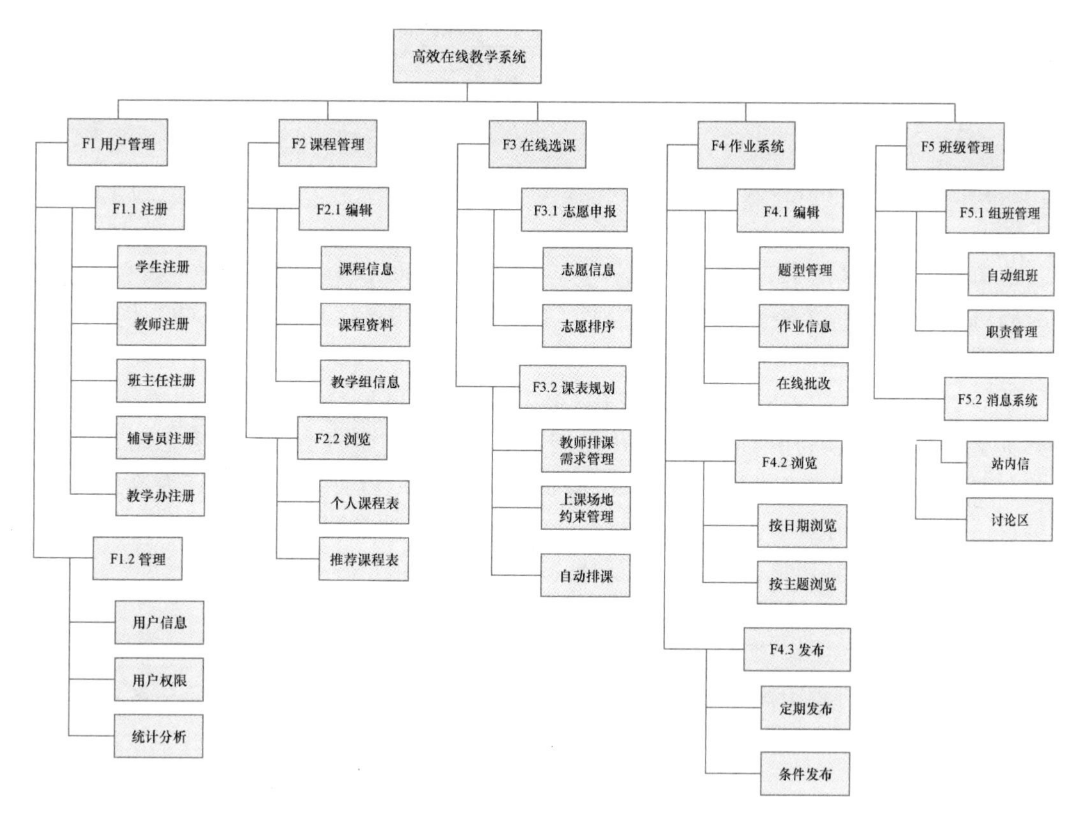

图 11.13　“高校在线教学系统”任务分解结果

表 11.10　14 个技术复杂度因子

序号	技术复杂度因子	得分
F1	可靠的备份和恢复	4.5
F2	数据通信	3.5
F3	分布式函数	3
F4	性能	3
F5	大量使用的配置	3
F6	联机数据输入	3.5
F7	操作简单性	4.5
F8	在线升级	4.5
F9	复杂界面	3
F10	复杂数据处理	3.5
F11	重复使用性	4.5
F12	安装简易性	1.5
F13	多重站点	2
F14	易于修改	2.5

此时，我们可以计算出项目整体技术复杂度因子 TCF：

$$TCF = 0.65 + \frac{4.5+3.5+3+3+3+3.5+4.5+4.5+3+3.5+4.5+1.5+2+2.5}{100}$$
$$= 0.65 + 0.465$$
$$= 1.115$$

接着，根据功能点估算公式 $FP = UFC \times TCF$ 可得：

$$FP = 666 \times 1.115 = 742.59$$

已知本项目将采用 J2EE 技术完成开发，可以通过查询 QSM 功能点-语言表得知 J2EE 项目的功能点-代码行转换率为 46 LOC/FP。我们可以利用该转化率对以 LOC 计算的软件项目规模进行估计，即：

$$Size = 742.59\ FP \times 46\ LOC/FP \approx 34\ kLOC$$

基于此，我们继续利用 COCOMO 81 模型对项目的工作量进行评估。考虑到在项目计划的初期采用 COCOMO 81 基本模型，且“高校在线教学系统”项目是一个较为典型的有机型项目。因此，其估算模型为：$Effort = a \times (kLOC)^b$，且 a 和 b 的取值为 2.4 与 1.05。

最终，我们可以利用该公式估算出项目的工作量约为：

$$PM = 2.4 \times 34^{1.05} \approx 97\ 人月$$

3. 团队计划

由于项目实施过程中需要涉及不同组织的各方面人员，而各组织之间的任务和职责也不尽相同，如表 11.11 所示。因此，明确定义组织结构和各自职责可保证系统开发活动的顺利进行。

表 11.11 组织结构和各自职责

角色	职责
合同管理者	• 负责工程合同的草拟、洽谈、签订与归档； • 负责项目对外的商务协调，处理可能产生的纠纷； • 为项目内决策负责、实施项目监督
需求管理组	• 负责出具产品需求清单； • 负责网站业务流程的定义和维护； • 负责项目的需求管理
项目管理者	• 负责项目实施的组织、规划和管理； • 负责项目实施的资源组织协调； • 负责项目计划的维护； • 负责定期报告工作
系统设计组	• 负责系统的设计，参与对开发整体方向的把控； • 负责数据、业务模型、页面结构、构件和数据库的设计； • 负责测试案例的评审
系统开发组	• 负责系统的开发工作； • 负责系统的集成和调试
内容管理组	• 负责教学内容管理环境的建立； • 内容处理过程定义和维护； • 负责教学内容的处理、确认和维护

续表

角色	职责
质量保证组	● 负责根据过程规范制定检查表,按阶段控制项目开发过程; ● 负责项目的配置管理; ● 负责系统的测试
运行环境支持组	● 负责开发环境、内容管理环境和 QA 环境的建立; ● 协助开发人员进行系统安装和配置

在决定了项目团队的组织角色和架构后,需要为项目团队指定负责人。例如,在本项目中,项目管理由刘能负责,系统开发组-ETL 由何哲负责,需求管理组由王矩负责,内容管理组由苏寅渡负责。具体各组织人员组成如表 11.12 所示。

表 11.12　项目角色定义

角色	负责人	参与人	角色	负责人	参与人
合同管理组	李非		内容管理组	苏寅渡	刘艺
需求管理组	王矩	张善	质量保证组-QA	薛希梓	
项目管理组	刘能		质量保证组-SCM	李清远	
系统设计组	郑臻微	周兵兵	质量保证组-测试	李清远	陈元益
系统开发组-ETL	何哲		开发运行环境支持组	蔡旭坤	王玮昆
系统开发组-前端	郑雨杭	林逸豪	机动支持	施子杰	
系统开发组-后台	何濛竺	余鹏、王德智			

4. 进度计划

"高校在线教学系统"项目采用了敏捷开发模型,结合上述 97 人月的工作量估算,并结合项目团队 15～20 人的人员组成。本项目提出一个包含 5 个 Sprint(冲刺)阶段的迭代计划(相当于里程碑计划),如表 11.13 所示。

表 11.13　里程碑计划

Sprint	内容	里程碑
1	用户注册:学生、教师、班主任、辅导员、教学办	7.9～8.8
	用户管理:各种用户的信息管理、权限配置、统计分析工具	
2	课程编辑:课程信息录入、资料展示、教学组管理	8.9～9.7
	课程浏览:个人课程表管理、推荐课程表	
3	志愿申报:志愿信息提交、志愿排序、志愿管理	9.8～10.7
	课表规划:教师需求管理、场所管理、自动排课(含冲突解决)	
4	作业编辑:题型管理、作业信息、在线批改	10.8～11.7
	作业浏览与提交:按日期浏览、按主题浏览	
	作业发布:定时发布、条件发布	
	班级管理:自动组班、班级职责管理	
5	消息系统:站内信、课程讨论区	11.8～12.7

5. 风险计划

"高校在线教学系统"项目的风险计划如表 11.14 所示。

表 11.14 “高校在线教学系统”项目的风险计划

序号	风险描述	概率	影响	风险等级	风险响应计划	责任人	状态
1	时间风险：该平台第一阶段的开发工作量大且时间有限(截止时间为9月30日)，这给项目实施带来较大的时间风险	中	极大	中	为保证平台系统能在最短的时间内提交，从生存期上应采用敏捷式快速成型和增量开发技术，尽量利用已有的产品和成熟的技术进行集成，逐步实现平台的功能和服务，使平台逐步完善起来。为了使平台能够尽快投入使用，除采用上述策略外，还应与用户协商，确定实现服务和功能的优先级，按照优先级的顺序由高至低地进行开发，逐步完成全部服务和功能	李非	OPEN
2	需求风险：平台所有者对平台实现的需求随着项目的进展而不断具体化，而每一次需求的变化都可能由于影响设计和开发而造成时间和资源的调整，这给项目实施带来一定的需求风险	中	大	高	使用增量式的开发，面对需求的不断变更和具体化，可以随着项目的不断开发增量式地添加新功能或修改之前已有的功能，满足需求的变更	王矩	OPEN
3	项目风险：由于目前可以投入的开发人员有限，而新员工又面临熟悉和培训的过程，因此项目实施中可能存在一定的项目风险	低	中	中	合理分配开发人员的工作量，对可以投入的开发人员做到高效利用，对每个新员工加强熟悉培训过程，使其尽快投入开发工作中	刘能	OPEN

11.6　本章小结

在本章中，我们介绍了软件项目管理的相关知识，首先从项目管理的概念和现代的项目管理的知识体系以及人才认证开始介绍，然后介绍了软件项目管理中的细节，接着介绍了项目管理中常用的技术和相关的工具，大都是项目管理中常用的管理技术，最后通过一个“高校在线教学系统”的项目案例演示了在执行前如何对一个软件项目进行规划。

项目是具有特定目标、特定内容、特定成果要求和特定约束的一次性活动。无论是什么样的项目，项目管理都应该关注两个部分：一方面是项目本身，在特定行业的一些专业知识；另一方面是要考虑社会文化，帮助团队进行沟通管理，这两个方面应该相互作用。

实现管理的过程分为五大过程组：启动、计划、执行、控制、收尾。一般项目生存期的每一个阶段都可以依照项目管理五大过程组的模式展开。软件项目管理中也是如此，五大过程组中的启动相当于一个承诺的过程，上下级间互相承诺，上级承诺目标，授权下属与之匹配的资源，下属承诺保证完成任务和目标等。获得授权后下属就要兑现承诺，首先是做计划，计划做好就要执行，执行的过程中要强调控制。控制是把实际执行情况与项目基线进行“减法”比照的过程，发现偏差并进行分析判断，偏差可以接受就继续执行，否则就制定纠偏措施。纠偏措施需要修改更新计划，以便通过计划进行校核，并通过计算分析确定其有效性，然后才能执行。软件项目管理中较为特殊的是成本估计中的代码行估算法和功能点估算法，这两个方法实现了对软件项目的工作量的量化。除此之外，由于软件项目在执行过程中变更比其他项目更为频繁，所以软件的配置管理也是需要注意的关键点。其他的管理内容大部分和项目管理的基本体系相似。

习　　题

1. 什么是软件项目？

2. 软件项目管理的目标是什么？

3. 项目管理领域为什么需要标准化？目前世界上有哪两个主流的国际项目管理研究机构？

4. 软件项目任务分解的基本步骤是什么？

5. 某项目经理将其负责的系统集成项目进行了工作分解，并对每个工作单元进行了成本估算，得到其计划成本。今年 11 月底时，各任务的计划成本、实际成本及完成百分比如表 11.15 所示，请分别计算该项目在第四个月底的 PV、EV、AC 值，并写出计算过程。请从进度和成本两方面评价此项目的执行绩效如何，并说明依据。

表 11.15　各任务的计划成本、实际成本及完成百分比

任务名称	计划成本/万元	实际成本/万元	完成百分比
A	10	9	90%
B	9	8	90%
C	8	8.5	100%
D	6	5.2	90%
E	6	5	80%
F	2	2	90%

参 考 文 献

[1] Reel J S. Critical success factors in software projects[J]. IEEE Software, 1999, 16(3): 18-23.

[2] Blomquist T, Farashah A D, Thomas J. Feeling good, being good and looking good: Motivations for, and benefits from, project management certification[J]. International Journal of Project Management, 2018, 36(3): 498-511.

[3] Albrecht A J, Gaffney J E. Software Function, Source Lines of Code, and Development Effort Prediction: a Software Science Validation[J]. IEEE Transactions on Software Engi-

neering, 1983, (6): 639-648.
[4] Symons C R. Function Point Analysis: Difficulties and Improvements[J]. IEEE Transactions on Software Engineering, 1988, 14(1): 2-11.
[5] QSM[EB/OL].[2022-07-11].https://www.qsm.com.
[6] Boehm B, Clark B, Horowitz E, et al. Cost Models for Future Software Life Cycle Processes: COCOMO 2.0[J]. Annals of Software Engineering, 1995, 1(1): 57-94.
[7] Boehm B, Valerdi R, Brown A W. COCOMO suite methodology and evolution[J]. CrossTalk, 2005, 18(4): 20-25.
[8] Wilson J M. Gantt Charts: A Centenary Appreciation[J]. European Journal of Operational Research, 2003, 149(2): 430-437.
[9] Wiest J D. Precedence diagramming method: Some unusual characteristics and their implications for project managers[J]. Journal of Operations Management, 1981, 1(3): 121-130.
[10] Kehe W, Tingting W, Yanwen A, et al. Study on the Drawing Method of Project Network Diagram: 7th International Conference on Intelligent Human-Machine Systems and Cybernetics, Novemter 23,2015[C].IEEE Xplore,2015.
[11] Arnuphaptrairong T. Top Ten Lists of Software Project Risks: Evidence from the Literature Survey: Proceedings of the International MultiConference of Engineers and Computer Scientists February 01, 2011[C]. 2011.
[12] Boehm B W. Software Risk Management[M]. IEEE Computer Society Press, 1989.
[13] Boehm B W. Software risk management: principles and practices[J]. IEEE Software, 1991, 8(1): 32-41.
[14] Chulani S, Boehm B. Modeling software defect introduction and removal: COQUALMO (COnstructive QUALity MOdel)[R]. University of Southern California, 1999.
[15] Cavano J P, Mccall J A. A framework for the measurement of software quality[J]. ACM SIGSOFT Software Engineering Notes,1978,3(5):133-139.
[16] Estdale J, Georgiadou E. Applying the ISO/IEC 25010 Quality Models to software product: European Conference on Software Process Improvement, 2018[C].Spring,2018.
[17] Ray Lim. 15 Fascinating Project Management Statistics[EB/OL].(2020-07-15)[2022-07-11].https://hive.com/blog/project-management-statistics/.
[18] Jira Software[EB/OL].[2022-07-11].https://www.atlassian.com/software/jira.
[19] Wrike[EB/OL].[2022-07-11].https://www.wrike.com.
[20] Zoho[EB/OL].[2022-07-11].https://www.zoho.com/projects/.
[21] Asana[EB/OL].[2022-07-11].https://asana.com.
[22] ClickUp[EB/OL].[2022-07-11].https://clickup.com.
[23] GitHub[EB/OL].[2022-07-11].https://github.com.

第二部分　现代软件工程

第 12 章　敏捷开发方法

随着现代软件市场的快速变化和激烈竞争，传统的软件工程实践逐渐展露其在应对快速变化的需求和市场环境上的短板，人们发现需要一种新的软件开发方法论指导实践。

敏捷开发（Agile Development）应运而生。敏捷开发是一种软件开发方法论，旨在通过灵活、迭代的方式开发软件，以适应不断变化的需求和市场环境，和传统的过程模型相比，敏捷开发更强调团队合作、自组织、快速反馈和持续改进。本章首先讨论敏捷开发的概念和价值观，然后以极限编程和 Scrum 为例，介绍敏捷开发的工程实践和管理实践，最后介绍如何基于 Git 和 GitHub 实践敏捷开发。

12.1　敏捷开发概述

12.1.1　敏捷开发诞生的背景

20 世纪 60 年代，软件项目规模相对较小，开发过程主要如同手工作坊运作。开发团队通常由少数几个人组成，他们紧密合作，通过不断的试错和实践来完成软件开发任务。

20 世纪 70 年代，计算机硬件迅猛发展，软件规模和复杂度急剧增加，引发了软件危机。手工作坊式的开发出现了如进度延误、质量不可靠、超出预算等问题。为此，软件开发领域引入了“以过程为中心”的、分阶段的瀑布模型来控制软件开发过程，在一定程度上缓解了软件危机。

20 世纪 90 年代，由于软件开发中的失败经验，软件开发过程变得越来越“重型化”。开发团队不断增加各种约束和限制，试图通过更严格的规则和流程来提高质量和可靠性。然而，这种重型化的开发方式导致开发效率降低、响应速度变慢，无法适应需求的快速变化。

2001 年以来，互联网时代的到来带来了新的挑战和机遇。由于需求变化的速度加快，交付周期成为企业竞争力的核心。在这样的背景下，敏捷软件开发方法应运而生。它的出现得到了开发人员的广泛认可，并迅速流行起来，成为适应快速变化的一种有效方法。

12.1.2　敏捷开发的提出

2001 年 2 月，17 位在当时被称为“轻量级方法学家”的软件开发领域领军人物聚集在美国犹他州的滑雪胜地雪鸟（Snowbird）雪场。经过两天的讨论，“敏捷”这个词为全体参会者所接受，用以概括一套全新的软件开发价值观，并通过一份简明扼要的《敏捷宣言》传递给世界，宣告了敏捷开发运动的开始。

敏捷软件开发是一种从20世纪90年代开始逐渐引起广泛关注的新型软件开发方法，它是一种应对快速变化需求的软件开发模式。敏捷软件开发的具体名称、理念、过程、术语都不尽相同，相对于“非敏捷”，它更强调程序员团队与业务专家之间的紧密协作、面对面的沟通（认为比书面的文档更有效）、频繁交付新的软件版本、紧凑而自我组织型的团队、能够很好地适应需求变化的代码编写和团队组织方法，注重软件开发中人的作用，推崇以非正式的方法和超越分析和设计的增量发布，最小化软件工程产品以及整体精简开发，使用户满意。

12.1.3 敏捷开发的实施

如图12.1所示，敏捷开发的实施可以分为3个层次：① 敏捷价值观，它是敏捷开发的核心思想；② 优秀实践，包括管理实践和工程实践；③ 具体应用，即采用敏捷优秀实践的敏捷应用。

敏捷软件工程不是规范化的软件开发方法，而是指一些软件开发中的最佳实践。在敏捷价值观的指导下涌现出一系列通用的优秀实践，包括结对编程、持续集成等，可应用于各类敏捷应用的开发管理上；这些小而有价值的实践也被囊括在许多流程化的敏捷框架中，极限编程（XP）、Scrum、DevOps就是其中被广泛使用的几种实践。

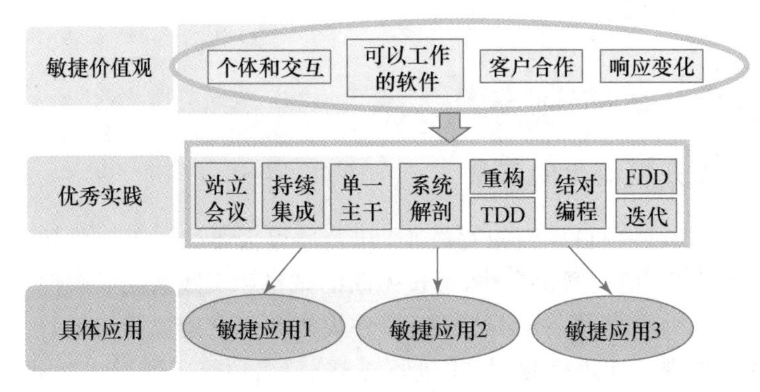

图12.1 敏捷开发实施的层次结构

12.2 敏捷开发价值观

12.2.1 敏捷宣言

2001年提出的《敏捷宣言》是敏捷起源的基础，由4个简单的价值观组成，本质是揭示一种更好的软件开发方式，启迪人们重新思考软件开发中的价值和如何更好地工作。《敏捷宣言》的提出推动了敏捷运动的发展。

《敏捷宣言》原文如图12.2所示。

1. 个体和交互胜过流程和工具

人是获得成功的最为重要的因素。从个体的角度而言，如果团队中没有优秀的成员，即使应用再先进的流程和开发工具，也无法从失败中挽救项目；从互动的角度而言，这项价值观强调了团队合作的重要性。合作、沟通以及互动能力要比单纯的编程能力更为重要：一个优秀团队中的每个成员不一定都具有一流的编程能力，但一定具有良好的合作能力。在后面的敏捷原则部分,《敏捷宣言》建议团队自组织以及和客户的合作,这要求开发人员应该首先致力于构建团队,以一个团队进行工作,根据团队需求配置相应的流程和工具,而非先将精力放在工具和流程的选择上。

我们正通过亲身实践以及帮助他人实践,揭示更好的软件开发方法。通过这项工作,我们认为:

个体和交互　胜过　流程和工具
可以工作的软件　胜过　面面俱到的文档
客户合作　胜过　合同谈判
响应变化　胜过　遵循计划

虽然右项也有价值,
但我们认为左项具有更大的价值。

图 12.2 《敏捷宣言》

2. 可以工作的软件胜过面面俱到的文档

对软件而言,用文档描述系统及其设计决策是必要的,没有文档的软件绝对是一场灾难;然而,过多的文档比过少的文档更要糟糕。编制文档需要花费大量的时间,而随着开发的进行,需要花费更多的时间保持文档与代码之间的同步,而这对于处于一个需求快速变化的环境下的项目非常不利。如果说没有文档像是没有地图,那么和代码失去同步的文档就相当于拿着一张错误的地图,会给阅读者造成迷惑和困扰。

在给新成员传授知识方面,文档的重要性不及团队和代码。文档会过时,但代码是要运行的,它唯一没有二义性地描述了软件的结构脉络,是理解软件项目最重要的信息源。虽然新成员很难从代码中直接提取系统的原理和结构信息,但老成员的头脑中包含了这部分信息,通过与新成员密切地交流合作,老成员将知识传递给他们,使新成员成为团队的一部分。

团队应该如何编制文档呢?一方面,文档应该主题突出、简明扼要。文档应该只将注意力放在论述系统的高层结构和概括的设计原理,而非面面俱到地解释细节;另一方面,文档的编制不应该是团队的主要工作。只有当文档被迫切需要且意义重大的场景下,才编制文档。

3. 客户合作胜过合同谈判

假设你是客户,希望一个团队为你开发一款软件。你可能会发现,当你购买软件时,你所考虑的内容和平时购买日用品时有很大区别。例如,在购买日用品时,你可以列出一个需求清单,然后找到满足需求的商品即可;但在软件方面,如果你仅仅列出需求,并期望开发团队能以固定的时间和成本完成它,最终很难得到让人满意的结果;况且在大多数情况下,在项目刚开始时,你也许并不清楚自己真正想要的是什么。

有序、频繁的客户反馈对项目的成功很重要。因此,与其使用一个指定了需求、进度、成本的合同,不如引导开发人员与客户密切地合作、经常性地交流工作。一方面,这可以让客户对项目的情况有较好的把握,尤其是开发进度;另一方面,可工作的软件也可以让客户确认软件是否达到了要求,进而提出下一步的迭代需求,开发人员能够基于变化、灵活而及时地调整开发工作。

4. 响应变化胜过遵循计划

在一个瞬息万变的环境下，能否及时响应变化往往决定软件项目能否成功。为此，在构建开发计划时，开发团队应确保计划足够灵活，避免陷入僵化的计划中。

过于长远的计划没有意义。例如，市场环境可能发生变化，客户在看到运行起来的系统后也会产生新想法，这些都会造成需求的变更；即使能确保需求不会发生改变，想要准确估计实现需要的时间也很困难。建议为未来两周做详细的计划，为未来3个月做粗略的计划。这样，开发团队能投入到最为迫切的任务中，计划保持着充足的灵活性。

最后总结一下，《敏捷宣言》并不反对右项，流程、工具、文档、合同、计划仍有其价值，只是它们的价值或者体现在一定的范围内（如几周内的任务仍有做好详细计划的必要，迫切需要时仍然需要文档），或者当需要在二者之间抉择时，应该优先考虑左项的内容。

12.2.2 敏捷原则

从上一节介绍的4项敏捷价值观可以引出12条敏捷原则[1]，这些原则指出了将敏捷开发和传统软件开发区分开的特征。

1. 最优先要做的是尽早地、持续地交付有价值的软件

这项体现了获取有质量的软件的方法和理念。敏捷实践会尽早地、持续地交付软件。不是在合同规定的时间到期后交付一个完整的软件，而是在项目刚开始的时候就交付一个具有基本功能的软件，然后保持每两周就交付一个包含更多功能的软件系统。如果客户认为功能足够了，就可以将新的版本添加到产品中，或者他们可以检查这些功能，并提出想要做出的改变。

2. 即使到了开发后期，也欢迎改变需求，敏捷过程利用变化来为客户创造竞争优势

这项表达了敏捷的实践者对变化的态度。敏捷的实践者不惧怕变化，他们会认为变化是好事，因为通过这种变化，客户和开发团队学到了更多关于软件如何满足市场需求的知识。因此，敏捷的实践者会主动保持软件结构和开发计划的灵活性，这样当需求发生变化时，就不会对系统结构造成过大的影响。

3. 经常交付可工作的软件，其时间间隔可以是几周到几个月，交付的时间间隔越短越好

这项展示了项目规划的理念。敏捷的实践者不赞成交付大量的文档或者计划，因为客户需要的不是文档本身，而是可以工作的软件。因此，需要尽早地、尽可能频繁地（每隔几周）交付软件。

4. 在整个项目开发期间，业务人员和开发人员必须每天一起工作

这项说明了团队组成和协作精神的问题。经常地、尽早地交付的目的之一是获得来自客户的反馈。为了能够以敏捷的方式进展软件项目，项目的参与者之间就必须要进行有意义的、频繁的交互。缺乏客户参与和缺乏不断引导的软件项目，注定很难获得成功。

5. 不断激励开发人员，开展项目的有关工作，给他们提供所需要的环境和支持，并信任他们能够完成所承担的工作

这项揭示了“领导”的含义以及管理的功能。敏捷开发强调人是软件项目成功的最重要因素，所有其他的因素，如过程、环境、工具、管理等都是次要的。应该让这些次要的因素适应团队，而不是让团队适应它们。例如，当工作环境妨碍了团队的工作，应该想办法改变环境。又如，如果开发中的一些步骤影响了团队成员的工作，就应优化这些步骤。

6. 在团队内部，最有效果的、最有效率的传递信息的方法是面对面的交谈

这项阐明了获取开发信息的途径，如需求、技术和项目信息等。敏捷团队也会编写文档，但只在必要时编写，且不会在文档中包含项目的所有信息。他们相信，人们之间广泛频繁的交谈，要胜过书面编写的规范、计划或设计。默认的交流方式是面对面地交谈，而非文档。

7. 首要的进度度量标准是工作的软件

这项展现了进度度量的理念，敏捷开发项目通过度量已实现的可工作软件满足客户需求的数量，来衡量系统开发的进度。文档和代码不是衡量工作量和工作进度的尺度。

8. 敏捷过程提倡可持续的开发速度，即项目管理人员、开发人员和用户应该能够保持一个长期的、恒定的开发速度

这项解释了项目“持续发展”的能力。敏捷项目的开发团队追求在保证可持续的前提下的快速前进。他们不会尝试加班，而是让自己处于一个不过于疲惫的状态，这样才能在整个项目开发期间保持高质量和高速度。

9. 不断关注优秀的技能和设计，增强敏捷能力

这项指明提高敏捷能力的途径。想要快速开发软件，首先要让软件尽可能简洁、健壮、易于理解。所以，敏捷团队的成员竭尽所能编写最高质量的代码。即使造成了混乱，他们也不会等待在后续开发中慢慢解决，而是尽快解决。

10. 简单是根本的

这项指明简单是使未完成的工作最小化的艺术。敏捷团队更愿意采用和目标一致的最直接简单的方法，而不预测未来可能出现的问题并提前防备它们。

11. 最好的体系架构、需求和设计，出自自己组织的团队

这项展现了敏捷的团队观念，敏捷团队是自组织的团队，是一个整体。任务不是从团队外部分配给团队中的某个成员或一部分成员，也不存在一个或一部分成员全权负责系统的框架、需求或测试。相反，整个项目被分配给整个团队，再由团队来确定完成任务的最好办法，且团队共同承担开发系统各部分的责任，每一个团队成员都有能力影响系统的每一部分。

12. 每隔一段时间，团队对如何才能有效地工作进行反省，然后对自己的行为进行适当的调整

这项诠释了自我调整和适应的方法。敏捷团队知道所处的环境在不断变化，为了保持敏捷，必须要随着环境调整团队的组织方式、规则、规范、关系等。

12.3 敏捷开发工程实践——以极限编程(XP)为例

12.3.1 极限编程的实践理念

极限编程(eXtreme Programming，XP)是一种工程方法学，是敏捷方法中最显著的方式之一，由一系列简单却相互依赖的实践组成。极限编程为管理人员和开发人员指明了日常实践的方法。这些看似“极限”的实践，会比传统方法更好地响应用户的需求，进而更加敏捷、更好地构建出高质量软件。

Martin 将极限编程的实践分为以下 14 个主要实践[1]。

1. 客户作为团队的成员

客户与开发人员一起紧密地工作，了解所面临的问题，并共同解决。XP团队中的客户是定义产品特征、对这些特征进行优先排序的人或团体。理想情况是客户和开发人员在同一个房间中工作，如果无法紧密合作，则应该寻找可以代表客户、一起工作的人。

2. 用户故事

用户故事是一种在进行关于需求谈话时用于助记的需求规划工具。在看到可工作的软件后，客户可能修改细节，因此用户故事中不记录需求的所有细节，客户只在助记卡片上记录一些开发人员认可的语句，同时，开发人员基于交谈中对细节的理解，在卡片写下需求的估算。

3. 短的交付周期

在XP团队中，每隔两周就应交付一次可工作的软件，这两周时间被称为一次“迭代”，每次迭代都实现了一些涉众的需求，每次迭代结束时，可给涉众演示系统，以得到他们的反馈。

这一实践涉及两个计划：迭代计划和发布计划。

① 在迭代计划中，开发人员根据之前迭代中的工作量预估此次迭代的预算，客户据此选择一组用户故事，为它们排列优先级，作为此次迭代要实现的需求；迭代开始后，客户不再更改此次迭代中的用户故事和优先级。开发人员将用户故事分解为任务，按照客户给出的优先级和技术上的优先级的顺序开发这些任务。

② 在发布计划中，XP团队规划随后大约6次迭代的内容，约3个月的工作，同样是由客户选择的用户故事组成。与迭代开发不同的是，此次计划中的交付将被添加到产品中。此外，发布计划不是一成不变的，客户可以随时改变计划的内容(如添加新故事、取消故事等)。

4. 验收测试

验收测试用于验证系统是否按照客户指定的方式运行，捕获用户故事的细节。它们通常用某种脚本语言编写，以便自动地、反复地执行，通常在要实现对应的用户故事之前或期间编写。一旦软件通过一项验收测试，就应将其加入已通过的验收测试集中。

5. 结对编程

结对编程倡导的开发方式是：一对程序员使用一台电脑编写代码，其中一位用键盘输入代码，另一位查看输入的内容并不断指出其中的错误和可以改进的地方。两个人之间保持高度的交互，一起全身心地编写软件。两人可以交换角色，最终的代码由双方共同设计、共同编写，两人的功劳均等。

所有的业务代码都是通过这样的方式产生的。此外，结对的关系需要每天至少改变一次，以便于所有开发人员每天都可以在不同的结对中工作。最好在一次迭代周期内，每个团队成员都和其他成员在一起工作过，参与到此次迭代中的每一项工作中。这种方式可以促进知识以最快的速度在整个团队中传播。结对编程不仅不会降低开发团队的效率，而且还会大大减少缺陷率。

6. 测试驱动的开发

这项开发方法在第7章的7.5一节已经详细介绍过。简而言之，测试驱动的开发先为待编写的功能编写测试用例，而后编写使测试用例通过的代码并不断重构它，最终一个完整的测试用例集和代码一起构建完成，保证了代码的健壮性，同时也降低了各模块之间的耦合。

7. 集体所有权

结伴编程中,每个开发人员都具有检出(从主仓库将代码克隆到本地)任何位置的代码并对其修改的权利,所以没有开发人员对一个特定的模块或技术单独负责。例如,一个开发人员是中间件的专家,但可能被邀请和别人结伴开发 GUI 或者后端,开发人员可以广泛地学习各方面的专业知识。

8. 持续集成

持续集成的含义是,开发人员每天可以多次检入(提交本地代码到主分支上)他们的模块进行集成。为了做到这一点,XP 团队需要使用一定的源码控制工具,以保证开发人员可以在任意时刻检出任何模块,无论该模块是否已经被其他人检出。检入前,开发人员必须保证代码能通过所有的测试;检入时,开发人员需要将自己做过的改动和比他先检入的开发人员的代码合并,该过程可能涉及开发人员之间的协商。一旦项目集成了他们的改动,新的系统便诞生了,此时需要运行系统中的每个测试,保证他们的改动没有破坏原先可以工作的部分。只有所有的测试都通过了,才可以算作完成了一次检入工作。

9. 可持续的开发速度

团队必须有意识地保持稳定、适中的速度。敏捷开发团队必须保持足够的精力以应对各种变化,因此必须有意保持适当的速度。

10. 开放的工作空间

团队应该在一个充满工作氛围的环境下工作。比如,墙壁上挂满了图表,桌上摆好设备,桌边摆放几把椅子,提供给结对编程的人员。结对编程的人员可以相互交流,随时知道对方的情况。保持开发人员处于一个开放的工作空间可以提高开发效率。

11. 规划游戏

规划游戏即划分业务人员和开发人员之间的职责:客户决定特性(feature)和特性的重要程度,而开发人员决定实现一个特性所花费的代价。在每次发布和迭代的开始时,开发人员基于最近一次发布或迭代的工作量,为客户提供预算。客户选择成本之和不超过预算的用户故事。这样,客户掌握开发进度和成本,客户和开发人员都能很好地适应项目的开发节奏。

12. 简单的设计

在开发实践中,XP 团队只关注当前迭代中需要完成的用户故事,而非考虑将来的用户故事。在一次次迭代中不断修改系统设计,让设计尽量简单,使软件系统始终保持最佳状态。

为做到这一点,XP 提供了 3 条指导原则:

① 尽可能寻找最简单的方法,实现当前的用户故事。XP 团队总是寻求能解决当前问题的最简单的设计。例如不为后续的可能变化作太多冗余的设计。鼓励开发团队只关注解决当前问题所需的最小功能集,专注于当前任务的最简实现。

② 延迟基础设施的需求决策。开发团队谨慎对待云服务器、数据库、中间件等的引入,只有认真考虑后确认引入这些基础设施的必要性时,才引入它们。

③ 一次代码,并且只有一次。出现代码重复的最常见场景是,开发人员直接将别人的代码复制粘贴到自己需要的地方。这会造成代码冗余。XP 中不允许出现重复的代码,一旦重复就必须消除(如将重复的部分抽象为函数),降低代码之间的耦合和系统的维护成本。

13. 重构

随着新特性的不断添加，错误的不断处理，代码的结构会逐渐退化，变得难以维护。

重构是指在不改变代码功能的前提下，对现有的代码进行结构上的调整和优化，以提高代码的质量、可读性和可维护性。XP 团队通过经常性地(通常是每隔半小时或一小时)进行代码重构，保证系统的设计和架构保持良好的状态。每次修改代码后都要做单元测试，所以可以保证重构后代码的功能没有发生变化。

14. 隐喻

隐喻(Metaphor)是 XP 中形成一个全局视图的重要实践，它是每个人(客户、设计人员以及管理者)可以讲述系统如何工作的故事。通过隐喻，开发人员和客户可以根据熟悉的知识认识系统，从而可以将整个系统连接在一起，使所有单独模块的位置和外观变得明显和直观。

12.3.2 极限编程的开发过程

XP 使用面向对象方法作为推荐的开发范型，它包含了策划、设计、编码和测试 4 个活动[2]。图 12.3 描述了 XP 的过程，指出了与每个活动的关键概念和任务。

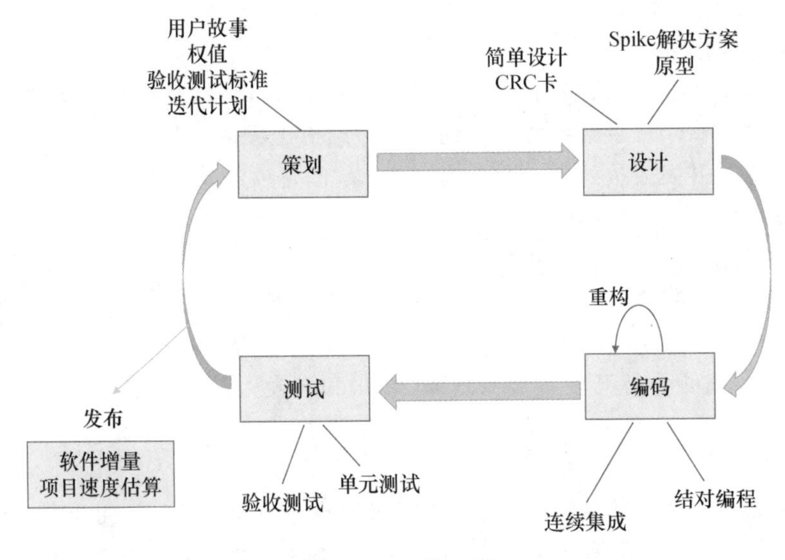

图 12.3 XP 的过程

1. 策划

策划活动是一个需求获取活动，该活动使 XP 团队技术人员理解软件的商业背景，了解需要的输出和主要特征及功能。该活动包括以下步骤：

① 编写一系列的用户故事，用于描述即将建立的软件所需要的输出、特征和功能。每个故事由客户书写并置于一张索引卡上，客户根据对应特征或功能的综合业务价值标明故事的权值(即优先级)。

② XP 团队成员评估每一个故事，给出以开发周数为度量单位的成本。如果某个故事的成本超过了 3 个开发周，则请客户进一步细化该故事，并重新计算优先级及成本。

③ 客户和 XP 团队共同决定把故事分组并列入 XP 团队将开发的下一个发行版本中。

④ 一旦认可对下一个发布版本的基本承诺(包括的用户故事、交付日期及其他项目事项),XP团队将以下述3种方式之一对开发的故事排序：① 所有选定故事将在几周内尽快实现;② 具有高优先级的故事将移到进度表的前面并首先实现;③ 高风险故事将首先实现。

在开发过程中,客户可以增加故事、改变故事的权值、分解或者去掉故事。然后,XP团队要重新考虑所剩余的发行版本并修改计划。

2. 设计

XP设计严格遵守简洁原则,不建议为功能做额外的设计。为了做到这一点：

① XP设计鼓励使用CRC(类-责任-协作者)卡确定和组织当前软件增量相关的面向对象的类。CRC卡也是XP过程中的唯一的设计工作产品。

② 如果某个故事设计遇到困难,XP推荐立即建立这部分设计的可执行的原型,实现并评估设计原型,其目的是在真正地实现开始时降低风险,对可能存在的设计问题的故事确认其最初的设计方案。

3. 编码

XP推荐在完成故事策划和初步设计之后,团队不直接编码,而是开发一系列用于检测本次发布(软件增量)的所有故事的单元测试。建立起单元测试后,开发人员就集中精力编码,使开发实现的内容通过测试。测试驱动的开发过程中强调结对编程,并在开发任务完成后,将所开发的工作与其他人的工作集成起来。

4. 测试

在编码之前建立单元测试是XP方法的关键。所建立的单元测试应当使用一个可以自动实施的框架,以便回归测试。一旦将个人的单元测试组织到一个“通用测试集”,每天都可以进行系统的集成和确认测试。

XP验收测试,也称为客户测试,并着眼于客户可见的、可评审的系统级的特征和功能的测试。

12.4 敏捷开发管理实践——以Scrum为例

12.4.1 Scrum过程

Scrum是一种敏捷过程模型,由Jeff Sutherland在20世纪90年代早期提出,用于高效地组织和管理团队进行软件项目开发。Scrum是一种管理工作的方法,也可以管理其他活动。

Scrum一词来源于橄榄球运动中的Scrum过程,为了争夺橄榄球的控制权,双方球员需要紧密协作,需要球员具有强大的力量和协调能力。敏捷开发中的Scrum借鉴了此概念,它强调团队的自组织,依托迭代和增量的敏捷方法,通过一系列简单但高度纪律性的步骤,协调团队紧密合作,应对不断变化的需求和复杂性。

Scrum包含了3个阶段,如图12.4所示。

① 规划纲要阶段：建立项目的大致目标,并设计软件体系结构。

② 冲刺(Sprint)循环：冲刺是Scrum中的核心概念,与XP中的迭代类似。Scrum中包含了一系列冲刺循环,每个冲刺开发出一个系统增量,通常持续2～4周。

③ 项目结束阶段：总结项目,完善需要的文档,如系统帮助和用户手册,并总结从项目中获得的经验。

下面，我们将从角色、制品、活动3个角度介绍Scrum。

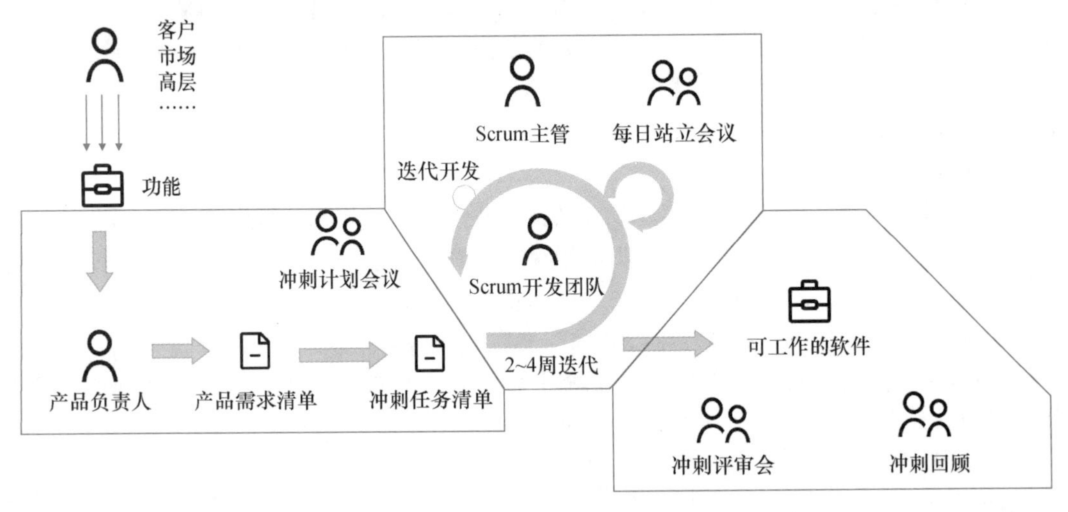

图12.4 Scrum过程

12.4.2 Scrum中的主要角色

除客户外，Scrum中还包含3个主要角色：

1. 产品负责人(Product Owner)

产品负责人一般由客户或项目经理担当，他通过创建和维护产品需求清单和管理项目的范围，决定产品的功能和目标，解答开发团队工作中产生的各项和产品、业务相关的问题。

2. Scrum开发团队(Scrum Team)

Scrum开发团队是Scrum实践的核心，其目标是实现产品需求并交付可工作的软件增量，最佳规模为6~10人。团队中的成员是交叉的，包括开发人员、测试人员、设计人员等。他们在每个冲刺中自发组织和规划工作，根据冲刺任务清单自行分配任务，并协作完成目标。

3. Scrum主管(Scrum Master)

Scrum主管的目标是促进团队理解Scrum，遵循并实践Scrum的理论和规则。在Scrum实践中，Scrum主管协助团队开展冲刺计划会议、每日站立会、冲刺评审会议和冲刺回顾会议，并提供指导和培训以提高团队的能力。Scrum主管服务于开发团队，也服务于产品负责人，必须专注、有决心、有领导才能，通常由项目组的成员、组长或项目经理担任。

12.4.3 Scrum中的制品

制品(Artifact)是指在项目执行过程中创建、使用或生成的各种文档、图表、代码或其他可见的成果，用于帮助团队成员理解项目的状态、进展和要求。Scrum过程包含3种制品，分别用在Scrum过程的不同时间节点。

1. 产品需求清单

产品需求清单(Product Backlog)是Scrum的核心，也是一切的起源。在规划阶段，产品负责人将客户想要的产品用客户的术语加以描述，并按照重要性的顺序，将需求、用户故事或特性等排序并以列表形式列出。这样的列表即产品需求清单，它包括以下内容：

① 功能需求；

② 非功能需求，如性能改进等；

③ 需要修改的bug，如上一版本已知的问题；

④ 新技术，如支持新的操作系统或平台；

⑤ 问题，如日后可能新增的功能。

产品需求清单是不断完善的。在项目进行中，清单中的功能随时有可能被新增、修改、删减，或变更优先级。WeBlog产品需求清单如表12.1所示。

表12.1 WeBlog产品需求清单

序号	优先级	事项名	需求描述	发布人
1	1	解决设置头像后无法显示新头像的问题	用户上传新头像后，界面中的头像无法同步改进（与Vue的缓存机制有关）	Alice
4	1	解决markdown编辑器中无法插入图片的问题	原本上传图片后，图片以服务器的地址硬编码，修改服务器地址后找不到图片。需要将图片地址改为相对地址	Bob
2	2	添加标签相关的功能	在博文搜索界面添加搜索标签和热门标签功能；在markdown编辑器界面添加创建标签功能	Eve
8	4	添加点赞功能	博文浏览界面，在正文结束的位置添加点赞按钮	David
5	4	添加查看博文的权限	设置为私有的博文对其他注册用户不可见	Alice
7	5	添加博文重编辑功能	用户重新编辑已经发布的博文	Cathy

2. 冲刺任务清单

冲刺任务清单（Sprint Backlog）用于冲刺循环阶段，从产品需求清单中挑选出高优先级的任务，确定本次迭代的任务目标，由项目负责人编写。能从产品需求清单中提取多少任务取决于Scrum开发团队内部承诺能完成多少。具体能完成多少，取决于Scrum开发团队的能力、技术的成熟度，以及当前迭代增量的情况。冲刺任务清单中的内容应保证此次迭代的工作量饱和且稳定。

在从产品需求清单中挑选任务之余，项目负责人还要完善每个迭代任务的说明和目标，使迭代更具有针对性。WeBlog开发中的某一时刻产生了如图12.5所示的冲刺任务清单。

冲刺1积压事项　　　　冲刺目标：完成博文搜索和互动功能

序号	优先级	事项名	大小	任务	执行人	预算点	状态
2	2	添加标签相关的功能	4	后端：添加搜索博文、热门标签、创建标签接口	Alice	4	完成
				前端：博文搜索界面添加博文搜索输入框	David	2	完成
				前端：博文搜索界面查询并显示热门标签	Eve	2	进行中
				前端：在markdown编辑器界面添加创建标签功能	Cathy	3	未开始
8	4	添加点赞功能	2	前端：博文浏览界面在正文结束后添加点赞按钮	Bob	3	完成
				后端：重新设计博文的数据结构	Alice	2	受阻
				后端：添加点赞和取消点赞的接口	Alice	2	未开始

图12.5 冲刺任务清单

3. 燃尽图

燃尽图(Burn Down Chart)显示冲刺(Sprint)中积累剩余的工作量,它是一个反映工作量完成状况的趋势图,如图 12.6 所示。其中,Y 轴代表剩余的工作量,X 轴代表 Sprint 的工作日。

累积工作量是所有此次冲刺中需要完成但没有完成的任务的工作量。在冲刺开始时,会标示和估计在此次冲刺中需要完成的详细任务。Scrum 开发团队根据进展情况每天更新累积工作量,如果在冲刺结束时累积工作量降为 0,则 Sprint 成功结束。

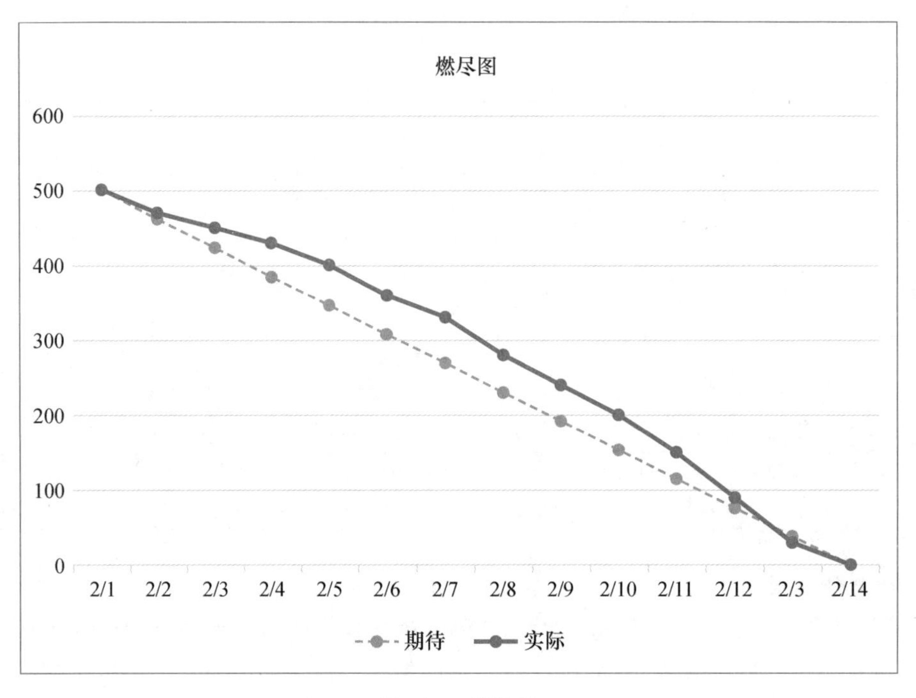

图 12.6 燃尽图

12.4.4 Scrum 的主要活动和实践

在 Scrum 中,会议是为了促进团队成员间的沟通、协作和决策而设计的重要活动。每个会议都有特定的目的和作用,确保项目按照 Scrum 的原则和实践进行。Scrum 主要包含以下 4 个会议:

1. 冲刺计划会议(Sprint Plan Meeting)

冲刺计划会议标志一个新的冲刺周期的开始。在这个会议中,产品负责人、Scrum 主管和开发团队共同参与,以确定本轮冲刺的目标和要完成的工作。产品负责人向 Scrum 开发团队介绍排好序的产品需求清单,并和 Scrum 开发团队确认在这一次的冲刺中能够完成的需求列表,最终产生冲刺任务清单。

2. 每日站立会议(Daily Meeting)

每日站立会议是 Scrum 中的一种短暂会议,通常安排到每个工作日开始的 15 分钟。Scrum 主管和开发团队必须每天参与会议,产品负责人也可以参与。Scrum 主管负责整个会议。在会议中,Scrum 开发团队中的成员只允许和主管交流,并需要回答 3 个关键的问题：① 昨天（上次会议之后）你做了什么？② 有没有问题？③ 今天（下次会议之前）你准备做什么？

每日站立会议是一种高效的日常例会，有助于 Scrum 开发团队成员之间交流信息，有助于主管了解项目的真实进展情况，有助于发现问题并做出及时调整，也有助于加强承诺。

3. 冲刺评审会议（Sprint Review Meeting）

冲刺评审会议旨在展示团队在当前冲刺中完成的工作成果，并与利益相关者共同回顾、讨论和评估项目的进展，发生在冲刺的末尾，总体不超过 4 小时。Scrum 主管主持会议，Scrum 开发团队负责演示。产品负责人必须参与此项会议，客户、管理人员以及其他感兴趣的人也可以参与。会议的目标是：① 确保成果与预期的一致，收集反馈；② 为项目提供一个参考点，根据目前的位置计划下一期的旅程；③ 为下一次迭代提供输入（修改、新的想法），可以由产品负责人添加到产品需求清单。

4. 冲刺回顾会议（Sprint Retrospective Meeting）

在开始另一次冲刺计划会议前，Scrum 主管将和开发团队一起安排一次会议，用于回顾并改进他们的工作方式和流程。在会议上：① Scrum 主管总结本次迭代，包括迭代任务清单、重要的事情和决策；② 开发团队成员依次陈述迭代中哪些方法进行得好，哪些需要改进，哪些需要在下一个 Sprint 中改变；③ 对预估生产率和实际生产率进行比较，如果差异较大，则分析原因；④ 对重要的问题计划相应的措施：开发团队内部解决或者将问题提交给公司管理层。

12.5　基于 Git 和 GitHub 的敏捷开发实践

Git 和 GitHub 是如今最流行的分布式版本控制工具和最流行的在线软件源代码托管服务平台。GitHub 为使用 Git 管理版本的代码仓库提供了托管服务，开发人员可以在 GitHub 创建在线项目，助力开发团队更好地协作。截至 2022 年 6 月，GitHub 已经有超过 5700 万人注册用户和 1.9 亿代码库，已经从事实上成为世界上最大的代码托管网站和开源社区。

Git 为开发人员分布式协作和迭代提供了便利，GitHub 不仅存储代码，还提供了大量可用于敏捷开发实践的工具。目前，Git 和 GitHub 在敏捷开发中起到举足轻重的作用。

12.5.1　敏捷开发模型

基于 Git 和 GitHub 的敏捷开发实践采用了如图 12.7 所示的敏捷开发模型。

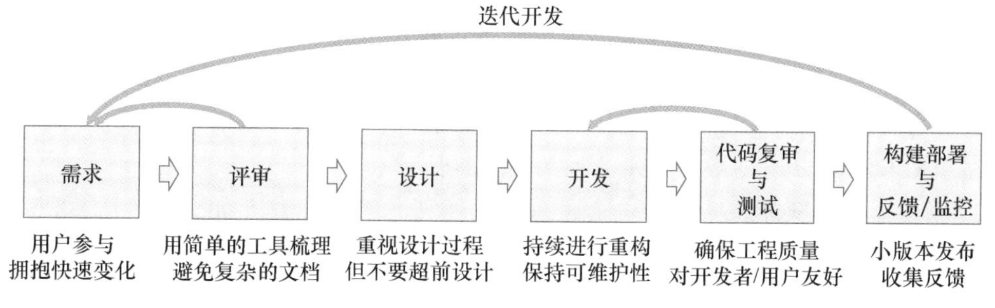

图 12.7　敏捷开发模型

敏捷开发模型强调多轮迭代,可以看到它和瀑布模型有一定的相似性,包含 6 个主要的活动:需求、评审、设计、开发、代码复审与测试、构建部署与反馈监控。敏捷开发模型不推崇单向任务传递,比如开发人员不应该只关注开发工作,在完成自己的工作后将测试任务完全交给专门的测试人员处理;相反,参与的需求人员、开发人员、测试人员目标一致,他们组成一个利益相同的团体,一起协作完成敏捷开发模型中的迭代。

1. 需求

在迭代开始之前,团队与利益相关者(客户等)一起收集需求,并通过用户故事、用况等需求表达方式描述需求。开发团队不惧快速变化的需求,而是拥抱它们。

2. 评审

在评审阶段,团队与利益相关者一起审查和验证需求,以确保团队对需求的理解是一致的、准确的。在此过程中,团队会尽可能使用简单的工具梳理需求。

3. 设计

在需求评审后,团队开始进行设计工作。在设计阶段,团队需要确保设计与需求相匹配,并满足软件质量和可扩展性的要求。团队重视设计过程,但不会为了当前迭代中不存在的需求做超前设计。

4. 开发

一旦设计完成,开发团队就可以开始实现软件。在敏捷开发模型中,开发又被细分为拆分里程碑、拆分积压事项、写代码及测试用例、维护文档、提交开发成果 5 个部分,这里只介绍拆分里程碑和拆分积压事项。

① 拆分里程碑(milestone)。项目中的里程碑是项目中的标记,标识开发的变更或阶段。它可以显示进度,也可以帮助项目主管传达项目中正在发生的事情。拆分里程碑后,团队得到本轮迭代的任务。

② 拆分积压事项(backlog)。积压事项是指尚未完成或处理的任务、文档等工作。积压事项管理用于记录积压的工作,拆分积压事项,设置积压工作的优先顺序,以及跟踪积压工作的完成情况。

5. 代码复审与测试

代码复审是为了确保代码质量和一致性。开发团队成员可以相互审查彼此的代码,发现潜在的问题并提出改进建议。在这一步,开发团队需要依次进行代码质量检查、本地构建与测试、代码复审、集成、集成测试 5 个步骤,以确保软件在质量上符合预期。

6. 构建部署与反馈监控

在开发和测试完成后,开发团队将软件构建部署到目标环境中。一旦软件上线,开发团队需要监控和收集用户反馈,以便及时调整和改进软件。

12.5.2 实践过程

基于 Git 和 GitHub 的敏捷开发流程如图 12.8 所示。

1. 创建仓库和项目

在注册好 GitHub 账号、安装好 Git 之后,首先,需要创建一个项目(Project)和一个仓库(Repository)。进入 GitHub 的个人主页,在右上角的"+"中,选择"New Project"和"New Repository"选项,即可创建项目和仓库,如图 12.9 所示。

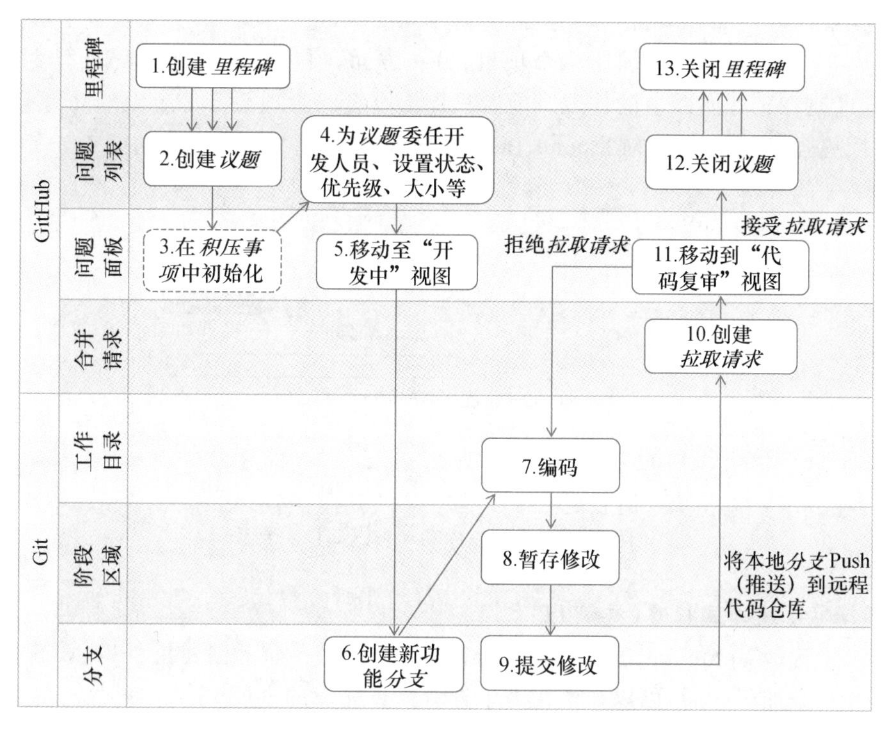

图 12.8 基于 Git 和 GitHub 的敏捷开发流程

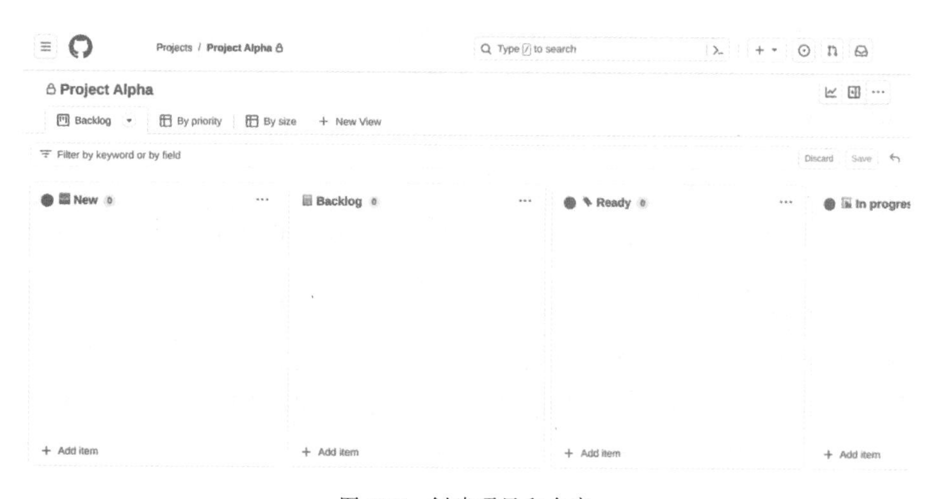

图 12.9 创建项目和仓库

为了后续说明方便，建议大家在创建项目时选择“Project templates”中的“Team backlog”，GitHub 会打开面板视图，并自动创建 6 个列（Column），分别叫作“New”“Backlog”“Ready”“In Progress”“In review”“Done”。

在创建并进入仓库后，你会看到一个选项卡式面板，包括 Code（代码）、Issue（议题）、Pull Request（拉取请求）、Actions（动作）、Projects（项目）等选项，默认停留在 Code 选项上。

在创建好仓库和项目后，我们需要将两者关联起来：在仓库中，点击 Projects 选项卡，选择“Link a project”，并在其中选择刚刚创建好的项目，如图 12.10 所示。

为什么要区分仓库和项目？一方面，仓库和项目不是一对一的关系：一个项目可以包含多个仓库，一个仓库也可以属于多个项目；另一方面，项目是从管理实践的角度看待开发过程，而仓库是在工程实践上的体现。前者只提供查看和管理任务等有限的功能；而仓库和代码相关性更强，诸如 Issue、Milestone、Pull Request 等功能都是仓库的功能。

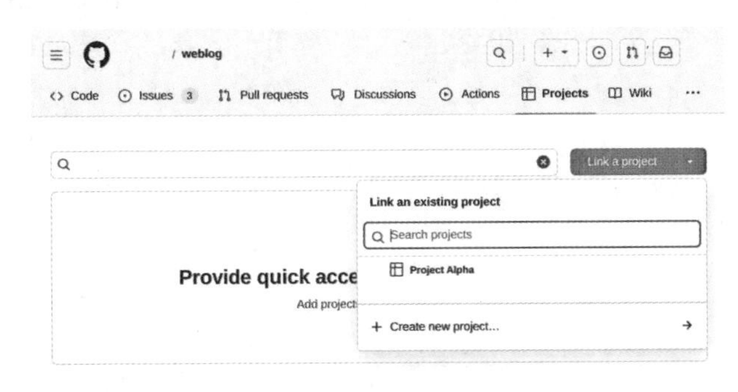

图 12.10 建立仓库和项目之间的关系

2. 根据需求建立里程碑(步骤 1)

在仓库中选择“Issue”、再选择“Milestone”，即可在此界面下创建里程碑、设置里程碑的截止时间。在添加议题后，可以在里程碑中查看任务完成的进度。

3. 拆分里程碑为一系列议题(步骤 2)

在项目界面中可以在“New”这一列中添加一项。默认创建的是一个 Draft(草案)，可以理解为是一个非正式的任务；可以将其转换为 Issue，添加到仓库中，并为 Issue 设置里程碑，这样 Issue 被管理面板和里程碑同时管理。

4. 针对议题进行评审和设计(步骤 3～5)

将 Draft 转换为 Issue 的过程中有许多工作要做。Draft 需要经过详细的评审和设计。只有当团队认为 Draft 中的需求已经足够清晰时，才为 Draft 设置优先级、完成所需的成本，并转换为 Issue。此时，可以将确定的 Issue 移动到项目视图的 Ready 列中。但这个步骤不是必需的。对一个开源项目，所有人都可以在仓库视图中添加新的 Issue，这样创建的 Issue 不会出现在项目视图中。

5. 建立与议题对应的开发分支，开发并提交(步骤 6～9)

接下来，被指派的开发人员将仓库下载到本地，创建新的分支，并在该分支上开发。开发人员会多次编码和编码暂存(staging)，通过 commit 创建一个新的版本，并通过“git push”将本地做出的修改提交到 GitHub 仓库中。此时，Issue 被移动到“In progress”列中。

6. 提交远程代码库、发起合并请求(步骤 10)

为了将自己的分支中做出的修改添加到主分支中，开发人员还需要提出拉取请求(Pull Request，PR)。PR 即告诉团队自己实现了这部分代码工作，希望团队中的其他成员做代码评审。此时对应的 Issue 被移动到“In review”列中。

7. 代码评审(步骤 11～12)

团队成员评审代码。成员阅读提交的代码，并可能会将相关代码拉取到本地进行测试。在一些其他敏捷开发方法[如 CI/CD(持续集成/持续部署)]中，部分工作将交给计算机自动执行。如果代码没有通过评审(例如没有通过测试)，则拒绝此次 PR，并反馈给开发人员重新编码提交;如果通过,则将开发人员创建的分支与主分支合并,关闭此议题,并将此议题移动到“Done”列。

8. 里程碑完成(步骤 13)

如果完成了里程碑中的所有议题,则里程碑完成。通常,我们用里程碑代表 XP 中的一次迭代,所以里程碑的完成也意味着迭代的完成。

12.6　敏捷开发与传统开发方法的比较

敏捷开发方法和传统的项目管理之间,对待计划、变更、合同、人员组织、测试等均有不同的实践和看法。传统项目管理和敏捷项目管理的对比如表 12.2 所示。

表 12.2　传统项目管理和敏捷项目管理的对比

对比项	传统项目管理	敏捷项目管理
如何做计划	对项目计划进行评估、计划、分析	对整个项目做粗略估计,每次迭代做详细设计
对变更的态度	反对变更;变更需求需要重新估计和规划	鼓励变化,以客户价值驱动开发
如何使用合同	使用严密的合同减少风险,做改变需要走 CR(Change Request)流程	合约提供信任、赋予权力,使变更变得简单、有价值
客户和开发人员	客户很少和开发人员交流,项目如同“黑盒子”,对客户与供应商可视性差	客户和开发人员紧密、连续地合作
关于测试	产品化和测试阶段是分离的	每次迭代都产生可工作的软件
关于文档	开发由文档和计划驱动	更关注于交付软件
关于风险	软件交付晚,更晚意识到风险	第一次迭代就交付能工作的版本,风险发现得早

12.7　本章小结

敏捷开发方法是一种以迭代、增量方式进行软件开发的方法。本章从敏捷开发的概述开始,探讨了敏捷开发的诞生背景和提出过程,以及敏捷开发的核心概念和实施方法。接着介绍了敏捷开发的核心价值观,包括《敏捷宣言》和敏捷原则。

基于这些价值观和原则,本章随后以极限编程(XP)和 Scrum 为例,详细介绍了敏捷开发的工程实践和管理实践。极限编程强调客户参与、短的交付周期、测试驱动的开发等实践,然后介绍了 Scrum 过程、角色、制品和活动,并阐明它是如何组织起团队工作的。这些实践方法的介绍帮助开发和管理人员更好更快速地协作开发出高质量的软件。

在敏捷开发过程中,Git 和 GitHub 等工具起到了关键作用。Git 作为分布式版本管理工具,提供了高效的代码管理和协作机制;GitHub 作为代码托管平台,促进了团队的协同开发和代码审查。本章介绍了基于 Git 和 GitHub 的敏捷开发实践,从需求建立到里程碑完成的整个流程。

最后,通过对敏捷开发方法和传统开发方法进行了对比,突出了敏捷开发的优势和特点。敏捷开发通过其迭代、协作和灵活性的特点,能够更好地适应变化和满足客户需求。

通过本章的学习，读者可以全面认识敏捷开发，并在实际项目中灵活应用敏捷开发方法。

习 题

1. 什么是《敏捷宣言》？请结合敏捷开发诞生的背景，谈一谈你对4条《敏捷宣言》和12条敏捷原则的看法。

2. 极限编程实践中包括哪4项活动？这4项活动分别体现了极限编程的哪些实践理念？

3. Scrum包含哪4项主要活动？包含了哪些角色？这些角色是如何参与到活动中的？Scrum中的3种制品是如何在Scrum活动中起作用的？

4. 请对比极限编程和Scrum，它们有什么相同点和不同点？

5. 请简述基于Git和GitHub的敏捷开发实践的流程。

参考文献

[1] Robert C. Martin. Agile Software Development：Principles，Patterns，and Practices[M]. NJ：Prentice Hall，2003.

[2] 罗杰·S.普莱斯曼，布鲁斯·R.马克西姆.软件工程：实践者的研究方法（原书第9版）[M]. 王林章，等译. 北京：机械工业出版社，2021.

第 13 章　群智化开发方法——开源和众包

随着互联网技术和生态的持续发展，软件规模和复杂性也显著提升，传统的软件开发方法、运行形态和服务模式等已经无法有效应对互联网软件开发与运维，进而促进了群体智能方法与技术在各种问题领域内的不断涌现和发展，其中以开源和众包为代表的大规模群体协作为互联网软件开发带来了重大变革。

13.1　开源软件

13.1.1　开源软件的前世今生

开源软件（Open Source Software，OSS），是一种源代码可以自由获取的计算机软件，软件所有人在许可证协议的规定之下保留一部分权利并允许其他开发人员修改或者再次分发派生软件。开源软件有时也被叫作“自由软件”（Free Software），后者往往被合并到开源软件进行讨论，并被统称为 FOSS（Free/Open Source Software），相关的社区也称为 FOSS 社区。需要强调的是，开源软件不仅仅是公开源代码，如知名论坛软件 Discuz! 可以被认为是公开源代码的免费软件，但是用于商业用途则需要单独授权，不能算严格意义上的开源软件。开源软件从 20 世纪 80 年代萌芽至今，经过数十年的蓬勃发展已经取得巨大成功。

1949 年 5 月，世界上第一台冯・诺依曼结构的计算机——电子延迟存储自动计算器（Electronic Delay Storage Auto-matic Calculator，EDSAC）建成，直到 20 世纪 70 年代初，计算机多为科研院所、政府机构或者大型公司的研究部门使用。彼时的软件通常以“开放合作”的原则进行合作开发和分发，往往随硬件免费附送（且附带源码），用户可以修改软件从而在不同的硬件设备或者操作系统上运行，可以称当时的软件形态为公有域软件（Public Domain Software）。

20 世纪 70 年代初，AT&T 下属的贝尔实验室向政府和研究人员免费分发 Unix 的早期版本，不过这些版本未经许可不能重新分发或者修改后再分发，仅允许用于教育目的的教学。1983 年，自由软件运动的精神领袖、GNU 计划以及自由软件基金会的创立者、著名黑客 Richard Stallman 发起了 GNU 计划来编写一套完全免费、兼容 Unix 的操作系统 GNU，首次提出了“自由软件”的概念，并在 1986 年创立了非营利组织自由软件基金会来运行 GNU 计划，促进自由软件的开发和发展，并于 1989 年发布了第一版 GNU 通用公共许可证协议（GNU General Public License，GNU GPL）。

1991 年，由芬兰大学生 Linus Torvalds 发起的 Linux 内核项目第一次以可自由修改的源码的形式进行发布。早期的时候，Linux 项目使用了 Linus Torvalds 自己拟定的许可证协议，限制了商业使用，在 1992 年才被以 GNU 通用公共许可证协议进行开放，弥补了 GNU 操作系统项目缺少类 UNIX 系统内核的局面，GNU 计划也正式完成，完整的操作系统也被称为 GNU/Linux（简称 Linux）。

到了 20 世纪 90 年代中后期，互联网的发展促进大量基于 Web 的技术公司出现，而免费软件也成为 Web 服务器的流行选择，Linux 以及诸如 Apache 等自由软件也得到广泛的使用。1997 年，Eric Raymond 出版了《大教堂和集市》（The Cathedral and the Bazaar），开始反思黑客社区和自由软件，促使在浏览器大战中败给微软 IE 浏览器的网景公司以源代码的形式发布 Netscape Navigator 软件。网景公司的这一行为促进其他开发人员和公司开始关注并研究如何将自由软件引入商业软件中。在一场自由软件运动的战略会议上，Christine Peterson 和 Eric Raymond 等人首次提出“开放源码”这一概念。“开放源码”这一概念在技术书籍出版商 Tim O’Reilly 在 1998 年 4 月组织的第一个“开放源码峰会”活动中大放异彩，会上“自由软件”容易导致歧义的问题被提出，最终 Eric Raymond 首次向自由软件社区发出通知，要求采用新的术语，即“开放源码”，不久之后便成立开放源码促进组织。

13.1.2 开源社区

最初，大多数自由和开源软件项目的先驱们通过在线论坛、电子邮件等工具进行协作。逐渐地，一些优秀的开源项目（如 Apache 服务器）在基金会（如著名的 Apache 基金会、Linux 基金会、Eclipse 基金会等）的推动和运作下成立独立的社区，持续对外发布新版的软件版本，也吸引越来越多的开发人员加入其中。开源基金会主要进行开源项目第三方知识产权托管，并提供配套服务，全球活跃度前 100 的开源项目中有超过 6% 的项目都是通过开源基金会进行孵化和托管的。我国也在 2020 年 6 月经国务院批准成立了首家开源基金会，即开放原子开源基金会，是一家致力于开源公益事业的全球性非营利机构，知名的欧拉开源操作系统（OpenEuler）①以及鸿蒙操作系统（OpenHarmony）②也都被捐赠给开放原子开源基金会进行孵化。

早期的开源软件开发人员通过私有的版本控制管理系统如 Subversion 进行版本管理，开发人员还需要获得社区的权限才能参与开源项目，在一定程度上限制了其他开源爱好者的加入和共享。逐渐地，开源社区以软件项目为中心的精品社区逐渐转变为面向大众参与的社会化社区，如今开源项目通过 GitHub、SourceForge、Gitee 等公开的软件源代码托管平台和社区进行代码管理和协作，极大地方便其他开源爱好者对开源软件的检索、使用和贡献。传统开源社区代表 Apache 社区已经有 225 个（占比 70%）项目在 GitHub 上创建了镜像，而 Google 甚至在 2016 年彻底关闭了自主营运近 10 年的开源社区 Google Code，并将近千个开源项目迁移至 GitHub 社区中。下面，详细介绍国际和国内最流行的开源社区和代码托管平台 GitHub 和 Gitee。

GitHub 平台自 2007 年 10 月 1 日开始开发，2008 年 2 月以 beta 版本进行上线，同年 4 月正式上线，经过十几年的快速发展，GitHub 已经成为全球最大的代码托管和协作开发平台。根据最新的《2023 GitHub 年度报告》[1]，GitHub 已经吸引 1.26 亿的开发人员使用平台，世界

① https://www.openeuler.org/

② https://www.harmonyos.com/

财富 100 强的公司中有近 30% 的企业都设有开源项目办公室，2023 年有高达 45 亿次的开源贡献产生。需要注意的是，开发人员对私人项目的共享更大，大量的开发人员将 GitHub 当做私有存储库进行使用，超过 80% 的 GitHub 贡献都贡献给私有存储库。其中，私人项目贡献超过 42 亿美元，公共和开源项目贡献超过 3.1 亿美元。2023 年度 GitHub 新增用户超过 2 600 万，美国、印度和中国的开发人员的人数位于世界开发人员人数的前三位。2023 年，GitHub 新增项目 9 800 万个。JavaScript 依旧是 GitHub 上最常用的开发语言，Python 排名第二，Java 也保持在前 5 名。凭借安全性和可靠性的特点，Rust 社区在 2023 年增长了 40%，反映了业界开发的新趋势。2023 年，GitHub 数据凸显了另一种技术是如何迅速开始重塑开发人员的体验——人工智能。92% 的开发人员在使用或试验借助 AI 编码工具，开源开发人员可能在 GitHub 上推动下一波 AI 创新浪潮。

Gitee（码云）则是国内的代码托管和协作开发平台，吸引了超过 600 万开发人员，托管的项目超过 1 500 万，汇聚几乎所有国内的原创开源项目。《Gitee 2020 年度数据报告》[2] 指出，2020 年 Gitee 上新增 192% 的开源项目，达到 1 500 万，是 2013—2018 年开源项目的总和，参与开源的用户数新增 162%，其中 38% 是首次参与开源项目的用户。开源项目分布前三的领域分别为程序开发（占比 24.29%）、Web 应用开发（占比 17.75%）和移动开发（占比 10.15%）。中国信息通信研究院《开源生态白皮书》的报告[3] 显示，尽管我国部分开源社区活跃度跨越式提升，但是整体仍与全球先进水平存在差距，特别在评估开源项目活跃度的拉取请求数目以及提交问题数目等指标上。

13.1.3　开源软件的优劣势

与闭源软件相比，开源软件的优势主要体现在如下几个方面：

① 公开透明和安全。开源软件即为开放源代码软件，所有开发人员都可以拉取开源软件的开放源码进行公开审核，因此开源软件中存在的安全漏洞和缺陷都可以通过审核源码被更好地发现。开发人员也可以通过阅读源码的方式，更好地理解开源软件的工作原理和实现细节。

② 可定制。开发人员对允许修改的开源项目可以进行二次开发，满足个性化的需求。只要在不违反开源项目的许可证协议的基础上，可以对开源软件进行定制化开发。

③ 创新的集大成者。开源软件是来自五湖四海的开发人员持续创新的产物，并通过和真实用户的迭代反馈更加贴近用户的实际需求，任何开发人员都可以参与开源软件的设计和开发，可以提交新创新的想法，也可以直接参与到功能的开发中。事实上，当前流行的优秀开源软件正是成千上万的开发人员集思广益的创新成果。

④ 摆脱供应商的束缚。如果使用商业软件，开发人员必须购买相应的许可，并且遵循商业软件的相关协议和许可要求，依赖供应商对软件进行维护和改进。通过开源软件，开发人员可以更快地用上最新的功能，也可以对开源软件进行个性化定制，还可以向庞大的开发人员和用户社区寻求帮助，得到更迅速地技术支持。

⑤ 节约成本。如果选择闭源产品，开发人员不得不花费不菲的成本购买软件制品以及许可证，而通过使用开源软件替代闭源软件，则可以显著降低开发成本。

尽管开源软件具有上述多个优点，开发人员在使用开源软件的时候也可能会面临如下问题：

① 文档弱。大部分的开源软件项目都缺乏良好的文档说明，或者文档更新不及时，会增加开发人员的学习成本。

② 不可忽视的隐形成本。不同的开源软件项目受关注和活跃度存在显著的差异，软件质量也参差不齐。开发人员在使用开源软件的时候首先面临选择问题，如果使用一些冷门的开源项目，会面临缺乏文档、维护更新不及时等问题，反而增加应用开发的难度。

③ 缺乏一对一的支持。不像商业软件，往往有专门的技术支持团队进行一对一的技术支持，开源软件难以得到一对一的技术支持，需要开发人员自己向开发社区或平台寻求帮助，或者在一些问答网站上进行提问以寻求帮助。

④ 潜在的安全隐患。万物都有两面性，公开透明的开源软件可能会增加安全隐患。一是攻击者可以通过源码更方便地找到软件漏洞，进而利用这些漏洞进行攻击，如果开源软件更新不及时，会造成一定的损害；另一方面，开发人员引入的开源软件也会包含其他开源软件，往往一个项目会引用多个甚至成百上千个开源软件，会增加应用受攻击的风险。

13.1.4 开源许可证

个人开发人员或者企业开发人员在使用开源代码库或者软件的时候，需要了解使用开源代码或软件的许可证协议是否会违反自己的商业需求。如果开发人员在自己的项目中使用了开源代码库，则需要遵守开源代码库声明的许可证协议要求，否则会造成许可证合规性风险。

至今已有 60 多种开源许可证协议被开放源码促进组织认可来保证开源工作者的权益。Synopsys 公司发布的《2020 年开源安全和风险分析》报告[4]针对 1 253 个应用程序的研究发现，大概 67% 的代码库都存在许可证冲突问题，33% 的代码库具有未经许可的软件，这会使个人开发人员或者企业面临法律风险。下面详细介绍几种常见的开源许可证协议以及常用的使用场景。

① GNU GPL。软件开发中使用了遵循 GPL 协议的开源软件，则该软件也必须遵循 GPL 协议进行免费开源，因此，在商用软件开发中应该避免使用遵循 GPL 协议的开源软件。和 GPL 不同，GNU 宽通用公共（GNU Lesser General Public License，LGPL）许可协议，允许商业软件通过引用的方式使用遵循 LGPL 许可协议的开源代码或者软件，开发的软件本身可以不遵循 LGPL 协议规范进行开源。因此，商业软件可以以类库的方式引用遵循 LGPL 协议的开源代码进行发布。

② 伯克利软件发布版（Berkeley Software Distribution，BSD）许可协议。如果软件使用了遵循 BSD 许可协议的开源软件，也必须遵循 BSD 许可协议，并且满足如下 3 个条件的情况下甚至可以作为商业软件进行发布：再发布的软件中包含的源码必须遵循 BSD 许可协议；再发布的软件只有可执行文件，则需要在相关文档或者版权文件中声明原始代码遵循 BSD 许可协议；不允许使用开源软件诸如软件名称等相关信息进行推广。

③ Apache 许可证版本（Apache License Version）许可协议。知名开源项目如 Hadoop、MongoDB 是基于 Apache 许可证版本许可协议进行开源的，允许开发人员自由修改和再发布代码，因此适用于商业软件。Apache 许可证版本许可协议规定：使用 Apache 许可证版本许可协议的软件和衍生品也需要遵循 Apache 许可证版本许可协议；修改了遵循 Apache 许可证版本许可协议的源代码时需要在文档中进行声明；使用其他开源代码时，需要保留原始代码的协议、商标、作者声明等权利信息；再发布软件中包含声明文件时，需要在文件中标注

Apache 许可证版本许可协议以及其他使用的源代码涉及的许可证协议。

④ Mozilla 公共许可(Mozilla Public Licence,MPL)许可协议。MPL 许可协议融合了 BSD 许可协议和 GNU GPL 许可协议的特性,使用了 MPL 许可协议授权下的开源代码必须保持 MPL 许可协议且保持开源,但是允许在派生项目中使用其他许可协议甚至是私有许可协议,只需要保持核心文件的开源,在一定程度上能够维护商业软件的利益,因此被 Mozilla 旗下的诸如 Firefox、Thunderbird 等软件使用。

⑤ (Massachusetts Institute of Technology,MIT)许可协议。该协议是目前限制最少的开源许可协议之一,只需要开发人员在修改后的源代码或者发布的二进制可执行文件中保留原作者的许可信息即可,因此普遍被商用软件使用,知名的 ssh 连接软件 PuTTY、Ruby on Rails 均采用 MIT 许可协议授权。

⑥ 木兰宽松许可证(MuLanPSL)许可协议。该协议是由北京大学牵头、中国官方首个开源协议[5],许可证明确授予用户永久性、全球性、免费的、非独占的、不可撤销的版权和专利许可,并针对目前专利联盟存在的互诉漏洞问题,明确规定禁止"贡献者"或"关联实体"直接或间接地(通过代理、专利被许可人或受让人)进行专利诉讼或其他维权行动,否则终止专利授权。MuLanPSL 许可协议可以通过中英文表述,具有同等的法律效力。目前,国内一些高校的开源软件采用 MuLanPSL 许可协议。

开发人员可以依据自己的需求选择使用最合适的开源许可证协议的开源项目。例如,当开发人员希望二次开发的代码可以进行闭源且不需要对源码的修改提供说明文档时,可以选择 LGPL 许可协议;当开发人员期望自己开源的项目被别人使用,需要保留自己的版权声明且不可以使用自己的名字等信息进行推广时,可以选择 BSD 许可协议。

13.1.5 开源软件开发实践

本小节主要关注基于开源软件进行二次开发的实践。开发人员在选择开源代码库的时候需要考虑开源代码的质量和后续维护,选择合适的许可证以免遭受商业风险,最后开发人员应该关注开源代码库和构件的安全性。

① 选择会的。使用开源代码需要一定的学习成本,开发团队是否愿意学习新的技术,能否快速掌握开源代码会影响项目进度是否能正常推进。

② 保持简单。尽量选择能满足应用集成需求的简单构件,而不是优先选择功能丰富的"大"框架,简单的构件可以减少开源代码的受攻击面,降低遭受开源漏洞攻击的风险。

③ 考虑兼容性。是否和项目的技术栈兼容,例如 Python 版本的要求,是否兼容不同的 JDK 版本等。

④ 选择扩展性好的。是否容易二次开发满足项目的个性化需求,很多项目需要对开源代码进行二次开发。需要注意的是,这里需要考虑开源代码使用的许可证是否允许进行修改或者闭源使用。

⑤ 选择文档和代码详细的。翔实的文档可以帮助开发团队快速了解和上手开源项目,结构清晰的源代码则更易于开发人员理解和进行二次开发。

⑥ 选择活跃度和流行度高的。选择流行和活跃的开源构件或框架可以从社区和互联网上获取更多的参考资料,特别是类似 Stack Overflow 等专业的问答网站上可以找到对应的问题和解决方法,可以显著降低开源代码的学习难度。同时,活跃的开源项目意味着更及时

地更新和修复，在遇到开源漏洞的时候可以得到及时的修复。

尽管使用开源软件可以节省应用的开发时间和成本，但是开源带来的安全风险也不容忽视，往往面临着“开源漏洞(Open Source Vulnerabilities)”的安全威胁，如知名的开源软件Strusts2和OpenSSL。开源漏洞指开源代码中存在的安全漏洞，使得攻击者可以通过这些漏洞对软件进行恶意攻击或者执行未授权的行为。Synopsys公司的《2020年开源安全和风险分析报告》调查显示，99%的代码库至少使用一个开源构件，其中75%的代码库包含至少一个开源漏洞，近半的代码库都包含高风险漏洞。Synk公司2020年发布的《开源安全状况报告》[6]显示，只有1/3的开源漏洞能在20天内被修复，36%的漏洞在70天后才会被修复。如果应用程序中引入这些存在开源漏洞的开源软件，则可能遭受拒绝服务攻击(DoS)、远程代码注入、信息泄露、SQL注入等攻击，造成不可挽回的损失。GitHub针对上述问题，上线了“代码扫描”服务，会对在GitHub上上传的代码进行自动扫描以查找潜在的安全漏洞，并提醒开发人员和维护人员进行修复。

开源项目通常专注于为用户提供功能和稳定性的更新，缺乏对安全性的关注，而这往往会增加使用开源代码库的安全风险。因此，开发人员在选择开源代码库的时候需要增加对安全性的关注，倾向于选择那些更新较快的开源代码库，一旦发现开源漏洞可以通过升级代码库的方式进行修复。此外，开发人员可以充分利用一些自动化工具，帮助开发人员持续跟踪开源代码库的使用情况，定位开源代码中存在的安全风险和漏洞，并进行修复和更新，例如开发人员可以利用一些成熟的漏洞扫描工具来扫描开源代码库中的安全漏洞。

为了发现并解决使用开源代码库和构件带来的风险，需要对使用的开源代码进行有效的管理，包括：

① 增强开源代码管理意识，制定有效的开源管理策略。商业软件开发在使用开源代码库或者构件之前，应该提高团队对开放源代码的认识以及开源管理意识，制定合理的开源管理策略和流程，包括使用开放源代码的基本原则、对开源代码和构件的管理、对使用开源代码中可能出现问题的解决方法等。团队的开发人员都应该遵守制定的开源管理策略，这样才能更加安全、高效地使用开源代码库或者构件。

② 及时发现所使用的开源代码库及风险。开发团队需要及时了解项目代码中使用了哪些开源代码库，并了解这些开源代码库可能造成的风险。项目中使用的开源代码库可能还会使用其他开源代码库、开发人员直接复制互联网上公开的代码片段等情况都会导致难以完全发现项目中引入的开源代码库。想要及时发现项目中使用的开源代码，可以利用专业的开源代码检查工具对项目代码进行扫描，发现潜在的开源代码库以及代码片段。

③ 将开源管理集成到现有开发流程中。传统的项目管理缺乏对开源代码使用的管理，应该将开源管理贯穿到整个项目管理流程中。例如，项目团队可以集成FOSSID软件①解决方案到开发流程中，可以有效检测项目代码中使用的开源代码的情况，包括开源构件的使用、代码片段的复制使用、涉及的开源许可证以及合规性、存在的开源漏洞等。

① https://fossid.com/

13.2 软件众包

众包是个人或者组织从大量相对开放且经常快速发展的参与者中获取包括想法、投票、微观任务等商品或者服务的一种采购模式,众包通常涉及使用互联网和激励来吸引参与者并在参与者中发布任务。软件众包或者众包软件开发是软件工程领域的新兴方向,可以通过众包的方式解决软件开发中的任何问题,包括需求获取、软件设计、程序编码、软件测试和文档编写等。在一定的激励机制的驱动下,具有相关技能的众包参与者都可以申领任务、独立或者协作地完成任务,任务发布者评估参与者提交的结果获取最终的解决方案。

13.2.1 众包软件工程

众包软件工程主要使用众包的方式解决软件工程问题[7],通过互联网平台等将软件工程问题分解成一个个独立的任务,按照某种规则分配给不同的个体来解决,利用群体智能来协作完成问题的解决。众包软件工程的工作流程涉及基于互联网的众包平台、需求方和开发人员三个角色。众包需求方首先将任务分解成细粒度的任务,然后通过众包平台对外进行发布,在一定的激励机制下,大量的开发人员申领、协同或者独立完成众包任务并提交给需求方。众包根据开发人员的参与形式可以分为协作式众包和竞赛式众包[8],前者需要开发人员共同协作来完成众包任务,并且任务的完成通常没有物质奖励作为回报,后者需要个人或者团体开发人员独立完成,然后通过竞争方式评估任务的最佳解决方案并且完成最佳的才会得到相应奖励。

众包软件工程和开源的核心思想都是通过互联网上的大量开发人员的群体智能协作完成单独依靠个人或者计算机难以完成的任务。但是两者也存在一定的差异,参与开源的开发人员更多基于个人兴趣或者能力提升等非物质方面的需求,而参与众包的开发人员则是更关注物质方面的激励。此外,开源解决的通常是持续演进、动态的问题,参与的开发人员通过协作的方式共同完成任务,而且开发人员可以创造性地提交新的需求或者解决方案,而众包则侧重解决规模较大但需求和边界清晰的问题,参与的开发人员针对众包任务通过竞争的方式决出最优的解决方案并获得相应的激励。

软件众包模式可以降低部分软件开发的办公成本和运营成本。通过众包平台将项目拆分给个人开发人员完成,中间不需要办公场地等成本,可以为需求方极大地节省成本。软件众包模式还有效率高的优点,可以在很多的时间内寻找到解决任务的众包志愿者,并完成任务的选择。此外,众包平台汇聚了大量的优秀、专业的众包参与者,众包平台可以根据任务需求帮助任务需求方寻找到最合适的众包参与者,并择优选择最优的选择方案,保证众包任务的完成质量。

众包软件工程吸引了学术界和工业界的广泛关注,主要聚焦在众包任务分配、激励机制和定价策略设计、开发人员能力评估、众包任务完成质量等方面的研究。向不合适的众包参与者分配不适当的任务不仅会降低任务完成的质量,而且会给平台和众包参与者带来额外的负担;对于平台而言,评估众包参与者提交的众包任务质量也是一项挑战性的任务,需要综合考虑发布任务的需求、成本、众包参与者的匹配度等因素，综合完成众包任务的分配，最终完成众包任务的最优解决。在选择众包参与者的时候可以综合考虑众包参与者的能力、熟练度、信誉度、完成任务历史等多方面的因素。

13.2.2 软件众测

众包技术可以在极大程度上有效解决软件测试领域的难以模拟大规模真实用户使用情况的难题。在软件工程领域，众包技术逐步应用于软件工程的各个环节中，特别是在软件测试方面[9]，大量在线开发人员参与完成测试任务，可以提供对真实使用场景、用户行为、访问设备的良好模拟，测试周期更短且成本相对较低。这些优点使得众包测试技术得到学术界和工业界的广泛关注，涉及众包软件测试的相关理论和方法，软件众测技术在软件体验质量(Quality of Experience，QoE)测试、可用性测试、图形用户界面(Graphical User Interface，GUI)测试、性能测试、测试用例生成等测试领域得到普遍关注和应用，同时也涌现出许多众包软件测试的商业平台。

在众包软件测试活动中，主要参与者包括任务请求者、众包参与者和众包平台方。众包测试(简称众测)平台作为第三方，为任务请求者和众包参与者提供在线系统。任务请求者首先提交待测软件和测试任务至众测平台，之后众测平台将测试任务分发给合适的众包参与者，或者众包参与者通过众测平台选择感兴趣的任务来完成；众包参与者完成测试任务后，将测试结果以测试报告的形式提交至众测平台。与传统的软件测试报告类似，众包测试报告通常已事先定义好格式，包括状态、报告者、测试环境、测试输入、预期输出、错误描述、建立时间、优先级、严重程度等字段[9]。此外，众包测试报告往往还要求众包参与者提供其他辅助信息如使用截图以帮助后期任务请求者进行错误定位和软件调试。众测平台的工作人员(质量审核人员)将对收集到的大量测试报告进行审查和整理，并将整理后的测试结论反馈给任务请求者。通常，将由任务请求者对收集的众包测试结果进行最终评估，并决定是否支付给相应的众包参与者相应的激励。

众测平台在分配测试任务给平台众包参与者的时候，可以基于用户活跃度、测试能力、用户信誉等方便量化的指标进行综合性的评估。用户活跃度反映了用户参与众测任务的积极性，众包参与者参与众测项目的数量和频率在一定程度上能够反映其对众测工作的积极性和效率，具体可以从响应率、响应速度、参与众测任务综述等方面综合考虑众测参与者的活跃度；测试能力则是反映众包参与者能力的指标，可以综合考虑用户既往的众测结果，例如发现缺陷数量、缺陷重要程度等指标，经验丰富的高水平众测参与者应该可以发现测试任务中的大部分缺陷，具体可以从测试结果接受率、发现缺陷数目、缺陷发现率等指标综合考虑众测参与者的测试能力；用户信誉则是反映众测参与者的个人诚信度的重要指标，众测任务发布人员并未与众测平台及众测参与者签订严格的测试合约，无法强制众测用户完成测试任务，并约束众测用户诚实地执行合规的测试流程并上报测试结果，即无法保证众测用户的测试结果的质量，可以综合考虑如众测任务的完成率以及客户满意度等指标来评估众测用户的信誉。

13.2.3　基于群体智能的众包平台

目前,已经涌现出很多商业化的众包平台来解决软件工程问题。

TopCoder 是世界上规模最大的众包软件开放平台,成立于 2001 年,汇聚了全世界 200 多个国家的 70 万名自由开发人员,如图 13.1 所示,需求方可以在 TopCoder 平台上发布软件设计、开发、测试等不同软件工程任务。任务发布者可以发布众包任务并提供一定的激励,参与者提交解决方案后由 TopCoder 平台进行评分,得分排名靠前的参与者可以获得相应的激励。众包参与者可以在 TopCoder 提交的任务列表上选择感兴趣或者报酬丰厚的任务,然后在规定的截止时间内提交任务完成结果,被采用的则可以获得对应的激励。TopCoder 支持系统设计、代码开发、模块测试等软件工程的不同环节的任务,在每个环节之前都设计了标准化的文档,上下游环节之间的接口都通过标准化的文档进行展现和承接,因此每个环节的众包参与者均可以独立完成自己的任务,交付的任务成果也需要以标准的方式和文档给出。由于各环节的标准化,基于 TopCoder 进行众包开发也如流水线一样,可以获得高标准、高质量的交付品。美国的基因测序公司 Ion Torren 在 TopCoder 上发布了 DNA 测序数据压缩的任务,仅仅一周的时间就获得了压缩效率高达 41 倍的解决方案,并且成本只有预算的一半。

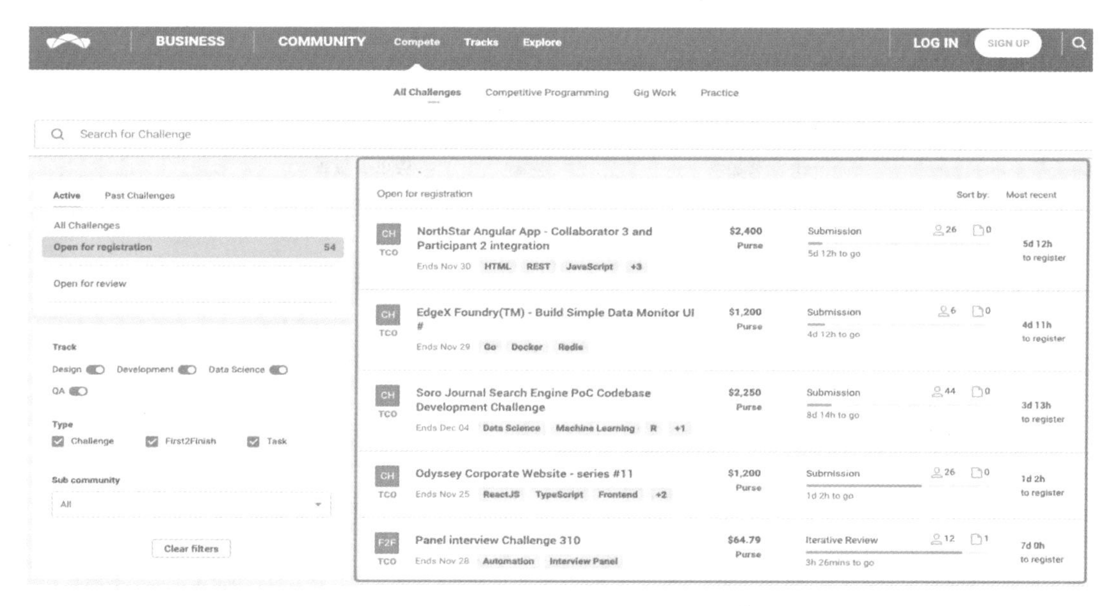

图 13.1　TopCoder 上的众包任务列表①

也有针对特定的软件工程需求的众包平台,例如 UDesignIt、StakeSource 等专注于需求分析和获取问题;DesignCrowd 则聚焦基于群体智能进行软件设计的众包;HelpMeout 等则关注通过众包完成代码编写和软件开发。有趣的是,GitHub 社区还提供一种基于众包模式的贡献审查机制,来降低开源项目管理者的工作量、提高 PR 的处理效率。每当项目收到新的 PR 时,只要是关注(Watch)了该开源项目的核心开发人员和普通用户都会自动收

① https://www.topcoder.com/

到PR的广播通知，描述该PR的信息以及改动的代码文件，感兴趣的开发人员可以自发地加入讨论过程中，例如评价代码风格是否规范、代码改动是否恰当等，资深的参与者在审阅过程中还可以直接@与该PR相关的开发人员加入讨论中，从而更好地评估PR的贡献质量。

当前，还有大量的众包工具和平台聚焦软件测试领域的众包解决，例如常见的uTest、Testin、Baidu MTC、Sobug等平台。特别地，在移动互联网时代，移动应用的上线往往需要在不同的移动设备、操作系统上进行应用的适配和测试，通过众测平台可以让更多的志愿者参与到移动应用的测试中，尽可能覆盖更多的终端设备和操作系统。现有的软件众测平台支持包括功能测试、GUI测试、可用性测试、性能测试、安全性测试、本地化测试、和用户体验测试等不同领域的测试服务。诸如Baidu MTC等平台主要提供任务分发的功能，但不对众包测试任务的内容、形式和奖励机制等作出限制；像uTest这类平台则会参与众包测试任务的设计，还对考核、奖励方式给出明确的规则；像Sobug平台则具有更强的专业性要求，重点关注安全领域的测试，对考核和奖励方式有更为严格的规定。

13.2.4 基于众包的软件工程实践

图13.2展示了基于众包平台进行软件工程任务时的工作流程[10]，众包的主要参与者包括任务发起人以及众包参与者，他们通过任务以及众包平台联系起来。任务发起人在完成众包任务的时候，需要经历任务设计、任务发布、结果评估（接受或者拒绝）以及整合结果几个阶段。众包参与者则经历任务选择、任务接收、任务执行和提交结果几个阶段。

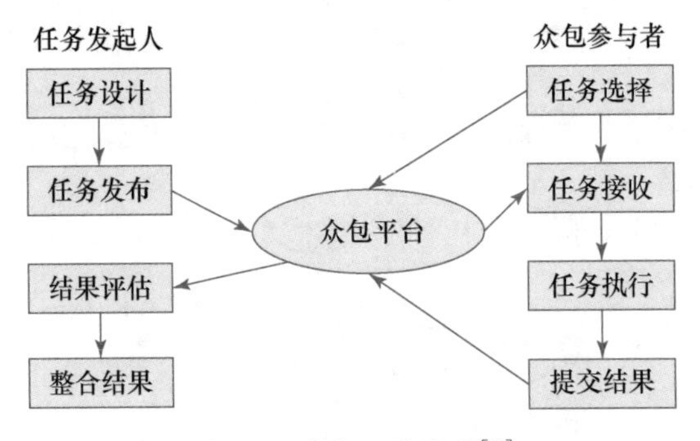

图13.2　众包工作流程[10]

为了提高众包任务的并发性和扩大众包参与者的可选择范围，任务发起人需要将众包的软件工程任务分解为合适的子任务。LaToza等人研究了一种将代码编程任务分解为微任务的方法[11]，将单个复杂任务迭代拆分为多个较简单的子任务，并通过跟踪不同的子任务来协调任务的完成。将任务分解为粒度较小的子任务有利于众包参与者在较短的时间内完成任务的解决，往往众包参与者利用闲暇时间来接收任务，因此粒度较小的任务可以吸引更多的众包参与者参与。此外，简单的任务也更利于任务发起人进行激励和报酬的设计。

在任务发布的时候，通过设计合适的激励或者报酬可以吸引更多的众包参与者参与任务的解决，价格过高或者过低都会影响任务的成功完成，过高的任务报酬不会提高任务的完成质量，反而会增加众包任务的成本，也可能导致众包参与者通过作假完成任务，导致任务完成的质量不佳。反之，过低的报酬会降低众包参与者参与的积极性，导致任务难以被及时完成。任务发起人可以综合考虑任务的难度和任务的粒度进行定价,同时可以参考众包平台上类似类库的定价,结合任务特点进行任务的定价。众包参与者在选择合适的众包任务时,一方面可以通过主动查询的方式获得众包平台上感兴趣的众包任务,也可以通过在众包平台上订阅感兴趣的任务主题、关键词等及时获得众包任务推荐。大部分众包平台会根据众包参与者的访问历史、接受任务历史等进行任务的推荐,部分和空间相关的任务(例如测试指定地址的网络延迟任务)则会根据用户注册的位置信息进行更精细的推荐。因此,众包任务发起人在发布任务的时候,通过设置合适的标签、目标用户的筛选条件等,可以获得质量更高的众包参与者,保证众包任务的完成质量。

在评估众包参与者提交的任务完成结果的时候,一方面需要考虑任务结果的质量,是否解决了任务问题;另一方面需要考虑众包参与者是否存在欺诈问题。众包任务发起人可以在任务执行之前通过添加资格测试(Qualification Test)题目的方式来测试众包参与者是否了解测试背景和相关知识,可以过滤一部分欺诈者,也可以提高众包参与者的质量。同时,任务发起人可以在任务中随机添加一些常识问题,测试众包参与者是否为欺诈者。

在整合任务结果的时候,由于众包参与者的差异性和多样性,任务完成的质量也参差不齐,为了保证任务完成质量,需要选择合适的任务结果进行整合。众包任务发起人可以在任务执行期间发布一些测试得到众包参与者答题的准确率来评估众包参与者的任务完成质量;也可以综合如前文所述考虑众包参与者的活跃度、测试能力、用户信誉等指标,来衡量众包参与者的任务完成质量。

13.3　开源实践案例

13.3.1　如何参与开源项目

开发人员可以通过多种方式参加开源项目,任何可以提升开源项目质量的行为都是提倡的。其中,最典型的是贡献软件代码。一个开源新人可以通过纠正文档错别字、补充文档内容、完善测试用例、提议新的功能、提交新发现的 bug 等方式先熟悉参与开源项目贡献的流程。

开发人员在参与开源项目前首先应该对项目有较为充分的了解,开源项目往往都会有一个 README 文件作为项目整体的介绍入口,展示项目内容、包含哪些功能、如何启动和参与项目,如何为该开源项目做贡献,以及遇到问题时如何寻求帮助等。下面,以 GitHub 平台为例,介绍如何为托管的开源项目 openai-cookbook[①] 进行贡献的操作规范。

如图 13.3 所示,开发人员首先需要为 fork 准备参与贡献的原始仓库(或称上游仓库,upstream)代码,在开源项目主页点击 fork 按钮,将其 fork 到自己的仓库中。

通过命令行 clone 将仓库克隆到本地,并添加上游仓库,从而可以保持与上游仓库代码一致,后续可以通过 Git 相关命令同步最新的上游仓库代码到本地:

```
git clone git@ github.com: starLynn112/openai-cookbook.git
git remote add upstream https://github.com/openai/openai-cookbook.git
```

---

① https://github.com/openai/openai-cookbook

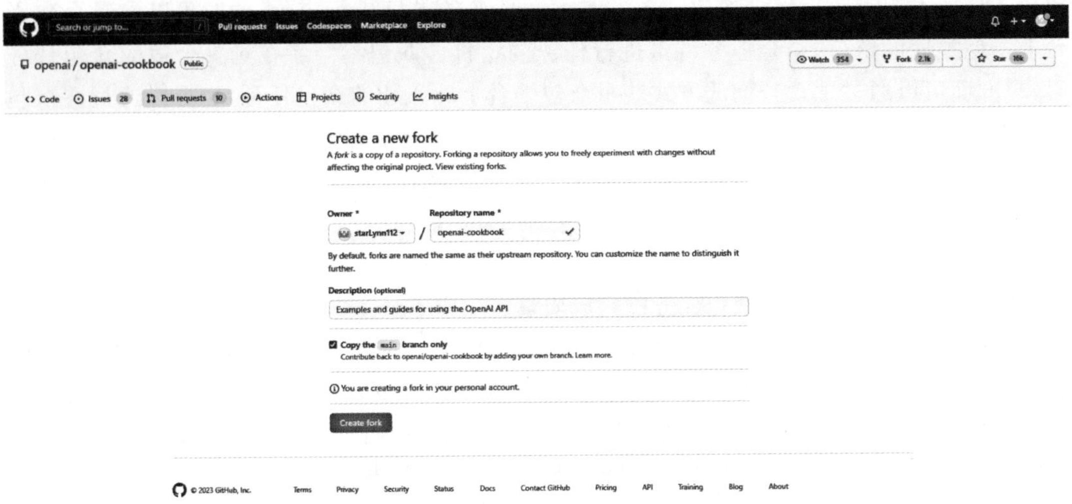

图 13.3　fork 开源项目到开发人员自己的仓库

下一步，在本地新建分支，后续的修改应该在该分支上进行，需要注意的是，开发人员在着手做贡献之前应该检查一些已经存在的 issues 和 PR，确保自己准备做的工作不是其他开发人员已经在做的任务：

```
git checkout -b demo
```

在本地分支上添加自己的修改，并使用 Git 命令添加和提交修改：

```
git add
git commit -m "my first contribution"
```

在本地修改完成之后，可以先 push 代码到自己 fork 的 origin 仓库。

```
git push origin demo
```

在本地修改被推送到开发人员自己的远程副本仓库后，为了使修改能被合并到上游的原始项目中，如图 13.4 所示需要先创建一个 PR，填写相关信息后提交，确保提交了足够的信息能够让开源项目的维护者了解你提交的修改完成了什么工作以及为何要这么修改。

提交 PR 后，开源项目会分配 reviewer 对你提交的代码进行 review，reviewer 会对提交的修改进行评论，可能会要求增加相关的单元测试等。上述过程会一直持续迭代，直到提交的内容达到合并要求。如图 13.5 所示，本文展示了一个修改错别字的 PR 并被合并到上游仓库的示例。

PR 被成功合并后，就可以对分支进行清理。

```
git branch -d demo
```

通过上述分支管理的方式，可以保证 main 分支和上游仓库的最新内容保持一致，在本地新分支内容合并入上游后，只需要同步上游仓库的 main 分支，然后重复上述的步骤就可以开始新的贡献了。

图 13.4　创建 PR 并填写相关信息

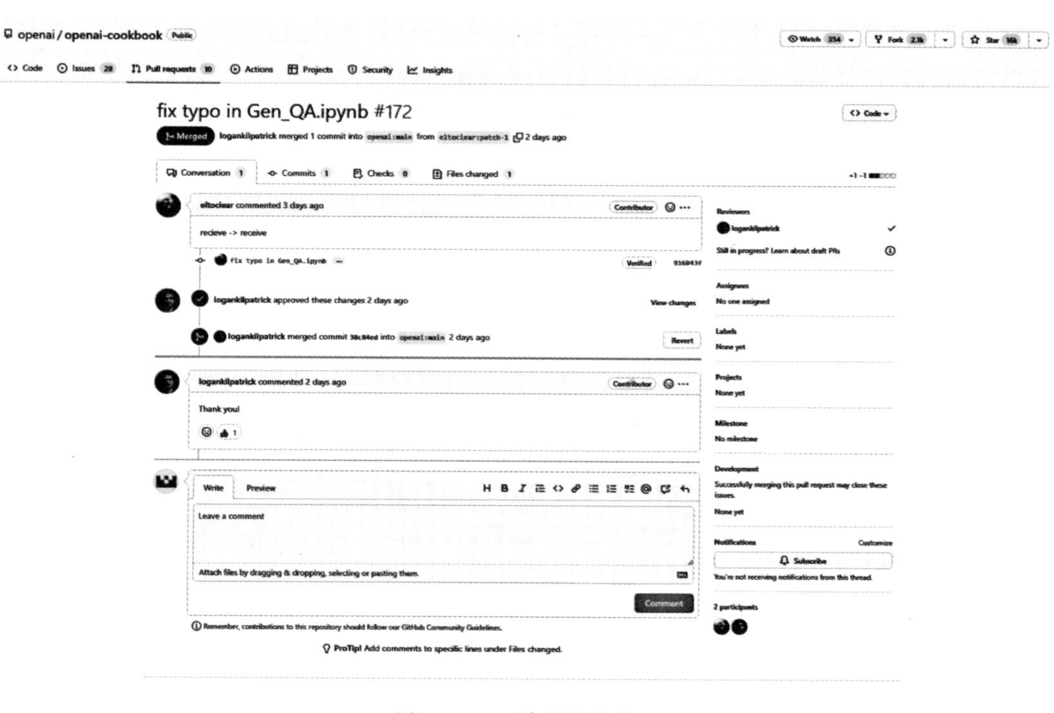

图 13.5　PR 请求被合并

如果你没有好的想法或者找到开源项目的bug,也可以关注项目的Issues部分,这里可以找到项目相关的开放任务,开源项目的维护者会给这些Issues添加标签,帮助愿意贡献的开发人员更快地找到合适的任务。

13.3.2 如何维护自己的开源项目

开发人员如果希望将自己的软件项目进行开源并扩大影响力,可以从如下几个方面进行:

① 选择合适的平台。目前有很多的开源平台,主流的如GitHub和Gitee,选择合适的平台能够让更多的贡献者参与到项目开发中,此外不同的平台提供不同的开发和沟通工具,选择合适的平台也能有效降低项目管理的工作量。

② 规范项目文档。写一份优秀的README文档作为项目主页,清楚地描述项目内容、运行部署方式、发展方向和遵循的开源协议,这能够让其他开发人员更好地了解本项目,并参与到本项目的开源贡献中。

③ 和开源贡献者保持良好的沟通。作为项目维护者,对于收到的开源贡献者提交的Issue和PR请求,及时进行回答,即使对于不想接受的建议和修改,也应该和贡献者沟通清楚并致谢,解释为什么不接受他们的贡献,这样能够让贡献者感觉到尊重,积极参与到项目贡献中。对于积极的贡献者,可以鼓励他们一起参与项目的管理,分配更多的任务给他们以表示认可,也可以减轻自己管理项目的负担。对于有不同意见的贡献者,可以鼓励他们在自己fork的版本上进行工作,择优进行合并,促进项目的良性发展。

④ 使用工具提升日常维护工作的效率。例如,可以结合GitHub Actions对提交的代码自动执行生成和测试,自动发布软件的可执行文件,方便其他开发人员下载和试用,并对提交的最新代码进行自动化测试,及时发现项目存在的问题。

⑤ 积极推广自己的项目。可以通过不同的渠道推广自己的开源项目,包括在不同的博客平台介绍自己的开源项目,参加线下的技术分享会推介自己的开源项目,让更多的开发人员了解和使用自己的项目,提升开源项目的影响力,进一步吸引更多的开发人员参与贡献。

13.4 本章小结

本章主要介绍了群智化开发方法的两个最重要的实践,包括开源和众包。首先介绍了开源软件的发展历史、流行的开源社区、开源许可证等内容,并介绍了基于开源软件进行软件开发的一些实践理念。对于软件众包,本章主要介绍了众包在软件工程领域的概念内涵以及软件众测领域的实践,并介绍了基于众包平台进行软件工程任务时的工作流程。最后,在开源实践案例分析中,介绍了如何参与开源项目及如何维护自己的开源项目。

习　题

1. 请简述开源软件和软件众包的差异。
2. 请指出软件众测的优点。
3. 如何选择开源软件的许可证协议?

4. 开源软件就是开放源代码的意思吗？
5. 开发人员如何参与开源项目进行贡献？

参考文献

[1] GitHub. The state of open source software [EB/OL]. [2024-01-10]. https://octoverse.github.com/.

[2] Gitee. 2020 Gitee开源年报发布,见证本土开源高速发展的一年[EB/OL]. [2022-12-30] https://blog.gitee.com/2021/01/20/2020-gitee-report/.

[3] 中国信息通信研究院. 开源生态白皮书[EB/OL]. [2020-10] http://www.caict.ac.cn/kxyj/qwfb/bps/202010/t20201016_360023.htm.

[4] Synopsys. [2020]Open Source Security and Risk Anysis Report[EB/OL]. [2020-10-30]. https://www. synopsys. com/software-integrity/resources/analyst-reports/open-source-security-risk-analysis.html? cmp= pr-sig.

[5] 木兰宽松许可证,第二版 [EB/OL]. (2020-01)[2023-02-12]. http://license.coscl.org.cn/MulanPSL2.

[6] Synk. The State of Open Source Security Survey-2020[EB/OL]. [2022-12-30]. https://snyk.io/blog/opensourcesecurity-2020survey/.

[7] Mao K, Capra L, Harman M, et al. A survey of the use of crowdsourcing in software engineering[J]. Journal of Systems and Software, 2017:57-84.

[8] 王涛, 尹刚, 余跃,等. 基于群智的软件开发群体化方法与实践[J]. 中国科学:信息科学, 2020, 50(3):318-334.

[9] 章晓芳,冯洋,等. 众包软件测试技术研究进展[J]. 软件学报, 2018, 29(1):69-88.

[10] 冯剑红, 李国良, 冯建华. 众包技术研究综述[J]. 计算机学报, 2015,38(9):1713-1726.

[11] LaToza T D, Towne W B, Adriano C M, et al. Microtask programming: building software with a crowd: Proceedings of the 27th annual ACM symposium on user interface software and technology, 2014[C].ACM,2014.

第 14 章 DevOps 方法

近年来，DevOps 软件开发模式对产业界和学术界产生了巨大的影响，采用 DevOps 的思想、方法和工具的软件开发团队能够显著提升软件开发效率，快速构建更好的产品。尤其是，云原生时代下容器技术的出现，进一步推动了 DevOps 概念在实践中的大规模普及和应用。本章将通过 DevOps 演化、DevOps 理论以及基于容器的 DevOps 技术实践三个小节对 DevOps 的基础理论、工程技术以及应用实践进行介绍。

14.1 DevOps 演化

14.1.1 DevOps 产生和发展

DevOps 是开发(development)和运维(operations)组合而来的一个合成词，它是由比利时的独立 IT 咨询师 Patrick Debois 于 2009 年 10 月在 DevOpsDays 大会上首次提出的。DevOps 通过自动化“软件交付”和“架构变更”的流程，使得开发、测试、部署能够更加快捷、频繁和可靠地执行。从图 14.1 中的瀑布式开发、敏捷开发、DevOps 3 种开发模式的迭代过程对比可以看出，DevOps 是在敏捷开发的基础上演化发展而来的。

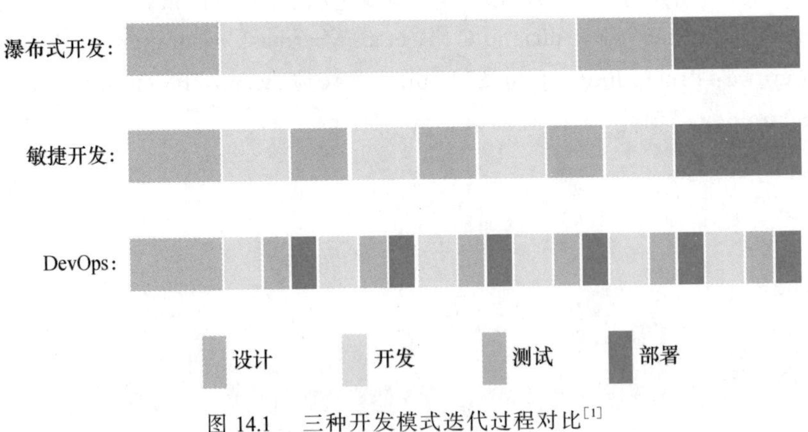

图 14.1 三种开发模式迭代过程对比[1]

DevOps 的产生和发展是多个方面共同作用的结果。从技术层面看，首先，以云计算(软件定义计算、存储、网络)、微服务架构、容器为代表的新型技术工具可以灵活、弹性地提供基础设施能力，提升交付效率，简化交付难度，降低持续交付风险；其次，随着互联网的不断发展，市场竞争日益激烈，用户对产品稳定性要求也越来越高，已有的敏捷开发主要关注软件工程生存周期的开发阶段和迭代过程，而忽略了运维等其他阶段，这使得开发团队和运维团队难以保持步调一致；最后，传统依靠大量人员投入的运维管理体系已经不适应企业数字化转型的要求。

DevOps可以看作是敏捷开发的延续。2007年，Patrick Debois在项目实践过程中逐渐意识到开发团队和运维团队在思维和工作方式上存在巨大差异。2008年6月，在第一届Velocity大会上，来自Austin的几个系统管理员和开发人员开设了敏捷组织（The Agile Admin）博客。同年8月，Patrick Debois在敏捷大会（Agile Conference）上结识了Andrew Shafer，二人决定建立名为敏捷系统管理（Agile System Administration）的Google讨论组，试图改变Dev和Ops之间互相矛盾的现状。

2009年6月，第二届Velocity大会上，Flickr的技术运维副总裁John Allspaw和工程总监Paul Hammond一起做了题为《每天部署10次以上：Flickr公司里Dev与Ops的合作（10+ Deploys Per Day：Dev and Ops Cooperation at Flickr）》的演讲，轰动了业界，这被认为是DevOps萌发的标志。受此启发，Patrick Debois在同年10月举办了首届开发运维活动（DevOpsDays）大会，会上广泛讨论了开发（Dev）和运维（Ops）之间的协作问题，从此DevOps正式诞生。

2010年，The Agile Admin博客发表了文章“What is DevOps”，给出了DevOps的定义并详细阐述了DevOps的技术体系，包括价值观、原则、方法、实践以及对应工具[2]。在同年的第二届开发运维活动（DevOpsDays）大会上，Jez Humble做了《持续交付》的演讲，加速了DevOps在整个行业内的应用，《持续交付》可以看作是DevOps的最佳实践。

14.1.2 DevOps应用现状与发展趋势

从DevOps出现后很长时间以来，DevOps仅仅在软件构建、测试、发布的自动化流程上给出了方向，对于实际的方法论以及可用的工具链并没有做到大规模应用。由于软件系统运行环境十分复杂，软件架构形态风格多样，部署和维护流程又千差万别，DevOps需要针对实际应用进行大量定制开发，普及难度较大。

云计算虚拟化技术和容器化技术的发展，有力地推动了DevOps在业界真正大规模应用。其中，容器化技术Docker以及容器编排系统Kubernetes起了决定性作用。dotCloud公司在2014年6月的Docker全球开发人员（DockerCon）大会上正式发布了Docker 1.0版本，并将Docker源码进行开源。同年，Google基于公司内部强大的Borg系统而开发的Kubernetes横空出世，实现了在各种云环境中对包括Docker、Rocket以及开放容器格式标准（Open Container Initiative，OCI）等的支持，并在2015年7月正式对外发布Kubernetes 1.0版本。这使得开发人员可以快速地定义软件运行环境，从而加速了开发和运维角色的融合，解决了系统升级、扩容、稳定性、多种云统一基础架构等问题。

近年来，云原生概念的提出更是将DevOps理念贯穿到基于云的程序构建、运行以及维护过程中。符合云原生架构的软件开发一般是指采用容器化技术，基于微服务架构，借助DevOps进行持续迭代和自动化运维，并利用云平台基础设施实现系统的弹性伸缩和动态调度、提高可维护性、优化资源利用率。云原生理念的提出者Pivotal公司官网已将容器、微服务、DevOps和持续交付列为云原生的四个关键点，其中，DevOps为基于云原生架构的应用提供了开发、测试和运维流程的理论指导，容器、微服务等云平台技术使DevOps的大规模应用成为可能。

DevOps 发展至今已有十多年历史，作为敏捷开发在软件全生命周期上的延伸，它重塑了软件过程，扩展了云平台应用范围。随着 DevOps 应用逐渐深入，以及大数据、人工智能、云计算等技术的不断发展完善，DevOps 出现了安全即代码（Security as Code）、规范即代码（Compliance as Code）等新理念，并在一些细分领域具有巨大应用价值。DevSecOps 是在 DevOps 中整合了 Security as Code 文化，强调一种安全交付代码的模式，即在软件设计、开发时就考虑安全问题，并将安全控件和管控流程嵌入到整个 DevOps 的工作流程中，贯穿软件全生命周期的每个环节[3]。DataOps 把 DevOps 理念延伸到数据领域，将原有以软件为中心的开发、部署、运维等流程转换为以数据为中心的管理模式，使用工具、流程、组织架构实现数据驱动业务，以最快速度满足数据多样性、动态性、质量管控等需求[4]。除此之外，自动化也是 DevOps 的主要发展趋势，基于机器学习的零接触自动化（Zero Touch Automation）可以进一步提高软件开发和部署的敏捷性。

14.2 DevOps 理论

14.2.1 DevOps 概述

DevOps 是将制造业和管理领域中最可信的原则应用到 IT 价值流中，基于精益、约束理论、丰田生产系统、柔性工程、学习型组织、安全文化、人员优化因素等知识体系，并参考了高信任管理文化、服务型领导、组织变动管理等方法论。DevOps 能够以更低的成本和工作量达到较高的产品质量、可靠性、稳定性和安全性，同时将上述知识体系和方法论贯穿于整个技术价值流中，包括产品管理、开发、测试、IT 运维和信息安全等方面[5]。

迄今为止业界对 DevOps 还没有一个标准的定义以及确定的知识内容，文献[6]在调研了大量相关工作的基础上，给出了一个兼顾不同观点的定义：DevOps 是一种开发方法，旨在构建开发和运维间的桥梁，强调利用一套开发实践理念完成自动化部署，从而达到交流和协作、持续集成、质量保证和快速交付。

DevOps 是软件开发生命周期从瀑布式到敏捷再到精益的演化，提倡开发和运维之间的高度协同，在高频率部署的同时保证软件产品高质量地完成[7]。DevOps 为敏捷开发提供了实用的扩展，完善了持续集成和持续发布的流程，是敏捷的延续。因此，DevOps 的价值观与敏捷方法大体相同，其中敏捷宣言是以代码开发人员为中心，The Agile Admin 则从系统视角给出一个 DevOps 宣言。

DevOps 宣言[8]

我们一直在实践中探寻更好地运行系统的方法，身体力行的同时也帮助他人，由此我们建立了这样的价值观：

个体和互动 高于 流程和工具

工作的系统 高于 详细的文档

客户以及程序员合作 高于 合同谈判

响应变化 高于 遵循计划

也就是说，尽管右项有其价值，我们更重视左项的价值。

可以看出，DevOps 宣言和敏捷宣言在价值观上并没有显著差异，Ernest Mueller 甚至认为敏捷宣言的某些条款可以直接复用。DevOps 拓宽了敏捷开发的价值观，包括系统的整个开发和运维流程。与此同时，Ernest Mueller 还在敏捷开发十二条原则的基础上提出了 DevOps 原则。

DevOps 原则[8]

我们最重要的目标，是通过及早和持续不断地交付有价值的功能使客户满意。（比“软件”更通用）

软件功能只有在完整的系统交付给客户后才能实现。对于用户来说，非功能性需求和功能性需求一样重要。（新增：为什么系统很重要）

基础设施是代码，同样应该进行开发和管理。（新增）

欣然面对需求变化，即使在开发后期也一样。为了客户的竞争优势，敏捷过程掌控变化。（相同）

经常交付可工作的功能，相隔几星期或一两个月，倾向于采取较短的周期。（软件→功能）

业务人员、运维人员和开发人员必须相互合作，项目中的每一天都不例外。（新增）

激发个体的斗志，以他们为核心搭建项目，提供所需的环境和支援，辅以信任，从而达成目标。（相同）

无论团队内外，传递信息效果最好、效率也最高的方式是面对面的交谈。（相同）

可工作的软件并保证完整的系统交付是进度的首要度量标准。（添加系统）

敏捷过程倡导可持续开发。责任人、开发人员、运维人员和用户要能够共同维持其步调稳定延续。（添加运维人员）

坚持不懈地追求技术卓越和良好设计，敏捷能力由此增强。（相同）

以简洁为本，它是极力减少不必要工作量的艺术。（相同——简易（Keep It Simple and Stupid，KISS）原则）

最好的架构、需求和设计出自组织团队。（相同）

团队定期反思如何能提高成效，并依此调整自身的行为表现。（相同）

Ernest Mueller 将敏捷宣言中的部分“软件”修改为“功能”，并增加了 Ops 的相关内容，这是由于过去大多数应用都以软件形式存在，而现在我们更多地以服务形式进行创建和交付产品。

14.2.2 DevOps 软件开发模式

Gene Kim 在《凤凰项目》一书中针对 IT 组织的开发运维模式提出“三步工作法”，并将其作为 DevOps 的指导思想，由此衍生出 DevOps 的行为和模式[9]，如图 14.2 所示。“三步工作法”主要是指流动原则（flow）、反馈原则（feedback）和持续学习（continual learning）与实验原则。

DevOps 软件开发模式第一步是实现从开发到运维，再到客户的整个工作流自左向右快速、平滑地流动，同时确保系统生产环境和客户服务的正常运行。在整个项目实施阶段应始终以此目标作为优化重点，而非关注一些局部指标及问题，如各功能模块的开发进度及完成率、测试中的问题数量及修正率、系统维护运维的难易程度及有效性等。通过增强工作内容的可视化，减小批量大小和交接次数，持续识别和改善系统中的约束点，减轻消除价值流中的浪费和困境，达到缩短前置时间、增加工作流量、提高服务可靠性和产品竞争力的目标。

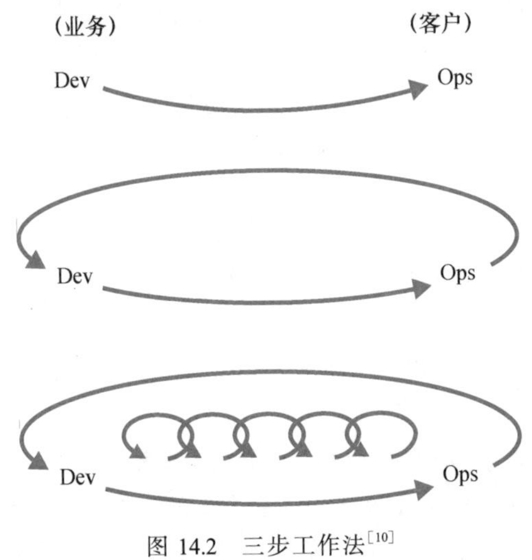

图 14.2 三步工作法[10]

流动原则通过持续交付进行技术实践。首先，按需搭建开发、测试以及生产环境，为部署流水线奠定基础；其次，建立快速可靠的自动化测试架构，实现持续集成；最后，建立自动化部署流程及安全低风险的组织架构，将部署与发布解耦，达到低风险发布。

DevOps 软件开发模式第二步是实现工作流的各个阶段从右向左快速、持续地反馈，确保相似问题不再发生，同时在出现问题时能够尽快完成修复。通过从源头上保证上游工作的质量，并持续不断地为下游工作进行优化，从而缩短反馈周期，以尽可能小的代价发现并解决问题。

在进行反馈原则的实践模式时，应在研发测试及生产环境和部署流水线的所有阶段建立遥测系统，利用遥测数据更好地预测故障，发现问题，实时感知系统运行情况及业务目标达成情况，将用户评价及反馈融入研发团队和运维团队的任务目标中，在开发和运维之间建立共同的审批流程及协作机制。

DevOps 软件开发模式第三步是建立不断尝试、持续改进、高度信任的公司文化，营造创新、学习、安全的企业氛围。通过将日常工作的持续改进制度化，把局部范围内的经验知识转化为可供整个企业使用学习的全局知识成果库，实现公司内部不同职能部门之间的信任协作，从而适应不断变化的业务需求和外部环境。

14.2.3 DevOps 流程工具链

DevOps 的理念和实践往往对软件整个生命周期的自动化程度有着较高的要求，因此，在开展 DevOps 的技术实践时需要相应工具集的支持以提高工作效率。DevOps 打通了用户、需求、设计、开发、测试、运维等上下游各个部门，DevOps 工具链也需涵盖版本控制、协同开发、编译构建、持续集成/交付、部署编排、配置管理、测试、监控以及维护等领域，如图 14.3 所示。通过在不同阶段使用不同的 DevOps 工具可以实现更高效的开发运维效率，减少不必要的延时，达到快速、稳定、高质量的部署进程，同时可以节省整个团队的时间和资源，并优化事件管理记录。

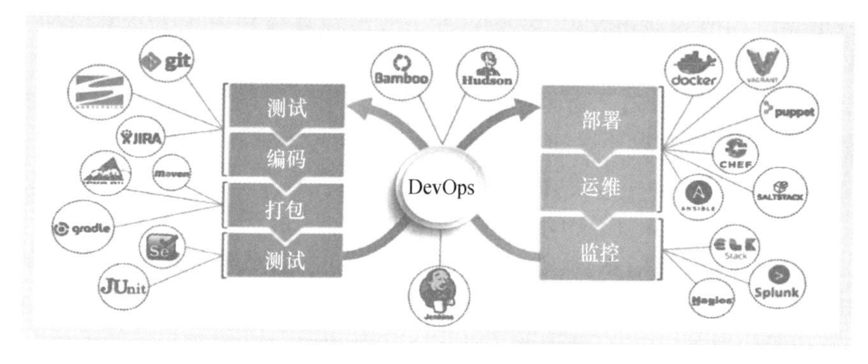

图 14.3　DevOps 流程工具链[11]

版本控制是 DevOps 中最基础的一部分，是进行持续集成和持续交付的前提，软件生命周期中的大部分阶段都会用到代码库。版本管理工具主要分为两类：一类是以 Subversion① 为代表的集中式版本管理系统，它操作方便、模式简单，其缺点是需要联网，不适合开源开发；另一类是目前以 Git②、Mercurial 为代表的主流分布式版本管理系统，它将代码仓库完整地镜像到本地，支持离线分布式开发，分支之间可以任意切换，方便用户建立多工作流模式，并在此基础上出现了 GitHub③、GitLab 等基于 Web 的 Git 仓库服务。

在协同开发、编译构建以及持续集成/交付方面，DevOps 与敏捷开发所涵盖的工具集基本类似：① 包括 Kanboard④、Leangoo、JIRA 等用于敏捷开发的项目管理和团队协作工具，帮助自动化、可视化实时控制各项开发流程；② 以 Apache Ant、Maven⑤、Gradle⑥、MSBuild、JFrog Artifactory 为代表的自动化构建工具，使用统一的构建系统代理、收集和管理项目及依赖项，从而简化构建过程，提高交付效率；③ 以 Jenkins⑦、Travis CI、BuildBot 为代表的持续集成/交付工具，实现软件开发过程中自动化编译、测试和部署，快速反馈出现的问题和缺陷，减少项目团队中各个环节的等待时间。

部署编排是在持续集成/交付的基础上将软件部署到生产环境，从传统的本地环境到云计算环境，再到目前微服务系统中常用的容器环境，部署工具和方式都发生了较大变化。传统的持续部署工具包括 Spinnaker⑧、Octopus Deploy、AWS CodeDeploy，旨在帮助用户完成应用的快速部署，减少手工操作可能出现的错误。容器是以互相隔离的方式运行应用负载的轻量级虚拟化组件，本质是基于镜像的跨环境迁移。主要的容器平台有 Docker、Rocket、Linux Container（LXC），通过封装应用程序所必需的运行环境的所有相关细节，避免软件因生产环境变化而可能导致的未知问题。同时，为了高效协调业务需求和基础设施资源，需要

① http://subversion.apache.org/
② https://git-scm.com/
③ https://github.com/
④ https://kanboard.org/
⑤ https://maven.apache.org/
⑥ https://gradle.org/
⑦ https://www.jenkins.io/
⑧ https://spinnaker.io/

根据定义好的工作流动态地调整应用部署，常用的集群管理和编排工具有 Apache Mesos、Kubernetes、DC/OS，均支持容器管理。

配置管理是指秉持“基础设施即代码”的原则，对项目基础设施进行管理和配置，维护系统软硬件的版本、配置参数、网络地址、设计和运维数据等细节信息的一致性，并及时进行全局更新。其中，Chef[①]、Ansible、Puppet 都是常用的配置管理工具，用来管理和控制物理服务器、虚拟机和云服务器，帮助 DevOps 团队进行协作。

此外，DevOps 工具链还包括测试、监控、日志等环节。测试环节相关工具主要有 JUnit、PyUnit、PHPUnit 等单元测试框架，Selenium、Postman、SoapUI 等 Web 应用测试框架，JMeter、LoadRunner 等性能测试框架；监控环节工具主要有 Nagios、Prometheus、Zabbix、Datadog 等，用于监控系统、网络和基础架构，并提供异常检测和报警的功能；日志管理工具主要有 ELK、Logentries 以及 Logstash，实现日志数据的收集、传输、存储、分析以及错误警告。

14.3 基于容器的 DevOps 技术实践

相比于传统的应用架构，以微服务为主的软件架构大多为分布式应用架构，交付和运维难度更高，容器化技术大大降低了运维团队工作的复杂性，提升了企业的资源利用率，对实现快速交付以及高效 DevOps 流程至关重要，也更加适用于目前主流的微服务软件架构。基于容器化技术提供的标准化交付模式以及容器编排工具搭建的调度管理平台，有效保障了 DevOps 实现的技术可行性，因此通过容器化技术构建基于持续集成/持续部署的 DevOps，可以极大提升团队对业务需求的快速响应能力和敏捷开发能力。

如本章第二小节所述，相比于容器化、云计算、自动化等技术，DevOps 更是一种理念和思想，它可以被看作一组方法、工具及过程的统称，借助相关技术工具及精益化管理理念，促进企业实际工作流程中系统研发、质量保障、技术运维等部门之间的沟通和协作。为了使整个团队可以更加快速、高效、灵活地应对业务系统的需求变化，解决业务场景中系统基础组件依赖多、应用部署升级复杂、硬件使用率低、资源分配调度效率低下等问题，很多企业已将容器化技术引入 DevOps 的工作流程中。

14.3.1 实践案例

一个典型的 DevOps 流程大体上可以分为规划、编码、构建、测试、部署、交付、运维等环节，项目团队可以将持续集成、持续交付、持续部署等思想融入开发运维工作中。基于容器化的 DevOps 技术实践，其核心仍然是使用 CI 相关工具构建流水线，具体流程见第 8 章，这里不再赘述。但是，在相关流程执行过程中，需要使用容器化技术来保证整个项目的一致性和高迁移性，最终交付一组应用镜像，并通过容器编排调度工具完成应用部署。在 DevOps 的完整流程中，容器化技术重点面向持续部署阶段，主要包括构建容器镜像、发布容器镜像、部署容器、集成测试等步骤，以解决分布式应用架构中生产环境复杂、部署难度大、迁移成本高等挑战。

以一个 Java 项目为例，除了使用 Git 或其他代码管理工具记录代码更改历史、管理代码版本以及支持多人协作开发以外，一般还会使用 Maven 或 Gradle 进行依赖管理并作为构建

---

① https://www.chef.io/

工具，然后将编译好的 jar 包发布到 Maven 仓库或 Gradle 仓库，或者直接进行发布。基于容器化技术的 DevOps 实践在进行持续集成时，需要进行容器相关配置。例如，在 Jenkins 中执行脚本，将 Maven 编译打包好的代码构建为 Docker 镜像并推送(push)到私有(或公有)仓库，再通过安全外壳(Secure Shell，SSH)协议的方式登录到目标部署服务器，从私有(或公有)仓库中获取(pull)需要启动的容器镜像，然后启动容器，实现容器方式的自动化部署。一个典型的 Docker 架构如图 14.4 所示。

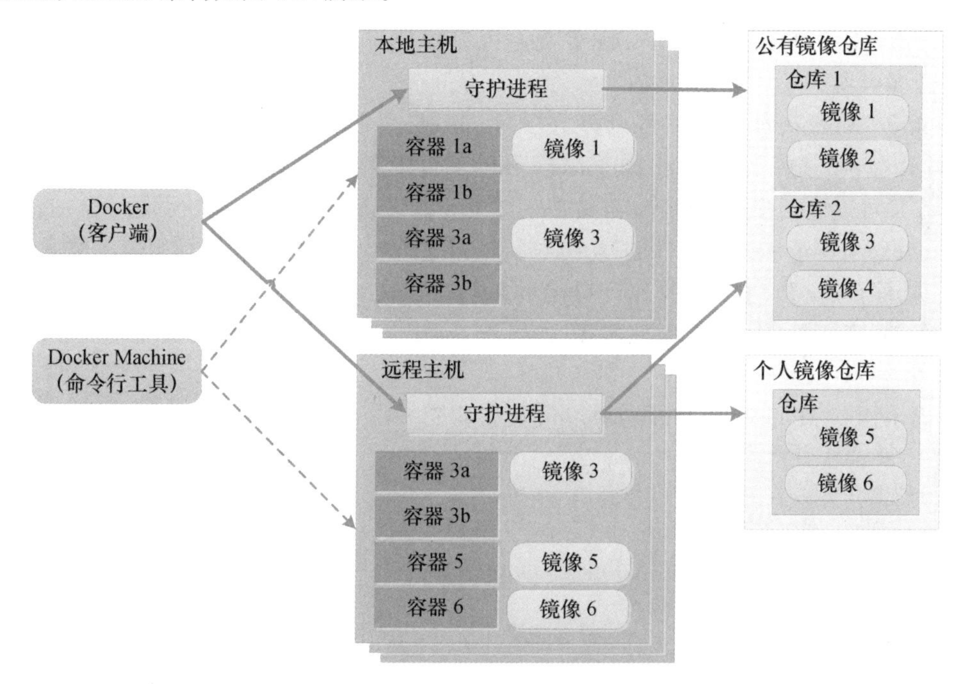

图 14.4 Docker 架构

Dockerfile 是构建 Docker 镜像的文本文件，一般包括基础镜像信息、构建者信息、镜像操作指令以及容器启动指令等部分，执行 docker build 命令时会根据 Dockerfile 的内容生成对应的 Docker 镜像[12]。代码示例 14.1 是一个将 Java 项目编译为 Docker 镜像的 Dockerfile 样例，该项目是一个简单的模板文件下载服务器，可以通过对外提供的 HTTP 接口提供模板下载服务。为了使项目的不同系统间解耦，多数情况下一个容器只会运行一个程序，在编写 Dockerfile 文件时避免安装不必要的依赖包，以降低镜像文件大小以及构建时间，还可以通过.dockerignore 文件来剔除构建镜像过程中不必要的文件或目录，如 Git 相关文件。

代码示例 14.1 Dockerfile 配置实例

```
FROM openjdk:8
COPY ./bdtemplate /bdtemplate
WORKDIR /bdtemplate
VOLUME /tmp /bdtemplate/Contracts
ENTRYPOINT ["java"]
CMD ["-Dfile.encoding=UTF-8", "-jar", "bdtemplate.jar", "-service-port=21205"]
```

在构建好 Docker 镜像文件后，可以通过 push 命令将其上传到 Docker 仓库中。仓库可以保存不同标签(tag)的 Docker 镜像，可以分为公有仓库和私有仓库两种，Docker Hub① 是目前最大的公有仓库，所有人均可通过 pull 命令将上面的 Docker 镜像下载到本地。

使用 Docker 进行项目部署时，应用系统一般会包含若干个微服务，这意味着系统通常会由多个容器组成，借助 Docker Compose，运维团队可以轻松高效地管理多个容器。Docker Compose 是定义和运行复杂应用的 Docker 工具，使用 yaml 文件来配置应用所需的服务及容器相关参数，通过 Docker Compose 配置文件可以管理应用以及构成应用程序的服务依赖，十分适合多容器开发场景。

Docker Compose 架构整体可以分为项目(project)、服务(service)和容器(container)三层，代码示例 14.2 是一个 docker-compose.yml 的配置案例，其中一个工程可以包含多个服务，每个服务又可以包括多个容器实例，其中定义了容器运行的镜像、参数、网络配置、依赖等信息。在 docker-compose.yml 文件创建完成后，可以通过相应的命令对项目所包含的容器实例进行启动、停止、查看、重启等操作，但是 Docker Compose 并不能很好地解决诸如容器发现、负载均衡、故障恢复等问题，因此需要 Docker Swarm，Kubernetes 等更加专业的容器编排工具。

代码示例 14.2　docker-compose.yml 配置实例

```
version: '3'
services:
  bdtemplate:
    container_name: bdtemplate
    image: bdware/bdtemplate:version
    ports:
      - "8000:8000"
    volumes:
      - /host/bdtemplate/Contracts:/bdtemplate/Contracts
      - /host/tmp:/tmp
  redis:
    container_name: redis
    image: "redis:alpine"
```

容器在部署过程中出于并发和安全考虑常会以集群的方式部署应用，因此要求多个节点上的容器可以互相进行通信从而完成业务协作，对外提供服务。但 Docker Compose 这些官方提供的工具只能管理单个节点上的容器，无法满足集群内的跨主机调度管理需求。Kubernetes 是目前主流的容器编排工具，也称为 K8s，可以实现容器集群的自动化部署、自动化扩展、负载均衡、集群健康检测等功能，减轻应用程序在公有云或私有云的部署运维负担。

Kubernetes 架构如图 14.5 所示，kubeadm 是官方推荐的 K8s 安装工具，通过它可以快速地部署 K8s 集群，一般只需要在所部署的节点上安装 Docker 及 kubeadm，然后通过 kubeadm

① https://hub.docker.com/

初始化控制(master)节点并添加工作(node)节点即可完成集群搭建,同时可以在管理节点上安装 kubectl 命令行工具来方便用户对 K8s 集群进行控制和管理。K8s 集群主要分为控制(master)节点和工作(node)节点,由以下几个核心组件构成:

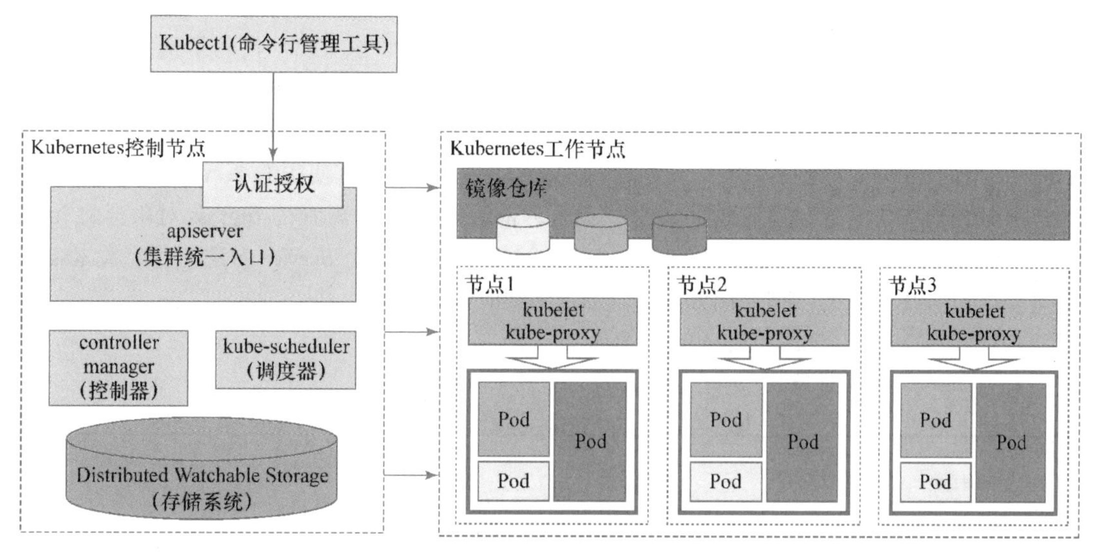

图 14.5　Kubernetes 架构

- 集群统一入口:负责提供资源操作的统一访问接口,并提供认证、授权、访问控制、API 注册和发现等功能;
- 控制器:负责维护集群的状态,比如故障检测、自动扩展、滚动更新等;
- 调度器:负责资源调度,按照预定的调度策略将 Pod 调度到对应的机器上;
- 存储系统 Distributed Watchable Storage:保存集群整个状态的数据库;
- 命令行管理工具 Kubectl:管理和维护工作节点上容器、存储以及网络的生命周期;
- 代理服务器 kube-proxy:实现 Service 资源对象的服务发现、负载均衡以及消息通信;
- 容器运行时:负责容器镜像的管理并提供容器运行环境。

K8s 集群的配置都是通过 API 对象进行声明,K8s 的设计理念就是所有操作均是声明式而非命令式,API 对象是集群管理的基本操作单元,K8s 集群系统每引入一项新的功能,相应地会增加描述该功能的 API 对象,部署服务时常用的 API 对象主要包括以下几个:

① 最小资源对象(Pod):K8s 中运行所部署服务的最小单元。一个 Pod 支持单个或多个容器,多个容器在 Pod 内共享网络地址和文件系统,通过进程间通信和文件共享的方式组合成一个微服务对外提供服务。根据不同业务类型,Pod 可以配置使用不同类型的控制器。

② 部署(Deployment):具备早期 API 对象副本控制器(Replication Controller,RC)的所有功能,用来管理无状态应用的对象,和 RC 一样都是保证 Pod 的数量和运行健康。除此之外,还支持事件和状态查看、版本记录、回滚、暂停和启动等功能。

③ 服务(Service):Deployment 只保证支撑服务的 Pod 数量和相关资源,并没有解决服务发现和负载均衡的问题,Service 对象会根据客户端访问的服务找到集群内部对应的后端服务实例。

④ 服务入口(Ingress)：负责将集群内的服务暴露给外部用户使用，将外部的请求转发到集群内不同的 Service 上，也提供负载均衡等附加功能。

对于编译好的容器镜像，在 K8s 部署应用服务时仍需编写 yaml 配置文件，然后通过上述所列 API 对象进行管理和操作，即配置 Deployment 对象，创建并部署 Pod，配置 Service 对象，暴露应用接口以及配置 Ingress 对象，实现集群外部的服务发现。代码示例 14.3 是一个 Java 项目的 K8s 相关 API 对象配置实例。其中，14.3(a)是一个名为 bdtemplate 的 Deployment 对象，Pod 的副本数量设置为 1，并且设置了容器镜像拉取地址和策略，使用了 persistentVolumeClaim 类型的 Volume 对象来做持久化存储；14.3(b)是一个集群内部使用的 Service 对象，会将 80 端口的服务请求映射到容器的 8000 端口供集群内部访问；14.3(c)配置的 Ingress 对象会将 java-example.local 地址上的请求转发到上述配置的 bdtemplate-web 这个 Service 对象上。有关 K8s 安装部署以及 API 对象的详细使用方法可以参考 K8s 的官方文档[13]。

代码示例 14.3　应用服务 API 对象配置实例

(a) Deployment 对象。

```
apiVersion: apps/v1
kind: Deployment
metadata:
  name: bdtemplate
  labels:
    app: bdtemplate
spec:
  replicas: 1
  selector:
    matchLabels:
      app: bdtemplate
      release: bdtemplate
  template:
    metadata:
      labels:
        app: bdtemplate
        release: bdtemplate
    spec:
      hostNetwork: true
      containers:
        - name: bdtemplate
          image: bdware/bdtemplate:version
          imagePullPolicy: IfNotPresent
```

```
        volumeMounts:
          - mountPath: /etc/bdware/bdtemplate/config
            name: data
    volumes:
      - name: data
        persistentVolumeClaim:
          claimName: bdtemplate
```

（b）Service 对象。

```
apiVersion: v1
kind: Service
metadata:
  name: bdtemplate-web
  labels:
    app: bdtemplate-web
spec:
  type: ClusterIP
  ports:
      name: http
      protocol: TCP
      port: 80
      targetPort: 8000
  selector:
    app: bdtemplate
    release: bdtemplate
```

（c）Ingress 对象。

```
apiVersion: extensions/v1beta1
kind: Ingress
metadata:
  name: bdtemplate-web
  labels:
    app: bdtemplate-web
spec:
  rules:
    - host: "java-example.local"
      http:
        paths:
```

```
      - path: /
        backend:
          serviceName: bdtemplate-web
          servicePort: 80
```

从 K8s 的 yaml 配置文件可以看出,一个应用服务经常包含多个容器,并且 K8s 的资源对象种类繁多。在进行服务更新或产品升级时,需要修改 yaml 文件中所有相关参数,对运维人员来说难以维护,因此 K8s 常常搭配使用 Helm 等包管理器。Helm 能够将一组 K8s 资源对象打包统一管理,同时可以快捷地将打包好的 yaml 文件部署到 K8s 集群内,便于管理维护。Helm 的打包格式为应用描述(Chart),即一系列 yaml 文件,描述与应用服务相关的一组 K8s 集群资源,Helm 可以创建、打包、发布 Chart 并且管理 Chart 仓库。

14.3.2 DevOps 平台

当前,全球很多知名商业公司均提供完整的 DevOps 服务或相关产品支持,方便项目团队快速地完成 DevOps 实践。

在国外,谷歌推出的 Tekton[①] 是一个功能强大且灵活的 Kubernetes 原生开源框架,用于创建 CI/CD 系统,Tekton 定义了任务(Task)、执行任务(TaskRun)、管道(Pipeline)、执行管道(PipelineRun)、管道资源(PipelineResource)等核心对象,基于 Tekton 可以设计出各种构建部署流水线,使项目团队快速获得 CI/CD 的能力。亚马逊的云平台 AWS[②] 也提供了较为完整的 DevOps 服务,主要分为软件发布工作流 CodePipeline、部署自动化 CodeDeploy、统一 CI/CD 项目 CodeStar 等部分,用户只需将注意力集中到应用服务的开发上,而无须关注基础设施和部署环境的安装及运行。微软的 Azure[③] 同样有 DevOps 产品集,包括 Azure 看板(Azure Boards)、Azure 托管仓库(Azure Repos)、Azure 管道(Azure Pipelines)、Azure 包组件(Azure Artifacts)等组件,用户可以使用所有产品或部分产品来补充完善团队的 DevOps 工作流。

在国内,阿里云推出企业级一站式 DevOps 解决方案——云效平台[④],提供需求、开发、测试、发布及运维的端到端协同服务和研发工具,支持公有云、专有云和混合云多种部署形态,通过人工智能、自动化技术的应用,帮助用户持续且快速地交付软件产品。平台具有需求管理、质量管理、代码托管、流水线、制品仓库、知识库管理等模块,提供了从看板模式的需求管理开始,到研发人员接到需求后执行任务,而后创建特性变更分支,完成代码并 push 到代码仓库,触发流水线和编译构建流程,随后进行开发验证、现场集成测试(Site Integration Test,SIT)、预发验证、上线审核、生产发布,以及生产环境部署与产品交付,并最终得到反馈等解决方案流程。

---

① https://tekton.dev/

② https://aws.amazon.com/

③ https://azure.microsoft.com/

④ https://www.aliyun.com/product/yunxiao/

14.4 本章小结

正如本章内容所述,DevOps是为了应对目前软件工程领域的安全性、可靠性、灵活性等方面存在的挑战,解决开发人员与运维人员之间的冲突。DevOps本身不是一种技术或者工具,而是一种软件开发模式或方法学。近年来,出现的微服务架构、精益管理、容器技术等都可以看作是具有DevOps特征的软件工程技术实践,并对软件工程产生了深远影响,相信这种新的开发模式还会进行不断的演化和提升,以应对未来面临的更多挑战。

习 题

1. 请简要解释DevOps的内涵及其解决的问题。
2. 请总结DevOps目前的主要应用方向和研究热点。
3. 请简述DevOps的流程一般涵盖哪些阶段。
4. 请总结容器技术对于DevOps实践有哪些帮助。
5. 请编写一个运行Java应用的Dockerfile。

参 考 文 献

[1] 砍柴网. 安全左移 洞态IAST构建高效DevSecOps流程[EB/OL].(2021-09-30)[2022-01-22]. https://www.sohu.com/a/492953988_104421.

[2] the agile admin. What Is DevOps? [EB/OL].[2022-08-02]. https://theagileadmin.com/what-is-devops/.

[3] Myrbakken H, Colomo-Palacios R. DevSecOps: A Multivocal Literature Review: International Conference on Software Process Improvement and Capability Determination, 2017 [C]. Springer, 2017.

[4] Atwal H. Practical DataOps: Delivering Agile Data Science at Scale[M]. New York: Apress, 2019.

[5] Kim G, Humble J, Debois P, et al. The DevOps Handbook: How to Create World-Class Agility, Reliability, Security in Technology Organizations[M]. Portland: IT Revolution Press, 2016.

[6] Jabbari R, bin Ali N, Petersen K, et al. What is DevOps? A systematic mapping study on definitions and practices: Proceedings of the Scientific Workshop Proceedings of XP2016, 2016[C].ACM Press,2016.

[7] 刘博涵,张贺,董黎明.DevOps中国调查研究[J].软件学报,2019,30(10):3206-3226.

[8] 荣国平,张贺,邵栋,等. DevOps:原理、方法与实践[M]. 北京:机械工业出版社,2017.

[9] Gene Kim, Kevin Behr, George Spafford. 凤凰项目:一个IT运维的传奇故事[M]. 北京:人民邮电出版社, 2015.

[10] Gene Kim. The Three Ways: The Principles Underpinning DevOps[EB/OL].(2012-8-22)

[2022-08-16]. http://itrevolution.com/the-three-ways-principles-underpinning-devops/.
[11] CSDN. 何为 CI、CD? 什么又是 DevOps[EB/OL].(2020-11-03)[2022-07-11]. https://blog.csdn.net/weixin_ 41931278/ article/details/109480181.
[12] Docker Inc. Docker docs Reference[EB/OL].[2022-01-22]. https://docs.docker.com/.
[13] Kubernetes. Kubernetes Documentation[EB/OL].[2022-02-20]. https://kubernetes.io/docs/home/.

第三部分　前沿软件工程

第 15 章 面向人工智能系统的软件工程

随着大数据技术和计算机算力的提高，人工智能相关技术产生了新一轮研究热潮，越来越多的人工智能算法或模型被集成到计算机软件中，形成了人工智能系统，在各领域得到了广泛而成功的应用。与传统的计算机软件和系统相比，这些人工智能系统的设计、开发和运维等软件开发活动，都有新的特点和需求。本章将探讨面向人工智能系统的软件工程方法，并详细介绍人工智能系统的软件开发实践案例。

15.1 人工智能与人工智能系统

自 1950 年以来，人工智能技术经历了多次的发展高潮和低谷。近年来，随着数据量的不断增加和算力的不断提高，人工智能在机器学习、深度学习、智能控制、智能机器人等典型研究领域引发新一轮的研究热潮。基于人工智能的技术能够提高计算机软件和系统的智能能力，已经逐步应用到各个领域的计算机系统中。

15.1.1 人工智能

人工智能(Artificial Intelligence，AI)的概念起源于 1950 年阿兰·图灵(Alan Turing)发表的著名论文 *Computing Machinery and Intelligence*，论文开放性地讨论了机器能否拥有智能的问题，但图灵并未对机器能否拥有智能这一问题给出明确的答案或定义。直到约翰·麦卡锡(John McCarthy)等人在 1956 年的达特茅斯(Dartmouth)会议上正式提出“人工智能”这一术语，才确立人工智能的目标和方法。自此，人工智能正式成为计算机科学的一个重要分支，获得科学界的认可。七十年来，人工智能的发展经历了三波浪潮与两次低谷。

① 第一波浪潮(1956—1974 年)。逻辑主义(符号主义)时期。这一时期的典型方法是符号方法(symbolic method)，该方法基于人工定义的知识，利用一系列符号进行逻辑演算，来解决推理问题。启发式(heuristic)搜索是这一时期的典型算法，该算法通过引入问题相关的领域知识(称为启发信息)，有效减小搜索空间的规模，可以极大地提高符号方法的效率。这一时期的典型成果是机器逻辑推理能力的提升，从而解决了很多数学定理证明问题，还提出了自然语言处理技术和基于模板的人机对话技术。

② 第一次低谷(1974—1980 年)。一方面，当时计算机的计算能力不足、数据量有限，极大地限制了人工智能算法的表现。另一方面，当时的人工智能主要以逻辑演算为主，可以较好地处理确定性问题(如定理证明)，但是现实中经常包含大量不确定性问题，具有很大的局

限性，限制了人工智能的实用性。1973年，英美政府停止向人工智能研究项目拨款，人工智能研发变现周期拉长，行业迎来了寒冬。

③ 第二波浪潮(1980—1987年)。这一时期的研究者开始关注用人工智能解决特定问题，产生了两大成果：一个是专家系统(expert system)的兴起和推广。随着大量领域知识的积累，在各类特定场景下形成了一批专家系统，能够较好地解决领域问题，获得普遍的欢迎。另一个是神经网络(neural net)的复苏。神经网络是仿造人的神经系统构建模型，以此来仿造智能。早期神经网络的研究进展受限于计算机硬件条件，随着计算机硬件条件的改善，神经网络的研究获得良好的发展，其标志是1986年David E. Rumelhart等人系统整理了反向传播(back propagation)的思想，开启了神经网络的新一轮热潮，这一时期也称为连接主义时期。

④ 第二次低谷(1987—1993年)。这一阶段，随着专家系统规模的扩大，人工智能的发展遇到了瓶颈，已有知识的维护越来越难，新知识加入的成本越来越高，已经无法解决新老知识的冲突。在神经网络的研究方面，由于收敛速度慢、泛化能力差等问题，导致神经网络领域投资快速撤离、学术热情大幅度下降。

⑤ 第三次浪潮(1993年至今)。随着电视和互联网的普及，人工智能逐渐进入普通人的视野。1997年，IBM研发的"深蓝"(Deeper Blue)成为第一个击败人类象棋冠军的电脑程序，人工智能开始在全球范围内引起讨论。2011年，苹果发布iPhone 4S，其中一款名为Siri的语音对话软件再次引起人们对人工智能的热情。从技术上讲，这次浪潮源于过去数十年相关领域研究者的研究积累，并在大数据、云计算等新兴技术的加持下，解决了一大批过去无法解决的问题，使得人工智能技术得以真正地成熟落地。

随着计算机和计算机集群算力的不断增加以及作为训练集的数据量不断增大，目前，机器学习(Machine Learning)和深度学习(Deep Learning)等典型人工智能技术，更偏重于从数据中学习知识。数据越丰富、计算能力越强，学习效果越好。在自然语言处理、语音识别、图像识别、计算机视觉、生物信息处理等众多应用领域，机器学习和深度学习取得广泛关注和研究，获得良好应用效果，促进了家居、交通、医疗、物流、教育等众多行业和领域的智能化发展。

15.1.2　人工智能系统

本章所说的人工智能系统不仅是完全使用人工智能实现的独立软硬件系统，还可以是基于人工智能技术实现特定功能的构件，可以集成到其他更大的软件系统中。

欧盟委员会人工智能高级专家小组在2019年给出了人工智能系统的最新定义，人工智能系统是由人工设计的一组软硬件系统，面向复杂目标，在物理空间或数字信息空间维度上，经过数据采集与环境感知、结构化和非结构化数据解释、知识推理、信息处理等一系列活动，最终做出能够实现给定目标的最佳决策。人工智能系统既可以使用符号规则，也可以从数学模型中学习知识，同时，还可以分析之前的行为反馈自适应调整行为[1]。图15.1对人工智能系统做出了解释，从图15.1中可以看到人工智能系统包括以下几个部件和活动。

1. 感知器

人工智能系统的感知器可以是硬件设备如相机、麦克风、键盘外设、Wi-Fi信号、物理传感器等，也可能是软件如网站数据、数据库等。人工智能系统需要从环境中获取足够多的数据，这些数据应该与人们为人工智能系统设定的目标相关。获取到的数据可能是根据事先定义好的结构、模型组织好的结构化数据，也可能是没有组织好的非结构化数据。

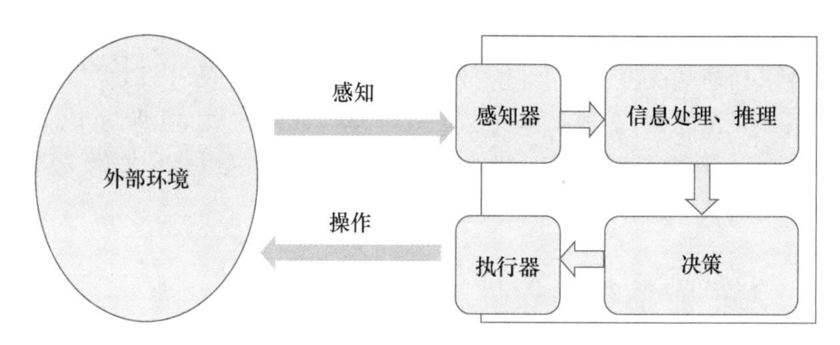

图 15.1　人工智能系统

2. 信息处理、推理和决策模块

信息处理、推理和决策模块是人工智能系统的核心功能模块，将感知器获得的数据进行解释、清洗、加工、存储。根据处理好的数据信息进行知识推理，然后基于系统目标执行决策。推理和决策既可以使用符号规则进行，也可以基于数学模型进行学习，还可以基于之前的行为反馈分析进行自适应调整。同时，推理和决策并非完全独立于人工。目前，绝大多数人工智能系统是为人类提供建议，而非直接执行决策结果。

3. 执行器

执行器根据决策结果执行动作，如机器人执行相应的动作、对话系统输出对话、人工智能系统将决策结论输出给其他系统等。人工智能系统的感知器和执行器主要涉及物联网、机器人等硬件领域，本章主要讨论基于大数据、高算力的各种人工智能算法和技术，开发人工智能系统或其他智能应用中核心的信息处理、推理和决策功能软件和系统的软件工程方法。

一个典型的人工智能系统的核心包括数据、算法、算力，并通过上层面向具体应用的技术及应用平台提供服务。数据是人工智能系统的基础，通过各种采集和接入方法获取的数据，经过清洗、处理后，进行存储，供上层使用。算法和算力是衡量人工智能系统能力的重要手段，通过算法和算力的组合，为面向领域的技术和应用提供基本支撑。

从图 15.2 可以看出，人工智能系统不只包括人工智能领域知识，如人工智能的通用算法、面向领域的特定人工智能技术，还包括数据采集、数据接入、数据清洗、数据存储等数据

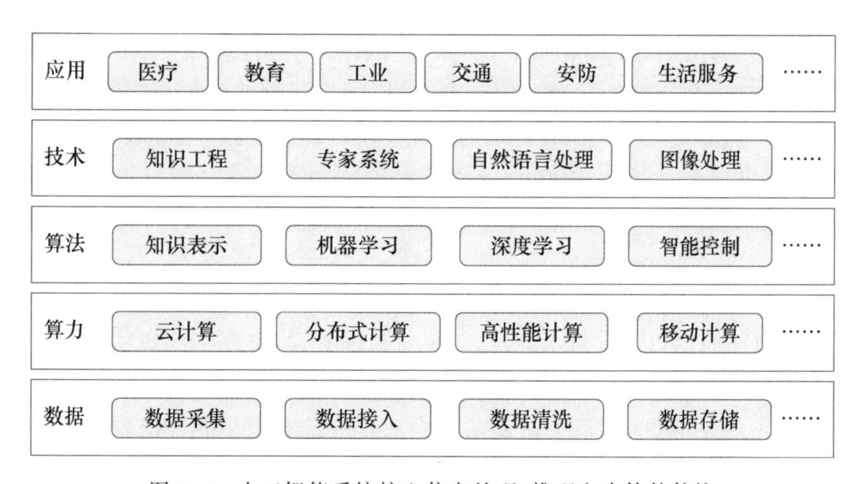

图 15.2　人工智能系统核心信息处理、推理和决策软件栈

库和数据仓库等技术，分布式计算、云计算、高性能计算等大数据和云计算技术，以及面向领域的各种辅助技术和前端交互技术。这意味着，人工智能系统的开发，更多的是工程问题，而非简单的算法和模型问题，需要在纵向上扩展到覆盖数据获取、模型设计、业务逻辑编码、前端界面实现等全套自底向上的软件开发，在横向上扩展到数据获取、模型设计、编码、调试、上线集成、运维运营等软件工程全生命周期。

15.2 人工智能系统的软件工程方法

人工智能系统的核心是数据及基于数据训练的模型，因此，人工智能系统的软件工程方法，相比于传统软件工程方法，在各个阶段都有特殊性。人工智能系统的软件生命周期如图15.3所示。

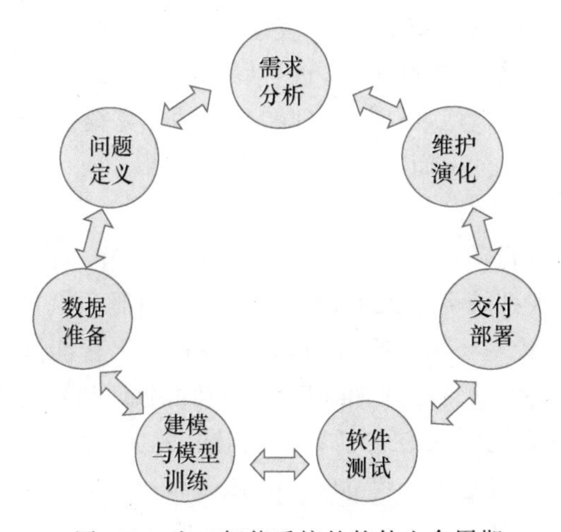

图 15.3 人工智能系统的软件生命周期

(1) 需求分析阶段

数据作为人工智能系统的基础，从需求分析阶段，就起着重要的作用。人工智能系统的需求分析，可以说是数据驱动的需求分析。一方面，企业新数据的数据量增大，使得新的软件开发需求凸显出来；另一方面，对人工智能系统的需求，迫使企业寻找合适的数据训练人工智能模型。例如，一个公司近期产品销售量提升，用户评价数据增多，催生了新需求，即开发一个用户评论分析软件，分析并提炼出产品改进建议，以支持产品升级换代。在开发用户评论分析软件时，进行需求分析，就包括分析需要哪些数据支撑用户评论分析模型的训练，例如，从哪些渠道获取用户评论、需要哪个时间范围内的评论、是否需要其他数据进行联合分析，等等。

(2) 问题定义阶段

将软件需求映射成人工智能算法和模型的问题定义，明确使用的算法模型范围，如根据需求判断是分类问题还是回归问题，根据数据判断使用监督学习还是半监督学习，根据场景判断使用机器学习还是深度学习，根据需求判断对于算法和模型的性能要求等。

(3) 数据准备阶段

这是人工智能系统的软件开发特有且必不可少的重要环节，数据是人工智能模型的基础，数据质量是决定人工智能模型及最终应用效果的关键性因素。通过多种渠道获取的数据，经过预处理、标注，形成可供建模、训练、验证的样本数据。

(4) 建模与模型训练阶段

这是人工智能系统的软件开发核心环节。通过选择合适的人工智能算法和模型，根据需求及目标，进行模型训练与调参，并通过模型评估，获得初步满足需求的模型。

(5) 软件测试阶段

传统人工智能算法和模型构建过程包括模型评估，用于对模型表现、泛化能力等进行评估。从软件工程角度来说，对人工智能算法和模型的测试工作，不仅仅包含评估工作，还需要从软件层面关注人工智能系统的软件质量。人工智能系统相比于传统软件，更注重数据安全和隐私、关注模型的可解释性，而由于人工智能算法和模型训练过程具有不确定性的特点，还需要新的测试技术和手段。

(6) 交付部署阶段

人工智能系统需要尽量以松耦合的方式上线并与业务系统集成。由于人工智能算法和模型的编程语言、运行环境经常与原有业务系统平台不一致，需要新的技术实现跨平台模型上线，如预测模型标记语言(Predictive Model Markup Language，PMML)、开放神经网络交换格式(Open Neural Network Exchange，ONNX)等，也可以使用容器、微服务框架等模型架构进行部署上线。

(7) 维护演化阶段

传统软件的演化，通常是由于业务需求变化、运行环境变化等原因，而人工智能系统的演化，主要是由于外部环境使得数据变化而变化，需要对人工智能模型和算法进行重构或重建。

15.2.1　数据准备

机器学习领域有一句话：数据决定了机器学习的上限，而算法只是尽可能逼近这个上限。这句话也适用于整个人工智能领域，数据是人工智能的重要基础，只有好的数据才能训练出好的模型，数据的质量直接决定后续模型的质量。在数据准备过程，除了通过多种方式获取原始数据，还包括为了提高数据质量而完成的一系列数据清洗等预处理过程、为了进行模型训练而进行的数据标注和特征工程过程。

1. 数据获取

数据获取是通过一定的方式，获取原始数据。从数据来源看，原始数据包括企业自身生成和积累的数据、购买的第三方数据、获取的免费数据集。除文件、数据库表等传统数据获取方式之外，还可以通过开放应用编程接口(Open Application Programming Interface，Open API)、网络爬虫(Web Spider)、计算反射技术(Computation Reflection)获取数据。

(1) Open API

Open API 也被称为开放平台，其将网站的一些功能，以 API 的形式进行封装，提供给第三方开发人员使用。

(2) 网络爬虫

网络爬虫是一种 Web 网页信息和数据的有效获取方式，是按照一种指定规则自动抓取或下载互联网上网页信息的程序或脚本。根据系统结构和实现技术，网络爬虫可以分为通用网络爬虫、聚焦网络爬虫、增量网络爬虫、深层网络爬虫。为满足训练人工智能模型需求，通常需要使用聚焦网络爬虫技术，即面向某一个主题需求，选择性采集与该主题相关的页面信息。首先需要确定主题，设计过滤策略，只爬取与主题相关的页面信息。对于需要经过用户提交表单才能获取的数据，还需要使用深层网络爬虫技术。此外，对于一些在软件上线运行后仍旧需要持续演进的需求，需要不断更新人工智能模型，也需要不断更新模型训练的数据集，使用增量网络爬虫技术，跟踪相关网页的新数据、新变化。

(3) 计算反射技术

计算反射技术基于内存数据重建软件体系结构，进而构建反射系统，生成 API 来获取系统内部可用的特定数据，而无须访问系统的源代码或干扰系统的正常运行。计算反射技术的第一步是构建运行时软件体系结构，对软件系统的运行时结构和行为进行建模，映射到运行时的模型上，以帮助系统维护人员了解和推理运行时系统。随后，开发人员通过生成与特定功能相对应的模型片段来操纵运行时模型，将模型片段转换为封装了获取目标数据的功能 API，将对模型的操纵反映到信息系统的行为中，实现从信息系统获取目标数据。在开发工具完善且有专业开发人员参与的前提下，计算反射技术理论上可以获取任何系统的数据。

2. 数据预处理

绝大多数情况下，采集到的数据都会有缺失、重复、异常等情况，需要对数据进行预处理，解决数据的低质量问题。随后，面向不同的人工智能模型，还需要进行不同的数据处理工作。

(1) 数据补全

当数据集的某一个属性缺失率较低时，可以用数据均值、中位数、众数等值进行填充；当数据集的某一个属性缺失率较高时，可以使用插补法和建模法进行缺失数据补全。插补法的核心是从已有数据中，选择一些数据进行填充，主要有随机插补法、多重插补法、热平台插补法，以及拉格朗日插值法与牛顿插值法。建模法通过用回归、贝叶斯、随机森林、决策树等模型对缺失数据进行预测，例如，根据数据集的其他数据的属性，通过构造决策树来预测数据集的缺失值。

数据缺失值的处理没有统一的流程，必须根据实际数据的分布情况、倾斜程度、缺失值所占比例等来选择方法。需要注意的是，如果某一个属性的数据缺失率较高，虽然有一系列方法可以补全数据，但是也会使得数据跟原有分布有一定偏差，影响人工智能模型训练效果。因此，对于缺失率较高的属性，建议删除重要性较低的属性，对于重要性较高的属性，或者继续获取数据，或者重新进行需求分析与软件设计，寻找替代属性。

(2) 数据去重

对于数据重复情况，一种简单地去重方法是完全相同的两个数据项，直接通过排序、比较、删除即可完成数据去重；另外一种去重方法比较复杂，由于数据录入问题或者来自不同数据源的数据格式规范不同，两个数据项不是完全一致，但是含义相同。例如，同一家海底捞餐厅，在两个外卖平台上，登记的名字分别是“北京市海底捞有限公司大钟寺店”和“海底捞北京大钟寺店”，于是，数据去重问题升级为数据模糊匹配问题。

(3) 异常值处理

异常值是指在数据集中明显与其他数据值偏离的少量数值。异常值发生的原因通常有两种：一种是突发、偶然或极端事件导致的，例如，某项重大突发事件导致的网站访问人数暴增，这是真实而且正常的数据；另一种是由于系统故障或人工录入失误产生的结果，这种是非正常的、错误的数据。

判断异常值的方法主要包括基于统计方法、基于聚类方法、基于模型方法三大类：① 基于统计方法，如判断不符合正态分布数值、通过可视化工具（箱线图、散点图）检查落在上下界之外的点；② 基于聚类的方法，通过聚类方式将数据划分为不同的簇，与簇中心距离过远的点，视为异常点；③ 基于模型的方法是通过建立一个模型将不能与模型完美拟合的数值剔除出来，简单的模型有回归模型、支持向量机（Support Vector Machine，SVM）等。

某些模型对于异常值较敏感，如聚类分析、线性回归（逻辑回归）、决策树、神经网络、SVM 等，异常值的处理尤为重要。异常值的处理需要根据情况分析，对于正常数据，需要根据软件需求，判断是否需要对该类异常值进行处理。例如，对于销售类应用软件，需要应对不定期的大规模促销引起的用户访问量暴增，这种类型的异常值，非但不能直接忽略，还应该着重精力对这种情况建模，寻求应对方案。对于错误数据，通常可以按照处理缺失值的方法处理。

（4）面向业务需求的数据清洗

从软件工程视角来看，还需要从业务角度对数据进行清洗。在企业中，对于不能再获取、不能再购买、不能再产生的数据属性，不建议选择作为模型训练的特征。例如，数据源的产生是基于某款移动应用，但是由于版本升级，该字段已经删掉或不再更新，那这个字段代表的属性，实际上对模型建立和训练、后续模型升级改进，甚至对满足本次软件开发需求，都没有意义，应该在预处理阶段删掉。

3. 数据标注

数据标注过程是通过人工或半人工的方式，为原始数据打上相应的标签，用于标记数据属于哪一类对象，形成训练数据。在进行模型训练时，算法模型可以根据数据标签进行学习。机器学习、深度学习等人工智能算法，根据需要的数据标注情况，大致分为三类：

① 监督学习：通过数据及其标注，训练和验证模型，通常包括分类任务和回归任务。

② 无监督学习：模型只需要数据，而不需要数据标注，即可通过不断的自我学习、巩固、归纳，完成模型学习，通常包括聚类任务和降维任务等。

③ 半监督学习：监督学习与无监督学习相结合，使用大量未标注数据进行模型学习，并使用标注数据进行模式识别。

常见的数据标注类型分为：对文本类的数据对象，通常使用分类标签进行标注；对图片和视频类数据，通常使用边框、区域或描点等标注方式。

数据标注的准确性是决定模型成败的关键，通常比具体选择哪个模型还重要。目前，数据标注除了由人工智能软件开发团队完成，还可以使用外包或众包方式完成。

4. 特征工程

特征工程是一个很大的主题，属于数据科学领域，从庞大的、无序的、算法模型无法理解的原始数据的全部特征中提取出有限的、结构化的、可被算法模型理解使用的数据特征进行学习训练。很多时候，直接使用原始特征很难产生满意的结果，需要综合运用特征构造、特征降维等多种方法，并通过特征评估，确定用于算法模型的特征集合，这本身就是一项庞大的系统性工程。

(1) 特征构造

特征构造是指从现有数据中,构造出额外的特征。主要有两种方式进行特征构造,一种是对已有特征进行特征转换,另一种是基于已有特征进行聚合,构造出新的特征。特征转换是通过规范化、离散化、特征编码等方法,对特征进行数值上的变换,使其成为计算机可理解的特征,从而增强数据的效果。特征聚合是通过对数值进行分组并求取每个分组的中位数、均值、众数等的方法,对特征进行聚合计算,构造出新的特征,从而更好地表示数据、提高模型性能。

(2) 特征降维

数据通常会有很多属性,即高维数据源,需要一个降维过程,只选择一定量的特征,进入模型训练阶段,这个过程叫作降维。这样做的好处有三点:从业务理解上来说,少量的特征,更便于业务层面的分析、解释;从人工智能模型训练的角度,这降低了建模复杂度,提高了模型效率,也有利于避免过拟合问题;从工程开发来说,这避免出现"维数灾难",对计算、存储、网络等资源的需求量降低,维护成本也较小。

降维的方法有两种,一种是特征选择,直接从原始特征中挑选出一些最具代表性、分类性能好的特征,从而降低特征空间的维度;另一种是特征提取,通过映射(变换)将高维的特征向量变换为低维的特征向量。特征选择与特征提取的区别在于,特征选择是选取原始特征的子集,形成新的特征集合;而特征提取是对原始特征集合做变换,形成新的特征集合。

(3) 特征评估

特征评估是对选出的特征的"有用程度"进行分析和评估,通常评估指标和操作包括覆盖率、复杂度的定性分析和定量分析等。覆盖率是指,对于该项特征,有值的数据项占数据源总体数据项的比例,覆盖率高的特征才对建模有意义。复杂度又称特征维度,即特征的个数,决定了总体特征集合的表达能力和模型计算复杂度。如果特征维度过低,则特征的表达能力有限,容易导致模型的欠拟合。如果特征维度过高,则既增加了模型的计算量,又可能带来"维数灾难"。因此,特征维度要与数据规模相匹配。对于具备可解释性的特征,还可以从可解释角度分析特征,例如,对互斥的特征、具有包含关系的特征予以筛选。定量分析与最终人工智能算法模型的评估工作类似,都是通过算法模型评价来进行评估,评价指标会在15.2.2节中详细介绍。

15.2.2 建模与模型训练

模型是人工智能系统的核心部件,建模是人工智能系统软件工程的核心工作之一,是一个复杂的过程,需要综合考虑业务类型、数据等多方面情况。在选择模型后,需要不断评估与调参,最终权衡模型效率与复杂度等一系列指标,结合业务需求,形成合适的模型输出。

1. 模型选择

模型选择是一个非常灵活的工作,处理相同问题可以使用不同的模型,处理不同问题也可以使用相同的模型。总体来说,影响模型选择的因素有:业务和应用场景、数据特征、性能需求等。

（1）业务和应用场景的影响

在某些业务和应用场景下，有一些普遍认可的模型与之对应，例如：图像处理通常使用卷积神经网络（Convolutional Neural Networks，CNN）等深度学习模型，推荐系统通常使用协同过滤等模型，自然语言处理通常使用（隐）马尔可夫链、长短期记忆（Long Short-Term Memory，LSTM）网络、Transformer 等神经网络等模型，博弈和策略训练通常使用深度强化学习模型。

（2）数据特征的影响

数据特征也对模型的选择具有很大的影响：① 通常来说，有标签或容易打标签的训练数据，通常使用监督学习、半监督学习模型，没有标签的训练数据，通常使用无监督学习模型；② 在数据量较小时，通常偏向于选择线性模型，数据量较大时，偏向于选择非线性模型，而如果数据量大但是较为稀疏，则线性模型的性能可能更好。

（3）性能要求的影响

在性能需求方面，精度要求、响应时间、基础软硬件提供的算力等，都会影响模型的选择。在实际工程上，通常更偏向于简单、稳定、易调试、可解释性强的算法。复杂算法性能表现更好，但是由于其复杂性，还是需要谨慎实践与实验，综合考量使用。

特别地，针对机器学习和深度学习这两大当前人工智能最热门的算法来说，二者的最大区别是：在开发步骤上，机器学习需要人工进行特征工程过程，根据提取到的特征进行问题求解，而深度学习是将特征工程过程集成在神经网络模型中，一步求解。然而，这并不代表深度学习就优于机器学习，或者深度学习比机器学习简单。一方面，深度学习的模型结构比较复杂，训练起来较为麻烦；另一方面，深度学习省去了特征工程步骤的同时，也失去了对特征的认识，即无法知道哪些特征比较重要，而在人工智能系统的软件工程中，特征及数据对业务具有实际指导意义。

机器学习与深度学习的选择原则可以从以下两方面考虑：一是数据规模，深度学习处理较大数据集时有优势，而机器学习在处理不太大的样本时，会具有更好的泛化能力；二是对业务指导需求，机器学习对业务指导能力较强。深度学习比较适合图像处理、自然语言处理等业务，机器学习在推荐系统、量化系统方面更有优势。

2. 模型训练

模型训练的过程是一个迭代的过程，比较实战的做法是，先开发一个基础版本的模型，作为后续优化的参考基准。

在模型训练过程中，调参是一个重要环节，通过实验性地调整模型参数，不断改进模型效果，最终权衡模型准确性和泛化性，得到良好的模型。模型调参通常有两个大方向，一种是由繁入简，先训练复杂模型，再逐步简化；另一种是由简入繁，逐步改进模型。通常建议使用前一种方式。模型调参的基本步骤如图 15.4 所示，在预定义的目标下，通过迭代不断调整配置空间和搜索算法，直到满足目标为止。

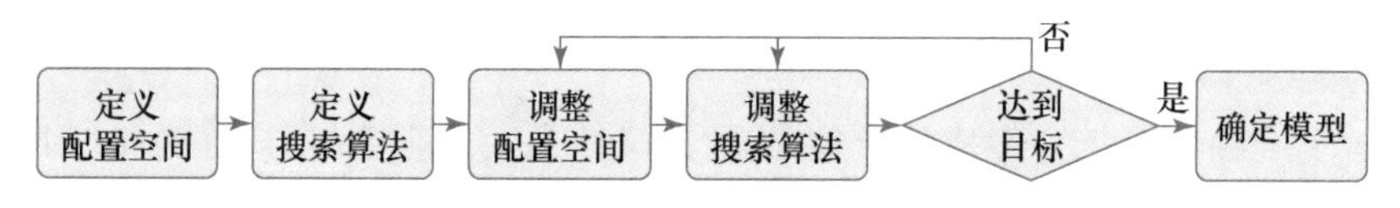

图 15.4 模型调参的基本步骤

3. 模型评估

人工智能的模型评估，是使用样本数据对人工智能算法进行的模型评估，用来评价模型的泛化能力。通过将训练好的模型作用于新的数据，判断模型是否对新数据具有同样好的分类或预测能力。样本数据划分方式主要有留出法、交叉验证法、随机二次抽样验证法等：① 留出法将样本数据分为训练集和测试集，训练集用于模型训练，测试集用于模型评估。留出法实现和实施都比较简单，但是需要确保训练集与测试集分布相同。② 交叉验证法，将样本数据分成 k 份，每次使用 k－1 份测试，1 份做模型评估，迭代 k 次。交叉验证法获得的模型算法的评估指标更接近于真实指标。③ 随机二次抽样验证法是从数据集中随机选择数据，分别形成训练集和测试集，随机二次抽样验证法的效果依赖于抽样算法。

对于不同模型，刻画模型性能的指标也不同，如表 15.1 所示。

表 15.1　模型与模型评估指标

模型	评估指标
回归模型	平均绝对误差（Mean Absolute Error，MAE）、均方误差（Mean Square Error，MSE）、均方根误差（Root Mean Square Error，RMSE）、均值平方对数误差（Mean Squared Logarithmic Error，MSLE）、绝对中位差（Median Absolute Deviation，MAD）
分类模型	混淆矩阵（confusion matrix）、准确率（accuracy）、精确率（precision）、召回率（recall）、F1 分数、精确召回曲线（Precision Recall Curve，PRC）、受试者工作特征（Receiver Operating Characteristic，ROC）曲线与 ROC 曲线下的面积（Area Under Curve，AUC）、洛伦兹曲线（Kolmogorov-Smirnov，KS）、群体稳定性指标（Population Stability Index，PSI）
聚类模型	纯度、F1 分数、归一化互信息（Normalized Mutual Information，NMI）、兰德系数（Rand Index，RI）、杰卡德系数（Jaccard Index，JI）

从软件工程角度来看，人工智能模型的评估不只包括算法层面的评估，还要从业务需求角度进行面向业务的模型评估。主要是检查模型设计和逻辑是否与真实业务冲突、数据属性是否有错误或与业务不一致等。一旦发现业务错误，需要重回模型设计甚至数据准备阶段，然后重新执行。

15.2.3　软件测试

与传统软件的衡量指标相比，人工智能模型和人工智能系统的质量还包括以下一系列新指标。

① 正确性：在模型上线后，模型准确率、正确率等一系列性能指标应该能够达到一定的标准。如果在运行过程中，模型的性能指标发生下降，就应该发送警告，便于软件开发和维护人员及时应对，确保软件能够持续正确运行。

② 可维护性：模型易于更新和维护的程度。

③ 健壮性：模型在整个系统运行环境变化、病毒攻击等意外情况下，能够持续运行和保持正确性的能力。

④ 安全性：由于人工智能依赖于数据，数据又涉及大量企业、用户等隐私，因此，数据的安全和隐私保障，显得尤为重要。

⑤ 可解释性：从软件工程角度来说，模型的可解释性很重要。一个可解释的模型，能够更好地反映业务需求，指导后续业务流程。

⑥ 效率：模型运行所需的时间和资源，不但影响最终业务表现，也影响企业支出。因此，在同等质量模型中，效率高的那个，更受欢迎。

⑦ 公平性：由于人的认知偏见等情况，导致收集和标注的数据有失公平，如性别、年龄、种族、宗教、收入等。特别是某些特定领域人工智能模型和软件，如信贷、住房等，需要消除这种不公平性。

针对上述人工智能模型的特点和软件质量的新要求，人工智能系统的测试除了作为软件进行常规测试之外，还需要有基于人工智能系统及其模型特点进行的测试，如表 15.2 所示。在测试对象方面，除了面向代码的测试，还需要对人工智能系统的基础——数据，进行测试。与之相对应，测试输入除了包含对代码进行测试的测试数据之外，还需要有对人工智能系统的数据进行测试的测试代码。大量的人工智能算法模型（如机器学习模型、深度学习模型）存在不确定性，虽然很多科研工作专注于研究如何解决机器学习和深度学习的不确定性，但是距离传统软件的确定性表现，还有很大距离。因此，人工智能系统的测试结果经常是变化的，无法明确定义测试断言，由此带来的误报率比较大。此外，不同于传统软件主要由开发人员参与开发和测试的情况，人工智能系统需要数据科学家、算法设计师一起投入测试与调试工作。

人工智能模型的测试包括离线测试和在线测试。离线测试使用离线数据进行模型训练、调参调优、评估，也可以与模型评估阶段合并。在离线测试通过后，才会将模型部署到在线环境进行在线模型测试。在线测试基于实际的工程环境，测试模型能否应对数据延迟、数据缺失、标签缺失等情况，有助于更好地判别模型是否适合投入使用。此外，除上述人工智能系统的质量属性、点击率、成交率、通过率等业务指标之外，也可以且只能通过在线测试获得。在线测试通常使用 A/B 测试，即使用相同或相似样本数据，分别在多个模型上进行测试，选择最优模型上线。

表 15.2　人工智能软件测试与传统软件测试的区别[2]

特点	传统软件测试	人工智能软件测试
测试对象	代码	数据和代码
测试输入	数据	数据或代码
测试表现	固定	非固定
测试断言	测试预期结果可知由测试人员定义	测试预期结果未知，即缺乏测试断言引入蜕变测试
测试充分性标准	路径覆盖率、分支覆盖率、数据流覆盖率等	未知
误报率	少	由于缺少测试断言，误报率会高于传统软件测试
测试人员	开发人员	数据科学家、算法设计师、开发人员

15.3　人工智能系统的软件开发实践

本节以开发一个基于人工智能的谣言检测系统为例，展示其软件工程的关键过程。谣言检测系统采用高时效性谣言自动检测过滤的人工智能模块，代替传统的人工举报筛查机制，可以集成到各种辟谣平台，辅助辟谣工作人员快速定位和捕捉网络平台上发布的海量消息中疑似的谣言。其数据来源于社交网络平台的公开数据，经过数据采集、数据预处理、数据标注、特征分析后，采用深度学习模型进行训练和评估，最终的谣言检测系统包括三个部分：数据实时接入、谣言分析、结果可视化。

15.3.1 数据获取

1. 数据采集

数据集由两部分组成：谣言信息及真实信息，通过爬虫技术获取。谣言主要来源有三个：微博社区管理中心（网址：https://service.account.weibo.com/）在 2016 年 8 月 2 日至 2020 年 3 月 23 日所判定的不实信息、中国互联网联合辟谣平台数据（网址：https://www.piyao.org.cn/）、腾讯新闻较真平台数据（网址：https://vp.fact.qq.com/home）中公布的谣言反向搜索得到的谣言微博。真实信息来源于新浪微博开放平台（网址：https://open.weibo.com/），2020 年 3 月 20 日微博热门内容中的社会、国际、科技、科普、财经、综艺、健康、体育、旅游板块的微博。

（1）通过爬虫技术获取网页数据

编写爬虫程序可以使用 PHP、C/C++、Java、Python 等语言。其中，Python 有丰富的库及框架支持，多线程、进程模型成熟稳定，因此，初学者常常选择基于 Python 爬虫框架进行学习。常见的 Python 爬虫框架包括 Scrapy、Crawley、Portia 等，在此，我们以 Scrapy 为例进行简要的介绍。

① 安装：Scrapy 在 Python 2.7+和 Python 3.3+版本中运行。如果系统已经安装 Anaconda 或 Miniconda，可以直接从 conda-forge 频道安装 Scrapy（使用命令：conda install-c conda-forge scrapy）；或者，可以通过 pypi 安装 scrapy 及其依赖项（使用命令：pip install Scrapy）。

② 使用：首先，需要创建一个 Scrapy 爬虫项目用于爬取谣言微博及实时微博。随后，创建 spider 爬虫类编写爬虫逻辑，定义 item 容器存储爬取得到的微博数据。建议在编写爬虫前先了解 CSS 及 Xpath 选择元素等相关知识。过程中可能涉及获取微博 cookies、微博 ID 哈希值转换、浏览器页面滚动刷新等处理，可以通过搜索相关内容获得帮助。

（2）通过新浪微博开放平台获取社交数据

新浪微博开放平台包括 OAuth 2.0 授权接口、粉丝服务接口、微博接口、评论接口、用户接口，其中，评论接口可以通过身份标识号（Identification，ID）获取单条微博的评论列表。利用爬虫获得的微博 ID，结合微博 open API 中的评论接口，可以获得原始的数据。

2. 数据预处理

采集到的数据，可能存在重复、缺失、异常等问题，例如，由于微博 open API 内部逻辑设定，可供获取的数据有限，返回的结果存在重复现象。由于被认定为不实信息的微博可能已被发布者删除，因此无法获得发布者及相关互动情况的实际数据，返回结果为空。如果，微博曝光量过小，互动数为零，不满足分析条件，则可在预处理阶段进行过滤等处理。

3. 数据标注

在数据获取阶段，已经完成数据的分类获取，在预处理之后，可以直接对不同的数据集进行标注，分别标记为谣言信息及真实信息。

4. 特征分析

首先对数据集中用户特征的分布特点进行描述性分析，为模型特征选取提供帮助。分析分别围绕消息的发布者及评论者展开，依据各用户特征字段的自然属性将其分为账号信息、个人信息、交互特征三类：

① 账号信息：用户名、个人简介、头像、注册时间；

② 个人信息：性别、认证情况、地理位置情况；

③ 交互特征：关注用户、粉丝、互相关注用户以及收藏内容的数量，也包括发布的微博动态数以及微博等级。

可以综合使用箱线图、柱状图、饼图等多种可视化分析手段，进行特征分析。在具体实现中，可以使用 Python 提供的 numpy 及 matplotlib 库便捷地完成统计及作图分析。

结合可视化的数据特征分析示例，如图 15.5 所示。用户的注册时间、认证情况、粉丝数、动态数等特征分布存在明显差异，且涵盖用户的账号信息、个人信息、交互特征三个方面的信息，可以选择作为模型的特征用于模型训练。

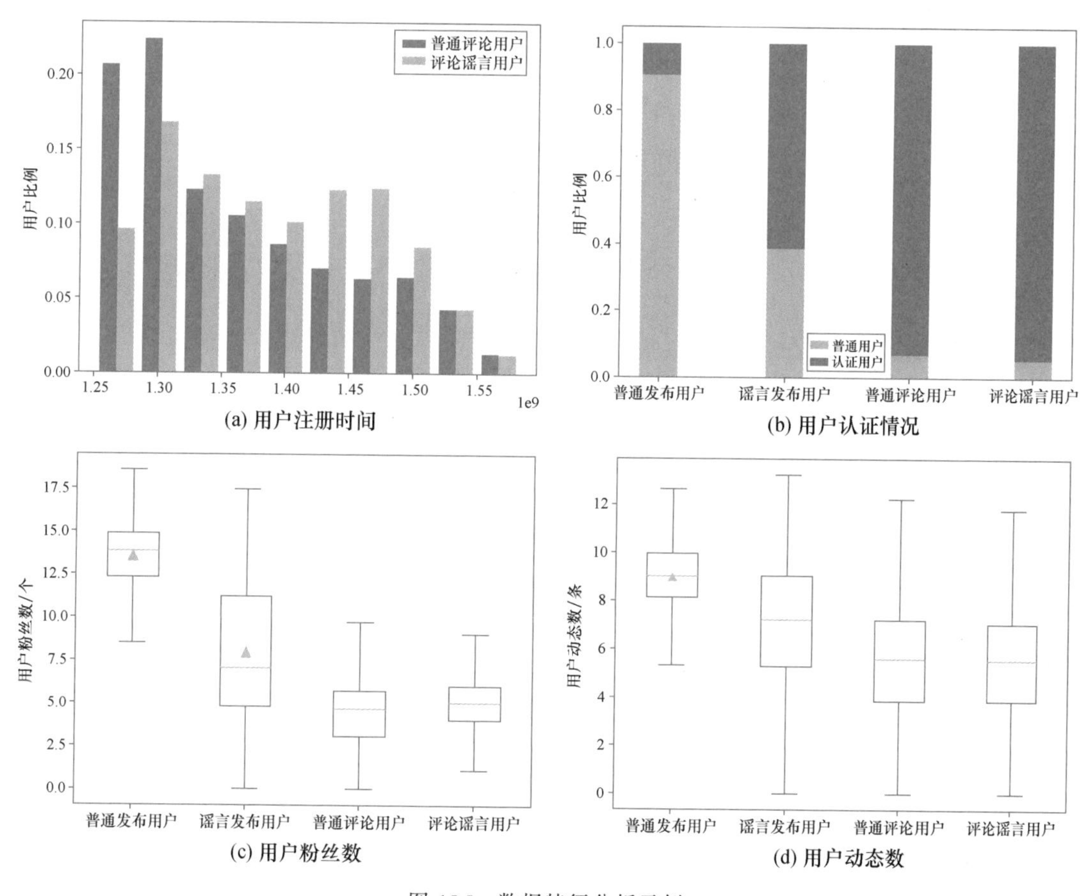

(a) 用户注册时间　(b) 用户认证情况　(c) 用户粉丝数　(d) 用户动态数

图 15.5　数据特征分析示例

15.3.2　建模与模型训练

这里使用卷积神经网络 CNN 作为训练模型。根据特征分析所得结果，选取微博的前十位发布及评论用户的注册时间、认证情况、粉丝数、动态数等特征，得到 4*10 向量，作为单条微博的特征表示。将数据集按照 7∶3 划分为训练集与测试集，使用准确率、精确率、召回率、F1 分数等指标进行模型评估。

1. 模型训练

在模型训练过程中，可以利用 TensorFlow、PyTorch 等框架方便地完成数据读取、模型结构定义，最终完成训练。以 PyTorch 框架为例，可以引入 torch.nn 模块中的 Conv2D 构建卷积层从输入向量中提取特征进行学习，再通过设定优化算法、训练步长、训练终止条件、最大迭代轮次等实验参数，便完成了模型训练部分的过程实现。

2. 模型评估

模型评估相关的名词定义如下：

① TP（True Positive）：将正类预测为正类。

② TN（True Negative）：将负类预测为负类。

③ FP（False Positive）：将负类预测为正类。

④ FN（False Negative）：将正类预测为负类。

常用的 4 种模型评估标准如下所示：

① 准确率（Accuracy）。准确率是最常见的评价指标，表示被预测正确的消息占所有消息数据的比例，通常来说，准确率越高，分类器越好。

$$\text{Acc}=\frac{TP+TN}{TP+TN+FP+FN}$$

② 精确率（Precision）。表示该类别中，预测正确的消息数中实际为该类别的比例，例如被分类器预测为谣言的信息中有多少比例确实为谣言信息。

$$\text{Pre}=\frac{TP}{TP+FP}$$

③ 召回率（Recall）。表示该类别中，被预测为该类别的消息数占该类别的比例，例如谣言信息中被分类器预测为谣言的比例。

$$\text{Recall}=\frac{TP}{TP+FN}$$

④ F1 分数。表示精确率和召回率的调和平均值，因为精确率和召回率有时会出现矛盾，可以通过 F1 分数进行综合考虑。

$$F1=\frac{2*\text{Pre}*\text{Recall}}{\text{Pre}+\text{Recal}}$$

可以使用 Python 的 sklearn.metrics 库中的 precision_recall_fscore_support 函数完成以上评价指标的计算。

15.3.3 交付部署

本节基于训练好的模型，开发一个简单的谣言检测系统，其工作流程如图 15.6 所示，分为数据采集、检测分析、前端展示三个模块。

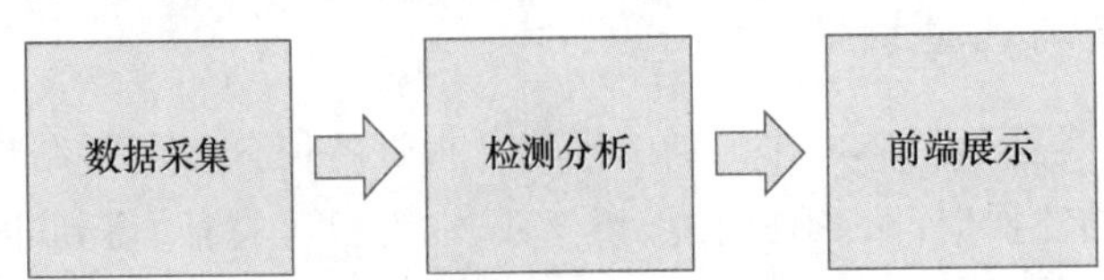

图 15.6 谣言检测系统工作流程

数据采集模块，与 15.2.1 节中的数据获取流程类似，定期使用爬虫、计算反射技术，获取微博的前十个发布及评论用户的注册时间、认证情况、粉丝数、动态数等特征，得到 4*10 向量，发送给检测分析模块。训练好的谣言检测模型会自动保存成一个文件，例如，在 PyTorch 框架中为.pt 文件、在 TensorFlow 框架中为.pb 及.ckpt 文件，将文件载入到检测分析模块中，检测分析模块获得微博数据并检测，将检测结果保存到数据库中。前端展示模块在收到用户请求时，读数据库，将过滤的疑似谣言做多维的图表展示分析，效果如图 15.7 所示。

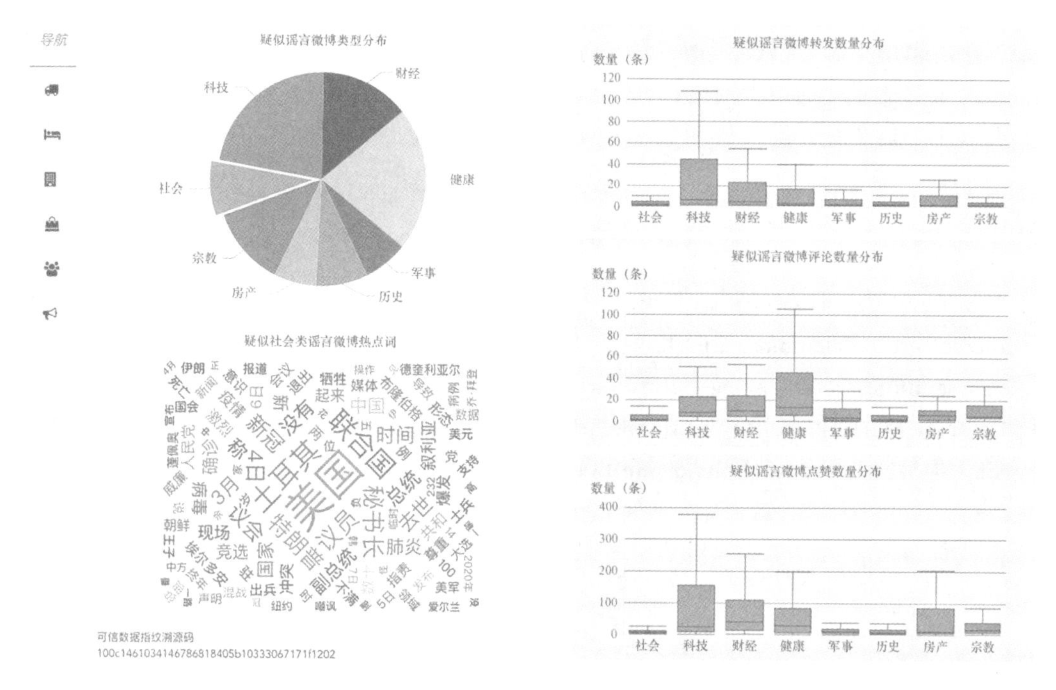

图 15.7 谣言检测系统前端展示页面

15.4 本章小结

随着数据量的不断增加和算力的不断提高，并在大数据、云计算等新兴技术的加持下，人工智能技术获得新一轮的发展，在众多行业和领域得到真正的成熟应用。本章关注的人工智能系统，可以是一个单独的完全使用人工智能实现的独立软硬件系统，也可以是基于人工智能技术实现特定功能的构件并能够集成到其他更大的系统中。人工智能的核心是数据及基于数据训练的模型，因此，人工智能系统的软件工程方法，相比于传统软件工程方法，各阶段都需要充分考虑数据和模型的特性，根据数据模型反复迭代，也需要数据科学家、算法设计师与产品经理、需求分析师、软件开发测试人员、运维人员深入合作，完成软件工程的各个步骤。本章最后以一个基于社交网络数据和深度学习模型的谣言检测系统为例，展示了由数据获取、建模与训练、交付部署几个关键阶段组成的软件工程过程，给读者以启发。

习 题

1. 请列举几个人工智能系统的应用，分析其使用的人工智能算法和技术。

2. 请使用新浪微博开放平台，下载最近一周发表的微博数据，参考本章数据处理和特征分析方法，从账号信息（包括用户名、个人简介、头像、注册时间）、个人信息（包括性别、认证情况、地理位置情况）、交互特征（包括关注用户、粉丝、互相关注用户以及收藏内容的数量，以及发布的微博动态数、微博等级）等方面，对一周内发表的微博数据进行分析。

3. 人工智能系统的维护演化，与传统软件的维护演化相比有哪些新特征？

4. 人工智能系统开发的哪几个环节对系统的服务质量有影响？

参考文献

[1] High-Level Expert Group on Artificial Intelligence. A definition of AI：Main Capabilities and scientific disciplines[EB/OL].(2018-10-18)[2022-11-11]. https://ec.europa.eu/futurium/en/system/files ged/ai_heleg_definition_of_ai_18_december_1.pdf.

[2] Jie M Z，Mark H，Lei M，et al. Machine Learning Testing：Survey，Landscapes and Horizons[J]. IEEE Transactions on Software Engineering，2022，48(1)：1-36.

第16章　区块链驱动的软件工程

16.1　区块链介绍

2008年，中本聪发表了白皮书 *Bitcoin：A Peer-to-Peer Electronic Cash System*。自此，第一个完全去中心化的加密货币问世了。次年，中本聪完成软件编写工作并进行了运行，挖出第一个比特币区块。作为比特币的底层技术，区块链开始被各行各业的人所重视，该领域的研究工作呈现爆炸性的增长。区块链作为21世纪重要的核心技术，旨在构建一个更加安全、可信、稳定的互联网生态，降低因信任而产生的摩擦，其意义非同一般。

16.1.1　基本概念

1. 技术组成

从技术角度而言，区块链是一种去中心化的分布式账本，它主要由以下4个关键技术组成：

(1) 点对点网络

点对点(Peer-to-Peer，P2P)网络是一种点对点的网络结构，网络中每一个节点都是一个单独的个体，没有主从之分，因此，P2P网络不需要单独的第三方中心服务系统，每一个节点通过直接连接到其他的节点来传递信息、共享资源。因此，点对点网络在网络层带给区块链去中心化的特性。

(2) 分布式账本

区块链是不可篡改的分布式数据账本。和传统的分布式存储不同，区块链要求节点按照哈希链的链式结构存储数据，并且节点的存储是相互独立的，依靠共识机制保证数据的一致性。因此，没有任何一个节点可以单独记录或者篡改公开的区块链数据，由此保证了区块链数据的可追溯性和不可篡改性。

(3) 密码学

区块链是信任的机器[1]，密码学是区块链信任的基石，为其赋予了更加安全与可信任的属性，例如哈希函数确保链上数据不被篡改，公钥密码体制保证数据加密与签名的合法性，零知识证明保护数据的隐私性等。密码学从技术上确保了区块链的安全性、匿名性与数据的不可篡改性。

(4) 共识机制

在分布式系统中，共识过程是多个节点之间彼此对某个状态达成一致结果的过程。简单来说,如果一组节点在接收到对状态修改的提议(Proposal)后,都根据提议修改了自身状态,且所有正确节点到达的状态相同,那么可称该组节点达成了共识。区块链的共识机制大体上继承了分布式系统中共识的概念。

目前,分布式系统中的一些热门共识算法,如Paxos、Raft等,主要保证在出现网络故障、节点失效、高延迟情况时的系统一致性,因此崩溃容错(Crash Fault Tolerance,CFT)也被称为非拜占庭容错共识算法。相比之下,如比特币等区块链系统的参与节点来自世界各地,点对点的网络往往出现较大的延迟,并且可能存在拜占庭节点(会主动破坏一致性的节点)作恶。因此,需要更复杂的拜占庭容错(Byzantine Fault Tolerance,BFT)共识算法,将安全性、经济模型和激励措施等包含在内进行综合考虑。

2. 分类

根据区块链网络的开放程度不同,区块链可以分为公有链(Public Chain)、联盟链(Consortium Chain)、私有链(Private Chain),如图16.1所示。

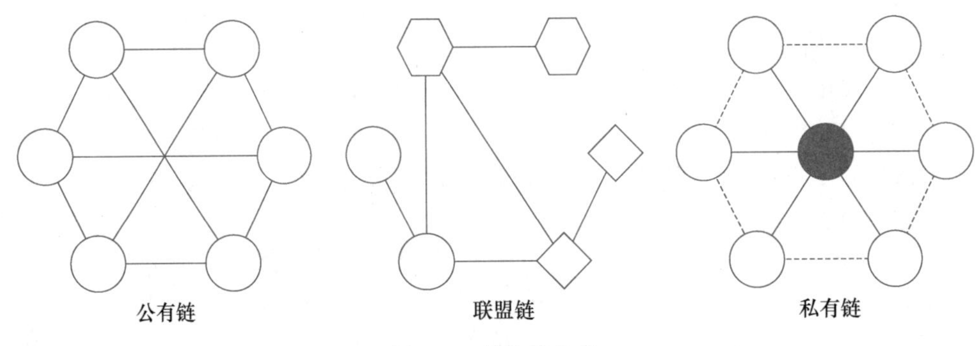

图16.1　区块链分类

(1) 公有链

公有链是指用户无须进行身份验证和授权就能加入的区块链,因此,它通常被认为是完全去中心化的。公有链一般通过各自的区块链浏览器来公开链上的数据,任何人均可读取、发送交易并能获得有效确认。在公有链上没有任何个人或者机构可以控制或篡改数据。一般而言,公有链使用通行证机制来激励参与者竞争记账权,从而达到系统的安全性。区块链领域一直存在一个不可能的三角理论,即区块链无法同时做到去中心化、安全性和高效性[2]。公有链选择了去中心化和安全性,带来的是低效。常见的公有链有比特币、以太坊、商用分布式应用操作系统(Enterprise Operation System,EOS)等。

(2) 联盟链

联盟链是针对特定群体成员或包含有限第三方的区块链,即只有经过联盟允许和身份验证的节点,才能加入区块链网络。如果说公有链是对等的互联网,那么联盟链就是一个有接入门槛的局域网。联盟链在不可能三角中牺牲了去中心化的属性,选择了安全性和高效性。因此,联盟链中的性能不再是瓶颈,在具体业务场景中不同角色的权限设置成为重点的研究对象。由于联盟链具备交易成本低、节点链接效率高、安全性好以及良好的灵活性、便于管理等优势,因此联盟链成为产业区块链的主要形态,广泛地应用于金融、政务、公益、司法等场景当中。常见的联盟链有FISCO-BCOS、Hyperledger Fabric、Quorum等。

(3) 私有链

相对于联盟链来说,私有链的开放程度更低,一般是企业内部的应用,如审计、数据库管理、测试等。私有链的应用价值体现在提供安全、不可篡改、可追溯、自动执行的运算平台,有效防范内外部安全攻击。虽然私有链交易成本低、交易速度快,并且安全性较高,但应当注意的是它并非真正地去中心化。

16.1.2　区块链的特点

根据区块链的技术实现,区块链主要有去中心化、开放性、自动化、匿名性四大特点。

1. 去中心化

去中心化是区块链的核心概念,在区块链网络中,所有的节点都是以点对点的形式进行连接的,系统中不存在中心化的第三方管理平台,因此也就不存在单点的故障问题。由于节点之间完全平等,因此每个节点都有权利和义务来维护网络的安全与稳定。节点这种高度的自治性会催生出很多独特的网络形态,例如去中心化自治组织(Decentralized Autonomous Organization, DAO),这是一种基于区块链的组织结构形式,能够通过一些公开公正的规则(利益相关者可以投票选择增加或改变规则),在不受干预和管理的前提下自主运行。这是一种以加密的技术手段来保证民主的方式。

2. 开放性

开放性,是指任何人均可自由加入区块链网络,除交易各方私有信息被予以加密外,区块链上其他数据对所有节点均公开,任何人都可以通过公开的接口查询区块链数据和开发相关应用,因此整个系统信息高度透明。开放性给区块链作为价值互联网提供了基础,现在的互联网本身是开放的,任何人只需要有一台终端设备即可接入互联网中,随时获取信息。但是,现在互联网中信息复制的成本几乎为零,根源是没有一套对数据进行确权和定价的方法,而区块链将信息进行可信存储、沉淀数据的价值、保障信息的真实可靠、消除互联网社会的信任摩擦,是解决数据确权和定价的方法之一。

3. 自动化

由于分布式账本和共识机制的存在,区块链节点可以按照协商一致的规则和协议,在不依赖其他任何第三方的情况下,安全地交换和验证可信数据。区块链在自动化方面的实现工具是智能合约,智能合约的引入使得可信的操作在链上得以实现。智能合约是一套写在区块链中的操作代码,只要满足一定的条件,就可以被执行,不受人为操纵与抵赖。所以,基于链上的可信数据施以可信的操作,就可以实现一些场景下的代码自动化执行。

4. 匿名性

匿名性主要针对公有链,加入区块链的节点不需要暴露自己的真实身份,只需要使用账户地址标识自身即可。匿名性一方面保护了用户的隐私;另一方面加大了政府审查的难度。

16.1.3　区块链解决了什么问题

区块链技术已经成为当前最流行且具有发展潜力的技术之一,受到金融界和科技界的广泛关注。区块链解决了分布式系统中长久以来都无法解决的共识问题,通过奖励参与者的方式保证数据可信。区块链是一条由连续区块组成的链,存储发生在区块链上的所有交易记录。

区块链技术解决了中心化、易篡改等问题，下面详细介绍如何应用区块链解决这些问题。

1. 中心化的问题及其解决示例

(1) 中心化的问题

区块链最受学界和商业界关注的特性是它能够在分布式网络中不依赖于第三方建立参与者间的信任。金融电子交易系统于20世纪80年代被提出和实施，在互联网时代，这些系统极大地方便了人们的生产生活。如微信支付、PayPal、支付宝等，都是现代的金融电子交易系统。这些系统通过中心化的传统金融机构作为中间人，进行用户间交易的记账。用户出于对中心化金融机构的信任，愿意使其作为第三方促成交易的完成。

在中心化的架构下，金融交易的结算逻辑较为简单，且效率较高，但传统的金融电子交易系统的中心化特点是，一方面，需要第三方信任；另一方面，金融电子交易系统的效率和可用性也存在着单点瓶颈。除金融领域外，很多互联网商业领域也面临着类似的中心化的架构导致的问题。

(2) 解决示例

比特币是最典型的区块链实现。比特币是第一个实现基于密码学原理而不是通过第三方实现信任的电子交易系统。任何两个有意愿进行交易的用户都能够通过区块链而不是通过第三方实现直接交易，交易由于不可撤销而避免了欺诈问题。

以太坊为更大化地扩充区块链的功能，向区块链中引入了智能合约。智能合约是一段在特定的条件下会被触发自动执行的协议。由于智能合约采用图灵完备的编程语言编写，它能够实现几乎任意逻辑。因此，智能合约将比特币中交易的概念大大扩展，可以将任意的逻辑实现到区块链中。以太坊已成为去中心化金融(Decentralized Finance，DeFi)最大的体系，包括去中心化交易、去中心化借贷及各类衍生品的平台。其中，去中心化借贷是DeFi中最受关注的领域，在去中心化的架构下，任何人都可以成为放贷人，极大地提高了资本效率。由于没有中间方的存在，去中心化借贷的贷款利率更具优势，且借贷双方都能更加透明、平等地完成交易。

区块链中智能合约的引入，也促进了金融行业外的其他行业的变革和进步。以手机应用市场为例，Google和Apple的应用商店中都提供了大量的第三方应用。对于这些第三方应用，Google和Apple需要投入大量的精力对其进行审核后将其上线，这个过程中的花销经常需要应用开发人员承担，对开发人员的创作动力造成打击。另外，每次发布或更新应用前，应用开发者都需要经过数次漏洞检查和修改，导致发布应用的周期普遍较长。最后，当用户下载应用时，由于中心化的单点瓶颈，应用的下载速度经常不理想。如果将区块链和智能合约用于应用市场，则首先可以利用分布式存储的优势提升应用的下载速度和应用市场的存储能力。另外，通过对智能合约的自动执行和区块链的共识机制可以对第三方应用进行更为高效和准确的审核和检查工作，使得应用商店对于应用的管理更加简洁、高效。

2. 易篡改的问题及其解决示例

(1) 易篡改的问题

区块链以链表的形式按照时间顺序存储区块。它采用分布式存储，以密码学方式保证其不可被篡改和伪造。

在传统的数据库或数据仓库中，数据被篡改的事件时有发生。在Web平台上，经常发生用户数据被第三方攻击者篡改，导致服务器接收到的数据与用户发送的数据不一致，即数据在存储前就可能被篡改。在数据被存储后，传统的数据库和数据仓库也很容易受到攻击，导致数据被篡改。对于数据的保护已经成为信息时代亟待解决的问题。

图 16.2 展示了比特币区块链的结构。比特币采用了以下措施来保证数据不可被篡改[3]。

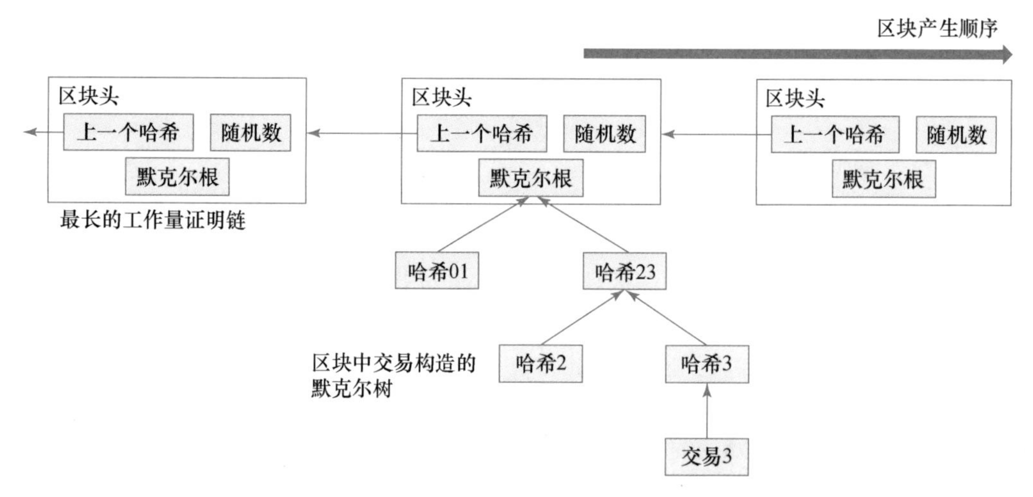

图 16.2 比特币区块链的结构

① 首先，比特币通过密码学保证原始交易请求不可被篡改。比特币使用椭圆曲线算法来对每笔交易进行签名。当区块链节点接收交易时，会首先验证该交易的签名。

② 其次，比特币通过哈希计算保证交易记录不可被篡改。比特币将一系列交易按特定的顺序保存在区块的块体中，使用默克尔树组织它们并将默克尔树树根的哈希值记录在块头中。使用默克尔树组织起来的交易序列中，任意一笔交易被修改，或任意两个交易交换顺序，都会导致默克尔树树根哈希值的变化，最终导致块头哈希值的变化。每个区块的区块头中都存储了上一个区块块头的哈希值，因此，计算当前区块块头的哈希值会同时包含上一个区块块头的哈希值，形成链接关系。任何一个区块中的交易若被篡改，后面相连的所有区块块头的哈希值都会有所变动，所有人都能看见和发现数据被篡改，并且所有人都会不认可这种无效的数据。比特币区块链采用 SHA256 算法进行哈希值计算。

③ 最后，比特币通过挖矿和共识避免区块被恶意篡改。比特币中对于区块头中哈希值有特殊要求，即计算出的哈希值开头须为 n 个 0。区块头中包含一个随机数值(nonce)，矿工可以通过修改这个值来找到满足要求的哈希值(这个过程被称为挖矿)。在比特币区块链上，这个问题需要全世界的矿工计算十分钟左右才能找到一个满足要求的值。所以，单凭个人要想修改一个区块是完全不可能的。当矿工计算出符合要求的随机数值，会将区块打包并广播给其他节点。其他节点对区块中的数据进行验证，如果验证通过，就会停止此区块的挖矿，将此区块广播给其他的节点，并开始争夺下一个区块的记账权。

(2) 解决示例

过去金融系统由于缺乏信任，其审核和验证机制效率低下、准确率低，而计算机的记录容易被修改，难以被保护、同步和验证。区块链提供的分布式机制能够锁定数据，从而使数据可被验证且可被独立审核。

在以 TCP/IP 为主流架构的互联网世界，IP 地址的信誉代表 IP 使用者的信誉。在传统集中存储的 IP 系统中，IP 地址单点销售者可以随意篡改数据库，将有负面记录的 IP 地址作为优秀的地址贩卖，而买家只有在购买后的实际使用过程中才会发现问题。利用区块链不可篡改的特性，用一个分布式、不可篡改的账本来记录 IP 数据，就能够确保 IP 地址的记录不会被篡改并且是可信赖的。

16.2 面向区块链的软件工程

16.2.1 DApp 的架构

1. 架构分类

以太坊是首个引入智能合约的区块链，因此其去中心化应用（Decentralized Application，DApp）市场仍然是目前市值最大、最具影响力的 DApp 市场。通过对部署于以太坊的去中心化应用的观察，可以总结出基于区块链的 DApp 的三种架构。

在图 16.3 所示的直接式架构中，DApp 的客户端直接与部署于区块链的智能合约进行交互，即上述理论上真正的 DApp 的架构方式。这种方式的优点是：DApp 的后端相当于直接依托区块链，可以充分利用区块链服务的持久性和不可篡改性，即只要区块链依然在提供服务，DApp 就能够正常工作，而且其过程和数据都被智能合约忠实地记录。这种方式的缺点是：智能合约的效率通常受到区块链的影响，吞吐量不高，结果确认有延迟，还会因为交易堵塞而发生服务停滞，因此极易受到分布式拒绝服务攻击（Distributed Denial of Service，DDoS）。另外，因为智能合约部署和执行都受到区块容量（主要指以太坊的燃料 gas 或类似机制）的限制，智能合约能够容纳的服务复杂度不高，如果使用多个智能合约实现复杂服务，则需要专门设计，因而实现难度大。

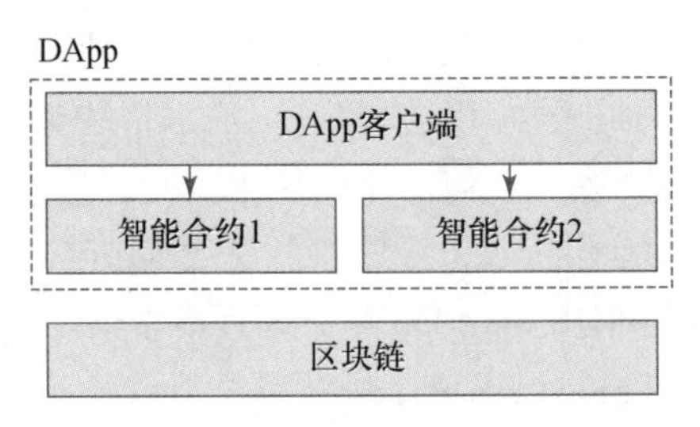

图 16.3　直接式架构

在图 16.4 所示的间接式架构中，DApp 拥有独立的后端服务器，通过后端服务与智能合约交互。该方法的优点是：后端服务独立于区块链平台，服务请求的处理效率较高，而且可以额外提供其他不基于区块链的服务，例如处理复杂的计算逻辑。这样做的 DApp 一般将重要的服务逻辑，例如应用内交易、接收投资等，编写为智能合约由区块链托管，以保证安全性。该方法的缺点是：DApp 的服务器成为 DApp 的一个重要核心，容易出现单点故障等问题。而且作为链下部分，其可信度不如区块链上的智能合约，也受到终端用户的质疑。

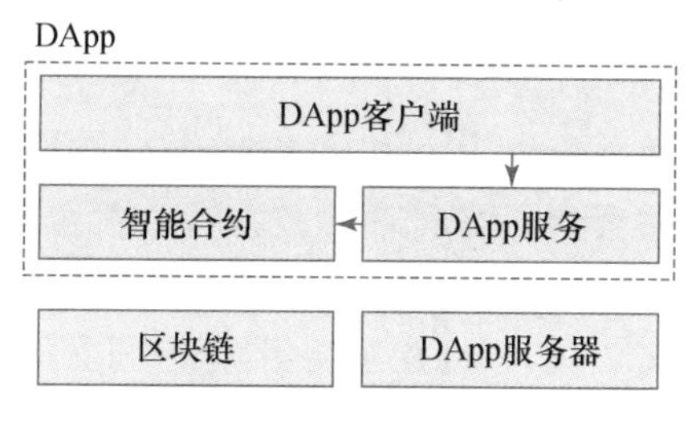

图 16.4 间接式架构

图 16.5 所示的混合式架构是一种中庸的架构。DApp 拥有独立后端，通过独立后端整合一部分智能合约，与另一部分智能合约直接交互。这种架构综合了以上两种架构的优点，并且在持久性、安全性与效率之间进行一定的权衡。

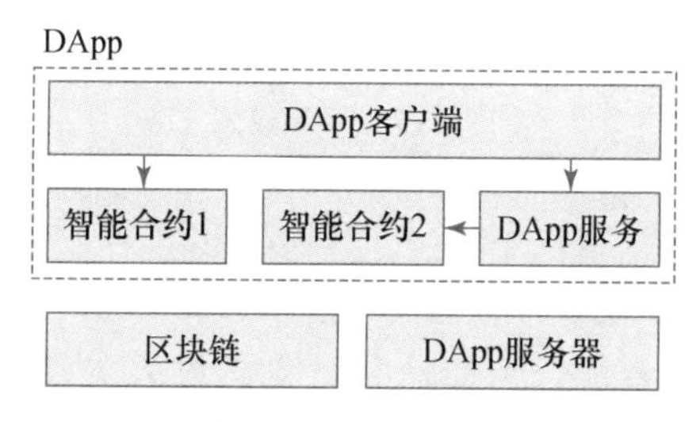

图 16.5 混合式架构

2. DApp 如何管理智能合约

当 DApp 需要将较为复杂的计算逻辑托管在区块链上的智能合约时，通常会部署多个智能合约，然后用这些合约支撑同一个 DApp。通过检查同一个 DApp 内的智能合约的相互调用情况，以及这些合约的部署情况，可以总结出具有多个智能合约的 DApp 管理智能合约的三种基本模式。

在图 16.6 所示的领导-成员模式中，DApp 用户/后端服务向某一个智能合约发起执行请求，该合约在处理的过程中会调用其他合约，从而执行多个智能合约的计算逻辑并更新其状态。如图 16.6 所示，用户发起对智能合约 S 的执行请求，智能合约 S 在执行过程中会逐个调用智能合约 A、B、C。因为整个执行过程是定义在智能合约 S 中的方法决定的，所以智能合约 S 就是领导-成员模式中的领导者，而其他三个合约则是成员。

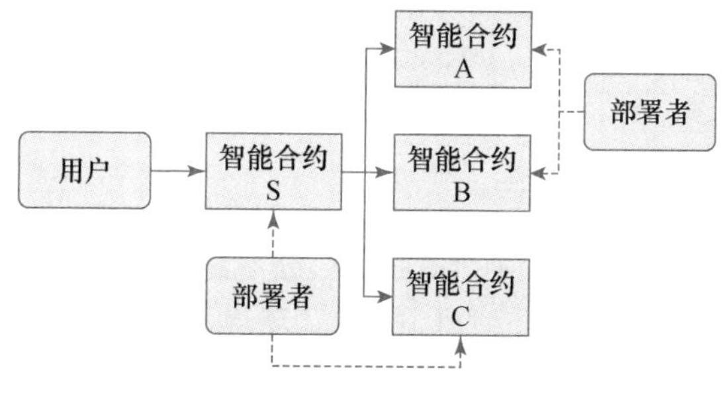

图 16.6 领导-成员模式

在领导-成员模式的 DApp 中，DApp 用户/后端服务发起的执行请求通常具有更深的调用栈，这也引入了另一部分额外成本。

在图 16.7 所示的平等模式与领导-成员模式相对，DApp 所属智能合约间完全没有相互调用。开发人员分别设计这些合约，实现不同的功能，并在客户端和/或后端服务中组合其功能，因此，仅通过区块链上的交易无法得知它们之间的依赖关系。例如，图 16.7 中由不同部署者部署的智能合约 A、B、C，它们不会相互调用，但一同支持 DApp。

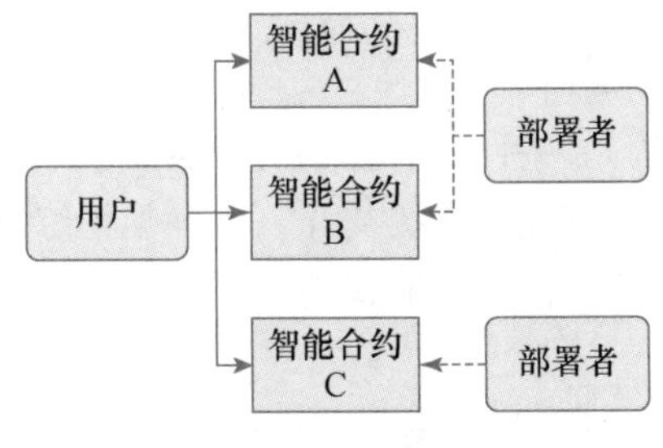

图 16.7　平等模式

平等模式是最简单的模式，相较于领导-成员模式，因为其功能组合不在合约中进行，所以执行过程没有额外成本。

在上述两种管理模式中，智能合约都是由开发/运维人员直接部署。但在以太坊等区块链系统中，智能合约除了由用户账户部署之外，还可以被其他智能合约在执行中创建，这就是第三种管理模式——工厂模式。

在图 16.8 所示的工厂模式中，部署者先部署智能合约 A，然后调用 A 来部署智能合约 A1、A2、A3。因为这些合约创建自同一合约的相同方法的不同调用，其具有较高的相似性。这个过程就如同工厂生产商品一般，因此我们将智能合约 A 称为工厂合约，智能合约 A 创建的智能合约 A1、A2、A3 称为子合约，整个模式称为工厂模式。

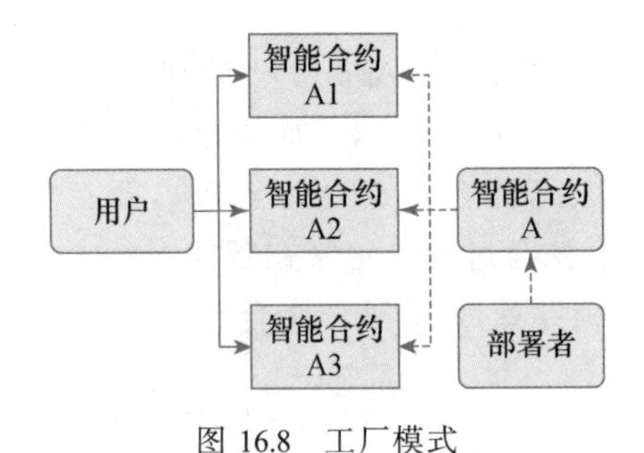

图 16.8　工厂模式

16.2.2　开发 DApp

因为区块链产业界目前还没有通行的规范，公有链领域区块链百花齐放，性能、安全性、隐私保护等各有千秋，其智能合约机制、开发环境和语言等也参差不齐。因此，DApp 的开发与维护依赖于所选区块链的环境与特性。整体而言，基于区块链的 DApp 的开发过程如下：

① 选择要部署智能合约的区块链；

② 分析 DApp 的功能需求并进行设计，分离出需要可信保障和持久支持的核心功能，以及其他的普通功能；

③ 选择合适的架构；

④ 选择需要委托给智能合约执行与存证的核心功能和数据；

⑤ 确定实现核心功能的智能合约的数量，并选择合适的管理模式；

⑥ 开发 DApp，包括客户端（网页或者手机 App 等）、智能合约和后端服务；

⑦ 部署智能合约并初始化，使其可以接受调用/可以与其他合约进行协作；

⑧ 部署后端服务（若有）；

⑨ DApp 正式投入使用。

开发过程中应注意以下原则：

① 在需求分析与功能设计阶段，尽可能对需要实现的功能进行分类，并按照其所需的可信保障和持久化支持的程度进行优先级排序，以便后续的功能分离和实现；

② 区块链能够提供的计算和存储能力终究有限，实现在智能合约中的过程应尽量简洁，持久化存储的数据尽量少，以免过于重载导致整体性能受到影响，或付出过多的执行成本；

③ 若选择使用多个智能合约来支撑 DApp，如无必要，尽量使用平等模式，以降低额外成本，而且也便于后续升级；

④ 智能合约的部署成本比后端服务更大，多用测试链或私有链做好测试和评估，避免为升级和重部署付出额外成本。

16.2.3 智能合约实例研究

1. 以太坊智能合约示例

Remix 平台（https://remix.ethereum.org/）是一个流行以太坊智能合约在线 IDE。本节将使用 Remix IDE 连接以太坊测试网来说明智能合约的部署和调用流程。

（1）创建智能合约

在 Remix IDE 的编辑界面创建 Hello.sol 合约文件，编写智能合约代码，如下：

```
pragma solidity >=0.4.21;
contract Hello{
    string message;
    event SetMessage(string_message);
    function set(string memory_message) public {
        message= _message;
        emit SetMessage(_message);
    }
    function get() public view returns(string memory){
        return message;
    }
}
```

(2) 编译智能合约代码

solc 是 solidity 语言的编译器，通过智能合约编译器编译合约代码，将合约代码转换成可以在虚拟机中执行的字节码。

如图 16.9 所示，单击"Compile Hello.sol"按钮后，IDE 会查合约文件有无错误，编译成功后可以看到其字节码(Bytecode)和应用程序二进制接口(Application Binary Interface，ABI)。

图 16.9 Solidity 编写的 Hello 合约

(3) 发送部署智能合约的交易

在默认情况下，Remix IDE 在加载时会在内存中创建测试用的临时区块链，在 Deploy & Run Transactions 界面中保持默认选项即可直接使用。单击 Deploy 按钮，IDE 会创建并给该临时区块链发送交易，并在控制台中显示交易收据，如图 16.10 所示。从图 16.10 中可以看到该交易的状态，交易哈希(Hash)、合约燃料(Gas)消耗数量等信息。

[vm] from: 0x5B3...eddC4 to: Hello.(constructor) value: 0 wei data: 0x608...10033 logs: 0 hash: 0x366...8f743

status	true Transaction mined and execution succeed
transaction hash	0x366ab6d771032ebbe8f3eaa895f7afb891c2ea08be0b589f9864d4850ec8f743
from	0x5B38Da6a701c568545dCfcB03FcB875f56beddC4
to	Hello.(constructor)
gas	486188 gas
transaction cost	422772 gas
execution cost	343380 gas
input	0x608...10033
decoded input	{}
decoded output	-
logs	[]
val	0 wei

图 16.10 部署 Hello 合约的交易信息

（4）调用智能合约的方法

如图 16.11 所示，在 Hello 合约中，定义了两个方法 set 和 get。我们先调用 set 方法，输入参数“hello world”。

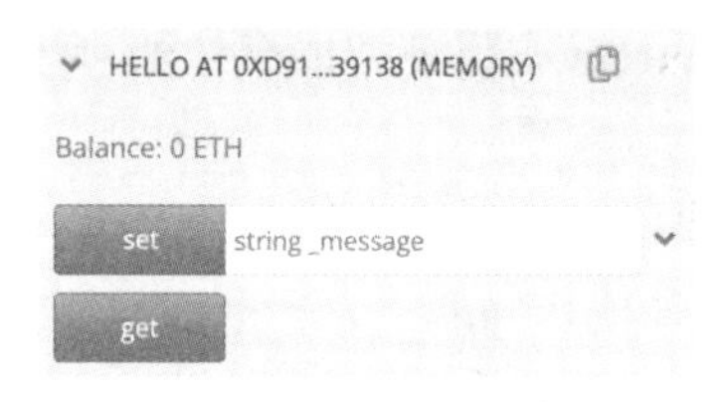

图 16.11　Hello 合约的可调用方法

在进行交易确认后，该交易会被打包进区块，我们可以看到这次调用 set 方法的交易信息，包括交易哈希、调用的方法名、输入数据、logs 信息等，如图 16.12 所示。

```
[vm] from: 0x5B3...eddC4 to: Hello.set(string) 0xd91...39138 value: 0 wei data: 0x4ed...00000 logs: 1 hash: 0x193...d6993
status               true Transaction mined and execution succeed
transaction hash     0x193d8e2f4bf98f171615176dfd70b5b760fe777534449ea5f1882a1bf38d6993
from                 0x5B38Da6a701c568545dCfcB03FcB875f56beddC4
to                   Hello.set(string) 0xd9145CCE52D386f254917e481eB44e9943F39138
gas                  34733 gas
transaction cost     30202 gas
execution cost       8586 gas
input                0x4ed...00000
decoded input        {
                             "string _message": "Hello World!"
                     }
decoded output       {}
logs                 [
                             {
                                     "from": "0xd9145CCE52D386f254917e481eB44e9943F39138",
                                     "topic": "0x88fabb3a5fb12238a642b855bc1b1693ac0d6443ad7fc7c035e322c5b6cb587f",
                                     "event": "SetMessage",
                                     "args": {
                                             "0": "Hello World!",
                                             "_message": "Hello World!"
                                     }
                             }
                     ]
val                  0 wei
```

图 16.12　调用 Hello 合约 set 方法的交易信息

这时再调用 get 方法，可以看到会返回“hello world”，正是我们刚才用 set 方法传入的参数，如图 16.13 所示。

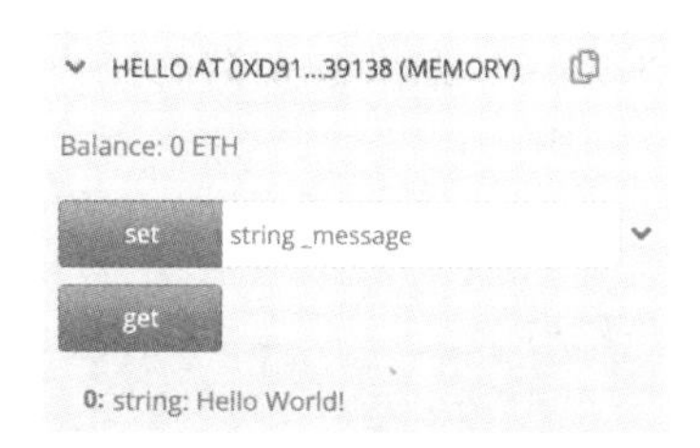

图 16.13　调用 Hello 合约的 get 方法

2. 数瑞智能合约示例

北大数瑞是面向大数据场景的数据资源、IoT资源、云资源的管理和调度平台。BDContract是一个可信计算框架,计算逻辑以智能合约的方式表达。通过“随机”和“冗余计算”的方式实现智能合约的可信执行。BDContract在保证智能合约的可用性、可靠性的同时,着重提升执行效率和安全性。

数瑞的合约语言为Yjs,下面以一个货币发行合约BDCoin的实现为例讲解如何使用Yjs来编写部署智能合约代码,完整合约代码如下:

https://gitee.com/BlockChainAndSE/blockchainforse/blob/master/section_16/16.2.3.2_bdcoin.yjs

下面,我们来详细分析BDCoin合约的实现。

在BDCoin合约中,首先定义了全局变量Global.accounts和Global.total。其中,Global.accounts是一个map数据结构,记录账号和其对应的金额;Global.total用于记录总的货币发行量。

```
function onCreate(arg) {
    Global.accounts = {};
    Global.total = 0;
}
```

onCreate方法是合约的构造方法,在合约被部署的时候,该方法会被调用用于初始化,在BDCoin的onCreate方法中,Global.accounts被初始化,Global.total被初始化为0。

```
export function viewAmount(arg) {
        return Global.total;}
export function viewAll(arg) {
    var result = Global.accounts;
    return JSON.stringify(result);
}
```

viewAmount函数和viewAll函数用于查询合约的发行量和合约中记录的所有账户数据,其中,viewAll函数会返回json字符串化的账户数据信息。

```
export function view(accountID) {
    var json = Global.accounts;
    if (json[accountID] ! = undefined) {
        return json[accountID];
    }
    return 0;
}
```

view函数用于查询某个账户的余额,如果被查询的账户不存在,则会返回0;如果存在,则会返回该账户的金额。

```
export function createAccount(arg) {
    var json = Global.accounts;
    if (json[arg] ! = undefined) {
        return "Already exists";
    }
```

```
        Global.accounts[arg] = 1000;
        Global.total+ = 1000;
        return "Create account " + arg + "success";
    }
```

createAccount 函数用于创建账号，如果账号已经被创建过，则会返回“Already Exists”；如果账号未被创建，则会设置初始的账户余额为 1000，并返回创建成功的信息。

```
    export function add(arg) {
        var args = JSON.parse(arg);
        var accountID = args.id;
        var value = args.value;
        if (value <  0) {
            return "Invalid request";
        }
        var json = Global.accounts;
        var tmp;
        if (json[accountID] ! = undefined) {
            tmp = json[accountID] + value;
        } else {
            tmp = value;
        }
        Global.accounts[accountID] = tmp;
        Global.total + = value;
        return "add" + value + "to" + accountID;
    }
```

add 函数用于给某个账号增加某个数量的代币余额，函数首先会将参数 json 解析，获得其中的 accountID 和 value。如果 value 小于 0，则会返回非法请求，然后会为 Global.accounts 中的对应账号添加相应的代币余额，并修改 Global.value。

```
    export function burn(arg) {
        var args = JSON.parse(arg);
        var accountID = args.id;
        var value = args.value;
        if (value < 0) {
            return "Invalid request";
        }
        var json = Global.accounts;
        var tmp;
        var res = "burn " + value + " from " + accountID;
        if (json[accountID] ! = undefined) {
            tmp = json[accountID]-value;
        } else {
            tmp = -value;
```

```
    }
    if (tmp < 0) {
        res = "Insufficient balance";
    } else {
        Global.accounts[accountID] = tmp;
        Global.total -= value;
    }
    return res;
}
```

burn 函数是销毁某个账号的一定数量代币的函数，首先函数会将参数进行 json 解析，获得其中的 accountID 和 value。如果 value 小于 0，则会返回非法操作的提示，接着会将 Global.accounts 中的对应账号的代币余额减少相应的数量，并修改 Global.total 中记录的总发行量。

```
export function transfer(arg) {
    var json = Global.accounts;
    var args = JSON.parse(arg);
    var from = args.from;
    var to = args.to;
    var value = args.value;
    if (value < 0) {
        return "Invalid request";
    }
    var from_value = 0;
    if (json[from] ! = undefined) {
        from_value = json[from];
    }
    if (from_value <  value) {
        return from + " Insufficient balance";
    }
    var to_value = 0;
    if (json[to] ! = undefined) {
        to_value = json[to];
    }
    from_value -= value;
    to_value + = value;
    Global.accounts[from] = from_value;
    Global.accounts[to] = to_value;
    return "Transfer from " + from + " to " + to + " " + value + " success";
}
```

transfer 函数用于账户间的代币转账。首先函数会将参数进行 json 解析，获得其中的转账方、接收转账方和金额。如果金额小于 0，则会报非法请求的错误，然后检查转账方是否有足够的代币金额。如果转账方有足够的代币金额，则会修改 Global.account 中的转账方代币余额信息和接收转账方的代币余额信息。

16.2.4　区块链软件开发的挑战

区块链技术自 2008 年正式诞生以来就凭借其去中心化、不可篡改、可追溯等特点得到广泛的应用。区块链技术已经成为近年来最具革命性的新兴技术之一，在金融、工业、政务等领域中涌现出一批区块链相关应用。

区块链系统通过将交易记录在账本上实现对交易的可追溯。在比特币、以太坊中，账本采用的是链式结构，交易确认时间较长，这类区块链在可扩展性方面存在问题，这对于许多系统而言是不可接受的，此类问题对于规模较大的区块链应用将更加明显。针对区块链系统的性能问题，设计者可以选择非链式的账本结构，例如采用有向无环图（Directed Acyclic Graph，DAG）的方式进行改善。相比于传统的软件开发，区块链技术存在一些特点会对区块链软件的开发带来影响，并且由于区块链技术是一项新兴技术，相关法律法规、行业规范还不成熟，这些都会对区块链应用的开发形成挑战。

1. 智能合约的特殊性

在区块链系统中，智能合约是指那些不可改变的计算机程序。例如，在以太坊中，智能合约以确定的方式运行在以太坊的虚拟机上。在区块链应用中，可以通过智能合约实现各类操作，这些过程都会被可信地记录在账本中。

与传统软件不同，智能合约的代码无法更改，已交付的应用无法通过发布一个新的版本的方式来进行错误修复或者更新，只能通过部署一个新实例的方式来进行更改。智能合约依赖于非标准的软件生命周期，这对于智能合约的编写、测试而言是极大的挑战。

智能合约的特殊性为区块链应用的开发带来了如下挑战。

（1）智能合约无法改变

对于智能合约的编写者而言，如果直接将编写好的智能合约部署在区块链上，那么合约将无法更改，也无法做进一步的测试与升级。对此，区块链应用的开发人员应该考虑设计有效的智能合约测试工具，例如，研发相应的自动化智能合约测试技术，或者通过搭建测试网络的方式来实现智能合约的测试，在智能合约被部署到正式的区块链上之前可以在测试网络中进行部署、调用，确保有效的测试活动。

（2）智能合约开发环境对区块链软件的构建和传播起着至关重要的作用

这样的环境可以通过专门的语言使得智能合约的创建更加流水线化和简化。在区块链应用中，开发人员可以设计相应的智能合约开发环境，结合智能合约的部署、测试、静态分析等功能，为区块链应用的使用者提供一个适合开发智能合约的集成开发环境。

（3）智能合约必须符合安全性等要求

区块链应用的开发人员还可以自主开发或使用一个适合的静态分析算法，在部署智能合约之前，可以通过静态分析技术分析该合约是否满足规范性、安全性、可靠性等要求。另外，分布式部署的智能合约在调用执行时存在一定的延迟，对于这类问题，可以通过引入特定的度量标准及测试工具来对区块链应用进行评估。

2. 区块链的特殊性

低安全性及可靠性的区块链系统无法发挥其作用，区块链应用往往会对系统的安全性和可靠性提出更高的要求。在对区块链应用进行开发之前，应当结合具体使用场景，考虑系统的安全性、可用性、可靠性等方面进行设计。

区块链的特殊性为区块链应用的开发带来了如下挑战：

① 在区块链应用中，必须保证数据的完整性和唯一性，以确保基于区块链的系统值得信赖；

② 需要考虑区块链双花等区块链系统特有问题的发生。

确保区块链应用开发的安全性和可靠性需要特定的方法进行全面的软件审查。另外，数学上合理的分析技术可以帮助在面向区块链的应用程序中增强可靠性和安全性相关的属性。

可以通过对区块链应用的测试，避免产生不可控的后果：

① 是否满足用户要求；

② 是否遵守所涉及的法律法规；

③ 是否不包括不公平的合约条款；

④ 是否针对区块链双花等区块链可能存在的问题进行测试；

⑤ 是否确保状态完整性的测试；

⑥ 对智能合约进行测试；

⑦ 区块链交易测试。

3. 传统软件工程的局限性

从 2008 年区块链技术正式诞生至今，仅有 10 余年的时间。相比于传统的软件工程，区块链应用的发展仍然处在一个初始阶段，缺乏一套成熟的体系。将传统的软件工程方法直接用在区块链应用的开发中存在一定的局限性。

在传统的软件工程理论中，对系统的开发可以分为面向对象分析（Object-Oriented Analysis，OOA）、面向对象设计（Object-Oriented Design，OOD）、面向对象编程（Object-Oriented Programming，OOP）几个过程，在每个过程中通过顺序图、用况图、类图等方式来确定需求、分析系统、设计系统，最后实现系统。

现有的一些 UML 图，例如活动图、状态图不能有效地表示区块链应用的分析和设计。对此，需要修改 UML 图或者专门创建面向区块链应用开发的建模语言来表示区块链应用的开发。面向区块链的系统可能需要专门的图形模型来表示。构建面向区块链的应用程序越来越重要，需要发展面向区块链的软件工程开发模型、工具及方法，需要定义特定的区块链软件工程，不断发展、完善面向区块链应用的软件工程。

4. 分布式系统的特殊性

区块链系统作为一种分布式系统，在开发过程中有一些需要考虑的问题。分布式系统的开发本身存在一些固有的挑战。例如，经典的 CAP（Consistency，Availability，Partition tolerance，CAP）定理，即不存在一个分布式系统可以同时满足一致性（Consistency）、可用性（Availability）和分区容错性（Partition tolerance）。

区块链应用的开发人员需要考虑一致性、可用性、分区容错性之间的平衡问题，如图 16.14 所示。

5. 行业规范的不完善性

目前，区块链应用的发展还处于起步阶段，不同的区块链系统承载着不同的业务需求，每个应用都有特定的优点和缺点。在开发区块链系统的过程中，除了需要考虑其自身特性之外，区块链系统与其他软件系统以及区块链系统之间的交互都是需要考虑的问题。现在的区块链系统与已有系统之间的兼容性及各类区块链系统之间的兼容性都存在问题。对于此类问题，需要制定行业标准进行规范化约束，需要对开发平台、应用编程接口等进行统一标准的制定，促进各类区块链系统的互操作，为区块链应用开发的长期繁荣奠定基础。

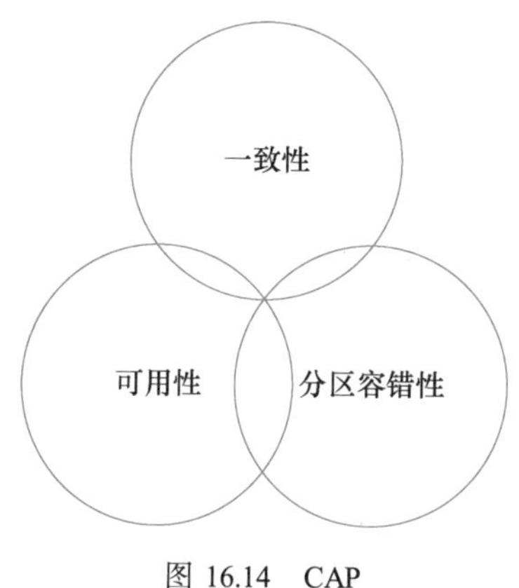

图 16.14 CAP

对于区块链应用的开发，目前在监管待遇和法律可执行性等方面还有许多悬而未决的问题，区块链系统有可能会被别有用心者用于不正当的用途。区块链系统作为一种去中心化系统，需要有效的监管以及相应的法律法规。在区块链系统中，参与主体经常包含多个组织，为了区块链系统的维护，参与各方需要明确各自职责并考虑如何增强团队之间的协作，只有团队内部积极协作、紧密配合，才能应对区块链开发的各种挑战。对于区块链应用行业，需要制定、完善并确保相应的法律法规的执行，加大监管力度，通过这样的方式来规范行业，为行业发展提供一个良好的环境。

区块链应用开发行业不仅需要技术人员，也需要具有相关领域知识的专业人士，例如金融、法律界人士。区块链行业需要具备一定技术水平与金融、法律知识的复合型人才，作为承包商与 IT 专业人员之间沟通的桥梁。

确定区块链软件角色和其职责可以实现关注点分离，这样如果一个角色发生变化，角色之间的影响或依赖就会减少。区块链应用的开发依赖于具有技术专长、业务敏锐度的人员，并确保他们清楚自己的角色。开发角色需要根据项目设置进行定制。除了在非区块链软件工程中的众所周知的技术类角色，区块链软件工程中还应该引入一些新角色。区块链软件工程中的角色可以大致分为五个不同的组：

① 核心区块链开发人员，负责设计与区块链技术相关的区块链平台、API、协议、网络架构和安全模式等。

② 区块链软件开发人员，利用核心区块链开发人员提供的使能基础来实现在区块链平台上运行的区块链应用。通常，区块链软件开发人员负责编写以安全方式编码关键业务逻辑的智能合约，实现与区块链软件系统后端交互等工作。

③ 系统集成工程师，负责整合所有区块链链上和链下组件，确保满足互操作性要求，寻求组件更改的批准，并确保整个区块链应用正常运行。

④ 法律专业人员，以业务为中心的承包商和以技术为中心的软件团队之间需要法律专业人员，负责识别潜在的承包商和合作伙伴，处理基于区块链的复杂业务交易，负责起草法

律合同并确保其条款充分转化为相关的智能合约代码。

⑤ 区块链应用用户,区块链用户在与区块链生态系统集成的商业模式所起的作用是消费或生产数据,并贡献对他人有益的资源。

16.3　区块链技术在软件工程中的应用

通过传统的软件工程来开发区块链应用,存在一定的问题及挑战。虽然区块链技术已经被广泛应用在金融、工业、互联网等领域中,但是很少有研究者探索区块链技术能够解决软件工程中的什么问题。实际上,区块链技术对软件工程有一定的意义,它能够凭借其特性解决软件工程领域中的一些核心问题[4,5]。本节将对区块链技术在软件工程中的意义展开说明。

16.3.1　在软件生命周期中的意义

在软件开发的整个生命周期中,区块链技术有着重要的意义。

1. 软件需求

在软件开发的需求提出阶段,需求管理和可追溯性面临着各种各样的挑战,例如异构工具之间的集成问题以及跨组织的可追溯性问题、机密性等。

在这一方面,通过区块链技术,可以实现对组织间软件项目中需求的可信管理和可追溯性查证。参与者可以在区块链上注册,提出需求并通过区块链查询功能跟踪其演变。区块链支持对历史需求的审计,历史需求的记录可以由授权用户查看、验证。

2. 软件测试

采用区块链技术能够解决许多软件测试中遇到的问题,例如难以在软件测试人员和软件的买家之间建立相互信任。其中解决方案包括软件测试人员需要将对该软件的测试结果作为区块的数据内容记录在分布式账本上,以确保在软件买家和测试人员之间产生矛盾的情况下对测试结果进行追溯、查证。

除此之外,不同的测试人员可能采用不同的方式进行软件测试,这样可能导致不同的测试结果。为了解决这个问题,已经有人提出一种新的共识协议,称为技能证明(Proof of Skills[6])。在这种共识协议作用下,一旦测试人员将他们的测试结果上传到平台上,他们的技能等级就会通过他们的历史测试表现被计算出来,然后进行分组,最终测试结果则由技能等级最高的小组决定。

Yau 和 Patel 等则提出使用区块链以可信的方式在不同团队之间共享软件测试信息,例如测试计划、测试用例、测试结果、结果评估等[7]。他们通过 Hyperledger Fabric 实现了这一模型,其中每个测试结果都需要满足验收标准、背书政策(即每条交易提交前必须获得一定数量节点的支持)和共识。通过这种方式能够降低软件系统中注入攻击的风险,并且适用于大型复杂项目中的可信测试。

3. 软件质量

为了提升软件质量,Kim 等人提出了一个结合区块链技术的模型,该模型将对代码质量的评估存储在分布式账本上,以确保其可靠性且不可被篡改[8]。他们通过代码复杂度等指标衡量软件质量。根据该团队的说法,此模型确保对代码质量的评估历史,即所有的授权用户都能够看到。

Lin等人也通过区块链技术对软件的质量带来一定的提高，他们提出一个基于区块链的平台，即CoderChain[9]。这个平台由三种角色构成：开发人员、代码、陪审团。其中，具有高级技术水平的开发人员可以组成陪审团。陪审团对开发人员编写的代码进行评估与审查，并将结果存储在区块链分布式账本上。匿名性对于确保审查过程的公平可靠是十分重要的，这种方法能够确保代码审查的可靠性以及审查者信息的匿名性，从而提升代码质量。

除此以外，在传统的软件开发过程中，参与者可能会出于自身利益考虑而相互推卸责任，例如不承认某些操作等。这些问题都可以通过数字签名和区块链共识机制来解决。经过数字签名和验证的包含更新或测试结果的交易会被记录在区块链上，一旦交易记录在区块链上，就无法否认，从而避免链参与者互相推卸责任的情况，提高软件开发人员的工作严谨度，因此有利于提升软件质量。

4. 软件维护

由于大部分开源软件的项目维护者都是自愿的，很可能出现志愿者不再愿意维护的情况。为了改善这个问题，可以使用区块链技术来提供一个可信透明的环境，通过加密货币来为软件开发募集资金，并且能够在区块链的分布式账本上记录引用、软件使用和软件执行的情况。

5. 团队开发管理

软件的多方合作开发中，各个团队因为工作环境的不同，会使用不同软件包和库进行开发，而这可能会导致完整性和监管方面的问题。为了改善大型团队开发软件的问题，Bose等人提出了一个基于区块链的可信软件开发管理框架[10]，由如下三层构成：

① 数据层。该层的目标是从整个系统生命周期中使用的各种工具中获取并监控事件数据。

② 分析层。该层主要负责对事件数据的分析，其中包括合规性检查、来源检查、完整性评估。

③ 报告层。该层在出现不合规问题时，提醒用户并且对该问题给出处理方案。

Ulybyshev等人提出通过结合区块链技术，基于智能合约中建立的访问控制策略来解决团队协作开发软件中软件模块未经授权访问、修改及迁移的问题[11]。通过将软件模块请求和迁移记录存储在区块链分布式账本上的方式来确保数据来源的完整性。

为了激励软件开发人员，Singi等人基于区块链技术提出一个激励框架，在软件开发的整个生命周期内为软件工程提供透明的激励政策从而激励软件开发人员对软件作出各类贡献[12]。该框架从软件的交付系统中获取事件，并根据激励政策进行分析，在符合要求的前提下，软件工程师将获得数字代币作为激励。

16.3.2 区块链技术特点对软件工程的意义

区块链技术有着去中心化、可追溯、不可篡改等特点，这些特点能够在软件工程领域中发挥一定的作用。

1. 去中心化

目前，软件的开发工作主要依赖于中心化的系统，例如GitHub。这些系统存在单点故障等问题，例如2015年GitHub遭受了DDos攻击，大量非法请求导致服务的间歇性中断。为了避免此类问题，区块链作为一种分布式系统能够有效缓解这类问题。分布式系统为服务提供更高的可用性。

2. 可信性

软件开发往往涉及多个团队协作,而各个团队只在自己的边界运行,这阻碍了整个软件开发生命周期的整体视图。分散的团队会在其本地存储库中记录相关数据,这些数据可以在与其他团队共享之前进行处理,但是会带来信任问题。对数据进行检测会影响交付进度,而未检测数据又难以保证质量。区块链可以作为软件开发生命周期的支撑,所有系统生命周期中的事件及其描述都可以记录在区块链上。通过区块链不可篡改的可信存证,区块链技术为软件工程师提供了软件开发生命周期的整体视图。有相应授权的合作者可以随时验证软件相关信息的可信度。

软件开发的多个参与团队都可以访问、修改软件数据,未经授权的软件修改被看作软件跨越团队边界的关键问题。例如,一些恶意的参与开发人员可以修改代码或添加一些构件,从而达到数据泄露等不好的目的。而区块链技术能够跟踪每个软件构建的历史,并检测到任何未授权的访问、修改或数据传输。

区块链技术凭借其透明性、可验证性、不可篡改性等特性,为解决大型软件项目开发中各方参与者之间的信任问题提供了帮助。

16.3.3 在软件工程中的具体实例

区块链技术凭借其可信、可追溯等特性解决了软件工程领域中的一些核心问题。对软件工程中提升产品及服务质量,增加系统的信任程度都有着实际意义,具体体现在以下两个方面。

1. 对持续集成服务的意义

GitHub 是一个面向开源及软件项目的托管平台,GitHub 只支持 Git 作为唯一的版本库格式进行托管,用户可以在 GitHub 中创建仓库。GitHub 于 2008 年 4 月 10 日正式上线,作为开源代码库及版本控制系统,GitHub 拥有着超过千万的用户,已经成为管理软件开发的首选平台。

软件开发的整个过程,包含了代码编写、构建、测试等多个环节。为了提高软件开发的效率,涌现出许多构建和测试的自动化工具。持续集成服务(Continuous Integeration,CI)就是其中一种。目前,大多数的 GitHub 项目都是用 Travis CI 来进行自动构建。Travis CI 可以绑定 GitHub 上的项目,只要有新的代码,它就会自动抓取并为代码提供一个运行环境,执行测试,完成构建。在确保新的代码符合预期之后,再将其集成到主分支上。通过这样的方式,每次代码的小幅变更都能看到运行结果,而不是在开发周期结束时,一起合并大量代码。

目前,GitHub 上进行的持续集成服务的所有项目中有一半以上都采用了 Travis CI。Travis CI 为开发人员提供了一个构建环境来测试和部署他们变更的代码,并提供先前执行的构建的历史视图,这适用于区块链应用程序的日志。

Beller 等人提出了一个区块链的持续集成(Blockchain Continuous Integration,BCI)[13]系统,如图 16.15 所示。其中,持续集成服务的实现步骤如下:

① 开发人员在内存池中输入构建及类似于以太坊中 gas 的奖励价格;

② 开发人员将其广播到 BCI 的区块链网络中;

③ 感兴趣的工作节点执行构建;

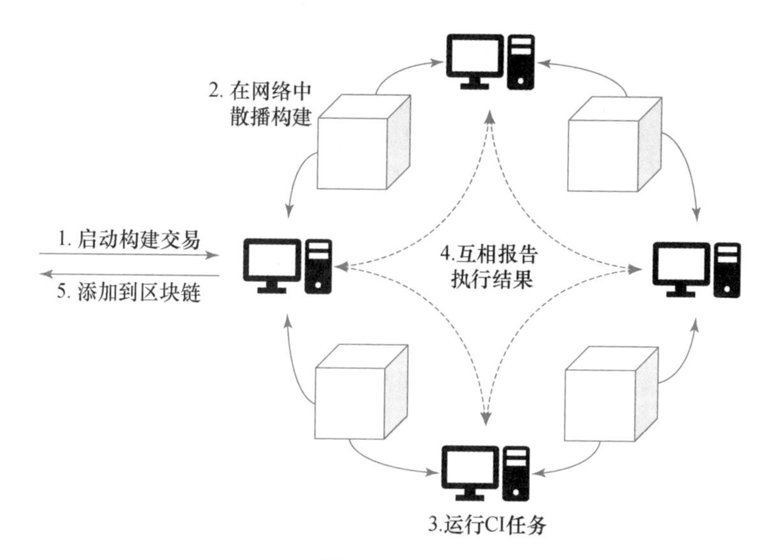

图 16.15　BCI

④ 执行该构建的节点向彼此报告执行结果;

⑤ 如果它们达成共识,则会将该构建添加到区块链中;

⑥ 类似于以太坊中智能合约在以太坊虚拟机(Ethereum Virtual Machine,EVM)中执行,在 BCI 中构建任务将会在与主机系统隔离的屏蔽环境中执行,例如 Docker。

通过对构建日志输出进行哈希计算和签名,构建任务的执行可以作为可行的工作量证明,这比比特币目前使用的工作量证明方式更加有意义。

通过上述设计方式,可以解决传统持续集成服务(Traditional Continuous Integration, TCI)中的许多问题:

① TCI 作为整体的单点系统,每次 TCI 中断都会导致用户工作流程的中断。而如果在 CI 中结合区块链技术,那么将不会再有单点故障问题。

② 作为准垄断服务,TCI 决定了私人托管价格。而 BCI 通过区块链技术的计算能力打开了一个市场,市场中的每个参与节点都可以使用闲置的资源来参与持续集成服务并赚取相应的报酬,这样就打破了传统持续集成服务的垄断局面。这也意味着能够通过需求和供应的经济规则调节价格,而不是由单个公司垄断市场。基于区块链的 CI 允许开发人员在请求构建服务时设置交易收益,用户可以自行选择将其设置为很高的费用,BCI 中的节点会优先执行此类构建任务,因为其收益较高。

③ 如果提供 CI 服务的传统服务商破产或出现其他问题,那么用户可能无法访问其构建历史。但是如果使用 BCI 来完成构建服务,那么其构建历史会在分布式账本中记录,可以作为分布式档案自助服务。

2. 对包管理器的意义

代码复用在软件工程中有着重要意义。在软件开发过程中,我们不仅会使用 apt-get 等包存储库来管理二进制文件,并且还可能使用 Java 的 Maven Central 或者 JavaScript 的 npm、js 等软件包管理系统来帮助软件开发。npm 过去基本上不对新的版本进行质量审查,这就造成了严重后果。例如,在 left-pad 事件中,一个开源软件开发人员发起恶意攻击,删除了数千个其他npm包所依赖的包,这在社区中引起了极大的轰动。

为了避免此类中断发布产生的连锁反应,Debian使用依赖于个人连接的信任网络,Debian的维护者通过他们的签名来验证他们是否已经对包进行适当的集成测试。然而,这样的措施带来的改善仍然有限,不能解决以下问题:① 不能防止随机的恶意行为;② 少数人承担起了大量的工作;③ 无法防止包被损坏;④ 测试工作只能由包的维护者完成。

可以通过基于区块链的包存储库(Blockchain Advanced Packaging Tool,BAPT)[13]来解决上述问题。BAPT为包存储库封装了一个可验证的社区驱动回归测试框架。与BCI类似,BAPT的每个参与者都可以从内存池中选择一个新的等待发布版本,验证该发布是否按预期工作并且没有中断与下游客户端的兼容性。

对于语义版本控制,可以通过库的下游客户端运行他们的测试,来验证宣称的更改的确是非破坏性的。这样可以增加第三方的信任,并保证正式发布的新软件包版本(发布在区块链上的正式版本)的决定民主化。

区块链技术能够使得软件工程中包的管理维护工作更加专业。在软件工程领域,存在着许多微小的任务,这些任务虽然不难执行,但是需要人工努力,例如包的维护、集成构建服务等。与其他发行版类似,Debian通过一部分固定的自愿维护人员来管理软件包,这样的方式使得大量包由于维护者不活跃而过时。但是,使用基于区块链的包存储库可以打造一个开放的、蓬勃发展的包市场,任何人都可以参与其中,并且区块链的特性能够使恶意参与者无法生成带有恶意目的的包并投放市场而破坏包的市场环境。新包的提出及包的维护工作都需要验证,而参与这个透明且开放的过程能够获得类似于以太坊中gas的奖励。市场可以通过更高的奖金激励比较紧急的更新操作。

16.4 本章小结

在本章中,我们介绍了区块链的基本概念以及区块链的三种类型,详细描述了区块链的特点,并通过具体示例描述了区块链能够解决的问题。除此之外,我们详细说明了在软件工程中的区块链应用。我们介绍并分析了区块链的DApp,如何开发DApp,并通过几个智能合约的例子详细描述了开发过程。另外,我们从四个不同的角度阐明了区块链软件的开发挑战。最后,我们说明了区块链技术在软件工程中的意义。

习　题

1. 公有链一致性问题的基本假设是什么?可能会遭遇怎样的攻击?

2. 比特币区块链的激励机制是如何帮助维护系统一致性的?

3. 在由多个智能合约支撑的去中心化应用中,领导-成员模式和平等模式在效果上有怎样的不同?

4. 请给出一个热门App移植为以太坊DApp的架构设计。

5. 16.2节中货币发行合约BDCoin发行了一种代币,相同面值的该种货币具有相同的价值,因此也可称为同质化代币。除此之外,还可以利用智能合约发行非同质化代币(Non-Fungible Token,NFT),即每个代币无法相互替代,具有不同的价值。请使用Yjs实现一个发行NFT的智能合约。

参考文献

[1] Economist T. The promise of the blockchain：The trust machine[J]. The Economist，2015，31(16)：27.

[2] Zhang K，Jacobsen H A. Towards Dependable，Scalable，and Pervasive Distributed Ledgers with Blockchains：ICDCS，2018[C].Vienna，2018.

[3] Nakamoto S. Bitcoin：A Peer-to-Peer Electronic Cash System[EB/OL].[2022-10-11].https://bitcoin. org/bitcoin. pdf.

[4] Fahmideh M，Grundy J，Ahmed A，et al. Software Engineering for Blockchain Based Software Systems：Foundations，Survey，and Future Directions [J]. arXiv：2105. 01881，2021.

[5] Demi S，Colomo-Palacios R，Sánchez-Gordón M. Software Engineering Applications Enabled by Blockchain Technology：A Systematic Mapping Study[J]. Applied Sciences，2021，11(7).

[6] Skyllz. The Proof-of-Skills protocol. Medium[EB/OL]. [2018-02-13] https://medium.com/skyllz/the-proof-of-skills-protocol-fa959fb94b65.

[7] Yau S S，Patel J S. A blockchain-based Testing Approach for Collaborative Software Development：2020 IEEE International Conference on Blockchain (Blockchain) November 1，2020[C]. IEEE.

[8] Kim D，Kim H. A Study of Blockchain based on Graph Database for Software Quality Measurement Integrity：2018 International Conference on Information and Communication Technology Convergence (ICTC)，Dctober 1，2018[C]. IEEE，2018.

[9] Lin Y，Qi Z，Wu H，et al.CoderChain：A Blockchain Community for Coders：2018 1st IEEE International Conference on Hot Information-Centric Networking (HotICN)，August 1，2018[C]. IEEE，2018.

[10] Bose R P J C，Phokela K K，Kaulgud V，et al. BLINKER：A Blockchain-Enabled Framework for Software Provenance：2019 26th Asia-Pacific Software Engineering Conference (APSEC) December 1，2019[C]. IEEE，2019.

[11] Ulybyshev D，Villarreal-Vasquez M，Bhargava B，et al. (WIP) Blockhub：Blockchain-Based Software Development System for Untrusted Environments：2018 IEEE 11th International Conference on Cloud Computing (CLOUD) July 1，2018[C]. IEEE，2018.

[12] Singi K，Kaulgud V，Bose R P J C，et al. Are Software Engineers Incentivized Enough? An Outcome based Incentive Framework using Tokens：IEEE International Workshop on Blockchain Oriented Software Engineering (IWBOSE) February 18，2020 [C]. IEEE，2020.

[13] Beller M，Hejderup J. Blockchain-Based Software Engineering：2019 IEEE/ACM 41st International Conference on Software Engineering：New Ideas and Emerging Results (ICSE-NIER) May 1，2019[C]. IEEE，2019.

第 17 章　云计算驱动的软件工程

云计算作为一种新型计算架构，为很多领域带来了深远影响。在云计算的架构下，如何使用软件工程方法开发应用，传统软件工程方法是否适用于云计算架构下的软件开发，如何利用云计算架构的优势开发云原生应用，这些是本章要回答的问题。

17.1　云计算的起源

云计算的概念是在 2006 年被正式提出的，但是在这之前，云计算的思想就已经出现了。本节将回顾云计算发展的过程，并分析云计算发展对相关技术所带来的影响。

17.1.1　云计算的历史

云计算是在分布式计算（Distributed Computing）、并行计算（Parallel Computing）、网格计算（Grid Computing）的基础上逐步发展来的，是一种新兴的商业计算模型。云计算的思想最早由美国心理学家和计算机科学家约瑟夫·利克莱德（Joseph Licklider）在 20 世纪 60 年代提出来的。他在美国国防部高级研究计划局从事网络研究的时候提出了使用云计算技术来连接全世界的人、数据的想法。20 世纪 90 年代，少数电信公司开始提供虚拟专用网络（Virtual Private Network，VPN）服务，逐渐开始用云的概念来形容虚拟服务[1]。2000 年以后，云计算迎来了快速发展期，其中以亚马逊在 2006 年推出的弹性计算云（Elastic Computing Cloud，EC2）①为代表。随后，2008 年微软推出了 Microsoft Azure②，2011 年阿里云推出了云计算服务③。目前，国内外多家厂商陆续推出了各自的云计算服务，比如谷歌推出了 Google Compute Engine④，甲骨文推出了 Oracle Cloud⑤，腾讯推出了腾讯云⑥，华为推出了华为云⑦。

---

① https://www.amazonaws.cn/

② https://azure.microsoft.com/zh-cn/

③ https://www.aliyun.com/

④ https://cloud.google.com

⑤ https://www.oracle.com/cloud

⑥ https://cloud.tencent.com

⑦ https://www.huaweicloud.com/

17.1.2　云计算驱动的技术创新

云计算是在多种因素的驱动下发展起来的，发展过程中云计算使用了很多已有技术，同时又对这些技术提出了新的要求，推动了相关技术的进一步发展，这些技术包括集群技术、虚拟化技术和网格计算技术。

1. 集群技术

集群技术是将一组基本相同的硬件和操作系统构成的信息技术（Information Technology，IT）资源互联起来，以整体形式进行工作，当一个构件出现故障后可以被其他构件替代，此时集群的性能几乎不受影响。集群内部的构件设备之间通过通信链路来保持同步，集群在对外服务时具有冗余和容错特性，这正是云计算所需要具备的能力，因此集群技术成为了云计算中资源集群机制的重要部分。

2. 虚拟化技术

虚拟化技术用于创建 IT 资源的虚拟实例，通过使用虚拟化技术可以将一份物理 IT 资源虚拟成多份 IT 资源，这样多个用户就可以共享相同的底层物理 IT 资源。云计算的产品中大量使用虚拟化技术，包括计算资源的虚拟化、存储资源的虚拟化以及网络资源的虚拟化。早期的虚拟化技术通过软件方式来完成，在性能、可靠性和可扩展方面存在一定的局限性。随着云计算发展的需求，出现了硬件辅助的虚拟化技术，克服了传统虚拟化技术的缺点，使得虚拟化成为云计算的重要支撑技术。

3. 网格计算技术

网格计算技术是将大量异构计算机的未用资源联合在一起，组成一个大的系统，为用户提供功能强大的多系统资源来处理特定的任务，解决大规模计算问题的技术，其目标是以一种松耦合的方式来优化利用组织中的异构资源。网格计算技术与集群技术存在类似的地方，同时也具有明显的区别，区别主要在于，网格计算技术是以部署在计算资源上的中间件为基础，系统间更加松耦合，分布更加分散。在网格计算技术的中间层可以包含负载均衡逻辑、故障转移控制和自动配置管理，这些都是云计算技术所需要的能力。从这个角度看，网格计算技术就是处于早期阶段的云计算技术。

17.2　云计算的定义与架构

17.2.1　云计算的定义

目前，云计算没有统一的定义，参考国际商业机器公司（International Business Machines Corporation，IBM）在 2007 年发布的云计算技术白皮书“Cloud Computing”[2]，其中对云计算的定义为：“云计算一词用来同时描述一个系统平台或者一种类型的应用程序。一个云计算的平台按需进行动态地部署、配置、重新配置以及取消服务等。在云计算平台中的服务器可以是物理的服务器或者虚拟的服务器。高级的计算云通常包含一些其他的计算资源，例如存储区域网络（Storage Area Network，SAN）、网络设备、防火墙以及其他安全设备等。在描述应用方面，云计算描述了一种可以通过互联网进行访问的可扩展的应用程序。‘云应用'使用大规模的数据中心以及功能强劲的服务器来运行网络应用程序与网络服务。任何一个用户可以通过合适的互联网接入设备以及一个标准的浏览器就能够访问一个云计算应用程序。"

上述定义给出了云计算两个方面的含义：一方面，描述了基础设施，用来构造应用程序，其地位相当于个人计算机上的操作系统；另一方面，描述了建立在这种基础设施之上的云计算应用。

相关文献把云计算定义为一种新型的计算模式，即云计算是以网络技术、虚拟化技术、分布式计算技术为基础，以按需分配为业务模式，具备动态扩展、资源共享、宽带接入等特点的新一代网络化商业计算模式[3]。

17.2.2　云计算的架构

云计算的基础架构如图 17.1 所示[4]。最底层是硬件设备，包括计算设备、存储设备和网络设备等。在此基础上，通过使用计算虚拟化、存储虚拟化、网络虚拟化等技术来将硬件设备进行虚拟化并进行统一管理形成云资源池。用户在使用资源时，以虚拟机为单位来获得相应的计算、存储和网络资源，然后就可以在虚拟机上处理数据、部署应用程序。

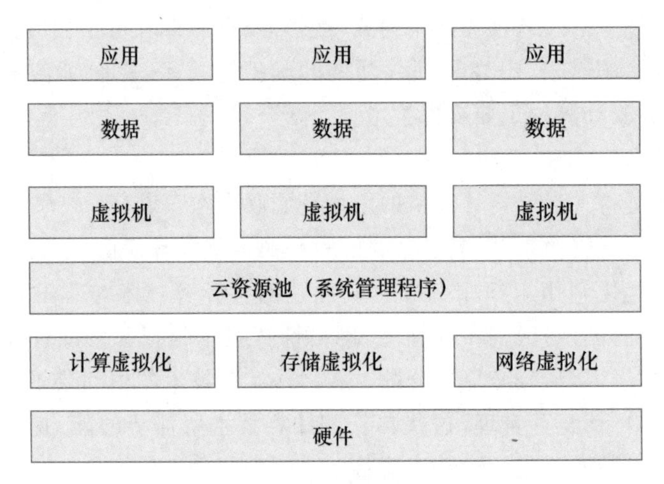

图 17.1　云计算基础架构

目前，云计算提供三种服务模式：基础设施即服务（Infrastructure as a Service，IaaS），平台即服务（Platform as a Service，PaaS）和软件即服务（Software as a Service，SaaS）。三种服务模式的关系如图 17.2 所示[3]。

云服务的底层为 IaaS，提供基础的虚拟硬件资源，即将计算资源、存储资源等作为服务出租，如亚马逊的 EC2。往上则是 PaaS，为用户提供服务平台和开发接口，如分布式数据库，谷歌公司的应用引擎（Google App Engine，GAE）是 PaaS 的代表。云计算服务的顶层为 SaaS，它是云计算服务模式中使用最广泛的一种，将应用以基于 Web 的方式提供给用户，例如 Gmail。云计算的三种服务模式具有一定的依赖关系。一个 SaaS 层的服务不仅需要用到 SaaS 层自身的技术，还依赖于 PaaS 层提供的开发和部署平台，或者直接部署于 IaaS 层提供的虚拟硬件资源上。同时，PaaS 层的服务也可能构建于 IaaS 层的服务之上。

图 17.2　云计算架构及服务模式

17.3　云计算对软件工程带来的影响

软件的开发过程与使用的计算模式和采用的运行方式是直接相关的[5]，软件系统复杂程度的提高，对计算模式和软件工程方法都提出了新的要求。云计算作为一种新型的计算模式，其软件开发运行模式具有诸多优点，为构建复杂应用系统提供了新的思路。同时，云计算模式下软件开发的理论、技术和方法还有待于探索，也给软件工程带来了新的挑战。

17.3.1　云计算的特性

在传统的计算模式下，计算系统的资源通常是以一种紧耦合的方式进行部署的，在这种部署模式下，开发人员面临的是一个相对封闭、确定的部署环境。相比于传统模式，云计算模式下资源的使用方式具有一些典型的特性，比如支持按需使用，具有随处访问的能力，支持高扩展和高可用。

1. 支持按需使用

传统计算模式下，用户通常需要购买特定规格的硬件，然后自行安装部署需要的软件。在云计算模式下，用户可以根据自己的需要来购买云服务提供者的服务。用户可以根据需要来确定计算能力、存储规模和网络带宽。当用户不再需要使用这些服务时，可以随时停止使用，结束服务。当用户需要对资源的规格进行变更时，也可以通过自助的方式快速实现变更。

2. 具备随处访问的能力

传统计算模式下，用户购买的硬件往往是接入局域网中，难以通过互联网直接访问。云服务的提供者为用户提供了便捷的访问方式，通常用户只需要打开浏览器即可通过互联网访问自己购买的云服务，极大地提高了计算资源使用的便捷性。

3. 支持高扩展和高可用

传统计算模式下，用户要实现对计算资源的高扩展和高可用需要花费很多时间、额外的费用，还需要具备专业的知识才能实现。云计算模式下，云基础设施本身具备高扩展和高可用的能力，这种能力也延伸到了云服务。云服务可以根据运行时条件和用户的要求自动、透明地扩展和收缩资源。同时，当用户使用的资源出现故障后，云服务可以自动将用户的负载转移到冗余实现上进行处理，可以为用户提供可靠性和可用性保障。

17.3.2 云计算带来的机遇

云计算模式的特性为用户灵活地使用、管理计算资源提供了便利，对软件工程过程中的架构设计、软件复用、系统运维等多个阶段都有积极影响。

① 促进软件架构的发展。面向服务的架构（Service-Oriented Architecture，SOA）是为了将异构平台上应用程序不同的功能部件（服务）通过定义好的接口与规范，以松耦合的方式整合到一起。这种方式缓解了信息系统的整合性和灵活性之间的矛盾，方便了异构系统间的整合。在云计算模式下，面对大型复杂系统，开发人员需要对系统进行解耦，消除性能瓶颈。部署模式以及运行环境管理的便利性促使开发人员将系统拆分成小的模块，并进行独立的部署和运行。这促使了微服务架构的产生和发展，为构建低耦合、高扩展、高可用的应用提供了新的思路。

② 促进复用程度的提高。软件复用技术有助于提高软件开发的生成率，提高软件系统的可靠性，减少软件维护的负担，是优秀的软件设计的关键因素之一[6]。从软件开发的发展历史来看，软件的抽象程度和开放程度在不断提高。在传统的软件工程中，软件复用的粒度一般到构件。云计算模式的出现，为软件复用提供了新的思路。云计算模式下，软件常以服务的模式来提供，软件复用的粒度可以到服务。例如包含了操作系统、数据库、消息中间件等基础软件的运行环境可以作为一个整体进行复用。

③ 促进新的运维方式的产生。传统的开发模式下，软件运维主要是对软件自身展开的，当软件出现故障时，需要定位环境问题、程序问题等，修复周期比较长，通常会造成业务的中断。在云计算模式下，运维人员在保证基本业务不中断的情况下，通过将软件和运行环境制作成镜像，通过灰度发布等方式修复软件缺陷或者为软件新增特性。

17.3.3 云计算带来的挑战

云计算模式给软件开发带来了很多便利，云计算的成功应用带来了持续的影响。但是，作为一种新的计算模式，云计算模式下软件开发的理论、技术和方法还有待于探索，这些对软件工程提出了新的挑战。

① 构建高可靠的云基础设施软件。云计算基础设施由大量廉价的通用硬件资源组成，为了实现云计算资源的高可用性和高扩展性，需要开发用于管理大量软硬件资源的云基础设施软件。云计算模式下，计算资源成为一种基础设施，一旦出现故障将造成严重影响。因此，如何运用现有的软件工程方法开发出高效、健壮的云基础设施软件，是软件工程领域面临的挑战。

② 高效开发低成本的云原生应用。云计算模式下，随着抽象程度的提升和复用程度的提升，开发人员不需要从零构建整个应用，而只需要关注与业务相关的部分。如何转变组织

模式和开发模式，快速找到可复用的模块，高效低成本地完成应用开发，充分发挥云计算模式优势，是软件工程领域面临的挑战。

17.4　将传统软件迁移到云平台

随着云计算的不断发展和应用的逐渐普及，云计算模式所展现出的成本优势、管理优势等对传统软件具有越来越大的吸引力。在传统软件中使用云计算模式的简单方式，就是将传统软件迁移到云计算环境。对于最简单的迁移，这个过程通常不需要做太多的工作，只需要通过云计算的 IaaS 提供应用需要的部署环境即可。对于复杂的软件（比如需要分布式部署），还涉及网络拓扑、安全策略等配置，这些已经超出本书的讨论范围，读者可以参考云计算相关的专著来进一步了解。对于云计算环境的来源，一种是将自身的软硬件环境进行转型，转变为云计算的使用模式；另一种是使用已有的云计算环境，比较典型的就是已有的公有云产品（比如国外的亚马逊云，国内的阿里云等）。

17.4.1　传统应用的开发模式

从架构上看，传统应用以单体软件为主，虽然软件内部也会划分功能模块，但是其部署形态通常是单个或者少量几个软件包。从软件工程过程的角度来看，云环境下开发传统软件的主要不同体现在开发环境准备、测试环境准备和应用部署几个方面。软件的需求分析、设计、实现、验证等阶段与传统的软件工程方法是一致的。

17.4.2　开发环境准备

在传统的软件开发过程中，在完成需求、设计阶段后，需要准备开发环境，而开发环境通常是根据开发的需要购买物理服务器和基础软件，然后在此基础上配置开发环境。云计算模式下，开发环境的准备具有比较大的便利性。可以通过公有云的 IaaS，根据开发的需求，购买指定时长，指定规格的计算、内存、存储等资源。同时，可以根据开发需要选择特定类型和版本的操作系统。如果需要使用数据库，可以使用云计算服务商提供的数据库服务，只需要根据需求确定存储规格即可。

17.4.3　测试环境准备

在传统的开发方式中，为了对实现的代码进行充分的验证，需要构造尽可能多的测试环境。而对于有高性能要求的软件开发，为了验证软件的性能，需要构造苛刻的测试环境，这通常意味着需要事先购买大量的 IT 资源，而这些资源在完成测试后就不再需要，造成资源的浪费。在云计算环境下，可以按需购买测试环境需要的资源，并且在完成测试工作后就可以释放该资源，从而降低开发和测试的环境成本。同时，云环境还可以提供测试环境的动态扩容和配置，提高测试环境的灵活性。

17.4.4　部署环境准备

部署环境通常对可用性要求较高，传统应用为了应对可能出现的故障，保障系统的可用性，通常需要采用冗余（多个相同功能的模块）、热备（在线备份）等方式来部署。在云计算环境下，由于云基础设施提供了高可用的保障，即使采用单台部署模式也可以达到很高的可用性指标。比如阿里云弹性计算服务（Elastic Compute Service，ECS）可以提供服务等级协议（Service-Level Agreement，SLA）达到 99.995% 的服务[7]。

17.5 基于云平台开发云原生应用

17.5.1 云原生应用的概念与内涵

云原生（Cloud Native）不是一个产品，而是一套技术体系和方法论。云原生的概念是 Matt Stine 根据多年的架构和咨询经验总结出来的一个思想集合，并得到了社区的不断完善，内容包括 DevOps、持续交付、微服务、敏捷基础设施和 12 要素等几大主题[8]。2018 年，云原生计算基金会（Cloud Native Computing Fundation，CNCF）对云原生给出的定义是：云原生技术有利于各组织在公有云、私有云和混合云等新型动态环境中，构建和运行可弹性扩展的应用。云原生的代表技术包括容器、服务网格、微服务、不可变基础设施和声明式 API[9]。“云原生应用”中的“云”表示应用程序位于云中，而“原生应用”表示应用程序从设计之初即考虑到云的环境，原生应用为云而设计，在云上运行，充分利用云平台的弹性和分布式优势。

1. 云原生应用的需求

① 高可用：随着云计算服务成为 IT 资源的基础设施，服务的可用性变得至关重要。不管是不是按照计划进行停机，都会导致客户满意度的下降。但是，维护系统的正常运行不仅是靠运维团队来完成的，云原生应用的开发人员在设计和开发阶段需要采用松耦合、构件化方式来开发系统，并通过设置冗余来缓解故障造成的停机，并通过采用隔离机制防止故障在系统中进行传播。

② 快速迭代：在激烈的竞争和消费者不断增长的预期下，应用程序的更新已经从每月数次增加到了每周数次，甚至一天数次。为了确保应用程序可以满足用户需求，现代的应用程序需要收集用户的反馈，然后根据这些反馈信息快速做出调整。

③ 多端支持：随着移动互联网技术的出现和不断发展，今天的应用程序通常需要同时支持桌面端和移动端两种平台。同时，用户在使用应用程序时希望可以无缝地从一个设备切换至另一个设备，因此应用程序在设计时需要考虑这些需求[10]。

2. 云原生应用的适用范围

云原生带来好处的同时，也会产生新的问题。比如，当采用微服务架构后，系统变得高度分布。当出现故障后，定位问题并调试多个分布式构件中的逻辑会变得很困难。因此，不是所有软件都应该是云原生模式，云原生模式对有些问题很有用，而对有些问题则不那么有用。比如，当软件依赖的服务总是位于一个固定位置，而且很少发生改变，那么就不需要实现服务发现协议。

3. 云原生应用的架构特点

在传统应用中，通常采用一个统一的数据库，服务进程以单体形式存在，内部包含多个功能模块，如图 17.3 所示[11]。在这种架构中，代码的开发、部署粒度是整个单体服务。当服务中的某个模块出现缺陷或者需要进行功能更新时，整个服务代码需要被重新构建、测试和部署。

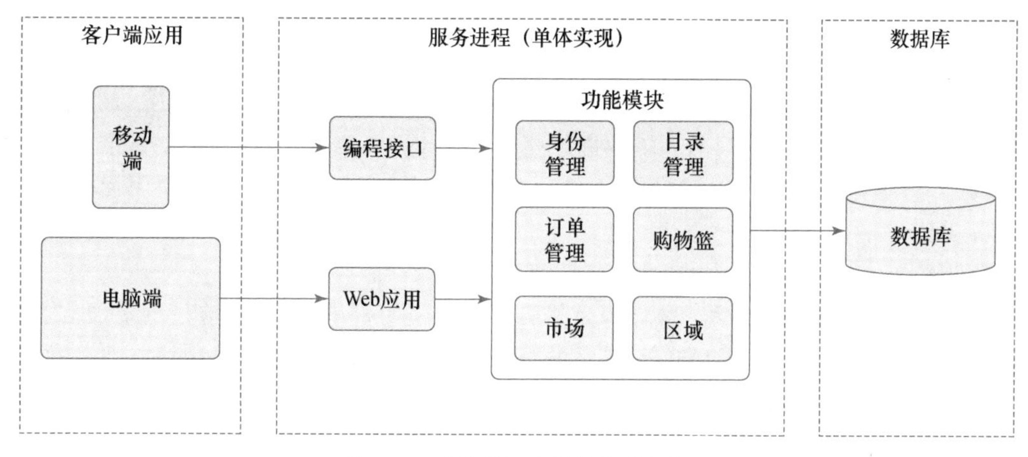

图 17.3　传统单体应用的典型架构

云原生应用为了达到弹性、扩展的目标，采用了松耦合架构（比如微服务），将单体服务内部的功能部件拆分为单独的服务，服务之间通过消息总线进行连接。前端界面在访问后端服务时，通过 API 网关找到需要的后端服务。每一个服务，都被封装成容器镜像，在一个独立的环境中运行，当出现故障时，只需要停掉该实例，然后重新开启新的实例就可以使服务恢复正常，如图 17.4 所示[11]。

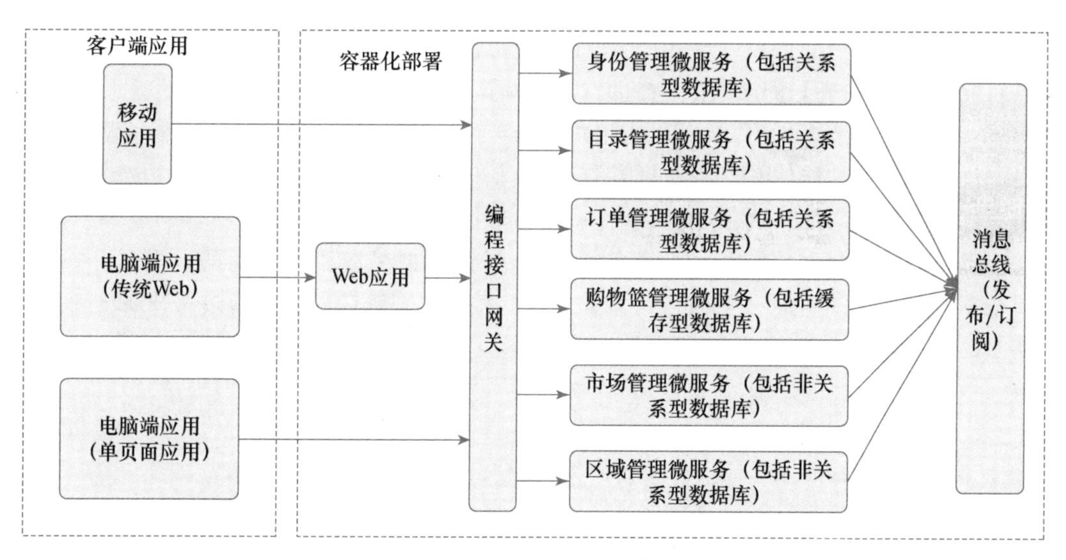

图 17.4　云原生应用的典型架构

17.5.2　云原生应用的开发原则

在 IaaS 和 PaaS 发展的早期阶段，人们发现需要一种新的方式来开发更适用于云计算的应用程序。比如：传统的应用在扩容时，通常采用纵向扩容方式，即通过增加单台物理服务器的资源来进行扩容。而在云计算模式中，应用通常采用横向扩容，即通过增加服务器的数量来承担更多的负载。这种横向扩容方式要求应用是无状态的，此外还需要满足其他一

些要求。为了使应用可以具备这种能力,需要遵守相关的开发原则[12],这包括:

1. 独立管理配置信息

云原生应用从开发到发布通常要在不同的环境中进行部署,为了方便部署,最好将配置从代码中独立出来,并在专门的环境中进行存储。比如进行测试时,使用为测试准备的配置文件;在生产环境中,使用为生产管理而编写的配置文件。在两种环境中,应用代码是一样的,只是配置文件不一样。

2. 做好数据隔离

云原生应用通常采用微服务架构,为了实现服务间的松耦合,利于应用的扩展和容错,每个服务要管理自己使用的数据,服务间的数据要进行隔离。业务逻辑应该与业务数据进行分离,业务逻辑采用无状态的进程实现,需要持久化的内容应该存储在外部。如果需要访问外部服务,最好通过外部配置系统来获取服务的配置信息,这样可以降低应用与服务的耦合性。

3. 使用进程实现并发

依托云计算基础设施的弹性能力,云原生应用可以具备高扩展能力。为了发挥这种扩展能力,可以通过进程模型进行并发,通过对服务进行横向扩展来实现更高的资源利用率。

17.5.3 需求分析

需求分析是软件工程的重要过程,开发一个云原生应用也是如此。需求分析的方法与开发传统软件是类似的,但是对于云原生应用来说,通过开发需求原型来收集用户需求是一种更高效的方法。通过使用需求原型进行需求确认,可以帮助用户明确软件的需求,同时可以将需求更加完整地表达出来。例如,用户可能无法准确描述软件应该具备哪些服务,操作界面应该具备哪些功能,为了使用户能够更加直观地表述自己的需求,可以先构造一个原型给用户作为体验。一般情况下,要将软件系统中最能被用户直接感受的内容构造为原型,比如:界面、报表等。通常情况下,在诸多原型中,界面原型是应用最广泛的原型。开发人员需要根据用户的反馈对原型不断进行修正,充分挖掘用户潜在需求。通过需求原型收集用户需求的过程如图 17.5 所示[13]。

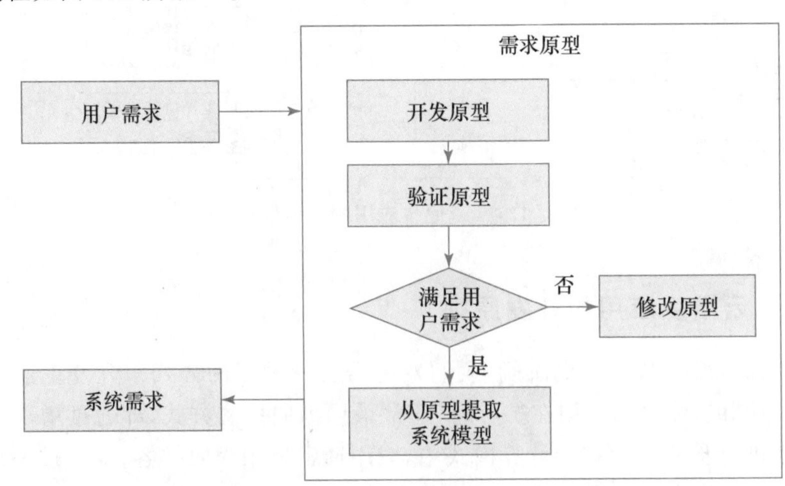

图 17.5 通过需求原型收集用户需求的过程

17.5.4 软件设计

1. 架构设计

在云原生的架构中，应用程序将被分解到一组小型隔离的微服务中。每个服务都是自成一体的，并封装了自己的代码、数据和依赖关系。在运行态下，每个服务都被部署在一个软件容器中，由容器编排工具进行管理。与大型关系型数据库不同，每个服务都拥有自己的数据库，其类型因数据需求而异。某些服务可能依赖于关系型数据库，另外一些服务依赖于非结构化查询语言 NoSQL(Non Structured Query Language)，有些对时延要求比较高的服务可能会使用分布式缓存来存储其状态。服务间的通信将由 API 服务网关统一来管理，保障服务间的接口调用正常完成。同时，服务网关还要负责根据流量大小进行适当的处理(流量分担、负载均衡等)，确保流量可以通过服务网关传递到后端的核心服务。采用这样的架构设计后，应用程序可以充分利用现代云平台中的可扩展性、可用性和弹性功能，提高应用的可靠性，如图 17.6 所示。

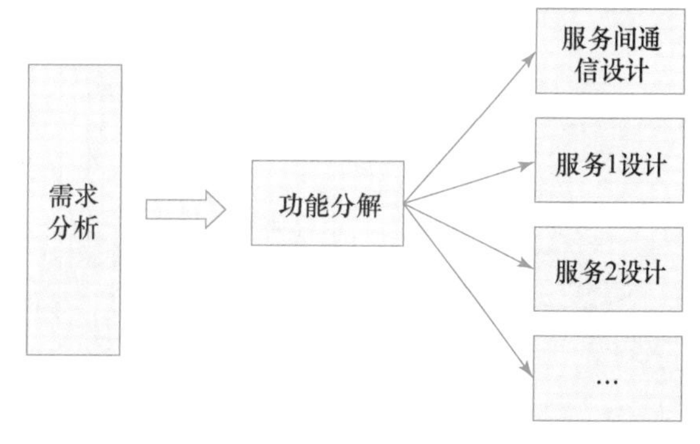

图 17.6 架构设计流程

2. 接口设计

由于应用程序会被拆分成多个相对独立的服务模块，即使完成单个功能也可能需要多个服务模型的交互，因此模块间会存在大量交互，服务间交互的接口就变得很重要。同时，考虑到服务模块的后续升级和新增功能的场景，接口需要具有版本标识，不同版本的接口之间可以进行切换，如图 17.7 所示。为了对接口使用者和接口提供者进行解耦，还需要一种接口信息发布、接口调用管理的机制，这将在下述内容中进行讨论。

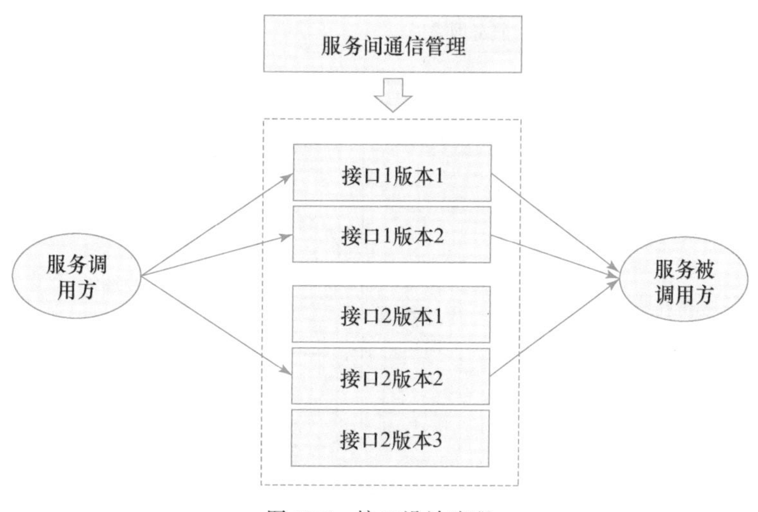

图 17.7 接口设计流程

3. 服务间通信

云原生应用中通常会存在多个服务，多个服务间会进行频繁的交互。前面提到，服务间为了解耦，只通过接口进行交互，接口可以有不同的版本，根据演进过程进行变化。在定义接口的基础上，为了对接口的调用过程、通信过程进行解耦，服务间通信时应该不需要知道具体的通信地址（比如 IP 地址和端口号），仅需要接口的标识（域名、名称、通用唯一识别码或者其他类型）就可以完成接口的调用。这需要一种服务间通信机制，来屏蔽通信的细节，为服务提供抽象的调用接口，如图 17.8 所示。

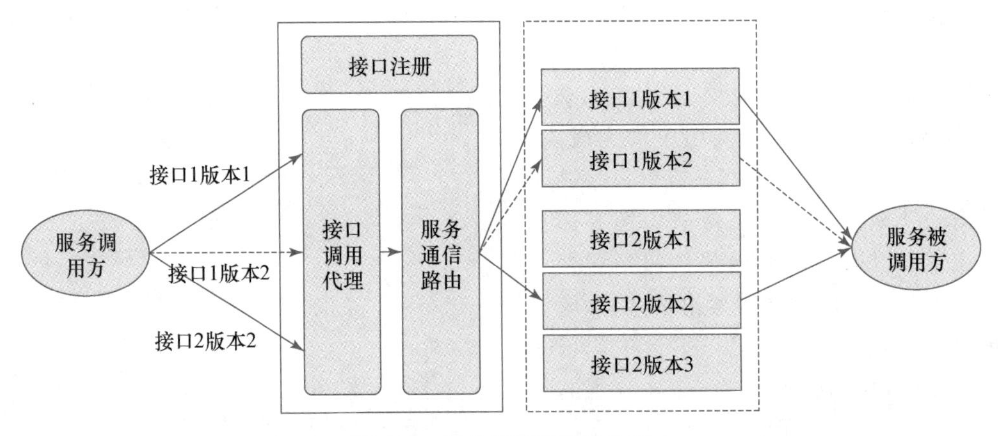

图 17.8　服务间通信设计流程

4. 服务网关

由于功能被拆分到细粒度的服务模块，当客户端需要访问服务时，需要面对很多服务接口。为了方便客户端的使用，服务接口需要进行单独管理，包含接口的描述信息（使用信息、提供方、调用限制等）。同时，需要根据客户端流量的大小来调整对服务端的调用方式，实现流量分担和负载均衡的机制，如图 17.9 所示。

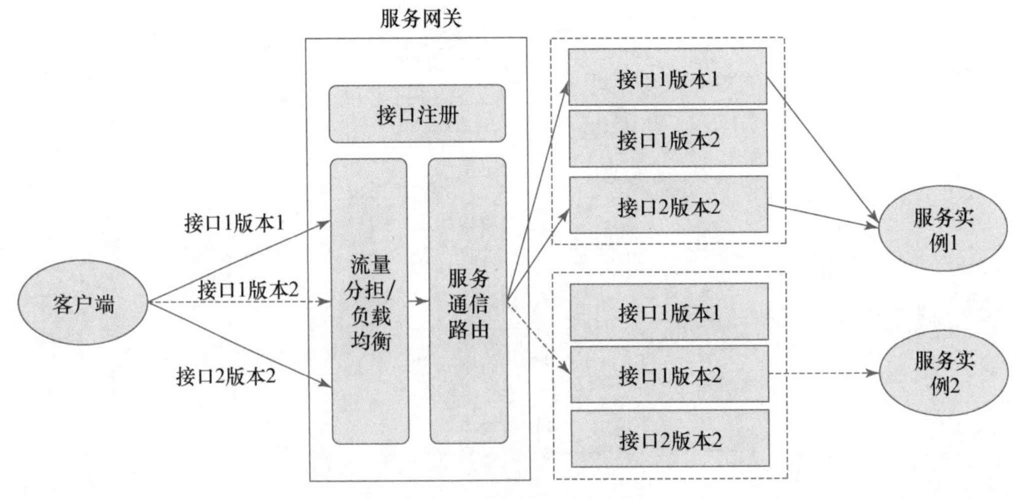

图 17.9　服务网关设计流程

17.5.5　软件测试

1. 部署与运行

为了支持服务的高可用运行，服务的部署形态采用冗余方式。在完成软件的开发后，可以借助于持续集成和持续部署来对开发好的软件代码进行自动编译、测试、运行。可以实现从源码开始，编译、执行测试用例、部署，根据负载自动伸缩。关于 CI/CD 的内容可以参考本书第 8 章，这里不再赘述。

2. 伸缩测试

云原生的特点是分布式、高可用、自动伸缩。因此，相比于传统单体，在进行测试时，除了软件自身的功能、性能的测试，还需要对软件部署后服务的可用性进行测试，验证服务是否可以根据负载进行自动伸缩、同时具备负载均衡的能力。

17.6　案例研究

本节，我们将通过一个具体的案例来说明在云计算环境下传统应用和云原生应用的开发过程，这里以一个 Web 应用为例来进行说明。假设我们有一个传统应用，包括前端界面、后端服务和数据库。用户通过前端界面来使用应用，用户在界面上的操作最终转化为前端界面与后端服务的交互。后端服务根据用户在界面上操作的功能进行一定的逻辑处理，包括访问数据库，读取数据、修改数据等，然后向前端界面返回数据。前端界面最终将返回的数据作为结果呈现给用户，如图 17.10 所示。

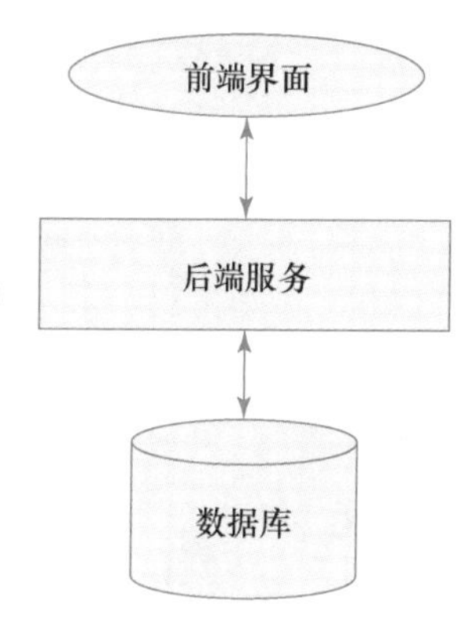

图 17.10　案例应用的架构

Web 应用的前端是一个静态页面+JavaScript 的组成方式，静态页面包含主要界面的布局；JavaScript 部分用于与后端服务进行通信，来获取前端界面需要展示的具体数据。后端服务也通过 JavaScript（运行在 Node.js 环境上）来实现，会连接数据库（这里使用 MongoDB）读取数据，进行计算、处理，然后将结果返回给前端界面。在部署形态上，整个应用的代码部署在单台服务器上，包括前端界面、后端服务和数据库服务，如图 17.11 所示。

应用的代码目录如图 17.12 所示，其中，views/index.html 是前端界面的代码，server.js 是后端服务的代码。package.json 是配置文件，里面主要包含了后端服务代码依赖的库。README.md 是说明文件。

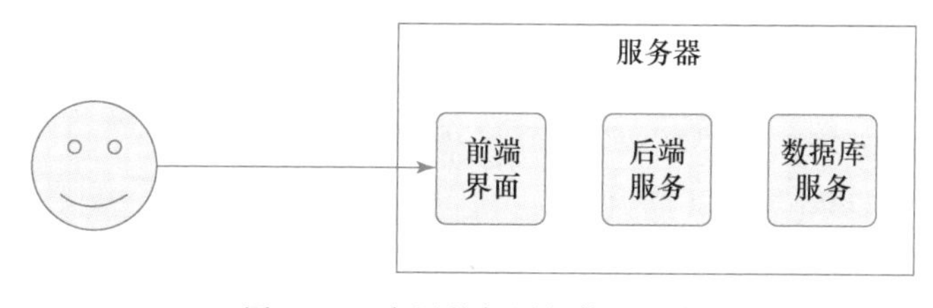

图 17.11　应用的部署与使用形态

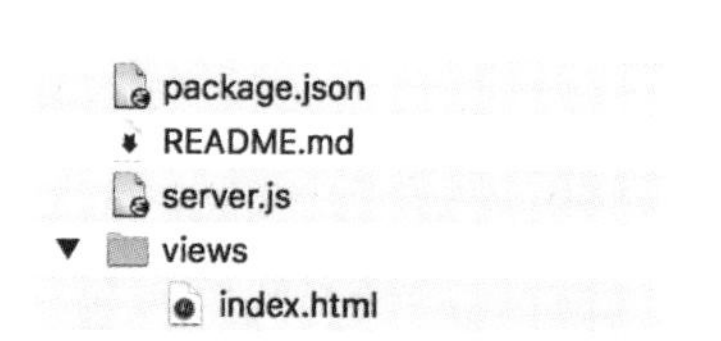

图 17.12　应用的代码目录

其中，前端界面和后端服务的代码分别如图 17.13 和图 17.14 所示。

```
1   <!doctype html>
2   <html lang="en">
3   <head>
4     <meta charset="utf-8">
5     <meta http-equiv="X-UA-Compatible" content="IE=edge,chrome=1">
6     <title>Welcome to Software Enginnering</title>
7
8   </head>
9   <body>
10
11  <section class='container'>
12            <hgroup>
13              <h1 align="center">Welcome to Cloud Native Application</h1>
14            </hgroup>
15
16          <div class="row">
17            <section class="col-xs-12 col-sm-6 col-md-6">
18
19                <h2>This is an sample application</h2>
20                <p>This application show you how to build an cloud native application using openshift paas platform.</p>
21
22                <h2>Request information</h2>
23                <p>Page view count:
24                <% if (pageCountMessage) { %>
25                  <span class="code" id="count-value"><%=pageCountMessage%></span>
26                  </p>
27                  <div class="code"><h3>DB Connection Info:</h3>
28                    <table style='margin-left: 20px'>
```

图 17.13　前端界面的代码

```
2   var express = require('express'),
3       app     = express(),
4       morgan  = require('morgan');
5
6   Object.assign=require('object-assign')
7
8   app.engine('html', require('ejs').renderFile);
9   app.use(morgan('combined'))
10
11  var port = process.env.PORT || process.env.OPENSHIFT_NODEJS_PORT || 8080,
12      ip   = process.env.IP   || process.env.OPENSHIFT_NODEJS_IP || '0.0.0.0',
13      mongoURL = process.env.OPENSHIFT_MONGODB_DB_URL || process.env.MONGO_URL,
14      mongoURLLabel = "";
15
16  if (mongoURL == null) {
17    var mongoHost, mongoPort, mongoDatabase, mongoPassword, mongoUser;
18    // If using plane old env vars via service discovery
19    if (process.env.DATABASE_SERVICE_NAME) {
20      var mongoServiceName = process.env.DATABASE_SERVICE_NAME.toUpperCase();
21      mongoHost = process.env[mongoServiceName + '_SERVICE_HOST'];
22      mongoPort = process.env[mongoServiceName + '_SERVICE_PORT'];
23      mongoDatabase = process.env[mongoServiceName + '_DATABASE'];
24      mongoPassword = process.env[mongoServiceName + '_PASSWORD'];
25      mongoUser = process.env[mongoServiceName + '_USER'];
26
27    // If using env vars from secret from service binding
28    } else if (process.env.database_name) {
29      mongoDatabase = process.env.database_name;
30      mongoPassword = process.env.password;
31      mongoUser = process.env.username;
32      var mongoUriParts = process.env.uri && process.env.uri.split("//");
```

图 17.14　后端服务的代码

17.6.1 传统应用迁移到云平台

在传统应用模式下，上述应用通常被设计成单体程序，前端界面、后端服务、数据库都会集中部署在一个环境中。应用的部署、运行环境通常需要开发人员自己进行维护。比如需要开发人员自己在已经安装好操作系统的环境下进行配置、安装应用所依赖的第三方库等。此外，还需要安装、配置数据库。同时，还需要预先对应用运行需要的 CPU 资源、内存资源和存储资源进行预估，然后根据预估来采买需要的服务器设备。一旦业务发生变更，需要进行扩容时，很难在现有应用基础上直接完成。很可能从硬件选型到软件设计都需要重新进行采买和开发，成本非常高。

在使用云平台进行开发时，应用的运行环境可以基于虚拟机或者容器来准备，环境的配置、需要的资源可以在一定的范围内进行动态调整，从而增加了业务需求变化时底层应对的灵活性。另外，在云平台环境下，可以根据常用业务需求准备面向特定业务的虚拟机模板，使用时直接选择需要的模板就可以生成需要的开发、部署、测试环境，为开发人员节省大量配置开发、测试、部署环境的时间。

基于虚拟机进行部署的方式与在物理机上部署的过程是一致的，这里不再详细介绍。

容器是一种轻量化的隔离方式，可以达到快速部署、快速启动等优点，这里以采用容器部署为例来介绍将传统应用部署到云平台的过程。对于传统应用的部署过程来说，我们需要安装基础软件，包括安装运行时的环境[比如 Java 运行时的环境(Java Runtime Environment，JRE)]、数据库等，然后要对基础环境进行适当的配置。如果采用容器模式进行部署，可以省去环境的配置过程，因为相应软件的服务商已经提供了对应的容器模板，可以直接下载使用。我们在应用中使用到了 Node.js 和 MongoDB，可以在镜像仓库(这里以 Docker 容器为例来进行说明，具体网址是 https://registry.hub.docker.com)中分别搜索 Node.js 和 MongoDB 的容器模板，然后下载使用。图 17.15 为检索“node”得到的结果，方框中为 Node.js 官方提供的镜像。

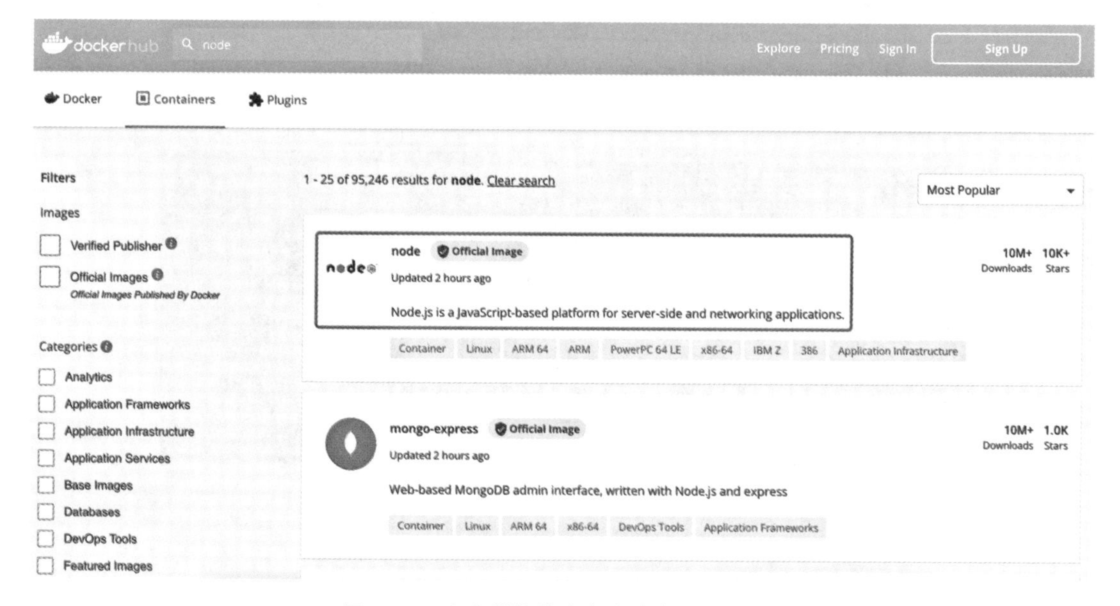

图 17.15　在容器镜像仓库中搜索 Node 镜像

打开链接，在详情页面可以查看镜像的具体使用说明。通过“Tags”页面可以查看可用的镜像版本和下载使用方法，如图 17.16 所示。假设我们拥有一台已经安装了 Docker 的 Linux 服务器(安装 Docker 的方法参见相关文档[①])，现在要下载 Node.js 长期支持(Long Time Support，LTS)版本的镜像来使用。首先打开一个命令行终端，使用具有 root 权限的用户执行如下命令：“docker pull node：lts-alpine3.14”，按照同样的方式，我们搜索 MongoDB 的镜像，并通过 docker 命令进行下载，执行结果如图 17.17 和图 17.18 所示。

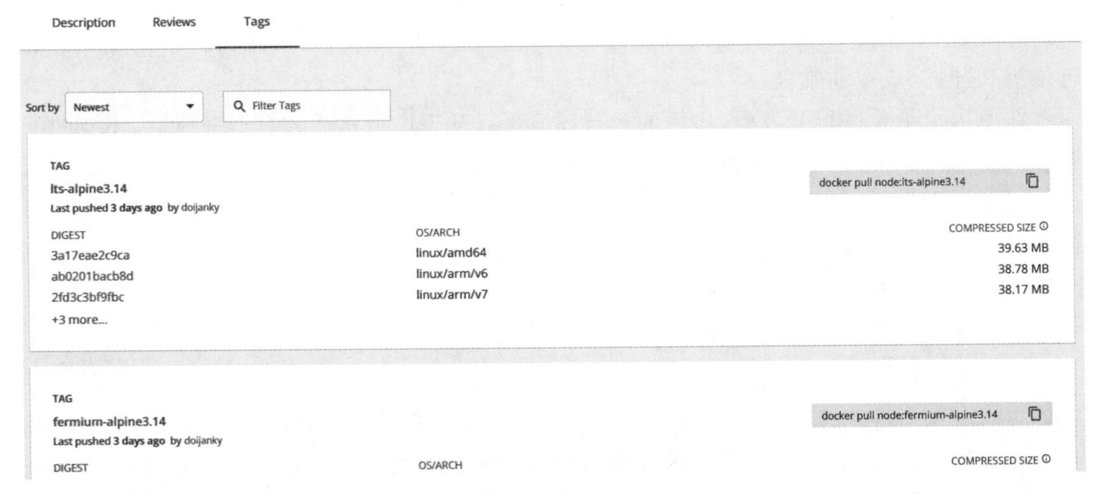

图 17.16 在标签详情页面查看可用的版本

```
[root@openshift-master ~]# docker pull node:lts-alpine3.14
lts-alpine3.14: Pulling from library/node
29291e31a76a: Pull complete
d5e55b1dfe17: Pull complete
3594137ad324: Pull complete
0ff4bccf5376: Pull complete
Digest: sha256:84f8512b05a3a3a17c01810e4dd7d07686c0507538dbc724b0a78c0ca51eff62
Status: Downloaded newer image for node:lts-alpine3.14
docker.io/library/node:lts-alpine3.14
```

图 17.17 通过 docker 命令下载 Node.js 镜像

```
[root@openshift-master ~]# docker pull mongo:latest
latest: Pulling from library/mongo
16ec32c2132b: Pull complete
6335cf672677: Pull complete
cbc70ccc8ebe: Pull complete
0d1a3c6bd417: Pull complete
960f3b9b27d3: Pull complete
aff995a136b4: Pull complete
4249be7550a8: Pull complete
cc105ff5aa3c: Pull complete
82819807d07a: Pull complete
81447d2c233f: Pull complete
Digest: sha256:54d24682d00278f64bf21ff62b7ee62b59dae50f65139831a884b345922b0f8a
Status: Downloaded newer image for mongo:latest
docker.io/library/mongo:latest
```

图 17.18 通过 docker 命令下载 MongoDB 镜像

① https://docs.docker.com/engine/install/

在下载镜像之后，就可以通过 docker 命令来运行镜像，得到一个部署有 Node. js 环境的容器和一个部署有 MongoDB 环境的容器。为了完成后端服务和数据库的通信，需要配置容器的网络设置。首先使用如下命令创建一个名为“se-network”新的网络：“docker network create se-network”，创建完成后可以通过命令“docker network ls”查看已创建的网络。然后使用如下命令启动 MongoDB：

```
docker run \
--network se-network \
--name se_mongo \
-e MONGO_INITDB_ROOT_USERNAME=root \
-e MONGO_INITDB_ROOT_PASSWORD=example \
-d mongo
```

需要注意的是，这里通过环境变量配置了 MongoDB 的账户，使用 root/example 作为数据库的用户名和密码。启动完成后通过命令“docker ps”查看容器是否正常运行。

```
CONTAINER ID   IMAGE   COMMAND  CREATED          STATUS         PORTS       NAMES
acf10218c445   mongo   "..."    5 seconds ago    Up 3 seconds   27017/tcp   se_mongo
```

假设应用的代码存放在：/root/se_book/nodejs 目录下，在/root/se_book 目录下创建 trans.yml 文件，并将其编辑为如下内容：

```
version: "3"
services:
    node:
        image: "node: lts-alpine3.14"
        user: "node"
        working_dir: /home/node/app
        ports:
            —8080: 8080
        environment:
            —DATABASE_SERVICE_NAME= MONGO
            —MONGO_SERVICE_HOST= MONGODB_IP
            —MONGO_SERVICE_PORT= 27017
            —MONGO_DATABASE= admin
            —MONGO_PASSWORD= example
            —MONGO_USER= root
        volumes:
            —./nodejs/: /home/node/app
        expose:
            —"8080"
        networks:
            —se-network
        command: "npm start"
```

```
networks:
    se-network:
        external: true
```

需要注意的是，将里面的 MONGODB_IP 替换为 MongoDB 容器的 IP 地址。然后使用如下命令启动服务：“docker-compose -f trans.yml up”，启动界面如图 17.19 所示。

```
[root@openshift-master se_book]# docker-compose -f trans.yml up
Recreating sebook_node_1 ... done
Attaching to sebook_node_1
node_1  |
node_1  | > nodejs-ex@0.0.1 start /home/node/app
node_1  | > node server.js
node_1  |
node_1  | Server running on http://0.0.0.0:8080
node_1  | Connected to MongoDB at: mongodb://root:example@172.19.0.2:27017/admin
```

图 17.19 启动应用的后端服务

成功启动后，通过浏览器访问：http://127.0.0.1:8080 可以看到应用的前端界面，如图 17.20 所示。至此，我们就完成了一个传统应用迁移到云计算环境的过程。

图 17.20 访问前端界面

17.6.2 云原生应用的开发

1. 云原生平台

随着云原生技术的发展，为了便于云原生应用的开发，出现了云原生平台。云原生平台的出现大大降低了云原生应用开发的难度。目前，使用较多的开源云原生平台包括 Cloud Foundry[①] 和 OpenShift[②]。这里，我们基于 RedHat 公司的开源 PaaS 平台 OpenShift 来介绍云原生应用的开发过程，使用 OpenShift 开发应用的界面如图 17.21 所示。在这种架构下进行应用开发，开发人员不需要关心底层硬件、操作系统，甚至数据库的安装和配置过程，可以基于已有的模板和环境，根据应用的需要灵活进行组合、配置。

① https://www.cloudfoundry.org

② https://docs.openshift.com/

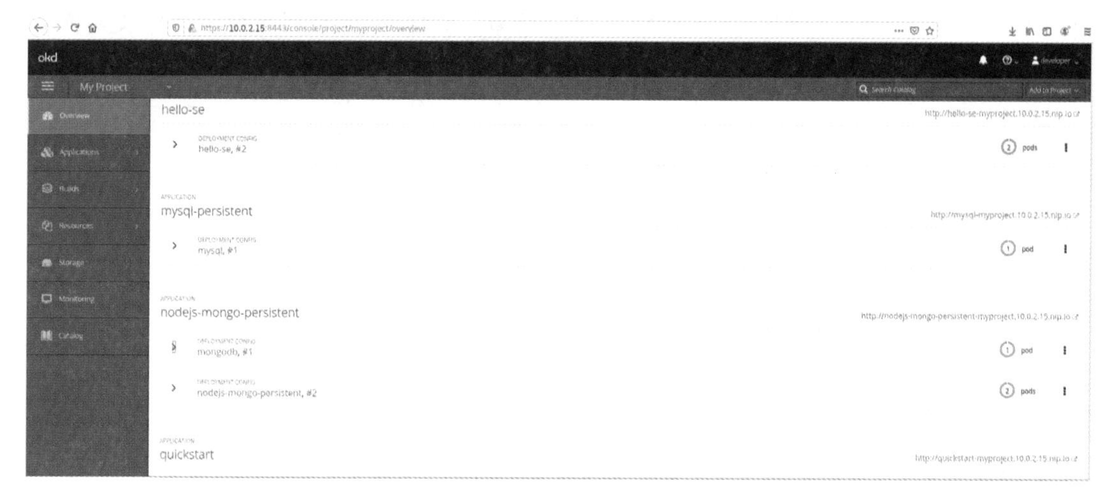

图 17.21　OpenShift 应用开发界面

为了让读者对 PaaS 平台有个感性的认识，这里简单介绍下 OpenShift 的设计思想。OpenShift 以容器为应用运行的基础，为应用提供自动伸缩、功能路由、高可靠等功能，用户可以自动实现通过源码进行构建再到部署的全流程。OpenShift 的架构如图 17.22 所示[14]。

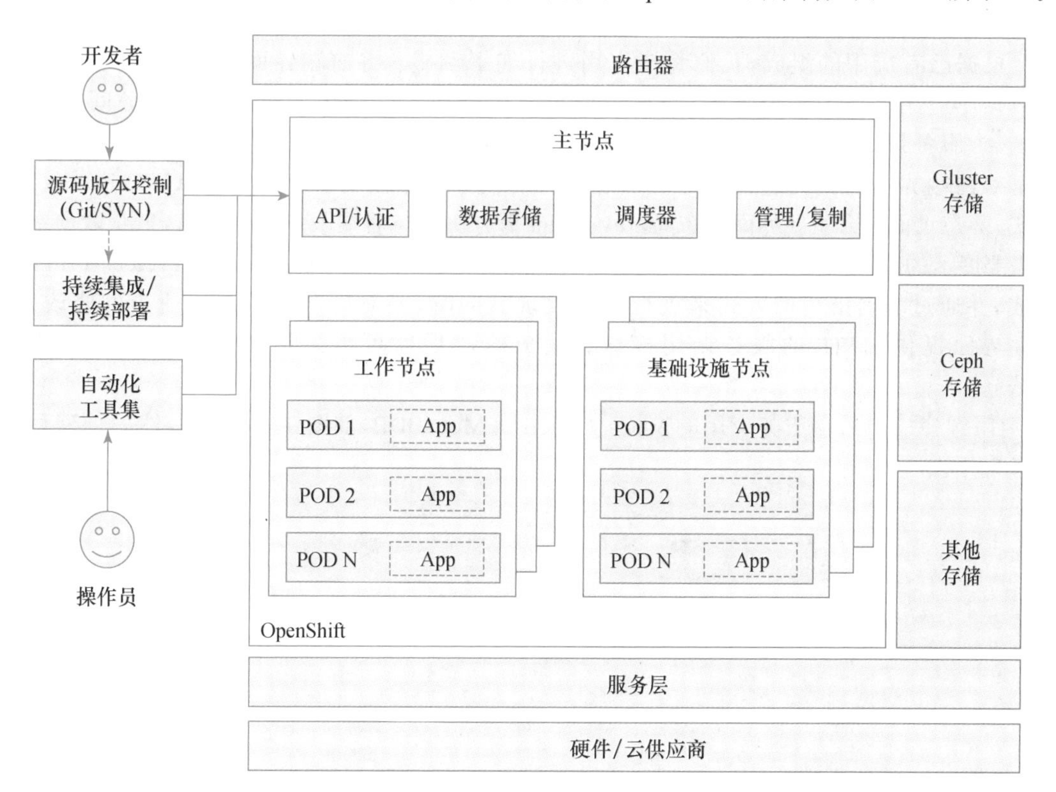

图 17.22　OpenShift 架构图

在 OpenShift 平台上开发应用的过程如图 17.23 所示，整个流程包括开发、构建、部署、运行和发布。开发人员完成开发后，通过代码仓库将应用源码接入到 OpenShift 平台。通过配置应用的模板、代码分支等信息，OpenShift 可以自动拉取代码、准备构建环境。构建完成后直接可以进行部署、运行和发布，这里不进行展开。下面，结合一个示例应用的开发过程进行详细说明。

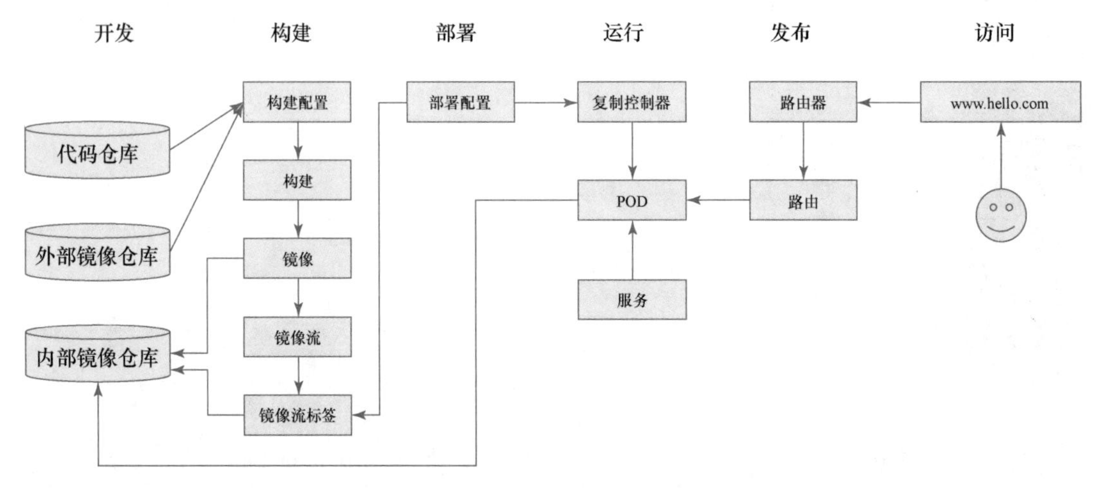

图 17.23　OpenShift 平台开发应用的流程

2. 应用开发过程

根据已有应用的组成，我们将该应用进行如下调整：将前端界面代码、后端服务代码和数据库应用拆分为三个服务，分别进行部署和维护。这样在定义好三个服务间的接口后，三个服务可以并行开发，每一个服务都可以独立部署和运维。为了进行功能的拆分，这里对前端界面的代码进行一定的修改。将前端界面修改为静态页面+JavaScript 的组成方式，静态页面包含主要界面的布局，JavaScript 部分用于与后端服务进行通信，来获取前端界面需要展示的具体数据。通信过程通过超文本传输协议（Hyper Text Transfer Protocol，HTTP）完成，并通过域名解析的方式来进行服务发现。同时，要对后端服务进行适当的修改，为前端界面提供 HTTP 的服务调用接口。完成修改后就可以采用如下方式进行构建和部署：

① 选择一个后端服务应用的模板：Node.JS+MongoDB，如图 17.24 所示，然后创建后端服务应用。

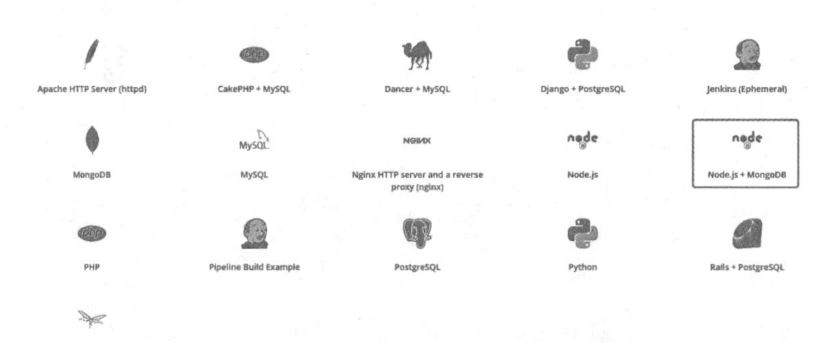

图 17.24　OpenShift 中的后端服务应用模板

对后端服务应用模板进行配置，如图 17.25 所示，部署完成后的结果如图 17.26 所示。

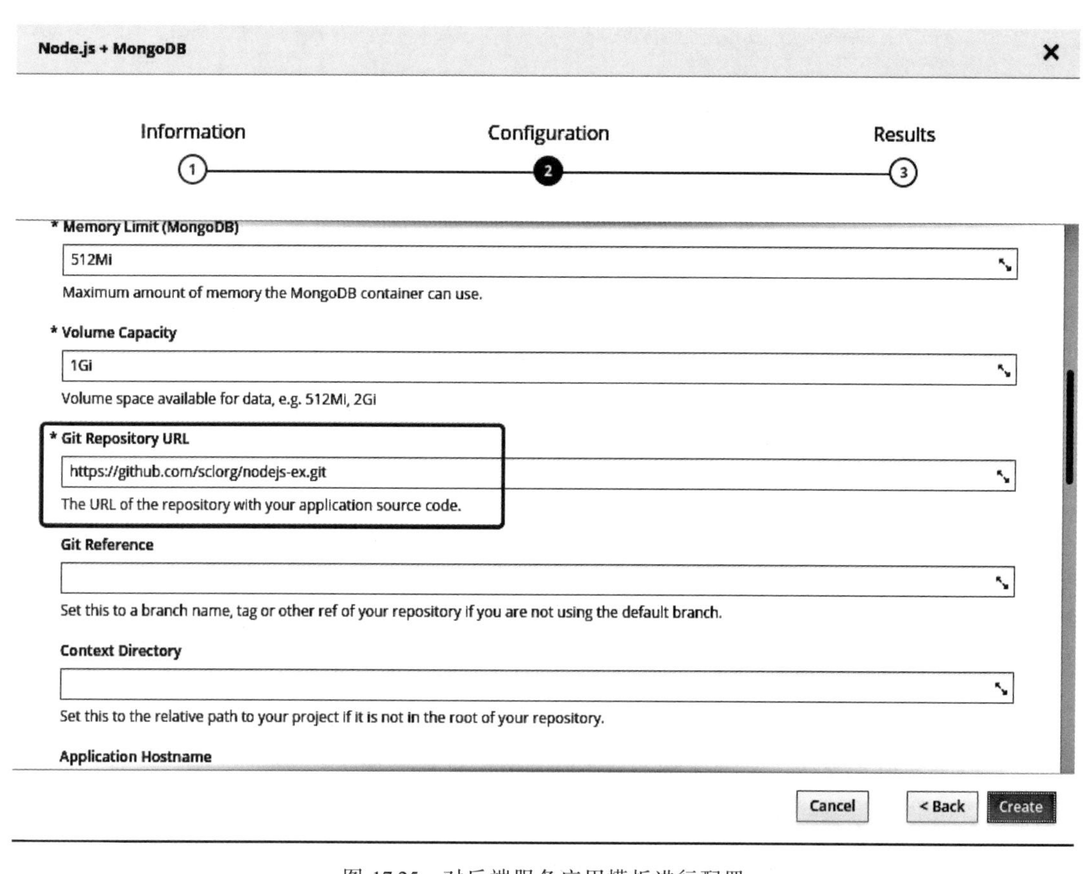

图 17.25　对后端服务应用模板进行配置

图 17.26　部署完成后的结果

② 然后，选择一个前端界面模板对应用的前端进行部署和配置，分别如图 17.27 和图 17.28 所示。

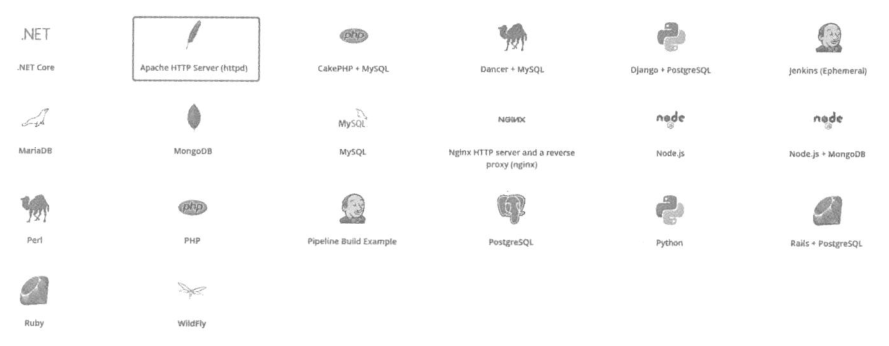

图 17.27　根据模板部署前端界面

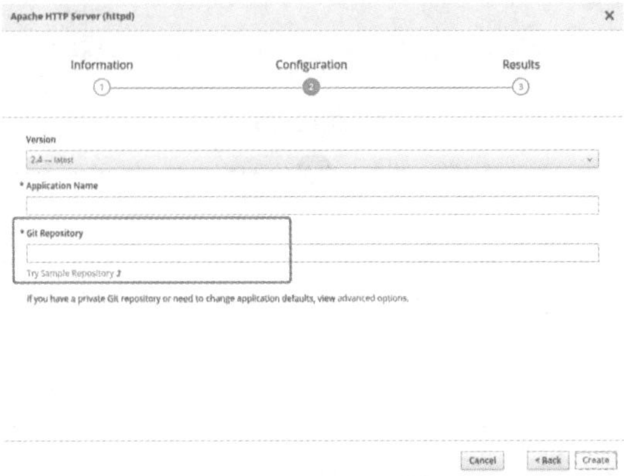

图 17.28　配置前端界面应用

当前后端都完成配置后，通过运行应用，访问应用的路由地址，可以看到应用的界面，如图 17.29 所示。至此，我们就完成了一个云原生应用的开发。可以看出，在云原生开发模式下，大量的工作由云原生平台自动完成，开发人员只需要关心应用自身的逻辑。平台可以为应用的可用性、可靠性、可伸缩性等提供原生的支持，为开发大型应用程序减少很多工作量。

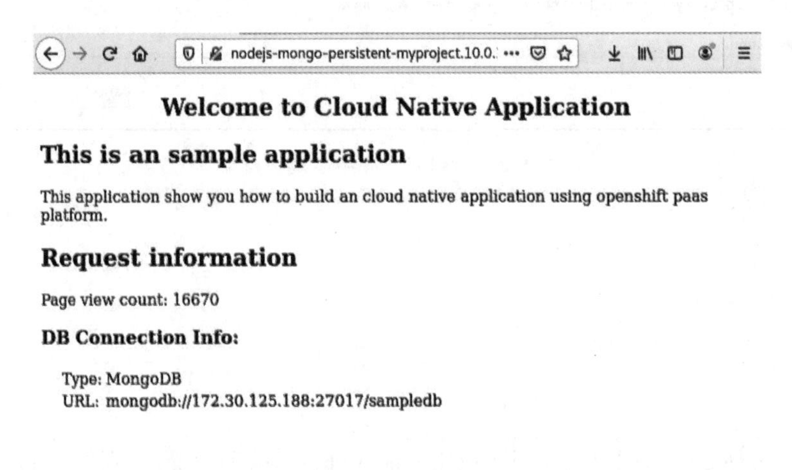

图 17.29　基于云原生平台开发的应用

17.7　本章小结

本章从阐述云计算对软件工程造成影响的角度出发，通过介绍云计算出现的背景、云计算出现后给软件工程带来的机遇和挑战、云计算时代应用开发的特点等方面探讨了云计算技术和软件工程的相互作用。最后，通过实际案例的开发过程，对比了在传统模式和云计算模式下应用开发的异同，让读者对云计算模式下云原生应用开发的过程有一个基本的了解。感兴趣的读者可以参考相关资料对云原生应用的开发进行深入了解。

习　题

1. 云计算服务作为一种基础设施需要高可靠性，请从软件工程的角度思考并简述有哪些方式可以满足这个需求。并简述云服务商是怎么做的。

2. 请分析将企业现有软件迁移到云计算环境上面临的困难是什么。并指出解决的办法。

3. 请问开发云原生应用具有哪些挑战？有哪些应对的方法？

4. 在开发云原生应用时，为什么推荐使用进程的方式来实现并行？

5. 无服务计算(Serverless)是云计算发展的一个方向，请读者思考 Serverless 架构下的软件开发与现有云计算模式之间存在的差异。

参考文献

[1] Thomas Erl，Zaigham Mahmood，Ricardo Puttini. 云计算：概念、技术与架构[M]. 龚奕利，贺莲，胡创，译. 北京：机械工业出版社，2014.

[2] Boss G，Malladi P，Quan D，et al. Cloud Computing.[EB/OL].(2007-10-08)[2022-12-15]. https://www.jbm.com/developerworks/websphere/zones/hipods.

[3] 傅建明，林艳，刘秀文，等. 云计算环境下基于随机化的安全防御研究[J]. 计算机学报，2018，41(6)：1207-1224.

[4] 张玉清，王晓菲，刘雪峰，等. 云计算环境安全综述[J]. 软件学报，2016，27(6)：1328-1348.

[5] 史杰，解继丽，史少华. 论云计算对软件工程的影响[J]. 昆明学院学报，2011，33(6)：67-68.

[6] 杨芙清，朱冰，梅宏. 软件复用[J]. 软件学报，1995，6(09)：525-533.

[7] 阿里云.云服务器 ECS 服务等级协议[EB/OL].(2019-12-01)[2022-11-22]. https://terms.aliyun.com/legal-agreement/terms/suit_bu1_ali_cloud/suit_bu1_ali_cloud201909241949_62160.html.

[8] 江晓曼*凡云基地.云原生(Cloud Native)概念与实践[EB/OL].(2019-10-22)[2022-11-22]. https://blog.csdn.net/simplemurrina/article/details/102682217.

[9] dylloveyou. CNCF 之原生定义 1.0 版本[EB/OL].(2018-07-17)[2022-11-22]. https://blog.csdn.net/dylloveyou/article/details/81076951.

[10] Cornelia Davis. 云原生模式：设计拥抱变化的软件[M]. 张若飞，宋净超，译. 北京：电子工业出版社，2020.

[11] Microsoft. Introduction to cloud-native applications[EB/OL].(2022-04-07)[2022-11-22]. https://docs.microsoft.com/en-us/dotnet/architecture/cloud-native/introduction.

[12] Boris Scholl，Trent Swanson，Peter Jausovec. 云原生：运用容器、函数计算和数据构建下一代应用[M]. 季奔牛，译. 北京：机械工业出版社，2020.

[13] 挑战者 V.软件工程之软件需求分析[EB/OL].(2018-08-19)[2022-11-22]. https://www.cnblogs.com/youcong/p/9500873.html.
[14] RedHat OpenShift.Overview[EB/OL].(2020-07-24)[2022-11-22]. https://docs.openshift.com/container-platform/3.11/architecture/index.html.

第 18 章　大数据时代的软件工程

软件开发管理过程中产生了源代码、错误日志、测试用例、用户评论等大量数据，分析和利用这些数据，解决需求、编码、测试等阶段的问题，已经成为现代软件工程的一项重要活动。在软件需求获取阶段，开发人员不再是完全凭借经验和直觉来进行软件的需求决策，而是通过采集大量的软件评论数据集，应用机器学习与数据挖掘方法，进行定量或定性分析来确定软件需求；在软件编码阶段，开发人员的技术学习和优秀代码复用已经逐渐转向了开源项目，开源项目准确匹配和源代码辅助推荐已经是一个十分重要的发展方向；在软件测试阶段，为了提高软件产品质量而进行的测试是一项艰巨和复杂的任务，数据驱动测试是提高测试效率，缩短软件开发周期的重要解决方案。本章将详细介绍大数据时代对软件工程各阶段带来的影响。

18.1　大数据与软件需求

传统软件工程的需求获取，一般是基于软件涉众的直觉和经验，以及一些基本原理（如标准、现有方案和论述）的指导，但需求分析人员很难捕捉到准确的用户需求并进一步细化。一方面，直觉一般是主观的，可能具有不一致性，并且缺乏理论的支持；另一方面，基本原理会随着时间的推移而变化。

在大数据时代下，我们可以从用户社区、在线论坛、社交媒体等多种渠道，获得一系列支持软件开发需求决策的信息。同时，随着开源软件和应用商店的出现，用户能够轻松提交反馈、发表评论、报告漏洞，给应用和功能评分，或请求开发新的功能，与软件相关的反馈信息可以进一步帮助开发和运营人员进行需求获取和分析。图 18.1 展示了传统软件工程需求获取与大数据时代软件工程需求获取的比较情况。

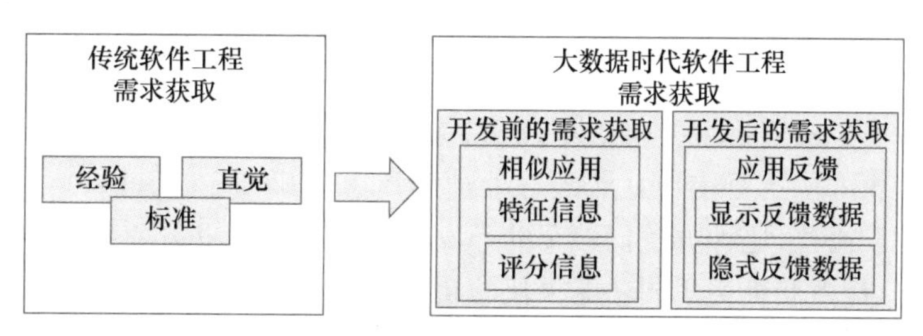

图 18.1　传统软件工程需求获取与大数据时代软件工程需求获取的比较

18.1.1 数据驱动的软件需求获取

数据驱动的软件需求获取可以通过对相似应用的分析来获取一款新应用的需求。首先将相似应用的特征信息(如功能、历史版本、价格等)和评论评分信息相结合,把应用需求的捕获问题转化成一个优化问题,即根据类似应用的经验,确定新应用的最佳功能集,然后对新应用的功能吸引力进行评估,在综合用户对新功能集的满意度之后,再选择新应用要实现的功能进行开发。

应用在上线之后,通过收集用户对应用的反馈,使用数据挖掘分析技术可以了解用户使用应用程序的总体情况(如错误报告或功能请求数量)。借助这些数据分析结果,需求分析人员和产品设计人员可以确定软件版本迭代的主要方向,也可以与类似的应用程序进行比较来辅助获取需求。

18.1.2 用户反馈数据挖掘

1. 显式反馈数据

随着移动设备的爆发式增长,移动应用程序通过应用商店直接分发给终端用户,用户可以在应用商店上直接对程序进行评论。软件应用商店的用户评论数据是一种比较典型的显式反馈数据。数据驱动的软件需求获取过程通常直接使用分析工具将收集到的用户评论进行分类,过滤掉不相关的评论,再对每个类别进行摘要总结,提取出有用信息,以此来帮助需求分析人员进行辅助需求决策。

以评论数据的分析为例,首先,需求分析人员会根据数据对用户进行分类,根据使用方法、专业术语或角色任务的描述对应用软件的使用人群进行分析、挖掘和分类,有时甚至可以获得意料之外的目标用户群体。例如,苹果应用商店中有放大镜和翻译类的应用广受护士们的好评,因为护士可以使用放大镜类的应用阅读药品上很小的说明文字,使用翻译软件和外籍病人交流,但这些应用其实并不是针对医药健康类型的专业应用[1]。通过对用户进行分类,需求分析人员能够捕捉到这些不同寻常的特征,支持应用软件的后续开发。其次,用户评论数据一般比较复杂,一条评论数据可能包含多种类别的信息(如漏洞报告、功能请求等),因此,需求分析人员可以使用自然语言处理等技术将评论以句子或段落为单位进行预处理,然后按照信息类别进行分类提取。

用户评论过滤的主要目的是使分类后的用户反馈数据可以被更高效地处理,在直接过滤掉简短的评分型评论后,将分类数据交由项目团队中相应的人员进行处理。例如,报告漏洞的反馈数据交给开发人员和安全团队进行高优先级处理,而功能需求、用户体验相关的反馈数据则交给需求分析人员和产品设计人员来讨论,以确定未来版本的迭代方案。

用户评论摘要生成方法主要包括基于应用功能的摘要和基于主题的摘要两类:基于应用功能的摘要生成方法主要使用自然语言处理和情感分析技术,将用户评论中每个应用功能进行提取并生成摘要,这种方法能够帮助开发团队了解用户更关心哪些功能点,更喜欢或更讨厌哪些功能点,由此确定不同功能模块的重要性和未来版本迭代中开发的优先级;基于主题的摘要生成方法一般使用主题建模和情感分析技术从评论中提取出主题词并进行情感分类,主题可以是整个版本、应用程序、价格或支持服务的质量。

2. 隐式反馈数据

在缺乏上下文内容的情况下，显式反馈数据通常对开发人员的帮助并不大，比如一些负面的显示反馈数据往往只包含一些情感宣泄的短评论。用户的使用数据以及交互历史通常被包含在隐式反馈数据中，能够帮助开发人员更好理解用户当时所处的情境，这些数据相对于主观的显式反馈数据更加客观和合理。

隐式反馈数据也需要通过分析、过滤、摘要和可视化等过程才能够为开发人员提供可用的反馈信息。隐式反馈数据可以包括用户点击事件、用户接口交互等，其中，图形化的元素通常与特定应用功能、组件或需求有直接关联。例如，根据用户对某功能模块的使用频率或对某功能按键的点击次数来分析用户更关心哪些功能点，更喜欢或更讨厌哪些功能点。在没有显式反馈数据的情况下，通过对这些隐式反馈数据的分析也能帮助相关人员做出需求决策。

18.1.3 软件需求预测模型

软件功能是否能够按计划完成迭代非常重要，在软件研发的迭代过程中频繁且稳定的软件功能发布能够给软件开发团队或个人带来更多价值。但是目前大量的研究发现高级需求（区别于bug修复等一般性需求）并没有按计划进行迭代，通常会被移到下一个版本中，或者返回到产品的待开发功能列表之中。基于机器学习与海量数据的软件需求预测模型具有很好的预测效果。

在大型软件项目中，有研究人员使用定性和定量相结合的方法分析高级需求的迭代变化情况，提出通过需求预测模型来预测高级需求是否会在其计划的迭代中完成。研究表明，对于部分需求，其计划的迭代更改了至少三次以上。此外，研究人员还通过建模预测开源项目问题（Issue）的解决周期，他们收集了超过4 000个代码托管平台上开源项目的问题数据集，过滤并分析了这些问题的生存周期，通过提取其静态特征（如问题的创建时间）、动态特征（如问题中的评论数量及针对问题采取的行动数目）和上下文特征（如相关项目最近的开发活动），构建和训练机器学习模型，预测问题完成时间，为软件后续的需求迭代提供指导[2]。

18.1.4 小结

针对传统软件工程中的需求获取问题，大数据相关技术能够很好地提高需求预测精度并在实践中达到令人满意的效果。开发人员不再是完全凭借经验和直觉来进行需求决策，而是基于数据挖掘技术和机器学习方法以及从互联网中获取的大量数据集进行定量或定性分析；开发人员的需求探索更关注用户真实体验与反馈，这往往比需求决策者的思考更具指导意义。从这些点来看，大数据技术更好地推动了软件需求工程的发展。

18.2 大数据与软件开发

软件开发过程一般包括软件需求分析、概要设计和详细设计、编码、测试、交付部署、维护等阶段。当对用户需求进行充分调研之后，需要针对用户需求进行详细的软件架构设计和模块设计，然后根据详细设计文档指导系统的编码实现。

自从开源社区面世以来，它所固有的开放性、灵活性、协同性吸引了一批又一批优秀的国内外开发人员加入其中，活跃在开源社区的开发人员和优秀的开源项目每年都保持稳定的高速增长，以 GitHub 的拉取请求（Pull Request，PR）开发模型为例，开发人员可以参与任何一个公开发布的仓库并将项目克隆到自己的仓库中，可以通过 PR 合入自己的更改，具体流程参考图 18.2。但是，对于软件开发而言，降低每个开发人员的时间成本和精力，从海量的、质量参差不齐的开源项目中找到对自己有帮助的项目，并将自己的主要精力放在代码编写、技术成长上是软件开发成功的关键。

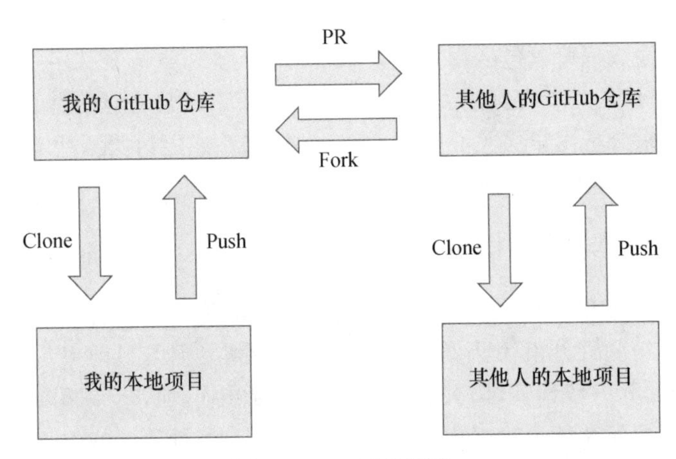

图 18.2 PR 开发模型

18.2.1 开源项目推荐

开源软件是指允许用户基于开放源代码促进会（Open Source Initiative，OSI）列出的开源协议，在协议许可的范围内自由使用、修改软件源代码，并且可以将软件源代码与其他软件代码结合使用的一种软件形式[3]。社交化开发平台 GitHub 是众多开源社区之一，是目前世界上最大的代码托管平台和开源社区，它不仅允许个人和组织创建、浏览代码库，而且还提供社区化软件开发的功能，包括关注其他用户、管理代码仓库动态、跟踪仓库代码的改动、bug 和评论等。此外，GitHub 还提供代码仓库使用 Wiki 以及通过 Git 进行项目协同开发等功能。

基于开源软件的软件开发模式所具有的灵活性、开放性、协同性使其在开源社区催生了一批又一批优秀的项目。但是，在海量的开源项目中找到开发人员真正感兴趣、需求相似度高的项目却需要花费大量的时间和精力，这无疑增加了开发人员的开发成本。因此，个性化的开源项目推荐方法对于大数据时代下的软件开发具有重大意义。

推荐算法为开发人员找到高质量且感兴趣的开源项目具有非常重要的作用。与开源项目相关的各种数据，如源代码、问题、PR、评论、提交信息等均可用于构建推荐模型，但用于推荐算法的数据选择是最为核心的工作。推荐算法应该从开发人员的目标与关注点出发构建开源项目推荐系统。

大部分开发人员并不是开源项目的参与者，更多的是希望找到并复用需求相似度高的项目。在软件开发过程中，如果开源项目与正在进行的项目有极大的技术相关性，那么开发人员很有可能对这些项目里包含的软件需求、架构、设计、代码以及文档进行复用，而侧重于项目功能的评论、源代码等数据对项目相关性的分析更有用。

如果开发人员期望学习并加入开源项目,他们更多地考虑开源项目的质量和兴趣。在开源社区受到广泛关注、吸引众多外围开发人员参与的开源项目通常质量更高,以GitHub的fork、stars和watch机制为例,这些机制都可以有效地反映不同开发人员对一个项目的关注情况。fork主要反映贡献者的参与程度,stars反映一个项目的关注者个数,watch则更多反映项目受到关注的程度。开发人员一旦对某个项目抱有强烈的兴趣,就可以通过watch机制对项目进行实时跟踪,通过fork机制对项目进行本地开发。因此,可以将项目的watch数量,stars数量以及fork数量作为项目流行度和关注度的量化标准。

18.2.2 源代码补全与生成

随着软件开发技术的发展,软件系统具有高度的复杂性,用于提高开发效率实现功能复用的软件源代码模块(代码片段,构件等)不断产生,但简单的模块中经常包含数千个功能特性和大量有用的信息,掌握其中有价值的信息对开发人员来说具有很大的挑战性。直接通过自然语言获取可用的代码片段是一种非常好的解决方案,这种方案被称为代码补全与生成。此处给出代码补全与生成问题的形式定义:给定需求描述字符串NL,代码补全与生成的目标是构建一个映射f,将NL映射到对应的程序语言字符串PL。通常而言,这个映射是一个含参智能模型f_θ,即:

$$PL = f_\theta(NL)$$

这是一个较为宽泛的定义,对于代码补全问题,NL一般是程序上下文代码片段,PL是下一行的补全代码;对于代码生成问题,NL一般是自然语言形式的需求描述,而PL是符合要求的代码。从定义中,可以发现代码补全与生成问题内在的复杂性:输入NL和输出PL均有着非常多样化的形式,且如何定义二者映射关系的正确性也是一个具有挑战性的问题。对于输入部分NL,一个需求的描述是不唯一的,可能极其多样化。例如,自然语言描述的需求可能会使用不同的语言(如英语、法语、中文),不同的格式(如程序片段、伪代码、注释、文档),涉及不同的领域(如数据分析、科学计算)。此外,还可以在输入中添加额外的信息和约束来影响模型的输出,如指定编程语言、代码库,给出测试样例等。对于输出部分PL,代码可以有不同的编程语言(如Python、Java、C++),不同的粒度(如函数、代码片段、代码行)。而映射关系正确性的挑战在于,对同一个需求可以存在各种不同的实现,这些实现之间可能天差地别而殊途同归,即从需求到代码的转换是一个解空间巨大的问题,如何准确地规约需求并定义有效的评估手段是一个有挑战性的话题。

早期的相关方法主要基于传统的自然语言处理技术和统计方法,但是这种方法难以处理语义和上下文等复杂情况,并且对自然语言的理解能力有限。这类方法通常使用较小的代码训练数据集,结合代码上下文使用统计模型来解决代码补全(Code Completion)问题。

此外,使用检索手段增强代码生成等能力也是常用的方法。Xiaodong G等利用代码段和自然语言的平行语料使用RNN训练了一个代码段和自然语言描述的联合嵌入模型,提供基于自然语言的代码块检索功能[4];Shen等则是从常见的库函数出发,构建自然语言描述到代码模板乃至代码块的工具NLI2Code[5]。另一种更加便捷的方案是在开发过程中通过开发上下文直接主动向用户提供与任务相关的个性化代码片段推荐,这种推荐方法既不需要用户发起信息寻求过程,也不需要用户提供查询,而是根据开发人员的开发环境及上下文直接感知与任务相关的信息并反馈给开发人员,减少了寻求信息所需的时间,降低了开发人员的时间成本。Nguyen 等人提出挖掘和分析 API 调用模式，在用户开发项目时利用协同过滤技术直接推荐相应的 API 以及代码片段[6]；He 等人通过分析 Python 代码中数据流、字符相似度等信息，利用机器学习技术实现了一个工具 PyART，可以为开发人员实时推荐 Python API[7]。

目前，比较流行的智能化软件开发通过分析编程环境中正在开发的部分程序，不仅能够主动提供开发人员在当前编程任务中可能使用的代码片段或构件，而且可以提供示例说明，生成注释。可重用代码片段或构件的推荐主要基于深度学习在开源平台上通过使用海量代码训练实现。

随着 Transformer 模型的提出和大型预训练模型的发展，预训练模型开始在代码生成任务中得到广泛应用。不同于传统的监督学习范式，预训练模型主要使用无标注数据进行自监督学习(Self-Supervised Learning)，并结合预训练-微调(Pretrain-Finetune)范式以及预训练-提示(Pretrain-Prompt)范式为下游任务提供支持。预训练模型的架构具有强大的拓展性(Scalability)，可以训练更深的层数和更多的参数。更重要的是，预训练模型的自监督学习范式使用的数据不需要人工标注，降低了获取训练数据的难度，从而可以使用极为庞大的语料数据进行训练。这些特点使得预训练模型具有强大的泛化能力，成为主流的语言模型，应用于各种下游任务，取得优异的效果。

预训练模型主要分为三种架构，分别是编码器架构、解码器架构以及编码器-解码器架构。编码器架构的预训练模型在文本理解上具有较强的能力，而在生成能力上相对较弱，后两种架构则可以更好地完成生成任务。对于预训练模型而言，拓展性是至关重要的，因此参数量和预训练数据量是预训练模型的重要特征。表 18.1 整理了近年有代表性的代码预训练模型。

表 18.1 代码预训练模型

模型	架构	参数量	预训练数据量	编程语言	发布年份
CuBERT	编码器	约 100 MB	7.4 MB	Python	2020
CodeBERT	编码器	125 MB	8.5 MB	多种	2020
GPT-C	解码器	366 MB	4.7 MB	多种	2020
PyMT5	编码器-解码器	374 MB	27 GB	Python	2020
GraphCodeBERT	编码器	125 MB	8.5 MB	多种	2021
CodeGPT	解码器	124 MB	2.7 MB	多种	2021
PLBART	编码器-解码器	140 MB	655 GB	多种	2021
CodeT5	编码器-解码器	60～770 MB	8.35 MB	多种	2021
Codex	解码器	12 MB～12 BB	159 GB	Python	2021
AlphaCode	编码器-解码器	300 MB～41 BB	715 GB	多种	2022
PanGu-Coder	解码器	317 MB～2.6 BB	147 GB	Python	2022
InCoder	解码器	1.3 BB～6.7 BB	约 200 GB	多种	2022
FIM	解码器	50 MB～6.9 BB	159 GB	Python	2022
aiXcoder	解码器	1.3 BB～13 BB	未披露	Java	2022
CodeGen	解码器	350 MB～16.1 BB	约 1 500 GB	多种	2022
CodeGeeX	解码器	13 BB	未披露	多种	2022

2021 年 6 月，GitHub 联合 OpenAI 推出了自动代码补全工具 Copilot[8]。Copilot 支持 Python、JavaScript、TypeScript、Java、Ruby 和 Go 等多种编程语言，不仅可以根据命名或者正在编辑的代码上下文为开发人员提供代码建议，还能根据描述代码逻辑的注释自动写出相应代码内容。图 18.3 展示了一个 Copilot 进行 TypeScript 源代码推荐示例，根据图中所示的代码注释及函数名与相关参数，Copilot 就能自动补全代码。其强大的代码生成与上下文理解能力来源于 OpenAI 的大规模代码预训练模型 Codex[9]。正如 OpenAI 的联合创始人兼首席技术官 Greg Brockman 介绍称“Codex 是 GPT-3 的后代”，GPT-3[10] 即第三代生成式预训练转换器(Generative Pre-trained Transformer，GPT)，是一种能够从简单提示生成文本序列的语言模型。Codex 的模型结构与 GPT-3 一样，是基于 GPT-3 模型进行微调训练得到的模型，它的训练数据包含自然语言和来自 GitHub 公开代码仓库中的数十亿行源代码。根据 Codex 论文介绍，Codex 在 2020 年 5 月从 GitHub 的 5 400 万个公开代码仓库上收集了总计 179 GB 的 Python 代码文件，每个文件不超过 1 MB，经过过滤后，最终的数据集大小为 159 GB。Codex 最擅长 Python，它的 Python 代码内存为 14 KB，而 GPT-3 只有 4 KB，因此在执行任何任务时，它可以考虑超过 3 倍的上下文信息。

```
1  #!/usr/bin/env ts-node
2
3  import { fetch } from "fetch-h2";
4
5  // Determine whether the sentiment of text is positive
6  // Use a web service
7  async function isPositive(text: string): Promise<boolean> {
8    const response = await fetch(`http://text-processing.com/api/sentiment/`, {
9      method: "POST",
10     body: `text=${text}`,
11     headers: {
12       "Content-Type": "application/x-www-form-urlencoded",
13     },
14   });
15   const json = await response.json();
16   return json.label === "pos";
17 }
   Copilot
```

图 18.3　Copilot 进行 TypeScript 源代码推荐示例

然而，对于 Codex 训练过程中所使用的大规模的代码数据来说，其学习到的代码生成能力并不足以让人满意。根据 Codex 论文报告的结果，在 164 个手工编写的编程问题中，Codex 12 亿参数的模型能解决 28.8% 的问题，3 亿参数的模型能解决 13.2% 的问题。测试结果显示出了一些反直觉的行为，比如 Codex 会生成语法错误或者未定义的代码，并且会调用未定义或超出范围的函数、变量和属性。此外，用于描述代码逻辑的注释越长，Codex 根据其生成的代码质量越低。与其他大型语言生成模型一样，Codex 将生成与其训练数据分布尽可能相似的代码，这类模型可能会做出对人类用户无益的生成结果。

2022 年 11 月 30 日，OpenAI 推出人工智能聊天模型 ChatGPT[11]，ChatGPT 是一种专注于对话生成的语言模型。它能够根据用户的文本输入，产生相应的智能回答。由于 ChatGPT 是基于 Codex 的进化模型与 GPT-3 的指令训练模型 InstructGPT[12] 进行调优训练产生的，因此它除具有自然语言生成能力以外，也继承了强大的代码生成能力。ChatGPT 在模型上与 GPT-3 基本一致，主要变化的是训练策略，OpenAI 使用人类反馈强化学习(Reinforcement

Learning from Human Feedback,RLHF)技术对 ChatGPT 进行了训练,且加入了更多人工监督进行微调,大幅度提升了模型对于人类用户指令意图的理解能力,使生成结果更符合人类偏好,即保证生成结果的真实性(非虚假信息和误导性信息)、无害性(不会对人造成身体或精神的伤害)、有用性(保证解决了用户的任务)。

ChatGPT 使用与 InstructGPT 相同的训练方法,但数据收集设置上略有不同,具体训练过程参照图 18.4。

ChatGPT 的训练过程分为三个阶段:第一阶段是有监督调优模型(Supervised Fine-Tuning,SFT)训练,在人工标注 12k~15k 个数据点的高质量问答数据集调优获得 SFT 模型。此阶段的 SFT 模型在遵循人类指令方面的效果已经优于 GPT-3,但仍然可能生成不符合人类偏好的结果。第二阶段是奖励模型(Reward Model,RM)训练。利用上一阶段训练得到的 SFT 模型对给定的问题生成 4~9 个回答,雇佣人工标注者为这些回答评分排序,收集到了一个规模约为上一阶段问答数据集 10 倍的排序数据集,用于训练 RM 模型。第三阶段采用近端策略优化(Proximal Policy Optimization,PPO)强化学习针对 RM 调优 SFT。用 SFT 模型初始化 PPO 模型。对于给定的问题,由 PPO 模型生成回答,RM 模型进行打分,将奖励分数依次传递,产生策略梯度,通过强化学习的方式更新 PPO 模型参数。第一阶段只进行一次,而第二阶段和第三阶段可以持续重复进行,在当前最佳 PPO 模型上收集更多的排序数据,用于训练新的 RM 模型,接着训练新的 PPO 模型。

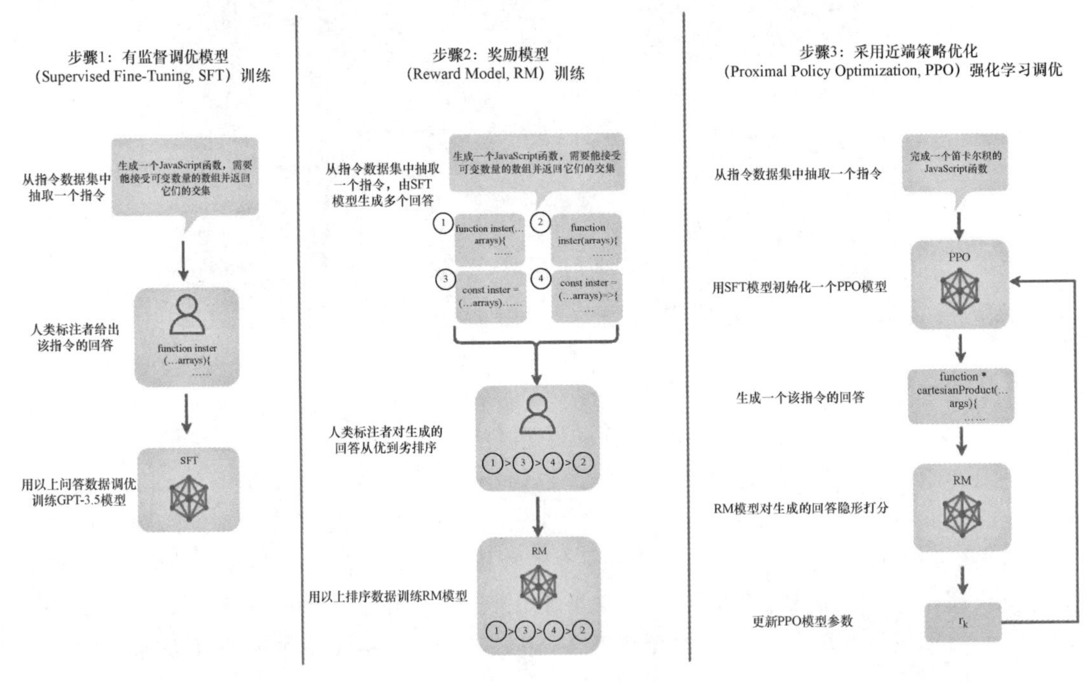

图 18.4 ChatGPT 的训练流程

图 18.5 展示了一个 ChatGPT 进行 Python 源代码推荐示例,根据用户提供的自然语言指令"python flask 框架实现图片上传功能",ChatGPT 不仅给出了相关的 Python 代码解决方案,还提供了代码的描述说明。

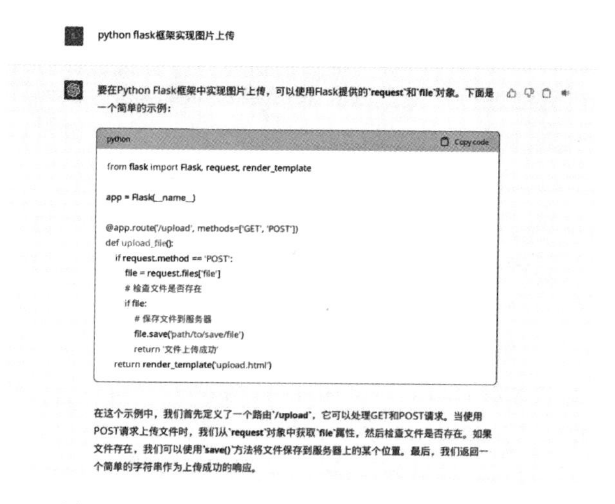

图 18.5　ChatGPT 进行 Python 源代码推荐示例

Copilot 与 ChatGPT 都是基于 GPT-3 的发展进化而来的语言生成工具。Copilot 专注于代码生成，设有面向代码的专门的分词器、转换器层和共享词汇表，因此，在执行代码生成时，Copilot 的计算性能明显优于 ChatGPT，适合作为插件应用于代码编辑器中。ChatGPT 更擅长对用户提供的注释性文本的意图理解，并具有主动承认错误、听取意见并优化答案、质疑不正确问题、支持多轮对话的能力，适合用于结对编程与代码编程题目解答等场景。

18.2.3　小结

随着信息技术的发展，存在大量优秀的开源软件可供开发人员借鉴，并极大降低了开发成本，基于大数据相关技术的开源项目推荐与源代码推荐逐步成为未来软件开发的一种趋势。由于众多开源社区的项目质量参差不齐，技术栈多样化，开发人员面临的挑战也日益明显。例如，如何实现开源项目、源代码等开源资源与开发人员以一种较高准确度的个性化匹配；如何通过尽可能多地提供自动化过程以减少开发人员所需要的额外工作；如何支持和鼓励开发人员提供可重用构件以便其他开发人员可以重用，并确保修改后可重用构件的高质量等问题，可见，大数据时代下基于开源项目和源代码推荐的软件开发仍有很多的工作要做。

18.3　大数据与软件测试

软件测试是保障软件产品质量、稳定性和可靠性等问题的关键。软件测试是在规定的条件下对程序进行操作，以发现程序错误，衡量软件质量，并对其是否能满足设计要求进行评估的过程，它是一种实际输出与预期输出之间的审核或者比较过程。

在大数据时代背景下，软件使用的复杂性不断增加，软件需求变更频率越来越快，传统的测试方法对需求的变化响应不及时且难于支持迭代开发，使得测试人员将同时面临着测试任务重，测试周期短的实际问题。为了缓解这种问题，需要探索新的软件测试方向。其中，测试的多元化、自动化和敏捷化是比较有代表性的[13,14]。

18.3.1 测试多元化

测试多元化是指在测试过程中采用多种且具有一定差异性的测试方法和测试主体。在传统的软件测试中，通常会使用静态测试、动态测试，白盒测试、黑盒测试等多种测试方法，从多个方面开展测试工作。而在大数据时代，软件变得更加复杂，复杂的软件在演化过程中，软件测试的“杀虫剂免疫效应”更突出。Boris Beizer 在 1990 年提出了软件测试的“杀虫剂免疫效应”，即软件测试的种类及数量越多，发现缺陷的数量越来越少，但检测难度越来越大，这就像传统的农药杀虫剂一样，长期利用一种农药进行杀虫，该地区的害虫会在体内形成抗药性，导致杀虫剂的作用效果逐渐降低。在传统的软件测试工作中，测试主体多为软件公司内部的专职测试人员或是专门的测试团队，以测试为主的沟通协作多集中在公司内部，测试方法和过程容易单一化。

随着信息技术的快速发展，基于众包模式的众测平台逐渐成为软件测试的一个主流选择，凭借人力众包测试优势，较好地满足了测试多元化需求，开始得到越来越多软件开发公司的关注。众测平台上的测试主体是分布于各个行业、拥有各类设备的测试专家，具备行业、设备、方法多样性的特点。众测平台上的大量众包测试项目产生和积累了大量数据，既包含专业能力相关的各类数据，如从业经验，擅长行业等，也包含测试专家在平台上参与的每项任务的详细统计数据，如提交的缺陷数量和质量、客户的评价等，基于这些数据能够形成专业知识库和测试专家分级分类体系。众测平台基于大数据分析能力可以为软件测试需求方与测试专家进行智能匹配，更容易实现测试需求对接。众测平台通过对大量测试结果的精准分析可以得到精度较高和相对可信的测试报告，缩短测试成本和测试周期。

2012 年，两位爱沙尼亚的软件测试人员 Kristel Kruustük 和 Marko Kruustük 合作建立了首个网络众测平台 Testlio[15]。Testlio 帮助用户在发布软件之前进行测试，以确保软件的质量和稳定性。Testlio 拥有全球范围内分布在 150 多个国家和地区的 1 万余名经过了严格的筛选和培训的专业测试人员，拥有 1 200 余个覆盖全球的真实设备/操作系统组合，可以为用户提供高质量的测试服务。Testlio 提供了一套完整的测试流程和质量控制机制，用户只需要提交测试需求和测试计划，Testlio 就会为用户匹配最合适的测试人员进行测试，并及时反馈测试结果和 bug 报告，确保测试结果的准确性和可靠性。Testlio 可以大大提高软件的质量和用户体验，缩短软件上线的时间，同时减少测试成本和管理难度。Testlio 优秀的软件测试能力受到了微软、NBA 和 SAP 等品牌的信赖。

18.3.2 测试自动化

随着大数据技术的广泛应用，测试需要覆盖到不同的数据源、不同的数据类型、不同的数据处理方式等多个方面，测试数据量也呈指数级增长。传统的手工测试方法已经无法满足这种需求，需要借助自动化测试工具来处理这些庞大的测试数据，更快、更准确地对不同的测试场景进行覆盖，提高测试的覆盖率和质量。自动化的软件测试主要指测试人员通过测试工具或其他手段，根据测试计划编写测试脚本，让机器代替手工测试，通过对软件的多次回归测试，达到改进软件质量、加快测试进度的目标。在软件工程实践中，测试人员经常通过构建自动化测试框架以重用所有的测试用例来测试引入新特性后的软件系统版本，但这种重新运行所有测试用例的方法的代价是昂贵的。虽然回归测试在维护软件后续版本的质量方面非常关键，但它会带来巨大的人力成本，占软件开发成本很大一部分[16]。

目前，存在很多提高回归测试成本效益的方法：回归测试选择技术是通过从现有测试套件中选择测试用例的子集，在修改后的软件系统上执行，从而降低测试成本；测试套件最小化技术是通过识别和消除冗余测试用例来减少测试套件的大小。这两种技术都通过减少测试时间和维护时间来降低测试成本，但使用这两种技术需要验证其安全性，否则可能会遗漏测试场景，对软件系统的安全造成影响。

测试用例优先级技术则提供了一种优先运行优先级更高的测试用例方法，以便更早地检测错误或提供反馈，从而降低缺陷泄漏到已发布系统的可能性。测试用例优先级技术会重新为测试用例排序，利用软件测试中反馈的各类数据进行分析，能够更早发现在软件系统中产生缺陷的原因，使开发人员能够更早地开始调试和修复。

测试用例优先级技术主要利用代码覆盖率信息来实现测试用例优先级划分，即可以根据它们在软件的前一个版本上执行的代码语句、基本块或方法的数量，对测试用例进行优先级排序，提高回归测试的有效性。此外，Mirarab 和 Tahvildari 提出了基于贝叶斯网络(Bayesian Network，BN)的优先级技术，该技术采用了带有代码修改信息，错误倾向的单变量度量，以及测试覆盖率信息的概率推理算法[17]；Leon 和 Podgurski 提出了结合抽样方法的优先级技术，该方法从基于测试执行文件而分布形成的集群中选择测试用例，在测试用例优先级中利用聚类算法并从聚类中随机选择测试用例进行优先级排序[18]；Yoo 通过利用专家知识对测试用例进行两两比较来提高优先级技术的有效性，并将测试用例聚类到相似的组中以方便比较，有效减少人为判断过程中成对比较的数量[19]。

18.3.3　测试敏捷化

测试敏捷化是指在与软件生命周期所有交付品质相关的活动中，通过对组织、文化、流程、技术等要素进行优化与改进，使得测试能够贯穿于开发全过程并与上下游团队高效协作；能够在业务与技术水平上持续提升，达到自我驱动、灵活赋能、快速交付、高效稳定的最终目标[14]。测试敏捷化的意义在于，关注范围跳出了单一的测试环节，将开发和测试统一考虑，更加关注测试真正的价值。

对于软件工程来说，开发流程已经从传统的瀑布模型演变为包含数据分析的敏捷开发模型，如图 18.6 所示。在传统的瀑布式开发中的测试要晚于需求和开发，发现缺陷的过程较晚，在敏捷开发过程中强调迭代、增量的开发过程，以满足软件需求的不断变更，强调测试驱动开发，及随时可以交付软件，因此敏捷开发模型相较于传统的瀑布模型更容易控制软件早期的缺陷数量，质量风险不易堆积到最后阶段，同时发现和解决问题缺陷的平均成本也更

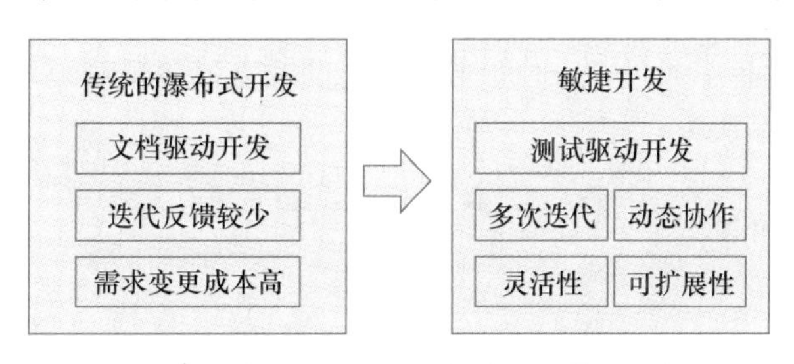

图 18.6　传统开发模型与敏捷开发模型比较

低。遵循敏捷开发的理论和方法，软件测试同样需要敏捷化和效率化，需要在敏捷开发过程中建立合适的软件测试模型和测试方法。

当前的软件开发过程经常是敏捷和动态的，这会导致软件开发过程中产生并记录大量数据，为了解决软件系统中的故障定位和缺陷预测等问题，软件开发人员和测试人员通常使用数据挖掘技术和统计建模技术建立学习预测模型，组织和分配测试资源。

敏捷软件开发过程注重项目相关数据收集、数据转换、特征选择与分析、模型开发过程，如图 18.7 所示。数据收集通常是一个耗时的过程，目标是确保分析所需的数据就位。数据转换是为了改进数据集质量，将使用的变量转换为标准形式，排除不必要的数据，快速生成汇总统计信息，构建柱状图和直方图来帮助理解数据的基数和分布。特征选择与分析定义了用于模型开发的变量，对不同的特征进行分析，并使用热图、气泡图或其他不同形式来完成数据可视化。模型开发主要包括构建多个模型，比较模型结果和质量。

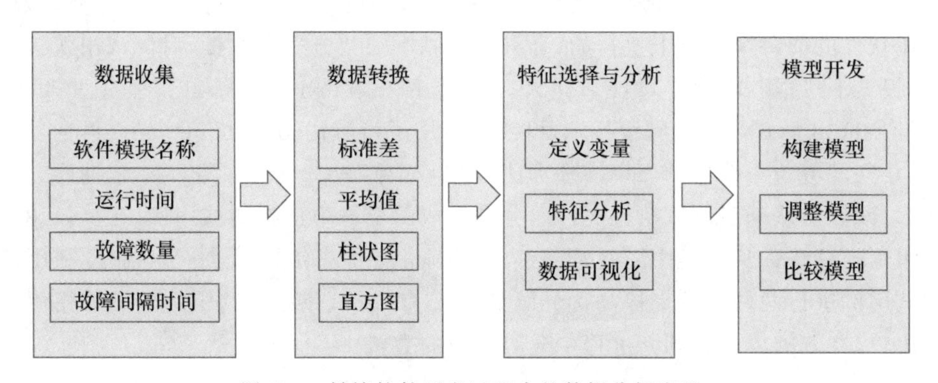

图 18.7　敏捷软件开发过程中的数据分析流程

在开发过程中，可以使用工具收集每个软件功能模块的名称、运行时间、故障数量在内的重要数据，记录所有软件故障并测量故障间隔时间，进而通过线性回归公式和收集的数据建立回归预测模型，预测系统的稳定性。数据分析人员可以通过分析这些数据来帮助进行产品决策。

18.3.4　小结

更敏捷的软件开发，需要减少编码时间、测试时间，需要更快地响应新功能增加和代码变更。在大型的复杂软件上为所有变更代码上执行测试变得较为低效，找到缺陷的概率变得极为困难。通过众测平台、通过众包方式降低测试成本，寻求测试方法和主体的多元化是一种比较好的选择；复杂软件在长期的版本迭代过程中通常需要构建自动化框架以支持多轮回归测试，利用回归测试中反馈的各类数据进行分析，可以更早发现在软件系统中产生缺陷的原因；敏捷开发过程中通过全方位地收集数据与建立回归预测模型进行分析，有助于合理分配测试资源和产品决策。

18.4　案例研究

本节我们将通过一个对 Google Play Store 用户的应用评论分析案例介绍大数据技术对软件需求获取的推动作用。

Android 等移动设备操作系统的快速普及使得移动应用迅速发展，目前在 Android 和苹果的应用商店中有数以百万计的应用。这些应用通过应用商店直接分发给用户，用户可以随时对这些应用进行评论，而评论的好坏和评论的数量是衡量应用是否成功的重要参考之一。从业者已经在应用商店中挖掘数据，以解决软件工程中出现的功能、隐私、错误等问题。

Spotify 是最大的音乐流媒体服务提供商之一，截至 2022 年 3 月，每个月的活跃用户超过 4.22 亿，包括 1.82 亿付费用户。Spotify App 数据集包含了 2022 年 1 月 1 日至 2022 年 7 月 9 日在 Google Play Store 上的 61 594 条评论。部分用户通过评论分享其使用经验并给出相应的评分，以此衡量大家对该 App 的满意度。App 的评分范围为 1 星到 5 星。

每条评论主要包括如下几个字段：

① Time_submitted：该条评论的提交时间，格式为 yyyy-MM-dd hh：mm：ss。

② Review：该条评论的具体内容。

③ Rating：评分，范围为 1～5。

④ Total_thumbsup：点赞数。

⑤ Reply：评论的回复。

首先，将评分数据分为正面评论和负面评论两类，可以直接观察用户正负面评论的比例。将评分为 1，2，3 的评论处理为负面评论，将评分为 4，5 的评论处理为正面评论，基于评分的简单统计处理完成后，得到正面评论和负面评论的比例如图 18.8 所示，负面评论和正面评论的占比接近。

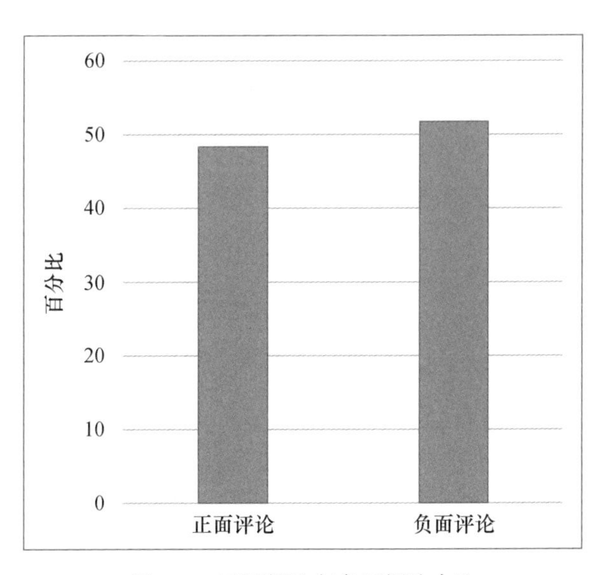

图 18.8　正面评论与负面评论占比

通过自然语言技术处理非结构化的用户评论数据，分析和找出用户在正面和负面评论中涉及的主要评论类型，并通过词云将其可视化分析，可以简单获取这款应用在市场上的用户反馈。对用户评论中出现的涉及情绪和类型的关键词进行词频统计，如图 18.9 所示，在正面评论中，用户更多地体现出对应用的情绪表达，出现如“喜爱”“好”“非常棒”等关键词，同时可以发现用户对播放品质、易用性、播放列表等软件功能有较强的关注度；如图 18.10 所示，在负面评论中，用户对费用、异常、崩溃等有较多的投诉，费用和程序错误占比接近 30% 以上。这些评论分析，可以帮助开发人员改善现有的应用。

图 18.9　正面评论中的关键词可视化

图 18.10　负面评论中的关键词可视化

18.5　本章小结

本章详细介绍了大数据时代对软件工程各阶段带来的影响。在软件需求获取阶段，大数据相关技术能够很好地提高需求预测精度并在实践中达到令人满意的效果，开发人员不再是完全凭借经验和直觉来进行软件的需求决策，而是通过采集大量的软件评论数据集，应用机器学习与数据挖掘方法，进行定量或定性分析来确定软件需求，需求探索更关注用户真实体验与反馈，这往往比需求决策者自己的思考更具指导意义；在软件开发阶段，开发人员的技术学习和优秀代码复用已经逐渐转向了开源项目，大量优秀的开源软件可供开发人员借鉴，极大降低了开发成本，基于大数据相关技术的开源项目推荐与源代码推荐逐步成为未来软件开发的一种趋势；在软件测试阶段，为了提高软件产品质量而进行的测试是一项艰巨和复杂的任务，通过利用众测平台、构建自动化回归测试框架和基于数据收集与建立回归预测模型分析的敏捷测试等数据驱动测试手段，可以有效提高测试效率，缩短软件开发的周期。

习　题

1. 软件回归测试涉及测试用例(单元测试用例，集成测试用例，系统测试用例)代码、测试用例执行情况记录、测试失败记录等数据，这些数据非常复杂。请设计一个可视化工具帮助软件测试管理人员方便地分析测试用例执行的数量、测试通过情况、代码覆盖率等指标。

2. GitHub 社交化开源开发社区中，存在着大量优秀的开源项目，然而这些项目非常分散，一些优秀的能为开发人员提供直接帮助的项目仅仅吸引了很少量开发人员的关注。请基于 GitHub 上用户的个人数据设计一种推荐算法，该算法可以给用户推荐 Top-N 的感兴趣的项目，同时能够通过 GitHub 上用户的实际行为记录来验证推荐算法的合理性。

3. 在软件开发过程中，除了代码还涉及大量的文档，通常这些代码是非结构化的，是否能用自然语言处理技术来解决一些实际问题？

4. 软件工程中一般会用到哪些数据采集方法，在遇到数据缺失时应该怎么办？

5. 从数据科学的视角出发，在软件开发活动中，基于收集的数据可以做哪些预测工作？在软件错误预测过程中，包含错误的软件模块比不包含错误的模块更少，这使得错误标记样本明显少于非错误标记样本，如何解决这样的数据不均衡问题？

参考文献

[1] Maalej W, Nayebi M, Johann T, et al. Toward Data-Driven Requirements Engineering[J]. IEEE Software, 2015, 33(1): 48-54.

[2] Kikas R, Dumas M, Pfahl D. Using dynamic and contextual features to predict issue lifetime in GitHub projects: IEEE Working. Conference on, Mining Software Repositories. May 14,2016[C].ACM, 2016.

[3] Dibona C, Ockman S, Stone M. Open Sources: Voices from the Open Source Revolution [J]. Computers Mathematics With Applications,1999,37(10): 173.

[4] Xiaodong G, Hongyu Z, Sunghun K. Deep code search: International Conference on Software Engineering, June 26,2018[C].2018.

[5] Shen Q, Wu S, Zou Y, et al. From API to NLI: A New Interface for Library Reuse[J]. Journal of Systems and Software, 2020.

[6] Phuong T N,Juri D R, Davide D R, et al. FOCUS: a recommender system for mining API

function calls and usage patterns: International Conference on Software Engineering, 2019[C].IEEE,2019.

[7] Xincheng H, Lei X, Xiangyu Z, et al. PyART: Python API Recommendation in Real-Time: International Conference on Software Engineering: Companion Proceedings,2021 [C].IEEE,2021.

[8] GitHub Copilot. Get Started With Copilot[EB/OL]. [2022-10-11].https://github.com/features/copilot.

[9] Chen M,Tworek J,Jun H.et al. Evaluating Large Language Models Trained on Code[J]. arXiv preprint arXiv, 2021, 2107(03374).

[10] Brown T B, Mann B, Ryder N,et al. Language Models are Few-Shot Learners[J]. Advances in neural Information Processing Systems, 2020, 33: 1877-1901.

[11] Open AI. Introducing ChatGPT[EB/OL]. [2022-11-07].https://openai.com/blog/chatgpt.

[12] Long O, Jeff W, Xu J,Diogo A, et al. Training language models to follow instructions with human feedback[J],Advances in Neural Information Processing Systems,2002,35: 27730-27744.

[13] MBA智库·文档.测试敏捷化白皮书(印刷版)[EB/OL].[2022-11-22].https://doc.mbalib.com/view/974214a58e7fa0beb06d19b 1a72a2047.html.

[14] 王嘉锋.大数据背景下软件测试技术面临的挑战及发展方向[J].中国新通信,2021,23(03):46-47.

[15] Testlio. Deliver exceptional global products[EB/OL].[2022-10-11] https://testlio.com.

[16] Ryan C,Hyunsook D, Anne D. A Clustering Approach to Improving Test Case Prioritization: An Industrial Case Study: International Conference on Software Maintenance, September 25,2011[C].IEEE,2011.

[17] Siavash M, Ladan T. An Empirical Study on Bayesian Network-based Approach for Test Case Prioritization: 2008 1st International Conference on Software Testing, Verification, and Validation, 2008[C].IEEE,2008.

[18] David L, Andy P. A Comparison of Coverage-Based and Distribution-Based Techniques for Filtering and Prioritizing Test Cases: International Symposium on Software Reliability Engineering,November 17,2003[C].IEEE,2003.

[19] Shin Y, Mark H, Paolo T, et al. Clustering Test Cases to Achieve Effective & Scalable Prioritisation Incorporating Expert Knowledge: Symposium on testing, analysis, July, 2009[C]. IEEE, 2009.

第 19 章　面向物联网的软件工程

随着信息技术的快速发展，互联网的覆盖范围不断地拓展，逐渐从原本的计算机间互联转变为万物间的互联。物联网应用的开发与传统的软件开发有着巨大的不同。首先，物联网应用的开发需要同时考虑硬件和软件的需求；其次，一个完整的物联网应用涉及云、边、端三侧的硬件和软件开发，对开发人员的要求提出了较高的要求。本章首先介绍物联网的基本概念，随后介绍物联网应用中软件开发的基础以及相关软件质量保证的方法，最后提供了一些物联网应用案例来进一步展示物联网应用开发的过程。

19.1　物联网概述

19.1.1　基本概念

物联网(Internet of Things，IoT)，顾名思义是指代“万物相互连接的网络”。在维基百科中，物联网是指物理设备以及其他嵌入了电子器件、软件、传感器的物件组成的网络[1]。此类设备和物件具备连接能力且能够对物理世界进行感知和控制。物联网可以被视作对互联网的一种扩展和延伸，将物理世界集成到数字世界中，实现人、机、物之间的互联互通。

物联网的概念最早可追溯回 1995 年，比尔・盖茨在其所编著的《未来之路》一书中提出了物物互联的基本思想。国内外普遍公认的是麻省理工学院 Auto-ID 中心的 Ashton 教授在 1999 年研究无线射频识别(RFID)最早提出的概念。2005 年，国际电信联盟指出，无所不在的“物联网”通信时代即将来临。此时，物联网的定义和范围已经发生了变化，覆盖范围有了较大的拓展，不再只是指基于 RFID 技术的物联网。2009 年，IBM 提出了“智慧地球”的概念。同年，中国提出了“感知中国”的概念。国际电信联盟这样描绘物联网时代：衣服会告诉洗衣机对颜色和水温的要求，公文包会提醒主人忘带了什么东西。物联网时代的来临将会使人们的日常生活发生翻天覆地的变化。

近年来，物联网技术得到了快速的发展和普及。著名咨询公司 IoT-Analytics 发布的物联网跟踪报告显示[2,3]，全球物联网的连接数于 2020 年首次超过非物联网连接数之后，截至 2022 年 5 月已达到了 144 亿台。预计到 2025 年，物联网设备数量将增长至 309 亿台。由此可见，物联网是一片新蓝海，拥有着极大的发展潜力，并且物联网技术目前已经引起了来自工业界和学术界极大的关注。

在工业界，2017 年 6 月，工信部办公厅关于全面推进移动物联网建设发展的通知。2019 年 11 月，我国正式开始 5G 蜂窝技术的商业化应用，华为、中国移动、中国电信等公司投入巨资建设物联网基础设施，大量低功耗物联网设备如何接入互联网的关键问题有望得到全面解决。阿里巴巴、IBM、亚马逊、微软等互联网公司以及众多创业公司正在物联网平台与应用方面布局，以解决大量物联网数据如何存储、查询、处理等共性问题。相继推出的物联网开发云平台包括亚马逊 IoT 平台、微软 Azure IoT 云平台、阿里云 Link 平台等。然而，不同厂商的产品间存在着生态壁垒，难以实现设备间无缝的互联互通。为此，谷歌、亚马逊和苹果公司联合连接标准联盟提出了 Matter 应用层，旨在简化制造商的开发并提高消费商品间的兼容性。目前，Matter 应用层已经获得了近 200 家公司的支持，未来有望统一智能家居领域。

在学术界，物联网技术受到了来自各个国家研究人员的重视。从 2003 年起，ACM 每年组织嵌入式网络传感器系统大会(Conference on Embedded Networked Sensor Systems，SenSys)，聚焦基于微型传感器节点的系统设计、组网、计算以及感知等关键问题。2016 年起，IEEE 和 ACM 共同资助举办物联网设计与实现大会(Internet of Things Design and Implementation，IoTDI)，该会拓展了基于传统微型传感器节点的研究范围，关注基于物联网的交互性、可靠性、安全性等前沿问题。在物联网领域的学术期刊方面，IEEE 和 ACM 分别推出了两本期刊：IEEE Internet of Things Journal 和 ACM Transactions on Internet of Things，关注物联网领域的各方面进展，拥有较高的参考价值。

19.1.2 常见应用场景

物联网技术主要有十大应用方向：

(1) 智慧物流

物联网在物流行业的应用主要体现在三个方面，即仓库管理、运输监控和智能快递柜。在仓库管理中，使用物联网技术可以对仓库中各类货物的出入库情况进行监测，自动维护一个仓库管理系统。此外，也可在仓库中布置各类传感器如火灾传感器、有害气体传感器等，防止意外的发生。在运输监控中，物联网技术可以对运输的车辆的信息进行监测并通过网络上传。管理员可以实时地查询到其包裹所处的位置并进行调度。最后，当快件派送完成后，通过智能快递柜可以监测包裹的签收状态，确保快件被正确地接收。

(2) 智能运输

交通领域是物联网技术一个非常重要的应用场景。物联网技术可以将人、车、路以及其他周边基础设施之间相互连接，改善交通运输环境、保证交通的安全性。具体的案例有共享单车、车联网等。

(3) 智能安保

现有的安保系统严重依赖于人类的参与。但是人类安保员在进行长时间工作时十分容易出现分心的现象，导致安全漏洞的产生。物联网技术可以使监控、报警以及门禁等设施之间互相协作，将监控系统采集的信息进行实时的处理。当出现异常现象后，可实时执行发出警报并关闭门禁等操作。

(4) 智能能源

物联网技术可以被广泛地应用在实现对水、电、气等仪表数据读取以及流量控制方面。例如，使用物联网技术按月对每户的水电气的用量进行读取并提示用户及时缴费。同时，也可用于城市中对基础设施的开关控制，如当夜晚降临时，开启路灯等操作。

(5) 智慧医疗

物联网技术在智慧医疗方面的研究主要分为两部分：穿戴式医疗设备和数字化医院。

病人需要佩戴部分传感器来获取人体的生理状态(如心电图、血压等)。使用物联网技术可以实时地将病人的生理数据上传至云平台,进行实时的健康状态分析,辅助医生进行诊断。数字化医院方面包括电子病历、药品和医疗器械管理等方面的应用。

(6) 智慧建筑

建筑是城市的基石,智慧建筑则在传统建筑的基础上融合了物联网技术,结合了感知、传输、决策以及控制等方面的功能,目前受到了越来越多的关注。智慧建筑主要体现在结构健康监测、消防监控以及楼宇控制等方面,减少建筑维护人员的工作量,降低运维成本。

(7) 智能工厂

基于物联网技术,可对现有的工厂生产环境进行数字化和智能化改造。主要实现的功能有实时工厂环境感知、生产线控制以及设备升级维护等。通过物联网对工厂环境内的感知可以预防火灾等意外事故的发生,同时保证部分生产过程对环境条件的要求。通过对生产线的控制,可以帮助实现生产过程的自动化,减少人力开销,降低成本。当设备需要更新维护时,运维人员可以远程地对工厂内部的设备进行更新或者提供远程的售后服务。

(8) 智能家居

智能家居以住宅为平台,通过物联网技术与家居生活有关的设施集成,实现高效的住宅设施和家庭日程事务的管理系统,为生活提供便利。

(9) 智能零售

通过对传统的零售业和便利店等进行数字化改造,打造无人售货方式。相比于传统零售,智能零售的方式不受时间的限制,可以极大地延长售货时间,提高销售效率。

(10) 智慧农业

智慧农业利用信息化的管理方式开展农业生产经营。通过物联网技术可以及时获取农作物当前的状态以及周边环境状况。随后通过决策环节对农作物周围的环境进行精准的调节,干预生产过程,从而有效提高农作物质量、提高农业生产效率和竞争力。

下面将介绍和分析两个典型的物联网应用案例,分别为阿里巴巴无锡鸿山物联网小镇以及卡内基梅隆大学智慧校园。

(1) 阿里巴巴无锡鸿山物联网小镇

目前,随着城市化的快速推进,世界一半以上的人口居住在城市中。与之而来的是对环境的压力逐渐变大,城市居民对基础设施的需求快速增长。如何实现可持续发展是目前全球面临的一个共同问题。针对这个问题,无锡鸿山给出了一个答案并获得了国内外的一致好评,即无锡鸿山与阿里巴巴联合打造了全国首个物联网小镇。后续又有华为、中电海康、西门子、中国移动、中国电信等一批行业巨头参与到鸿山物联网小镇的建设中。

鸿山物联网小镇的建设规划主要包括 6 大系统模块:

① 智慧数据系统。鸿山物联网小镇将建设全国第一个千兆网络覆盖小镇、第一个 NB-IoT/ 5G 小镇。建设下一代高效、清洁和具有弹性的小镇未来数据中心、指挥统筹中心、物联网“功能云”创新中心,通过对智能硬件数据的收集,利用大数据技术优化资源配置,驱动小镇智能设备按照“连接驱动”“互连互通”路线进化。

② 智慧交通系统。引入车联网、无人驾驶技术,智能化地实施车牌识别、车辆间距感应控制、可变车道、停车场引导、交通流量疏导等新型智能交通控制系统,为居民和游客提供完

整且全面的智慧出行服务。

③ 智慧旅游系统。在国家梁鸿湿地公园、中华赏石园、鸿山遗址博物馆等重点旅游区域建立智能旅游系统，让鸿山历史积淀更好地展现在大众眼中。

④ 智慧医疗系统。依托中国(无锡)健康产业先行发展试验区建设，以瑞金医院无锡分院为智慧医疗示范基地，实现对人的智能化医疗和对物的智能化管理。

⑤ 智慧农业系统。依托部署在农业生产现场的各种传感器节点和无线通信网络实现农产品生产全过程的智能感知、智能预警和智能分析，为农业生产提供精准化种植、可视化管理、智能化决策的服务。

⑥ 智慧社区系统。在社区广泛应用感知、安防、节能、远程控制、信息服务、公共管理、社区服务等物联网技术，全面提高社区整体服务能力和社区居民生活信息化、便利化水平。

为了以上6个子系统的实现，无锡鸿山物联网小镇项目实施过程中提出了飞凤物联网开发平台(以下简称“飞凤平台”)[4]。飞凤平台旨在建设世界级的物联网应用基础平台。

在网络协议标准支持方面，该平台按照开放标准，打通物联网云架构基础层、平台层、应用层，包容NB-IoT、LoRa等主流物联网通信协议和技术标准。飞凤平台作为物联网基础设施，主要解决物联网技术“统一规则”的问题，即如何将成千上万个传感器和上百种传输协议，有机形成一个可结构化复用、同时能打通互联网的云架构，并为物联网产业应用提供基础服务。因此，飞凤平台支持大量异构物联网设备的接入和支持大量物联网创新应用。除此之外，飞凤平台还为物联网应用开发人员提供一站式服务，支持硬件开发、数据开发、应用开发以及服务开发。在鸿山物联网小镇示范建设中，飞凤平台逐步实现大规模应用数据的接入，打破物联网产业碎片化、小规模的瓶颈，推进产业规模化发展。此外，针对开发人员，飞凤平台可以提高应用开发效率55%，降低应用开发成本60%。针对企业用户，飞凤平台可以共享阿里云生态能力，让物联网应用的复制变得十分简单。

(2) 卡内基-梅隆大学智慧校园

在谷歌公司的资助下，卡内基梅隆大学的研究团队开展了一个名为GIoTTO的项目[5]。该项目在加州大学圣迭戈分校和卡内基梅隆大学超过55幢的建筑物里面进行了传感器和执行器节点的部署，系统的运行时间长达3年，可以说是把一个大学校园变成了一个应用创新实验室。

GIoTTO具备4个重要的特点。

① 安全与隐私保护。GIoTTO采用OAuth 2.0、HTTPS/SSL、访问控制层等方法，保护用户隐私，有效提高系统安全性。

② 面向终端用户可编程。用户可以利用GIoTTO提供的应用程序编程接口轻松地进行应用程序的开发。

③ 支持机器学习。机器学习在GIoTTO中占据很重要的位置，它降低了GIoTTO的使用难度。

④ 支持广泛部署。GIoTTO使用MongoDB、InfluxDB、REDIS+REST接口的方式，已在超过55幢建筑物(超过20万个传感器节点)上部署了多个应用。

GIoTTO架构图如图19.1所示，它主要分为三部分：数据产生层、数据管理层以及应用程序服务层。其中，数据产生层位于架构最底端，主要包含了系统所需的传感器和执行器，实现了对物理世界的感知与控制功能。数据管理层位于架构的中间部分，主要包含数据集成、云与边缘端分析计算、数据控制、机器学习等功能。架构的顶层为应用程序服务层，主要提供了一系列标准的应用程序接口，用户选择时间间隔和数据粒度，通过系统提供的接口访问数据服务器中的时序数据。这种访问形式不仅简化了用户操作，还有利于保护数据安全。

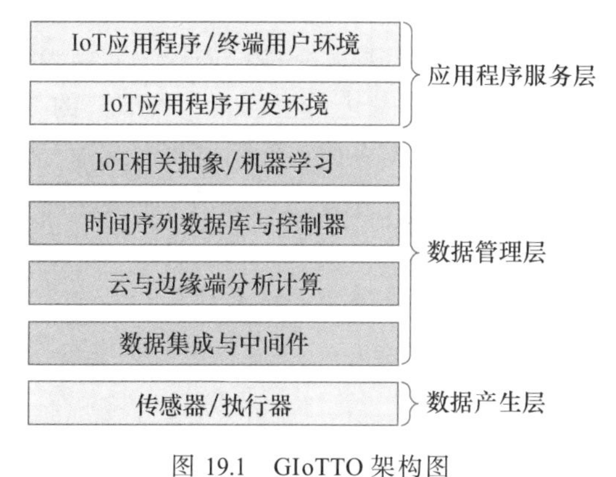

图 19.1　GIoTTO 架构图

19.1.3　典型应用架构

一个典型的物联网应用架构如图 19.2 所示，它主要包含以下 4 个部分：

① 物联网设备。这是物联网的终端设备，主要包含了传感器节点和执行器节点。例如，可能是一个 PM2.5 感知节点用于监测空气质量，也可能是一个路灯的控制器，允许应用对路灯的开关进行控制。物联网设备为物联网应用提供了与物理世界进行交互的方法。物联网设备的开发要求开发人员拥有物联网硬件相关知识，如何降低设备成本、延长电池寿命等是开发人员需要考虑的重要问题。

② 网关。物联网设备通常选用一种无线通信协议接入互联网。传统的协议主要包括 Wi-Fi、GPRS 等，目前新兴的接入方式包括 NB-IoT、低功耗蓝牙等。无论使用何种协议，一个网关（如 Wi-Fi 接入点、蜂窝网基站等）是必须的。网关通过无线通信协议与物联网设备交换数据，同时通过互联网与物联网云平台进行数据交换。网关端通常使用边缘计算以实现从大量的传感器数据中提取有用的信息上传至云平台。如何实现高效、准确的信息提取是开发人员需要考虑的一个问题。

③ 物联网云平台。物联网云平台的功能主要包括存储物联网感知数据，并提供相应的数据查询、分析、处理、展示；物联网终端、网关设备的接入和管理；设备间通信支持；多重安

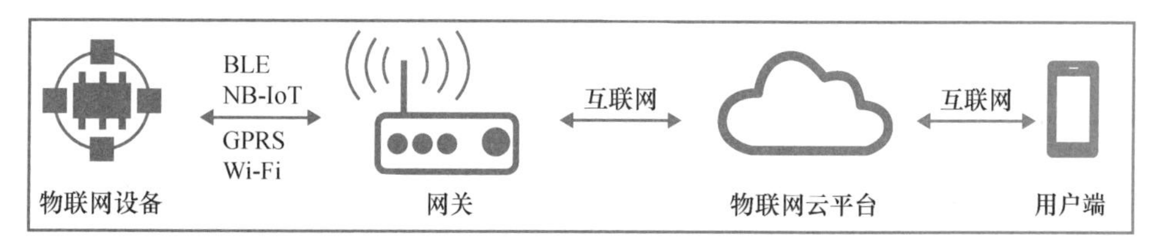

图 19.2　典型的物联网应用架构

全防护保障等。云平台中通常需要包含有物联网应用的控制逻辑。先进的物联网应用可在满足用户指定的规则下,自行从传感数据中推断出新的控制规则。

④ 用户端。基于物联网云平台,应用开发人员也可以开发各类用户端应用,用于与用户的交互。用户端可以是PC(个人计算机)应用程序、网站,或者是智能手机App等。用户端的软件开发主要注重于与用户交互的逻辑,开发人员需要考虑如何高效地将信息展现给用户。

除了上述四个部分单独开发的难点,物联网应用的开发还需要考虑各端间通信的问题。物联网设备采集数据后通常使用无线协议上传至网关。大部分的物联网设备有严格的能耗限制,因此会选用低功耗通信协议。此类协议通信距离较短或通信速率较低,需要开发人员根据应用场景进行选择。网关和云端之间通过互联网进行通信。虽然互联网可靠且性能高,但是如果将所有的数据和计算任务都迁移至云端仍然会带来极高的传输延迟。因此如何根据当前的数据量、网络状况等来实现动态的任务迁移是开发人员需要考虑的一大问题。

19.1.4 小结

近年来,在工业界和学术界的共同推动下,物联网技术和应用得到了快速的发展。在工业界,国内外有越来越多的大型企业开始加入物联网技术的竞争中。在这些企业的共同努力下,Matter应用层将有望在未来打破不同厂商之间的生态壁垒,统一智能家居领域。在学术界,也有越来越多的学者参与到相关的研究中,发表了大量具有高参考价值的学术论文。在学术界和工业界的共同努力下,越来越多的物联网应用案例被提出并成功部署,相信未来物联网技术将会成为我们日常生活中不可或缺的一部分。

19.2 面向物联网的软件开发

19.2.1 物联网技术基础

1. 物联网操作系统

物联网操作系统(Operating System for Internet of Things,IoT OS),是一种在嵌入式实时操作系统基础上发展出来的、面向物联网技术架构和应用场景的软件平台。IoT OS目前没有严格的定义,体系架构和功能各有不同,种类也比较多。例如,ARM Mbed在微控制器(MCU)运行,Android Things在嵌入式处理器上运行,ThreadX的X-WARE由传统的RTOS改进而成。物联网操作系统有不同于其他操作系统的特点,它的最主要特点是伸缩性。物联网操作系统的内核应该能够适应各种配置的硬件环境,从小到几十kB内存的低端嵌入式应用,到高达几十兆字节内存的复杂应用领域,物联网操作系统内核都应该可以适应。同时,物联网操作系统的内核应该足够节能,确保设备在一些能源受限的应用下,能够持续足够长的时间。比如,内核可以提供硬件休眠机制,包括CPU本身的休眠,以便在物联网设备没有任务处理的时候能够持续处于休眠状态。在需要处理外部事件时,内核又能够被快速地唤醒。

在物联网飞速发展和水平化转型的大背景下,运行在资源受限设备之上的操作系统内涵也将不断丰富,例如硬件抽象、安全、协议连接、互联互通和设备管理等。具体来说,物联网操作系统除具备传统操作系统的设备资源管理功能外,还具备下列功能:

① 屏蔽物联网碎片化的特征,提供统一的编程接口。

② 物联网生态环境培育。

③ 降低物联网应用开发的成本和时间。

④ 为物联网统一管理奠定基础。

物联网操作系统架构正在由原来的垂直沙漏模型向水平模型转化,从水平化角度看,其发展趋势是更重视设备管理和设备连接性,不再拘泥于特定操作系统的功能。如 Wind River 和 ARM 都将物联网平台定位在提供连接性和设备管理上。

物联网操作系统按工作模式分为实时操作系统和非实时操作系统。

国际上常见的嵌入式操作系统大约有 40 种,如:Linux、uClinux、WinCE、PalmOS、Symbian、uCOS-Ⅱ、VxWorks、Nucleus、ThreadX 和 QNX 等。它们基本可以分为两类:一类是面向控制、通信等领域的实时操作系统,如 Wind River 公司的 VxWorks、QNX 系统软件公司的 QNX、ATI 公司的 Nucleus 等;另一类是面向消费电子产品的非实时操作系统,这类产品包括掌上电脑(Personal Digital Assistant,PDA)、移动电话、机顶盒、电子书、Webphone 等,操作系统有 Microsoft 公司的 WinCE,3Com 公司的 Palm,Google 公司的 Android,以及 Symbian 公司的 Symbian 等。"实时"的真正含义是指任务的完成时间可确定、可预知。操作系统面对的负载通常是变化的,有时任务少,有时任务多,实时操作系统要求无论负载多少,都必须保证满足时间要求。实时操作系统要求的不是运行速度,而是任务执行时间的确定性。

2. 物联网通信协议

物联网信息通信技术(Information and Communications Technology,ICT)有望成为人与人、人与物、物与物之间信息传输的一场革命。智能设备可以连接、传输信息并代表人们做出决策。这种新技术被称为"万物互联"。它可以随时随地连接任何东西。物联网环境由大量智能设备组成,但受到许多限制。处理能力存储体积、功率寿命短和无线电范围是这些限制因素之一。因此,物联网实现需要一种能够有效管理这些条件的通信协议。通常,物联网的通信协议可以分为低功耗短距离协议和低功耗广域网(Low-Power WAN,LPWAN)。

(1) 低功耗短距离协议

物联网设备通信的特点主要包括无线、低速率和低功耗。无线通信使得物联网能够支持丰富的应用场景,方便地获取各种各样的传感器上的感知数据。随着物联网设备的微型化、便携化,设备对低功耗通信的需求尤为强烈。无线芯片的通信能耗通常是物联网节点能耗的主要来源,对于依赖电池供电的物联网设备来说,低功耗通信十分关键。然而低功耗通信在节省能量的同时,也限制了传输距离。在过去的十多年中,大量研究围绕无线低功耗短距离通信技术展开,无线低功耗短距离通信技术也成为物联网产业的支撑技术。

低功耗蓝牙(Bluetooth Low Energy, BLE)是一种大容量近距离无线数字通信技术标准,其目标是实现最高数据传输速率 1 Mbps、最大传输距离为 10 cm～10 m 的数据传输,通过增加发射功率传输距离可达到 100 m。优点是速度快、低功率,安全系数高;缺点是网络节点少,不适合多点布控。

Wi-Fi 是一种允许电子设备连接到一个无线局域网(WLAN)的技术,通常使用 2.4G UH 或 5G SHF ISM 射频频段。Wi-Fi 的优点是覆盖范围广、数据传输速率快;缺点是传输安全性不好、稳定性差、功率略高、组网能力差。

ZigBee 是基于 IEEE 802.15.4 标准的低功耗局域网协议。根据国际标准规定，ZigBee 技术是一种短距离、低功耗的无线通信技术。这一名称（又称紫蜂协议）来源于蜜蜂的八字舞，由于蜜蜂(bee)是靠飞翔和“嗡嗡”(zig)地抖动翅膀的“舞蹈”来向同伴传递花粉所在方位信息的，也就是说，蜜蜂依靠这样的方式构成了群体中的通信网络。ZigBee 的特点是近距离、低复杂度、自组织、低功耗、低数据速率。它主要适用于自动控制和远程控制领域，可以嵌入各种设备。

无线射频识别（Radio Frequency Identification，RFID）技术通过将无线电信号调成无线电频率的电磁场，即无线射频的方式，把数据从附着在物品上的标签上传送出去，以自动辨识与追踪该物品。RFID 标签非常廉价，且无须电源，具有低成本、易操作的特点。与传统识别方式相比，RFID 无须识别系统与特定目标之间是否有机械或者光学接触，操作便捷。RFID 被广泛应用于生产、物流、运输、资产管理、人员追踪、证件识别、钞票及产品防伪等众多领域。

近场通信（Near Field Communication，NFC）是由 RFID 演变而来的。与 RFID 的通信原理类似，NFC 通信也是基于无线频率的电磁感应耦合原理。与 RFID 不同的是，RFID 仅支持单向的读取，而 NFC 支持双向连接和通信。NFC 设备可以用作非接触式智能卡、智能卡的读写器，以及用于设备与设备通信。一个为我们所熟知的应用，就是将带有 NFC 芯片的智能手机用作银行卡，实现移动付费应用。

对于需要长距离传输的物联网应用，可以通过将网络组织为多跳的形式来扩大数据传输范围，或通过 LPWAN 技术进行传输。

(2) 低功耗广域网（LPWAN）

LPWAN 可分为两类：一类是工作于未授权频谱的 LoRa、SigFox 等技术；另一类是工作于授权频谱下，3GPP 支持的 2G/3G/4G 蜂窝通信技术，比如 EC-GSM、eMTC、NB-IoT 等。LPWAN 专为低带宽、低功耗、远距离、大量连接的物联网应用而设计。与传统的物联网技术相比，LPWAN 有着明显的优点；与蓝牙、Wi-Fi、ZigBee、802.15.4 等无线连接技术相比，LPWAN 技术距离更远；与蜂窝技术（如 GPRS、3G、4G 等）相比，LPWAN 的连接功耗更低。

19.2.2　物联网应用开发平台

物联网软件的开发和传统软件开发存在较大的差异，其中最大的区别在于运行环境的高度差异化。这一特点导致物联网软件的开发在很大程度上依赖物联网应用开发平台。物联网开发平台能够为开发人员屏蔽一定的底层细节，使得开发人员能够更加关注应用本身而不是复杂的硬件适配。从软件工程的角度来说，物联网应用开发平台能够加速和规范物联网软件开发的过程，提升物联网软件的质量和兼容性。

1. 传感器节点平台

2000 年后，随着无线传感器网络的兴起，低成本、低功耗的传感器节点应运而生。传感器节点的主要特点有低功耗、体积小、集成度高和低成本。

最早的传感器节点研究可追溯到 1996 年加州大学洛杉矶分校开展的低功耗无线集成传感器（Low-power Wireless Integrated Microsensors，LWIM）项目。项目团队开发的 LWIM 节点集成了多种传感器和通信芯片。1994 年，加州大学伯克利分校发起“智能尘埃”(Smart-Dust)项目，该项目发布了一系列低功耗节点平台，如 Mica、MicaZ 等，被研究人员广泛使用。

传感器节点硬件的发展较为缓慢，造成这种现象的原因主要有以下3点：

① 技术发展不均衡。传感器节点最重要的功能就是感知，微控制单元（Microcontroller Unit，MCU）和通信模块只是负责将感知的数据上传。因此，感知技术的发展速度在一定程度上会影响传感器节点性能的发展速度。

② 功耗的制约。传感器节点一般通过电池供电，部署在无人值守的野外环境中，能耗是制约传感器节点发展的一个重要因素。由于能耗的限制，导致传感器节点的处理性能不能太高。

③ 成本的制约。传感器节点一般需要大规模部署，单个节点的成本不能太高，这也是限制传感器节点处理性能发展的因素之一。

2. Stm32系列硬件平台

STM32系列[6]是由意法半导体公司推出的ARMCortex-M内核单片机（见图19.3），从内核上分有Cortex-M0/M3/M4/M7这几种，每个内核又大致分为主流、高性能和低功耗三类。单纯从学习的角度出发，可以选择F1和F4：F1代表了基础型，基于Cortex-M3内核，主频为72 MHz；F4代表高性能，基于Cortex-M4内核，主频为168 MHz。

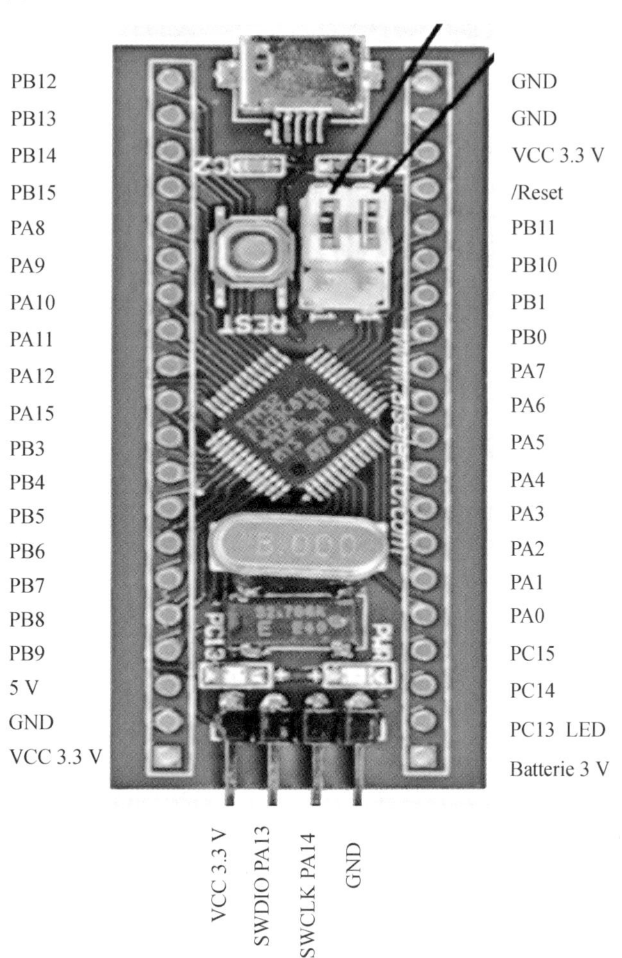

图19.3 STM32

STM32 系列的主要特点如下：

① 开发成本低。厂商为 STM32F103 系列单片机提供了丰富的函数库，只要一个串口即可对程序进行烧写。相对于传统单片机，在开发速度和开发语言选择上都更有优势。

② 丰富的通信接口。如图 19.3 所示，STM32F103 系列单片机提供多个通信接口，包括 I2C 接口（支持 SMBus/PMBus）、USART 接口（支持 ISO7816 接口、LIN、IrDA 接口和调制解调控制）、SPI 接口（18 Mb/s）、CAN 接口（2.0B 主动）、USB 2.0 全速接口。

③ 调试简单。STM32 系列单片机支持标准的 20 脚 JTAG 仿真调试以及针对 Cortex-M3 内核的串行单线调试（Serial Wire Debug，SWD）功能。SWD 调试可以极大地方便用户的设计与开发，只需要 2 个 I/O 口，即可实现仿真调试。

④ 低功耗。STM32F103 系列单片机在功耗方面控制得比较好，支持睡眠、停机和待机模式。可以在要求低功耗、短启动时间和多种唤醒事件之间达到最佳的平衡。同时，各个外设都有自己的独立时钟开关，可以通过关闭相应外设的时钟来降低功耗。

3. Arduino 系列硬件平台

Arduino UNO 开发板如图 19.4 所示。但严格来说，Arduino 涉及的不仅仅是硬件，还包括软件、开源社区和设计原理等。

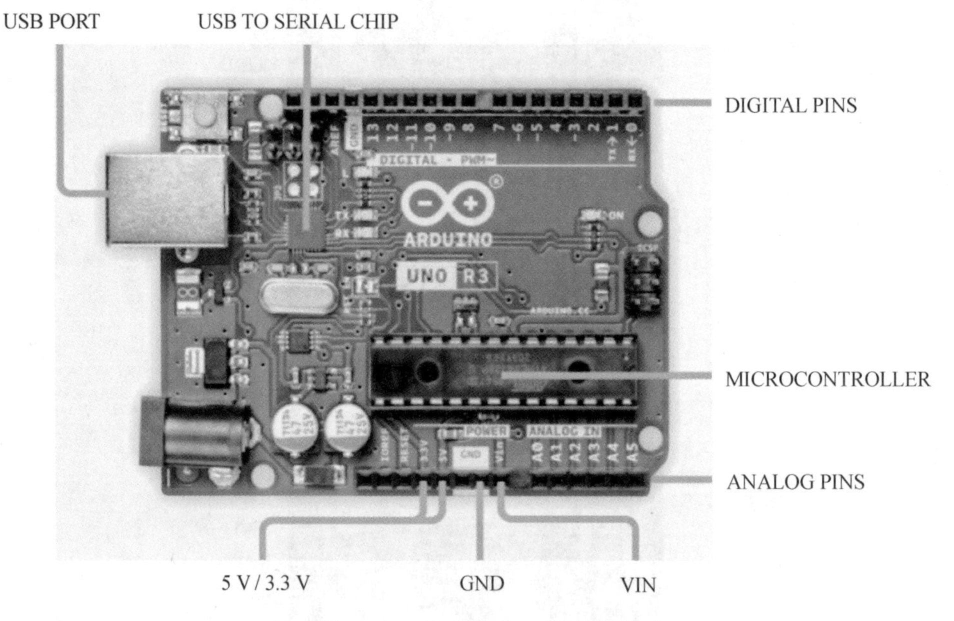

图 19.4　Arduino UNO 开发板

第一块 Arduino 问世于 2005 年，6 年后，2011 年 9 月 25 日在纽约创客大会上发布了 Arduino UNO。UNO 是意大利语中“一”的意思，用以表达 Arduino1.0 版本。在 2005—2011 年间的产品被认为是预先发布版本，虽然和 Arduino UNO 的外形非常相似，但现在市面上已经很难见到。Arduino 团队正式发布的开发板还有 Arduino Mega2560。至于其他的 Arduino 产品（如 MICRO、NANO、GEMMA 等）都是其他团队基于 Arduino 设计原理重新制作的开发板。

Arduino 系列的主要特点如下：

① 上手容易。Arduino 设计初衷是为学生提供一款便宜又好用的开发平台,为了达到此效果,Arduino 创始人对底层电路做了很大粒度的封装。

② 开发简单。Arduino 为旗下多块不同型号的开发板提供了统一的编程接口,相同应用可以在不同开发板间快速移植,达到快速开发的效果。

③ 可扩展性强。Arduino 盾板使得 Arduino 开发板的功能和接口得以扩展,极大地增强了 Arduino 硬件平台的可扩展性。但美中不足的是,相比于树莓派,Arduino 毕竟还是一个低性能平台,在 RAM 和 Flash 上远不及树莓派,可扩展性虽然不错,但性能却成了 Arduino 在可扩展性方面的短板。

④ 低功耗。虽然开发板能耗略高于微型传感器节点,但 Arduino 在众多硬件平台中也算是一款低功耗平台,毕竟主频和其他性能还是远不及一些高性能平台,如树莓派和 BeagleBone。

⑤ 开源创新。Arduino 以软硬件技术全部开源并使用 CC 授权的方式让 Arduino 的灵魂出现在各类厂商的 Arduino 开发板中,甚至个人都可以使用面包板加 AVR 处理器构建简单的 Arduino 开发板。基于开源技术不断创新,Arduino 已经不再是孤立的 Arduino UNO 和 Arduino Mega,还有用于可穿戴的 Arduino GEMMA 和 LiLyPad Arduino,集成度较高的 LinkITONE 等。

4. 树莓派系列硬件平台

树莓派[7]是一款微型计算机,其性能不可小觑,除了体积小一点之外(只有一张信用卡大小),其性能几乎和一台计算机相同,如图 19.5 所示。现在的树莓派基金会委托人 EbenUpton 在 2006 年设计了一款价格便宜的迷你计算机,当时采用 22.1 MHz 的 ATmega664 作为 MCU,整个开发板的成本只需 25 美元。到 2011 年,树莓派集成度相比原型提高了很多,新集成的功能包括 HDMI(High Definition Multi-media Interface,高清多媒体接口)、USB、以太网,而且形状也和现在的树莓派很像。树莓派正式发布于 2012 年 1 月,树莓派一代换用了 700 MHz 的高性能处理器 BCM 2835,新增了音频接口。同年 10 月,树莓派二代发布,处理器

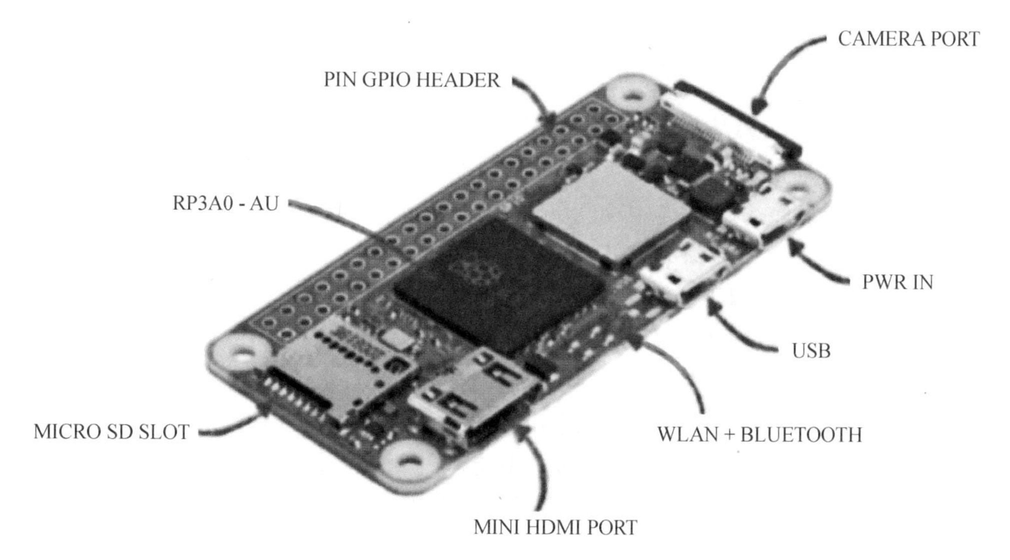

图 19.5　树莓派开发板

换成了 BCM 2836。树莓派三代发布于 2016 年，集成了 Wi-Fi 和 BLE 功能，处理器更新为 BCM 2837。树莓派四代发布于 2019 年，支持 BLE5.0，处理器更改为 BCM 2711，带来了 2～4 倍的计算性能提升，还配置了新的操作系统，接口也全面升级，被认为可以提供与入门级 x86PC 系统相媲美的桌面性能。

树莓派系列的主要特点如下：

① 开发简单。树莓派软件开发库支持 C、Python 开发语言，除此之外还支持 JavaScript。这些语言都是跨平台的高级编程语言，所以在开发方面，树莓派也具有快速、简单的特点。

② 上手容易。树莓派就是一台微型计算机，可以接入键盘、鼠标、显示器等外设，装好系统后就可以像普通计算机一样使用，所以对于初学者而言，和学习普通计算机的过程基本没什么区别，上手容易。

③ 功能强大。树莓派采用基于 Cortex-A 系列的高频 MCU，主频可达 1.5 GHz，配有高达 4 GB 内存，还有 HDMI、USB、AV(audiovideo、音频视频)、以太网等接口，硬件配置方面堪比普通计算机。树莓派除了对 Linux、RISCOS 等系统的支持之外，微软公司还为其设计了 Windows 10 IoT Core，专门应用于物联网应用场景，如边缘计算。

19.2.3 低代码开发技术

随着物联网技术的不断进步，新的物联网场景与应用逐渐延伸到生产、工作、生活的方方面面，随之而来的就是物联网应用场景与开发技术越来越碎片化，这给物联网应用开发带来了很多困难。物联网应用开发技术链长，设计开发技术多，导致应用开发门槛高、周期长。

如果能快速开发出物联网应用，则可以进行快速的原型迭代、小规模测试、获取反馈，进而获得先发优势，降低开发成本。物联网应用快速开发技术的相关工作比较广泛。例如，基于声明式编程的平台系统，其语言特性可以大幅度减少应用代码行数，进而加快应用开发；还有基于命令式编程的平台系统，通常利用领域知识提供丰富功能的中间件以及高层抽象 APL(A Programming Language)，从而大幅度简化物联网应用开发。此外，近年来一种基于 Web 服务的小程序(Applet)编排开发方式，IFTTT(IF-This-Then-That)[8]，其简单高效的编写方式吸引了大量用户的使用，也因此引起了学术界和工业界的广泛关注。由于 IFTTT 没有明确的编程规范，其实现形式既可以是声明式的也可以是命令式的。

1. 基于声明式编程的平台系统

声明式编程和命令式编程是两种大相径庭的编程范式，其编程风格迥然不同。声明式编程通常描述应用程序的逻辑，包括组成结构和元素，但不描述其控制流。换句话说，声明式编程只描述要做什么，但是不关心具体怎么做。而命令式编程恰恰相反，只描述如何做，每一步命令都非常具体，但不关心要做什么、需要实现什么目的。目前，大部分的编程语言都是命令式风格，例如过程式编程语言 C、面向对象编程语言 C++、Java 和 Python 等。基于声明式风格的编程语言包含 SQL、功能性语言 Lisppi，以及领域专用语言(Domain Specific Languages，DSL)如正则表达式、文本标记语言 HTML 等。由于声明式编程只需要编写应用逻辑，不需要编写如何实现的细节，因此往往具有编写代码量少、开发速度快的特点。另外，传感器网络(以下简称“传感网”)QI 和物联网的基本构成元素是高度一致的，两者可近乎看作对同一事物的不同表述，研究侧重点稍有不同，因此本文后续将不对两者进行严格区分。下面将介绍基于声明式编程的物联网应用快速开发平台系统。

TinyDB是一种传感网的分布式数据查询处理器，它可以运行在支持TinyOS操作系统的传感网节点上。它提倡了一种采集式查询处理方式，其分布式查询处理器会将声明式SQL转换为哪些节点何时、何地采集哪些数据的任务，并通过传感网分发下去。TinyDB的分布式查询处理器不仅支持传统的能力，还支持地理数据聚合、基于事件查询、基于生命周期查询等新功能，并可以在能耗敏感的环境中大幅度降低查询能耗。DSN是一个声明式传感网平台，包含一种声明式语言、编译器和运行环境，旨在用简单的代码搭建多种多样的传感网应用。大量的含代码案例证明了DSN可以支持多种传感网协议、服务和应用，包括路由协议、链路测量、数据采集、事件追踪、版本控制和定位等。DSN表明声明式方法非常适合在传感网中应用，可以生成准确、灵活的代码，让用户关注代码的功能而不是如何实现这些功能。Tenet是一种分层的传感网架构，应用运行在上层的一个或多个主节点，具体的传感和数据处理任务跑在下层的多个从节点上。Tenet声明式编程语言将任务像流水一样线性地编排在一起，形成的应用运行在主节点上。通过这种激进的方式，Tenet可以大幅度简化传感网应用开发，提高代码复用率，同时没有大幅度降低系统整体效率。DTP是一种传感网应用调试系统，它通过一种新的声明式类SQL，让用户可以在程序运行时动态加入检查点、追踪点到应用中，而不需要修改应用源代码。当运行到检查点时，相关的脚本代码会自动执行并记录日志，不需要开发人员介入其中。该系统原型在LiteOS上实现，可以调试多种已有应用。实验结果表明它可以在实际应用中检查出错误，并带来一定的中央处理器(Central Processing Unit，CPU)开销。但是，这些声明式平台系统专注于其特定领域，例如网络堆栈、传感网数据收集、应用编排、应用调试等。而OneLink专注于物联网应用的快速开发领域，它面临着该领域的独特挑战，例如如何整合三端应用的开发、简化交互以及从应用逻辑自动生成节点行为等。而且在数据采集方面，TinyDB仍然使用固定时间间隔采样，而OneLink则会根据应用逻辑和上一次数据自动调整采集间隔，让所有应用节点整体的采集和传输能耗最低。

2. 基于命令式编程的平台系统

目前，有很多基于命令式的快速开发技术，这里将具体介绍与提供高层抽象以及简化推理相关的平台系统。

① LibAS是一个跨平台的框架，支持快速开发移动声学感知应用，大大简化了平台相关的开发细节。开发人员只需通过编写高层抽象的Matlab脚本，实现信号感应函数和回调函数即可处理源源不断的传感信号。在Android和iPhone手机上实现的案例及评估证明了LibAS可以高效地实现大量移动传感应用，并最高能节省90%的代码行数。

② HomeOS是微软开发的一种操作系统，使用C# 语言在微软.NET 4.0框架上实现。它在智能家庭场景中连接了用户和开发人员，允许开发人员将网络设备表现为具有抽象接口的类PC外设，让跨设备应用简单地在这些设备上运行，并为用户提供管理接口。大量的实验表明开发人员对基于该抽象的开发很满意，大大加快了开发速度。

③ Beam是微软开发的一个框架及运行环境，通过让用户生成推理抽象，大大简化物联网应用的推理开发过程。它的核心是用户编写的关键抽象，即推理图，可将应用程序与感知、推理的机制解耦，其后端根据推理图来执行感知和推理过程，从而让开发人员更关注“感知到了什么”而不是“如何感知的”。Beam最低能达到1/12的代码行数，并提升到3倍的推理准确率。

④ GIOTTO是CMU开发的一种安全、可靠且易于使用的开源物联网基础设施，它可以感知、存储大量用户数据，并提供基于机器学习的数据分析服务。

⑤ 与这些平台系统不同，OneLink是一个更加通用的开发框架，其高层抽象不仅仅提供感知和推理功能，还能提供数据流、服务调用等功能，并统一了云端、手机端和节点端的开发，从更多维度简化了物联网应用开发，提高开发效率。另外，OneLink可以通过将多个规则链接在一起来实现推理图，从而达到和Beam相同的推理效果。而且，OneLink虚拟传感器更能自动生成推理，还可以提供节点传感器是否对该推理有积极作用的指导意见。此外，OneLink在开发完整的物联网应用方面付出了巨大的努力，实现了更多的任务操作（如多设备交互、动态调整传感时间间隔、数据可视化等），可以支持更多样化的物联网应用。

3. 基于IFTTT的平台系统

BlaseUr等人研究了一种在智能家庭行业中很热门的编程，一种普通用户也能使用的智能家庭设备编程，其基于简单的"if...then..."语法形成"触发-行动"并构建应用[9]。他们研究了网上共享的67 169个IFTTT程序，发现大量的用户编写了很多独特的应用，而且IFTTT能让缺乏经验的用户也能快速上手。一段时间后，BlaseUr等人进一步研究了224 590个网上共享的IFTTT程序，通过多角度分析这些应用和IFTTT生态系统，发现超过100 000个不同的用户加入开发行列，编写了多种多样的应用程序，而且参与度还在与日俱增。RT-IFTTT是一个触发条件感知的实时物联网框架，可以通过动态调节传感器轮询间隔，降低传感器能耗，同时保证实时性。RT-IFTTT扩展了现有的IFTTT语法，让开发人员可以描述事实约束条件。它分析所有IFTTT代码中的元素，并动态计算每个传感器的轮询间隔。该间隔通过历史数据、传感器最近读数、触发条件阈值和实时约束条件，建立触发预测模型，计算出合适的传感器轮询间隔。实验表明，该框架可以降低最多64.12%的能耗，同时还能保证应用的实时性，为物联网环境中的设备提供一个以安全为中心的编程平台。用户通过声明式的IFTTT语言来表达物联网应用中的高层应用逻辑，进而简化编程。为了保证安全性和顺从性，其平台系统会验证应用内部是否有冲突，也会检验应用之间是否会冲突。通过实际办公室部署、用户研究和追溯分析，验证了IFTTT可以搭建鲁棒且可靠的物联网应用。与上述工作不同，OneLink不仅着重于如何编写IFTTT规则，而且还充分利用了多个节点的快速开发潜力，以及所有节点与云之间的交互、感知和协同推理，加上以云端为中心控制所有节点的行为，这些可以让OneLink在多样应用逻辑表达、电源效率和细粒度节点控制等方面实现更好的表现。

19.2.4 物联网软件开发特点

物联网应用开发与传统的软件开发存在着诸多不同，涵盖的知识点庞大，这对物联网应用的开发人员提出了更高的要求。物联网应用的开发涉及云、边、端三部分，因此需要考虑各端间通信的问题。物联网端设备采集数据后通常使用无线协议上传至网关。大部分的物联网端设备有着严格的能耗限制，因此会选用低功耗通信协议。此类协议通信距离较短或通信速率较低，需要开发人员根据应用场景进行选择和开发。网关和云端之间通过互联网进行通信。虽然互联网可靠且性能高，但是如果将所有的数据和计算任务都迁移至云端仍然会带来极高的传输延迟。因此，如何根据当前的数据量、网络状况等来实现动态的任务迁移是开发人员需要考虑的一大问题。除此之外，具体对于各部分的软件开发的挑战包含：

(1) 物联网端

物联网设备为物联网应用提供了与物理世界进行交互的方法。物联网设备端的开发要求开发人员拥有物联网硬件相关知识,如何降低设备成本、延长电池寿命等是开发人员需要考虑的重要问题。

(2) 边缘端

网关端通常使用边缘计算以实现从大量的传感器数据中提取有用的信息上传至云平台。如何实现高效、准确的信息提取是开发人员需要考虑的一个问题。

(3) 云端

云平台中通常需要包含物联网应用的控制逻辑。先进的物联网应用可在满足用户指定的规则下,自行从传感数据中推断出新的控制规则。

19.2.5 小结

在过去的20多年中,科技的不断进步使得人类社会在现实物理世界之外重新构建了 一个信息空间。互联网和移动互联网等技术把人类社会和信息空间紧密地联系了起来,深刻地改变了人们的通信、居住、购物、出行等各个方面。同时,嵌入式系统、无线传感器网络、物联网等技术的不断发展使得现实物理世界与信息空间的连接不断加强,物联网技术的应用前景越来越广阔。物联网应用开发有两个显著特点:一是开发技术多,二是应用定制性强。第一个特点使得物联网应用开发周期长、成本高,难以快速迭代,对应用创新十分不利。第二个特点是指每一个物联网应用几乎都需要一定的定制开发,难以像传统IT产品一样快速,低成本地复制。这两个特点是制约物联网产业快速发展的原因之一。物联网行业产业需求多、技术发展快,因此,物联网应用快速开发在未来很有前景。

19.3 物联网软件质量保证

19.3.1 物联网软件测试

物联网是一个由物理对象(设备、车辆、建筑物和其他物品)组成的网络,它嵌入了电子设备、软件、传感器和网络连接来收集和交换数据。企业普遍采用物联网解决方案,优化企业的业务:优化运营、降低成本和提高效率。物联网的发展和采用是由多种因素驱动的,包括容易获得的低成本传感器、带宽和处理能力的增加、智能手机的广泛使用、大数据分析工具的可用性,以及IPv6的可伸缩性。除此之外,由于企业现在开发工具的普及,相关编译链的完善,物联网开发逐渐向应用层转移,为了保证持续可靠的服务,对物联网软件进行合理完备的软件测试是重中之重。

1. 问题背景

物联网系统与传统系统有诸多不同之处,云计算解决方案的推广,加速物联网技术的变革,使物联网系统具备新的特点:云边一体化,云边协同,软硬件结合。与其他应用程序相比,物联网应用程序具有独特的因素,如将硬件、传感器、连接器、网关和应用软件集成在一个系统中,实时进行流分析/复杂事件处理,支持数据量、速度、多样性和大规模数据的准确性可视化。

因此,这些特性在测试物联网应用程序时提出了一系列独特的挑战。主要的挑战包括:

(1) 动态环境与设备异构性

与在一个定义的环境中执行的应用程序测试不同，物联网有一个非常动态的环境，有数百万个传感器和不同的设备，以及智能软件。设备的硬件配置(如芯片、内存、存储、I/O)不同，设备的软件环境(如操作系统、兼容的协议类型、兼容的编译环境)不同，设备的工作环境(如物理环境：温度，湿度，阳光，风沙/拓扑结构：连接设备类型，连接设备数量)不同，设备异构性与环境多变性使测试要考虑更多的边界条件。

(2) 实时复杂性

物联网应用程序操作设备直接与物理世界相关联，而且在实时性要求高的场景有诸多应用(如智能汽车、智慧医疗、智慧交通、5G工业物联网)。部分场景直接与生命财产安全相关联，其用例极其复杂，并要求对实时性针对性测试。

(3) 系统的可伸缩性

云计算、容器化技术的推广推动了技术变革。在云边融合的场景下，容器化部署物联网应用成为趋势。同样地，创建一个测试环境来评估功能以及可伸缩性和可靠性也是当前的一大挑战。

除了上述挑战外，还存在一些难题：① 第三方单位拥有的相关子系统和构件对测试的干扰；② 用来创建测试用例和数据的复杂用例集；③ 硬件质量和准确性；④ 数据隐私问题；⑤ 设备安全性问题。

2. 测试类型

针对以上对物联网应用场景的分析，为了保证软件的运行质量，物联网软件应用的测试应当主要考虑以下几个指标：可用性、可靠性、数据完整性、安全性和系统性能[10]。

物联网系统的复杂架构及其独特的特性要求跨所有系统构件进行各种类型的测试。为了满足上述物联网测试指标，确保物联网应用程序的可扩展性、性能和安全性达到该要求，建议进行以下类型的测试：

(1) 可用性测试

用户使用了许多不同形状和外形的设备，上层的应用软件是否能合理地控制设备，实现相应的功能，直接关乎用户的体验。此外，感知也因用户而异。这就是检查系统的可用性在物联网测试中非常重要的原因。

(2) 兼容性测试

有很多设备可以通过物联网系统连接。这些设备具有不同的软件和硬件配置。因此，可能的组合是巨大的，软件是否能复用到同种应用需求的设备上，是否能兼容不同类型的底层设备，直接体现了软件开发的质量。因此，检查物联网系统中的兼容性非常重要。

(3) 可靠性和可扩展性测试

可靠性和可扩展性对于建立物联网测试环境非常重要，物联网测试环境涉及利用虚拟化工具、技术模拟传感器以及第三方工具，测试物联网应用的可扩展性才能保证应用的生命力。在不同的时延、吞吐量的需求下，验证物联网的应用是否能提供持续可靠的服务，是测试的关键环节。

(4) 数据完整性测试

在物联网测试中检查数据完整性非常重要，因为它涉及大量的数据及其应用。物联网应用涉及大量的数据采集、数据同步、数据缓存、数据传输和数据存储工作，只有测试数据的完整性，才能保证系统的数据质量。

（5）安全测试

在物联网环境中，有许多用户访问大量数据。物联网环境往往面对着大量的隐私泄露、DDos 攻击等现象。因此，通过身份验证来验证用户非常重要，将数据隐私控制作为安全测试的一部分。

（6）性能测试

物联网往往面临着低时延、高吞吐的需求，物联网应用程序的性能直接影响用户体验与产品质量，对产品性能进行把控是物联网软件开发的关键一环。性能测试对于创建开发和实施物联网测试计划的战略方法非常重要。

为了保证物联网软件的开发质量，测试是一个关键步骤。针对物联网复杂的开发环境，一方面，从功能上，我们需要对不同构件进行各方面的指标测试；另一方面，从开发流程上，我们也需进行一些针对性的测试。表 19.1 是针对物联网系统的不同构件需要的不同测试进行的统计；而表 19.2 是针对物联网系统的不同模块与功能测试条件分析的样例。

表 19.1　测试适用性

物联网元素测试类型	传感器	应用	网络	后端
功能测试	√	√	×	×
可用性测试	√	√	×	×
安全测试	√	√	√	√
性能测试	×	√	√	√
兼容性测试	√	√	×	×
服务测试	×	√	√	√
操作测试	√	√	×	×

表 19.2　测试条件示例

测试类别	样品测试条件	测试类别	样品测试条件
构件验证	设备硬件	系统功能验证	中断测试
	嵌入式软件		设备性能
	云基础架构		一致性验证
	网络连接	安全性和数据验证	验证数据包
	第三方软件		验证数据丢失或损坏数据包
	传感器测试		数据加密/解密
	命令测试		数据值
	数据格式测试		用户角色和职责及其使用模式
	稳健性测试	网关验证	云接口测试
	安全测试		设备到云协议测试
函数验证	基本设备测试		延迟测试
	物联网设备之间的测试	分析验证	传感器数据分析检查
	错误处理		物联网系统运营分析
	有效计算		系统过滤器分析
调节验证	手动调节		规则验证
	自动调节	通信验证	互操作性
	调节配置文件		M2M 或设备到设备
性能验证	数据传输速率		广播测试
	多请求处理		中断测试
	同步		协议

3. 测试理念与测试方案

基于传统物联网以设备、网络为中心的特点，结合目前云边融合的开发理念不断推广，未来AR/VR、元宇宙的开发趋势，物联网测试也应该引入一些新的技术手段，测试新时期下的物联网应用产品。一些测试理念与新型的测试方案如下所列：

(1) 模拟测试环境

与传统软件系统不同的是，每个物联网应用是通过控制底层的物理设备，实现自己的功能而满足客户需求的。因此，对物联网软件的测试不能仅仅停留在软件层次进行接口测试、单元测试、集成测试和回归测试，针对设备进行功能测试也是必要的。然而，真实情况的复杂性导致不能时刻提供需要的硬件，在物联网的场景下，通过模拟仿真的技术手段实现对软件的测试是必不可少。

隔离物联网系统的每个构件，将一个构件定义为"被测系统"(System Under Test，SUT)，并通过使用模型和模拟环境将其集成到"自然"环境中，为物理环境和软件环境提供模型和模拟物理环境模型实现传感器和执行器功能。例如，用于模拟温度曲线软件环境的模拟用作缺少软件构件的存根；用于模拟RPC例子，通过为后端应用程序提供模拟以及传感器和执行器模型来测试物联网设备；通过为所有物联网设备提供模拟来测试后端应用程序。模型和模拟通常可能非常简单，只需要对相关部分进行建模即可，可以通过脚本、MATLAB/Simulink等实现模型和模拟，并使用FMI/FMU(Functional Mock-up Interface/ Functional Mock-up Unit，功能模型接口/功能模型单元，一种机电协同仿真的接口与规范)等标准化接口进行协同仿真和模型交换。

(2) 交互式测试

在自动化测试之前，对物联网系统进行探索性测试。通过交互式实验检查SUT如何对某些探测做出反应；通过离散值或随着时间的推移探测SUT，例如，波形sinus、toggle等；通过在分析窗口中可视化值来观察SUT的动态方面，例如图形表示、轨迹、状态跟踪器，在与内部变量和调试表达式相同的分析窗口中可视化SUT的外部输入和输出，以便轻松找出它们之间的相关性。这样就可以在开发过程中对软件进行试验并测试应用程序，而无须付出更高的自动化测试工作量。

(3) 混合测试设计自动化IoT测试

通过自动化测试补充探索性测试，将顺序测试脚本与异步模型和模拟分开，这种方法称为"混合测试设计"[11]。使用测试脚本，依次刺激和检查SUT，通过并行测试观察SUT的状态。例如，通过参数化、变体处理和故障注入这种混合测试设计的方法使测试脚本简单化，将相同的测试脚本与不同的模型结合起来；处理SUT的不同变体，允许重用具有多个测试脚本的模型；针对测试器进行测试，即通过为SUT提供模型来测试测试脚本的正确性。

(4) 结合复杂的测试设计理念

使用提供各种测试设计功能的测试设计环境。使用图形化界面进行测试设计、设计测试用例表和不同的测试编程语言(任何最适合的语言)。结合不同抽象级别的方法，例如，构建测试逻辑关系图，用于详细测试步骤的Python实现，利用定义变量、参数化和拟合曲线结合一些成熟的建模分析方法针对测试结果进行分析，确保对任何测试管理系统的可追溯性。

这样的集成测试设计环境提供了很多优势：不同的测试设计符号(图形、编程)满足测试设计人员的不同偏好和技能以及对特定测试任务的不同要求——无须将自己限制在一种单一的测试方法。将测试顺序抽象成图结构简化了问题的抽象过程。此测试逻辑图与详细测试步骤的编码相结合,允许按不同角色/人员划分测试设计。参数化理念有助于关于逻辑和具体测试用例的新灵感的实现,这有助于轻松扩展重用和测试覆盖率,以及实现从测试用例设计的需求到执行结果的完全可追溯性,从而为测试审计和审查带来更好的工作效果。

(5) 对被测系统分而治之

如果测试系统的单个构件相当复杂,则可以将其分解为多个具体的测试进行设置,例如,将IoT设备的软件拆分为多个(软件)构件,从单独测试单个软件构件开始,用mock代替其他软件构件,一旦确认每个构件都正常工作,集成多个构件并在子系统级别进行测试,最后,在确认所有子系统的正确性后,引入其他子系统来测试完全集成的软件SUT,如果集成度越高,测试所需关注的方面就越多(功能正确性、性能、稳健性等)。总之,首先关注一个所谓的"拼图",可以大大简化测试和错误定位。

(6) 设置持续集成和测试管道

通过CI/CT工具链补充工作站工具,为实现交互式和自动化测试选择支持CI的工具和实用程序,在开发和测试的所有阶段为开发和集成团队提供支持。设置DevOps管道,例如,对每个拉取请求运行测试确保较短的反馈循环和早期发现问题。CI管道支持及时交付高质量的产品,它可以处理在被测系统上并行工作的多个团队的集成任务,无论它们属于哪个组织单位或遵循哪个开发和测试工作流程。

(7) 应用测试左移理念

测试左移是指将关键的测试实践移至开发生命周期的早期。左移是在软件交付过程中尽早发现和防止缺陷的一种实践方法,目的是在软件开发生命周期中尽早执行测试任务,以提高产品质量。测试左移的思想本质是越早发现不合理的地方,系统出现问题的概率就越低。

充分利用现有的子系统和整个系统的集成测试,在单个构件的开发团队中重用这些集成团队测试的测试左移,对缺失的构件使用mocks以稳定地运行集成测试,这能够在系统级别进行测试并尽早发现集成问题,大大降低了后期对物联网软件系统的维护成本。

19.3.2 物联网故障诊断技术

物联网的当前创新浪潮将在未来几年内创造数十亿台互联网连接设备。这些设备中有许多是以前从未存在过的创新产品,或者至少从未有过嵌入式电子设备或从未连接到互联网。这意味着之前侧重于处理机械产品的故障检测方案已经不适应于时代的发展,集合数据中心的云边融合的故障检测方案是未来发展的趋势。同样地,云边融合的场景下,设备故障事件必然大大增加,海量的设备异构为故障检测带来了更多挑战与困难。所有组织都曾遇到过物联网产品问题,包括苹果、丰田和可口可乐等公司。这些组织与那些没有完善监测系统的组织之间的主要区别在于他们解决故障排除和改进的方式。一个可靠稳定的物联网系统必然具有一套完善的故障检测/故障恢复机制。

随着时代的发展,云边融合的开发理念逐渐推广,以数据中心为核心,设备为边缘的物联网系统结构逐渐流行,这就给物联网系统的故障检测带来了新的挑战。

1. 故障检测面临的难题

新时期的物联网系统故障检测面临以下难题：

(1) 海量设备与设备异构性

常用的物联网场景往往面临要连接大量设备的情形，除此之外，连接的设备具有不同性能的配置，兼容不同的系统，来自不同的厂商，要针对这些设备进行监控，面临巨大的挑战。

(2) 网络实时性

由于部署在边缘场景下，节点与节点之间的通信需要保证实时性，需要实现信息快速同步，这需要对网络状态实时监控，并能够对网络设备实现快速的故障发现、故障检测和故障恢复。与传统系统的故障检测不同，网络故障检测的需求带来了巨大挑战。

(3) 物联网网络攻击

许多设备在装运前没有经过彻底的安全性和可靠性测试。这些物联网设备不仅对用户来说存在潜在严重的安全威胁，而且对关键的物联网基础设施也构成严重的安全威胁，臭名昭著的 Mirai 僵尸网络攻击就说明了这一点。网络攻击给网络故障检测带来了巨大挑战。

在当今物联网时代，大量的传感设备随着时间的推移收集和/或生成各种传感数据，用于广泛的领域和应用。根据应用程序的性质，这些设备将产生大的或快速的/实时的数据流。对这些数据流进行分析以发现新的信息、预测未来，并做出控制决策是一个关键的过程，使物联网成为一个有价值的范式。而物联网系统本身的监控以及故障发现就是一个最好的例子，数据驱动的故障检测方案是目前解决物联网故障检测的新思路。根据从底层获取的大量数据，分析出故障设备的特征，通过深度学习的方法，对设备的运行状态进行判断，诊断设备故障，是未来故障检测技术发展趋势。

2. 故障检测的主要对象

在云边融合的场景下，物联网系统往往由许多构件组成，除传统的底层开发板、传感器之外，还结合了数据中心、云服务等构件，并且容器化技术使大多数应用层的服务微服务化，边缘计算的技术发展使物联网开发系统增添了边缘节点、边缘网关等构件，进一步增加了故障检测任务的复杂程度。目前，物联网系统故障检测的主要对象包含以下几个层次：

(1) 云计算中心

目前，针对云计算中心的故障检测大都有成熟的体系方案。在物联网边缘融合的场景下，计算中心一般是一些核心的服务器、调度中心。因此，此层次的故障检测可以通过一些经典的服务器监控方案实施，例如：获取服务器的关键性能指标(Key Performance Indicator，KPI，如 CPU 占用、内存占用、网络流量和磁盘等)，将这些数据汇总，使用一些时序数据建模的手段，用深度学习模型进行异常检测。

(2) 微服务

微服务是软件层面的故障检测。容器化的技术将目前的服务碎片化，实现了服务与服务之间的解耦，逐渐形成了微服务的开发架构。目前，大多数支持 Windows、Mac、Linux 系统的设备都可以运行容器化服务。因此，微服务的部署除了在中心服务器中，也可以部署在边缘节点上。而针对微服务的故障检测，一般采用在微服务的代理中植入服务网格(例如：Sidcar，Prometreus)的方式，获取微服务的流量和请求，占用资源的数据，监控微服务的状态，再佐以日志定位故障。

(3) 网关与边缘节点

边缘计算技术的发展,进一步增加了物联网系统的设备异构性。为了保证边缘运算的可靠性,网关与边缘节点的实时监控与故障检测必不可少。边缘节点之间存在复杂的相互依赖关系,网关之间也有复杂的拓扑关系,基于这一点,我们可以根据这些节点的关系构建拓扑关系图,通过分析节点之间的相关性,结合网络流量数据,推理设备的运行状态,根据设备之间的相关性进一步提升故障检测的准确率,实现对边缘节点与网关的故障检测。

(4) 底层设备与传感器

底层的设备面临严重的设备异构问题,部分设备支持大型操作系统(Linux),部分设备仅支持简易的物联网操作系统(如 Contiki,Riot),有些设备甚至不支持操作系统,而且一些设备往往还连接大量的传感设备。除此之外,设备还有极大的性能限制,使用一些 Metricbeat 类型的数据收集工具无法满足需求,只能通过上层服务器构造探针,定时获取设备状态,结合设备日志检测设备是否发生故障。同时,可以在设备中植入一些诊断程序,探测 I/O,以判断传感器是否发生故障。

3. 故障诊断技术方案

故障诊断技术方案主要由三个环节组成:故障发现、故障定位和故障恢复。

(1) 故障发现

故障发现一般分为两种方法:传统的溯因探究和数据驱动的智能检测。

① 溯因探究是以往针对服务与设备故障进行诊断的经典方法。故障分析是故障诊断的前提,为后续操作提供理论依据。如何分析目标系统的故障与故障影响因素的层次关系是一个重要问题,常见的思路是采用多种形式的模型构建,例如,影响图和因果图以及故障发生之间因果关系的可视化。通过构建模型,可以清晰地追溯故障出现的原因,并且可以评价出各个现象对故障出现的贡献,提取故障出现的特征。通过性能数据记录以及日志记录捕捉可能导致故障出现的现象,推理故障是否发生。这种方法的关键在于对故障的发生与各个设备事件的建模,如何对故障原因层级关系进行深层分析是溯因探究的关键问题。

② 数据驱动的智能检测方案是深度学习方法大热之后运维的一个热点问题。数据驱动的异常检测主要是对大量历史数据进行处理分析,通过 AI 模型的方式捕捉正常运行状态的数据特征与异常运行状态的数据特征,通过设定一些阈值利用模型判断系统是否处于异常状态[12,13]。这种方法优势在于:可以捕捉一些手动运维下常规思路想象不到的设备故障,可以挖掘一些定势思维之外的数据关系,检测出意想不到的一些异常事件。与此同时,由于故障检测应用的特殊性,这种方法的缺点也十分明显,即历史数据负样本过少,数据采集不全,大量的数据噪声,都是导致模型精度下降的问题,并且这些痛点极难解决;同时,模型或是系统的不稳定性会导致该方法产生大量误报,常常需要人工介入来帮助决策与调整。

(2) 故障定位

在检测出故障的同时,未必能够准确定位问题出现的原因,同时也未必能定位什么构件的什么功能出现故障,此时就需要故障定位。故障定位依赖于大量的运行数据与运行日志,核心是数据与日志的整理与收集。针对服务器级别的日志收集通常会选择构建 elk(elasticsearch+logtash+kibana)系统或是增加一些 kafka、redis 其他构件以降低服务开销,保证服务质量。针对底层设备运行日志可以通过一些数据传输模块,将日志收集在数据中心中,出现问题后检索日志追溯故障发生的原因。然而,具体的生产环境中往往由于数据收集不全和日志信息不充分，导致问题无法从现有的数据记录中追溯原因。在这种情况下，往往需要一些其他技术手段追溯故障原因[14]。可以针对设备或是服务模型构建服务流程图、数据流图，分析数据的流向、数据内容的变化、上下游的设备状态、上下游接收的数据内容，分析故障出现的原因，这种情况下往往需要运维人员人工介入分析诊断；我们还可以通过一些故障注入、故障探测的方式测试设备在不同输入输出下的运行状况，进一步分析故障发生的原因。

(3) 故障恢复

在故障定位成功之后，紧接着就是实现快速的故障恢复。我们需要通过故障定位分析出维护该构件或是功能的相关开发人员，相关人员进行设备/服务的故障恢复工作。之前的故障检测与故障定位是故障恢复工作的基础，一个完善的故障检测/故障定位方案能够准确锁定故障出现的模块，定位出大致的问题原因，准确指导故障恢复工作的进行，能够大大降低故障恢复的工作量，大大缩短故障恢复的时间。故障恢复的过程往往需要许多不同模块一起协作，需要上下游的数据支撑才能进一步解决故障，验证故障是否彻底解决。解决故障之后的第一要务是对恢复好的服务/设备进行一轮彻底的检测，防止在一些边界条件下服务与设备不可用，并且进行一轮回归测试，防止与之前的系统功能不兼容，保证在系统更新后不会出现立即宕机的现象。

19.3.3 小结

运维工作是系统保持长期可靠工作的保证，也是保障软件开发质量的最后一环。传统软件系统的运维工作重点在于保证系统服务的运行质量，工作大量集中于软件层面的数据获取、运行分析、故障诊断和软件迭代。而5G、边缘计算加速物联网的发展，日后会有大量物联网开发系统涌现。新时期的物联网软件质量需要更多地考虑物联网系统的开发特点：软件与硬件相结合，云边协同/云边融合。面对海量的异构设备，目前的物联网系统还不能做到完善的测试与故障检测。底层的设备状态获取，自动化的检测设备故障/追溯故障原因，自动化的设备测试，降低运维系统各模块的资源占用，未来的物联网运维还有许多工作要做。

随着深度学习方法的不断推广，数据驱动的运维方式逐渐兴起，AIOps(结合人工智能自动化DevOps的运维方案)成为运维发展的趋势。自动化的CI/CD(持续集成/持续部署)，自动化的测试，自动化的故障检测与故障恢复，都是AIOps要实现的目标。着眼于物联网的运维工作，面对大量设备与软硬件结合的特点，如何实现物联网系统的自动化运维可能会成为物联网运维领域的一大研究热点。

19.4 案例研究

本节将通过智能教室座位使用统计系统的案例来介绍面向物联网的软件开发流程。

19.4.1 案例描述

将连接有红外热释电运动传感器的物联网终端设备部署在教室，自动监测座位上是否有人，并在Web应用中实时显示当前教室座位的使用情况。我们将基于阿里云物联网平台进行本案例的开发，该案例使用到的硬件设备包括树莓派4B和红外热释电运动传感器。

19.4.2　实现原理

系统利用红外热释电运动传感器感知座位附近是否有人移动，进而确定座位上是否有人。被动红外检测（Passive Infrared Detector，PIR）被广泛应用于电子防盗、人体探测器等领域中，具有价格低廉、技术性能稳定的特点。人体的体温保持在恒定的 37 ℃左右，会发出峰值波长为 9～10 μm 的红外线能量。红外光通过菲涅尔滤光片增强后聚集到红外感应源上。红外感应源通常采用热释电元件，红外线射入传感器后，会发生温度变化，使热电元件（陶瓷）的表面温度上升，并通过热电效应产生表面电荷。将产生的表面电荷作为传感器内部元件的电信号进行采集后，用作输出信号。

19.4.3　开发流程

基于阿里云物联网平台，使用树莓派 4B 和红外热释电运动传感器两个设备完成智能教室座位使用统计系统的开发，如图 19.6 所示。

图 19.6　智能教室座位使用统计系统需要的设备

基于阿里云物联网平台的智能教室座位使用统计系统的开发流程包括以下步骤：

① 新建项目。进入阿里云物联网应用开发工作台（https://studio.iot.aliyun.com/），进入项目管理，选择“新建项目”，命名为“智能教室座位使用统计系统”，如图 19.7 所示。

② 创建产品。产品名称设置为“PIR_detector”，所属品类选择“自定义品类”，其他保持默认即可，如图 19.8 所示。

新建空白项目4　×

项目名称

智能教室座位使用统计系统

描述

请输入内容

0/100

确认　取消

图 19.7　新建项目

智能教室座位使用统计系统 / 产品 / 创建产品

← 创建产品

* 产品名称

PIR_detector

* 所属品类

○ 标准品类 ◉ 自定义品类

* 节点类型

直连设备　网关子设备　网关设备

连网与数据

* 连网方式

Wi-Fi

* 数据格式

ICA 标准数据格式（Alink JSON）

∨ 校验类型

∨ 认证方式

更多信息

∨ 产品描述

确认　取消

图 19.8　创建产品

③ 添加自定义功能。进入产品详情，单击“功能定义”按钮，单击“编辑草稿”按钮，为产品添加自定义功能。在本案例中，为设备模型添加两个属性，分别是设备编号（deviceID）和 PIR 状态（motionState），如图 19.9 所示。添加完成后，单击“发布上线”按钮。

默认模块

功能类型	功能名称（全部）	标识符	数据类型	数据定义
属性	PIR状态 自定义	motionState	bool (布尔型)	布尔值： 0 - 无人 1 - 有人
属性	设备编号 自定义	deviceID	int32 (整数型)	取值范围：0 ~ 100

图 19.9　添加自定义功能

④ 添加设备。点击工作台左侧的“设备”按钮，添加设备，并关联到产品“PIR_detector”，如图 19.10 所示。

⑤ 设备组装。将树莓派和红外热释电运动传感器进行连接，引脚对应关系如图 19.11 所示。

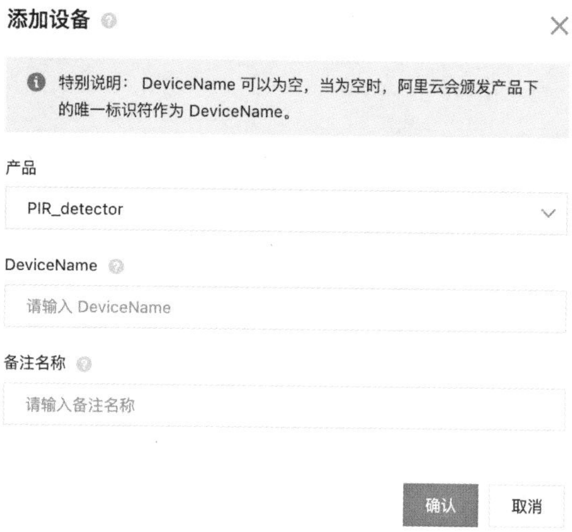

添加设备
特别说明：DeviceName 可以为空，当为空时，阿里云会颁发产品下的唯一标识符作为 DeviceName。
产品
PIR_detector
DeviceName
请输入 DeviceName
备注名称
请输入备注名称
确认
取消

图 19.10　添加设备

5 V
GND
GPIO18
VCC
GND
D1

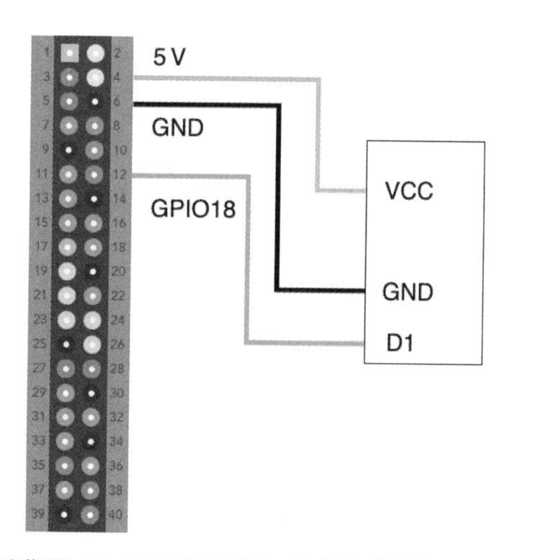

图 19.11　树莓派 4B 与红外热释电运动传感器的引脚对应关系图

⑥ SDK 安装。在本案例中，我们使用基于 SDK 的设备端开发方式。在树莓派上新建项目目录，在项目目录下运行"npm install-savealiyun-iot-device-sdk pigpio"，安装"aliyun-iot-device-sdk"SDK 和 gpio 库。其中，"aliyun-iot-device-sdk"主要提供云平台接入的相关 API，"pigpio"库主要提供树莓派 GPIO 操作的相关接口。

⑦ 编写设备端代码，代码示例展示了本案例所使用的代码。代码实现周期性采集红外热释电运动传感器信息，并上报到阿里云物联网平台的功能。代码 4～6 行定义了传感数据获取的引脚为 18 号引脚。代码 9～14 行创建了一个设备实例，创建设备实例需要的参数由阿里云物联网平台提供。代码 16～18 行定义了传感器数据读取函数。代码 20～26 行定义了设备属性上报函数。代码 28 行设置了一个定时器，定时器每隔 10 s 启动一次，读取传感器数据并将属性值上报至阿里云物联网平台。

【代码示例　设备端代码】

```
1 const aliyunIot = require('aliyun-iot-device-sdk');
2 const Gpio = require('pigpio').Gpio;
3 const device_id = 1;
4 const gpio_pir = new Gpio(18, {
5    mode: Gpio.INPUT,
6 });
7
8 // 创建设备实例
9 const device = aliyunIot.device({
10   // 激活凭证,这里替换成阿里云物联网平台上申请到的激活凭证
11   productKey: 'xxx',
12   deviceName: 'xxx',
13   deviceSecret: 'xxx'
14 });
15 // 读取传感器数值
16 function getMotionState =  function() {
17   return gpio_pir.digitalRead();
18 }
19 // 上传数据
20 function postProps() {
21   device.postProps({
22       deviceID: device_id,
23       motionState: getMotionState()
24     });
25     console.log('post');
26 }
27 // 定义定时器,周期上传数据
28 var myInternal = setInterval(postProps, 10000);
29
30 device.on('connect', () =>  {
31   console.log('connect successfully');
32 });
```

⑧ 返回项目主页,新建 Web 应用,如图 19.12 所示。

⑨ 在 Web 应用开发工作台下,使用“指示灯”“文本框”“文字时钟”等构件搭建 Web 应用页面,如图 19.13 所示。

⑩ 配置“指示灯”构件的数据源,与设备直接关联,如图 19.14 所示。

⑪ 在 Web 应用开发工作台,单击页面预览,查看 Web 应用效果,如图 19.15 所示。

至此,使用阿里云物联网平台开发一个简易的智能教室座位使用统计系统的任务完成。

新建Web应用

* 应用名称

智能教室座位使用统计系统

描述

请输入内容

0/100

确定　取消

图 19.12　新建 Web 应用

图 19.13　搭建智能教室座位使用统计系统的 Web 应用界面

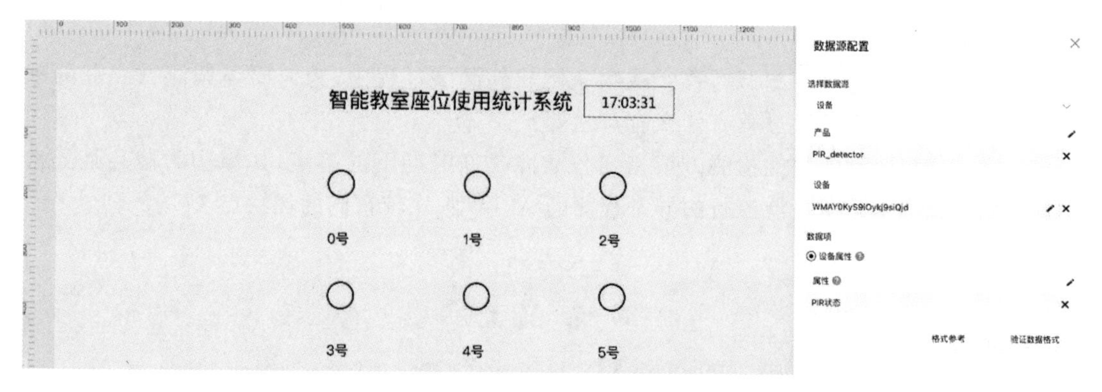

图 19.14　在 Web 应用开发工作台中配置“指示灯”构件的数据源

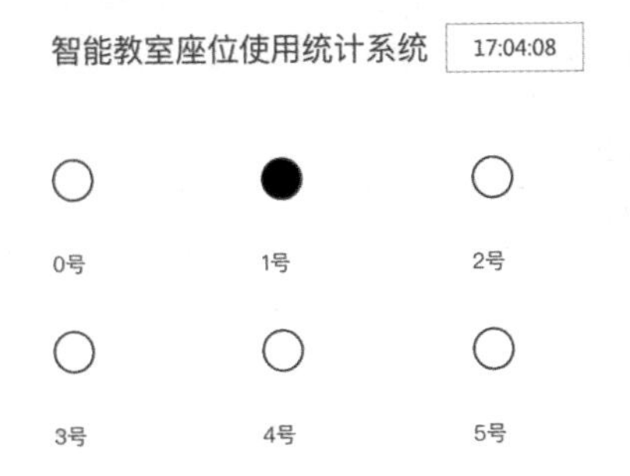

图 19.15 智能教室座位使用统计系统的 Web 应用界面预览

19.5 本章小结

近年来,在学术界和工业界的共同推动下,物联网的关键技术与应用得到了很大的发展,物联网的应用也逐渐深入到我们的日常生活中。现有的典型物联网的应用架构主要分为 4 部分,包括物联网设备、网关、物联网云平台以及用户端。一个完整的物联网应用的开发涉及多种技术,如嵌入式开发、网络协议设计、云服务开发、Web 应用开发、移动应用开发等,其开发难度较高。此外,各个开发环节之间相互依赖,这也增加了开发过程中团队协作的难度。幸运的是,目前也有越来越多的物联网低代码开发技术兴起,可以在很大程度上缓解应用开发难度。与其他的软件开发一样,物联网应用的开发同样需要进行严格的测试以保证其质量。物联网应用的测试需要与硬软件结合、云边协同/云边融合等多方面相结合,相比于传统的软件测试更有难度与挑战。

习 题

1. 简述物联网操作系统与传统操作系统有何不同,以及物联网操作系统的作用。

2. 请简述低代码开发技术的优势,并列举几个低代码开发平台。

3. 物联网软件测试中的几个重要指标是什么?如何理解将这几个参数设定为物联网软件测试的重要指标?

4. 什么是测试左移和测试右移?在物联网软件测试过程中,为何要强调测试左移的理念?测试左移对整个开发过程有什么有益之处?

5. 应用数据驱动的智能检测方案来定位故障是新时期下的趋势,其算法的核心是异常检测模型。请列举几条目前流行的异常检测的 AI 模型,比较它们的优缺点。

参考文献

[1] Internet of things[EB/OL].[2022-10-30]. https://en.wikipedia.org/wiki/Internet_of_things.

[2] IoT. State of the IoT 2020: 12 billion IoT connections, surpassing non-IoT for the first time. [EB/OL]. (2020-11-19)[2022-10-30]. https://iot-analytics.com/state-of-the-iot-2020-

12-billion-iot-connections-surpassing-non-iot-for-the-first-time/.

[3] IoT. State of IoT 2022：Number of connected IoT devices growing 18% to 14.4 billion globally.[EB/OL].（2022-05-18）[2022-10-30]. https://iot-analytics.com/number-connected-iot-devices/.

[4] 云从科技.飞凤平台[EB/OL]. [2022-10-30].https://www.cloudwalk.com/product/index2/id/28.

[5] CMU LivingLab[EB/OL]. [2022-10-30]. http://www.iotexpedition.org.

[6] STM32.最新产品[EB/OL].[2022-11-14]. https://www.stmcu.com.cn/.

[7] Raspberry Pi Fundation. EmPowering Youny People to use Computing technologies to shape the world[EB/OL].[2024-01-03].https://www.raspberrypi.org/.

[8] OVADIA S. Automate the Internet with "If This Then That"(IFTTT)[J]. Behavioral & social sciences librarian，2014，33 (4)：208-211.

[9] UR B，MCMANUS E，PAK YONG HO M，et al. Practical trigger-action programming in the smart home：Conference on Human Factors in Computing Systems，ACM，April 26，2014[C].Sigchi，2014.

[10] Kukkuru M G. Testing IoT Applications-Aperspective[EB/OL].[2024-01-01].https://www.infosys.com/Serrieces/itservices/validation-solution/documents/testing-iot-applications.pdf.

[11] Fang K，Yan G. IoT Replay：Troubleshooting COTS IoT Devices with Record and Replay：IEEE/ACM Symposium on Edge Computing，November 1，2020[C]. IEEE，2020.

[12] Mehdi M，Al-Fuqaha A，Sorour S，et al. Deep Learning for IoT Big Data and Streaming Analytics：A Survey[J]. Communications Surveys & Tutorials，2018，20(4)：2923-2960.

[13] Ball J E，Anderson D T，Chan C S. Comprehensive survey of deep learning in remote sensing：theories，tools，and challenges for the community[J]. Journal of Applied Remote Sensing，2017，11(4)：(1-54).

[14] Tutorials Point. IoT Testing Tutorial (What is，Process，Challenges & Tools)[EB/OL]. [2022-11-14]. https://www.tutorialspoint.com/iot-testing-tutorial-what-is-process-challenges-and-tools.

附录A　面向对象分析设计文档编制指南

附录A面向对象分析设计文档编制指南主要参考了《面向对象的软件系统建模规范 第3部分：文档编制》(SJ/T 11291-2003)行业标准，根据本科生“软件工程”课程项目实践的规模和复杂性，对该标准进行了适当修改和补充形成的。

1. 文档的总体说明

以文本方式，对整个系统做一些必要的说明。内容包括系统的目标、意义、应用范围、项目背景和文档组成等。但不必对系统的总体进行详细的说明，只需作提纲挈领式的简单介绍。另外，还要说明该文档由哪几种具体的文档组成、每种文档的份数以及对各种文档的组织等。

1.1　目的

简要介绍软件所要实现的目标。

1.2　应用范围

简要介绍软件的应用范围和面向的人群等。

1.3　文档组成

列出本文档中所包含的所有子文档。

2. 面向对象分析文档

一般来说，面向对象分析文档由用况图文档、类图文档、顺序图文档、状态图文档、活动图文档、包图文档等构成。当软件比较复杂时，每种文档可不止一个：① 可以为不同的子系统分别给出对应的用况图文档和类图文档；② 为系统中每一项重要或复杂的交互逻辑给出顺序图文档；③ 为系统中每一个状态复杂的对象给出状态图文档；④ 为对象的复杂操作给出其活动图文档，或为多个对象的协作完成的业务给出其活动图；⑤ 对复杂的系统可采用包图来控制建模元素的复杂性。下面给出了各种文档所应包含的内容，在实际完成文档时可自行添加每种文档的数目，并对每份文档加以命名，如“××子系统的类图文档”“×××子系统的类图文档”“××交互的顺序图文档”“××对象的状态图文档”等。

2.1 用况图文档

由于在之前课程实践环节中已经绘制了用况图并撰写了相关说明，可根据实际情况对用况图修改后填写在此处。

2.2 类图文档

给出面向对象分析后得到的类图，并对类图进行文字描述。

文字描述由以下部分组成：类图综述、类描述、关联描述、泛化描述、依赖描述和其他与类图有关的说明。

2.2.1 类图综述

从总体上阐述整个类图的目的、结构、功能及组织。

2.2.2 类描述

对类图中的每一个类进行详细描述，包括类的整体说明、属性说明、操作说明、关联说明、泛化说明、依赖说明及其他说明。可以为每个类单独设置一节，具体内容可参照下面的格式。

2.2.2.1 类 1

(1) 类的整体说明

对整个类及其对象的情况加以说明，内容包括：

① 类名：应是中文名或英文名；

② 解释：对类的责任的文字描述；

③ 一般类：描述该类是从哪些类泛化而来的；

④ 主动性：有无主动性；

⑤ 引用情况：若此类为其他类图所定义，则要标明它所属于的类图；若此类被其他类图引用，则表明所引用的类图；

⑥ 其他：是否有特别的数据完整性或安全性要求等。

(2) 属性说明

逐个地说明类的属性。每个属性的详细说明包括以下内容：

① 属性名：中文属性名或英文属性名；

② 多重性：该属性的多重性；

③ 解释：该属性的作用；

④ 数据类型：

⑤ 聚合关系：如果这个属性的作用是为了表明聚合关系，则在这里说明这种关系；

⑥ 组合关系：如果这个属性的作用是为了表明组合关系，则在这里说明这种关系；

⑦ 关联关系：如果这个属性是为了实现该类的对象和其他对象之间的链而设置的，则在这里明确地说明这一点；

属性名	多重性	解释	数据类型	聚合关系	组合关系	关联关系

(3) 操作说明

逐个地说明类中的每个操作。每个操作的详细说明包括以下内容：

① 操作名：中文操作名或英文操作名；

② 主动性：有无主动性；

③ 多态性：有无多态性；

④ 解释：该操作的作用；

⑤ 约束条件及其他：若该服务的执行有前置条件、后置条件或执行时间的要求等其他需要说明的事项，则再次说明。

操作名	主动性	多态性	解释	约束条件及其他

(4) 关联

描述该类所涉及的所有的关联。每个与该类相关的关联可有关联名。

(5) 泛化

描述该类所涉及的所有的泛化。每个与该类相关的泛化可有泛化名。

(6) 依赖

描述该类所涉及的所有的依赖。每个与该类相关的依赖可有依赖名。

2.2.2.2　类 2

2.2.2.3　类 3

……

2.2.3　关联描述

类图中的每一个关联都有如下的描述：

① 关联名称：中文关联名或英文关联名。

② 关联的类型：一般二元关联，聚合，组合，多元关联等。

③ 关联所连接的类：按照一定顺序列举出关联所连接的类。

④ 关联端点：对每一个关联端点的描述如下：

导航性：是否有导航性；

排序：是否排序；

聚合：是否有聚合，如果有，则要指明是聚合还是组合；

多重性。

关联名称	关联类型	关联所连接的类	关联端点			
			导航性	排序	聚合	多重性

2.2.4 泛化描述

类图中的每一个泛化都有如下的描述：

① 泛化名称；

② 泛化关系中的父类；

③ 泛化关系中的子类。

泛化名称	父类	子类

2.2.5 依赖描述

类图中的每一个依赖都有如下的描述：

① 依赖名称；

② 依赖涉及的类名称；

③ 依赖类型：依赖一般是≪use≫类型，如果想表示使用关系之外的依赖类型，可参照课程中介绍的其他类型，标出表达的依赖类型。

依赖名称	依赖涉及的类名称	依赖类型

2.3 顺序图文档

给出对软件的重要交互进行分析后形成的顺序图，并对顺序图进行文字说明。

顺序图的文字说明应包含：顺序图综述、顺序图中的对象与参与者描述、对象接收/发送信息的描述和其他与顺序图有关的说明。

2.3.1 顺序图综述

从总体上描述该顺序图的目的，以及涉及的对象和参与者。

2.3.2 顺序图中的对象与参与者描述

对顺序图中的所有的对象和参与者，依次进行如下的描述：

① 对象类型：是参与者还是类；

② 对象名称；

③ 是否为主动对象：是或否，此描述针对对象而言，对于参与者不应有此描述；

④ 其他与对象或参与者有关的信息。

对象类型	对象名称	是否为主动对象	其他参与对象或参与者有关信息

2.3.3 对象接收发送消息的描述

对顺序图中的每一个对象或参与者，详细地描述其接收/发送消息的类型、时序及与其他消息之间的触发关系。对每一个对象和参与者应按照时间顺序分别列出该对象或参与者所接收/发送的全部消息。对每一条消息应包含下面的内容：

① 消息名称；

② 是发送消息还是接收消息；

③ 消息类型；

④ 若为接收消息，应列出该消息所直接触发的消息的名称列表；

⑤ 是否为自接收消息；

⑥ 消息的发送对象名称；

⑦ 消息的接收对象名称。

消息名称	是发送还是接收	消息类型	直接触发的消息的名称列表	是否为自接收消息	消息的发送对象名称	消息的接收对象名称

2.4 状态图文档

给出对软件具有复杂状态的对象进行分析后形成的状态图，并对状态图进行文字说明。

状态图的文字说明应包含：状态图综述、状态图的状态描述、状态图的转换描述和其他与状态图有关的说明。

2.4.1 状态图综述

从总体上讲，该状态图描述一个对象在外部激励的作用下进行的状态变迁、所涉及的状态和转换以及设置该状态图的目的等。

2.4.2 状态图的状态描述

描述一个状态图的所有的状态，对每一个具体状态应包括以下各项：

① 状态的名称：中文名或英文名。

② 入口动作。

③ 出口动作。

④ 内部转换：由一系列的内部转换项组成。每个内部转换项有下列格式：

动作标号/动作表达式；

若为组合状态应列举出其所包含的子状态。

⑤ 其他与该状态有关的信息。

状态名称	入口动作	出口动作	内部转换	其他相关信息

2.4.3 状态图的转换描述

每一个具体转换应包括以下各项：
① 转换的源状态；
② 转换的目标状态；
③ 转换串：事件特征标记'['监护条件']' '/'动作表达式。

转换的源状态	转换的目标状态	转换串

2.5 活动图文档

为一个对象的复杂操作的活动序列或一个业务处理流程的活动序列给出活动图的说明。活动图的文字说明包括：活动图综述、活动图中的动作描述、活动图中的转换描述、对象流和其他活动图有关的说明。

2.5.1 活动图综述

说明该活动图是描述一个对象的操作的活动序列，还是多个对象为了完成一个业务而进行的协作所涉及的活动序列。

2.5.2 活动图中的动作描述

用来描述一个活动图的所有动作，每个具体动作包括以下内容：动作的名称、调用的其他活动。

2.5.3 活动图中的转换描述

描述一个活动图的所有转换，每一个具体转换包括以下内容：名称、源活动、目标活动、转换控制(分叉、汇合、分支和合并)。

2.5.4 对象流

描述对象的名称、输入它的动作、输出它的动作。

2.5.5 泳道

若图中有泳道，描述泳道的名称和含义，并指出其内所包含的动作及对象。

2.5.6 与活动图有关的说明

与活动图有关的补充说明。

2.6 包图文档

对复杂系统给出包图,并对包图进行文字说明。

为了管理模型的信息组织的复杂性,在比较复杂的模型中,通常将关系联系比较密切的建模元素划分到一个包里面(如一个子系统中的所有元素)。最常见的是在用况图和类图中使用包图。包图的文字说明包含:包图综述、包图中的包描述和其他与包图有关的说明。

2.6.1 包图综述

从总体上描述包图的名称、目的以及与其他包的相互关系等。

2.6.2 包图中的包描述

包图中的每一个包包含下列描述:

① 包的名称。

② 详细描述该包所包含的建模元素所在的文档。

③ 与该包有关系的其他包,应包括如下信息:

包的名称;

与该包的关系。

包名称	该包所包含的建模元素所在的文档	相关的其他包	
		包名称	关系

3. 面向对象设计文档

采用面向对象方法,分析和设计都是使用同样的术语和表示法对软件进行建模,因此面向对象设计的文档也包含类图文档、顺序图文档、状态图文档、活动图文档、包图文档等,这些文档是在分析的结果上:① 进行调整得来;② 进一步补充得到。如在人机交互设计中增加了界面相关的类之后,相应的顺序图需进行调整,补充相关的类;又如通过控制驱动部分的设计,系统需要支持并发操作,此时可增加顺序图,对并发操作的处理进行详细说明;再如通过数据管理部分的设计,一些对象的状态可能变得复杂,可增加状态图对其进行说明。用活动图对新增的业务处理流程(协作)或对象的复杂操作进行说明。

本课程实践文档既要求给出最终的设计,还需对问题域、人机交互、控制驱动、数据管理这四部分的设计分别进行详细的说明。同样地,对于复杂软件,每种文档可能有多份,可根据实际情况自行添加。

3.1　类图文档

给出经过面向对象设计后得到的类图，并进行文字说明，格式同 2.2 部分。此外，需给出在面向对象设计的各个阶段对分析得到的类图分别进行了哪些调整。

3.1.1　类图综述

3.1.2　类描述

3.1.2.1　类 1

3.1.2.2　类 2

……

3.1.3　关联描述

3.1.4　泛化描述

3.1.5　依赖描述

3.1.6　设计说明

3.1.6.1　问题域部分的设计

3.1.6.2　人机交互部分的设计

3.1.6.3　控制驱动部分的设计

3.1.6.4　数据管理部分的设计

3.2　顺序图文档

给出经过面向对象设计后得到的顺序图，并进行文字说明，格式同 2.3 部分。此外，需给出在面向对象设计的各个阶段此顺序图为何被增加或如何被调整的。

3.2.1　顺序图综述

3.2.2　顺序图中的对象与参与者描述

3.2.3　对象接收发送消息的描述

3.2.4　设计说明

给出此顺序图是在问题域、人机交互、控制驱动、数据管理这四部分设计中的哪个（些）部分被添加或修改，并给出具体原因。

3.3　状态图文档

给出经过面向对象设计后得到的状态图，并进行文字说明，格式同 2.4 部分。此外，需给出在面向对象设计的各个阶段此状态图为何被增加或如何被调整的。

3.3.1 状态图综述

3.3.2 状态图的状态描述

3.3.3 状态图的转换描述

3.3.4 设计说明

给出此状态图是在问题域、人机交互、控制驱动、数据管理这四部分设计中的哪个(些)部分被添加或修改,并给出具体原因。

3.4 活动图文档

给出经过面向对象设计后得到的活动图,并进行文字说明,格式同 2.5 部分。此外,需给出在面向对象设计的各个阶段此活动图为何被增加或如何被调整的。

3.4.1 活动图中的动作描述

3.4.2 活动图中的转换描述

3.4.3 对象流

3.4.4 泳道

3.4.5 设计说明

给出此活动图是在问题域、人机交互、控制驱动、数据管理这四部分设计中的哪个(些)部分被添加或修改,并给出具体原因。

3.5 包图文档

经过面向对象设计后,类图变得更加庞大和复杂,可通过一定的原则将类图的元素划分为不同的包,并进行文字说明,格式同 2.6 部分。

3.5.1 包图综述

3.5.2 包图中的包描述